建筑理论

从文艺复兴至今

[德] 伯恩德·艾弗森 著
唐韵 等 译

北京出版集团公司
北京美术摄影出版社
TASCHEN

目 录

前言

伯恩德·艾弗森

《建筑十书》（*De architectura libri decem*）是最古老的建筑论述，也是唯一一部自前基督教时代完整留存下来的著作。此书不仅为我们提供了古典时代的建筑及相关原则的独到见解，也为文艺复兴时期之后所有关于建筑理论的探讨奠定了基础。这部著述可能写成于公元前30年左右，为敬奉皇帝奥古斯都所著，由一位在罗马军队服役、族名叫维特鲁威的军事工程师执笔。

维特鲁威传统在许多中世纪手稿中留下印记，但它对于建筑实践的影响微乎其微。维特鲁威的古典柱式理念开始广泛传播，缘于在文艺复兴时期的古典学者对维特鲁威的理论做出了高度评价，认为其应当作为建筑的典范，莱昂·巴蒂斯塔·阿尔伯蒂甚至宣布，应视之为具有约束效力的规范。维特鲁威的建筑论述成为在随后的几个世纪最重要的建筑理论著作。塞巴斯蒂亚诺·塞里欧、贾科莫·维尼奥拉和帕拉迪奥等建筑师将维特鲁威的学说系统化，并通过插图书籍向公众传播。为回应维特鲁威的建筑理论而诞生的著述，逐渐发展成为一种独立的艺术理论形式。在众多版本的维特鲁威建筑理论插图书籍中，由达尼埃莱·巴尔巴罗在1556年撰写的版本思考最为详尽，在文本批评上也最为公允。巴尔巴罗将维特鲁威学说——“建筑是科学”的理念作为基本批评原则，将建筑置于一种合理的数学基础上，以保证理论遵循真理。巴尔巴罗认为，艺术和建筑是不依赖感官的、智性和理性的构思活动，科学与理性遵循绝对真理，因此，建筑是否威严壮丽取决于它依赖科学的程度。

自阿尔伯蒂之后，维特鲁威的“三位一体”原则便成为好建筑的评判标准：建筑应当具备坚实度、功能性和审美性。维特鲁威，这位建筑理论的元老人物，提出了firmitas（坚实/力度/结构强度）、utilitas（有用性/商品性）和venustas（美或愉悦）的区分概念。firmitas涉及一切技术问题，如场地选择、建材和地基，utilitas侧重建筑的功能和实用性，venustas则意指建筑美学。维特鲁威式建筑美学遵循柱式原理、比例的正确运用和装饰规则。建筑形式对应特定的神祇：多立克式寺庙是为战神马尔斯、密涅瓦和赫拉克勒斯而建，科林斯式寺庙是为维纳斯、芙洛拉、普洛塞庇娜和宁芙女神而建，爱奥尼亚式神庙为女神朱诺、戴安娜和酒神巴克斯而建。

直至1800年前后，这一“三重目的论”一直是建筑领域内的通用规范。此后，维特鲁威学说逐渐式微，古典风格的大一统也随之衰落。直至18世纪中叶，人们仍以建筑理论的方式描述建筑，而理论则基于建筑师的个体规划。建筑的整体和部分结构需符合维特鲁威标准；一般情况下，建筑方案根据熟悉的“三元组”理论制定。文字描述作为图像的说明出现，毕竟图画在实际的应用场景下更为生动准确。

约从1750年开始，关于建筑描述及其历史观察的新方法逐渐发展开来。维特鲁威的类别标准已经失去了约束意义，建筑描述也随之变得次要。人们开始更多地关注建筑的历史性，探讨建筑的目的，尤其是对古典时代作为“目的”的模仿。关注的焦点开始转向建筑的形式特征，不过这一思潮忽视了建筑内部丰富的关联性元素。乔治·安德烈亚斯·博克勒对此已有所察觉。1698年，他在《建筑大师帕拉迪奥》一文的评论中写道：“美来自于安置有序、具有吸引力的形状或设计。整座建筑以及建筑的各构成部分之间，相互呼应、自成一体。观众眼中的建筑物应完整而匀称，建筑的每个部分都与其他部分相协调，并且所有组成部分都是必要的。”

除了有关文体理论的诸多辩论，大尺寸作品集和计划样书成为19世纪建筑思维的载体，展现了建筑师作品的丰富性，收集建筑师的作品成果和计划。这些作品兼具指导价值：它们为实际建筑工作提供说明，也为建筑学研究或实践人员、独立工匠提供了有价值的指引。概而言之，具有宣传性质的建筑论述与专家理论互为补充。在19世纪关于文体的辩论风潮之后，随着现代主义出现，技术和社会（换言之，非审美的）因素越来越多地应用于建筑中。

文艺复兴时期以来的建筑理论资料可谓汗牛充栋，此书难以面面俱到。然而，本书涵盖了在不同国家流行的建筑美学的主要立场。建筑论述的文本常常用来阐述插图——书中收集的丰富插图可以说是一本关于建筑理论的图解指南。本书的许多参考资料现安置于柏林国家博物馆装饰雕刻部门，这几十年来，博物馆的工作尽责地补偿了二战期间造成的扼腕损失。此书不仅意在展现梳理建筑美学和理论的种种论辩，也是鼓励各位建筑学同仁做出更广泛、更详细的学术研究。

导读

克里斯托弗·托恩斯

建筑师为何书写？建筑师的写作内容又是什么？什么是建筑专著？什么是建筑理论？这些问题的答案之多足以填满一座图书馆。本书中，章节内容将按国家（语言）和历史时期分类。这一形式通过内容结构排序，继而分为各个子主题。然而如此一来，除了对手头材料重做一番梳理，似有成效甚微之嫌。因此，我们同时采用另一种方法——在调查建筑专著起源的过程中，试图找出写作者之动机，探讨500多年来建筑师们缘何能够笔耕不辍。

建筑与文学

现代建筑学文论之父莱昂·巴蒂斯塔·阿尔伯蒂的著述不仅限于建筑构想。他的首篇艺术论述文章题为“论绘画”（*Della Pittura*）。后来又著有一篇名为“论雕像”（*De statua*）的文章，主要探讨雕塑。文艺复兴伊始，艺术品的生产总与文学理论相伴并行，主要目的是为使艺术家与工匠分离，让其成为知识分子，从而能够参与学者、诗人和文人的讨论。然而对一位建筑师而言，这只是部分真实——建筑艺术的本质更关乎规划与管理，而非工艺技巧；它与体力劳作关系甚微，贵族成员甚至统治者也可以从事建筑实践。它不必以“艰难的方式”习得——在这一点上建筑和文学相通。阿尔伯蒂是一位未经受工艺技术训练的学者，本无缘成为一位杰出雕塑家或画家，但他在30岁时对艺术产生了兴趣，继而成为当时最伟大的建筑师之一。相较于身兼写作者的建筑师（我还将在后文提及一些拒斥写作的建筑师），尝试文学写作的视觉艺术家少之又少。那些理论成就远远超过其实际成就的作者/艺术家往往是建筑师，如古代的维特鲁威、现代的塞巴斯蒂安·塞里欧和保罗·德克尔。当然，还有一些相当成功的杰出写作者兼建筑师，如维尼奥拉和帕拉迪奥。他们的建筑成果和建筑学写作，共同成就了他们在建筑史上的地位。

建筑师的设计蓝图并非由他们亲自实现。为使构想落地，建筑师需要建筑工人和主顾。主顾提供资金，在文件和题字中，主顾常被称为项目的实际“作者”。建筑师必须和他们的合作伙伴保持沟通：建筑设计需给予阐释，资金决策须审慎明智，过程中会不断出现异议及反复商榷，项目像一场对话般推进。除了出资人，公众也参与其中。毕竟建筑将成为他们生活世界的一部分，他们需要了解建筑师创造的是什么，为何他选择某种特定的设计而不是另一种。此外，建筑师必须能够以非专业人士理解的方式表达相关事实。绘画和雕塑自成言语，它们的外在形式即指向其内涵。但建筑作品并非如此：一个柱状物就是一个柱状物，它无法为自身做出种种解释——它为何而存在？它作为一个建筑元素的功能是什么？又或者，它可能“意味”着什么？

这解释了为什么建筑师——从维特鲁威和他无名的先辈，到弗兰克·劳埃德·赖特、丹尼尔·利伯斯金——既是建筑者又是作家。但建筑理念或灵感并非源于书面言辞，而是建筑本身（圣丹尼大教堂的唱诗班、布鲁内莱斯基的旧圣器收藏室以及格罗皮乌斯的鞋楦厂）。不过，书写确实使建筑更易于理解。

人文主义

阅读建筑专著时必定会遇到一位人物：维特鲁威。几乎所有现代建筑作家都曾引用过他，或至少对他耳熟能详。毕竟，维特鲁威的作品是唯一流传至今的古代教科书。鉴于我们如今所了解的古代建筑方法，维特鲁威《建筑十书》的影响似乎不甚明显，然而它对文艺复兴有一定影响。一方面是由于人文主义者对古典著作及原创书籍本身持有深刻敬意，另一方面是因为维特鲁威的作品是一部教学典范：人们不仅可以从中领悟什么是好建筑，更重要的是，古人相信建筑在理论上是“可教”的，建筑师能够并且应该写作，他们的艺术需要一种书面形式的呈现——这也是文艺复兴者们极为赞成的观点。

意大利的人文主义者未能发掘出维特鲁威的重要性。新的手稿虽被发现，但大多数情况下它们包含的文本已为人所知，并在中世纪期间被反复模仿研究。在一个案例中，他们甚至被说明，虽然原始（应该说，这是世界的修道院和脚本，而不是建筑师的车间）。文本（litterae）是一回事，构建（ars meccanica）则是另一回事。文艺复兴时代的人文主义者

莱昂·巴蒂斯塔·阿尔伯蒂肖像。15世纪下半叶，艺术家未知

画像由西塞尔·格雷森教授于1954年报道，它出现在阿尔伯蒂的论文手稿《灵魂的安宁》标题页中。当代文献资料表明，阿尔伯蒂很喜欢为自己和朋友画肖像画

罗马，国立中央图书馆，那不勒斯宫，手抄本。第738页

则打破了这种短视：他们从对文本的研究转向对事物的研究，将维特鲁威置于其时代背景中理解，再现古典时期的建筑图景，并将其付诸实践。这一现象是早期现代时期伟大的智力成就之一，其初始成果之一是对维特鲁威的批判见解。阿尔伯蒂是第一个也是很长一段时期内唯一真正理解维特鲁威的人。他未曾编辑、翻译或评论过古代著作，也很少引用它们。作为对维特鲁威的著作的反思，他写出了自己的“十书”，使维特鲁威以及其他古典作家的建筑教义更具实用性。

进展并未就此止步：在塞利欧的《建筑物的一般准则》（1537年）出版前，最重要的建筑书籍并不是理论著述，而是维特鲁威著作的不同版本和译版。切萨利阿诺、斐兰德和巴巴罗的注释版体现了理论性，这展现了人文主义文化的悖论：中世纪对古代文本的批评使其愈来愈远离原意。固守过时的古代理念是危险的，许多建筑理论本着“建立当代建筑理论指导”的意图，陷入对古代文本的无果阐释，而这些文本本身可能就自相矛盾。耶稣会牧师安东尼奥·波塞维诺提出了一个重要观点（《书目选粹》，罗马，1593年）：他认为古典时代的著作无法继续作为建筑灵感的直接来源，人们必须从历史角度理解文本，并以阿尔伯蒂规定的方式适应现下的需要。他的观点起先遇到了新教作者们的反对，他们坚持按书面文本原意解读维特鲁威。这是考古学科学的进步：将对维特鲁威的理解置于其历史背景，从而使建筑理念脱离教条主义的束缚。

文艺复兴

看一眼15世纪的欧洲建筑地图，有两种主要建筑占据绝大部分版面，一种是哥特式建筑。在过去的几个世纪中，哥特式建筑在不同地方和国家衍生出各种变体，成为欧陆的主要建筑形态。另一种风格则基于古典时代，即文艺复兴风格。它始于意大利托斯卡纳，15世纪时，在整个意大利半岛流传开来，然后继续向阿尔卑斯山更远处的地区延展。这一过程与建筑著述的兴起和发展紧密相关——这算是巧合吗？如果不是，这两个历史事件又有何关系？

答案显而易见：新建筑风格需要一种新的知识传播方式。哥特式建筑根植于当时大师级工匠的建筑实践住所，建筑工地本身也是培训场所。在这里，如何构建作品、如何塑造特定的装饰性细节等智慧和技巧代代相传，建筑体系由此得以系统发展。我们可以想象这一增长过程：各阶段（早期、盛期和晚期哥特）风格相继而至，仿佛是自然规律的产物。艺术家中开始出现“再次描绘古典时代”的想法，他们同布鲁内莱斯基一样，都是未经专业训练的建筑师。也有学者读毕这些古代作品，将其作为批评现代建筑风格的“制高点”。换言之，这一理念不是从日常建筑实践中产生，而是对这种实践的脱离：它需要定义、辩论、语言以及必不可少的书面话语。

这不仅仅是媒介的变化。对于文艺复兴时期的建筑师而言，对文字的熟稔是开展专业工作不可或缺的一项技能。对于像阿尔伯蒂这样的学者来说，成为一名建筑师是件很简单的事；事实上，即便是弗朗西斯·迪·乔治·马蒂尼这样的“文盲”（他曾受过绘画、雕塑、建筑和工程方面的教育）也需要熟知维特鲁威。如他自己所言，这就像“重新学会说话”。他撰写自己的文学作品不是（或不仅仅）为提高他在宫廷中的地位：通过写作，他试图理解自己作为建筑师的身份。探索新风格、设计新典范，这些行为都已进入了语言反思的层面。

建筑师的同时代人认为，他们的工作类似于语义学家或评论家。面对一种文本语境，人们需要研究古代遗址，在碎片中寻找线索，重构逝去的时间，拂去历史带来的种种变动得失，让事物的原貌重新浮现。语言的历史成为理解建筑风格的范例：中世纪建筑的衰落就像古拉丁语的衰落；人文主义者极力试图挽救这一局面。这也是为什么菲拉雷特对布鲁内莱斯基将意大利建筑风格追溯到西塞罗和维吉尔时代大加赞扬。塞里欧比较了罗马文艺复兴盛期的建筑与凯撒和西塞罗的语言。阿瑞提诺将古典时代建筑柱式与古典语言做了类比。优雅的风格成为掌握语法规则的标准。美即是“正确”，丑则是“过错”。

维特鲁威的著作将建筑原则重新分类，通过参阅前人文献，古老的建筑被“阅读”。但正因如此，一个特殊的悖论出现了。描述古典柱式原则的部分可以在维特鲁威著述的第三卷和第四卷中见到，它们常用于建造寺庙。维特鲁威的规则是种稳定的三维结构。在维特鲁威生前，罗马人已经开始在寺庙建筑中使用结构性布局，主要用于装饰。国家档案馆、剧院建筑的承重体是圆柱、墙壁和拱顶，附壁柱和柱顶楣构则几乎没有承重能力。然而，对于文艺复兴时期的建筑师而言，这些建筑已算是值得研究的典范，现代建筑中“带柱式的墙壁”（“Säulenordnungswand”，由汉斯·塞德迈尔提出）概念也由此而来。维特鲁威的建筑准则成为尺度的衡量标准，理论家们则热衷制定越来越微妙的规则。相对而言，建筑物承重部分的尺寸仍是一个实际经验问题，从18世纪开始，以科学为基础的结构工程学得以发展，而学院派建筑理论仍局限于美学比例。

结构和装饰之间的割裂：这一问题源于中世纪文艺复兴时期的意大利，在启蒙运动期间，它继而成为批判性著述的主题。同时受到批判的还有古典时期的政权阶级社会，这一点我们将在后面讨论。论点往往带有道德主义或理性主义色彩：没有实际承重功能的柱体代表了欺骗和虚伪，就如希腊神庙和文艺复兴时期的建筑的墙壁一样，仅有装饰作用。批评者说，柱应该独立存在，并且承担其形式所表明的功能——闲散是一切邪恶的根源。当然，即使希腊的支持体系也有其不诚实的一面。柱和楣石在建筑中并不是“自然的”形状——它们的形状起源于木结构，两者的静态学原理相差甚远。1730年之前，方济各会士兵卡罗·洛多利就批评道，“柱式是一个错误，乃至一种罪行”。自阿尔伯蒂时代以来的欧洲建筑理论的共识问题得以解决：即它是对古典时代的承诺。相关法文文献表明，人们从18世纪早期就开始探索结构上“诚实”的形式。例如，哥特式大教堂便是反文艺复兴时期纪念碑的最好案例。这也是哥特复兴式建筑风格的根源——尽管由于浪漫主义/反对改革的极端保守势力的历史缘故，它未能成功，其本质的进步性仍不应被忽视。毕竟，它的目标是消除结构性和装饰性之间的矛盾。正是秉持技术理性的精神，格奥尔格·哥特罗布·翁格威特在其写于1859年至1864年的著作《哥特式建筑教学》（*Lehrbuch der gothischen Konstruktionen*）中梳理了教会建筑形式的谱系，从建筑拱门到窗饰的细节。维欧勒·勒·杜克认为希腊－罗马形式与现代社会原则之间不可调和。然而，各种建筑柱式的调和在雅各布·布克哈特1868年的著作《意大利文艺复兴时期的历史》中得到了呈现，作品系统地介绍了意大利文艺复兴时期的建筑。布克哈特本人坚信这种方法的持续有效性。 1828年，海因里希·胡伯希提出了一个问题：“我们应该建立什么样的风格？”——这一问题已无法在理论层面回答。

宫廷文化与城市文化

关于“建筑论述面向的读者”这一议题，多年来一直存在争论。这些论述为谁而写：建筑师？主顾？想一探究竟的门外汉？这些都是正确答案，或者说，正确答案在于这些方面的融合。建筑论述的社会功能在于，它在建筑师、主顾和公众之间建立起一个新的交流层次。这一沟通发生的地方是王室宫廷——马丁·瓦恩克称之为“社会的转运中心”，这里是统治者、贵族和资产阶级/城市中产阶级（大部分艺术家和人文主义者都处于这一阶层）意愿与利益的交会之处。意大利法院在法国首次提出关于早期文艺复兴时期建筑的三篇主要论文，这不是巧合。阿尔伯蒂自1443年后居住在罗马，他把自己的著述献给教皇尼古拉斯五世（他们自学生时期便一直是好友）；菲拉雷特把自己两版论述手稿分别献给米兰公爵弗朗切斯科·斯福尔扎和皮耶罗·美第奇；弗朗西斯·迪·乔治·马蒂尼的论述在乌尔比诺和那不勒斯的法院著成。

建筑师注重对宫廷准则和古代文化传统标准的学习，另一方面，王公贵族不仅应当对建筑感兴趣，并且是这一领域的核心认知群体。建筑师和贵族相互依赖，后者拥有必要的资金，而建筑师有足够的知识将财富转化为声望。因此建筑师的优先策略是：唤起权势人士对名望的渴望。古代统治者通过他们所建建筑物的规模和壮丽程度被后世铭记。于统治者而言，斥资建造纪念性建筑显然是有价值之事。菲拉雷特的隐喻略为尖锐地点明了赞助人和建筑师互相依赖的关系：他将赞助人称赞为项目的“父亲”（显然有奉承意图），将建筑师和建筑比喻为母亲和孩子。正如弗兰克·盖里所言：“客户很重要。他们是燃料和能量，让我能够完成我的工作。”

建筑理论的文学形式，即建筑著述，成形于文艺复兴时期的宫廷传统。但早期建筑著述的作者来自资产阶级城市。阿尔伯蒂和菲拉雷特是佛罗伦萨人，弗朗西斯·迪·乔治来自锡耶纳。这一事实有助于我们准确理解著述内容：在佛罗伦萨的艺术和建筑问题上，有一个强烈的传统争议。在流亡中成长的阿尔伯蒂于1430年返乡，发觉当地智性辩论的氛围十分浓厚。据说在1413年，人文主义者布鲁内莱斯基的好友尼古拉·尼古力认为，“建筑规则”可能源自古典时代（“建筑学理论解释信条”）。锡耶纳镇的政府将建筑教学指定为公共义务。一份与巴尔达萨雷·佩鲁齐签订的合约上要求，他应当“向任何前来求教的人传授他的技艺”。在一本手写论述中，佩鲁齐提出应抛弃学术的繁文缛节，以简单的、每人都能理解的方式写作。宫廷读者封闭的圈子被打破，以吸收更多资产阶级的加入。佩鲁齐的学生和朋友塞巴斯蒂亚诺·塞里欧写道，他的写作理应被普通人理解。他从罗马前往威尼斯，向参议院申请一系列铜版画的版权保护，这批作品旨在向人们介绍新式罗马风格建筑。这一项目受到彼得罗·阿尔蒂诺的鼎力支持。塞里欧关于建筑的庞杂论述意在建立一种全面的辩证体系：其预期读者不仅是建筑师，也包括“那些愿意从事艺术技艺的高贵之人，他们的理解力并不比大师逊色”。维尼奥拉的著述《建筑五柱式的一般准则》本是为业内人而写，但出乎他意料的是，作品（主要由大幅插图组成）受到许多贵族的欢迎，他们想要与逐渐发展起来的市民阶层友好相处。

随着历史发展，建筑著述的读者群越来越广泛，他们来自建筑师、贵族有闲阶层、宫廷和城邦社会各个群体。直到18世纪末，社会的政治和经济框架保持不变。建筑师不必将其作品献给统治者或与某位与之关系密切者，不过如果他这样做的话有可能会从赞助人那里获得一些个人支持。

书籍

建筑著述是建筑师得以获取公众关注的途径。中世纪的建筑学说仍然是“加密”的，它被认为是一项“秘密”，在建筑大师的山林小屋中以及在小圈子中传授下去。相比而言，建

克劳德·佩罗（1613—1688年）
建筑寓言
这篇文章是一则寓言式历史描述，法国以其新建筑为傲：路易十四的凯旋门和建筑师比洛设计的卢浮宫东立面，这些建筑在创新中继承了古典传统
维特鲁威《建筑十书》，法文新校译版，巴黎，1684年

筑著述的传播效果更为广泛，它将信息传递至建筑业内外的所有读者，阿尔伯蒂把他对古典时期建筑、比例和设计的各种见解写入自己的专著，以备向公众宣传。显然，向封建等级制度发起“公开”进攻的绝佳武器是知识，即印刷读物。印刷机与建筑著述在同一历史时期出现，不过它们之间没有因果关系。15世纪，作为“宫廷”论述手稿的副本被复制分发，但也只对有特权的读者开放。1485年，在阿尔伯蒂去世13年后，一台德国打印机在佛罗伦萨印出《论建筑》一书。作者若有知必定深感欣慰，但他可能没想到书中的出现数字必须由印刷工人手写，以避免错误。古登堡的成就在他的时代仍存在很多争议，但毋庸置疑的一点是，他降低了生产书籍的成本。就准确性、易读性和美观性而言，印刷文本与手稿相比也许优势不大，但至少印刷本价格更便宜。尼古拉斯·佩罗图斯在1470年写道：“这就是为什么我希望在短时间内能生产出大量书籍，即便一贫如洗之人也能读到它们。”知识成为一种平常的、可以自由流通的消费品——这一观念被认为是古登堡革命的核心。

印刷术也影响了建筑行业。曾经默默无闻进行写作的建筑师如今也体验到市场带来的便利，就像艺术家一样。建筑师的作品为个人所有，独立于赞助人及项目执行中遇到的实际问题；建筑师可以推广个人想法、寻求讨论及出版个人作品集。同时，建筑师的社会文化地位也因此提高，他的工作成为公共利益的一部分，作品不仅有经济和技术价值，也有设计形式和艺术影响价值。塞里欧在其著作中讨论了建筑的“方法”（maniere）——它的建筑风格、形式和类型，而不是其物质属性。读过塞里欧著述之人可能并未从事建筑实践，但他们能够就建筑进行讨论：何为遵循规则，何为对错优劣。建筑由此成为大众文化、教育和社会传统的一部分。做决断的责任也从建筑项目的实质参与者（即客户和建筑师）转向社会整体，尤其是读者群——我们也可以将之定义为信息社群。

印刷术的普及极大地开拓了建筑师的个人和社会空间。建筑师成为“为自己署名”的作家，一个独立的艺术家。然而过程中有着种种磕绊：过去依附一位王子带来的隐忧（这种依赖继续存在，并随着地方统治者在16世纪的增长而变得更加强大），如今因需要依赖出版商、图书经销商或赞助人而更加严重。显然，这些事件给古登堡的生活蒙上了阴影，他们甚至逮捕了像塞里欧这样多产的作家，使他在监禁中走向苦难生命的结束。塞里欧的著作先后在威尼斯、巴黎、里昂和法兰克福出版。著作的译版（未经作者授权）首先在安特卫普和托莱多面市，后来出现在阿姆斯特丹、巴塞尔、伦敦和其他城市。瓦萨里批评道，“出版商对利润的渴望”毁了许多有价值的作品。也有像拉伯柯和维尼奥拉这样独立投资、出版和销售的建筑师，但这并未让他们更加富有。维尼奥拉的《建筑五柱式的一般准则》销量巨大，不过大部分利润来源于盗版。在很长一段时间内，盗版现象未能得到有效处置。

书籍中的插图

如果认为建筑著述只与印刷书籍相关，那么有必要扩大其参照范围——印刷插图也是重要的构成部分。事实上，插图是建筑著述的典型部分。较明显的例外出现于印刷时代的开始：阿尔伯蒂有意省略插图，以拉丁语和文学技巧强化文本效果；维特鲁威的建筑著述也没有插图，虽然文本某些部分表明，作品最初可能配有插图。许多文艺复兴时期的建筑师对这一缺失感到疑虑。安东尼奥·德桑加洛怀疑，维特鲁威将献给奥古斯都·凯撒的手稿原作图纸保留了下来，这样一来，宫廷中“对建筑一无所知的人”便无法窃取他的秘密。当然，真相最有可能是原作手稿早已散佚，反复地复刻使插图失真，最终模糊到无法辨认。阿尔伯蒂必定察觉到这一窘境；也许他还意识到，在老普林尼和盖伦的学说中，正是出于这一理由而反对在自然科学文献中加入图解。菲拉雷特和弗朗西斯科·迪·乔治手稿中的插图尚在，但图片质量令人生疑，不知是否为真迹。可以肯定的是，阿尔伯蒂著述的首版印刷没有插图。

图像印刷术的诞生早于活字印刷术。自15世纪初期以来，木块和金属版的纸质印刷已用于生产宗教图像、传单、扑克牌和类似的大众印刷物。不久之后，印刷品和绘画一样，成为一个独立的艺术类别。木刻高压印刷技术与凸版印刷术相结合成为首批插画图书的印刷方式。这些著作中有十分珍贵的作品，比如奥尔德斯·马努蒂尔乌斯于威尼斯出版的《寻爱绮梦》。1511年，乔瓦尼·乔康多撰写的拉丁文版《建筑十书》出现，书名标注“附数字”，顾名思义，全书包含140张木刻（艺术价值不大），使维特鲁威的思想更易于理解。由切萨雷·阿诺执笔、带丰富插图的维特鲁威译版于十年后出版，后由杜兰蒂诺和卡波拉利和德国的瓦尔特赫尔曼·雷夫借鉴。通过图书市场变得真正受欢迎的是塞巴斯蒂亚诺·塞里欧，其建筑著述是第一部现代建筑作品。在这本书中，词和插图的主次关系与前人作品相反。塞里欧的作品由附有解释性文字的插图构成，这一点让此书广受欢迎。印刷书籍为信息传播带来强有力的冲击，同一时期，建筑著作中图片取代文字成为主角。1550年阿尔伯蒂的著作增添了木刻印刷图片，并被翻译成意大利文。不过这部已有百岁高龄的文本不再产生任何重要影响。

塞里欧著作中的插图由不同形状的刻具制成，它们印证了木刻技术的局限性。但在费利菲尔·德奥尔梅、帕拉迪奥和巴巴罗的作品中，大幅木刻图画制作精致，这证明木刻技术的缺陷是可以被改进的。然而，越来越多的作者喜欢使用铜版雕刻，这种方法可以做出更精美的轮廓和更细微的主题模型。在这种情况下，设置在可移动类型的文本保持没有说明，而板块跟随在自己的一部分。这种新类型的书的一些早期例子是塞里欧的《杰出的建筑作品》

（里昂，1551年）、雅克·安德鲁埃·迪塞尔索的《论建筑》（1559年，1561年）和安东尼·拉伯柯在罗马出版的《建筑学说》（1552年）。十年后，维尼奥拉《建筑五柱式的一般准则》出版，书中插图皆为铜版印刷，并包含两整页使用铜版雕刻的文字。雕刻印刷术在此证明了其优越性。插图有着工程师般的精确度；建筑师可以通过用一对分隔线来测量细节。后续著作主要使用了两种印刷技术，有时独立使用，有时两种合用——如温琴佐·斯卡莫齐于1615年出版的《建筑理念综述》。铜版雕刻法依然是17世纪最主要的印刷方式，直到它被平版印刷、钢版雕刻和胶版印刷等更加现代的方法替代。

容易被忽视的一点是，印刷图片对文明进程的贡献与印刷书籍同样重要。复刻的印刷品是视觉文化发展的第一步，现在包括不断增长的生活领域。在中世纪末期，世界变得越来越复杂，图片作为信息源以及非语言交流手段，很快变得重要起来。木刻、铜版画和图画书传达了人们对生活世界的认知。读者不必背井离乡也可以拓宽自己的视野。哈特曼·谢德尔的《世界纪事》于1493年在纽伦堡印刷出版，可以说是这一发展的里程碑。故事原型取材于纽伦堡的画家，它半写实半虚构地描绘了一座已知世界中远在圣地的城市。塞里欧出版于1540年的论述第三卷关于古罗马建筑的内容，带来了类似的影响。无须去罗马，便可通过文字“看见”那些知名建筑的结构。

图像也为建筑师开拓了新的视角。随着手稿出现（无论是在论文中还是以单张印刷的形式），印刷插图成为结构规划和构建的便利工具。如果没有塞里欧对布拉曼特设计的图片描绘，圣彼得教堂的圆顶看起来也许会是另一副模样。这些图作继而影响了后来接管这一项目的建筑师。安东尼奥·达桑加洛逝世后，他的追随者根据他对圣彼得教堂的设计原型制作了一系列雕塑作品，以此反对米开朗琪罗提出的新设计方案。无须过度思虑计划如何实施，作者的文章便足以说明什么是可行、什么是合心意的。塞里欧的遗产是一种“虚拟建筑”，其先锋性让我们望尘莫及，只好默默欣赏。于他而言，建筑作品是其个人创作媒介的功能性结果。这一建筑理念并非冷门，以安德里亚·帕拉迪奥的作品为例，在其作品中，艺术创造力和纪录性描绘相辅相成，并倾向于融合共存。作为一位建筑师兼写作者，帕拉迪奥的确是个沟通天才，他成为当时最成功、影响最深的意大利建筑师，绝非巧合。

建筑图片在著述中如何呈现？一个结构有三个维度，但书页就像建筑师的绘图板，只有两面。这个问题自建筑学诞生就存在，但直到文艺复兴才被视为一个理论问题。这个问题仍因关于维特鲁威学说的探讨而起：对文本的准确理解需要借助一种统一标准的图像。哥特式建筑的技术指导只有专业人士才理解，其著述的服务对象是建筑工作者，不是一般公众。然而文艺复兴时期的建筑师通过调查和记录古典时代的建筑物展开自行摸索，因为他们意欲再

安德里亚·波佐（1642—1709年）
建筑寓言。皇帝利奥波德一世因其对艺术的贡献而留名后世
建筑透视图，罗马，1693年

现古典时期的建筑面貌，并确保建筑空间符合光学定律。这预示着他们借助多重图像。阿尔伯蒂以维特鲁威理论为基础制定了他的插图理论：物体的正交投影（限于二维）是比例保持不变的准确参照，其三维外观由几个正交投影的组合产生。这并不排除透视图的使用，不过他或多或少将其归为“辅助性”插图。塞里欧和拉伯柯尝试通过两种类型插图的结合使用，调和准确比例和建筑现实外观的矛盾。而像维尼奥拉、帕拉迪奥、斯卡莫奇这类更严格的理论家则严格遵循正交投影原理，通过复杂绘图过程恰如其分地展示空间形状和固体体积。技术熟练的建筑师如菲利贝·德·洛梅和马提诺·菲拉波斯科在表现几何学成为一门数学科学之前，就已经尝试过多种表现几何方法。在这里，他们能够从研究视角的理论中受益。以上便是自塞里欧时代以来，建筑著述的典型历程，巴洛克作家卡拉梅尔和瓜里尼在这样的作品中占据了中心位置。对于安德里亚·波佐来说，它比建筑本身更重要。然而，手绘图景仍在使用。在19世纪，建筑摄影也成为论述的一部分（或者说成为它的现代继承者）。它们作为再现建筑媒介的历史仍有待被书写。

柱式

从文艺复兴到后现代时期的建筑著作都有涉及“柱式”。对阿尔伯蒂而言，柱式是“建筑最美丽的装饰”。此言并非仅把柱式看作是一种装饰意义上的存在，相反，柱式是阿尔伯蒂个人建筑美学的核心要素。古典时代建筑柱式的种类、名目之多令人眼花缭乱。维特鲁威认为柱式是古希腊神庙及其比例体系的一部分，但普林尼和伊西多尔·德·塞维利亚圣将多立克柱式、爱奥尼柱式和科林斯柱式柱视作独立的建筑构成，几乎把他们看成是自然之物。（普林尼甚至在论矿石的文章中提及了立柱）中世纪之后，阿尔伯蒂在维特鲁威学说的基础上，结合柱头、柱身与柱基的不同组合风格，建立了自己的分类体系。关于纪念碑的实证研究（建筑学家们的手绘图册）理论家试图探索关于柱式的体系学说。最终，柱式在维尼奥拉的著作中开始作为一个独立概念出现。这超越了语言学意义：在《建筑五柱式的一般准则》论雕饰的章节中，柱式被视为一种自主性创造物（正如立柱在普林尼作品中的地位）。柱式高度抽象又高度真实，代表了古典建筑的精华。其标准是可复制性，于是可被重复印刷的文本作品反而成为“原物”：以完善记录建成物取代例证。

柱式的流行让文艺复兴建筑变得更易于仿建，尤其是阿尔卑斯山以北的国家，那里几乎没有“真正”的古典建筑。苏黎世建筑师汉斯·布鲁姆将柱序比喻为语法——要掌握拉丁语，便要经历学习和钻研。在1550年出版的《关于五柱式的描述》中，他将五种新柱式的艺术形容为“建筑革新的新秘密”。他的比例体系理论睿智而复杂，他的木刻以塞里欧为典范，带有哥特式建筑几何辅助线的特征。此后，德国和荷兰的相关书籍中风格主义/巴洛克式装饰取代了维尼奥拉原则。然而维尼奥拉原则仍然是强制性规范，它继续在欧洲各国传播，彼得大帝甚至命人将其翻译成俄语。

立柱的恰当使用成为文明进程的缩影：如同日常生活中良好的餐桌礼仪，立柱的有序排列抵消了建筑的粗犷气息。“柱式”一词原本是塞里欧和维尼奥拉用于分类目的的语言，就此被赋予了政治和社会色彩。

建筑的柱序反映了社会秩序。17世纪关于柱式的授课几乎成为法国理论家的“国家教义”，从维特鲁威到维尼奥拉的权威，越来越细节化的“等位因素”，似乎是要建立一种摆脱一切历史偶然性影响的绝对规范。路易十四无所不能的首相柯尔贝尔派遣建筑师安东尼·德斯葛德特前往罗马纪念碑进行实地考察，同时又安排克劳德·佩劳着手翻译维特鲁威著作的新译本。他痴迷于重建一种纯粹理性风格古典主义的愿望，就像拉斐尔当年前往罗马一样：一切古罗马时代的建筑（包括君士坦丁凯旋门）都追随同样的“理性”，并且遵循维特鲁威的理念标准。

至现代欧洲时代，关于柱式的教条开始遇到挑战。甚至阿尔伯蒂也称赞，那些浩如烟海的古典柱式“不循规蹈矩，热情专注而严谨地探寻新方法”。他并不很在意维特鲁威的典范，而更欣赏“不为学者推崇”的建筑。米开朗琪罗和博罗米尼构思出了自己的建筑特点，而没有向任何建筑模型靠拢。

这一观点受到从文艺复兴时期至17世纪意大利建筑学家的推崇。维特鲁威将柱式分类为阳性（多立克式柱式）和阴性（爱奥尼式）柱式。雕塑家卡利·漫袭斯发明的莨苕叶形装饰（位于柱头）成为第三类柱式，别称“圣女柱”。第四种类型“伊特鲁里亚柱式”诞生于意大利，随后又出现了复合式柱头。非意大利的建筑师们感受到了挑战，他们决意发展带有自己国家色彩的建筑风格。此后陆续诞生了西班牙风格（赛格雷多，1526年）、法国风格（德·洛梅，1567年）、德国风格（斯多姆，1699年）和英国风格（伊芙琳，1781年）。反改革派别的理论家（维拉潘多和波塞维诺）称，螺旋状柱体体现了一种“所罗门王式秩序”。卡拉穆埃尔辨出了包括哥特式在内的11种风格。瓜里尼认为，还有无数不同的柱式种类可以被发明。这些柱式逐渐失去昔日威风：1702年，启蒙思想家米歇尔·德·弗莱明认为柱式是建筑中最无趣的一面；艾萨克·威尔在1765年谈论到，也许无须柱式，仍能造就一座好建筑。

建筑理论与乌托邦社会

与其他艺术形式相比，建筑与社会政治进程和权力的关系更为紧密。无论如何，建筑师的行为无法摆脱政治因素，即使是纯粹的形式的设计，也通常折射社会领域的隐喻：上级与从属；支持与承担；隔离与族群；自由与依附。建筑风格如同政治制度，建立在人们可以肯定、质疑、辩护或毁弃的共识之上。在这一意义上，建筑论述也是政治和社会的映象，即便其中的联系未必十分明确。

意大利的文艺复兴引发了一场建筑共识的重新成形，取代了中世纪的建筑观念（即哥特时期，或阿尔卑斯山北部地区）。在早期论述中，共识通过论证证明其合理性。在写作时，建筑师就像一个推理作家：他会考虑到各方面事实；他言之有序，思维冷静。建筑写作不仅关乎建筑师自身的职业，也涉及国家、政治和社会。佛罗伦萨建筑师菲拉雷特意识到自己的社会角色，他相信自己的写作应当服务于皇室读者，并在其新建筑风格中设计一种“社会框架”。这一理念欲求源自人文主义和启蒙思想，但不必被视为对现行统治体系的批判。建筑师想要让作品尽可能壮观，因此他们倾向权威，毕竟掌权者为建筑师提供了实现其项目构想的机会。这一点在文艺复兴论述的历史讨论中尤为明显。

伟大的建筑总是成形于统治者为掌控其领土财富而实行最大程度专制的地方，例如古老的东方、埃及和罗马帝国。尽管如此，阿尔伯蒂认为统治者应当区分为两类：一类是镇压人民的暴君，另一类是善良公正的统治者，他们行使权力时秉持君权民授理念。菲拉雷特在其对“斯福钦达”城市的设想中，就前一种乌托邦社会做出直接而骇人的描述：王子对其子民行使绝对统治，军队被其视为奴隶；在军事纪律约束下，人民被迫建造着他们的首都。

柏拉图关于国家的教义成为诸多后继理论家研究的起点。他们基于此发明出更为广泛的社会模式，从符合资产阶级利益诉求的开明君主制，到19世纪的法国社会主义公社。“秩序”是所有这些理论的基本原则。然而，作为政治权力的规划机构，后者是合法的，它是建筑师为其居民规定理想的城市和国家，并决定他们应当如何生活。欧洲的改革运动出现于1900年前后。变革启发了个体的自主性，让他们得以参与一种“共生”，而非分层形式的共存。在美国，资本主义的活力运转让阶级体系开始过时。弗兰克·劳埃德·赖特在其著作中，试图描绘一些像“开放社会”这样的建筑理论。建筑师又是艺术家；他们的媒介叫“想象”。然而两者的不同在于，画家模拟一种“新世界”，而建筑师则通过对真实世界的介入建立起新的现实。一切建筑设计的实质都包含一种乌托邦色彩；它们否认“当下所是”，以“当是”或“将是”取而代之。也就是说，未来的蓝图必须与现实共存，因为它始终会受到

贾科莫·维尼奥拉（1507—1573年）

在其建筑著述的标题页上，维尼奥拉手持绘图工具展示他的“柱式规范”，这篇著作更正了之前罗马废墟研究中的相关论述

五种柱式规范，罗马，1562年

时间或空间边界的牵制。若要突破这种限制，建筑规划师必须将单一的建筑元素扩展为更丰富复杂的形态：广场、花园建筑、城市规划、社会系统乃至世界所有的设计。

然而，视野越宽广，实施计划所需的时间便越长。最终，物质材料产生了太多阻力，计划开始变得不现实。这是建筑师的构想跃入乌托邦的质变点：词语纷至沓来，画笔在绘图纸上滑动。透视图、模型和如今的计算机模拟消除了一切可能的阻碍因素。至此，理念和规划中的乌托邦成分已成为论述文献的固定组成。然而这乌托邦的气息并非指向未来，而是过去——衰微之光笼罩下的旧欧洲社会，在寻找一种已逝去的黄金时代氛围，并希望自己能够返回大好年代。这也是为什么最富奇思妙想的乌托邦式论述常常围绕古老的建筑结构展开话题——无论那是罗马帝国（弗朗切斯科·迪·乔治）时期，或是所罗门的寺庙。即便在绝对主义的衰落阶段，以乌托邦精神设计宫殿的计划也仍在进行，诺伯特·米勒将其讽刺为皮拉内西的具体“梦想考古学”。直至法国大革命，这种建筑学和社会学的乌托邦构想（如布雷和勒杜）才走向历史终结。进入20世纪后，知名建筑家如勒·柯布西耶、圣埃利亚、布鲁诺·陶特等则致力于未来主义风格建筑的构思。

理论与反理论

即便在建筑著述蓬勃发展的时期，“建筑学说的精华应当被写成理论著作”这一观念也并不普及。出于不同原因，三位史上最重要的建筑师并未留下书面作品。让我们一起回顾一番：菲利波·布鲁内莱斯基似乎是一位反理论主义者：他对人们今天谈论的柱式了然于心，但并不觉得有必要对此大书特书、公之于众。布拉曼特受过良好的文学教育，并熟知他所处时代的建筑著述，然而他更愿通过建筑物本身表现其建筑理念。他的建筑作品小教堂以及梵蒂冈眺望楼的螺旋状楼梯，显然是对维特鲁威理念的回应。16世纪的建筑师中，最不善言辞的便是米开朗琪罗，他不相信语言可以充分表达建筑内容。像布拉曼特一样，他通过自己的作品言说——不是作为一个理论家，而是作为一个艺术家与一个雕塑家。他只对一个设计做出过评论，并且言辞简短，无甚热情。在一封信末他抛出声明：“那些未精通人体结构和解剖学的人，没有理解的能力。”

正如我们所见，对理论的厌倦随着图像印刷术的发展而增强：著述的作者如今可以通过图示展现其思想，而不是被迫无奈地去叙述它。许多建筑师认为，建筑不应该只通过书籍学习。阿尔伯蒂鼓励读者不要止步于阅读，也应当去研究真实的建筑典范，从中可以学到的精粹不逊于师从一位顶尖教授。

塞里欧借助参考图片使自己免于落入理论分析的窠臼——“你还看到了什么？”拉伯柯则认为，观察好案例让人收获更多，并且需要的时间也比阅读少。对于维尼奥拉而言，阅读是一种负担，看看他设计的圆盘便可以理解他的“尺度”概念——无须通过理论，而是实例。即使是常常进行理论分析的帕拉迪奥，也向读者承诺，他会避免长篇累牍的讨论。

来自反对阵营的类似言论数不胜数，他们讽刺这些理论家是只会纸上谈兵的文人。然而两百年后，文学学者对建筑理论的批评呼声反而最高：他们反对以“知性”覆盖“感性”，反对灰色理论对生命的遮蔽。歌德在其早期作品《论德国建筑》中写道：“于天才而言，原则往往比实例更危险。”我们应当“品味和享受”艺术印象，“感受”建筑的神秘比例，而无须强作解释。一颗沉迷于“高级审美趣味”的头脑，是无法辨识出建筑的本真面目。这一辩论富有新意、令人欣然探索，不过问题本身却早有其渊源：“原则”与“天才”、既定审美规范与个体创造性的二分法，始终触及艺术理论的核心。后者曾引发出许多讨论话题：有些主题我们之前已提及，在此不复赘述。佛罗伦萨人文主义者布鲁内莱斯基的传记作家安东尼奥·迪·图西奥·马内蒂切中要害的言论，阐明了所有建筑理论面临的这一困境：“如果古代作者也像如今的巴蒂斯塔·德利·阿尔伯蒂一样传授建筑知识，他们大概只能处理一般原则问题了——毕竟，一位大师的成就绝大程度取决于自身的天赋和努力。”

孙刘晓蓓　译

意大利

莱昂·巴蒂斯塔·阿尔伯蒂（1404—1472年）

De re aedificatoria libri decem

MANUSKRIPT 1442-1452. VATICAN CITY, BIBLIOTECA APOSTOLICA VATICANA; MODENA, BIBLIOTECA ESTENSE ET AL.

The architecture of Leon Battista Alberti, in ten books. London, 1726

莱昂·巴蒂斯塔·阿尔伯蒂（Leon Battista Alberti）的专著《建筑十书》（*De re aedificatoria libri decem*）奠定了近代早期最为重要的建筑理论，而他并非建筑师出身，当然也不是石匠和木匠，而是人文主义者。1404年，他生于热那亚，是佛罗伦萨一个在国外流放的富裕贵族之私生子，后在威尼斯长大。他进入了当时最著名的西塞罗学者加斯帕里诺·巴尔西萨（1360—1431年）建在帕杜瓦的学校，接受了人文领域的基础教育——拉丁语、古典修辞学、哲学和诗学。之后他在著名的博洛尼亚大学一直研习语文学、修辞学和哲学，直到经历了一次精神崩溃后才不得不专攻教会法、民法、数学与物理学。他当上了红衣主教秘书——一位速记员——直到被解雇。

在他涉猎广泛的作品中，有三本书值得一提：《论绘画》，用拉丁文写于1435年的一本小书，并在1436年被翻译成意大利文；写于1438年的短篇著述《论雕塑》；在1442年至1452年写成的探讨建筑艺术的《论建筑》。换言之，阿尔伯蒂探讨了三门不属于传统天主教人文学科的艺术。它们被单独拿出来当作研究对象，这使得它们达至能与几何学、音乐、诗学和修辞学这些艺术相提并论的地位。

有趣的是，阿尔伯蒂在写作方面投入的时间比例逐渐减少，而在建筑学方面却与日增多，最终他成了一位设计建筑蓝图的建筑师。毫无疑问，他在早期便对建筑学充满兴趣，这点可以从他1436年版本的《论绘画》中对建筑师菲利波·布鲁内莱斯基（1377—1446年）的献词窥探出来。1447年，在他已经开始撰写《论建筑》之时，他求学时代的同僚和朋友托马索·帕兰托利·达·萨尔扎纳被选为教皇尼古拉斯五世（1447—1455年在位）。后者好像在一开始就邀请了阿尔伯蒂参与如何修复破旧的圣彼得大教堂以及在梵蒂冈兴建新教堂的讨论。很可能是教皇在1450年委任阿尔伯蒂将位于里米尼的马拉泰斯塔家族教堂改造成一座新式教堂。从那以后直到1472年去世之间，阿尔伯蒂不仅为教廷效力，而且还担任着佛罗伦

萨的鲁彻莱家族（圣玛利亚大教堂正面、鲁彻莱府和鲁彻莱墓堂）和曼图亚的阁尼扎斯家族（圣塞巴斯蒂亚诺教堂和圣安德尔教堂）的建筑师。

阿尔伯蒂从1450年开始就一发不可收拾地从作家转型为建筑师，这可能是因为他深受西塞罗的杰作《论雄辩家》的影响。在古代，雄辩家具有深厚的道德、哲学和修辞素养，能给公共事务带来直接益处，对于共和国的日常法律和政治实务而言亦然。然而，作为一位雄辩家的阿尔伯蒂却面对着这样一种困境，一方面他被誉为那个时代的西塞罗，而另一方面却没有机遇像他的道德偶像那样为公共事业造福。对于阿尔伯蒂来说，建筑设计是一项政治味浓厚的活动，因为他把建筑师视为文化的缔造者和守卫者，能为市民社会（城邦）提供保护与安全，所以能为社会和知识进步创造条件。在他的杰作《论建筑》中，他把自己对于建筑师的种种想法进行了总结，还指出建筑施工不只是堆砌石块，这本书在1452年呈递给了教皇尼古拉斯五世。

阿尔伯蒂可能是在廖内洛·埃斯特的费拉拉邸宅上——与人文主义者侪辈以及受过高等教育的贵族——对维特鲁威古老的专著展开讨论时，产生了撰写一本建筑专著的想法。他一开始想到的可能就是给晦涩的文本做注释，这些文本只剩下一些零碎的片段，而且是用希腊文术语写成。不过，正如阿尔伯蒂自己所坦言，他想写一本更系统、更细致且更具文学性的书，这不仅仅是受到维特鲁威的启发，也因为他看到古希腊与古罗马遗址的毁坏以及同时代人只以哥特式建筑为主流的糟糕审美。

阿尔伯蒂效仿维特鲁威的《建筑十书》，也把自己的书分成10个部分，此外还吸收了这位前辈认为建筑应“坚固、实用且美观”的主张。尽管如此，他的内容还是很有特色，第一卷标题为“草图”，他解释成为考虑到建筑物每个部分的实用性，就必须在建筑设计一开始就考虑这点。这些要素就是周围环境、地面质地、底层平面图、墙面、屋顶和开口。第二卷标题为“材料”，提供了一些关于材料的信息，第三卷“作品”，谈论结构理论。阿尔伯蒂在这几卷里所讨论的都和坚固性有关。第四卷“一般的建筑”，第五卷“特殊的建筑”，主要论述了建筑的一般和特殊类型，与实用性相关。第六卷至第九卷分别是“装饰物”“教堂装饰物”“公共建筑装饰物”和“私人建筑装饰物”，阿尔伯蒂将这些都归类为美观。教会建筑、教区公共建筑以及私人建筑的“装饰”，都不足以囊括这本书里的内容。为了有一个更直观的感受，最好使用古典修辞学中的隐喻作为提示，就像阿尔伯蒂那样把一次详尽阐述的演说比作一张面纱披在裸体上，或者用一个更深刻的表达，就像一具骷髅拥有了肉身那样。直到专著的第二部分，阿尔伯蒂才讨论了建筑学无与伦比的整体面貌，直到这个时候他才把建筑学当作一种“美妙的艺术”加以谈论。第十卷“建筑物的修复”，谈论了保护现有建筑的技术，并对自己的想法进行总结。

阿尔伯蒂对于建筑之美的看法主要在于“端庄稳重”，或者说礼貌得体。他区分了社会伦理和形式美学之间的分水岭。因为阿尔伯蒂总抱着“城邦”概念，例如一个基于城市而形成的社会，所以，所有建筑设计都要符合某个明确的社会标准而融入这个城市结构。这产生了由教会建筑为首的等级制度，特别是圣殿，其次是城墙、大教堂和坟墓，它们是最为庄严的，所以便享受到最奢华的装饰，阿尔伯蒂在第七卷就此做了讨论。在下一卷里概述了中下等级的建筑和公共设施，诸如街道、广场、桥梁、图书馆、学校、医院和体育馆等，它们的庄重程度要高一级。私人建筑、城镇住宅以及城墙外的庄园和花园处于层级最底层。相比之下，作为一切事物衡量准则的圣殿是一切建筑元素的源泉，可以被适量地运用于任何其他建筑，比如各种圆柱及其构建。阿尔伯蒂把自己知道的所有檐口形状罗列出来，这份清单上的词汇使用得非常准确，并做了细致分析。所有这些独立部件是如何组合到一起并形成一个鼓舞人心的漂亮整体，这反而是一个关于得体的问题，阿尔伯蒂称之为和谐。和谐的标准就是将正确的数量、比例和布局融合在一起形成一座美丽的建筑。和谐还意味着人们一看见某座建筑时就会情不自禁地被触动，感叹它的美妙。

甚至在15世纪末之后，阿尔伯蒂的专著《论建筑》依然是一本最睿智的建筑理论书。更难能可贵的是，阿尔伯蒂用拉丁文写了这本书，而且连一幅插图也没有。在1485年正式出版之前，这本书几乎只在学者和贵族间被传阅和交流，然而在15世纪80年代以前，即使在身份地位如此高贵的这些人中间也很少有人拥有这本书的抄本。不过，自1483年以后，精美的手抄本就问世了，供应给潜在的客户，比如乌尔比诺公爵、费德里克·达·蒙特费罗（1422—1482年）和匈牙利国王马加什一世（1458—1490年在位）。阿尔伯蒂的杰作是否以及如何得到了建筑师的一致认可就很难查明了。菲拉雷特（1400—1465年）和弗朗西斯科·迪·乔治·马蒂尼（1439—1501年）等建筑师是类似的作家，他们对这本书都很熟悉。我们知道一位佚名工匠，技艺高超的石匠，从费拉拉的宫廷图书馆借过这本珍贵的书，尽管不知道他到底读懂了多少，也不知道他想学什么。由科西莫·巴尔托利在1565年完成的第二个意大利语译本使得这本书得以更广泛地普及，并且还配有插图。

维罗妮卡·比尔曼　著　　肖林振　译

1 | 双力滑轮组工作原理

出自科西莫·巴托利·蒂尔的意大利语翻译版第一版《建筑师莱昂·巴蒂斯塔·阿尔伯蒂》中的插画，佛罗伦萨，1550年，第130—131页。木刻版画

2 | 水坝和渠道

木刻版画，能满足一个城镇的供水。为了给阿尔伯蒂《建筑的简单性及其功用》这一章节配插图，这本书的法语版描绘了一座伫立在丘陵上的城镇、水坝和渠道。出自《莱昂·巴蒂斯塔·阿尔伯蒂精致的建筑设计艺术》，巴黎，1553年

安东尼奥·阿韦利诺，又名菲拉雷特
（1400—1465年）

Codex Magliabechianus II, I, 140

c. 1461-1464. FLORENCE, BIBLIOTECA NAZIONALE

阿尔伯蒂的专著《论建筑》用拉丁文写成且没有插图，紧随其后的安东尼奥·阿韦利诺（Antonio Averlino）与之不同，他用意大利方言写作并配有多幅插图。阿韦利诺自诩为“菲拉雷特”（Filarete，意为“美德之友”），他非常清楚自己根本无法和阿尔伯蒂相提并论，但他仍然从自己的亲身实践经验中获得了足够的自信，并撰写《建筑方法、测量与比例》。他说自己没有受过教育，所以无法保证文本符合修辞规则，但他确实直接引用过古典时代的建筑理论家维特鲁威曾使用的关于谦虚的比喻，此外他还指出自己完全无法和维特鲁威相比。他是（或者说他自称）是一位经验丰富的艺术家，对绘画、建筑和雕塑信手拈来，正因此他觉得自己应当去指导那些怀疑者，让他们相信建筑学确实有一个理论框架。他向受过教育的读者提起曾用拉丁文写作的前辈维特鲁威和阿尔伯蒂，他这样做心里是不可能没有一点骄傲的蔑视。

菲拉雷特于1400年出生在佛罗伦萨，他可能是洛伦佐·吉贝尔蒂（1381—1455年）作坊里的学徒，尽管他在这一时期的作品没有一件流传下来。菲拉雷特的后半段人生更为重要——约从1433年开始到1488年在罗马度过的一段岁月——吸引了艺术史学家的瞩目，他还在那里声名显赫起来。1445年，他在罗马完成了人生中主要的雕塑作品，也就是受犹金四世（1431—1447年在位）之委托修建的圣彼得大教堂的青铜大门，现今依然存在。在犯了偷窃圣物罪后，菲拉雷特被迫于15世纪40年代末逃离罗马。直到1451年他才重新露面，为米兰公爵弗朗西斯科·斯福尔扎（1401—1466年）效力，担任工程师和建筑师，就这样直到1465年米兰一直是他的活跃中心。马焦雷医院是他人生中最重要的工作，就是在1456年至1465年间在米兰完成，他的建筑专著也极有可能是在1461年至1464年间在米兰完成。1465年后，他消觅无踪。

促使菲拉雷特撰写建筑专著的原因不得而知，但有可能是因为他想获得有权势的客户，并为自己博取建筑师的美名。别的不说，就这篇或是献给弗朗西斯科·斯福尔扎，或是献给

a cessa & poi discesi & usimo plasua
ndamo uedendo tutto & cosi discesi p
ilsecondo ponte leuatoio entramo nel
ra delportico & andamo uedendo le
quelli luoghi disopra & poi disotto al
so & cancellaria & insomma tutto uol
glipiacena Ma che uiuorria pogni modo.

irre una secondo che a me paresse cheste
disegnata qui accio chelapossiate intende
re & anche come tu lanuoi compartire
e io parto incinque parti queste quarãta
a laquale e otto braccia largha & dodici
alla porta sinepiglio una decantoni &
llaltre due parti lascio tralaporta & que
uito quattro braccia. Siche miuengho aui
iello quaranta menerosta trenta due qu
ia uerra otto di diamitro & auanzomi du
otto braccia & poi gliso disopra un qua
grosso & disopra unaltro in octo angol
odia & laparte disotto fo indue archi di
no nelmezzo tralluno archo & laltro di
muri & imodo chepquesta grossezza de

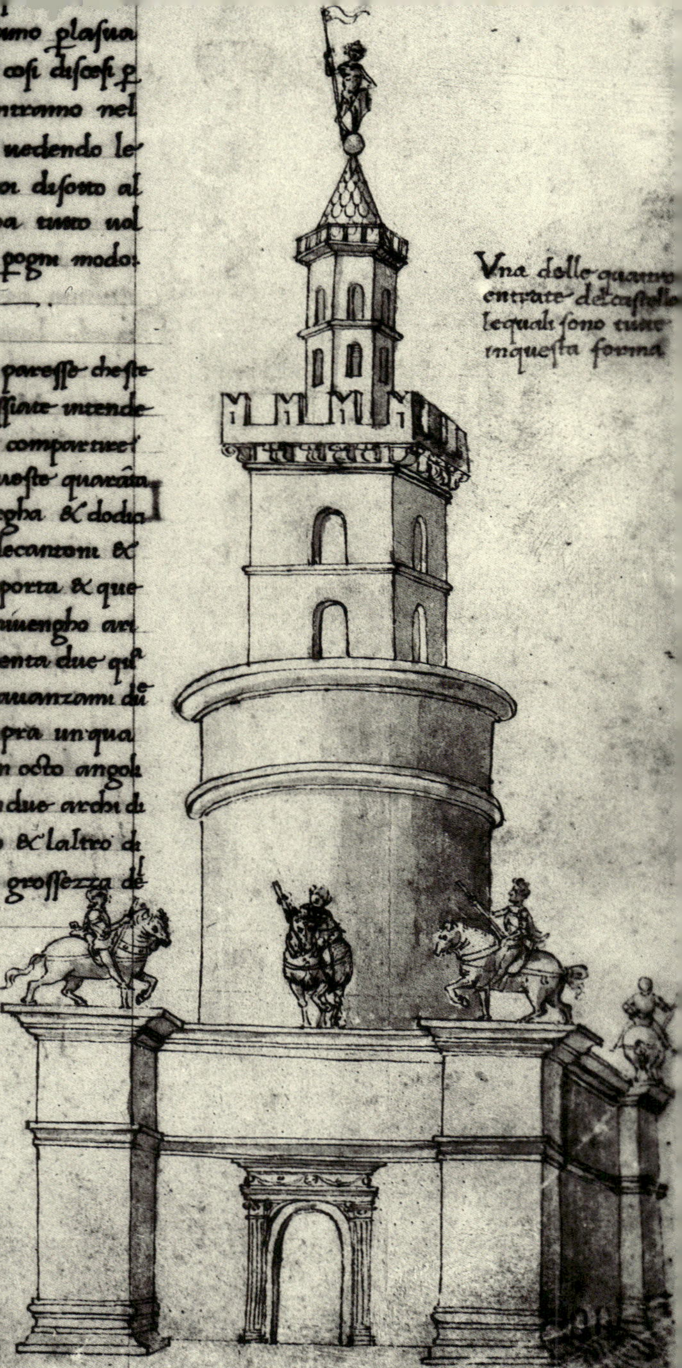
Vna delle quattro
entrate delcastello
lequali sono tutte
inquesta forma

皮耶罗·德·美第奇（1429—1484年）的专著，就有不同的版本在意大利流传下来，这似乎就能证明这点。正如15世纪的手稿常会碰到的情况一样，菲拉雷特的亲笔手写本原著也遗失了，不过还是有三本手抄本存留下来，以及一本典型的15世纪原著临摹本。于是就有了两种说法，由献给弗朗西斯科·斯福尔扎的专著衍生而来的斯福尔扎版（米兰的提福兹欧手稿；佛罗伦萨的巴拉丁手稿）和所谓的美第奇版（佛罗伦萨的玛格莱彼切努斯手稿［Codex Magliabechianus］；巴伦西亚的巴伦西亚努斯手稿）。玛格莱彼切努斯手稿是献给皮耶罗·德·美第奇的手抄本。除了这几个重要的15世纪手抄本外，也还有15世纪、16世纪和17世纪的多个手抄本，它们全都衍生自安东尼奥·波菲尼献给匈牙利国王马加什一世（1458—1490年在位）的拉丁文译本。

看一眼菲拉雷特专著手抄本的拥有人名单就不难发现，他的读者都是宫廷人员，不过其他建筑师同行似乎也知道这部著作，这种情况与阿尔伯蒂如出一辙。因此有证据表明列奥纳多·达·芬奇（1452—1519年）和多纳托·布拉曼特（1444—1514年）都有机会在米兰接触并阅读此书，正如乔尔乔·瓦萨里（1511—1574年）在佛罗伦萨所做的那样。此外，建筑师温琴佐·斯卡莫齐（1548—1616年）在他1615年的专著《通用建筑设计想法》中自豪地说自己拥有菲拉雷特的手抄本。

阿尔伯蒂的《论建筑》得以出版，但菲拉雷特的《论建筑》从未出版，直到19世纪末才有一个不完整的版本出版，直到1972年才有一个配有插图的完整版。正如那些幸存下来的古老手稿一样，现代印刷版本也只能用空白、间断、重复和错误，将就着处理残缺的文本。事实上，菲拉雷特似乎从未完成过这本书的最终稿，所以，这些手稿是否经由他同意或者在他生前出版的都无从可知。

在结构和叙述形式方面，阿尔伯蒂都没有跳出维特鲁威设定的古老样式，但菲拉雷特另辟蹊径。他写了25卷而非10卷，每卷长短不一。只有第1卷至第21卷与建筑学有关，这就是《论建筑》。第22卷至第24卷详细谈论素描与绘画，而第25卷是写给赞助人美第奇家族的颂文。

细细研究了第1卷至第25卷后就会发现，尽管它整体缺乏章法体系，彼此相关的章节都被随意拆分，但它还是有三个比较明确的中心思路：在第1卷至第2卷中，菲拉雷特提出了三个独创的建筑理论元素，第3卷至第11卷描述了他对理想中的斯福尔扎城镇的设计与扩建，第12卷至第21卷介绍古典时代真实存在和虚构出来的建筑。菲拉雷特的书没有采取教科书那样的严肃风格，而是使用了小说中的对话体。在与富可敌国的王子兼客户的一次长谈中，其人一看便知是弗朗西斯科·斯福尔扎，以及从第7卷开始，在给王子之子的一次讲课中，其人一看便知是加莱佐·斯福尔扎（1444—1476年），这位建筑师提出了理想城镇的蓝图“阿韦利诺”，其竣工后便是斯福尔扎城。选择一个适宜的地理位置，街道呈辐射状分布的八角形城镇规划图，精心设计的城门的防御工事的施工以及一系列独立建筑，这些就是这部对话体著作的核心内容，直到第14卷才告一段落。菲拉雷特对自己的看法颇有意思，他直接用自己的名字阿韦利诺命名这个理想城镇。这就强调了设计的内在价值，而非完成这项设计所需要的技艺，所以这归根结底只是以客户斯福尔扎的名义进行的一场游戏。从第14卷开始，菲拉雷特引入了第二条叙事主线。在挖掘斯福尔扎港的时候，有一本金册被发现了。这之后菲拉雷特便又描述了一个虚构的古代理想城镇谱拉思坡，其中的所有建筑物都是由传奇建筑师奥尼塔·努提莱弗（安东尼奥·弗若提诺，又名安东尼奥·埃维里）为传奇国王佐加莱建造的，毫无疑问，他就是加莱佐·斯福尔扎。菲拉雷特以此为借口，为真实存在和虚构出来的古典时代的建筑提供了详细的复原图。

狭义地讲，菲拉雷特著作中对原始小屋和圆柱特征的介绍性评论很明显地勾勒出了一个建筑理论。菲拉雷特讲述房子的起源，但维特鲁威和阿尔伯蒂都曾讨论过，不过他从基督教立场加以解释，并首次配插图。亚当被驱逐出伊甸园，所以就要寻找一个遮风避雨之所。起先他只会双手交叉置于头顶，不过后来他学会了竖起四根树干，并在树干的树杈上架起横梁，这就有了原始的屋顶和四壁。这种原始小屋也代表着所有更高形式的建筑物的起源，因为亚当是参考人类的四肢才竖起四根树干并建造屋子。这也适用于圆柱，柱顶就相当于树干最上面的部件树杈，而它反过来就对应于人类的脑袋，有了人脑才有了测量单位和建筑构建。

在菲拉雷特的体系中有五种分类方法，而在讲到圆柱时只讨论了其中三种，多立克柱式、爱奥尼柱式和科林斯柱式。他从维特鲁威那里知悉这些柱式，但他完全独立地给出了一种完全相反的解释。菲拉雷特把多立克柱式分为九个部件；科林斯柱式，“中等”，分为八个部件，爱奥尼柱式，“最少”，分为七个部件。为了与建筑物的基督教神话起源这种说话相吻合，菲拉雷特认为多立克柱式是一种最古老、最重要的柱式，因为它是参考亚当也即上帝自身的比例建造而成。严格来说，菲拉雷特所解释的多立克柱式与维特鲁威口中的多立克柱式毫无共同之处，而是一种变体。就内容而言，菲拉雷特颠倒了维特鲁威对柱式的分类。因为他认为社会财富的层级结构反映在圆柱的重叠中，处于最低地位的爱奥尼柱式承载着整个建筑的重量，而多立克“亚当柱式”就相当于贵族，因为其庄严的顶尖无须承受任何重量。

维罗妮卡·比尔曼　著　　肖林振　译

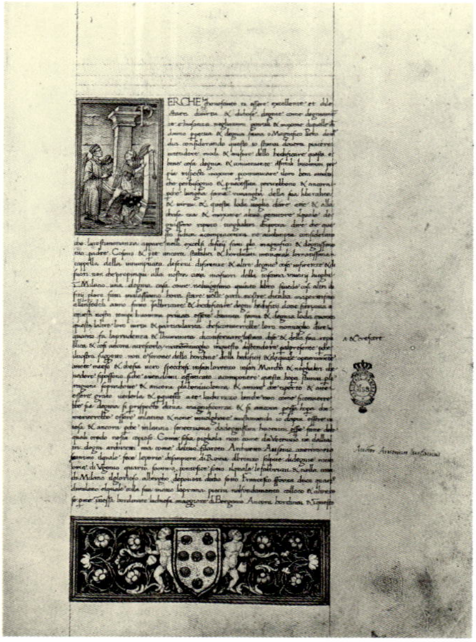

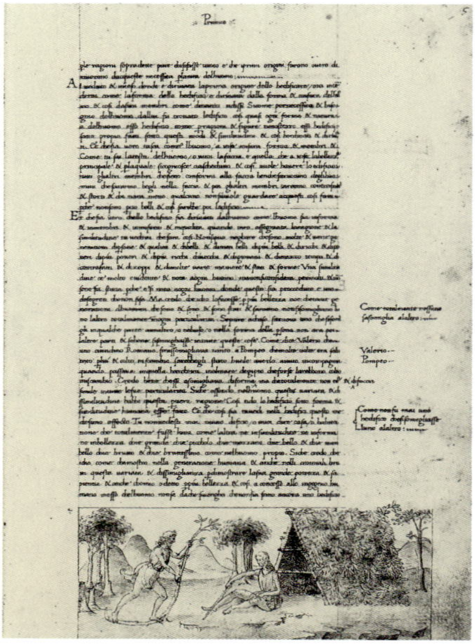

1 | 建筑师对某处建筑工地的想法，以及美第奇家族盾形纹章
第1页

2 | 亚当搭建的原始小屋
第5页

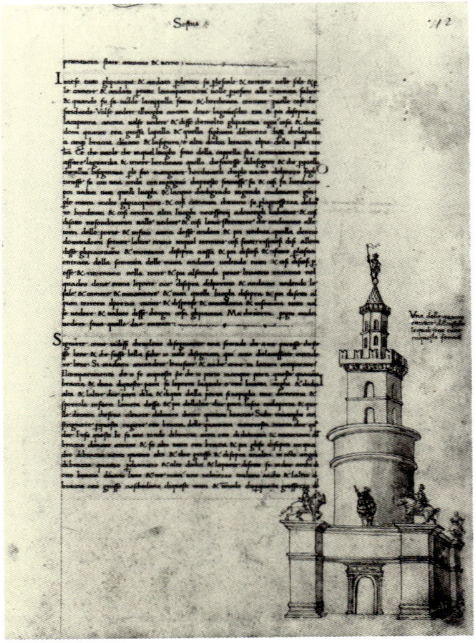

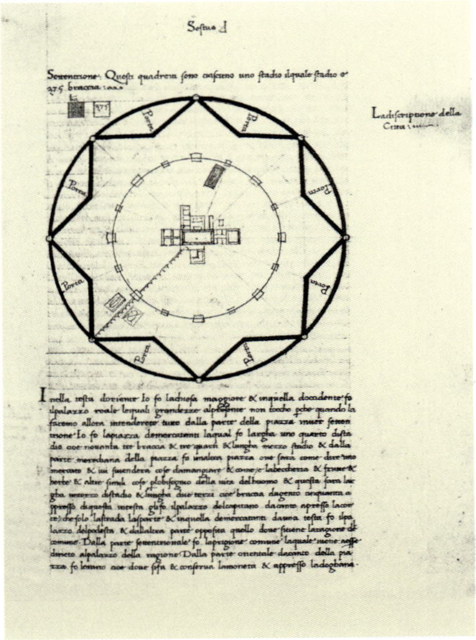

3 | 城堡的防御工事
通向贵族城堡的四个主要通道之一，屋顶矗立着雕像。第42页

4 | 理想中的斯福尔扎城镇蓝图
坚固的城墙以星形环绕城镇。第43页

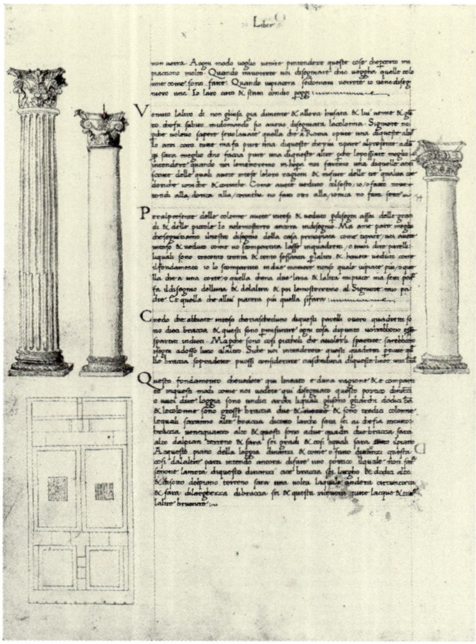

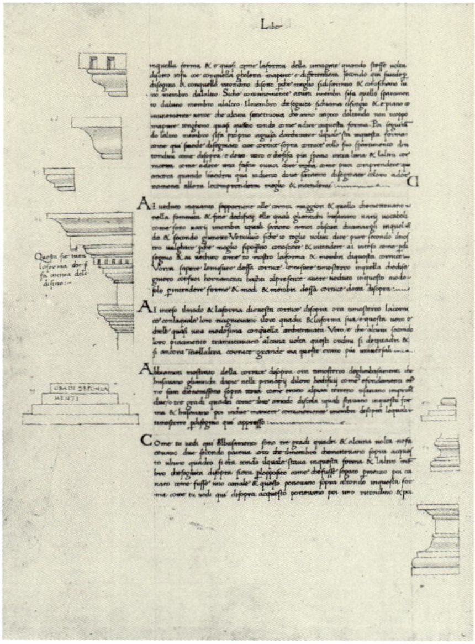

5 | 柱式

菲拉雷特的柱式分为：多立克柱式、科林斯柱式和爱奥尼柱式。左下：王宫平面图。第57页

6 | 上柱和柱座的剖面细部图

第63页

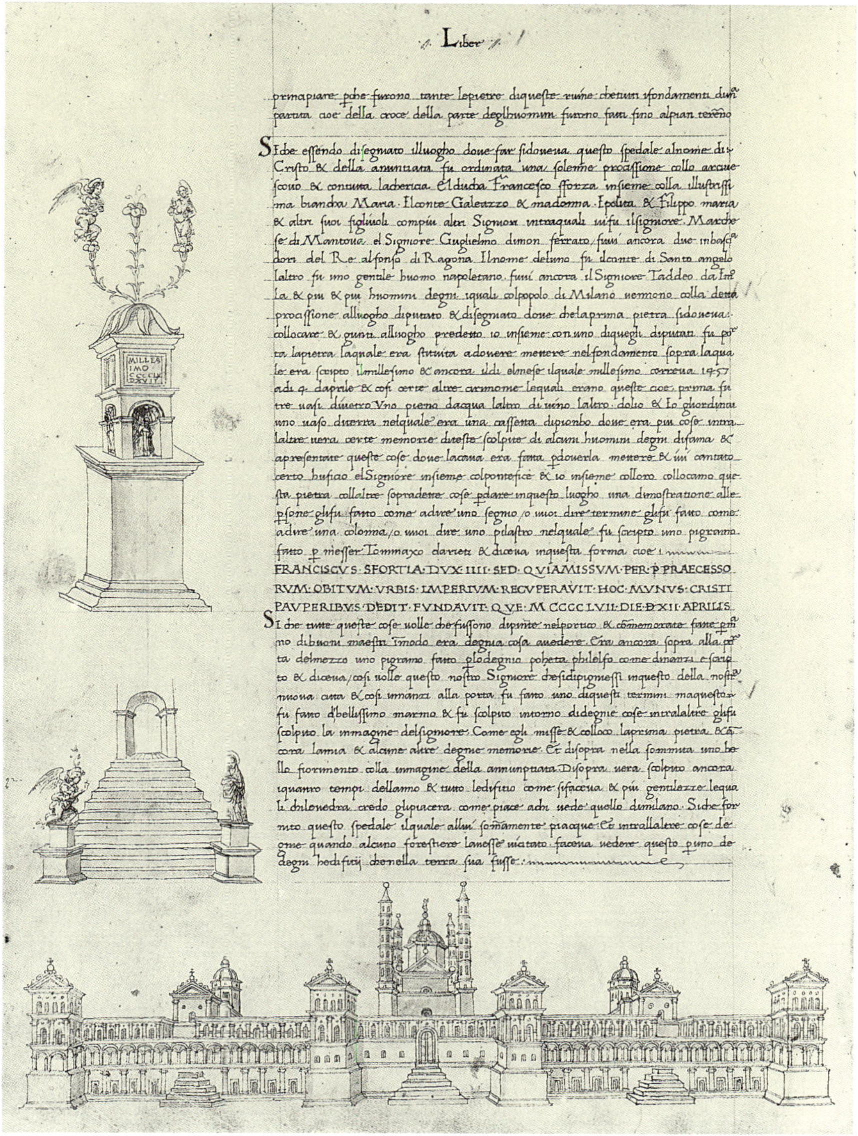

7 | 斯福尔扎医院

斯福尔扎医院全景图，以及圣母领报教堂入口和奠基石前面的塑像。

第83页

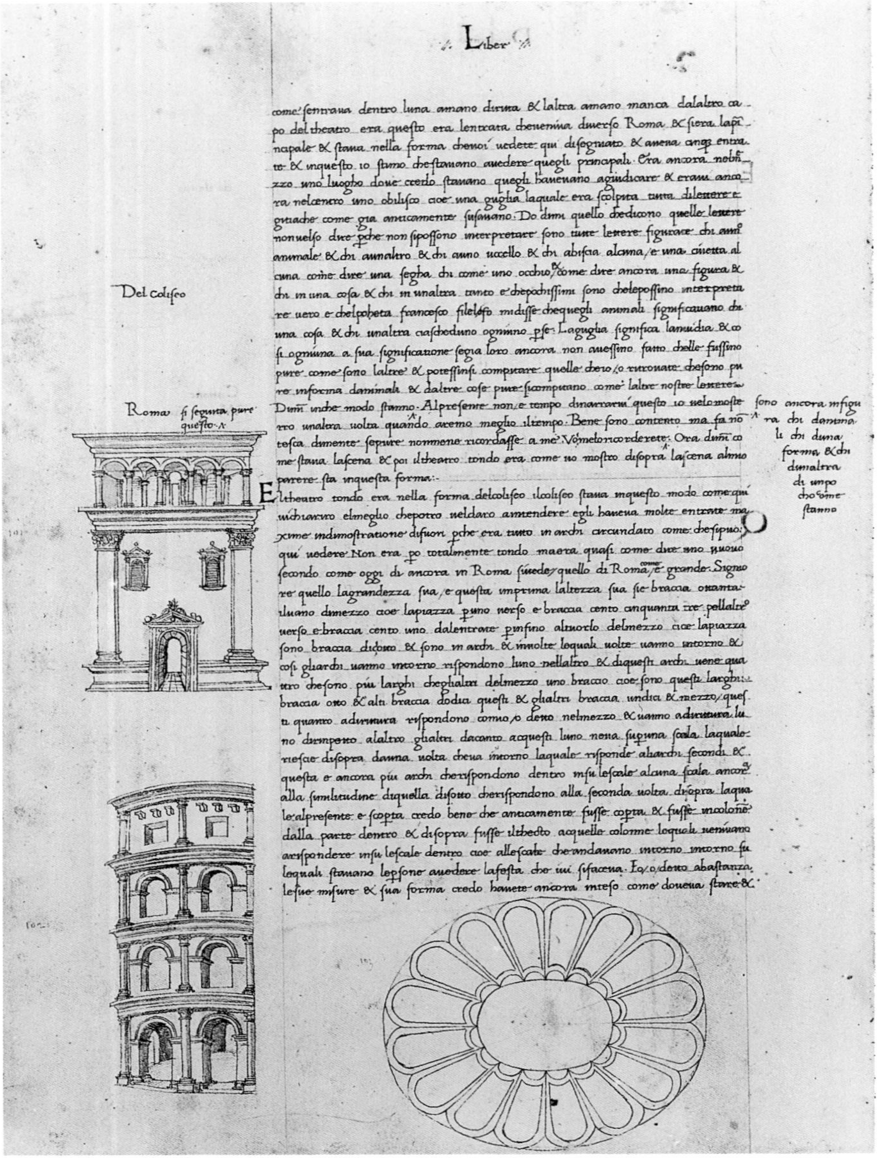

8 | 一座古老戏院的入口通道，罗马竞技场的立面图和平面图
第87页

9 | 建在谱拉思坡，献给国王佐加莱（加莱佐・斯福尔扎）的纪念碑，其外观及平面图

第102页

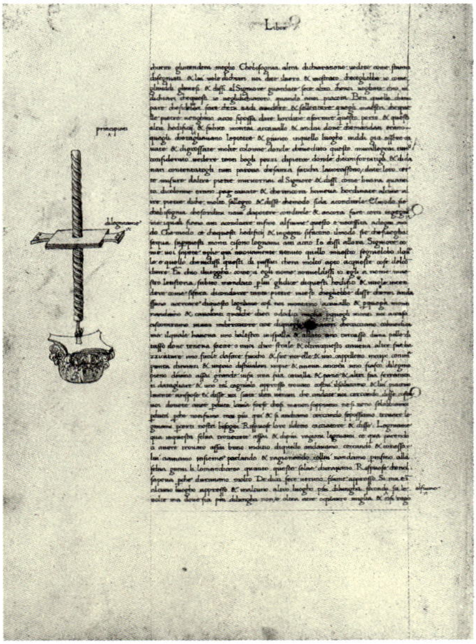

10 | 搬运重物的装置

第115页

弗拉·乔瓦尼·乔康多·达·维罗纳（1433—1515年）

M. Vitruvius per Iocundum solito casigatior factus, cum figuris et tabula, ut iam legi et intellegi possit

VENICE, 1511

M. Vitruvius, the mistakes corrected by Giocondo, with illustrations and table of contents, so that it can be read and understood

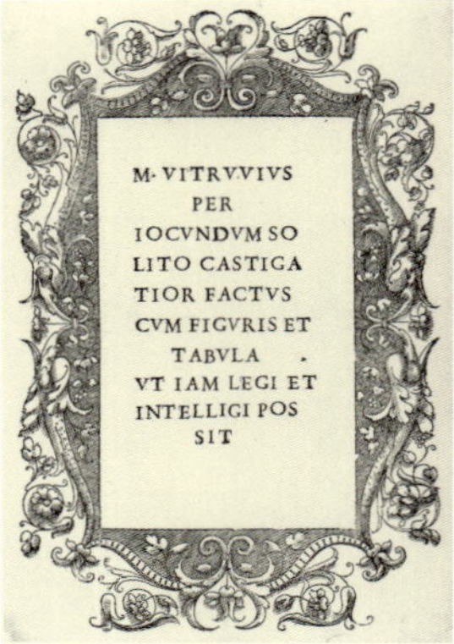

在中世纪，维特鲁威的《建筑十书》已赫然有声。从14世纪起，彼特拉克、薄伽丘与在1416年发现了圣加仑维特鲁威手稿的古典学者波齐奥·布拉秋利尼，使这部专著在整个意大利得以普及。对文艺复兴而言，这是一部重要的罗马建筑理论著作，而且是从古典时代幸存下来的唯一一部完整的建筑著作。这位作家大概出生于公元前84年，终其一生他顶多是一位二流建筑师，他的理论因循守旧，毫无半点原创性。直到他去世以后才有了伟大的宫廷建筑革新，所以他对此无法作任何评述。

人们对《建筑十书》中频繁出现的晦涩术语怨声不断，此外，这本书里充斥着希腊短语，而这一点帮助也没有。各种意思都被歪曲的拉丁文版本使得此书愈加难以理解，而且原著的插图都已散佚。乔瓦尼·苏尔皮西欧负责出版了第一版纯文本和不完整的《维特鲁威》，1486年至1492年间流传于罗马。《维特鲁威》也还在佛罗伦萨（1496年）和维纳斯（1497年）出版。来自维罗纳的弗拉·乔瓦尼·乔康多（Fra Giovanni Giocondo）是否与威尼斯版有关我们无从而知。不论是谁翻译了这本书，那一定是在1511年绘制136张版画的那个人。在意大利由乔瓦尼·塔基诺出版后，这本书献给了教皇尤利乌斯二世，就是他主持修建罗马新圣彼得大教堂。第二版于1513年在佛罗伦萨出版，包含了另外四张版画。

乔康多在乔尔乔·瓦萨里的艺术家生平中获得了高度赞誉，因为他那卓越的学术成就和广博的知识，比任何人都更有资历担任编辑一职。他被雇为建筑师，建造桥梁和防御工事，并担任城镇设计师、工程师、水力学和考古学专家。他在那不勒斯一直工作到1495

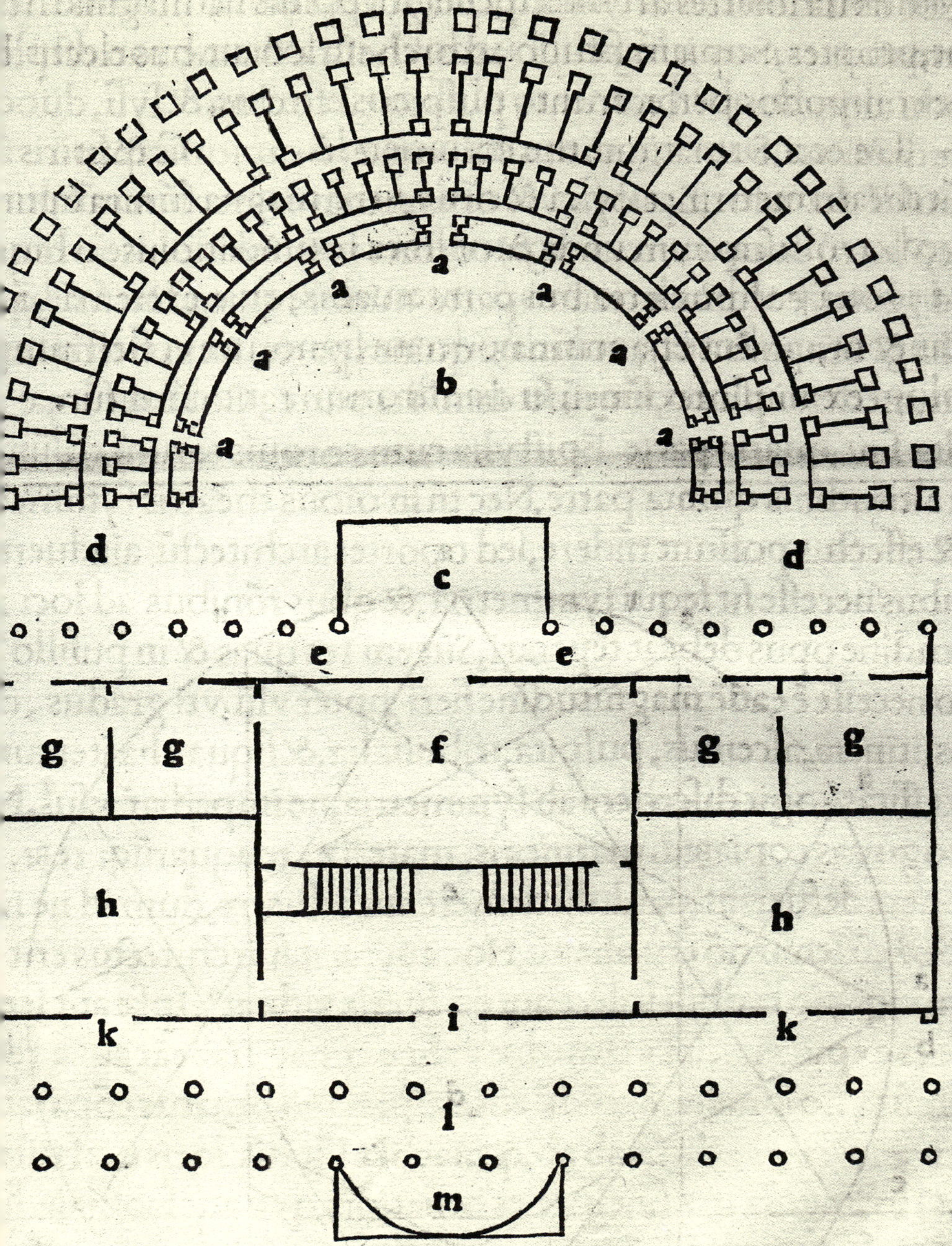
a
a
a
a
a
a
a
b
d
d
c
e
e
g
g
f
g
g
h
h
k
i
k
l
m

年，在查理八世和路易七世巴黎的皇宫中一直工作到1506年，也在威尼斯和罗马工作过。1514年，尽管已经上了年纪，他还是和拉斐尔（1483—1520年）及朱利亚诺·达·桑加罗（1445—1516年）一起受到教皇利奥十世（1513—1521年间在位）的委任设计圣彼得大教堂。弗拉·乔康多早期的拉丁文碑文作品，以及后期对多种经典著作的编辑，体现出他的语言学能力。此外，他还熟悉古代建筑。他在巴黎开办的维特鲁威讲座，以及他对弗朗西斯科·迪·乔治·马蒂尼（1439—1501年）的建筑学学说之熟悉，都是他撰写专著创作过程中重要的起步阶段。

弗拉·乔康多的目标——正如在他给尤利乌斯二世的献词中所说——是根据普里什蒂纳中世纪拉丁语复原真正的拉丁文版《十书》。在标题中，他特别强调了这本书的通俗易懂。这在当今被认为是理所当然的事情，但在那时只有大费精力校勘代代相传下来的不同文本才能实现。弗拉·乔康多写道，他想记录下大多数词汇的词源和意义，但这工作量太大了。因此，他根据维特鲁威的描述复原的版画就变得愈加重要。平面图和立面图上的字母可参阅相邻的注释。后来，切萨里亚诺和巴尔巴罗修订了维特鲁威的书，皆沿袭了这种展示方式。诚然，弗拉·乔康多的版画由一条条细线组成，这是他的局限，没有后来切萨里亚诺的插图美观，也没有像帕拉迪奥的插图那样深刻地体现出巴尔巴罗对维特鲁威的评论。与切萨里亚诺和巴尔巴罗不同的是，弗拉·乔康多没有对作品作任何翻译和评论，然而在他为自己的图画作注释时却并非没有批判色彩。像他那样学术造诣深厚的人直到78岁才完成了文本的编辑与配图工作，而这是一项开拓性的语言学任务，这一事实充分表明了这项工作需要深厚的积累，对于未来的维特鲁威专家来说，如西泽尔·切萨里亚诺（1476/1478—1543年）、小安东尼奥·达·桑迦洛（1484—1546年）、拉斐尔、达尼埃莱·巴尔巴罗（1514—1570年）和法比奥·卡尔沃，这使得翻译、注释和批判性解读变得更为容易。

维特鲁威拿匀称的人体当作参照，描述了圣殿的和谐比例。这个人体比例的思路影响了他的大部分工作。在他看来，完美的人体显露出了真相，事实上，手臂和指尖都伸直，然后双腿完全叉开，那么它们就会全都落在一个想象中的圆圈上。肚脐就是这个圆的圆心。对于维特鲁威来说，四方形也是完美的，头顶正好碰到一边，指尖与脚底侧向伸展也能碰到。列奥纳多·达·芬奇（1452—1519年）将圆中人和方中描绘在同一幅图中。弗拉·乔康多用了两张版画，圆中人请参看下方插图。

弗拉·乔康多把罗马的市场大会堂平面图（维特鲁威的蓝图）描绘为一座长方形建筑，一端为一个半圆形后殿（特别法庭）。在里面，只有前端有两排圆柱，而在古代，末端也有。从弗拉·乔康多对世俗的罗马大会堂所做的描述来看，它更像是拥有一个正厅和两条走廊的基督教堂。在这方面，他吸取并接受了阿尔伯蒂专著第12卷中的想法。另一方面，弗拉·乔康多对维特鲁威亲自设计并建造法诺的教堂表示怀疑，它四周围绕着圆柱，仿佛就是一座古典围柱殿。有趣的是，这件维特鲁威的作品首次以现代形式在这里展现，而弗拉·乔康多却毫不欣赏，“这件作品我真的无法表示肯定”，这就是他简要的评论。

按照维特鲁威的假定，复原古希腊或古罗马的古剧院，要比其他任何类型的建筑都需要对文本的理解和对建筑的感情。弗拉·乔康多更倾向于形象思维，就舍弃了被维特鲁威使用来建造罗马剧院的抽象体系——一个圆圈和毗邻的等边三角形——从平面图可以清晰地看到所有屋子的位置和分类。然而，弗拉·乔康多的版画虽然精细但很枯燥，远远落后于新近的维特鲁威专家，甚至还没有达到自己当初根据维特鲁威的描述复原出来的罗马住宅的中庭版画同等水平。

克里斯托夫·约布斯特 著　　肖林振 译

第45页
1 | 一座罗马剧院的平面图和舞台的搭建
《维特鲁威》第五卷第七章。
第50页。木刻版画

2 | 圆中人
维特鲁威人，出自《维特鲁威》第三卷，第一章
第22页。木刻版画

3 | 四柱庭院
地点为一座罗马私人宅院，出自《维特鲁威》第六卷，第三章。
第60页。木刻版画

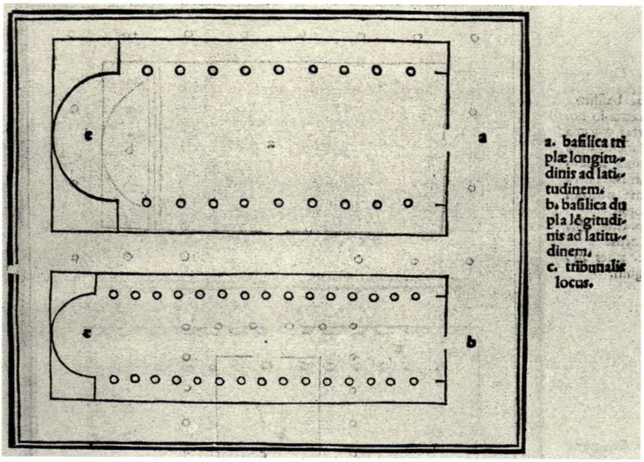

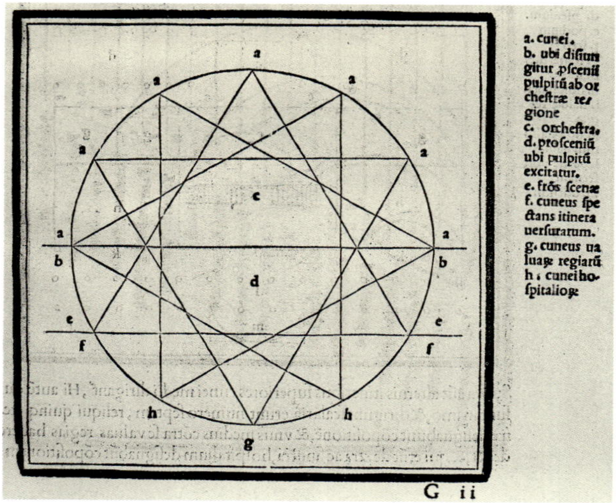

4 | 罗马市场大会堂复原平面图

《维特鲁威》第五卷插画，宽度与长度比例为：1:2（a），1:3（b）。半圆形的特别法庭上标有记号。第46页。木刻版画

5 | 一座剧院的设计方案平面图

《维特鲁威》第五卷，第七章。第50页。木刻版画

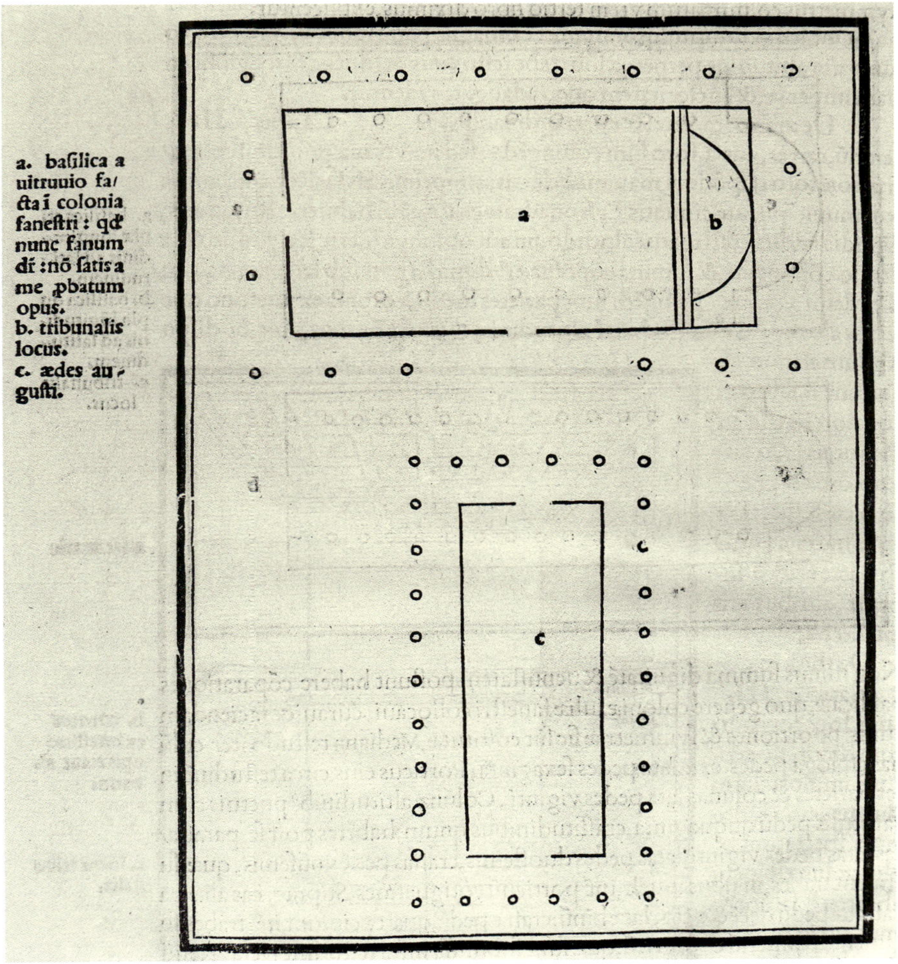

6 | 维特鲁威建在法诺的巴西利卡教堂的平面图
大教堂有柱廊（a）、奥古斯都祠殿（c），出自《维特鲁威》第五卷，第一章，第46页。木刻版画

西泽尔·切萨里亚诺（1476/1478—1543年）

Di Lucio Vitruvio Pollione de Architectura

COMO, 1521

On Lucius Vitruvius Pollio's "Architecture"

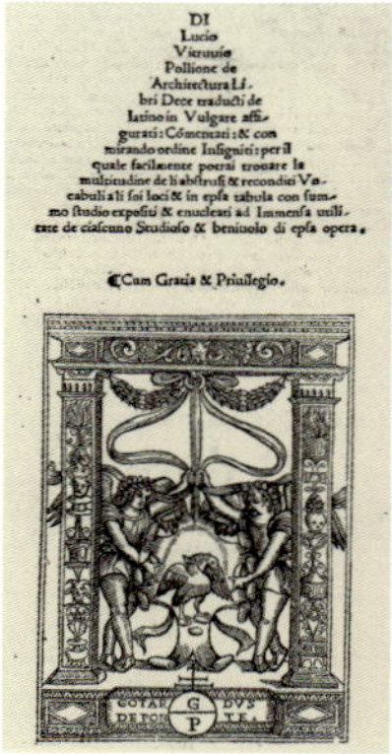

作为一名建筑理论学家、意大利北部的艺术家和建筑师，西泽尔·切萨里亚诺（Cesare Cesariano）的资历比不上受过良好教育、游历甚广的弗拉·乔康多（1433—1515年），后者备受推崇并受同时代人的欢迎。至于切萨里亚诺的教育水平如何，我们不得而知，他似乎主要是靠自学而成才。他的活动范围主要是在意大利北部，正是这一片区域的建筑物给了他许多灵感。米兰是他一生中主要的活动中心，此外他还活跃于费拉拉、雷焦艾米利亚和帕尔马。我们无法知道作为米兰宫廷建筑师的切萨里亚诺在奇迹圣母圣塞尔苏斯圣殿的中庭和正面的建造中到底扮演了何种角色，但除了这座建筑外，没有哪座建筑能这样明显地认出他的手笔。他在米兰公爵卢多维科·斯福尔扎（1452—1508年）的皇宫中邂逅了画家和建筑师多纳托·布拉曼特（1444—1514年），这对他产生了巨大影响。他把这位将会修建新圣彼得大教堂的建筑师称为自己人生中最重要的老师，并且，还提到了他在米兰建造的圣沙弟乐圣母堂。此外，唯一一幅一看便能追根溯源到切萨里亚诺的壁画，就是帕尔马的圣乔万尼教堂（1508年），它反映出了布拉曼特绘画作品的某些特色。一份最近在马德里发现的手稿证实了切萨里亚诺约在1507年的冬季，曾远赴罗马旅行。此前的假设是切萨里亚诺压根就没到过罗马。

他把《建筑十书》从拉丁文翻译成意大利文，1521年由科莫的由戈塔多·达·庞特出版，这是第一部完整版译稿，向行外人展示了维特鲁威的理论。在那之前只有一部分被翻译出来，比如乔尔焦的抄本。切萨里亚诺的译稿版画精美，评论精妙，其影响力和1511年弗拉·乔康多的拉丁文版相当。

PO DI VM
MONOPORTICVS
PO DI VM
THEATRI
DVPLANDA EST

尽管现在已证实了切萨里亚诺的罗马之行，但他对古典建筑之特点的理解是有限的，归根结底是对维特鲁威的狭隘理解。他为后者著述所配插图证明了他是古典建筑理论、中世纪的准则与审美以及意大利北部早期现代主义建筑理念的结合体，正如切萨里亚诺的经历和所学那样。例如，他描绘了维特鲁威所描述过的三种展示建筑物的方法——平面图、比例正确、精确和正交的正面图以及立面透视图——并用米兰中世纪的大教堂为案例。立面图采用了正厅的横截面，立面透视图则采用了另一个正厅横截面和耳堂侧面立面图。切萨里亚诺在这里所用到的比例体系是基于三角结构，与维特鲁威无丝毫关系，但更遵循中世纪建筑惯例。而他在译本中配的版画则体现出了他的审美观。这不仅体现在以维特鲁威的描述所画的插图上，还体现在排字上。通过使用不同大小的字体，原著的译稿和切萨里亚诺的注释就能很醒目地区分开来。这个译本以饶有趣味的形式呈现，其目的为加强论点的清晰度。切萨里亚诺还投入了大量精力，根据维特鲁威的描述非常精细地复制出正中人和圆中人的比例，他用两幅版画刻画出了这两张图，其背景是细密的网格。在这种小网格的衬托下，人体四肢之间的尺寸比例就很清楚。切萨里亚诺就用这种方法画出了维特鲁威的对称均衡原则，人体与体系结构之间这种可计算出来的规律性。切萨里亚诺在性感强健的人体周围和圆圈之内，又画了一个正方形，这样他就在同一幅画中画出了圆与方中的人体比例关系。切萨里亚诺的这幅画最有可能是根据米兰艺术家彼得·保罗·赛格松的素描绘制而成。

切萨里亚诺的古希腊庙宇插画反映出他对古典时代的所知很有局限。维特鲁威根据神坛和其周围数目与位置皆不同的圆柱之间的关系区分了庙宇的种类。这可能是独立柱或神坛墙壁上的附墙柱。对有壁端柱的庙宇而言，在入口两侧会有两堵墙沿着神坛纵向延伸，在入口前方还会有两个独立柱。柱廊式建筑侧面也有两堵伸出的墙，但在这种情况下，独立柱位于壁端柱前面。尽管（比方说）彼得·卡塔内奥（1510—1571年）根据壁端柱和圆柱的不同位置（1554年，1567年）来区别不同形式的庙宇，但切萨里亚诺所刻画的建筑一点都不像古典庙宇。他对带有壁端柱的庙宇以及对柱廊式和两向拜式建筑的设想是另一种面貌，其平面图是一座四方形建筑，外边由壁柱构建出一座半圆形后殿，中央穹顶的重量由内部结构支撑。这是一种梅花式布局，常见于拜占庭和意大利北部的教堂，也常被布拉曼特运用。不论切萨里亚诺头脑中具体设想的是哪一张设计图，在复原古典时代庙宇时，他的图画在很大程度上都取决于新近的设计图。所以当他复原维特鲁威在法诺建的巴西利卡式教堂的立面图时，就情有可原地以类似布拉曼特的风格设计了正面图。这反而和圣沙弟乐圣母堂息息相关。

切萨里亚诺列出的柱式提要几乎能与《建筑十书》中第三卷和第四卷里描述的经典柱式兼容。在描述六种装饰和比例稍有不同的制式时，切萨里亚诺走得比古代的柱式样还要远，柱头的形状花样多变，形式华丽，显然受到了现代理念的影响。在复原古罗马和古希腊剧院的时候，切萨里亚诺首先选择了维特鲁威的抽象建筑方案，由一个带三角形的圆圈组成。他复原出来的古希腊剧院两侧有凸出的弧形部分呈半圆形，自然与真正的希腊剧院毫无关联，它们的建造式样是为了适应地形。相比之下，罗马剧院的平面图和立面图记录了每个房间的准确位置和建筑细节。立面图中的建筑确实过于纤细，此外它那圆形穹顶在古典剧院建筑中找不出任何先例。这就是对古典时代只有一个模糊认识，再加上自由发挥产生的结果。

克里斯托夫·约布斯特 著　　肖林振 译

1 | 原始木屋
《维特鲁威》第二卷，第一章插图，第32页。木刻版画

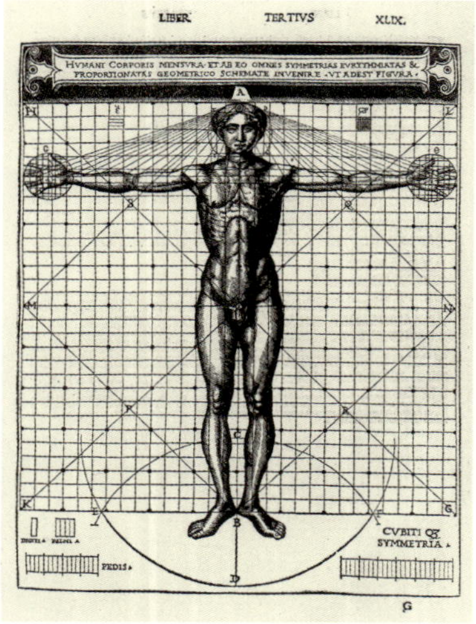

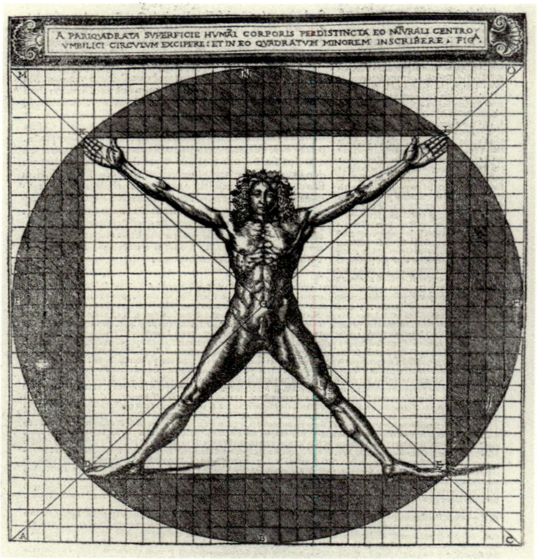

2 | 方中人
方中维特鲁威人，《维特鲁威》第三卷，第一章。
第61页。木刻版画

3 | 圆中人
圆中的维特鲁威人，《维特鲁威》第三卷，第一章。网格背景清晰地映衬出人体比例。
第50页。木刻版画

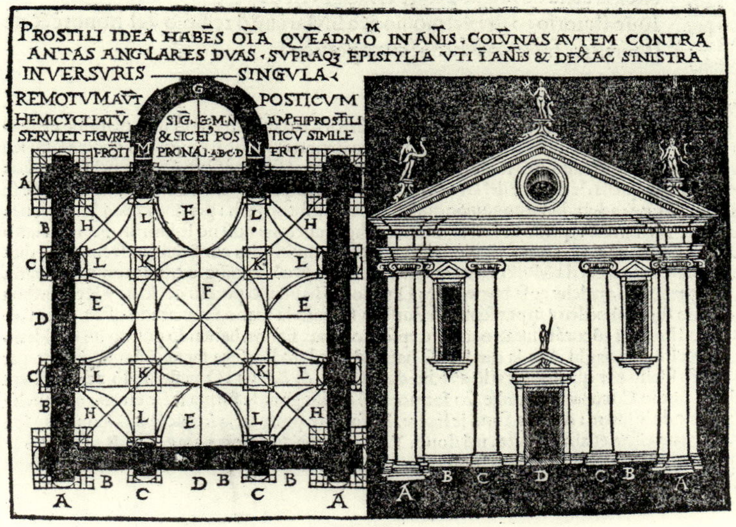

4丨柱廊式庙宇复原图
《维特鲁威》第三卷，第二章插图，切萨里亚诺把这座庙宇描绘成一座十字形穹顶建筑。
第52页。木刻版画

5丨复原一座庙宇及其壁端柱
《维特鲁威》第三卷，第二章。
第52页。木刻版画

6 | 柱式总览

《维特鲁威》第三卷和第四卷插图。从左至右：多立克柱式（两个）、爱奥尼柱式、科林斯柱式、阿蒂卡柱式以及极其修长的托斯卡纳柱式。第63页。木刻版画

7 | 维特鲁威在法诺修建的巴西利卡式教堂的复原图

《维特鲁威》第五卷，第一章插图。平面图、立面图、半圆形穹顶截面图和一些细节（右下）。第74页。木刻版画

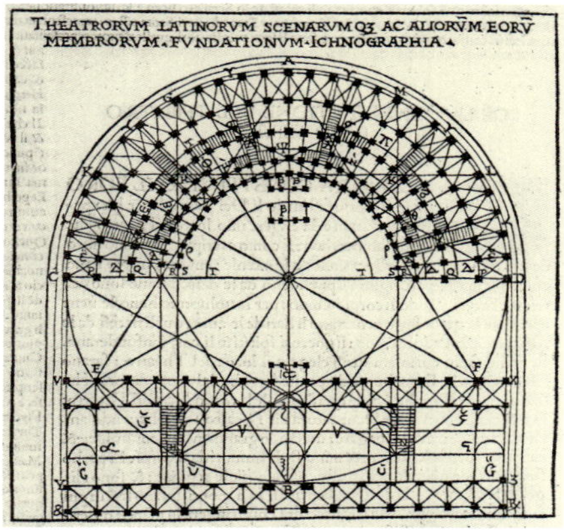

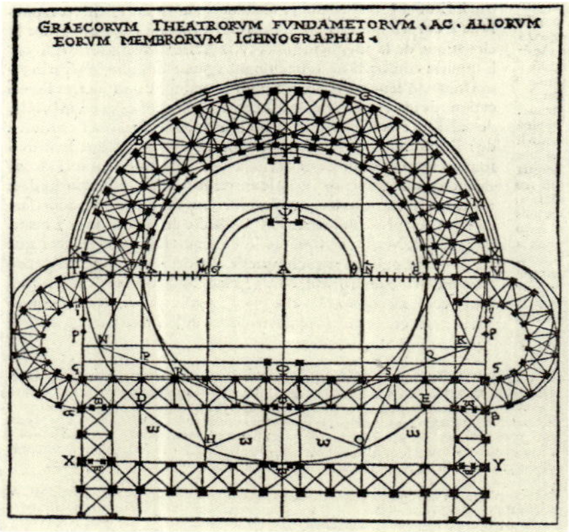

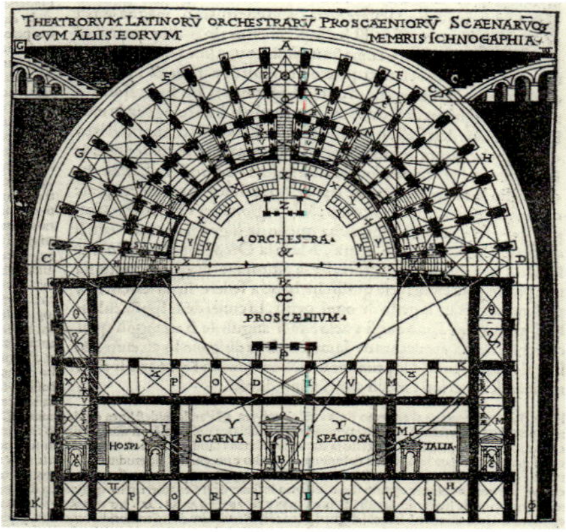

8 | 一座剧院平面图的设计方案
《维特鲁威》第五卷，第八章插图，第81页。木刻版画

9 | 一座古希腊剧院的平面图复原图
《维特鲁威》第五卷，第八章插图，第81页。
木刻版画

10 | 古罗马剧院平面图，做有标记
《维特鲁威》第五卷，第七章插图，第81页。
木刻版画

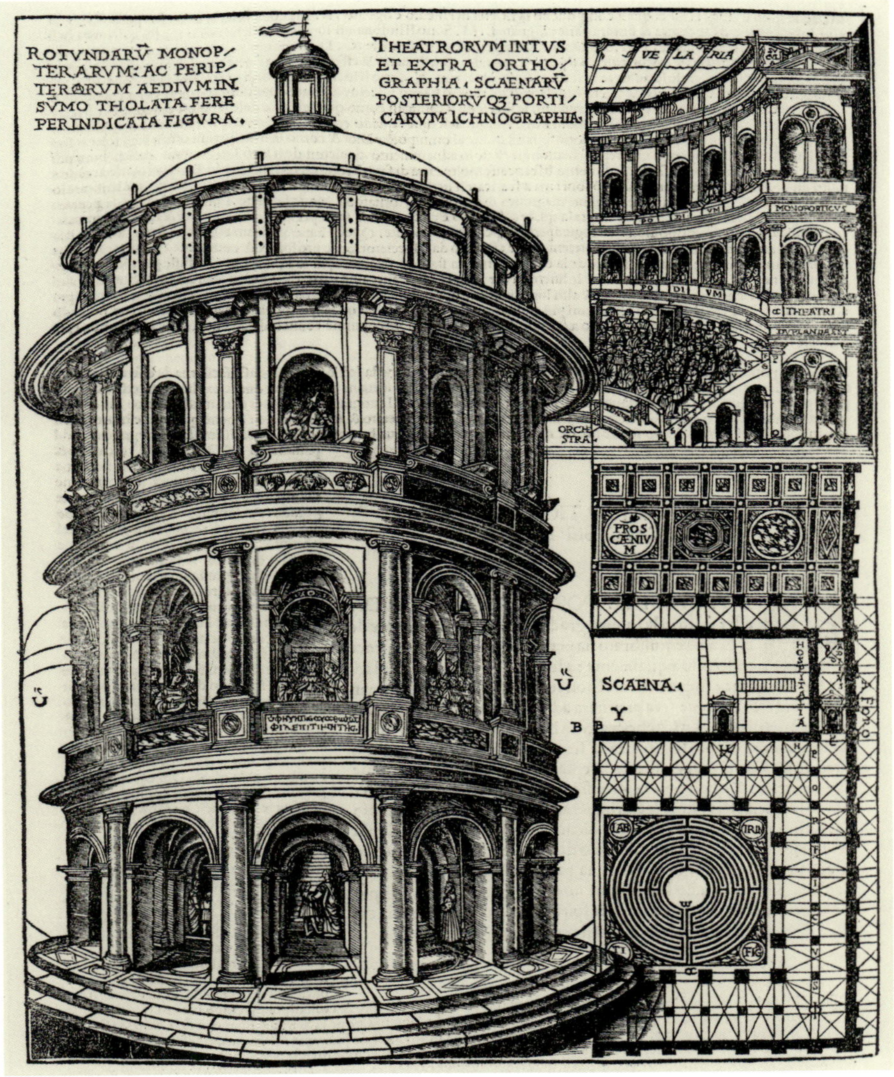

11 | 一座古罗马剧院的立面图、截面图和平面图
第82页。木刻版画

塞巴斯蒂亚诺·塞里欧（1475—1553/1555年）

Tutte l'opere d'architettura et prospettiva

VENICE, 1619

The five books of architecture, London. 1611

塞巴斯蒂亚诺·塞里欧（Sebastiano Serlio）是一位出生于博洛尼亚的艺术家和建筑师，他没有完整的著述流传下来。其建筑学著作总共有九本，1537年后在威尼斯、巴黎和里昂不分先后地逐一出版。第七本书是在塞里欧去世后的1575年，由法兰克福的艺术品商人雅可波·斯特拉出版。第六本书和第八本书直到最近才被出版。最广为流传的是1619年在维纳斯印刷的那一版本。这本书的标题是《建筑五书》（*Tutte l'opere d'architettura et prospettiva*），乍一看会觉得这是一本完整的书，但事实上只有第一卷至第五卷，以及第七卷，而且特别版本的那一卷常被误认为是第六卷。这部著作在跨度很长的时间内完成，从未有一个固定的书名，所以它就经常被简明扼要地称为《建筑理论》。尽管如此，这部著作仍是一本伟大的作品，这在一定程度上要归因于作者从1514年开始就在罗马亲身经历了文艺复兴全盛期。他能利用内部知识去谈论当时重要的——比如由布拉曼特、拉斐尔和他的老师巴尔达萨雷·佩鲁齐领导的——建筑项目。由于他对古典时代非常了解，所以他十分感恩这些建筑师。1527年，他在罗马遭解雇后，前往威尼斯。在意大利北部出版的第四卷（1537年）和第三卷（1540年），无论对古典时代建筑还是对由它衍生而来的现代变体建筑，都引发了一股古罗马建筑热潮。

第四卷《建筑五柱式的一般准则》谈论了圆柱的式样，塞里欧在1528年为此作了一系列版画。柱式总览要早于第四卷问世，这毫无疑问是受到了切萨里亚诺1521年版《维特鲁威》的启发。不过除了维特鲁威以外，塞里欧也研究过古罗马遗址上的柱式，并想把它们研究透彻。他在很早的时候就区分了不同的古希腊柱式（多立克柱式、爱奥尼亚柱式和科林斯

柱式）、托斯卡纳柱式和混合柱式，例如两种意大利柱式高度不一，柱基也就不同。在这两个案例中，柱高都是用下半段圆柱的直径长度相乘，然后取整数得来。塞里欧的托斯卡纳柱式，其柱高是其直径的六倍，比同类中的多立克柱式矮一些，它的高度是直径的七倍。这是他有意在这方面与维特鲁威决裂，后者坚持这两种柱式具有一致的相对高度。从塞里欧柱式总览的第二部分中还能看出他条理明晰，在圆柱和墙面或支墩的连接部位有一个独立柱和三个变体独立柱。

第三卷于1540年出版，书名是《卷三：古罗马废墟及意大利国内国外的废墟之评述》，这是第一本用当地方言出版的汇编，书中包含了罗马和意大利最重要的古建筑的版画，以及布拉曼特、拉斐尔和佩鲁齐的建筑作品。在当代建筑中，圣彼得大教堂可谓独占鳌头，但塞里欧还展示了布拉曼特的仿古小教堂和拉斐尔为罗马玛达玛庄园作的设计图。这本书充满插图，首次以一种全新的方式解读建筑和古典研究，从而俘获了读者的心，如今这些插图的地位和文本一样重要。第三卷的书封是毁坏的柱墩和拱廊，暗示了一种视觉盛宴。上楣的题词是抛向读者的一次邀请，让读者在翻阅此书中的古代废墟时回味无穷："即使衰败了，曾经的罗马依然鲜活。"在这之前，从未有人用如此直接的方式通过建筑掮图传达信息，这为未来的作品树立了标准，例如帕拉迪奥的《建筑四书》（1570年）。由于塞里欧使用了佩鲁齐的材料，所以他被控告抄袭，这种背后诽谤诬蔑了他真正的成就。正是他的插画书，公众才有兴趣讨论考古问题和时下的建筑项目，而在这之前这些话题一直局限在罗马建筑师及其客户的圈子中。

第三卷是献给法国国王弗朗西斯一世（1515—1547年），他曾邀请塞里欧去法国，还雇佣他在枫丹白露工作直到1547年。塞里欧晚年定居在里昂，在那里他主要从事理论研究。他的书的其他部分讨论了几何和透视法，教堂以及从普通农舍到皇家宫殿各种各样的住宅楼。

塞里欧其实没有充分发挥自己的才华，他的主要工作是修建一座漂亮的小城堡，就是建在勃艮第的安西勒佛朗古堡（1541年）。第二卷讲述透视法，这本书最早于1545年出现在巴黎，他在书中描述了他于1539年在维琴察的波尔多·莱奥尼的邸宅庭院里建造的木结构剧院，当时他还住在威尼斯。他的图纸结合了平面图和用透视法画的舞台立面图，线条沿着一个想象的点汇集。塞里欧非常重视建造剧院，1519年，他和佩鲁齐一起在罗马调查了马塞勒斯剧院。第三卷包含了这座建筑的复原图和一些别的古建筑，比如在克罗地亚普拉的罗马剧院。由于透视图中运用了阴影，所以观众座位的横截面图和上楣轮廓图变得更加立体和形象。待到第三卷出版之时，这种几乎像绘画一样的制图法在建筑师眼里就早已不是一种新颖的技巧。拉斐尔（1483—1520年）、小安东尼奥·达·桑迦洛（1484—1456年）和佩鲁齐（1481—1536年）早就开始运用正交投影法作图，即严格按照垂直角度投影建筑物立面图的外部轮廓和内部结构。使用这种方法就可以避免出现比例缩小，从而正确地绘制出每个部分的正确比例。不过，塞里欧发现了这个方法的局限性。他希望不仅只是专家而且连普通人也都能看到一幅栩栩如生的建筑图纸，为了实现这个目的，他在立面图中采用透视作图法。

在一张罗马万神殿圆形大厅的横截面图中，地板线和壁龛弧线上的上楣都是按照透视画法，而相邻的壁龛由于采用了正交投影而呈现平面状。只要是在合适的地方，塞里欧都会使用正交投影画法作图，例如在第四卷中，一座两层楼房的正面图，画出了第一层玻璃窗的装饰图案，以及支撑起开阔的拱形开口的圆柱和较窄的侧面开口。顺便说一下，这个装饰图案早就被布拉曼特使用过，有时被叫作“赛莱纳”，有时被叫作“帕兰朵”，它确实为维琴察的帕拉迪奥教堂增色不少。塞里欧和帕拉迪奥还设计了其他相似的装饰图案。在塞里欧第七卷（1575年）的书中有一张别墅平面图，它的中间部分是凹形的，这可以和帕拉迪奥在1542年为巴尼奥洛的比萨尼别墅设计的平面图（英国皇家建筑师学会藏品，伦敦）相提并论。

克里斯托夫·约布斯特 著 肖林振 译

1 | 所谓的“赛莱纳”装饰图案

帕拉迪奥在维琴察建造的教堂的正面图，二层楼窗户上是“赛莱纳”装饰图案。第四卷，第32页。木刻版画

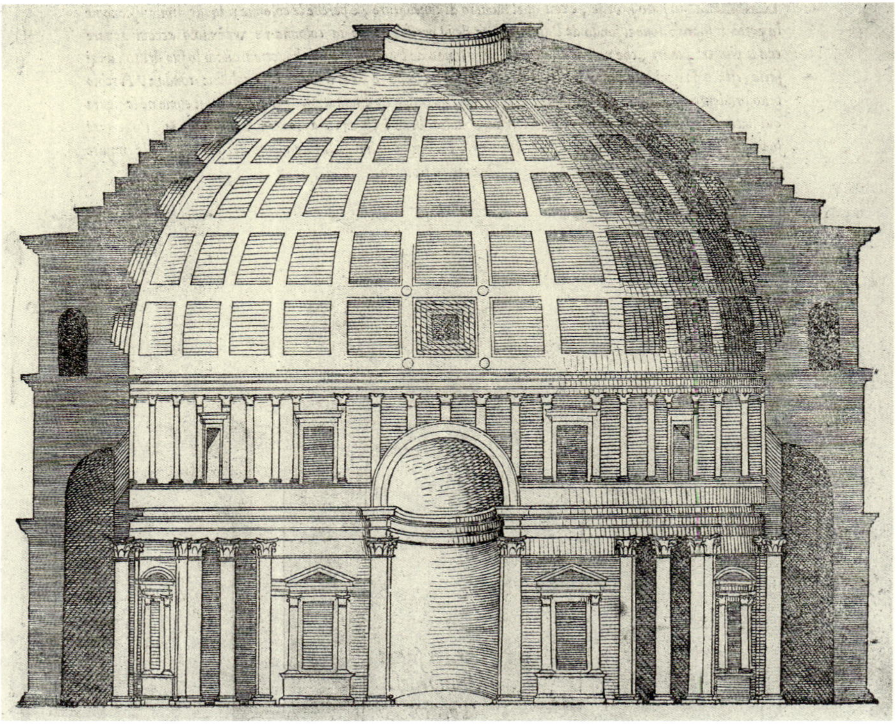

2 | 万神庙
罗马万神庙圆形大厅的横截面图，中央主壁龛是用透视作图法绘制而成。第三卷，第9页。木刻版画

3｜布拉曼特在罗马修建的特蒙托利欧圣彼得教堂
第三卷，第63页。木刻版画

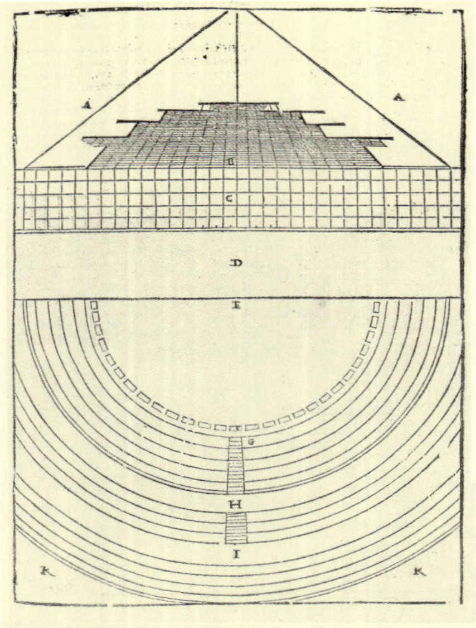

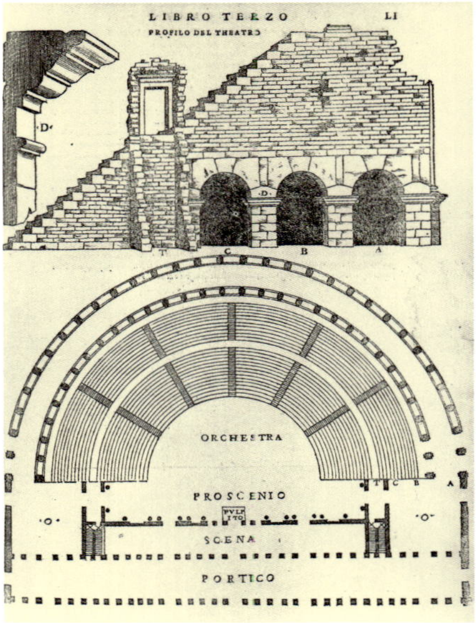

4 | 剧院平面图

波尔多·莱奥尼在维琴察的邸宅剧院（1539年）。其平面图（底部）和舞台的透视设计图（顶部）。第二卷，第45页。木刻版画

5 | 珀拉剧院

罗马珀拉剧院的平面图和观众座位的透视图。左上，上楣细节图。第三卷，第11页。木刻版画

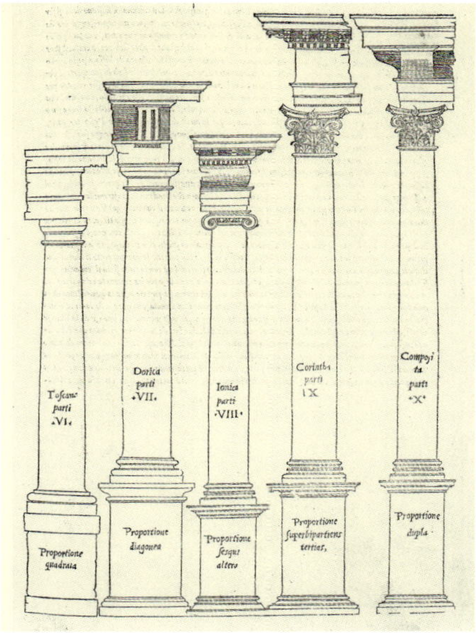

6 | 柱式

五种不同的匀称柱式，从左至右依次是：托斯卡纳柱式、多立克柱式、爱奥尼柱式、科林斯柱式和混合柱式。第四卷，第3页。木刻版画

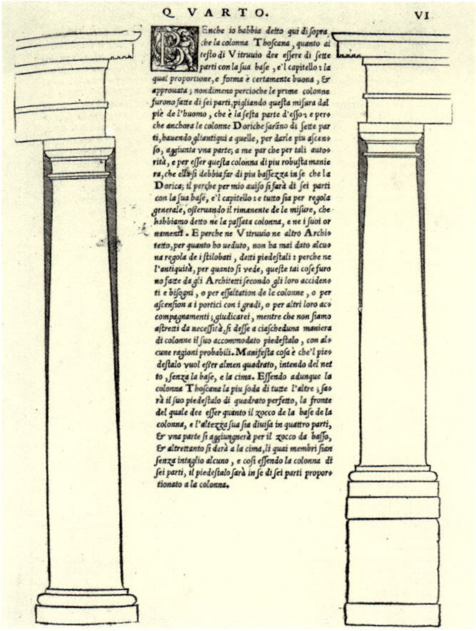

QVARTO. VI

BEnche io habbia detto qui di ſopra, che la colonna Thoſcana, quanto al teſto di Vitruuio dee eſſere di ſette parti con la ſua baſe, e'l capitello: la qual proportione, e forma è certamente buona, & approuata; nondimeno percioche le prime colonne furono fatte di ſei parti, pigliando queſta miſura dal piè de l'huomo, che è la ſeſta parte d'eſſo: e pero che anchora le colonne Doriche ſarãno di ſette parti, hauendo gli antiqui a quelle, per darle piu aſcenſo, aggiunta vna parte; a me par che per tali autorità, e per eſſer queſta colonna di piu robuſta maniera, che ella ſi debbia far di piu baſſezza in ſe che la Dorica; il perche per mio auiſo ſi farà di ſei parti con la ſua baſe, e'l capitello: e tutto ſia per regola generale, oſſeruando il rimanente de le miſure, che habbiamo detto ne la paſſata colonna, e ne i ſuoi ornamenti. E perche ne Vitruuio ne altro Architetto, per quanto ho ueduto, non ha mai dato alcuna regola de i ſtilobati, detti piedeſtali: perche ne l'antiquità, per quanto ſi vede, queſte tai coſe furono fatte da gli Architetti ſecondo gli loro accidenti e biſogni, o per eſſaltation de le colonne, o per aſcenſion a i portici con i gradi, o per altri loro accompagnamenti; giudicarei, mentre che non ſiamo aſtretti da neceſſità, ſi deſſe a ciaſcheduna maniera di colonne il ſuo accommodato piedeſtalo, con alcune ragioni probabili. Manifeſta coſa è che'l piedeſtalo vuol eſſer almen quadrato, intendo del netto, ſenza la baſe, e la cima. Eſſendo adunque la colonna Thoſcana la piu ſoda di tutte l'altre; ſarà il ſuo piedeſtalo di quadrato perfetto, la fronte del quale dee eſſer quanto il zocco de la baſe de la colonna, e l'altezza ſua ſia diuiſa in quattro parti, & vna parte ſi aggiungerà per il zocco da baſſo, & altrettanto ſi darà a la cima, li quai membri ſian ſenza intaglio alcuno, e coſi eſſendo la colonna di ſei parti, il piedeſtalo ſarà in ſe di ſei parti proportionato a la colonna.

7 | 托斯卡纳柱式

有（或没有）底座的两种托斯卡纳柱式，阴影体现出柱子上部有变窄

第四卷，第6页。木刻版画

8 | 圆柱的位置

独立柱（A）和三种附墙柱（B至D）

第四卷，第66页。木刻版画

9 | 一座别墅的设计图

平面图和半圆形的主退台立面图

第七卷，第13页。木刻版画

贾科莫·巴罗齐·达·维尼奥拉（1507—1573年）

Regola delli cinque ordini d'architettura

ROME, 1562

The five orders of architecture. New York, 1896

迄今已有250多种版本的《建筑五柱式》（*Regola delli cinque ordini d'architettura*）足以称得上有史以来最成功的建筑教科书之一。它对现代建筑理论和实践的影响很难过高估计。与其说它是一套约束法则，不如说是为了纠正建筑而编纂的一系列具体指南，这本书为朝向实用性的建筑新理论的突破奠定了基础。因而，它几乎以一种前瞻性的方式，符合了巴洛克建筑的展示要求。但令艺术史学家首先感到困扰的是这本书的风格，占主要篇幅的插图、言简意赅的文字以及对柱式理论的主观限制。克里斯多夫·索恩斯是第一个以令人信服的方式成功复原了本书的写作背景和作者意图之人。

建筑师贾科莫·巴罗齐·达·维尼奥拉（Iacomo Barozzi da Vignola）出版《柱式》（*Regola*）一书时，在外观上已与其前辈不同，一系列铜版印刷的蚀刻版画仅配有简洁的文字。在此之前，唯一一个采取同样方式的是安东尼奥·拉巴科（1495—1559年），他出版了《关于建筑的书》（1552年）。在维尼奥拉的作品中，插图完全成为主角。唯一有连贯文字的部分是简短的前言，最初这是写给未受教育的同行，但后来也很清晰地指向了来自皇室的读者。本书是献给红衣主教亚历山德罗·法尔内塞（1520—1589年），从1558年起维尼奥拉一直在为他重新设计卡普拉罗拉的夏宫。首页上的徽章和印记向维尼奥拉多年来的客户和赞助人致谢。封面是一个相当不古典的小型建筑，在上面用分隔符标明了作者名字及其职业属性。作者自信的肖像和此前通常会提到的罗马建筑权威的缺席，暗示了建筑理论历史上的转折点即将到来。重点不再是研究古典的纪念性建筑，而是一个艺术家学者对它们的解读，以及对这些知识的传承。肖像两侧的壁龛中的雕塑也表达了这种寓意。这个象征，也许出自

出自费德里科·祖卡里（1542/1543年—1609年）之手，指的是建筑理论和实践，然而在这里都依附于建筑师的个人性格。

这本法则（由于文字部分的匮乏，将其作为一篇论著来讨论是不对的）的主要部分介绍了五种柱式，即塔什干柱式、多立克柱式、爱奥尼柱式、科林斯柱式和组合式柱式，这些是继塞里奥之后的标准柱式。对于每种柱式的说明又依次分为五个部分：柱廊、拱廊、拱廊柱基、单独的柱基与基座形式以及单独的檐口与门楣形式。全书结尾处，包括了特殊形式的多立克柱式和组合式柱式、一个檐口、卡普拉罗拉的门廊与官邸以及罗马法尔内塞府第的壁炉。后者也许是由作者设计的对规范柱式的拓展版本。

然而，以书本法则之形式呈现的维尼奥拉系统，比组成每个柱式的诸多要素更加丰富。他的目标是发展一套比例的规则，即使“平凡的头脑”也能够理解。他认为，在他之前的比例理论含有瑕疵，因为它们很难被应用到实践中去。从对古典建筑的研究中沿袭而来的法则，即每个柱式中柱子的尺寸都与其直径成比例，这意味着建筑者注定失败。毕竟，整栋建筑都受制于一个微小的细部。包括柱顶盘与基座都基于极其复杂的运算，结果使得无理数常常出现在比例中，比如$1:\sqrt{2}$，阿尔伯蒂和塞里奥曾经在设计中使用这样的比例。这令计算正确的尺寸愈发困难。针对比例的计算，维尼奥拉提出了一个绝妙的改变：使用建筑整体的尺寸作为基准。通过概括从实际经验中得出的结果，他确定了基座、柱子和柱顶盘的比例应当为4:12:3。因此，一个柱式的总高度由19份组成，如果没有基座的话是15份。为了区别不同的柱式，建筑师必须确定柱子的粗细，从而确定柱式的比例。这些是通过柱高的分数计算的，维尼奥拉指定塔什干柱式的分母为14，多立克为16，爱奥尼为18，科林斯与组合式为20。划分的每一份便是所谓的模数，即柱子底部的半径，现在用来决定其他要素的尺寸，譬如柱顶盘以及基座。为了给使用者省去复杂的计算，维尼奥拉提供了帮助计算各个单独部分的公式（表格）。

维尼奥拉针对建筑理论与建造实践的关系的第二个“改革”是使模数成为度量的绝对单位，独立于“臂”“步”和“掌”等地方单位。他提倡采用一种通用的计算方法，能够简便地应用于独立的测量工作中。（“在任何地方，不用臂，不用步，不用掌，而是用一个绝对的模数去度量……”）这种标准化的引入无疑是《柱式》一书成功的重要原因。维尼奥拉试图掩饰计算比例时可能的技术误差的事实，也说明了他极其务实的态度。

考虑到维尼奥拉总是热衷于做事情的简洁方法，他自然很希望在一篇文章中总结概括五种柱式的形状和比例。然而奇怪的是，作者似乎并没有做到这一点。索恩斯指出，相关的版块是更晚的版本，是在1572年被添加到《柱式》的复写本中，取代了教皇庇护四世时期的版本。尽管有大量的失误和不连贯之处，且参考了塞里奥在1537年出版的《建筑五柱式的一般准则》一书，插入的部分仍然深受欢迎。它被之后的所有版本接受，但与之相关的是，这也导致了理解维尼奥拉的理论时的更多混乱。直到最近，维尼奥拉仍被指责将建筑学塞进了一件过于严厉的紧身衣。这不大可能是他原本的意图。因为他的目的是将那些非常流行但却常常自相矛盾的“经验法则”汇总起来，并创造出一个能够运用到实践中的独立体系。然而，似乎他自己并不认为他的理论有约束力，在他完成的作品中很少遵循《柱式》中的法则。

维尼奥拉对理论问题的兴趣不是偶然得来。早在他作为一个艺术家在博洛尼亚接受教育时，便熟读了透视理论，这在第二本书（于他死后在1573年出版的《应用透视的两个法则》）中有所体现。作为维特鲁威学院的成员，在他于博洛尼亚和枫丹白露从事建筑师的工作之前，他便学习了罗马建筑及其法则，之后在16世纪下半叶凭借一系列建筑作品闻名于世，如位于弗拉米尼亚大道的圣安德烈教堂、罗马的圣安娜耶稣会教堂、卡普拉罗拉城堡以及皮亚琴察的法尔内塞府第。

巴巴拉·波隆加塞尔·克莱因　著　　毕敬媛　译

1 | 塔什干柱式的柱廊

插图4。蚀刻版画

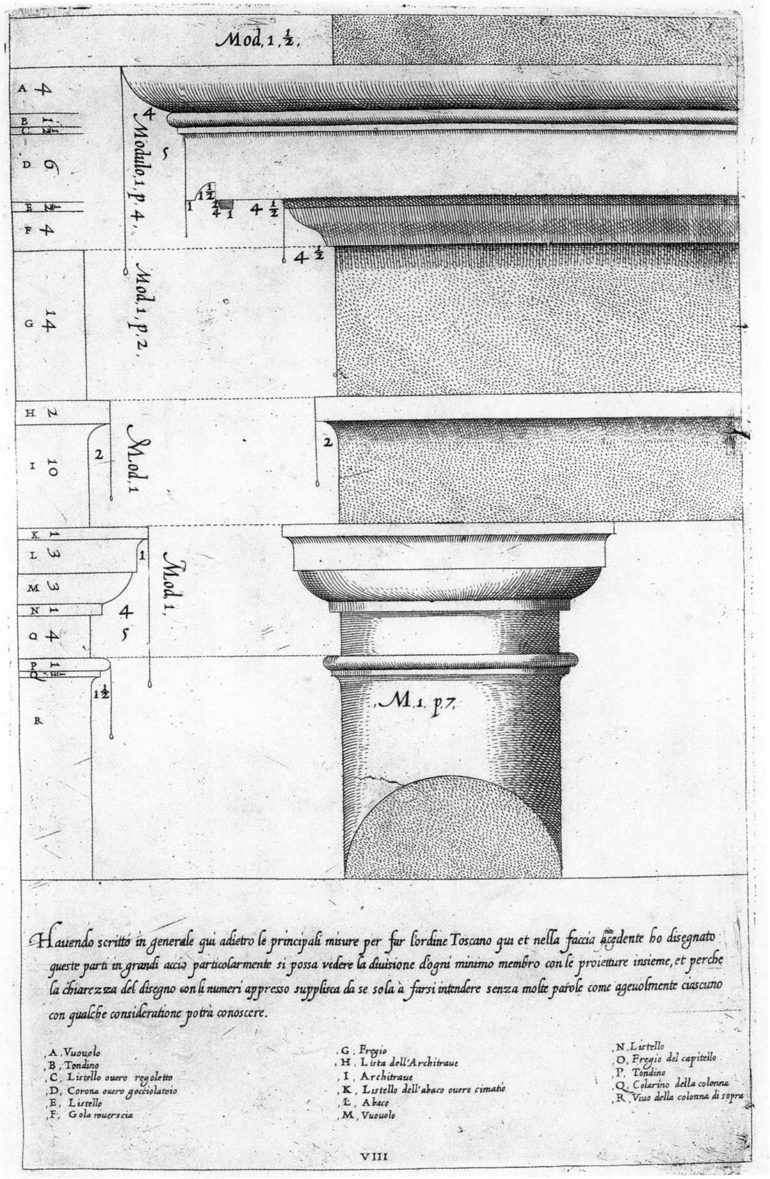

2 | 塔什干柱式的檐口与柱头详图
插图8。蚀刻版画

3 | 多立克柱式的柱廊
插图10。蚀刻版画

4 | 多立克柱式的基座及详图

插图12。蚀刻版画

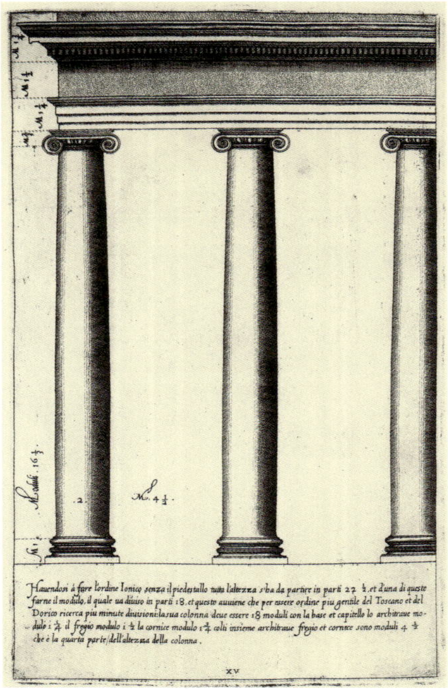

5 | 爱奥尼克柱式的柱廊

插图15。蚀刻版画

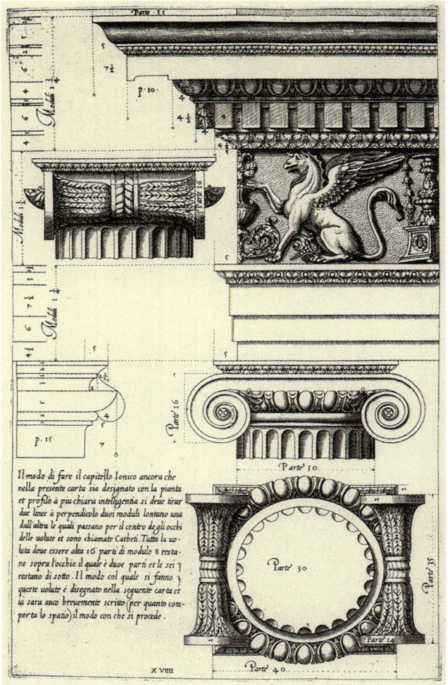

6 | 爱奥尼柱式的檐口与柱头详图

插图19。蚀刻版画

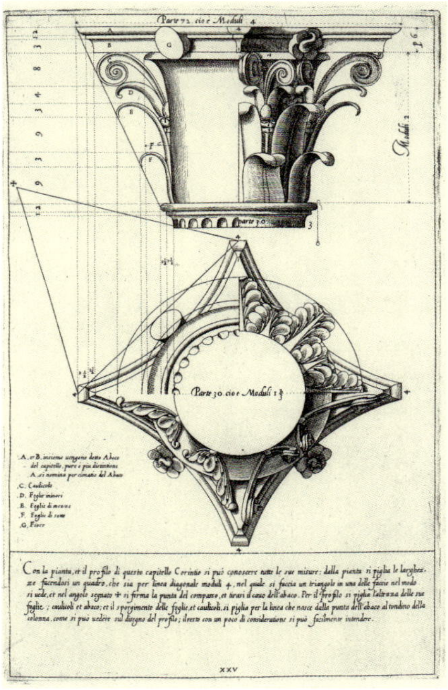

7 | 科林斯柱式的柱廊
插图23。蚀刻版画

8 | 科林斯柱式柱头的构造及详图
插图25。蚀刻版画

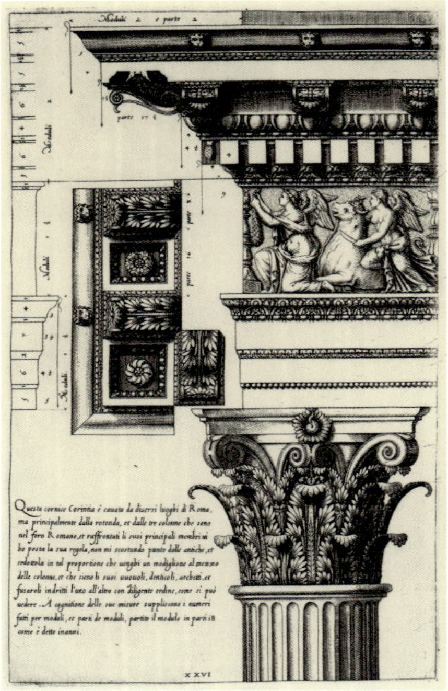

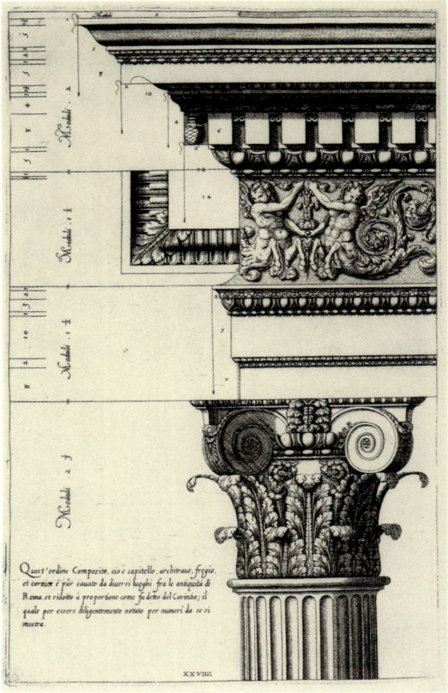

9 | 科林斯柱式的檐口与柱头详图
插图26。蚀刻版画

10 | 组合式柱式檐口及柱头详图
插图29。蚀刻版画

	Toscana	Dorica	Ionica	Corinthia	Composita
Gebälk	$3\frac{1}{2}$	4	$4\frac{1}{2}$	5	5
Säule	14	16	18	20	20
Piedestal	$4\frac{2}{3}$	$5\frac{1}{3}$	6	7	7
	$22\frac{1}{6}$	$25\frac{1}{3}$	$28\frac{1}{2}$	32	32

11 | 依照维尼奥拉的理论绘制的五柱式比例的表格

12 | 五柱式
五个柱式的比较图是在后来的版本中增添，并非由维尼奥拉绘制
1602年版，插图3

达尼埃莱·巴尔巴罗（1514—1570年）

I dieci libri dell’architettura di M. Vitruvio

VENICE, 1556

Ten Books on the Architecture of M. Vitruvius

达尼埃莱·巴尔巴罗（Daniele Barbaro）是16世纪意大利研究维特鲁威的第三个专家，他的前辈，博学的修士乔康多（1433—1515年）与西泽尔·切萨里亚诺（1476？—1543年），都是建筑巨匠，尽管二人的教育背景相当不同，他们对维特鲁威的理解是与实际经验密切相关。到了达尼埃莱·巴尔巴罗这里，一个维特鲁威的译者和重要学者，一个贵族知识分子而不是专业建筑师，现在加入了解读维特鲁威的行列。

16世纪的维特鲁威文艺复兴有一些显著的特点，大多数原因来自意大利北方，无论建筑师还是外行人士。他们的活动中心不再是古都罗马，而是威尼斯，一座没有任何古典遗产的城市。塞里欧（1475—1553年？）和帕拉迪奥（1508—1580年），16世纪两位最重要的意大利建筑理论家，尽管从维特鲁威出发，但他们都为现代理论的发展做出了贡献。他们两个都曾经居住在威尼斯，并在此印刷出版了他们的建筑理论专著。威尼斯城有很好的出版机构的事实，是这里之所以成为维特鲁威研究中心的原因。而更重要的原因是，尽管与诸如佛罗伦萨和罗马等地相比，威尼斯及其周边城市进入文艺复兴要更晚，但是在16世纪初期它们做得更加彻底。像塞里欧与雅各布·珊索维诺（1486—1570年）这样的建筑师，在罗马1527年遭到查尔斯五世的军队入侵时离开了罗马，并且在威尼斯找到了新的工作环境。帕拉迪奥在威尼托地区的文艺复兴建筑中造成的影响是无可企及的。然而，当地富有的贵族阶层对文艺复兴以及维特鲁威研究的态度十分热情，并且试图亲自成为建筑师和理论家。在巴尔巴罗出版他翻译的维特鲁威之前，来自附近维琴察的当地作家及贵族詹乔治·特里希诺（1478—1550年），以及来自帕多瓦，也是附近的阿尔维斯·科尔纳罗（1484—1566年）就已经涉足建筑学领域，并且在随笔片段中，将他们对建筑理论与维特鲁威的见解写成文章。在这一过程中，特里希诺——帕拉迪奥的第一任老师——表达了他对维特鲁威的崇拜，科尔纳罗则显得有所保留。

早在15世纪，声名显赫的巴尔巴罗家族就产生了许多杰出的学者，比如在拉丁文和希腊文领域皆造诣深厚的坎迪亚诺·巴尔巴罗（1454年），还有埃尔默洛·巴尔巴罗（1453？—1493年），著有一系列亚里士多德评注。曾在帕多瓦学习的达尼埃莱，也曾出版过关于亚里士多德的专著。他创建也许还设计了帕多瓦的植物园，这培养了他对建筑学的兴趣和对别墅的了解。在1549年和1550年，他出任威尼斯驻英格兰大使，在他回到家乡后成为阿奎莱雅的长老。他对维特鲁威文章的研究开始于1547年。在16世纪50年代，一次与帕拉迪奥这位古典遗产的杰出专家的邂逅，给整个计划带来了特殊的光彩。巴尔巴罗对维持鲁威《十书》的极其详尽且带有评注的译本于1556年在威尼斯首次出版，随后在1567年再版。这本书中带有大量木刻插图，其中许多是基于帕拉迪奥在维琴察的图纸。更有甚者，帕拉迪奥在特雷维索附近的马塞尔建造的著名别墅以及旁边的小礼拜堂，就是为达尼埃莱，和他的兄弟马尔坎托尼奥·巴尔巴罗建造。这一对兄弟直接影响了建筑的平面。

巴尔巴罗版的《维特鲁威十书》（*Quattro libri dell' architettura*）与帕拉迪奥在1570年出版的《建筑四书》互为补充，某些部分的讨论究竟是来自理论家还是来自建筑师，几乎无从分辨。这一特殊的合作关系也反映在了帕拉迪奥的建筑物上。然而，有时这两人也确实表现出不同的风格。譬如，在解读维特鲁威（第五书，第1页）对公共广场和巴西利卡的描述时。巴尔巴罗的评注中的平面图是按照维特鲁威的指示，矩形的广场空间被带柱子的大厅和小隔间包围，而巴西利卡恰好位于广场的边缘。在平面图中上部边缘的巴西利卡室内不仅在场边有柱子，在入口的端墙也可以看到柱子。这也是帕拉迪奥在建筑四书里如何描述古典广场与巴西里卡的。但在另一方面，巴尔巴罗画的巴西利卡平面图仅仅在长边的墙壁室内有柱子。这与修士乔康多（1511年）的描述相符，而乔康多的思想是与阿尔伯蒂的复原一致。

巴尔巴罗对维特鲁威十书中关于法诺的巴西利卡的描写与乔康多的不同，区别在于建筑内部是否有成列的柱子。在长边的方向，奥古斯都的神庙与前殿连在一起（如图上B和C所标示）。立面的复原图中展示了如同维特鲁威描述的室内的高柱，在对侧短小的支柱承担着上部走廊的重量。巧合的是，在16世纪60年代末，帕拉迪奥在萨雷戈别墅中选择了非常相似的建造方法。

在巴尔巴罗的《维特鲁威十书》中，对罗马剧场的描述可以在帕拉迪奥那里寻找到痕迹。正如16世纪普遍流行的那样，维特鲁威的建造系统被应用，使得圆和它的内接等边三角形限定了建筑的四周。而相比之下，巴尔巴罗与帕拉迪奥的同辈小安东尼奥·达·桑伽洛（1485—1546年）以及维特鲁威专家（如柯特·芬斯特布施）仅仅使用这一系统决定乐池和舞台的比例。在半柱、壁柱、壁龛、浮雕以及街道透视的装饰下，帕拉迪奥为巴尔巴罗的书绘制的双层舞台的插图预示了他之后的设计，位于维琴察的奥林匹克剧场中即将出现的重要元素。

当涉及古典别墅的立面时，巴尔巴罗和帕拉迪奥的观点一致。在第六书中，维特鲁威并没有描述罗马“住宅”的立面，而在巴尔巴罗和帕拉迪奥的时代，也并没有考古学研究调查过城镇住宅的外观。在他对维特鲁威的评注中，巴尔巴罗将住宅的立面描述为如同神殿的正面，有柱子和山墙。这与帕拉迪奥的看法完全一致（见他自己在1570年的论文，第二卷，第16页），即古典住宅的正面饰有山墙，这是他对于在别墅中常常使用如同神殿一般的正立面的解释。帕拉迪奥在罗维戈附近的巴多尔别墅，入口立面以古典的形式建有柱子和山墙，设计开始于1556年，正是巴尔巴罗维特鲁威译注第一版发行的时间。

克里斯托夫·约布斯特　著　　毕敬媛　译

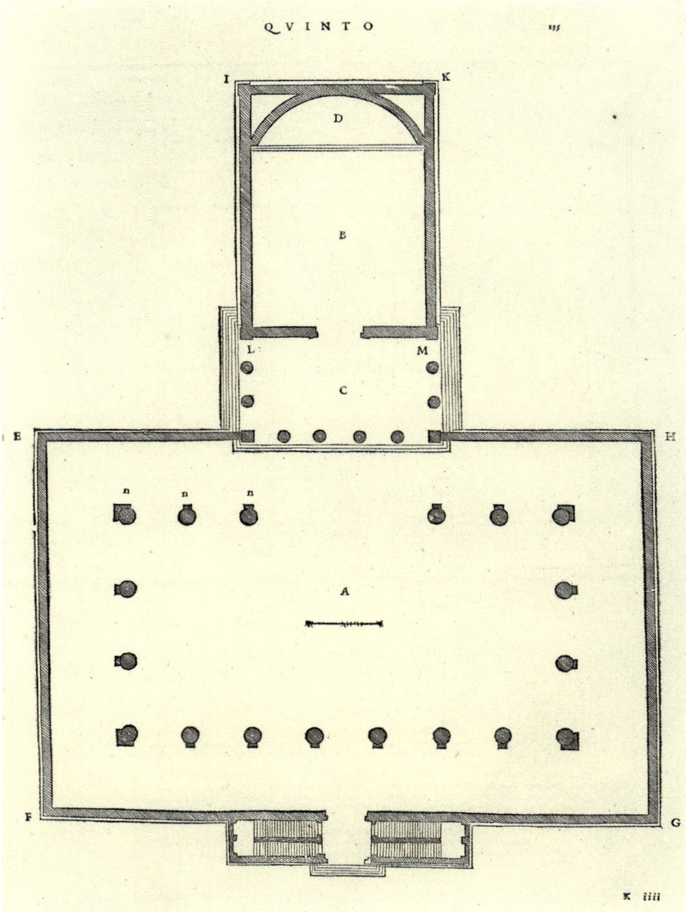

1 | 法诺的维特鲁威巴西利卡平面复原图
下面的部分是巴西利卡的平面示意图（A），上面的部分是奥古斯都神庙（B）
维特鲁威第五书，第135页。木刻版画

2 | 巴西利卡剖面

古代巴西利卡集市的剖面复原图与壁龛

维特鲁威第五书，第133页。木刻版画

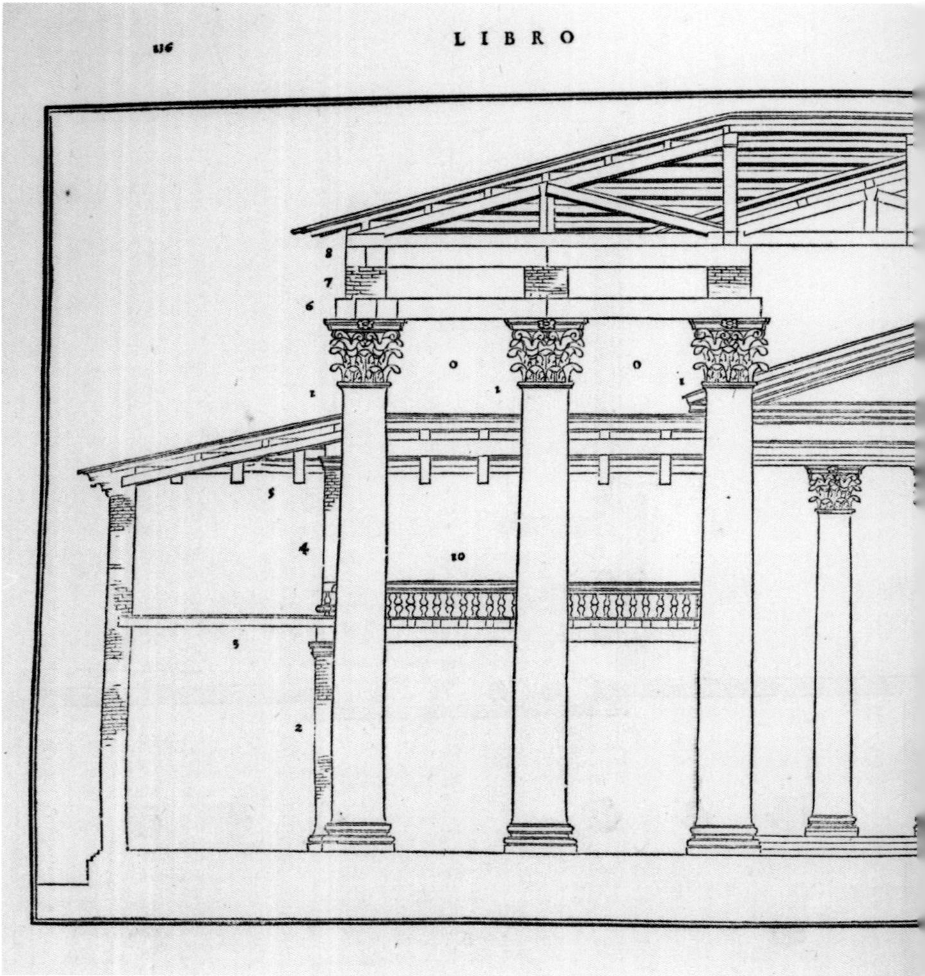

3 | 法诺的维特鲁威巴西利卡的立面

一个剖面图（左侧），在左侧位于后方的柱子支撑了上部结构；在右侧，是从室外看的效果，维特鲁威第五书，第136—137页。木刻版画

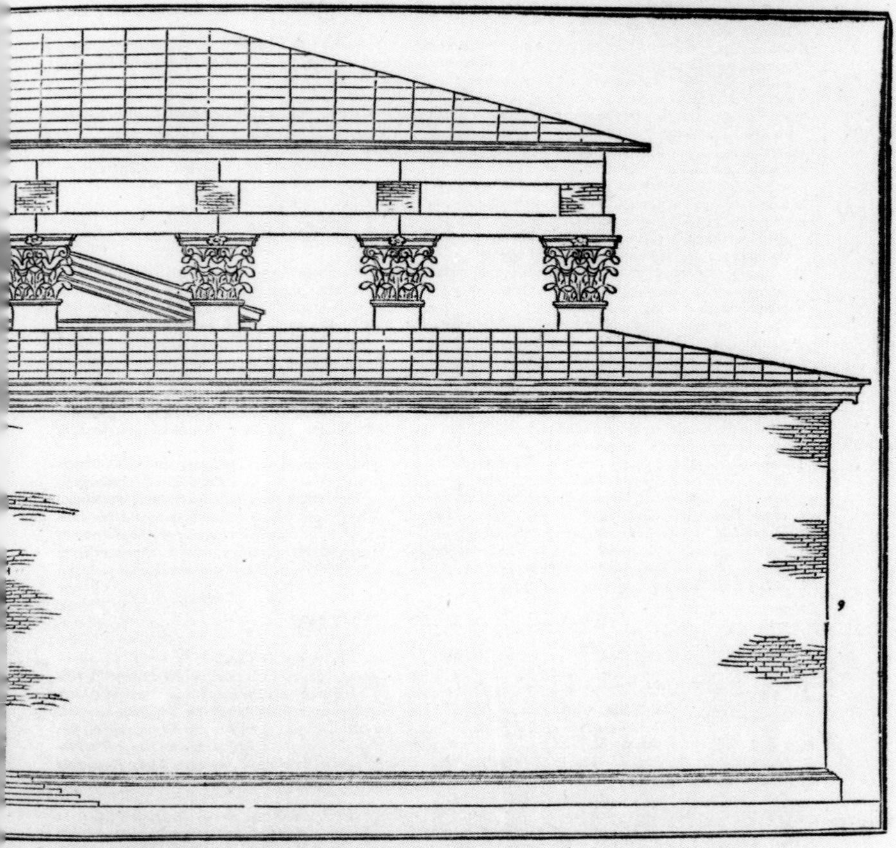
9

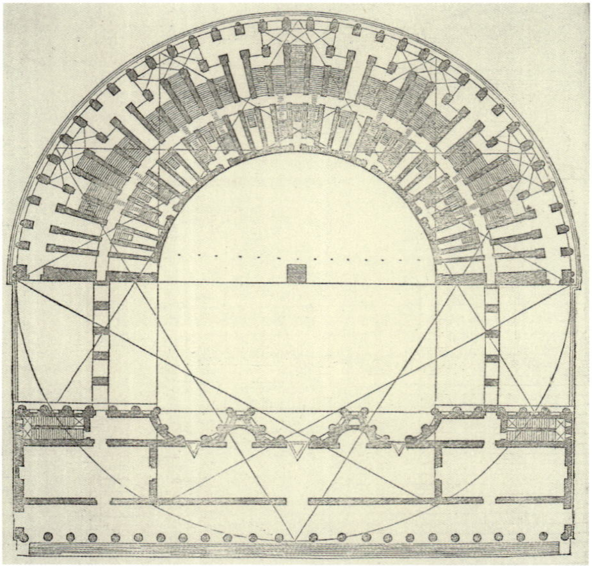

4 | 罗马（拉丁）剧场的平面设计图
维特鲁威第五卷插图，第154页。木刻版画

5 | 某剧场舞台
维特鲁威第五书，第155—156页。木刻版画

6 | 古罗马某私人住宅的入口立面，有柱的门廊与山墙
此复原图并不基于维特鲁威
第170页。木刻版画

安德里亚·帕拉迪奥（1508—1580年）

I quattro libri dell'architettura

VENICE, 1570

The four books of architecture. London, 1738

在安德里亚·帕拉迪奥（Andrea Palladio）为巴尔巴罗翻译的《维特鲁威十书》画插图期间，出版一本他自己的建筑学论著的计划酝酿成熟了。这位生于帕多瓦的建筑师在1554年以作家的身份声名鹊起，同年，他与巴尔巴罗一同进行最后一次旅行。正是在这段时间，随着他对罗马教堂的参观，在对教会、基督受难以及赦免的描绘中，这座古典之城，古罗马的光辉浮现在他眼前。起初帕拉迪奥曾打算写一部更加丰富的论著，与1570年由多米尼克·德·弗朗西斯基出版的文本片段《建筑四书》相比。然而这绝不会减损这本出版物的影响力和重要性，它为帕拉迪奥带来了巨大的声誉，简洁的文本促成了帕拉迪奥主义的兴起，正如我们所知，帕拉迪奥式的古典主义随后在世界各地广泛流传。

《建筑四书》（*I quattro libri dell'architettura*）出现时，环境是相当有利的。帕拉迪奥曾在维琴察的佩德姆罗工作室做了很多年的石匠学徒，他从那些做石匠的基础中学到了建造的技能，这段经验在他关于材料和建造的理论中留下了深刻的痕迹。自16世纪30年代起，他遇到了意大利北方的古典学者们，他们的建筑学知识渊博无比，对他产生了极大影响。帕拉迪奥原名为安德里亚·迪·彼得罗·德拉·贡多拉，是詹乔治·特里希诺（1478—1550年）为他取假名为帕拉迪奥，名字来自帕拉斯·雅典娜，特里希诺还向他引介维特鲁威的《建筑十书》。阿尔维斯·科尔纳罗（1484—1566年），帕拉迪奥在他的著作（第一卷，第28页）中称赞其拥有“出色的艺术鉴赏力”，他为帕多瓦的建筑开辟了新的视野。达尼埃莱·巴尔巴罗是第三个杰出的意大利北方的古典学者，他们既是富有的赞助人也是博学的理论学家，为帕拉迪奥的成功奠定了基础。

帕拉迪奥在罗马的游学以及他对考古学的精深造诣进一步为他的建筑学专著增色不少，这反映在《建筑四书》中的建筑图纸和版画之中。作为意大利的建筑理论大师中晚期的代表人物，他也从100年来文艺复兴理论的发展中获益匪浅。莱昂·巴蒂斯塔·阿尔伯蒂在15世纪中叶出版的重要且异常艰深的建筑论著，在1565年后，经由意大利语的译注变得易懂许多。帕拉迪奥将阿尔伯蒂（1404—1472年）视为与维特鲁威一样重要的建筑学权威。在1537年和1540年，帕拉迪奥在维琴察的旧识，塞里欧（1475—1553年？）出版了他的《论建筑》中的第三卷和第四卷，其中包括了诸多关于古典纪念性建筑的高质量木版插画。由于插图相对于文本几乎一样重要，塞里欧的著作可以视为帕拉迪奥《建筑四书》的初步版本。帕拉迪奥也充分利用了插图具有的建设性影响，而且他对图片的排版要求更加严格。他的建筑图解通常按照平面图、立面图以及剖面图的顺序展示，其中后两者遵循正交投影的画法呈现，亦即，图纸并未以透视的方式表达，那些以投影线出现的部分，并未说明其准确比例。最后需要指出的是，帕拉迪奥作为一个备受欢迎的建筑师，从1540年左右起建造了诸多宫殿、桥梁以及宗教建筑，因而在晚年写作《建筑四书》时，能够在插图中充分借助他长期忙碌的职业生涯积累下的丰硕成果。

基于一种前所未有的对建筑理论的自信，帕拉迪奥用他自己众多的项目方案为他的理论著作做了插图说明，将他自己的“作品名录”毫不忌讳地与古典建筑放在一起。这也是他的总体信条的一部分，复兴那些值得信赖的古典主义建造原则，并通过他自己的作品使得它们获得广泛的认可。在他同时代人的作品之中，他唯独挑选了伯拉孟特在罗马的仿古式坦比哀多。同样地，塞里欧也展示了这座圆形建筑中围成一圈的柱列，并把它与古典建筑的成就相提并论。在他著作的木刻画插图中帕拉迪奥理想化地表现了几所房子。当时尚未完成的宫殿与别墅，在插图中完成，有些案例中有着比现实基地中可能实现的更加严格的轴线对齐。之后，他也许会用更加刻意的建筑设计来证明自己的论述。例如，在维琴察的伊塞波·皮尔蒂宫中，他坚持（以一种文艺复兴盛期罗马宫殿的方式）使用柱子装饰底层和二层的立面，这将别墅分成了正面、内部庭院以及后方的客房三部分，形成一种希腊式的风格。而在由他设计布局的威尼斯女子慈善修道院中，他关于古典主义住宅的理想从一开始就控制了整个修道院平面。随后他还展示了他对一个古罗马私人住宅的平面和纵向剖面的复原图。

由四根柱子围合的空间——如《四书》中（第二卷，第9页）所描述的那样——效仿了古典建筑中的空间，并且与维特鲁威对“四面体”的描述相应，在帕拉迪奥的建筑中有特殊的重要地位。四根独立支撑的立柱，被放置在房间中正方形的四个角点，承担着天花板或是穹顶的重量。帕拉迪奥在蒙塔尼亚纳的皮萨尼别墅和圆厅别墅中都曾运用。位于弗拉塔波莱西内的巴多尔别墅，始建于1556年，如同帕拉迪奥与巴尔巴罗在他们对维特鲁威的译注中复原的古典住宅立面一样，它主立面上的山花和柱子都清晰地展现了独特的古典外观。在他对古典别墅立面的复原中，帕拉迪奥同样坚称，立面上带有山墙门楣的柱子门廊是古罗马建筑传统内在的装饰母题。

帕拉迪奥也强调了巴西利卡广场的问题（第三卷，第19页）。与巴尔巴罗版的《维特鲁威十书》不同，《建筑四书》提出，在巴西利卡的室内应该既有沿长边的柱列，也有位于入口后面端墙的柱列。帕拉迪奥还强调他完全能够想象，通常情况下，面对入口沿端墙排布的柱子。然而，他选择省去它们以更好地凸出一个大的半圆形壁龛。换句话说，一种审美感觉促使他脱离了他如此尊崇的古典风格。而当他形容自己的作品维琴察的巴西利卡时（第三卷，第20页），他在立面上用两层拱廊遮盖了建筑来自中世纪的内部。尽管他非常推崇古典建筑的式样，但他仍然给予当代建造方式足够的重视。尽管古代巴西利卡总是在室内设置柱列，或者如他提倡的那样，在“现代的”巴西利卡室内，柱子不应被看到，如果有的话，也应当仅出现在外部，朝向广场。

基于他的论文著作中的设计、表达以及逻辑的一致性，安德里亚·帕拉迪奥的《建筑四书》创造了一套典范，并深远地影响着此后所有的建筑学理论。

克里斯托夫·约布斯特　著　　毕敬媛　译

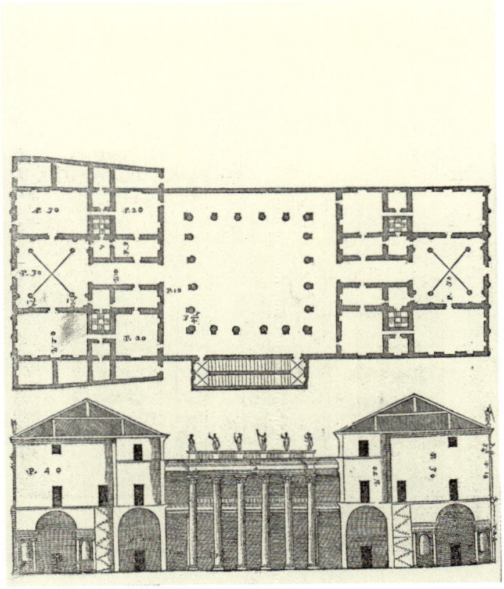

1丨维琴察的伊赛普·皮尔蒂宫
平面图与剖立面图
第二书，第3页。木刻版画

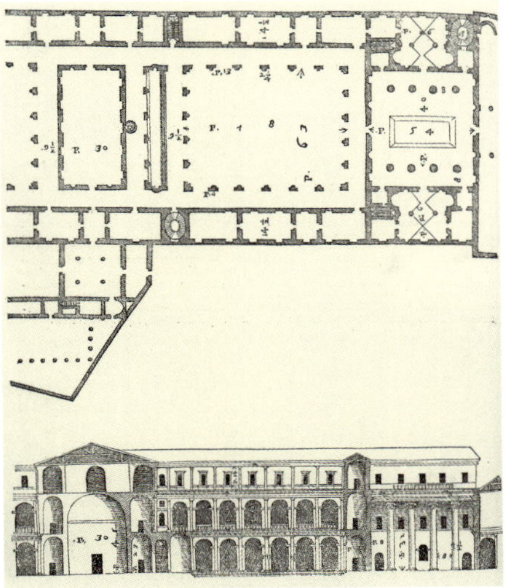

2丨威尼斯的女子慈善修道院
古罗马私人住宅风格的平面图与剖立面图
第二书，第6页。木刻版画

34 LIBRO

A, Atrio.
B, Tablino.
C, Periſtilio.
D, Saloti Corinthij.
E, Saloti di quattro colonne.
F, Baſilica.
G, Luoghi per la Eſtate.
H, Stanze.
k, Librarie.

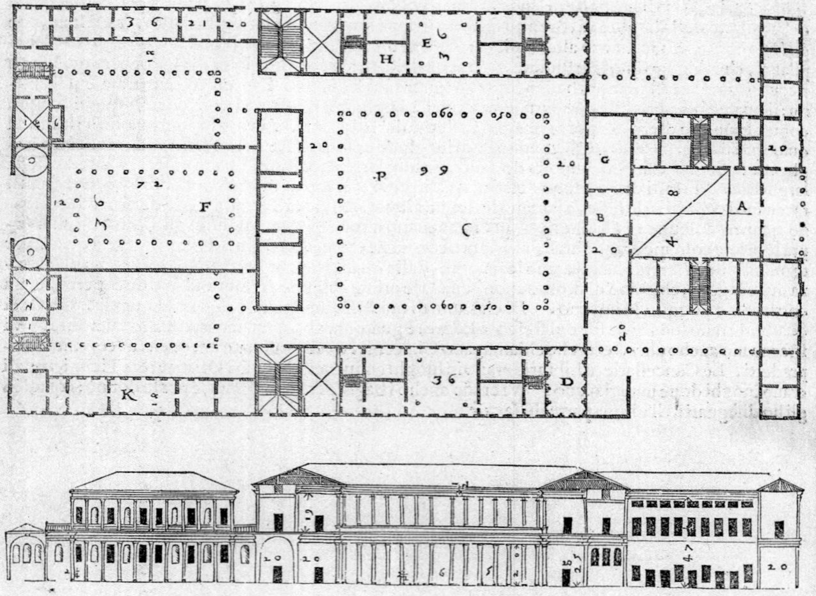

IL DISEGNO che ſegue è di queſto iſteſſo Atrio in forma maggiore.

D, Atrio.
E, Feneſtre che danno lume all'Atrio.
F, Porta del Tablino.
G, Tablino.
H, Portico del Cortile.
I, Loggia auanti l'Atrio.
k, Cortile.
L, Stanze intorno all'Atrio.
M, Loggie.
N, Traue limitare, ouer fregio dell'Atrio.
O, Parte delle Sale Corinthie.
P, Luoco diſcoperto ſopra il quale uiene il lume nell'Atrio.

DELLE

3 | 某古罗马私人住宅的复原平面图和剖立面图
第二书，第7页。木刻版画

4 | 古典四柱大厅的复原图、平面图与立面图
第二书，第9页。木刻版画

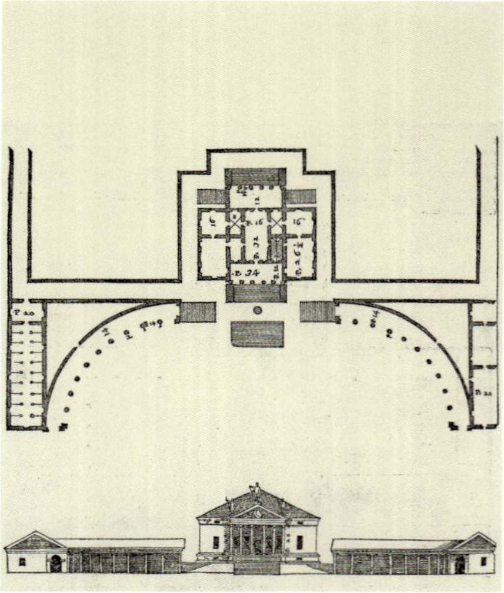

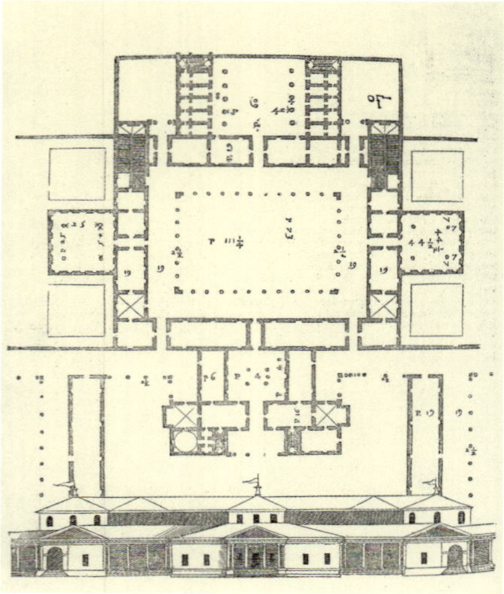

5 | 弗拉塔波莱西内的巴多尔别墅
带有柱廊的门廊与山花的平面图与立剖面图，帕拉迪奥与巴尔巴罗将这解读为古罗马房屋的特征
第二书，第14页。木刻版画

6 | 一个古典别墅的复原
平面与立面上是有柱廊的门廊和三角形的山花
第二书，第16页。木刻版画

7 | 维琴察的巴西利卡立面

巴西利卡的详图上可以看到一层为多立克柱式，二层是爱奥尼柱式，带人像的勋章位于柱肩两边

第三书，木刻版画

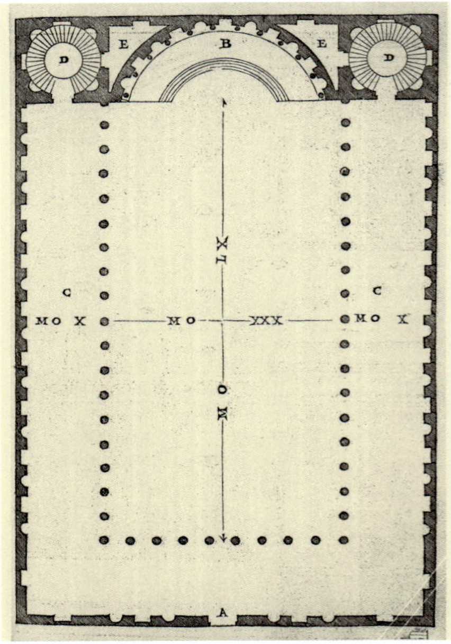

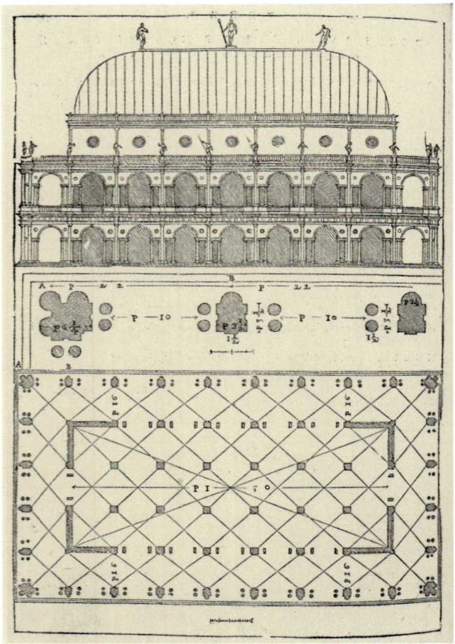

8 | 巴西利卡平面
古罗马广场的复原图，带柱子的巴西利卡位于入口边，与之相对的端墙是一个大的壁龛（B）
第三书，第19页。木刻版画

9 | 帕拉迪奥在维琴察的巴西利卡的平面图与立面图
柱子支撑着半圆拱结构加上两侧的窄缝，被称为塞里奥或帕拉迪奥母题
第三书，第20页。木刻版画

10 | 伯拉孟特在罗马蒙托里奥的圣彼得罗坦比哀多
第四书，第17页。木刻版画

温琴佐·斯卡莫齐（1548—1616年）

L'idea della architettura universale

VENICE, 1615

The mirror of architecture, or, The ground rules of the art of building. London, 1676

温琴佐·斯卡莫齐（Vincenzo Scamozzi）是威尼托地区最重要的建筑师之一。他的论著，于1615年甫一发表，便收获了广泛的好评，这本关于柱式的书迅速成为17世纪这一领域的公认参考著作。

从他父亲——一个木匠兼建筑师——那里，温琴佐获得了最早的实践经验，同时也掌握了测量学的基础知识。在之后的几年里，他继续汲取着更多更详尽的知识。除了15世纪与16世纪的意大利建筑学理论之外，他还阅读了法语、德语以及希腊语的著作，尤其是亚里士多德、柏拉图以及欧几里得，还有几个拉丁语作家，包括普林尼和西塞罗在内。在维特鲁威之外，他还深入研究了塞里欧（1475—1553年？）的著作。

作为皮萨尼家族的建筑师，斯卡莫齐与威尼斯的上层社会之间有着紧密的联系。在罗马的旅行赐给他进入贵族赞助人圈子的机会。在康塔里尼的好朋友，也是帕拉迪奥的重要赞助人之一的马克·安东尼奥·巴尔巴罗的帮助下，在1582年前后，他成功地赢得了一个威尼斯新执政厅的设计竞赛，从规模大小来看，这是他职业生涯最重要的一个项目。在萨尔茨堡大教堂（1604—1607年）的设计中，斯卡莫齐将他对帕拉迪奥最重要的项目——威尼斯圣乔治-马脚类教堂的研究——与伯拉孟特建筑中柱子与壁龛的比例结合起来，形成一种综合。他对伯拉孟特的熟知主要来自于塞里欧的理论著作，而在整个综合的呈现中又能轻易辨别出维尼奥拉在罗马的早期巴洛克教会建筑的影响。所有的这些灵感来源在他的写作中也有所体现，毕竟某种程度上，写作也是他建筑师工作的延续。特别是在第二卷和第三卷中，他展示了大量的设计，其中很多要么是根本未建成，要么是形式有所改变。

Cornice
42 min
5
45 min
Fregio
1/2
1/2
1/4
35
Architraue
min
Modulo
1 1/4

《建筑理念综述》（*Idea della architettura universale*）一书是最后一本文艺复兴理论著作，建筑此时仍然被视为一个面向社会各个领域的综合性学科。这个主张首先来自一种新柏拉图主义的宇宙观念，他们认为由神创造的世界是在数学与几何秩序之下运行。“理念”作为一个理性概念，是抽象法则之间的媒介，它控制着设计的过程、个人作品的构想与完成。与维特鲁威和阿尔伯蒂（1404—1472年）相一致，斯卡莫齐也认为一个建筑中各部分间的关系应该受到一个统一的数学比例系统控制。文艺复兴时期的理论家认为这个系统的模型来自自然，特别是来自完美的人体及其比例的图形中，因为人的身体是按照上帝的形象创造。于是，建筑也同样应当体现事物间的宇宙秩序。斯卡莫齐的大部头著作最初设想包含12卷内容，后来缩减至10卷，其中六卷在1615年的威尼斯被首先发行。在斯卡莫齐逝世之后，剩余四卷的内容便散落遗失了。后来在荷兰语的译本（阿姆斯特丹，1661年）和法语版译本（莱顿，1713年）中出现了几幅插图。据斯卡莫齐自己所述，他花了25年撰写此书。

第一卷中阐述了建筑作为科学的地位，并且说明对建筑师的职业训练。第二卷则涉及建筑学中的地理要素与地形条件。第三卷是关于民间建筑。第四卷关于公共建筑。在第六卷中斯卡莫齐提出了他的柱式理论。第七卷至第九卷用来讨论建筑材料、建造过程以及最终的装饰工作，第十卷涉及建筑的改建与修复。将讨论要点分成十个部分是参照了维特鲁威和阿尔伯蒂的著作，而且斯卡莫齐对于“潜在审美”的定义要首先归功于维特鲁威。

书的第一卷试图巩固建筑学作为科学的地位，继而提升建筑师的职业地位，使其高于建造现场的施工队长。由于建筑师“在他的脑海中观察着数学的存在和自然过程的本质”，他也可以被看成是一个数学家或哲学家。同样地，斯卡莫齐也依赖于人文教育和机械技艺各自的中世纪教育准则。斯卡莫齐的语言，反复地强调和大量地引用文献，构成了他升华文字意义并强调他的意图的风格。

除此之外，第二卷还包括了一个理想城市的设计，这想必是斯卡莫齐在帕尔玛诺瓦的项目方案。在理想城市中（其中包括对军事建筑的思考），我们能够看到斯卡莫齐在《综述》中所处的伦理与社会政治立场。另外一个关注点是剧院建筑，在这里，斯卡莫齐为文艺复兴以来的辩论做了总结，这场辩论由达尼埃莱·巴尔巴罗在对维特鲁威的译著中提出，并且受到塞里欧极大的影响。作为一个理论家他对剧院建筑的意见与他作为一个重要的剧院建筑师相一致。作为剧院建筑师，他完成了帕拉迪奥在维琴察的奥林匹克剧院设计（1584—1585年），以及他自己设计的位于曼托瓦附近萨比昂尼塔的公爵剧院（1588—1590年）。

第四卷、第九卷与第十卷并未发表。因此，包括斯卡莫齐的柱式理论的第六卷，变得尤为重要。通过手写形式出现的文本和插画，以前所未有地丰富系统地描绘了建筑柱式及其各个组成部分。受塞里欧的影响，斯卡莫齐第一个使用了术语“ordine”形容古典柱式理论的五个分类。在它看来，不只是建筑各部件的计算和形状，包括室内在内的所有建成部分，都应当与建筑柱式的原则一一对应。斯卡莫齐以他自己的特里希诺宫为范例。

斯卡莫齐反复强调，建筑的各个部分，甚至装饰都必须由一种秩序感和理性来控制。这为他在巴洛克早期赢得了一个古典主义者的名声。这样一来，他于17世纪上半叶在威尼托的作品标志了帕拉迪奥式古典主义作为“严格式样”的发轫。甚至到了18世纪仍然可以从英国的新帕拉迪奥主义中感受到斯卡莫齐的影响。这有一部分原因是斯卡莫齐与伊尼戈·琼斯的结识，后者作为托马斯·霍华德，第二代阿伦德尔伯爵的随从于1613年访问意大利。然而，斯卡莫齐在第六卷中的柱式理论（自1657年后被缩略版分散）才是最具影响力的原因。第六卷于1640年在荷兰出版，1665年译为德语，1669年英译本发行，最后在1685年时译为法语出版，对弗朗索瓦·布隆代尔对法国建筑的改良产生影响。

亚历山大·格隆内特　著　　毕敬媛　译

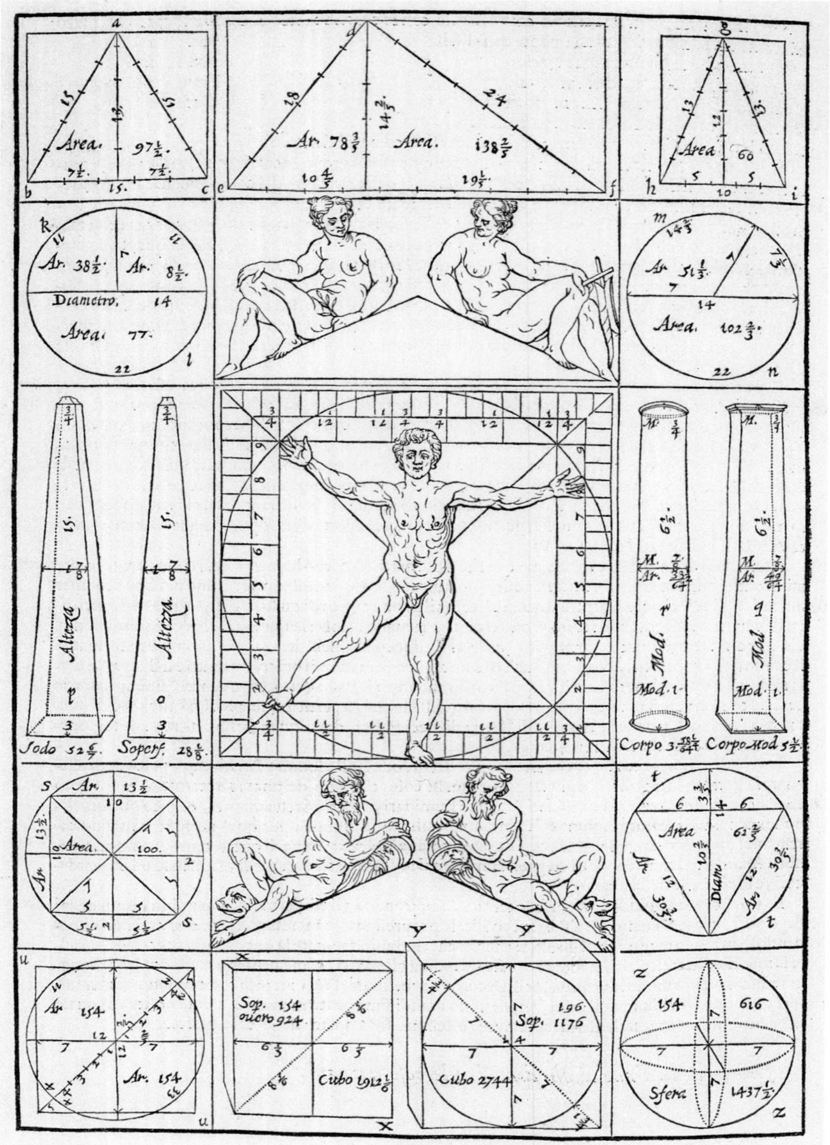

1 | 对研究比例

人体的完美比例以及基本的几何形式

第一部分，第一书，第40页。木刻版画

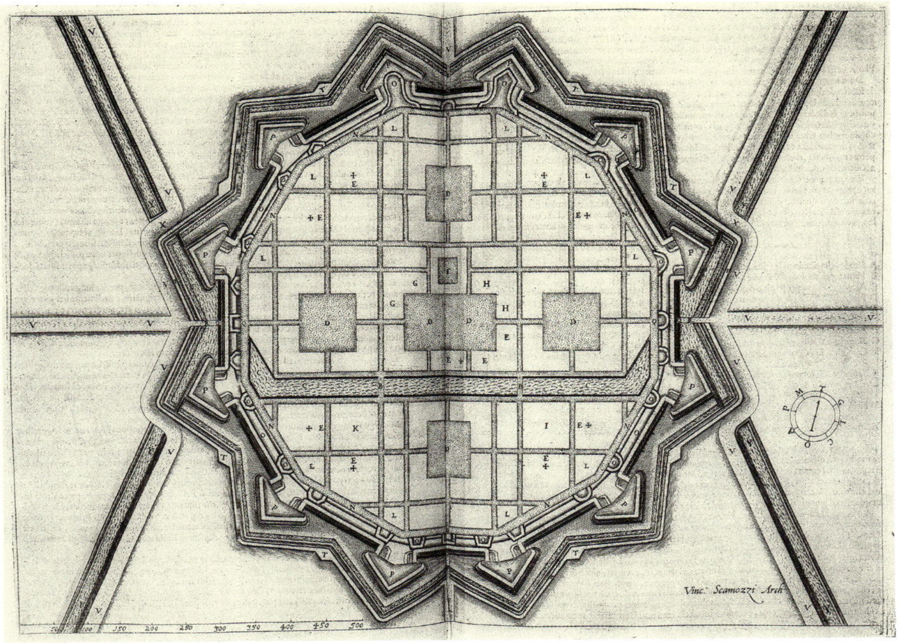

2 | 理想城市的设计
也许是帕尔玛诺瓦（1593—1598年）的平面图
第一部分，第二书，第166—167页。木刻版画

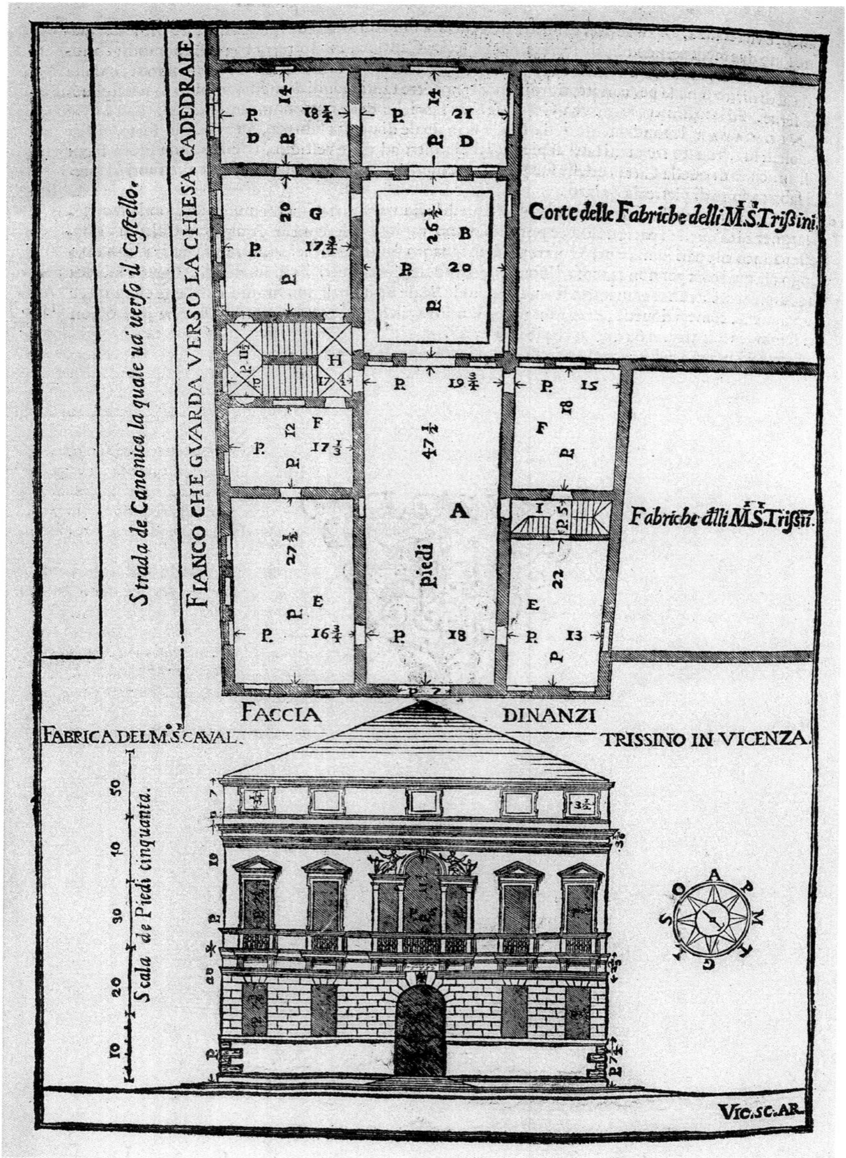

3 | 维琴察的特里希诺宫
为皮埃尔·弗朗西斯哥·特里希诺而建的宫殿（1577年）的平面与立面
第一部分，第三书，第258页。木刻版画

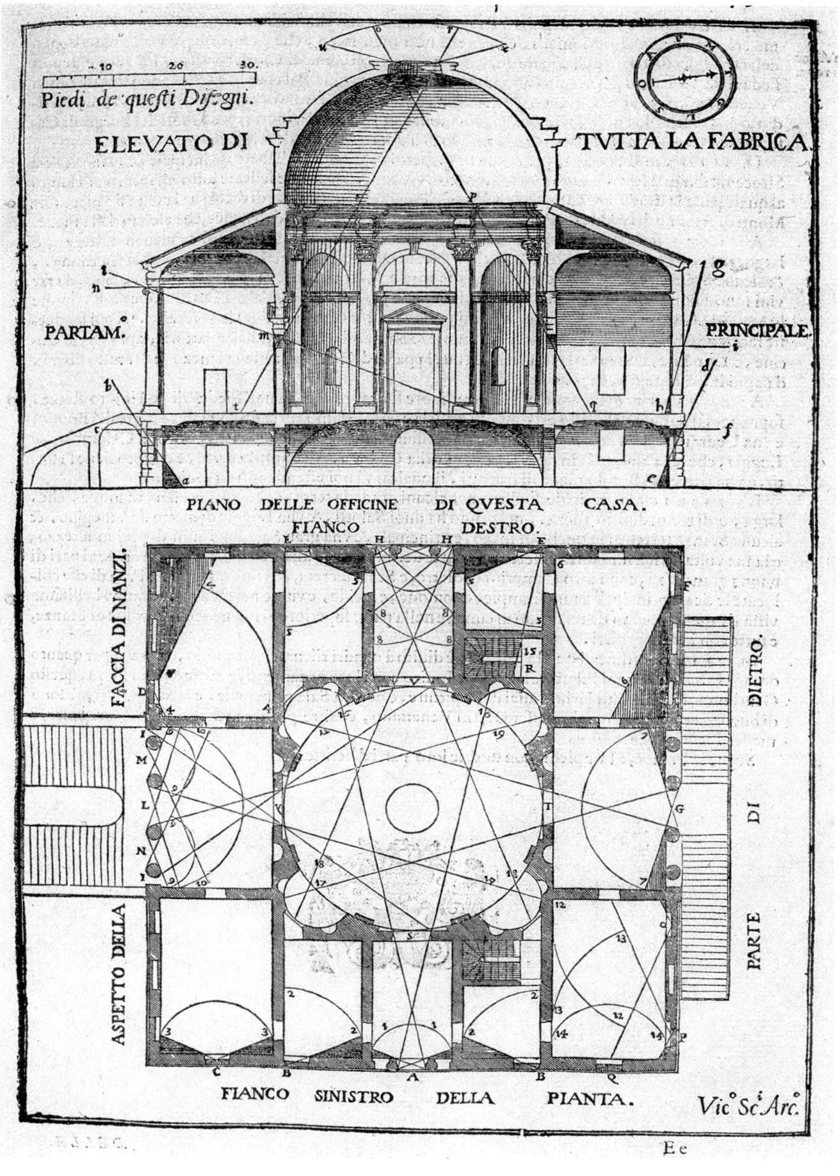

4 | 蒙伏莫附近的巴尔得里尼别墅

瓦莱里奥·巴尔得里尼别墅的剖面图与平面图
第一部分，第三书，第279页。木刻版画

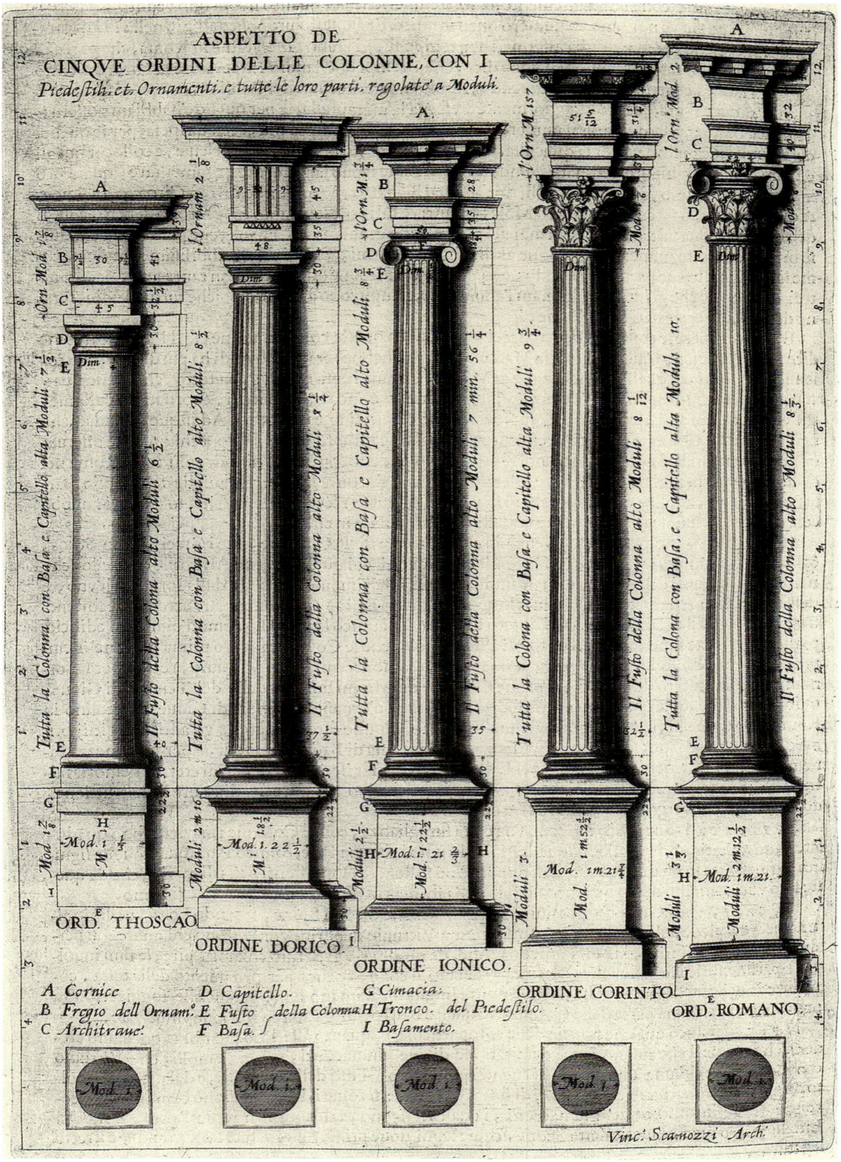

5 | 柱式

建筑五柱式；从左至右：塔什干柱式、多立克柱式、爱奥尼柱式、科林斯柱式和组合式柱式
第二部分，第六书，第6页。木刻版画

6 | 多立克柱式中的建筑装饰

第二部分，第六书，第84页。木刻版画

7 | 科林斯柱式中的柱列与山墙
第二部分，第六书，第124页。木刻版画

8 | 科林斯柱式中的带有拱柱式柱列与山墙
第二部分，第六书，第127页。木刻版画

瓜里诺·瓜里尼（1624—1683年）

Disegni di architettura civile ed ecclesiastica

TURIN, 1686

Designs for secular and ecclesiastical architecture

Architettura civile

2 VOLS, TURIN 1737

Architettura civile. London, 1964

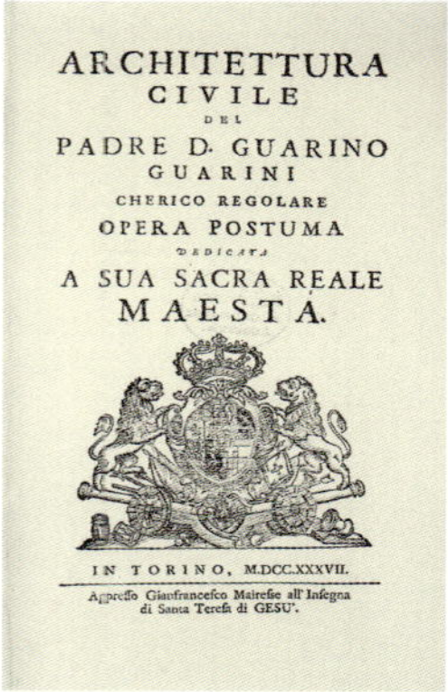

在《民用建筑》（*Architettura civile*）一书中，身为基廷会牧师的瓜里诺·瓜里尼（Guarino Guarini）展示了他在罗马以及从1662年到1664年间在巴黎的灵感收获。他是意大利与当代法国建筑间的桥梁。尽管17世纪的意大利建筑理论仍受困于维特鲁威与阿尔伯蒂的传统，法国建筑理论则对自然科学和哲学中的最新发展始终保持关注。瓜里尼在他著作的第一页上就提出了他的声明："古典建筑的法则可以被改变，建筑学可以建立新的法则。"这一宣言清楚地表达了巴洛克建筑的主张，而在当时的意大利，瓜里尼是唯一一个重要的巴洛克理论家。

与当时的意大利建筑相比，瓜里尼论文的与时俱进首先体现在他对数学的重视上。受笛卡尔（1596—1650年）的理性主义思潮的影响，瓜里尼将数学视为理性思考的最纯粹形式。批判以及理性的态度使他能够站在公正的立场上检验并发展从前的理论。在瓜里尼这里，这导致了对哥特式风格不带偏见的价值重估，为18世纪意大利理论家对哥特式的积极接受奠定了基础。然而瓜里尼并不赞成简单地废除过去的原则。他明确地表示了对限制古典建筑的种种规范教条的质疑，但他认为建筑师应该熟知这些规范，并将它们作为常规的参考意见。

对于瓜里尼来说，建筑师的实践经验和他们对比例的把握非常重要。他假设美感和比例由审美决定，这又反过来受到历史和地域的影响。这种美学相对主义与古典理论中比例的永恒有效性相悖。因此，瓜里尼提出了较为宽泛的标准来代替严格的法则，使建筑师可以在一定限度内适当调整长久以来关于形式和规范的教条规定。这些限制由常规的标准规定，从精通此道的观察者的审美中可见端倪。

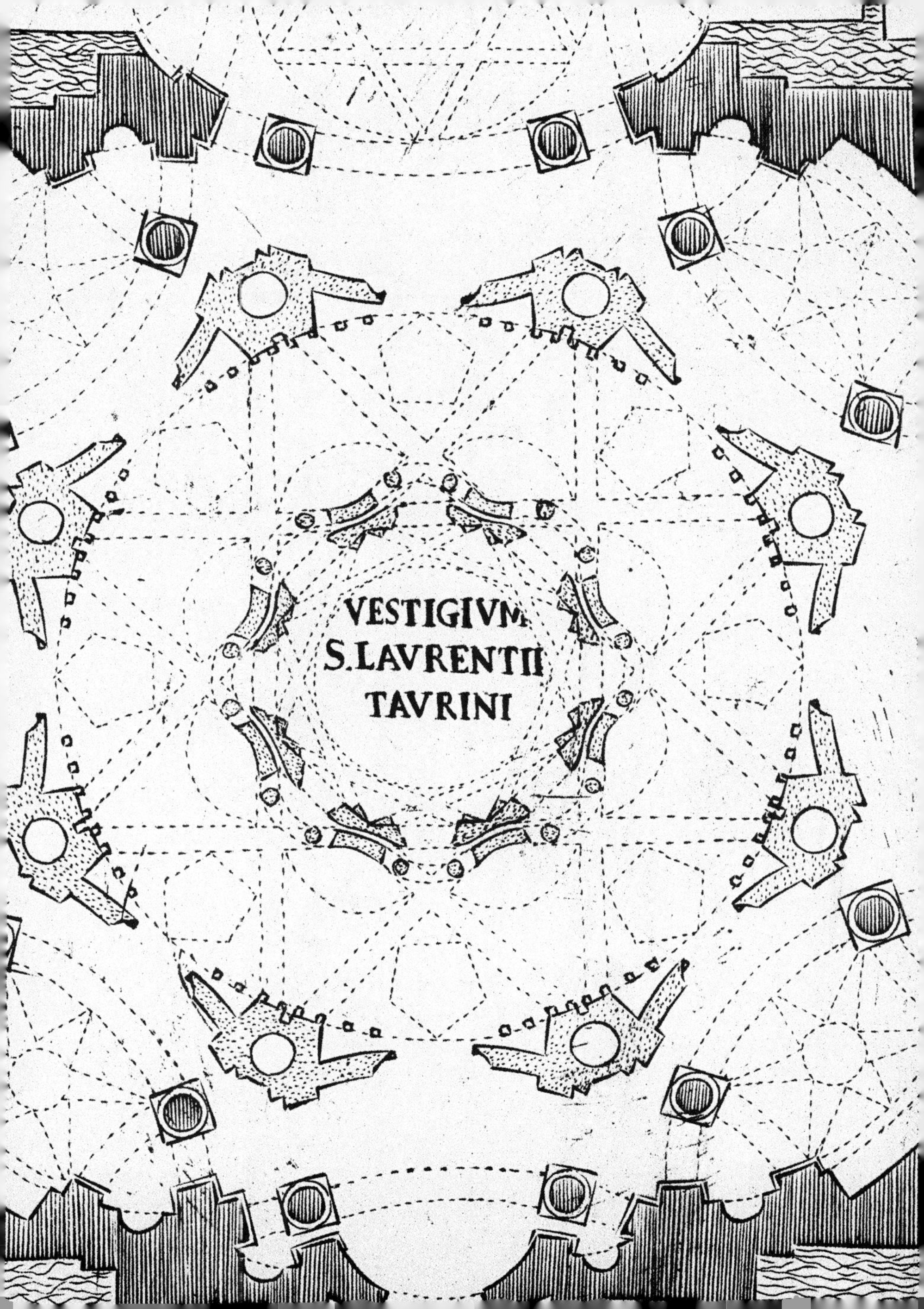
VESTIGIVM
S.LAVRENTII
TAVRINI

在15岁时，瓜里尼被派去学习基廷派教义，从他的家乡摩德纳来到罗马。在罗马他接触到了大量关于柱式规范的文献并且深入了解了罗马的巴洛克盛期建筑。特别是弗朗西斯哥・波洛米尼（1599—1667年），詹劳伦佐・伯尼尼（1598—1680年）以及佩德罗・达・科尔托纳（1596—1669年）对他的建筑道路产生了持续的影响。1647年，在罗马生活近十年后，瓜里尼返回了摩德纳，并从1650年开始在基廷学院教授哲学。他作为建筑师的职业生涯开始于对圣温琴佐教堂的扩建。1655年，他被任命为圣温琴佐教堂的教务长兼院长，尽管两个月后他不堪承受来自阿方索四世・德・艾斯特（1634—1662年）的压力而不得不辞去任命。在随后的四年里，瓜里尼在意大利各个基廷派教会之中四处游历。直到1660年他又一次回到了摩德纳执教。那之后在巴黎的四年生活对他的理论思想有着决定性的影响。除了在摩德纳和墨西拿，瓜里尼还曾在维罗纳、维琴察、布拉格、巴黎以及里斯本设计建筑，这些设计中的大多数都被他写进了论文。然而，他建筑活动最为频繁的城市是志向高远的亲法城市都灵。在都灵的其他建筑之中，瓜里尼设计了圣劳伦佐教堂（始建于1666年）与为了容纳都灵的圣物裹尸布而建的圣辛多纳小教堂（始建于1668年）。在他的设计中，混杂了罗马巴洛克风格与法国哥特结构准则的影响。瓜里尼尝试了复杂的几何平面和结构的隐藏，并且试图通过对光线的娴熟运用使得穹顶显得更加高耸。

尽管他的论著非常重要，瓜里尼作为理论家的影响却有限，因为在他1683年去世时没能完成他的著作。三年之后，在基廷教会的鼓动下，一本名为《世俗与宗教建筑图册》（*Disegni di architettura civile ed ecclesiastica*）的图集在都灵出版。其中包括44个平面与立面图，借助这本图册瓜里尼的建筑闻名欧洲。特别是在阿尔卑斯山北部、奥地利与波西米亚，他的作品深受欢迎，影响了其他的建筑学者，如约翰・费舍尔・埃尔拉赫（1656—1723年）、克里斯多夫・迪恩岑霍夫（1655—1722年）以及巴尔塔扎・诺伊曼（1687—1753年）。但是写于1679年到1683年间名为《民用建筑》的理论文本直到1737年才最终问世。除了在1686年版本中的44幅插图之外，《民用建筑》还包括了另外35幅带有文字的插图。再一次，出版商正是都灵的基廷派教会，监制了这次出版的是皮德蒙特建筑师贝尔纳多・安托尼奥・维托内（1702—1770年），他是菲利普・尤瓦拉（1678—1736年）的学生。

《民用建筑》一书由五个部分，也就是由五篇文章组成，可以被进一步划分为章节和观点。最重要的理论体系声明都被总结在了前三章中。瓜里尼的目的是提供有序的、舒适的居住空间，他在这么做的时候借鉴了维特鲁威。就建筑师的任务而言，瓜里尼泾渭分明地区分了设计和实现，正如阿尔伯蒂做过的那样。建筑师的任务是提供设计，这也是在《民用建筑》中没有提到过建筑中的建造问题的原因。另一方面（第一章，第4页）瓜里尼详细地描述了建筑师的工具：包括笔、墨、尺子与圆规。瓜里尼引用了维特鲁威的六个类别中的四个，他认为代表了设计质量的是坚固、适宜、均衡与布局。他将适宜解释为装饰，将均衡解释为比例。关于布局，他引用了法国建筑理论的观点，即根据房间使用功能对其进行合理安排，这一举措的结果被称为“舒适”。舒适是建筑的终极目的，必须同时是美的、富有魅力的，而这来自均衡的比例。关于瓜里尼的美学理念，最重要的一个定义出现在第一章（第3页），他写道：“尽管建筑学依靠着数学，但它仍是一种美好的艺术形式，因而绝没有为了理性的缘故而有损感觉的道理。”瓜里尼对完全遵照法则毫无兴趣，却更加在意旁观者对建筑的总体印象，正如第三篇中明确表示的那样，他引用了几个案例，建筑师不得不修改建筑的教条以确保必要的比例被遵守。此外，第一篇是关于基础几何学。第二篇关于“图解”，即在平面设计中的几何问题。第三篇主要讨论“立面校准”，即基于均衡的法则对立面的设计。其中大部分篇幅被用来对建筑柱式进行详细的描述。瓜里尼仅仅承认三个柱式：多立克柱式、爱奥尼柱式和科林斯柱式。每一个柱式中他分了三个部分，将之前的理论学者对这三个柱式的不同论述堆砌在一个体系之中。因为在他看来，三个柱式之间的种种组合都是容许的，因此没法单独定义某一种组合为组合式柱式。瓜里尼还将螺旋柱与他的体系中同形同性的理论整合在一起，创造了一种“哥特式”柱式，也同样被分为三个部分。第四篇是关于“正交投影”，其中大部分与水平投影和垂直投影相同。在第五篇中，他将话题转向大地测量学，一种测量地球的科学，或者是研究将二维的平面分割并转换为不同的几何体的表面。意识到这对建筑师有何实际用途是很难的。瓜里尼显然正在努力寻找其正当性，在引言中便提到这个问题，他指出，开发商必须给邻近已开发地块的土地所有者赔偿相等价值的土地。瓜里尼清楚地意识到在绘制图纸时几何学对于建筑师的重要帮助。同时，他非常重视数学的自洽的逻辑结构，因为它与瓜里尼在设计过程中对“理性化”的追求相吻合。

亚历山大·格隆内特　著　　毕敬媛　译

1 | 神龛
维罗纳圣尼克罗教堂主祭坛中的神龛、平面与立面
插图22。瓜里诺·瓜里尼绘

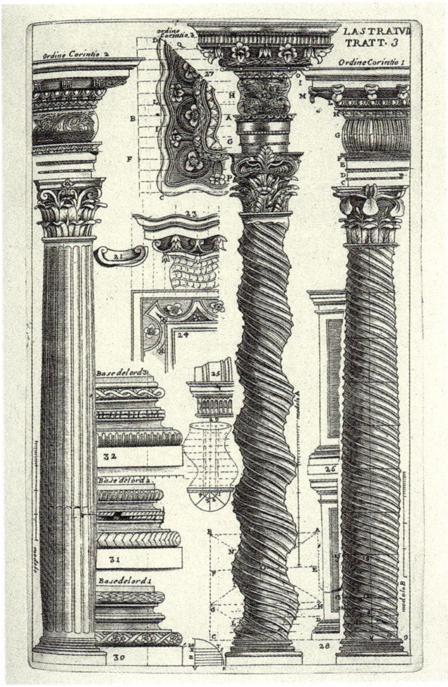

2 | 多立克柱式的比例和装饰
第三篇，插图5。瓜里诺·瓜里尼绘

3 | 科林斯柱式的比例与装饰
第三篇，插图7。瓜里诺·瓜里尼绘

4 | “哥特风”与“女像”柱式
第三篇，插图11。瓜里诺·瓜里尼绘

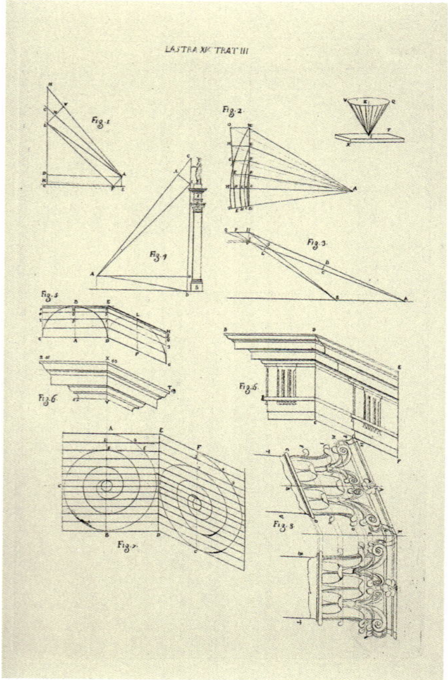

5 | 建筑中柱式的视觉矫正以及坡地上的建筑
第三篇，插图15。瓜里诺·瓜里尼绘

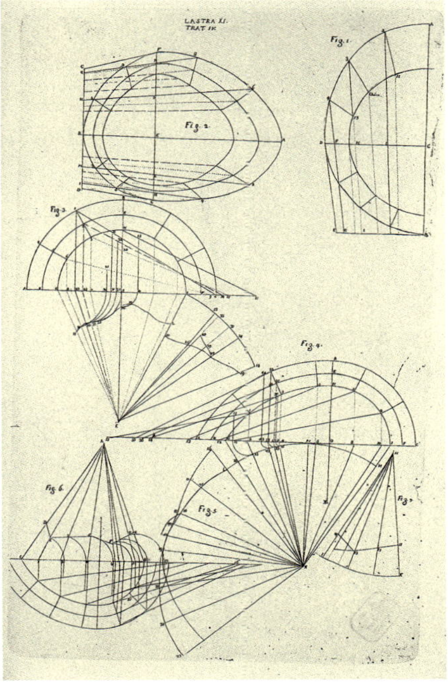

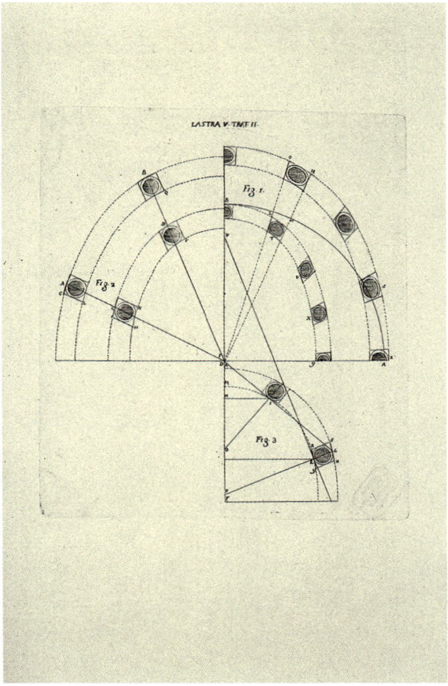

6 | 平面几何绘制锥体展开图的过程
第四篇，插图11。瓜里诺・瓜里尼绘

7 | 圆形及椭圆平面中柱列的建造
第二篇，插图5。瓜里诺・瓜里尼绘

8丨都灵的圣洛伦佐教堂（1666年）平面图
插图4，瓜里诺·瓜里尼绘

9 | 都灵的圣洛伦佐教堂（1666年）剖面图
插图6，瓜里诺·瓜里尼绘

安德里亚·波佐（1642—1709年）

Perspectiva pictorum et architectorum

2 VOLS, ROME, 1693, 1700

Rules and examples of perspective proper for painters and architects. London, 1693

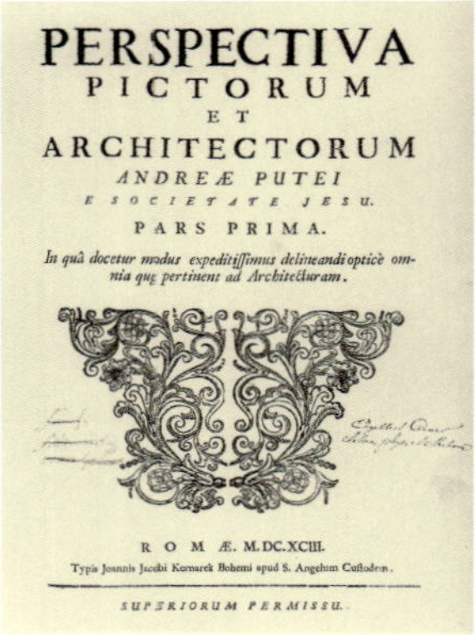

作为一名耶稣会会士，安德里亚·波佐（Andrea Pozzo）的著作《绘画与建筑之透视》（*Perspectiva pictorum et architectorum*），是巴洛克时期最重要的建筑文献之一。虽然乍一看这像是一本关于建筑绘画历史的手册，但其实它描述的是波佐是如何利用正面透视，成功地将错视画方法成功运用于建筑实体空间之中。作为一名建筑师，波佐受到巴洛克风格的影响，也用其新发明的形状丰富了此风格。

在家乡特伦特接受了一段时间的艺术教育后，23岁的波佐进入米兰的耶稣会并成为一名修士。从1684年起，波佐受雇于著名的罗马学院教堂圣依纳爵堂。他开始在直径18米的圆形画布上绘制教堂穹顶图案，随后便诞生了其最著名的作品，教堂中殿的圆顶壁画（1688—1694年）。利用错视画手法设计，从正面视角看，作品似乎使教堂的高度加倍，重点描绘了圣依纳爵·罗耀拉之荣耀和耶稣会指令下的传教活动。在1685年和1701年之间，他设计了圣依纳爵堂中唱诗区的建筑和装饰，以及圣路易吉冈萨加的祭坛（1697—1699年）。在1695年，他被授予罗马当时最负盛名的任务之一——设计圣依纳爵位于罗马耶稣教堂北翼的墓碑。作为十分重要的建筑师和艺术家，波佐很少获得离开罗马的许可。但在1703年，根据皇帝利奥波德一世的要求，他被送往维也纳，并于1709年在那里去世。

著作的两卷都包括一个精练的短篇前言“致读者”、一个内容表以及一系列版画图像（101年？），其拉丁语和意大利语的解释被放在对页。大部分版画是由波佐的学生马里奥蒂完成。第一卷主要致敬皇帝利奥波德一世（1658—1705年间在位），第二卷给他的儿子约瑟夫一世（1705—1711年）。除了拉丁语和意大利语的双语封面，每卷还包含一个与建筑学研

究相关的寓言。第二篇前言“对初学者的鼓励”介绍了第一卷环环相扣的组织方式，从而阐明了相关工作或手册的特性。第一卷从一个绘制广场透视图的简单练习开始。接下来是单体的分部分练习，比如关于建筑局部和墙体，以及一些波佐的祭坛和高台设计。最后的板块专门用于介绍圣依纳爵堂中殿的屋顶壁画，充分展示了第一卷的教学和理论目标。其实体项目于1694年7月揭幕，大约在第一卷完成后两年。第二卷讨论了第一册中阐述的基本原则，但在建筑、祭坛以及教堂的设计中包含难度更大的练习。

透视法的发现与16世纪的人文主义运动密切相关。人文主义者用它来重新组织观感世界并熟练掌握它来凸显理性。绘画在这方面发挥了重要作用。考虑到这种人文主义传统，波佐意在将透视法理论的地位提高到科学这一层面，同时也不放弃它与艺术实践的关系。与采用斜视双灭点并有所“裁剪”绘制方法的剧院工程师费迪南多·加利·比比恩纳（1657—1743年）不同，波佐坚持维持正面的视角或直视，其中心点与视线灭点完全一致，他还坚持对象描绘的完全性——换句话说，没有“裁剪”。然而，透视法并不只是为波佐创造一个现实的错觉，因为他的目的是通过在透视的帮助下来解释三维视觉。因此，透视法是波佐的一种科学方法，这一点体现在创造圣依纳爵堂天花壁画透视的各个步骤中。正面视角下理想情况的中心就在图案的中点，此观点应该是一个可以立即掌握的方法，以确保其真实可靠的确定性。旁观者的角度从而成为认知的地方。圣依纳爵堂穹顶画中，错视法建筑的视线灭点与描述的图像中心相一致；同时教会的真实空间与天花板的超自然空间融合，形成一个整体。如果我们还记得作者是一名耶稣会会士，那么这篇著作的理论立场就可被更好地理解。波佐在第一卷的序言中用一个句子阐述了自己的立场：“勤奋的读者，在快乐中开始你的工作，指引你行为的每一个环节，都指向最终的目标——上帝的荣耀。”波佐透露了自己理论的形而上学基础与其采用透视法的隐喻意义：上帝，作为一切知识的起源，应该是全人类的奋斗目标。

在16世纪，数学已成为科学的核心，但同时保留了实用科学的性质，用于解决力学、光学、天文学和美术领域的问题。耶稣会对几何学的贡献很大一部分来源于班伯格学者克里斯托夫·克拉维斯（1537—1612年）校订增补的具有里程碑意义的《欧几里得原本15卷》（1574年），而他主要在教会大学中负责定义科学教学的性质和内容。《绘画与建筑之透视》一书被明确指定为大学教学手册，同时，波佐也在罗马的耶稣会举办研讨会并担任教师。

在第一卷不少于43个的案例中，波佐将多立克柱式、爱奥尼柱式和科林斯柱式作为建筑学启蒙的三个典范加以呈现。其中他提及维尼奥拉（1507—1573年）这些样式的定义。关于建筑类型，作者举出了两个值得一提的例子，罗马的圣依纳爵堂和米兰的圣费德勒耶稣会教堂。此外，在第二卷波佐提出了自己的建筑设计，不仅仅是已经完成的罗马耶稣教堂和圣依纳爵堂的祭坛设计，同时也有一些富有变化、有趣但无法完成的项目。一个“圆形教堂”、一系列阶梯（在罗马西班牙阶梯的模型中）以及他对圣约翰拉特兰教堂立面外观的建议（对后世的建筑师产生了比其他作品更深远的影响）。在其工作中，波佐主要受到罗马巴洛克风格的影响，尤其是卡罗·拉伊纳尔迪（1611—1691年）、卡罗·丰塔纳（1638—1714年）和弗朗切斯科·博罗米尼（1599—1667年）。例如，他提到博罗米尼与一个自己设计的“多变的祭坛”的关系，这是个奇怪的发明，其中四根支撑祭坛顶的柱子在向上撑直之前会先在底部向内倾斜，波佐称之为“坐立柱”。这种创造性的戏谑与各种形式的建筑（向他的榜样博罗米尼致敬）是波佐沿用多年的与正统建筑设计规则绝不一致的特色。在这个意义上，他是对维特鲁威和维尼奥拉献以敬意。

18世纪，这本著作的多种译版得到了广泛的传播。1700年，出现了法语和德语的第一版译本；1706年，在维也纳和奥格斯堡出版了拉丁语—德语版本；1707年，这篇著作在伦敦出版拉丁语—英文译本；1708年，在布鲁塞尔出版了拉丁语—荷兰文译本。1737年，耶稣会传教士朱塞佩·伽斯底里奥内（中文名郎世宁）将其译成中文。

亚历山大·格隆内特　著　　汪舒　译

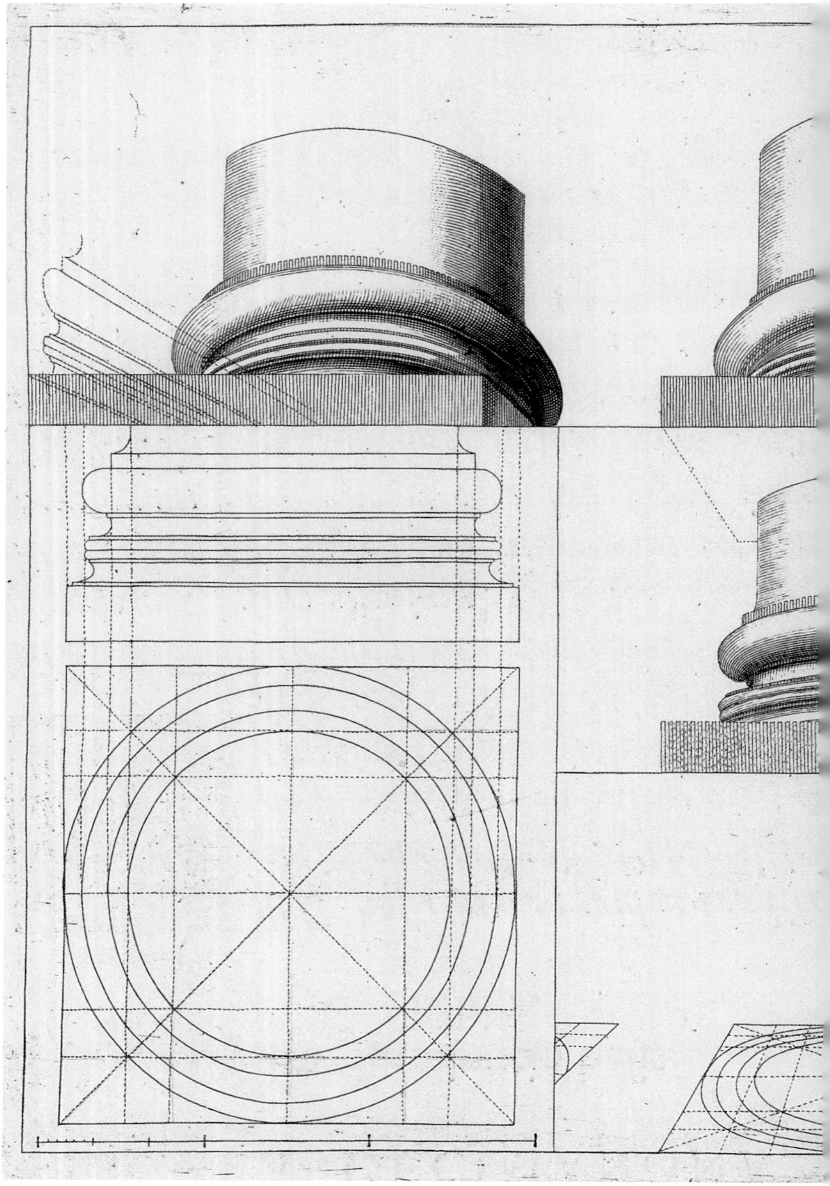

1 | 爱奥尼柱式柱础的透视法研究
第一卷，插图18。雕版印刷

Figura 18
Linea Orizzontale è dell' piano
distanza.

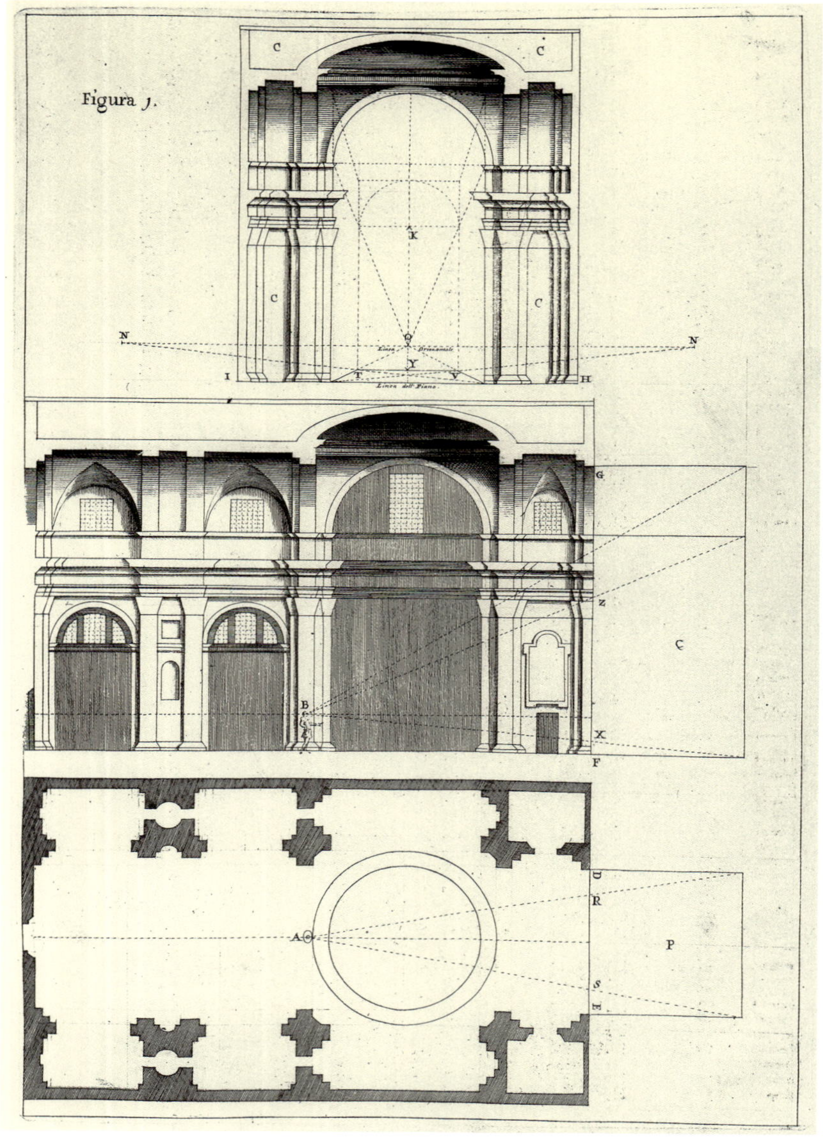

2 | 透视法研究

基础术语的详细解释：水平线（线NON）、视点（点O）和透视中心（点N）

第一卷，插图1。雕版印刷

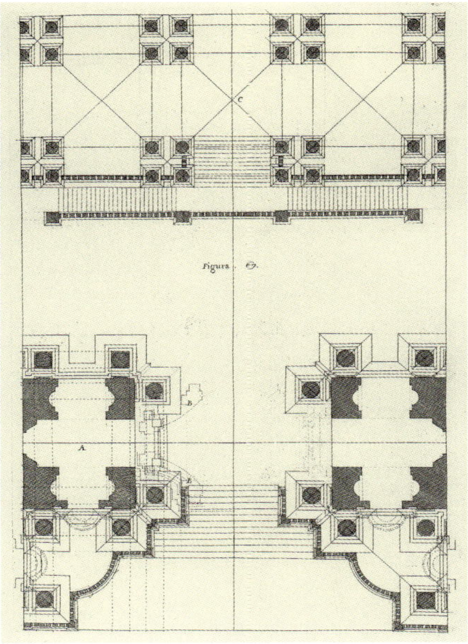

3 | 首层平面图
插图7，描述临时性仪式装饰计划的施工步骤之一
第一卷，插图67。雕版印刷

4 | 透视画法的正立面图
插图7，描述临时性仪式装饰计划的施工步骤之四
第一卷，插图70。雕版印刷

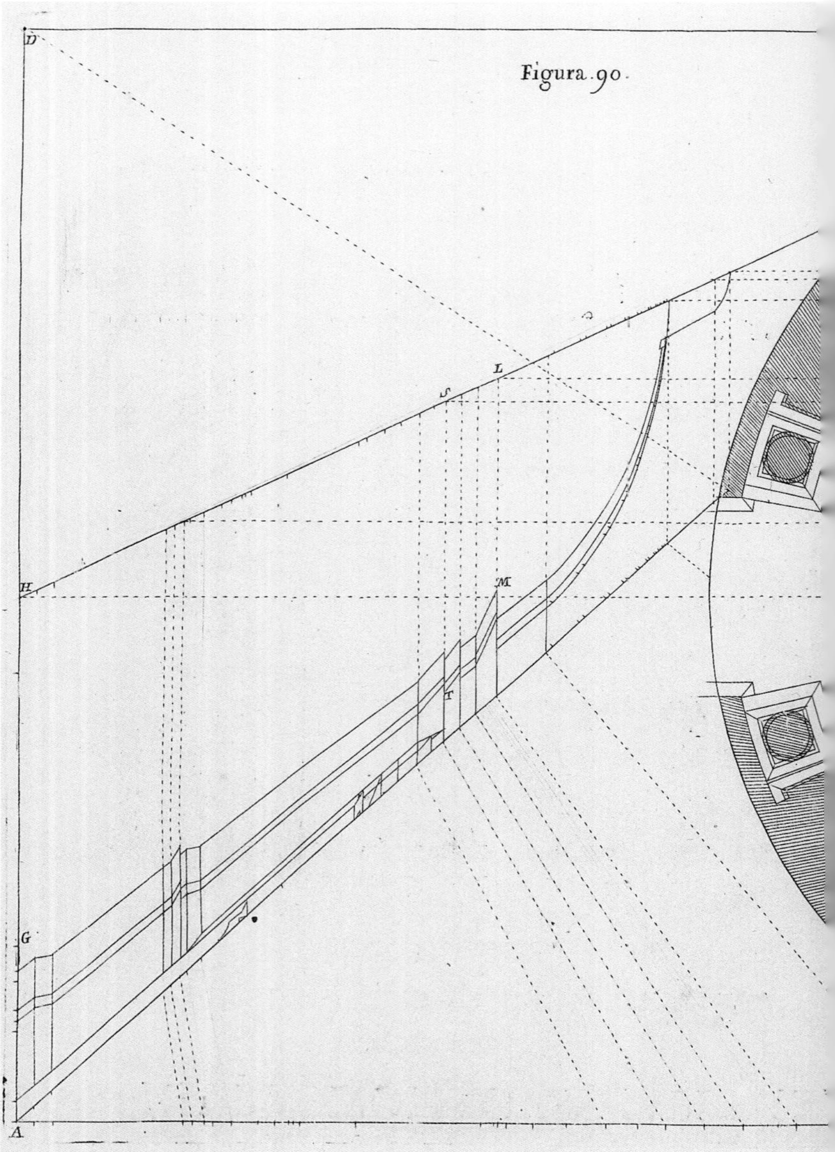

5 | 罗马圣依纳爵堂穹顶天花板假想图

假想穹顶天花板的透视构造，于1685年设计，必要的（左侧）支撑结构、水平线（CD）、视点（O）和透视中心（D）。第二卷，插图90。雕版印刷

O
C
N
Q
3
4
I
R
2
1
F
B
E

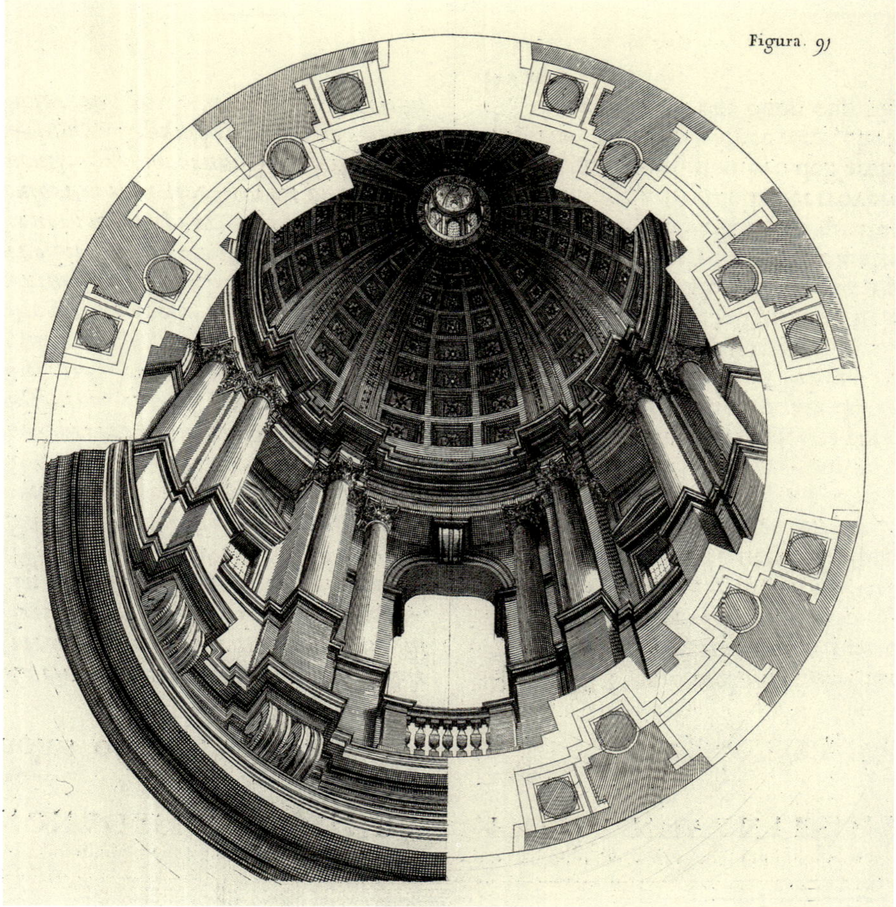

6 | 罗马圣依纳爵堂穹顶假想图
假想穹顶的透视图，于1694年7月展出
第二卷，插图91。雕版印刷

7 | 罗马耶稣教堂高祭坛的临时性仪式装饰计划
波佐于1685年为“四十小时祷告”这一仪式设计了这种特殊的装饰。他将这个设计描述为教堂新祭坛的全尺寸模型
第一卷，插图71。雕版印刷

8 | 罗马圣依纳爵堂圣坛壁画设计
画布上的壁画原稿于1685年至1701年在教堂中展出，并在修改后进行了装配
第二卷，插图81。雕版印刷

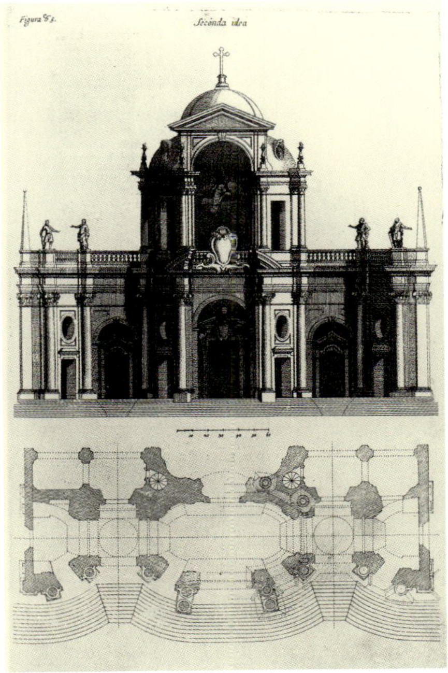

9 | 罗马拉特兰·圣乔瓦尼大教堂
教堂正立面与首层平面的第二版设计稿
第二卷，插图85。雕版印刷

10 | “多变的祭坛”与其“坐立柱”
第二卷，插图75。雕版印刷

多梅尼科·德罗西（1659—1730年）

Studio d'Architettura civile

3 VOLS, ROME, 1702, 1711, 1721

Studio d'architettura civile. Farnborough, 1972

Disegni di vari altari e cappelle nelle chiese di Roma

ROME, 1713

The designs of various altars and chapels in Roman churches

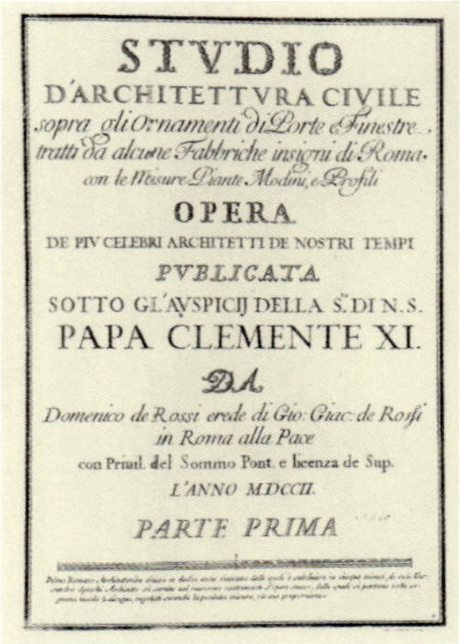

可能成书于1713年的三卷本《民用建筑之研究》（*Studio d'Architettura civile*）与《罗马教堂各式祭坛和礼拜堂之设计》（*Disegni di vari altari e cappelle nelle chiese di Roma*）并非建筑专著，其作者多梅尼科·德罗西（Domenico De' Rossi）也并非建筑师或建筑理论家，实际上，它们体现出多梅尼科作为罗马大型印刷出版社主管乔瓦尼·贾科莫·德罗西（1627—1691年）之子的成功继承家业。40多年来，乔瓦尼·贾科莫重印或出版了无数主题迥异的作品。在17世纪50年代后期，他被教皇亚历山大七世（1655—1667年间在位）授予印刷教会政要肖像的权利。乔瓦尼·贾科莫后来聘请了天才制图师、雕刻家和蚀刻师乔瓦尼·巴蒂斯塔·法尔达（1643—1678年），并在他的帮助下出版了重要的新作。在17世纪下半叶，乔瓦尼·贾科莫·德罗西成为罗马最有影响力的出版商。1679年，法尔达早逝后，他收养了原名弗莱迪阿尼的多梅尼科·德罗西作为养子。从1691年开始，多梅尼科运营出版社总共30年，最后于1720年将产业移交给他的儿子洛伦佐·菲利普。

《民用建筑之研究》与《罗马教堂各式祭坛和礼拜堂之设计》两部书，包含关于宫殿和教堂、礼拜堂、祭坛、门、窗户以及其他建筑之细节等插图。第一卷包括向教皇克莱蒙特十一世（1700—1721年间在位）的献词、序言以及建筑师和作品目录。由于案例多达321个，多梅尼科·德罗西继续了他养父最重要的两项出版工作：《罗马著名建筑师之新建筑设计与宫殿平面规划》以及《透视法视角下现代罗马建筑与宫殿的新纲要》。出版于1655年的四卷本《新设计》一书，包含了对现代罗马建筑的第一次描述。

D

三卷本的《民用建筑之研究》达到了前无古人的成就。几乎所有的图纸都是重新绘制，此外，如果绘制对象为现存的建筑，其最微小的细节也被真实地记录在册。其中一些案例也考虑到了描绘对象的设计，如将卡罗·拉依纳尔迪所设计的马杰奥尔圣母堂（1670—1673年）后立面与贝尔尼尼在1668年的设计并置。多梅尼科·德罗西聘请亚历山德罗·斯贝奇（1666—1729年）来绘制大部分案例，并与他一起在1699年出版了《新设计》的第四卷。斯贝奇自己是一位建筑师，他在《民用建筑之研究》一书中对建筑的描述呼应了17世纪最后20年罗马的卡罗·丰塔纳的工作室所提出的方法，并在圣卢卡学院的后期实践中作为规范被采纳。该方法包括展示每个建筑物的首层平面图、正立面图和横剖面图，并且利用细部描绘使每部分的确切结构和比例可被识别。

法尔达于1665年第一次记录了罗马城内最重要的高耸巴洛克式建筑，包括吉安·洛伦索·贝尔尼尼（1598—1680年）、弗朗切斯科·博罗米尼（1599—1667年）、彼得罗·达·科尔托纳（1596—1669年）、卡罗·拉伊纳尔迪（1611—1631年）和卡罗·丰塔纳（1638—1714年）的作品。《新设计》一书的第一卷以一系列27幅米开朗琪罗在罗马市政广场、圣彼得大教堂、法尔内塞宫和皮亚门等地的雕刻作品开篇，接着介绍贝尔尼尼在巴贝里尼宫、基奇宫、教廷宫（现在的蒙特奇特利欧宫）、奎琳岗圣安德肋堂的作品和彼得罗·达·科尔托纳在圣玛蒂娜大教堂的作品。博罗米尼的作品在139个案例中占到50个，是其对手贝尔尼尼的两倍之多，包括圣约翰拉特朗教堂、圣菲利波·内里的演说堂、四泉圣嘉禄堂修道院以及其他各式宫殿都有所展示。第一卷也给予了年轻一代建筑师足够的关注，特别是乔瓦尼·安东尼奥·德罗西（1616—1695年）、马蒂亚·德罗西（1637—1695年）和卡米洛·阿尔库奇（？—1667年），并以他们的作品结束该卷内容。

在法尔达的《新剧院》中，以两个代表性的案例来介绍博罗米尼的作品，即四泉圣嘉禄堂修道院和在纳沃纳广场圣安格尼丝。相比之下，1699年成书的第四卷涵盖晚期巴洛克式古典主义的代表作品，它们在17世纪下半叶十分强烈地影响了罗马的建筑师：贝尔尼尼的同事和继任者乔瓦尼·安东尼奥·德罗西、马蒂亚·德罗西、卡罗·丰塔纳（1638—1714年）、他的儿子弗朗切斯科·丰塔纳（1668—1708年）和吉罗拉莫·丰塔纳（1668—1701年）。《民用建筑之研究》第一卷中博罗米尼作品的重要性同样体现在1700年之后建筑师对其长盛不衰的兴趣。深入刻画罗马圣依华堂和圣菲利波·内里的演说堂两座建筑的著作分别在1720年和1725年予以出版，使早在1667年去世的博罗米尼蜚声海外。在《民用建筑之研究》的第二卷和第三卷中也有对博罗米尼建筑的介绍。

第一卷的主题为门窗的装饰，第二卷是罗马教堂中的祭坛、礼拜堂和墓碑，全书以韦罗基奥为乔瓦尼和皮耶特罗·德·美第奇所设计的墓碑和米开朗琪罗在佛罗伦萨的圣罗伦佐教堂新圣器室结尾。《罗马教堂各式祭坛和礼拜堂之设计》一书更加深入地探讨了该主题。第三卷包含了罗马的教堂、那不勒斯皇家宫殿的首层平面图和立面图以及令人惊叹的米兰大教堂的首层平面图。一系列加布里埃莱·瓦尔瓦瑟利所做的16幅版画展示了维尼奥拉在卡普拉罗拉的法尔内塞宫。

在三卷中，建筑是从单体细部到完整的对象分阶段描绘，与罗马圣卢卡学院的课程一致。事实上，准建筑师们在学院培训期间也会被布置绘制著名的文艺复兴和巴洛克式样正门和窗户的任务。首层平面图、立面图、横剖面图和细部的合集以及图形展示所采用的风格，也都符合罗马艺术学院的要求。德罗西所编的第一卷中涵盖了一些罗马圣卢卡学院组织的第一届克莱蒙蒂尼竞赛的主题作品，如1705年菲利普·瓦斯科尼和贝内迪克特·雷纳德分获第一、二名的罗马夏拉宫正门设计稿。此外，第一卷中加布里埃莱·瓦尔瓦瑟利所绘制的鸟瞰图引发了一系列对卡普拉罗拉的法尔内塞宫的场景描绘，回到了“为三名皇室成员所设计乡村城堡”的竞图时代，其中菲利普·尤瓦拉的作品（1678—1736年）在1705年的克莱蒙蒂尼竞赛中轰动一时。

作为罗马圣卢卡学院课程的参考书目，德罗西的出版物对在罗马学习的许多外国建筑师产生了影响，但《民用建筑之研究》一书的影响力远远超出了学院的范围。将雕刻画以书籍出版使得意大利其他地区甚至是外国的建筑师们不需真正来到罗马就能身临其境地感受到罗马巴洛克式建筑，没有在城市踏足之必要。这是出版物的突出成就。多梅尼科·德罗西关于雕刻的出版物对巴洛克风格的国际化发展做出了重大贡献，其起源于罗马巴洛克式建筑，后被奥地利的费歇尔·冯·埃尔拉赫（1656—1723年）、安格拉·舍鲁特（1660—1714年）、德国的约翰·孔拉特·施劳恩（1695—1773年）、法国的儒勒·阿尔杜安·芒萨尔（1646—1708年）、英国的约翰·凡布鲁（1664—1726年）以及尼古拉斯·霍克斯穆尔（1661—1736年）等建筑师所推崇并发扬。马德里、斯德哥尔摩、圣彼得堡的皇家宫殿、葡萄牙和匈牙利的别墅以及教会建筑都见证了这种风格的兴盛。

亚历山大·格隆内特　著　　汪舒　译

1 | 窗户的正立面

小安东尼奥·达·桑加罗（1534—1546年）对罗马法尔内塞宫窗户第三种样式的详细规格研究
第一卷，插图30。亚历山德罗·斯贝奇绘

2 | 门框的正立面
以罗马圣菲利波·内里（1637—1650年）的演说堂为建筑母型的弗朗切斯科·博罗米尼所设计的门框研究
第一卷，插图93。安东尼奥·巴比在卡罗·瓜迪画作基础上绘

3 | 开放式壁炉的平面图和正立面图

以罗马圣菲利波·内里（1637—1650年）的演说堂为建筑母型的弗朗切斯科·博罗米尼设计的冥想室内开放式壁炉研究

第一卷，插图97。亚历山德罗·斯贝奇绘

4 | 两扇窗户的正立面

吉安·洛伦索·贝尔尼尼设计的罗马教皇法庭（蒙特奇特利欧宫，1650年）的首层窗户之研究

第一卷，插图106。在卡罗·瓜迪画作基础上安东尼奥·巴比所作绘

5 | 罗马夏拉宫正门

奥拉齐奥·托里安尼设计的罗马夏拉宫正门（1641年）首层平面、正立面、侧立面及建筑细部图，属于乔瓦尼·安东尼奥·德罗西

第一卷，插图115。卡罗·瓜迪画作基础上弗朗切斯科·巴勒托利绘

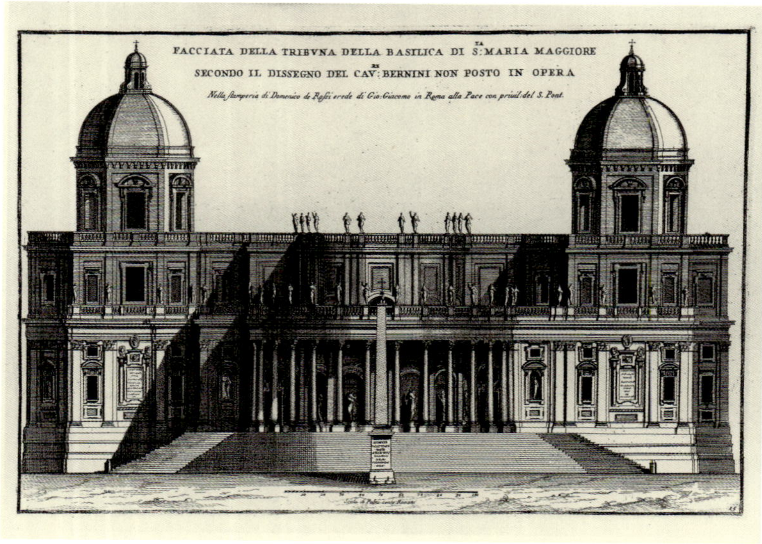

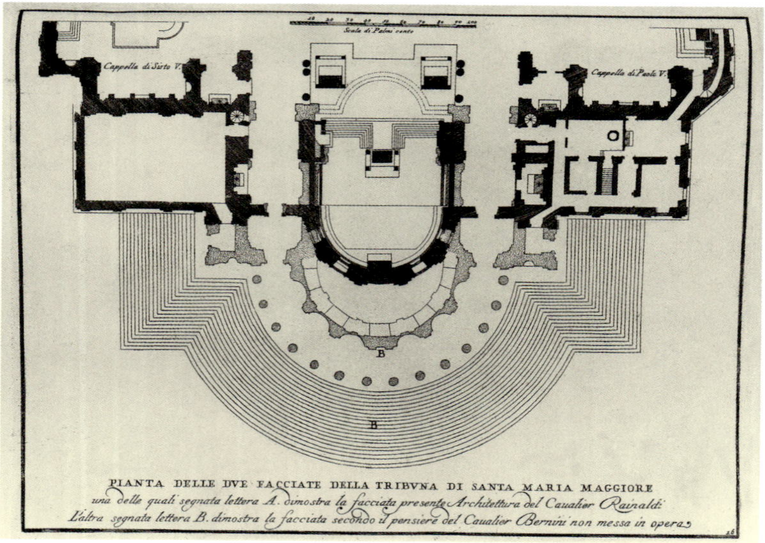

6 | 罗马马杰奥尔圣母堂
吉安・洛伦索・贝尔尼尼设计的罗马马杰奥尔圣母堂拱形室立面（1669年）
第三卷，插图15。雕版印刷

7 | 罗马马杰奥尔圣母堂拱形室平面图
A版平面由卡罗・拉依纳尔迪（1670—1673年）设计，B版平面由吉安・洛伦索・贝尔尼尼设计（1668年）
第三卷，插图16。雕版印刷

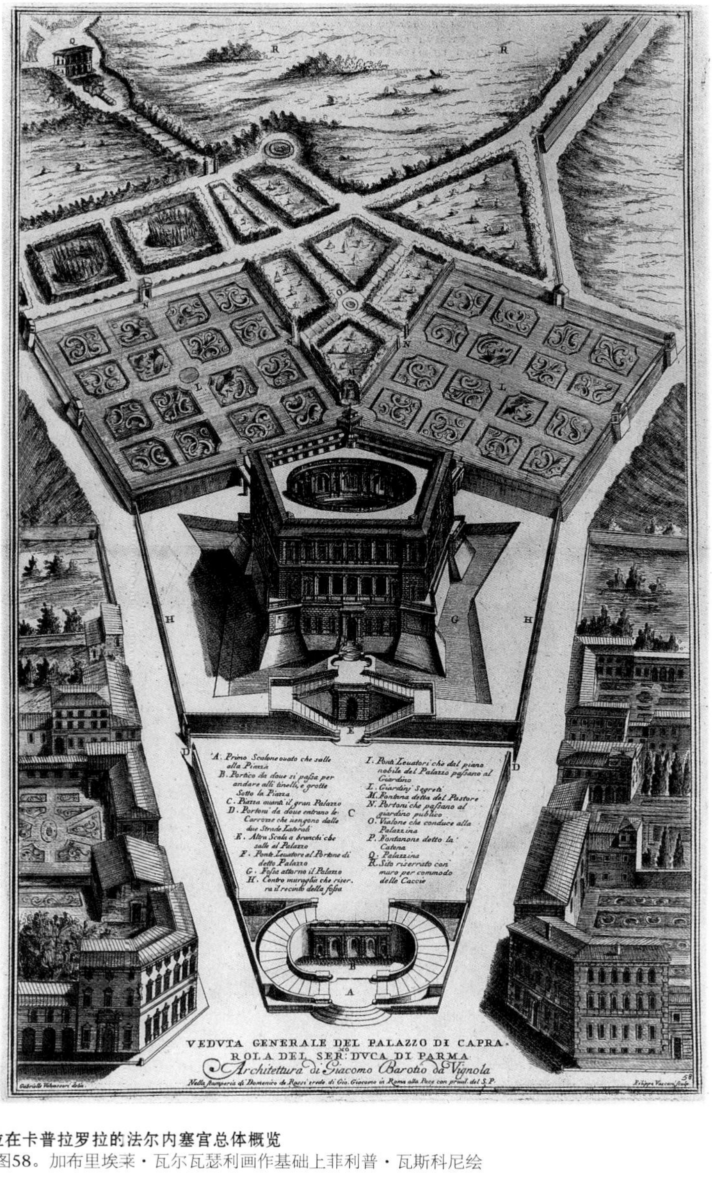

8丨维尼奥拉在卡普拉罗拉的法尔内塞宫总体概览

第三卷，插图58。加布里埃莱·瓦尔瓦瑟利画作基础上菲利普·瓦斯科尼绘

朱塞佩·加利·比比恩纳
(1695—1757年)
Architettura e Prospettive

VIENNA, 1740, 1744

Architectural and perspective designs. New York, 1964

这本名为《建筑与展望》(*Architettura e Prospettive*)的书以大幅版面展示了由帝国剧院工程师朱塞佩·加利·比比恩纳(Giuseppe Galli Bibiena)设计的50幅雕刻作品。这是一个作家艺术作品的合集，同时也是对皇帝查理六世(1685—1740年，于1711年成为罗马帝国皇帝)短暂统治时代的纪念，他在位时常用艺术作品展示哈布斯堡家族在维也纳宫廷的绝对统治权。作品包括节日和剧院作品、为婚礼所作作品和州立庆典作品。因此，朱塞佩·加利·比比恩纳的设计是“帝国”风格的范例，更是艺术家高度成熟的建筑幻想和装饰艺术的展现。《建筑与展望》一书的出版对剧院的现代化做出了重大贡献，建立了所谓的“多角度可视舞台”，使弧形的背景幕布出现在欧洲的舞台上。

朱塞佩·加利出生于一个总共诞生了13位艺术家的家庭，他们从17世纪中叶开始起以艺术家和建筑师的身份，在意大利、奥地利、德国和瑞典等国以及里斯本、圣彼得堡等城市整整活跃了四代。朱塞佩的祖父，来自托斯卡纳比比恩纳的艺术家乔瓦尼·玛利亚·加利(1625—1665年)，后来在博洛尼亚工作，他是整个家族中第一个获得 “比比恩纳人”昵称之人。他的儿子弗朗切斯科和费迪南多被称为“正交法”画家，使用透视法来绘制建筑错视图。在绘制壁画和穹顶画时，这种方式可以使建筑内部空间看起来更开阔宏伟，因而常用于17世纪和18世纪的法庭或庆典活动的背景幕布设计中。1687年左右，费迪南多已经成为帕尔马公爵的专属建筑师，逐渐转向到公爵剧场的舞台设计。作为剧院工程师，他将自己的成功归因于“多角度可视舞台”的发明。这个舞台，是一个从建筑物角落看来也十分宏大的、具有两个灭点的场景。

费迪南多的儿子朱塞佩·加利·比比恩纳在父亲的工作室接受了培训。1708年，在儿子朱塞佩的陪同下，费迪南多被召唤至巴塞罗那，以帮助组织哈里斯堡家族的查尔斯三世与布伦瑞克·沃尔芬比特尔家族的伊丽莎白的婚礼庆祝活动。六年后，朱塞佩又与他的父亲来到维也纳，他被任命为皇帝查理六世（1711—1740年间在位）的宫廷画师和舞台设计师。从1714年到1715年，朱塞佩创造出了他自己的第一个作品，虽然仍是在他父亲的指导下完成。1716年，费迪南多暂时回到意大利，朱塞佩在1717年永久地接替他在维也纳宫廷的职位。皇帝查理六世授予他“神圣第二剧院工程师”之荣誉。

自1717年起，直到1740年查理六世逝世，朱塞佩进行了若干舞台设计并组织了一些维也纳的宫廷庆典。他为教堂创造了临时的节日装饰，同时为世俗建筑和教堂壁画提供设计，其中某些还是他亲自施工。他还负责奥地利梅尔克修道院教堂中主祭坛的设计，以及遍布欧洲大陆的其他绘画和建筑设计。1723年，他被升职为“神圣第一剧院工程师”，直到1747年离职。

查理六世的逝世标志着朱塞佩职业生涯的一个重要转折点。在查理六世女儿大公玛丽亚·特蕾莎的统治时代，剧院失去了它作为国家象征的职能。此外，在1745年大公玛丽亚·特蕾莎的丈夫洛林公爵弗朗茨·斯蒂芬（1708—1765年）继位成为皇帝弗朗西斯一世后，意大利艺术对维也纳宫廷的影响也逐渐被法国艺术所取代。1743年，朱塞佩·加利·比比恩纳负责了玛丽亚·特蕾莎的命名日庆典仪式。1744年，为洛林的查尔斯·亚历山大与奥地利的玛丽安娜的婚礼，他将费歇尔·冯·埃尔拉赫在维也纳的霍夫堡宫（卡瓦勒里兹亚）设计的赛马场改造成舞厅。1747年，朱塞佩·加利·比比恩纳开始为萨克森选帝侯服务。与此同时，他也受雇于拜罗伊特弗雷德里克伯爵的夫人威廉敏妮·苏菲，设计了拜罗伊特的伯爵歌剧院，这座建筑是作为专制主义的杰出典范，也成了艺术家朱塞佩的代表作。1753年，朱塞佩·加利·比比恩纳转投普鲁士国王弗雷德里克大帝在柏林的宫廷，并于三年后在那里去世。

《建筑与展望》成书于1740年——也正是查理六世逝世的年份，全书共分为五个部分，每部分由五个案例构成。插图没有注释。除了对查理六世致敬的部分和序言外，全书没有其他文字。在原计划中总共包括十部分，其中六、七两个部分预计于1744年出版。案例并没有系统性地进行分类，每个部分都包含不同建筑组合的例子：葬礼装置之后是神圣剧院和宗教场景，最后是虚构的建筑场景，但不包括凯旋门。本书十分关注巴洛克时代末能引起极大兴趣的主题，例如古典废墟的幻想性重建以及哥特式建筑的例子。作者运用各种方法、采用各种视角使建筑宏伟壮观。在许多设计中，他使用“多角度可视舞台”技术（特别是为帝国各类仪式的节日装饰设计中），而在其他情况下，他采用的则是从中心的角度呈现庄严感。朱塞佩·加利·比比恩纳借该出版物宣传了自己早期的作品，而这些作品之前往往被认为是他父亲的设计。但从主题的角度来看有一个例外，一组关于维也纳卡瓦勒里兹亚从赛马场变为舞厅（1744年）的雕刻画，是由德累斯顿的专用雕刻师洛伦佐·祖奇绘制。“神圣剧场”和用来庆祝未来的萨克森选帝侯弗雷德里克·奥古斯都二世婚礼戏剧节的舞台设计也都是祖奇的作品。然而，大多数铜版画由皇家版画师安格拉·普费弗尔制作（？—1748年）。正如朱塞佩·加利·比比恩纳在《建筑与展望》一书的序言中指出的，在某些情况下，他对于自己作品以刻版的方式呈现并不太满意。

建筑和装饰在二维绘图媒介中的融合是朱塞佩·加利·比比恩纳设计的特征。根据阿尔伯蒂和达尼埃莱·巴尔巴罗对于维特鲁威的评论，使用透视画法来进行建筑错视图的描绘属于绘画的类别，不同于建筑学范畴。塞利奥（1475—1553年？）也在他的著作《论舞台设计的艺术》（1545年）第二卷表达这种观点。剧院是实施建筑绘画最合适的地方，在这里场景图像可以达到最大化的效果。在16世纪和17世纪，建筑绘画成为建筑物内部和外部的标准样式。其中杰出的例子是安德里亚·波佐在罗马的圣依纳爵堂的建筑错视壁画（始于1685年）和维也纳大学教堂（1703—1706年）的建筑错视画。波佐还出版了两卷本关于透视画法的著作《绘画与建筑之透视》（1693年和1700年），供学习建筑绘画的人使用。朱塞佩的父亲费迪南多·加利·比比恩纳在他的建筑书籍《基于几何原理减少展望的民用建筑》中，也试图从透视画法的角度来统筹绘画和建筑，而这种趋势的起点，就是使用“场景图像”这一特殊的艺术形式。朱塞佩·加利·比比恩纳在《建筑与展望》一书中提升了这种形式，将绘画、建筑和场景画的综合作为一种新艺术，在专制集权的舞台建筑设计中有着极其重要的影响。广泛流传在欧洲大陆的这本书的多个版本，为后人保留了朱塞佩·加利·比比恩纳短暂的艺术成果。

亚历山大·格隆内特　著　　汪舒　译

1 | 丧屋

为纪念洛林的特里尔·卡尔·约瑟夫·依纳爵（逝于1715年）修建的临时性哀悼建筑

第三部分，第一章。版画由安格拉·普费弗尔绘

2 | 殿外的神圣祭坛
第一部分，第五章。版画由洛伦佐・祖奇绘

3 | 比拉特宫殿中耶稣的指引
第二部分，第八章。版画由安格拉・普费弗尔绘

4 | 古亚历山大港的想象场景
第二部分，第十章。版画由安格拉·普费弗尔绘

P. II.
J.A. Pfeffel S.C.M. Chalcogr. sculps. direx. AV.

5 | 庆典装饰

1744年为洛林的查尔斯·亚历山大与奥地利的玛丽安娜的婚礼而建造的由跑马场改造的舞厅装饰

第五部分，第四章。版画由安格拉·普费弗尔绘

6 | 花园景观

有两位演员的剧院场景

第五部分，第八章。版画由安格拉·普费弗尔绘

7 | 哥特式建筑幻想
第五部分，第十章。版画由安格拉·普费弗尔绘

乔瓦尼·巴蒂斯塔·皮拉内西（1720—1778年）

Della magnificenza ed architettura de' Romani

ROME, 1761

On the magnificence and the architecture of the Romans

乔瓦尼·巴蒂斯塔·皮拉内西（Giovanni Battista Piranesi）是整个蚀刻史和建筑史上最重要的艺术家之一。他创造了近700幅画作和逾1000幅版画。迅捷的创作速度和杰出的才艺更加彰显皮拉内西的非凡技术。在他所有的作品中，《地下城的奇幻设计》（1749年？）于1761年修订和扩展后，更名为《地下城设计》，直至20世纪仍然具有重要的意义。其中，现代电影的先驱谢尔盖·爱森斯坦（1898—1948年）、剧作家和艺术家彼得·魏斯（1916—1982年）、作家汉斯·马格努斯·恩岑斯贝格尔（1929—1988年）和艾利希·傅立特（1921—1988年）以及法国漫画作家都将地下城的奇妙世界作为自己工作的起点。

然而，皮拉内西的工作远远不止版画。他曾是一名文物修复师，为节日庆典制作舞台和装饰品，他还制作古典主义样式的壁炉并传播到整个欧洲。尽管他的设计实际只有寥寥几个真正被实施，皮拉内西仍认为自己首要的身份是一位建筑师。所有这些活动的共同点是艺术家对考古学的兴趣。

皮拉内西在威尼斯从他的叔叔马代奥·卢凯西那里接受了建筑师的初步培训，学习威尼斯新帕拉迪奥主义的风格。之后他成为了以建筑的折衷风格而闻名的乔瓦尼·安东尼奥·斯卡弗洛托（ 1700—1764年）的学徒。他从卡罗·祖奇那里学习设计舞台的艺术和加利·比比恩纳风格的透视画法、铜版画以及蚀刻技术。受到托马斯·特曼扎（1705—1789年）所著《里米尼的古代遗址》（1741年）一书的启发，皮拉内西很早就开始致力于伊特鲁里亚和古罗马文化的研究。他还听过启蒙运动严肃的领袖卡罗·洛多利（1690—1761年）的建筑讲座，后者对他产生了持久的影响。1740年秋天，作为威尼斯大使的随行人员，20岁的皮拉内西进入新继位的教皇本笃十四世（1740—1758年间在位）的教廷。在罗马，他在著名的铜版画师朱塞佩·瓦西（1710—1782年）的工作室完善了自己的技术，他协助朱塞佩制作建筑画集，这在当时作为纪念品受到前来罗马游客的热捧。自18世纪初以来，罗马逐渐成为富有的文化人前往欧洲文化之都这一“伟大旅程”的终点站，这使得这座城市的文化环境变得更加

A
E
H
G
I
F
C
D
C
D

外向型和国际化，皮拉内西是受益者之一。他旅行到那不勒斯，在赫库兰尼姆（1738年起）开始了探索的兴趣。1743年短暂回到威尼斯后，他最终能够于1747年在罗马凭专业站稳脚跟。一年之后，他的第一本独立画集《罗马共和国和帝国第一任皇帝时期的遗迹》面世。此后他开始了著作《罗马图集》（1748—1778年）的系统性编纂，为此他选择了一个更大的版式。从1761年起，他开设了自己的工作室，成为罗马最大的图集生产商，产品远销海外。在同一年，他被录取到罗马的圣卢卡艺术学院，并于1767年受封为骑士。

1755年，约阿希姆·温克尔曼（1717—1768年）到达罗马并引发了激烈的争论，皮拉内西也参与了这场希腊人对罗马艺术重要性的讨论。温克尔曼理想化地认为希腊是自由之都，同时作为简约和宏伟的典范。而皮拉内西认为这挑战了他将古罗马艺术作为独一无二的绝对典范的信念。他撰写了一系列的辩论文章来作为回应，其中《罗马建筑之辉煌》（*Della magnificenza ed architettura de' Romani*）和纲要《马里耶特写给欧洲文学公报作者们的信》最为重要。

《罗马建筑之辉煌》是皮拉内西的第一篇理论作品。长196页的文本被分为117章，附录中包括29幅大蚀刻图和一个解释文本与插图部分的详细的目录。这本著作被献给了它的推崇者，这项工作致力于其启发者威尼斯教皇克莱门特十三世雷佐尼克（1758—1769年在位），因此其肖像先于正文出现。首要地，皮拉内西明确反对了希腊艺术的首要地位，尤其以辩论式风格对阿兰·雷姆赛1754年的作品《审美谈》和朱利恩·大卫·勒·罗伊所著《希腊最美古迹之废墟》进行了攻击。他一个个地罗列了这些作者的理论，并试图通过证明伊特鲁里亚人无论在历史或是在艺术上的优越性来反驳他们，而罗马人正是伊特鲁里亚人的后代。除去埃及人创造的严格的功能艺术，伊特鲁里亚人和罗马人也成功地创造了一种艺术形式，不仅具有丰富的装饰性同时具备功能性，然而希腊人却已经把原来所具备的功能性完全变成了纯装饰。在此基础上，皮拉内西不仅赞扬了伊特鲁里亚建筑的伟大和朴素，也对罗马帝国晚期建立在丰富想象力基础上的艺术大加赞美。他通过查询罗马历史和引用里维、西塞罗、塔西佗、瓦罗和其他许多人的观点找到了这些理论的证据。然而，他依赖于著名伊特鲁里亚作家如马里奥·瓜纳奇、安东尼奥·弗朗切斯科·格里和乔瓦尼·巴蒂斯塔·巴瑟里等人的作品。皮拉内西捍卫伊特鲁里亚艺术的狂热可以通过这场辩论的文化和政治规模来解释。如同18世纪的德国，意大利被分割成许多小联邦，有些受到国外势力的统治。在这种背景下，许多意大利专家看到了根植在自己文化血脉中的伊特鲁里亚（罗马文明）之种，从而产生了一种国家的身份认同感。自此之后，开明的人民开始了他们对意大利政治自由和领土独立的诉求。

凭借伊特鲁里亚和罗马建筑的知识，皮拉内西能够依靠自己开展探索工作。在1750年代初期，他将注意力越来越多地转向考古学，对罗马人使用的建筑材料、建筑技术及古罗马城市的布局产生了特别的兴趣。他在这个阶段制作的版画集《罗马古迹》（1756年）包含了超过250个的雕刻，可以被认为是古代建筑的真正选集，他甚至于1757年被伦敦文物协会授予了荣誉会员称号。《罗马建筑之辉煌》一书附录中的插图也非常详细和确切。一些插图描绘了皮拉内西认为最具有代表性的伊特鲁里亚和罗马艺术的作品，而其他则代表了希腊艺术的衰落，但都能与表明他们论战观点的文本相吻合。皮拉内西和他的拮抗者分享了两个重要的观点：一方面，对他而言，古代经典《强大的角色模型》是最终的权威；另一方面，艺术的基础建立在一定的秩序和理由上。根据皮拉内西，这两个观点都是维特鲁威所提出的权威性观点。他指定的标准是根据作品作者的文字以及严格的功能主义者卡罗·洛多利的理论，将过去和现在的工作评判为真或假。

皮拉内西的理论思维从来不会停滞不前。他痴迷于在理性和情感的冲突中探求双重性的启蒙思维，从一方面寻找新的方式或推理，另一方面寻找属于艺术家的无限创意和浪漫热情。在这种背景下，很容易理解他在1756年的《评论》一书中体现的态度转折。这是皮拉内西对法国作家皮埃尔·让·马里耶特（1694—1774年）对《罗马建筑之辉煌》一书批评的回击。一个老师和他的学生之间发生的一场虚拟辩论以捍卫洛多利的理性主义的后者被击败而告终。借用老师的话，皮拉内西站在了伊特鲁里亚人一方，最重要的是，他强调他们的创造性幻想，认为追求艺术权利自由的现代艺术就起源于此。修正观点过后，皮拉内西的理论家和艺术家的立场保持了一致。他的目标是创造一种新的现代风格，基于所有古代建筑形式的折衷组合。这个新近持有的理论立场使他在后期的作品中涵盖了埃及艺术的案例。

亚历山大·格隆内特　著　　汪舒　译

1 | 柱础
罗马与希腊建筑柱础之比较
来自朱利恩·大卫·勒·罗伊著作，插图11。版画由皮拉内西绘

DE LA GRECE
296. Tab. XI.
In æde S.S. Nerei, et Achillei.
In villa Emi Card. Alexandri Albani extra Portam Salariam.
In fronte januæ domus Mastrotiæ in area S. Hieronymi de Charitate
In vinea PP. SS. Dominici et Sixti prope ædem SS. Nerei et Achillei.
In vinea S. Ioannis ante Portam Latinam
Ex Le-Royo part. 2.

2 | 不同建筑之细部

使用古典罗马建筑风格的不同式样案例

插图19。版画由皮拉内西绘

S DE LA GRECE
paroissent pauvres et defectueux. Le Roy part. 2.
Tab. XX.
308
In templo Divi Sabbae
In templo S. Mariae Transtiberim
Dans les ruines du Temple de Cérès à Eleusis. Le Roy d. part. 2.
In templo Sancti Ioannis ante Portam Latinam
In templo Divi Sabbae
Latus Capituli A.
In atrio Basilicae Divi Clementis
6
2
usdem aedis. 4. Aedicula,
nus columnarum dorica:
um, quod notatur num. 3.
Piranesi F.

3 | 希腊建筑风格的不同柱子
插图6。版画由皮拉内西绘

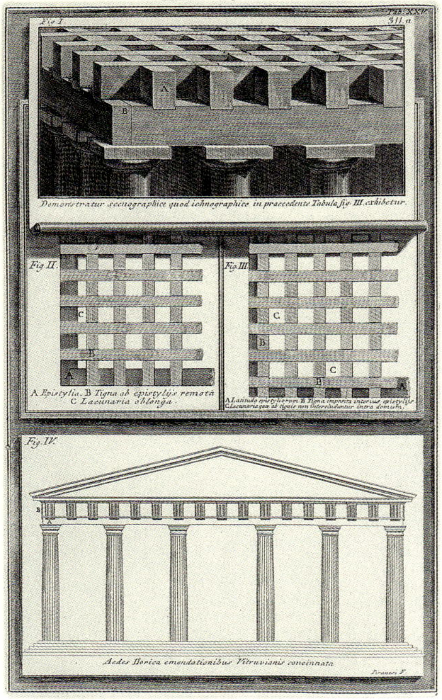

4 | 阿格里根特的康科迪亚神庙
插图22。版画由皮拉内西绘

5 | 维特鲁威时代后多利克式神庙屋顶和正立面建设插图
插图25。版画由皮拉内西绘

6 | 描述古罗马圆形神庙的
不同建筑细部和平面图
插图38。版画由皮拉内西绘

...tiquæ ædis, ex quo monopteras,
...ersas ab iis fuisse deprehendimus,
...uæque ostenduntur fig. IIII.
In hortis Marchionis del Bufalo.
321 Tab. XXXVIII.
Fig. IIII.
Ex Barbaro.
Ex Iocundo.
Ex Perraultio.
Ex Galiano.
Fig. II.
Fig. III.
In hortis Marchionis del Bufalo.

7 | 阿尔巴诺湖排水渠横剖面图

插图30。版画由皮拉内西绘

Lacus Albani
315 Tab. XXX.
Fig. II.
Fig. II. Scenographia frontis epistomii. A Conceptaculum. B Vestigia arcus antiquae cataractae conceptaculi. C Clathrum lapidibus pertusis, qua exciderunt, suffectum. D Pons piscinae lacus oram canali disectam conjungens. E Pars antiqua parietum epistomii. F Pars recens. G Janua epistomii. H Mons Albanus.
Fig. I. Sectio scenographica epistomii specus Emissarii lacus Albani, cujus meminit Livius Libro V. Decad. I. A Ripa lacus. B Vestigia arcus cataractae, qua aqua antiquitus transibat in conceptaculum. C Conceptaculum. D Transitus aquae per lapidum foramina in canalem. E Ripa canalis. F Cataracta recenter apposita ad augendam vel minuendam emittendae aquae libram. G Altitudo alvei specus repleti ruderibus et materia ab aquis temere invecta usque ad H. I Superficies aquae fluentis in specum. K Mons Albanus.

弗朗切斯科·米利兹亚（1725—1798年）
Principj di architettura civile
2 VOLS, FINALE, 1781

Principles of civil architecture

乔瓦尼·巴蒂斯塔·齐普里昂尼（1766—1839年）
Indice delle figure relative ai Principi di architettura civile
ROME, 1800

Index of the illustrations for the principles of civil architecture

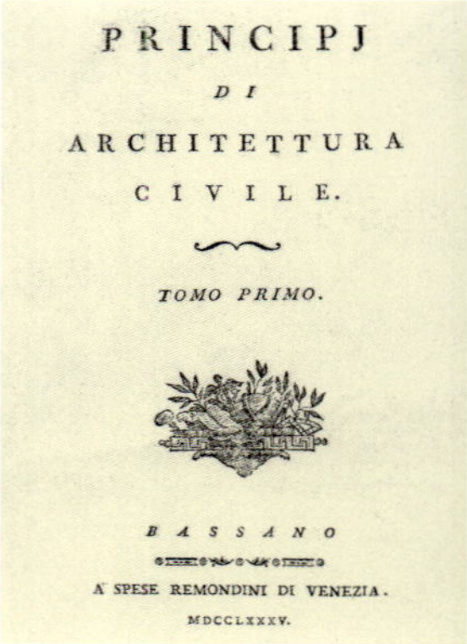

弗朗切斯科·米利兹亚（Francesco Milizia）的《民用建筑之原则》（*Principj di architettura civile*）代表了新古典主义对建筑理论最重要的贡献。这篇著作的重要性在于其传播之广泛，在19世纪总共重印了六次。其成功不仅仅是因为材料组织的系统性，同时也与作者语言表述的清晰性不无关系，米利兹亚受到理想主义美学的影响，阐述了一个合理的“哲学性建筑”概念。

在帕多瓦、罗马和那不勒斯学习后，弗朗切斯科·米利兹亚在法国待了一段时间。1761年搬到罗马之后他才开始对建筑学和建筑理论感兴趣。他被选拔成为尼古拉斯·德·阿莎拉和尼比亚诺侯爵（阿拉贡）身边艺术家和文人圈中的一员，他们是1765年西班牙与教皇克莱门特十三世（1758—1769年在位）教廷建交后艺术圈的主要赞助人。某个契机之下，米利兹亚被任命为那不勒斯与西西里国王费尔迪南四世（1759—1825年）在罗马教皇国的土地法尔内斯的总管理人。这个任务似乎鼓励着他成为一个作家。1768年，他发表了《著名建筑师的古今生活》一书。1781年，其第二本著作《民用建筑之原则》出版。随后，在1782年，米利兹亚辞去土地总管的职位以便完全致力于写作。他的最后一本著作《美术图形艺术词典》发表于1787年，其形式受狄德罗和达朗贝尔的百科全书（1751—1758年）影响。在这本书中，作者系统地总结了自己对参考书目的观点。

第一版的《民用建筑之原则》于1781年出版，于1785年在巴萨诺（威尼斯）再版。这篇著作后来增补了一卷单独的案例，由乔瓦尼·巴蒂斯塔·齐普里昂尼（Giovanni Battista Cipriani）编写的《民用建筑原则图解索引》（*Indice delle figure relative ai Principi di*

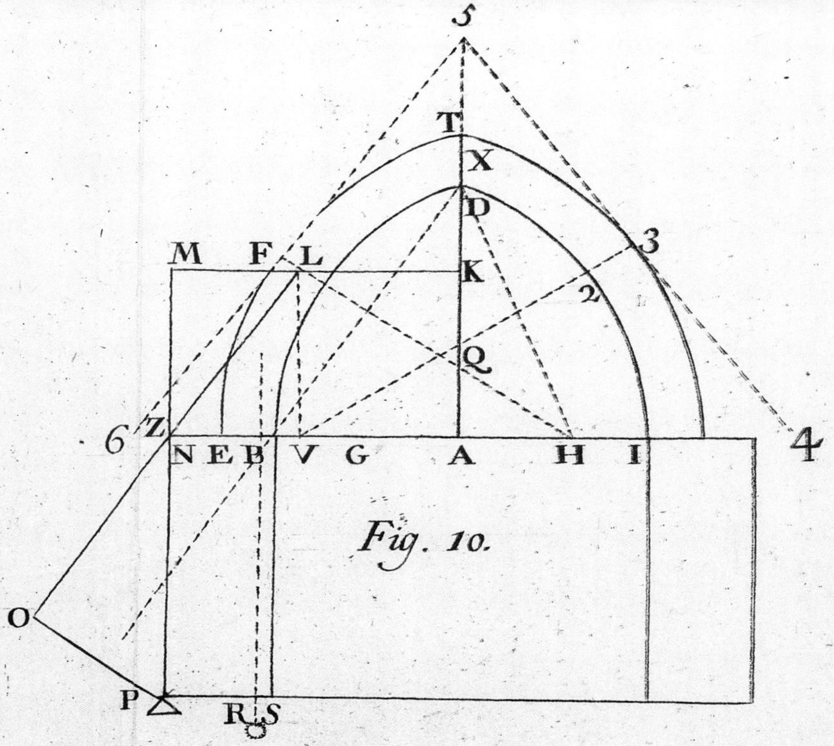

Fig. 10.

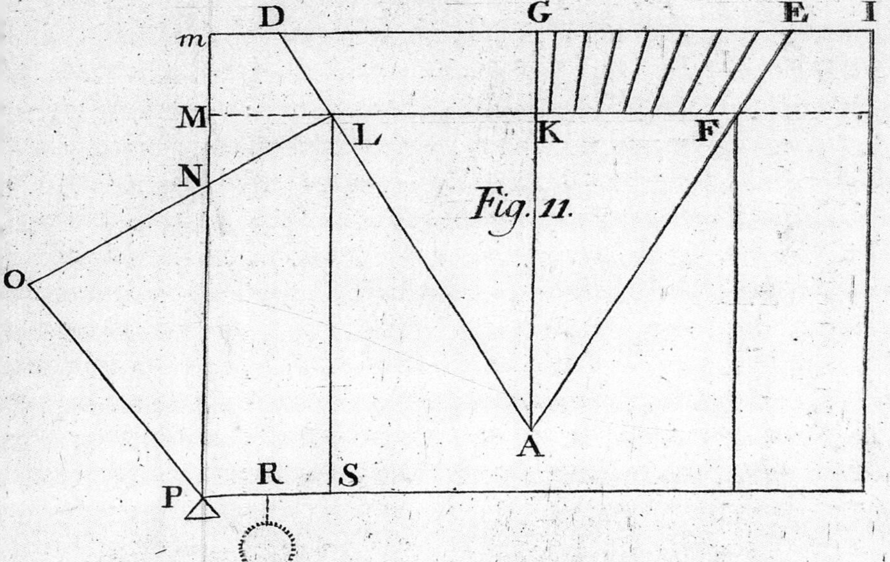

Fig. 11.

architettura civile），包含35张雕刻版画和一张数字表格。1817年，米兰建筑学教授乔瓦尼·安托利尼（1754—1842年）将评论编为《对民用建筑之原则的观察与增补》一书并初次出版，这本书在1832年与原作整合成一个带有插图的新版本。安托利尼分别在1847年和1853年修订了这部分，并在1875年最后一次重印。这篇评述也是从1826年到1828年在博洛尼亚出版的九卷本《民用建筑之原则》完整作品的一部分。

米利兹亚将他的理论分为三个部分，对应了维特鲁威所提出建筑三要素——“坚固”“实用”和“美观”，但他以相反的顺序，使“美观”排在最前，随后是“实用”和“坚固”。根据米利兹亚的观点，建筑的美观同样建立在维特鲁威所提出的概念中，即“装饰”“对称”“和谐”与“便利”。米利兹亚用“装饰”来指代建筑的柱式，他只承认三种“希腊式”柱式——多利克柱式、爱奥尼克柱式和柯林斯柱式。他认为柱式不仅仅代表装饰，而是如斯卡莫齐（1548—1616年）认为的那样，它们是建筑本身的基本组成部分。“对称”指的是因为比例和谐而形成的整体与其部分之间的和谐。然而，米利兹亚拒绝固定比例系统的想法，更偏好光学的规律。“和谐”与维特鲁威所给出的定义不同，因为它代表现代意义上的轴对称性，并且它与“统一”及“多变”的概念相关以避免同质性。“便利”指选择适合建筑功能的合理建筑装饰。这四个概念在设计过程中的相互作用由理性指导，并由“必要性”和“功能性”的原则定义。关于“便利”这一点，米利兹亚援引了未经修饰的罗马水渠建筑作为案例，其独特的功能就足够展示它的美观。相反地，他也举出了一个“雄辩”的监狱建筑的案例，在此情况下，其风格和装饰也无非是在阐述它是多么可怕从而与社会隔离开来。在“实用”要素的阐述中，米利兹亚分析了不同类型建筑物的形状和结构，以及它们在城市规划中的位置。米利兹亚认为一个成功规划的城镇应当反映理性秩序，建筑设计的要义在于为了整个开明社会的共同利益。他十分详细地介绍了教育机构、行政大楼、医院和其他公共机构的建设，还讨论了这些建筑物的内部布局和单个房间的位置。“坚固”的部分则专门介绍了关于建筑材料和建筑技术的信息。

米利兹亚的风格，同时展示了争论和教导的特点，反映了他的目的：通过长期地批判性思考而提高当代建筑的水平。他用建筑史中各个时期的大量案例证明了他的理论，不仅对巴洛克和晚期巴洛克建筑师进行了严格的评论，甚至当帕拉迪奥和一些古代经典的作品不符合他基于功能导向的古典主义理想时，他也会对其进行批判。他的古典主义理想提及了对希腊建筑的传承，而在更大程度上，古代经典的作品更倾向于固有的“自然”原则。在书中，作者拒绝使用文艺复兴和巴洛克时期作家经常引用来评价建筑设计和建筑装饰的权威案例，并说道：“如果古代建筑师的作品一直被我们视为权威的话，那么所有错误将被允许。”

米利兹亚对古典文物的批判态度甚至导致了他表示出对哥特式建筑有限的欣赏。他认为哥特式建筑的飞扶壁支撑系统是对斯堪的纳维亚森林的模仿。对于米利兹亚来说，拟态意味着模仿自然。然而，不同于绘画和雕塑可以直接借用拟态理论（尤其是乔瓦尼·皮耶特罗·贝洛里），建筑并没有一个直接的自然式例子。因此，建筑的起点是运用自然元素架设的原始小屋，并在一段时间内逐渐改善和扩展以满足人类文明和文化日益增长的需求。建筑师的建筑设计应该与最小的细节保持一致，同时与其“理想化美观”的自然模型相符，并通过合理选择和组合改进“美丽的自然”。而选择和组合，同样也是好审美的结果，可以被用作记录其特殊性从而建立一套固定的衡量标准。作者指出，希腊城邦早于其他各地实现政治自由的原因是，他们发明了一套永久具有约束力的标准，从而成了进步导向的“建筑学作为科学”理论的奠基人。米利兹亚补充说，只有首先建立了杰出的艺术成就，商业和文化的繁荣才能成为可能。他还认为，有利的气候会产生一定的影响。

在他的建筑理论中，米利兹亚试图将17世纪和18世纪经典艺术理论中的不同趋势结合在一起，形成一个系统。其理论体系的核心“好审美”的概念来源于17世纪末的法国艺术和文学理论。米利兹亚对理性主义和功能主义建筑的要求已经由方济各会的卡罗·洛多利（1690—1761年）以更严格的方式重新制定。米利兹亚也受到耶稣会徒马尔克·安托瓦内·劳吉埃（1713—1769年）和《建筑随笔》（1753年）的极大影响，该期刊也呼吁建立一个“哲理性建筑”学派，以原始的希腊小屋为起点。早期的洛多利和劳吉埃的作品中也能窥见“雄辩”性建筑的想法。

米利兹亚的观点也非常接近安东·拉斐尔·门斯（1728—1779年）和温克尔曼。门斯的《美学思维与绘画审美》（1762年）一书代表了新古典主义的绘画理想，而温克尔曼将“高贵的简约”和“安静的伟大”作为希腊雕塑的审美原则。特别地，米利兹亚与温克尔曼同样持有文明和政治的进步与艺术和历史的周期性发展相互关联的概念，雅典在伯里克利时代达到无与伦比的顶峰：“作为自由和独立的发明家，（希腊人）创造了（他们的作品与）天才；而我们，胆小的发明者，却允许自己被规则指导所束缚。” 米利兹亚呼吁建立可以教授“哲理性建筑”理论的学院。

亚历山大·格隆内特　著　　汪舒　译

1 | 建筑构造
关于建筑坚固性的插图：尖拱门或哥特式拱门和平天花板或直拱门
《民用建筑之原则》，巴萨诺，1785年版，插图10，插图11。版画

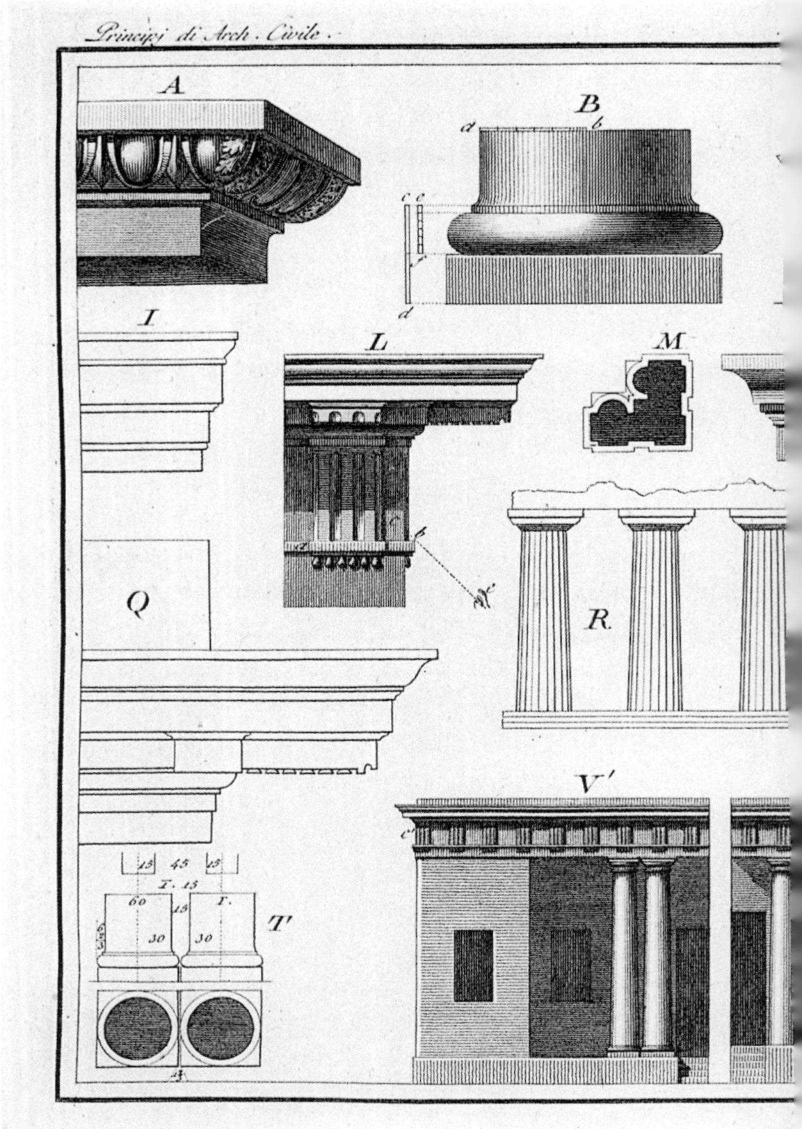

2 | 多利克柱式的不同构成元素

多利克柱式的装饰：马塞勒剧院（P）与各建筑师的案例。米利兹亚提出的经典模型（C，D，E，F）和现代比例（G）第一部分，插图4。版画由乔瓦尼·巴蒂斯塔·齐普里昂尼绘

Parte Prima. T. IIII
F
G
H
K'
K
b
a
a
P
O
Z
S
X
20.5
21
4.6

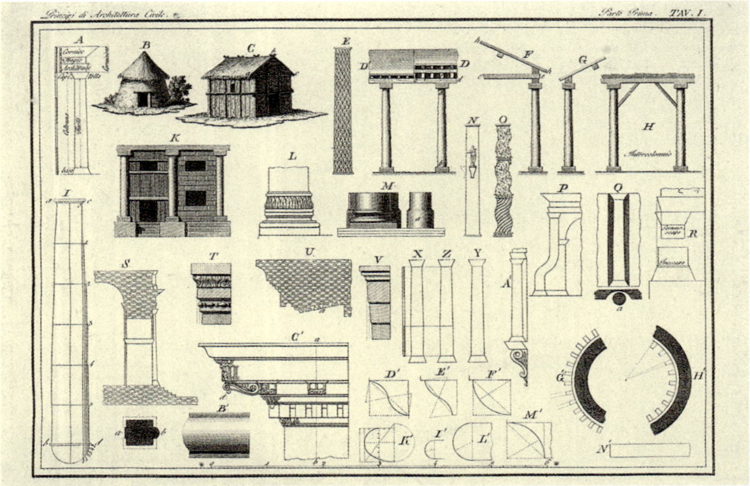

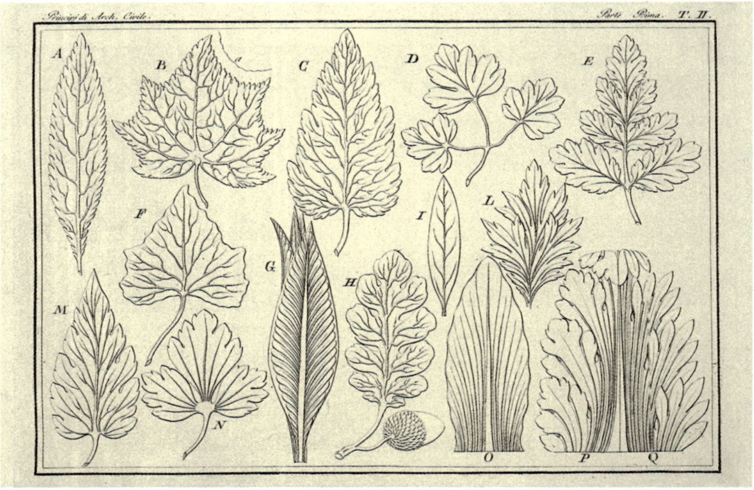

3 | 两个小屋建筑、各种柱子和檐口剖面
基于洛多利对希腊人原始小屋（A，B）的建筑发展的想法，米利兹亚解释了柱子及其组件的功能，并展示了他们“不正确”使用的例证
第一部分，插图1。版画由乔瓦尼·巴蒂斯塔·齐普里昂尼绘

4 | 树叶设计
柯林斯柱式的装饰原型。在其关于建筑美学的书中，米利兹亚呼吁建筑师根据自然和建筑项目重新设计原型
第一部分，插图2。版画由乔瓦尼·巴蒂斯塔·齐普里昂尼绘

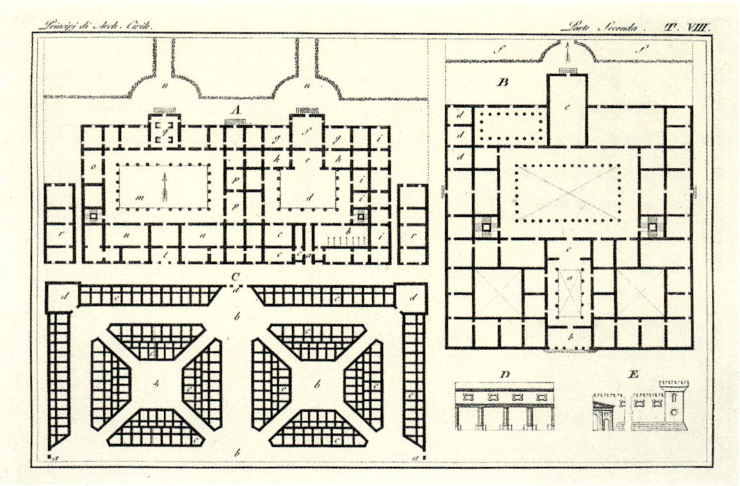

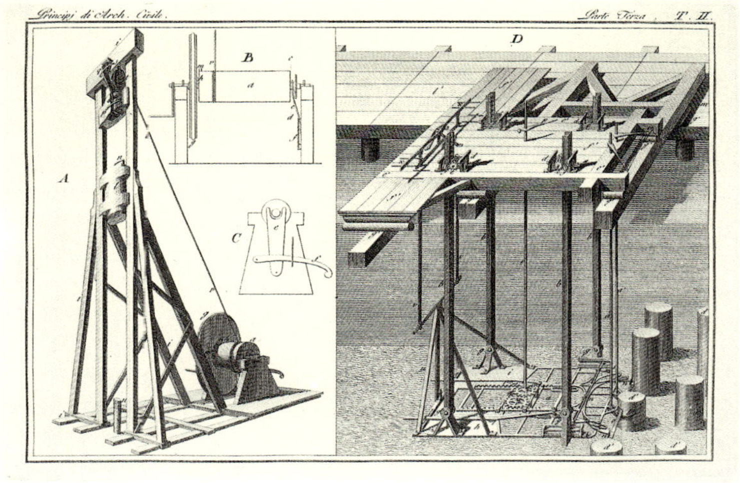

5 | 古希腊和罗马房子的平面图，维罗纳商品交易建筑的两个立面

书中关于“便利”的例证。希腊（A）和罗马（B）房子。维罗纳的商品交易建筑作为一个有公共功能的建筑案例（C, D, E）

第二部分，插图8。版画由乔瓦尼·巴蒂斯塔·齐普里昂尼绘

6 | 两个建筑机器

关于建筑鲁棒性的插图。桩基础。将柱桩沉入地下的机器（A）和将柱桩残余沉入水中的机器（B）

第三部分，插图2。版画由乔瓦尼·巴蒂斯塔·齐普里昂尼绘

7丨拱门、拱顶、栏杆、平面图和立面图，包括威尼斯救主堂

拱的架构（A, B, I, K, L），叠加的拱廊（F, F’）的形成，以及在展开（Q）中柱子的使用

第一部分，插图10。版画由乔瓦尼·巴蒂斯塔·齐普里昂尼绘

Parte Prima . T. X.
F
F'
G
G'
H
H'
N
R
S
T
U
V
A'
B'
C'

法国

维拉德·德·奥内库尔（1210—1240年）
Codex, ms. Fr. 19093

C.1230. PARIS, BIBLIOTHÈQUE NATIONALE

Pattern book

在建筑学的历史上，活跃于1230年左右的法国绘图员——或者也可以说是一位总建筑师——维拉德·德·奥内库尔（Villard de Honnecourt，又名乌拉德斯·德·奥内库尔，或维拉德·德·奥内库尔），占据了一个特殊的地位。在我们眼中，对维拉德所生活的中世纪而言，建筑学的美学理论是否存在仍然是个疑问，或许那时候根本就没有一个系统的、连贯的理论，然而正是在这种背景下，维拉德的作品扮演了一个重要的先驱角色。

这位艺术家仅仅凭借他的速写簿而为人所知，并因此而反复被人提及。尽管伴随在速写边上的说明文字是以古法语中的一种皮卡第方言写就，我们仍然可以推断出，康布雷附近的奥内库尔正是他的故乡。速写簿中的一些图画，包括文字、剖面和模型等，以及它们毋庸置疑的风格化表现形式，这种种迹象都能让我们推断出维拉德曾经在1220年至1235年之间十分活跃，在这期间，他不仅去了康布雷、佛塞尔斯、兰斯、拉昂、沙特尔和洛桑这些城市，而且还去了匈牙利。重要的是，这些速写根据样本目录的传统，使用了一种中世纪艺术家可能会选择的一系列画的主题模型，用以创造一幅幅丰富多彩、装饰繁复的图画。棕色的钢笔画非常精美，看得出当时艺术家使用的高级铅笔以及他考究的线条，有些线条后来还被勾勒过，另外还有一个例子里可以看得出泡洗的痕迹。虽然羊皮纸原稿上面曾经有过46份作品，但是只有33份留存了下来。在大约160毫米×250海米（表达不确定）的手稿上，不仅包括人物和动物的图画，而且还有关于各种各样礼拜和军事用品、无数建筑物的透视图、平面图和机械制造的方法，当然还包括建筑设计的方法启示。我们可以确信的是，这些图画一部分来源于自然，另一部分则是在已有图画的基础上形成。乍看起来，它们似乎并不遵守一定的逻辑顺序，但是维拉德赋予了它们某种基于主题的秩序，装订起来并且饰以学究式、描述性的说明文字。这多么令人震惊啊！这些作品以及它们详尽的说明文字揭示出了他对于技术和建筑话题的浓厚兴趣。在这本图集的最终版本中，艺术家花费浓墨重彩的学术研究目标，一个是“portraiture”，也就是具象的油画；另一个是“jometrie”，即几何学。在下一个部分中，几何化的图画被用作一种组成具象图画的辅助形式，大量建筑行业中的设计方法和特殊技巧在这些线稿中重现出来，并且加以解释。实际上，这些工序表明了与它们相关的中世纪

建造方法。这就是说，在这些文字和图像中的信息在今天已经被大大简化了，以至于我们无从了解到这些计划图形究竟承载了什么样的实际功能。这些建筑图纸呈现出非常丰富的表现方法。举例而言，按照透视缩短法，拉昂大教堂与它的一个西塔楼共同出现；而在沙特尔和洛桑大教堂中，维拉德则是分别画出了西面和南面的玫瑰窗，因为南面的玫瑰窗已经与以往大不相同了。在康布雷和莫城大教堂中，平面图基本上是精确的再现，然而其他的一些平面则是基于维拉德的想象，例如西多会教堂中一个拥有两条回廊的唱诗班席位，根据维拉德为此撰写的说明来看，是为了与皮埃尔·德·科尔比保持一致。维拉德花费笔墨最多的主题莫过于兰斯大教堂的结构。除了从一个侧礼拜堂的角度看过去的室外和室内短缩透视图（它们跨了一整页），以及教堂正厅的室内和室外立面图以外，他还精心描绘了扶壁的结构细部、柱子和花饰窗格的平面图，甚至还有曾经用在窗户上的施工组件。这种对于细节的关注延伸到了节点上面。尽管拥有这样程度的精确性，这些图纸的不连贯性还是使得它们并不能作为用于施工的技术图纸来阅读。

在很长一段时间以来，这些绘画的种类和范围都倾向于让人们将维拉德看作一位试图将百科全书式的方法应用于建筑工地上面的建筑师。从根本上来说，这种理解是源自于中世纪时期对建筑行业的浪漫看法，实际上，我们并不能太过轻易地相信这些绘画中的疏漏和错误。我们在必须牢记这本速写簿的艺术品质的同时，也要意识到这本绘画册毕竟还是一本插图性质的、描绘现实的书籍。这是不是意味着，维拉德这位绘图员仅仅借助这些建筑速写，就能够与一位工程专家负责人进行畅通无阻的交流合作呢？无论如何，这些建筑绘画不管是在历史还是几何学上，都显示出了与用于施工的技术图纸的极大相似性，我们可以通过早期那些绘画在石头和羊皮纸上的例子（1220年左右的苏瓦松和香槟沙隆；13世纪中期的兰斯重写本），来证明这一点的正确性，它们从13世纪初就开始出现在巴黎大区北部，一直留存到现在。另外更加值得一提的是，维拉德孜孜不倦追求的哥特建筑的新形势和技术做法，似乎能够看作是一条平行式的发展线索，与同时代的尚帕涅和皮卡第遥相呼应。结果是显而易见的，关于建筑学的交流开始变得越来越深入，不仅仅局限于那些技术和逻辑上的话题，更是扩展到了建筑学的美学意义上。事实上，在一些例子里，维拉德阐释了崇尚美学的重要性，例如在建造拉昂大教堂的塔楼，或是在兰斯的窗饰上。他致力于将这种几何学应用在他的建筑绘画中，实际上这种做法已经暗含了他内心想要做的尝试：通过描述这些事物，来形成一种用以评价建筑的、系统性的逻辑框架，并且以绘画为媒介，将这些知识分享给尽量多的对建筑学感兴趣的人士，这也就意味着这是一种具有强大传播力的方式。尽管在维拉德的评论中带有某种粗略的性质和晦涩的特征，我们仍然需要强调的是，维拉德理所当然地应该被视为一位后古典主义建筑学的重要先驱人物。毕竟，无论采取什么样的形式讨论，人们都得愿意去谈论建筑品质，这是一切事情的前提。这个前提在维拉德的著作中已经实现了，当他在与皮埃尔·德·科尔比合作时，自诩是从他的想象中“设计”出了一个平面图。富有想象力的“推导过程”（维特鲁威所描述的总建筑师的智力活动）显然需要通过抽象概念来表达出来，它的先决条件是建立在以在工艺和技术领域掌握了一定知识技能的基础上的，而正是这样的组合体才是每个建筑理论的核心。我们可以想一想，大约在13世纪中叶，由博韦的樊尚所统治的百科全书式的文学时代里，当我们看到建筑学作为一个独立的学科，被提高到迄今为止前所未有的复杂状态之时，我们并不会感到十分惊讶，因为这一切都可以说是在维特鲁威那些富有逻辑的深入研究基础上发生的。尽管维拉德并没有像其他那些建筑师一样在今天已经被遗忘，而且还曾经尝试着基于不准确的术语创建一个来源于建筑和绘画实践中的系统，然而这些努力并没有以任何方式反映在抽象神学世界的知识系统中。要实现这一目标，在各种各样的建设项目口首先需要出现一个强大的话语。事实上这发生在阿尔卑斯山的南部，不过不是在15世纪之前。

克里斯蒂安·弗赖冈 著　　唐韵 译

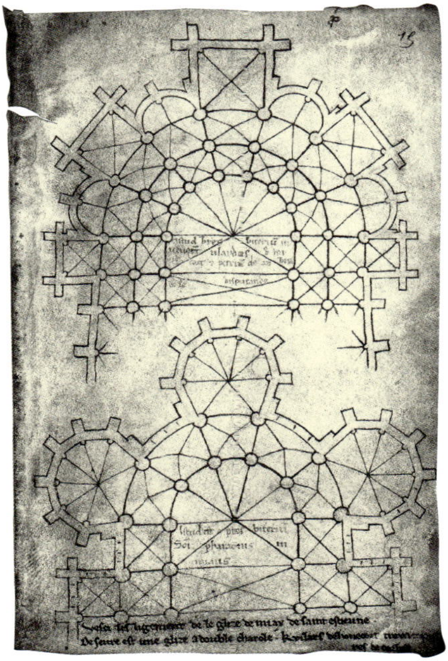

1丨两个圣坛的平面图
下方的平面图精确描述了莫城大教堂的圣坛；上方的平面图据称与皮埃尔·德·科尔比合作建造
第15页正面。用钢笔与墨水绘制于羊皮纸上

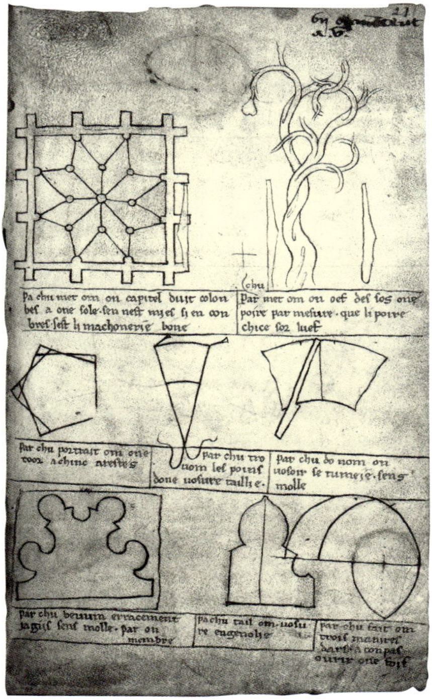

2丨不同的建造方法
从中可以看到确定尖顶斜面的确定方法与悬挂拱心石的做法
第21页正面。用钢笔与墨水绘制于羊皮纸上

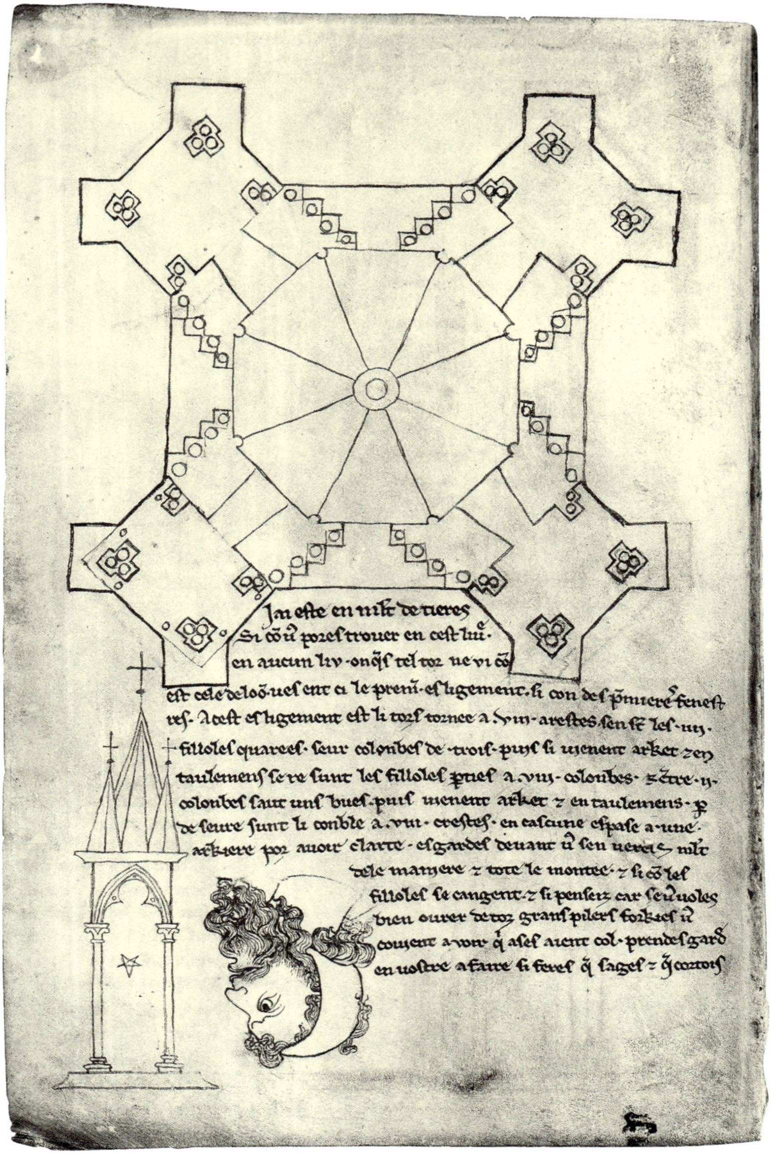

3 | 拉昂大教堂塔楼

维拉德·德·奥内库尔称赞这是他见过最杰出的塔楼，并且在这张图中加入了一张开放塔楼的平面图

第9页背面。用钢笔与墨水绘制于羊皮纸上

4 | 拉昂大教堂塔楼

塔楼开放层的立面

第10页正面。用钢笔与墨水绘制于羊皮纸上

5 | 兰斯大教堂的一个环形小礼拜堂室内

第30页背面。用钢笔与墨水绘制于羊皮纸上

6 | 兰斯大教堂的一个环形小礼拜堂室外

维拉德·德·奥内库尔精确地表现出了下方区域的曲线和上方玫瑰窗带

第31页正面。用钢笔与墨水绘制于羊皮纸上

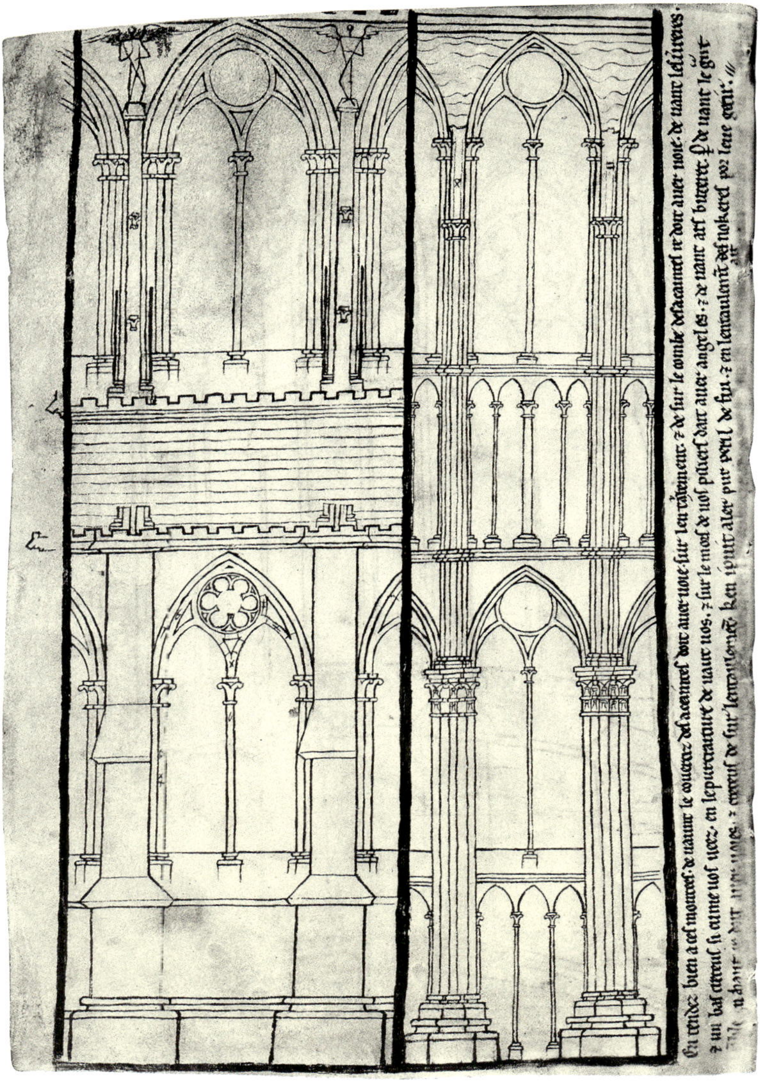

7 | 兰斯大教堂中殿室内外对比
维拉德·德·奥内库尔再现了还没有建造拱顶与飞扶壁时候的场景
第31页背面。用钢笔与墨水绘制于羊皮纸上

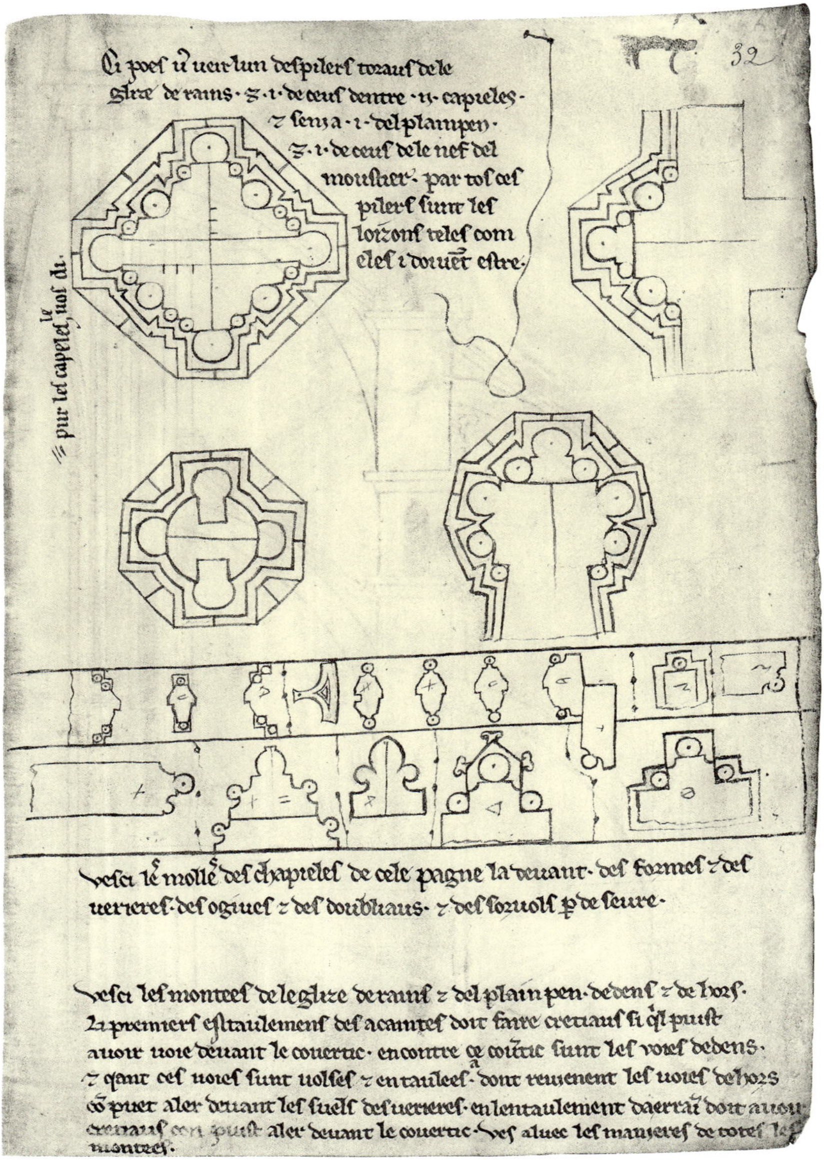

8 | **兰斯大教堂构造细部**
对柱子类型与不同石材窗框、侧柱的精确绘制
第32页背面。用钢笔与墨水绘制于羊皮纸上

9 | 兰斯大教堂飞扶壁

与其他兰斯大教堂图纸的精确比例不同，这里的洞口被拉长了

第32页正面。用钢笔与墨水绘制于羊皮纸上

让·马丁（1553年逝世）

Architecture ou Art de bien bastir

PARIS, 1547

Architecture or the art of good building

1547年，让·马丁（Jean Martin）翻译的维特鲁威法语译本出版，距离这本基础的经典建筑学理论书籍的第一版意大利译本出版的时间已经过去了几乎整整一个时代，与第一本德语译本的出版时间则较为相近。马丁的工作处于文化历史上几条不同线索的交叉点。首先，这本书应该放入法国接受意大利和古代经典遗产的历史中；其次，它展现了法国人对民族语言的自信，并且大加赞美了菲利贝尔·德·洛尔姆（1514—1570年）和皮埃尔·莱斯科（1500？—1578年）这几位在弗兰西斯一世时期（1515—1547年）和亨利二世时期（1547—1559年在位）的过渡时间内最重要的建筑师。另外，通过对于雕塑家、建筑师让·古戎（1510—1568年）的木版画的介绍，这本书也成了法国绘画史的一部分。

从1498年瓦卢瓦王朝时期开始，法国君主声称那不勒斯王国和米兰公国属于法国世袭的领地，并据此开始了针对意大利的军事行动。这可能并没有给法国带来一个政治意义上的持久成功，但他们把意大利国家和城市的生活方式和新人文主义教育理念直接带给了法国人，使得两者得以相互接触。事实上，这种影响性是如此强大，乃至于意大利艺术家们纷纷受命来到法国，有些人甚至把法国当成了自己的永久居住地，如达·芬奇（1452—1519年）或塞巴斯蒂安·塞里欧（1475—1553年？），而其他人则在此度过了相当长的一段时间，例如乔康多（1433—1515年）或金器雕塑家本韦努托·切利尼（1500—1571年）。

虽然我们已经无从得知让·马丁的出生日期，但是我们知道他从1530年起就担任红衣主教罗伯特·勒·勒南科特的私人秘书和外交官。目前尚不清楚马丁是否去过意大利，但正是由于他与1540年之后就定居在法国的塞巴斯蒂安·塞里欧联系，才促成了1545年塞里欧所著建筑类书籍的法语译本第一册和第二册的出版，第三册则于1547年出版。因此可以推测，马丁曾经咨询过塞里欧关于维特鲁威翻译的事情。1546年，在塞里欧和维特鲁威译本出版之间，马丁出版了另一本著名小说《寻爱绮梦》（威尼斯，1499年）的翻译，并在书中增加了

新的插图。1553年，在阿尔伯蒂逝世后不久，马丁翻译并出版了他的《建筑论》。这些作品使得马丁成为法国从古典到近代建筑理论之间最重要的渠道。

我们现在并不完全清楚《维特鲁威》的所有部分是不是都由马丁亲自翻译，不过马丁确实参考了1511年乔康多早期的《维特鲁威》拉丁语译本，以及1521年凯撒·西萨耶诺的意大利版本。马丁同样也与维特鲁威评论家纪尧姆·菲兰德黑耶相熟，后者曾经在1544年出现在罗马、巴黎和拉丁语区。他对于阿尔布雷特·丢勒的作品也相当熟悉，例如《尺寸的艺术课程》。书籍标题页上写有献给亨利二世，也就是在当时刚刚加冕的国王，接下来是一个短序，在之后就是维特鲁威的文字翻译。这次出版包括两个部分不计入页数的附录，第一部分包含双面印刷的“维特鲁威中的特殊术语解释与难懂词汇理解”，第二部分则是包含了三页插画作品，在这里让·古戎告诉读者，自己是一位“学院派建筑师”，这在文艺复兴的书籍中是一件新鲜的事情。

在乔康多和西萨耶诺的早期版本基础上，马丁将150张插图中的绝大部分放入了他的译本中，不仅包括第三册剧院设计的平面图，悲剧、喜剧以及讽刺场景的不同透视图，而且还有1537年来自塞里欧的《第四书》的图画。除此之外，在一组30张的插画中，让·古戎展示了作为木版画模型的新手稿。马丁将此看作是他的贡献，声称这本书“增加了艺术的新手稿，由让·古戎以及前辈建筑师们完成并献给我的主，康斯特布尔，现在献给国王。”这里将让·古戎作为建筑师提及，这点十分有趣，因为更多的证据表明他可能是一个雕塑家。古戎在1541年鲁昂圣马克鲁教堂的风琴画廊的安装过程中证明了这点，他可以遵从维特鲁威关于比例的法则重建出柱子和柱头；此外，在圣·日耳曼大教堂中，1544年由皮埃尔·莱斯科制作、位于唱诗班席位和中殿之间新的窗户上的五块雕刻嵌板也展示出了他对于古典纪念建筑物的熟悉，以及将这些观察转化成他自己独有艺术风格的能力。在结语中，古戎首先感谢了塞里欧，他“描述并精确绘制了许多根据维特鲁威法则的事物，形成了在王国中传播这些法则的开端”。古戎自己也掌握了这些法则。他曾经送给塞里欧一幅关于多立克式柱头的画作，“我自己画的，而他（塞里欧）发现它完全遵守了作者（维特鲁威）的法则”。几乎所有古戎的插画以及他在结语中给出的解释都将柱头和在柱子中对比例的正确使用联系起来。这已经揭示出这位实用主义者兴趣的局限性，不久后他便出版了一本单独讨论柱子的说明手册。一个例外是大型木版画，其中“原始小屋”表明了建筑的起源。与早期版本相比，在意大利，我们看到了表现同一个题材所采用的更大规模以及一种非常纪念性和三维化的方法。这一点在对于其他形象的描写中被证实，例如维特鲁威人，尤其是体现在两幅木版画中的女像柱和波斯人，在这之后的几年开始在实际建筑中使用。但是，即使非具象插图也表现出一种简洁的纪念性，例如爱奥尼式卷轴，特别是主要展示了五个彼此相邻的柱子的巨大折叠板。

在1547年出版的《维特鲁威》的法语译本成了当时法国建筑的新曙光。作为法国大型项目中的一部分，到那时为止，一些建筑委托项目已经发展到可以想象到它们完成状态的程度，尤其是枫丹白露的扩建和室内设计，更不用提法国卢瓦尔河畔的狩猎旅舍和在巴黎附近布洛涅森林的马德里城堡。受到古戎深切崇拜的塞里欧在枫丹白露为红衣主教枢机市政厅设计了费拉尔酒店，这代表了法国风格的一大进步。但是他并没有被委托执行任何主要的宫廷建筑项目，1550年他搬到里昂。巴黎成了首都，相应地，城市内外皇室和法院的建筑物渐渐地成了整个王国的典范。民族意识的觉醒与身份认同感的增长渐渐地表现出了法语的特殊用途。1539年法国颁布的法令宣称，法国作为一门国家语言（由于马丁的翻译而受到赞成）将在拉丁语区的法院使用。此外，当时还有年轻的法国建筑师试图将意大利古典语言与他们学到的法国传统以及自己的创意结合在一起。让·古戎在结语中特意提到了这其中的两个人：菲利伯特·德·洛尔姆，1541年开始了他在圣莫的城堡项目；还有皮埃尔·莱斯科，后者曾在1546年被委托设计新的卢浮宫。他不仅正确地运用了维特鲁威的柱式法则，而且设计出了一种独特的法国风格，几乎没有受到一点意大利纪念性建筑的影响。

马丁的《维特鲁威》的翻译受到了同时代人的高度赞扬，譬如诗人龙萨和建筑师约翰·布兰特，而瓦尔特·里夫（1500—1548年），《维特鲁威》的德语译本译者，也在他的1548年版本中提到了马丁的贡献。尽管如此，马丁本人在他的《建筑十书》序言中评论道，这本书的写作是如此晦涩，以至于就连红衣主教都无法帮上忙。多年后，由于一些矛盾和错误以及遗漏的注释而受到指摘。然而，直到1673年克劳德·佩罗特的新译本出版之前，它一直在法语国家广为流传。

哈尔·克莱米埃尔　著　　唐韵　译

第197页图注

1 | 女像柱图示

根据维特鲁威的著作，建筑师应当了解，人像柱表现战败者必须永世承受梁的重量

第2页背面。木刻版画

2 | 男像柱图示

由于1550年在卢浮宫中的应用，人像柱开始频繁地出现在法国的建筑中

让・古戎绘制，第3页背面。木刻版画

3 | 维特鲁威人
古戎第一次绘制的用来描述人体比例的维特鲁威人，受到了塞沙里亚诺1521年画作的影响，但是前者更加强调解剖学特征
让·古戎绘制，第28页正面。木刻版画

4 | 原始小屋图示

让・古戎绘制了维特鲁威所阐述的原始小屋的建造过程，这些最早的建筑包括无墙的三角坡顶，以及由柳条围合而成的树干棚屋

让・古戎绘制，第15页正面。木刻版画

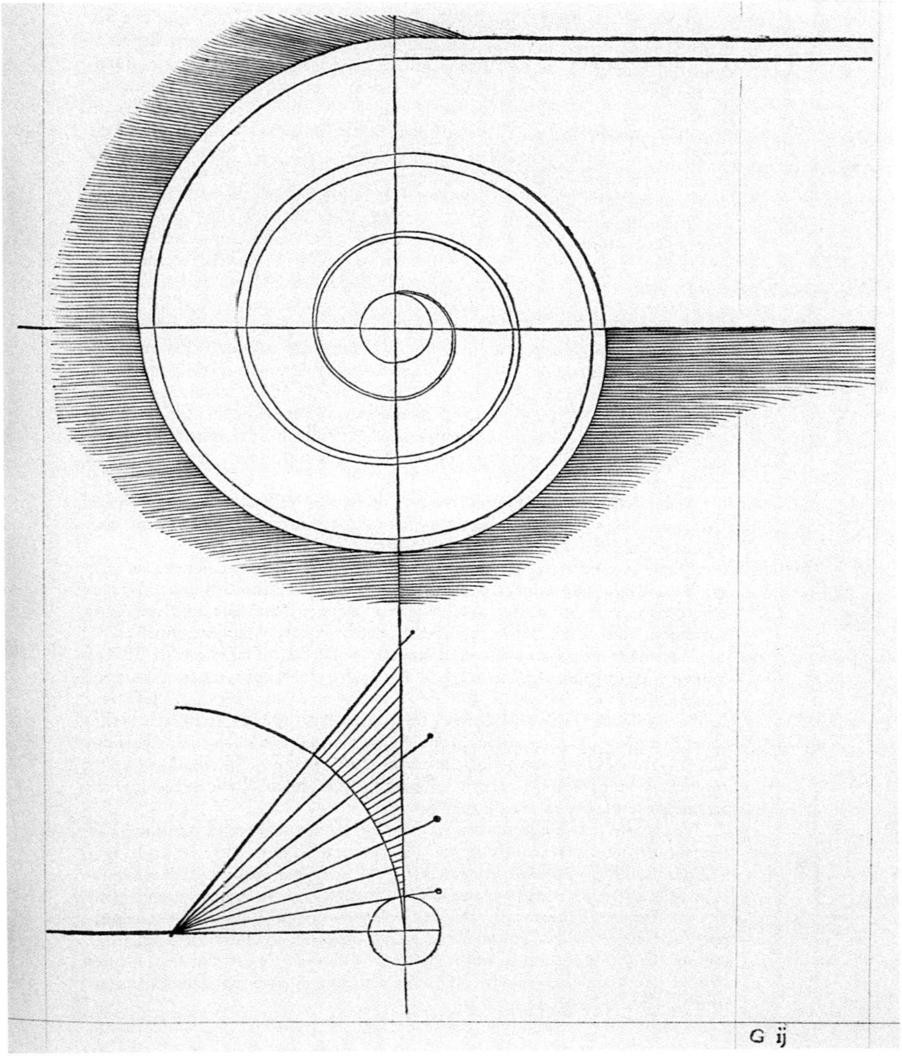

5 | 爱奥尼涡卷的构成
古戎概括了纪尧姆·菲兰德黑耶那里学到的爱奥尼涡卷的构成方法，也就是阿尔布雷希特·丢勒的方法
让·古戎绘制，第38页正面。木刻版画

6 | 柱式

古戎最早展示了带有完整檐口剖面的五种基本柱式与他们可能使用的柱础，这样即使柱子直径减小，高度也可以保持不变

让·古戎绘制，第35页折页。木刻版画

CORINTE.
CORINTE.
LATINE OV COMPOSEE
TVSCANE.
3
2
1

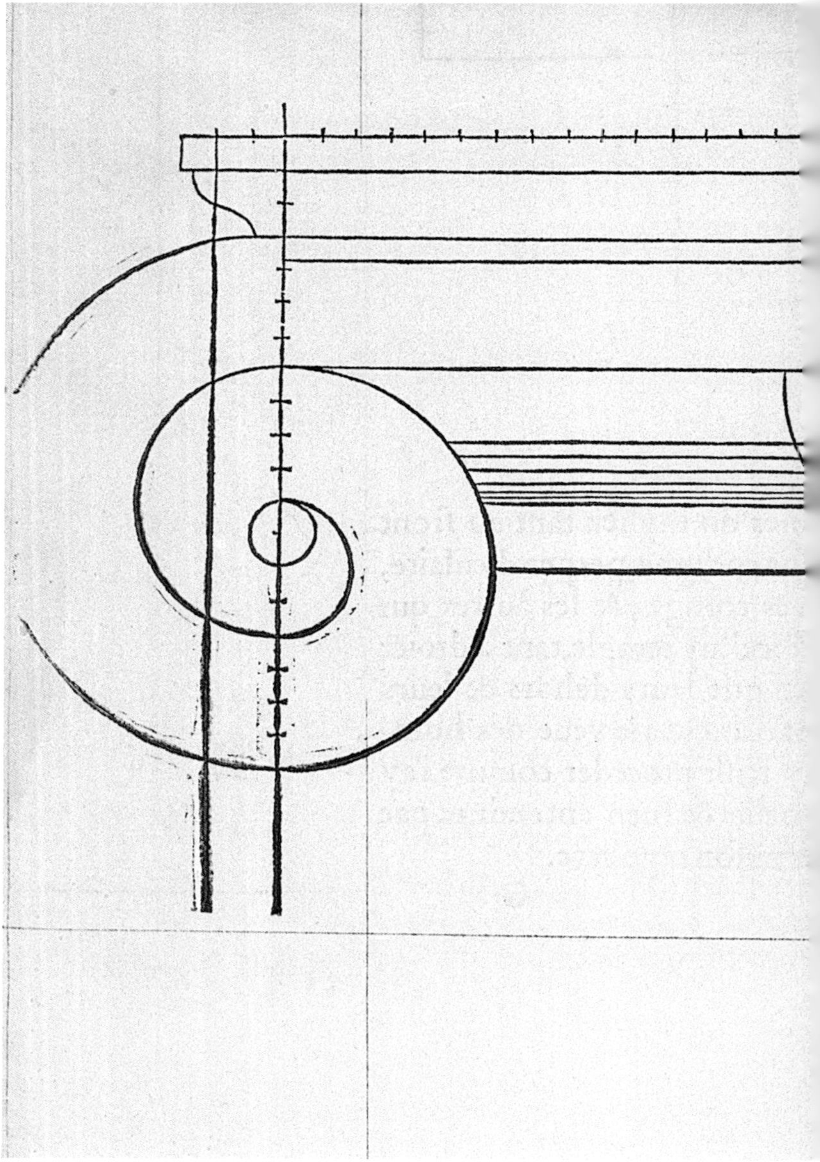

7 | 爱奥尼涡卷的构成
绘制爱奥尼涡卷是个难题。古戎在后记里抱怨，它的转折处太过于接近椭圆（左侧）
让·古戎绘制，第37页背面。木刻版画

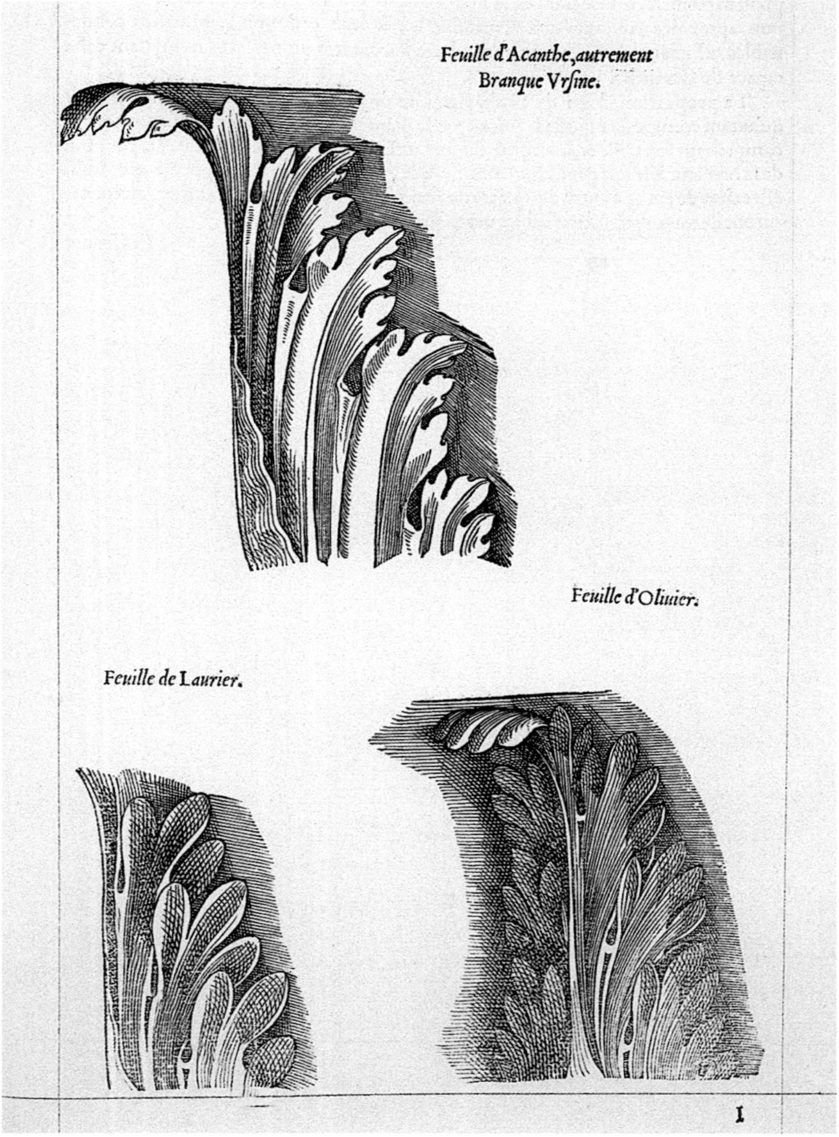

8 | 叶型设计图示
总共八幅图展示了装饰科林斯柱式柱头最合适的叶型设计：爵床或者野蒜叶饰。
组合式柱头则适合采用橄榄核月桂叶饰
让·古戎绘制，第49页。木版画

9｜多立克山花图示

古戎认为这张多立克山花的图正确地使用柱间壁和三垄板描绘了雕带装饰，人形基座的比例也与维特鲁威提倡的相符
让·古戎绘制，第52页背面．木版画

菲利贝尔·德·洛尔姆（1514—1570年）

Nouvelles inventions pour bien bastir et a petits fraiz

PARIS, 1561

New Inventions for Building Well and at Low Cost

Le premier tome de l'architecture

PARIS, 1567

The first volume of architecture

菲利贝尔·德·洛尔姆（Philibert de l' Orme）的职业发展非常多元化，他既是职业建筑师，也是建筑理论家，还是重要的宫廷建筑部官员。他与皮埃尔·莱斯科（1500？—1578年）和约翰·布兰特（1515—1578年）一道，建立了一种或许会被称为法国民族主义的风格，试图将其与意大利模式区分开来，并且进行积极的转变。洛尔姆出生在里昂，作为一个有钱的总石匠的儿子，从1533年到1536年，他的生活在罗马度过。1541年，他被委托建造巴黎东部的圣莫城堡。在这张中规中矩的平面图上，传统的角部宫殿被放弃，庭院立面上布置了列柱和壁柱，以仅仅一层楼和一个平屋顶为主题的建筑物设计，使得这个建筑在法国显得非常不寻常，反而要更加接近意大利别墅的概念。在1547年，亨利二世（1547—1559年在位）被加冕为法国国王，同年洛尔姆开始为国王服务。作为宫廷建筑部门的负责人，他表现出他对于宫廷建筑扩建和改建的组织天赋，作品包括圣莱热、枫丹白露和樊尚。从1547年到1555年，他的主要建设项目位于西巴黎的阿内，是一座为国王的情妇戴安娜·德·普瓦捷（卒于1566年）所建造的城堡。

1559年亨利二世意外死亡后，洛尔姆被弗兰西斯科·普里马蒂西奥（1504—1570年）更换到了国王的建筑师的职位上。这些年，他在宫廷中失去了青睐，借此机会他发表了两篇建筑学论文。他的《新发明》（*Nouvelles inventions pour bien bastir et a petits fraiz*）于1561年出版。六年后，《建筑的第一卷》。从1663年他主要作为王太后——卡特琳·美第奇（1519—1589年）的建筑师。在她的要求之下，他设计并开始建造西卢浮的伊勒里宫（已被摧毁），这成为他后期创作时期的主要工作。

E
A
D
B
D
A
B
E
F
C

虽然菲利贝尔·德·洛尔姆大部分的职业生涯是在宫廷建筑工程中度过，他还是略带轻蔑地写道："那些没头脑的人，只要看到王宫里有些不寻常的东西，例如一座美丽的花园或是壁炉，就忙不迭地在自己的房子中模仿国王的做法，并且炫耀给别人看。"就像他那篇题为《低成本的品质建筑新方法》的论文已经指出的适当花费意识那样，他在樱桃园街的住宅中同样也展现出了这种理念。洛尔姆倾向于使自己的家看起来更像"按照高尚品位建造出来的，而不是花费了昂贵的成本"，根据布尔乔亚阶级的"没有任何一种列柱或壁柱"的品位，在首层石材墙裙装饰甚至也只是一种备选方案，而最后他都没有这样做。在城市居住区中，于庭院与花园之间布置用于居住的偏房——法语中所谓的身体的居所——成了一种常见的做法。

1561年《低成本的品质建筑新方法》标志着第一部法国的建筑著作出现，虽然这本书包括题目也只有总共34个版面、57页，薄薄一本里的内容只涉及一个单独的"新发明"，即天花板和屋顶结构的构造做法，几个并列的小块木板取代了巨大的木材。这种做法能够做出复杂的拱形，并且意味着较大的房间可以拥有一个更好的屋顶或天花板。在悬石的母题和承重肋的概念（以及即将会插入的拱顶盖石）之下，洛尔姆将中世纪的建筑实践提上了日程。

在这份木工指南出版的六年后，《建筑的第一卷》出版，它的目标是将建筑实践与建筑历史联系到一起。自然，这意味着洛尔姆要去追随维特鲁威的足迹，他研究了大部分被后者视为至关重要的主题，但是一直局限在自己的实践经验的范围内。在《建筑的第一卷》的205个版面中包含了比维特鲁威版本更多的插图，但总体看起来插图的数量并不是很多，这要归因于书中巨大的文本量（282页双面印刷）。洛尔姆的作品包括九册。第一册探索客户与建筑师的关系、如何选址以及关于气候和建筑材料应考虑的问题。第二册介绍了基础的几何学、建筑工地测绘的方法以及建造基础的方法。第三册和第四册中包括了洛尔姆最独特的贡献，他强调石材切割和立体几何问题对于建筑至关重要。第三册关于石材的切割和插入，而第四册介绍了更复杂的形式，例如拱门、拱顶和台阶。柱式分别出现在第五册和第七册之中。在之后的书的插图下面，作者加入了大量他自己在罗马居住时测绘得到的尺寸，其中有些规避了定义：多立克、塔斯干和爱奥尼柱式出现在第四册，科林斯柱式出现在第六册，而组合柱式则被洛尔姆与法国柱式一起放在了第七册。第八册主要研究门、门框和窗框，第九册研究壁炉。

在这一系列丰富的主题中，让我们选择三个典型的方面。首先，立体几何，这是洛尔姆在第三册和第四册中介绍的。他对于这个主题的处理一直保持着与意大利模式之间的独立，并且声称分析应用的几何和透视法虽然最初是在意大利起源和发展，然而最终成了中世纪法国传统的石头切割法。封面上的线稿图纸给人们留下了深刻印象，通过采用包括封面在内的无数张技术图纸，洛尔姆证明了对于任何建筑项目来说，都有可能计算出每一块石头的形状，并且根据它在墙上的位置和组合方式进行切割。首先建筑师必须在他的头脑中分开承重框架和填充墙，固定在木框上面的木版画已经揭示出了这一点。洛尔姆在这方面的杰作是一个小小的、“自由悬挂”的凸窗，位于阿内城堡靠公园一侧建筑内墙的拐角处，他将这个创造记录在几个木版画上。据说，从外部视角看到的凸窗非常复杂，以至于木版画都难以表达出它的精细程度。

其次，洛尔姆在第七册中增加了第六种柱式。在他自己的创造中，他将它称为法国柱式。他认为，对法国这样的辽阔而重要的国家来说，拥有一个以它命名的柱式是十分合适的，因为其他五个柱式也被冠以国家的名字。有特点的是，这个建议同样提供了一个实际问题的解决方案。因为法国很难生产整块的柱子，通常必须要将几个柱鼓结合在一起，不同柱鼓单体之间的节点用装饰带隐藏。这样，洛尔姆为1677年后一场关于法国柱式最为热烈的讨论埋下了伏笔。尽管如此，他并没有真正发明新的秩序，只是在现有柱式的基础上，提出了一种装饰柱身的形式。当洛尔姆拒绝大理石作为建筑材料的时候，他似乎想把一种被视为失败的东西——在法国很常用的砂岩——重新积极地看待。但事实上，他又确实在项目或客户允许的情况下使用了大理石。在任何情况下，古典和现代意大利模式都存在于对柱身的装饰中。

最后，关于洛尔姆的一个引人注目的方面是，他很喜欢对于他的职业和本人的寓言化描述。例如，封面上各种形状的多面体暗示着立体几何，全幅跨页的水星皇冠扮演着科学和艺术家的保护者角色。在洛尔姆第三册序言的末尾，他再次加入一个受到水星保护的徽章，这意味着石匠的儿子成为一名牧师，将无知和中世纪的黑洞留在身后，手里拿着一副两脚规，收获了文艺复兴时期的棕榈枝。作品还包括了两页大幅寓言图画，展现了好建筑师与坏建筑师之间的对比。

正如《建筑的第一卷》所揭示的那样，洛尔姆计划继续他的写作，第二卷是关于神圣的比例，以及“为穷人和富人”的房屋建设。这个概念跟随了塞里欧《第四书》的传统，并可能会回应雅克·安德鲁埃·迪塞尔索（1521—1586年）出版于1559年的第一本书。然而，第二卷从来没有问世，可能是因为在他生命的最后几年，洛尔姆再次忙于皇家委员会的事务，无暇旁顾。

哈尔·克莱米埃尔　著　　唐韵　译

第211页插图

1丨拱形天花

平面图展示了洛尔姆用小木梁组合成拱与屋顶的方法

《好房屋的新发明》，第二版，巴黎，1576年，第44页。木刻版画

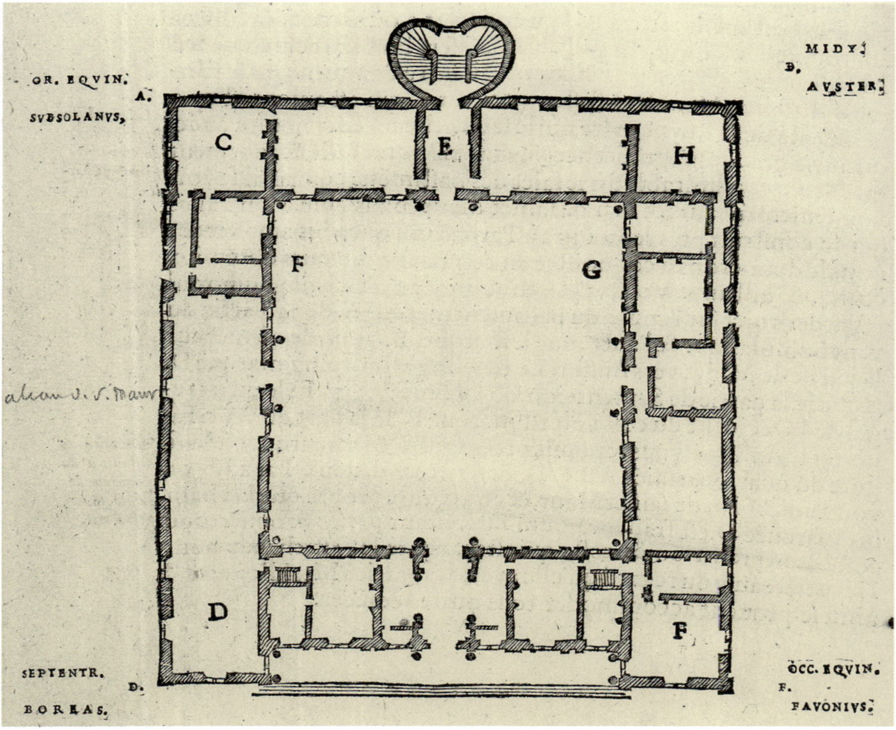

2 | 圣莫城堡平面图

平面图展示出了建筑基地选择与方位确定的典范

《建筑的第一卷》，第二版，巴黎，1568年，第17页背面。木刻版画

3 | 建筑师的故事
第一个关于建筑师寓言展示了从中世纪洞穴到新时代的胜利
第二版，巴黎，1568年，第51页背面。木刻版画

4 | 组合柱式柱础
一个无名氏绘制的异常华丽的组合柱式柱础
第二版，巴黎，1568年，第204页背面。木刻版画

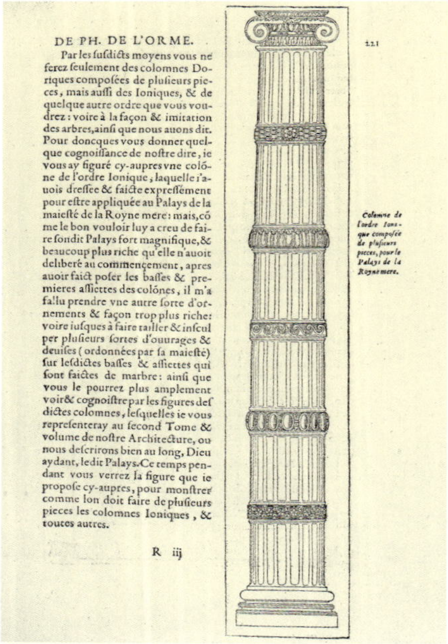

DE PH. DE L'ORME. 221

Par les susdicts moyens vous ne ferez seulement des colomnes Doriques composées de plusieurs pieces, mais aussi des Ioniques, & de quelque autre ordre que vous voudrez : voire à la façon & imitation des arbres, ainsi que nous auons dit. Pour doncques vous donner quelque cognoissance de nostre dire, ie vous ay figuré cy-apres vne colóne de l'ordre Ionique, laquelle i'auois dressee & faicte expressément pour estre appliquée au Palays de la maiesté de la Royne mere: mais, cóme le bon vouloir luy a creu de faire sondit Palays fort magnifique, & beaucoup plus riche qu'elle n'auoit deliberé au commencement, apres auoir faict poser les basses & premieres assiettes des colónes, il m'a fallu prendre vne autre sorte d'ornements & façon trop plus riche: voire iusques à faire tailler & inscul per plusieurs sortes d'ouurages & deuises (ordonnées par sa maiesté) sur lesdictes basses & assiettes qui sont faictes de marbre: ainsi que vous le pourrez plus amplement voir & cognoistre par les figures desdictes colomnes, lesquelles ie vous representeray au second Tome & volume de nostre Architecture, ou nous descrirons bien au long, Dieu aydant, ledit Palays. Ce temps pendant vous verrez la figure que ie propose cy-apres, pour monstrer comme lon doit faire de plusieurs pieces les colomnes Ioniques, & toutes autres.

Colomne de l'ordre Ionique composée de plusieurs pieces, pour le Palays de la Royne mere.

R iij

5 | 法国柱式
洛尔姆为伊勒里宫设计的法国柱式图示。装饰环掩盖了各个柱鼓之间的连接
第二版，巴黎，1568年，第221页正面。木刻版画

6 | 菲利贝尔·德·洛尔姆自宅
这栋房子坐落于巴士底狱附近，16米宽，由洛尔姆于1555年建成。入口在拱廊的左翼，楼梯亦在其内
第二版，巴黎，1568年，第253页背面。木刻版画

7 | 坏建筑师的寓言
菲利贝尔·德·洛尔姆用两则整页的寓言结束全书，一个关于好建筑师，一个关于坏建筑师。坏的建筑师被剥夺了双手和双眼，漫步在一片有着中世纪古堡的荒地之上
第二版，巴黎，1568年，第328页。木刻版画

8 | 好建筑师的寓言
而好建筑师拥有很多手，站在被古典建筑包围的茂盛花园中，对一位年轻人授予科学的训导
第二版，巴黎，1568年，第329页。木刻版画

雅克·安德鲁埃·迪塞尔索（约1521—约1586年）

Livre d’architecture

PARIS, 1559

Book on architecture

Le premier volume des plus excellents bastiments de France

2 VOLS, PARIS, 1576, 1579

The most outstanding buildings of France

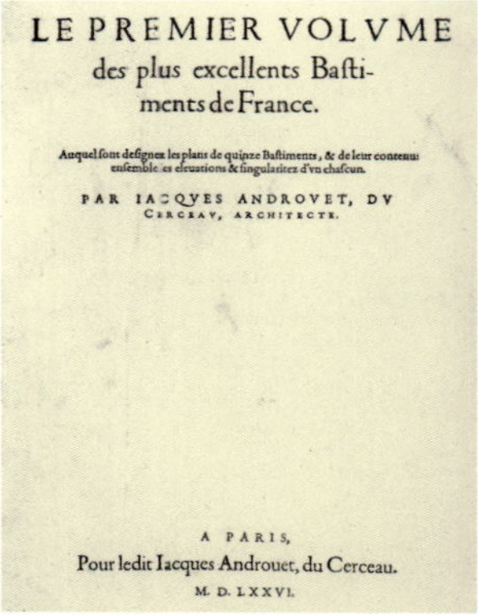
LE PREMIER VOLVME
des plus excellents Basti-
ments de France.

Auquel sont designez les plans de quinze Bastiments, & de leur contenu:
ensemble es eleuations & singularitez d'vn chascun.

PAR IACQVES ANDROVET, DV
CERCEAV, ARCHITECTE.

A PARIS,
Pour ledit Iacques Androuet, du Cerceau.
M. D. LXXVI.

雅克·安德鲁埃·迪塞尔索（Jacques Androuet du Cerceau）并非一位建筑理论家，而是一位建筑书籍的出版商。从1549年至1584年，大约有20本不同重要性的书籍出版，其目的是提供一个集中讨论插图的模式集合。在1550年左右，迪塞尔索出版了关于几本古罗马遗迹的书，随后是一系列三本关于房屋建筑的书籍（1559年、1561年和1582年），最后是关于法国瓦卢瓦王朝期间城堡建筑全面档案（1576年和1579年）。

迪塞尔索被认为出生于1521年，在奥尔良度过了他的青年时代。1545年，他申请出版一本包含版画的作品；此后，1550年左右，最初十部作品陆续出版。1559年，他在巴黎出版他的第一本书《关于建筑的书》（*Livre d'architecture*）。至于他是否也是一位很活跃的建筑师？这是一个有争议的问题。

最初三本广泛探讨关于房屋建筑的书籍出现在1559年。在献给亨利二世（1547—1559年在位）的赠言中，迪塞尔索认为在这个繁华的王国中，“一天又一天，人们看到越来越多的美丽和复杂的建筑，所以不久之后，您的臣民将不再有任何理由去国外旅行，以便看到那里更好的建筑；您的权威可能会为您带来您的国家里优秀的工匠，他们创造出的乐趣和享受，使得我们并没有必要求助于外国人。”这些话语清楚地表明了当时法国的普遍愿望，即认定他们与意大利人无关；然而，他们有点早熟。要知道，同年，弗朗西斯科·普里马蒂乔（1504—1570年）取代了菲利贝尔·德·洛尔姆成为宫廷建筑师。更重要的是，它们反映了对于塞巴斯蒂安·塞里欧的忘恩负义，他未出版的手稿《关于所有阶层之人的栖居之处》已经在迪塞尔索的手上，而迪塞尔索使用了很多手稿中的内容。这50个模式的设计以平面图和立面图的形式呈现，涵盖了非常丰富的类型。他充分发展了法国的倾向，把建筑物分成两翼和亭阁，同时还有许多现代的解决方案，另外他也选择了几个当时已经过时的例子。柱式被尽量少地使用，建筑细节保持在最低限度，每个项目的说明文本都位于这本书的开头。所有

的介绍都是简短的，控制在仅限于各种尺寸的列表中。其中一个原因就是，在与石匠的合同中，墙壁的长度形成了详细条目的基础。

一方面，关于房屋建筑的书籍提到了开发商，另一方面，《法国最杰出的建筑》（*Plus excellents bastiments*）包含了竣工或正在建设中的建筑，而不再只强调迪塞尔索在法国国内的市场。迪塞尔索在献给卡瑟琳·美第奇的信中说道，“和平，这是非常必要的，我们都渴望和平”。这赢得了人们对他出版作品一事的热烈欢迎。

作为建筑书籍，《法国最杰出的建筑》代表了不同意义上的创新。这是第一次全面的介绍和再现当代建筑，所用插图的技术更为复杂。该卷采用对开排版，许多插图是双跨页展示。这些插图是铜版画，而不再是木刻，例如1567年洛尔姆的作品或1570年帕拉迪奥的《建筑四书》仍然在使用的那样。正是这种经过改良的再现技术，允许更大的版式和更高精度的细节出现的可能。此后，再也没有其他建筑类的重要出版物采用木刻技术。另外令人耳目一新的还有多元化的展示方法：平面图、立面图、剖面图以及细部图纸应有尽有，而且几乎每个建筑物都有一张鸟瞰透视图。每一卷《法国最杰出的建筑》中展示了15座城堡，分为宫廷建筑和私人建筑。不过，私人楼宇的主人往往是军事或高级法院官员，包括一些王室亲属，它们位于巴黎附近法兰西岛和卢瓦尔河畔、勃艮第、布里和诺曼底附近的村庄。每座城堡的都有一段简洁的介绍文本，出现在书籍开头部分，它们介绍了城堡主人，但是关于今天人们所感兴趣的建筑时间、建筑师和工匠的问题却没有谈到。每个建筑的插图数量在两张到十张不等，以马德里和韦纳伊的数量最多。鉴于绝大多数建筑物属于王室和宫廷贵族，这种选择代表了瓦卢瓦王朝的历史和当代的建筑。例如书中的万塞纳城堡位于巴黎东部，它曾经为查尔斯四世（1364—1380年在位）建造，代表了14世纪的建筑。奇怪的是，迪塞尔索在这种情况下，试图重建这个建筑更早期的版本，而省略了后来补充的巨大庭院，他认为那个庭院“仅仅旨在提供更多的舒适，却极大地破坏了整体的美丽。”

然而，《法国最杰出的建筑》主要重点在于建筑，由于在路易斯十二（1498—1515年在位）时期，人们可以从鸟瞰视角看到布洛瓦和昂布瓦斯，在这个新的时代展示出建筑的不同部分。另外从路易斯十二的远房侄子和继任者弗兰西斯一世（1515—1547年在位）的统治开始，布洛瓦（1515年开始）和枫丹白露（1528年开始）也开始扩建，更不用说卢瓦尔河畔香波堡的两个狩猎旅舍（1519年开始）。马德里的城堡（始于1527年）位于巴黎西部的布洛涅树林，表明了宫廷从卢瓦尔河向巴黎的转移。这一举动导致1546年弗兰西斯一世想委托建筑师建造一个新的巴黎卢浮宫，迪塞尔索为此做了九篇档案。皮埃尔·莱斯科设计的东立面与旧建筑相比，反映出了一种新风格的发展。尽管维特鲁威柱式的法则被正确地理解和应用，这个立面却与意大利风格毫无相似之处。让·古戎设计的室内女像柱见证了意大利经典主题的重生，然而文艺复兴建筑不具备这种不朽的形式。建设卢浮宫是由弗兰西斯一世的儿子和继承人亨利二世（1547—1559年间在位）继续下去。在这期间，大量心血被花费在戴安娜·德·普瓦捷城堡的推进上面，它的礼拜堂由菲利贝尔·德·洛尔姆设计，是当时最不寻常的成就之一。随着国王的意外死亡，他的遗孀卡瑟琳·德·美第奇（1519—1589年）开始转换工作，做起了她自己的新建设项目：迪塞尔索告诉她的一个购置产业圣摩尔，已经在经过修改后完成了。虽然伊勒里宫在原本计划中是一组更大的建筑群，但是只有一翼实际建成，而在舍农索的修复仍未完成，开始于1570年为20岁的查尔斯九世（1560—1574年在位）建造的沙尔勒瓦巨大城堡也没有完成。

通过《法国最杰出的建筑》，迪塞尔索塑造了这样一种印象：后世将会完成16世纪的法国建筑。他提供了有关建筑物状态的信息，虽然并不都是可靠的，但对于那些再也不复存在的建筑来说，这往往是唯一的消息来源。这种用处尤其体现在花园的案例中，因为在这里任何形式往往都不会持续很长时间。此外，他还根据相关的大型建筑项目，提供关于当时的艺术倾向的信息，并且确立了建筑本身以及表现展示的标准。事实上，在将铜版画确立为一种展示手段后，他号召法国形成一种习俗，即不定期地以报告的形式通告国家建筑的状况。只要回忆一下这些出版物就够了：约翰·马罗的《小马洛特和大马洛特》（1650—1670年）或者雅克·弗朗索瓦·布朗德尔的《弗朗索瓦的建筑》（1752—1756年）。

通过迪塞尔索的儿子和孙子们的家族传承——后者包括萨洛蒙·布洛斯（1571—1626年）——迪塞尔索建立起了一个名副其实的建筑师时代，并一直延续到18世纪。然而，宫廷建筑学会宣扬，建筑教学需要完全符合特定的法则集，他们在其成立后的1671年认定，在迪塞尔索的作品中描述了太多对于法则的自由理解，因此，对于那些没有“卓越品味作为防御”的人来说，这些作品更“危险而不是有用”。19世纪的历史主义是从迪塞尔索的模式中得到的启示，这尤其要归功于1868年由建筑师希波吕忒·德思塔耶（1822—1893年）带出的复制版本书籍。

哈尔·克莱米埃尔　著　　唐韵　译

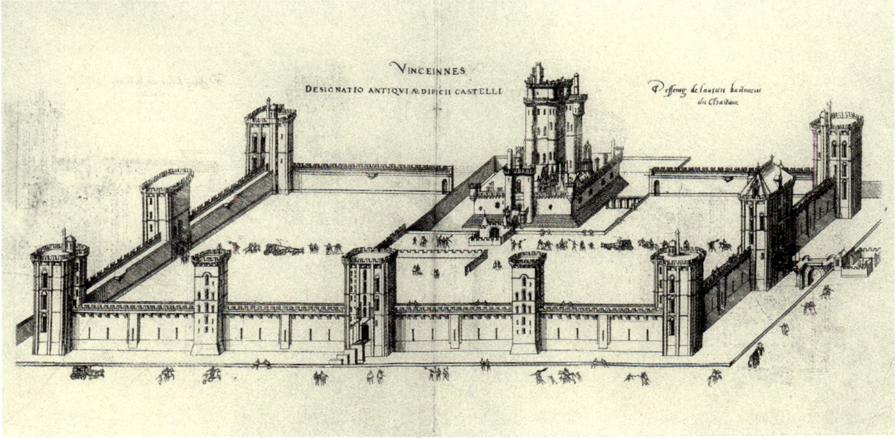

1 | 樊尚城堡
迪塞尔索向我们展示了这座位于樊尚地区的城堡，建成于14世纪下半叶，拥有一个巨大的方形庭院且保持良好未经任何加建
第一卷，第11页。版画

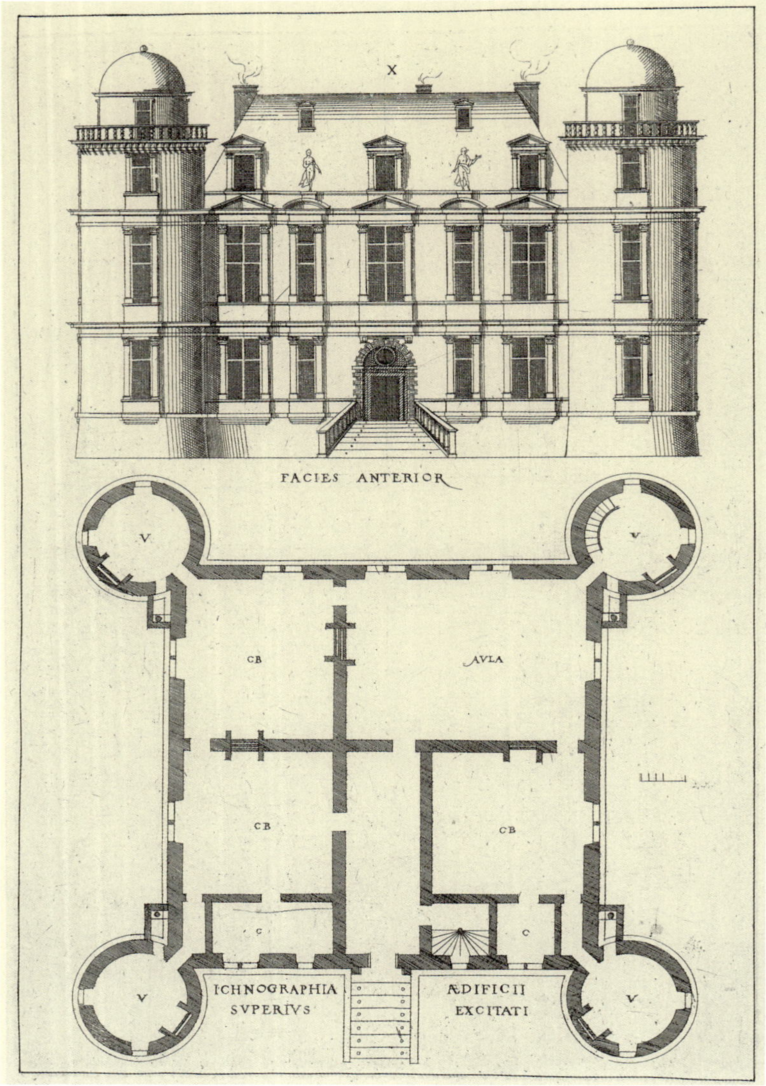

2 | 一座有角楼房子的平面图与立面图

在第十计划中，迪塞尔索展示了这种古老的集约房屋的类型，它是位于在鲁昂附近的马尔坦维尔城堡，带有角楼（公元1500年）

《第十计划》

3 | 卢浮宫舞厅的屋顶平台
在新卢浮宫两层高的舞厅中，音乐家位于由女像柱支撑的平台上，这些女性形象原型由皮埃尔·莱斯科设计
第一卷，第5页。版画

4 | 卢浮宫庭院立面图
皮埃尔·莱斯科从1546年开始建造新卢浮宫庭院立面。双层柱廊与地面层的假拱组成的立面丰富而优雅
第一卷，第9页。版画

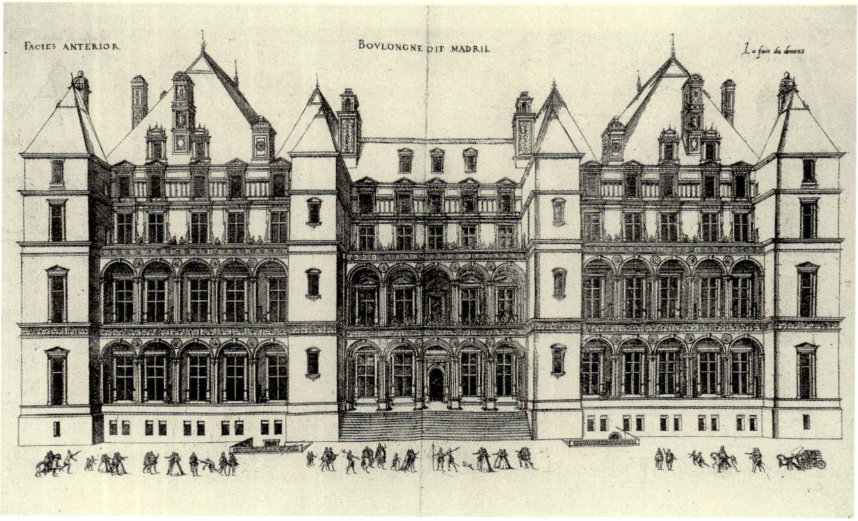

5 丨 布洛涅森林的马德里狩猎屋舍
狩猎屋舍从1527年开始为弗朗西斯一世建造，屋舍由两栋带有角楼的建筑及后方连接他们的带型厅组成
第一卷，第16页。版画

6 丨 马德里狩猎屋舍的壁炉
马德里狩猎屋舍共有32个套间，没有国王特别套间。从中厅一侧的壁炉可以看出精心制作的室内装饰
第一卷，第22页。版画

7 | 沙勒瓦勒城堡立面图
沙勒瓦勒城堡带有明显浮雕的立面形状看起来很窄、很奇怪，而且它被石头与砖的差异进一步强调出来
第二卷，第21页。版画

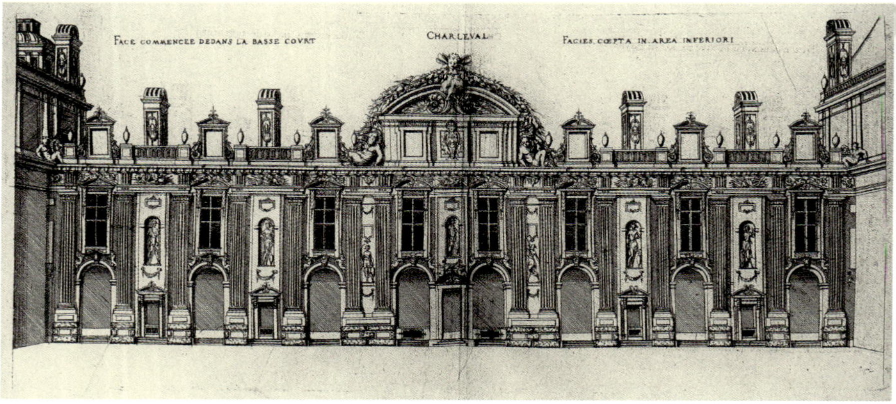

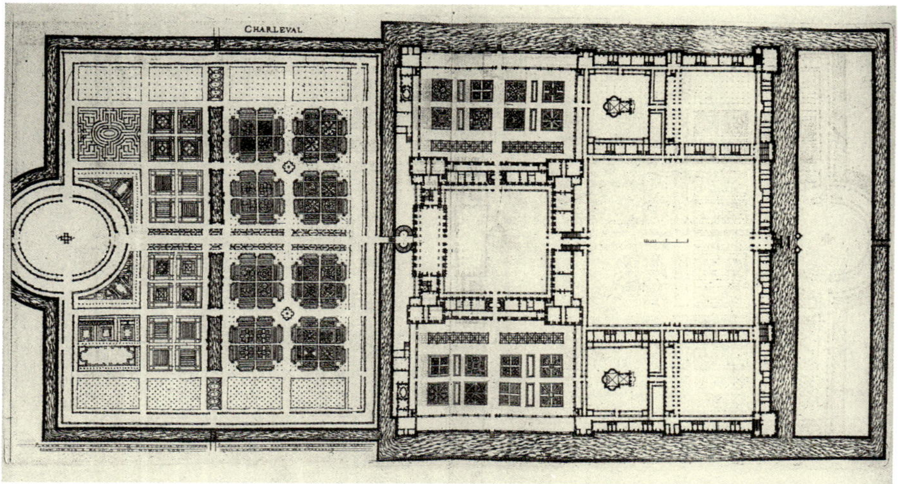

8 | 沙勒瓦勒城堡庭院立面图
从沙勒瓦勒的图纸可以推断城堡经历了不同的规划阶段。被认为是“开始”阶段的、带有巨大壁柱的庭院立面没办法在平面上辨认出来
第二卷，第23页。版画

9 | 沙勒瓦勒城堡庭院平面图
诺曼底的沙勒瓦勒城堡（1570年于始建造，1574年中断）本将是当时最大的城堡设施。迫塞尔索绘制了一个稍小一些的版本
第二卷，第19页。版画

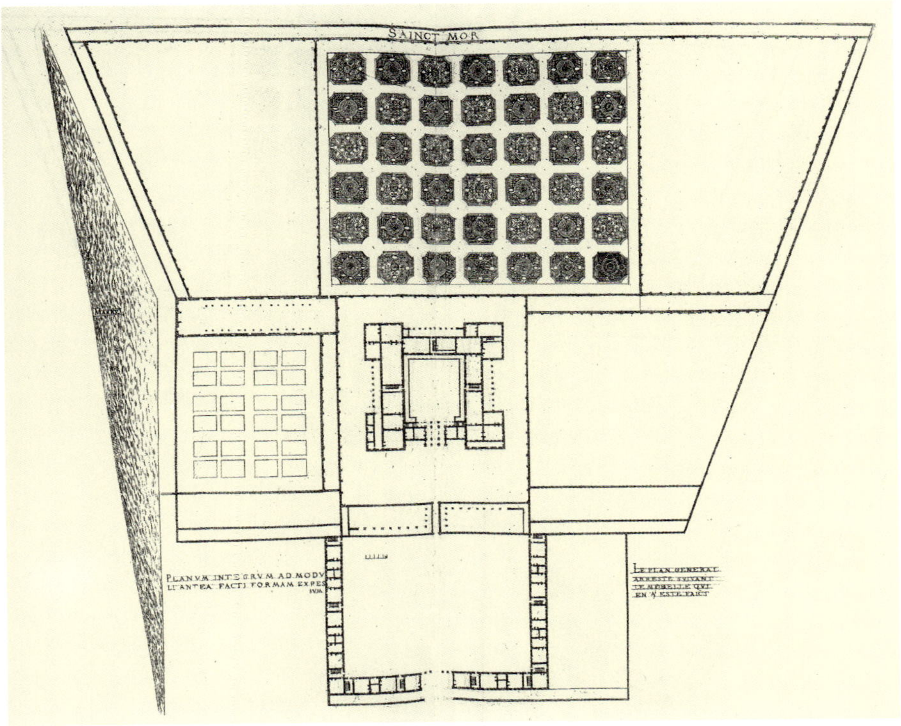

10 | 圣莫城堡平面图

菲利贝尔·德·洛尔姆于1541年开始设计圣莫城堡，它于1563年被凯瑟琳·德·美第奇出售。版画展示了建筑及其附属物在基地内的关系

第二卷，第27页。版画

11 | 阿内教堂城堡平面图

菲利贝尔·德·洛尔姆将阿内教堂城堡(1549—1553年)的平面定位为理想圆形。迪塞尔索指出阿内教堂城堡“结构优美，值得参观”

第二卷，第43页。版画

12 | 阿内教堂城堡剖面图
第二卷，第44页。版画

皮埃尔·勒·莫艾特（1591—1669年）

Maniere de bien bastir pour touttes sortes des personnes

PARIS, 1623

The art of fair building. London, 1670

Augmentation de nouveaux bastiments faits en France

PARIS, 1647

Addition of new buildings constructed in France

皮埃尔·勒·莫艾特（Pierre Le Muet）于1623年的出版物是一本为“所有人”的建筑居所的手册，这个题目是参考其他著作的内容写出，例如塞里欧的《第四书》、菲利贝尔·德·洛尔姆在1567年的《关于大与小》以及雅克·安德鲁埃·迪塞尔索1559年的《小型、中型或大型庄园》。与这些作者不同，勒·莫艾特在他的著作中并没有研究宫殿的建造，而且著作中也缺少大城市的房屋（酒店）或者乡村城堡，直到《法国新建建筑补充》（*Addition of new buildings constructed in France*）1647年再版才得到校正。

皮埃尔·勒·莫艾特出生于第戎，是一位炮兵军官的儿子。1616年，他制作了一个卢森堡宫的模型，这是萨洛蒙·布洛斯（1571—1626年）从1615年开始为寡居的玛丽·德·美第奇王后（1573—1642年）建造。作为布洛斯的同事，勒·莫艾特不仅可以直接读到祖父雅克·安德鲁埃·迪塞尔索的出版物，而且还有可能看到塞巴斯蒂安·塞里欧关于房屋建筑印刷原稿，也就是所谓的《第六书》。1617年，在担任陆军工程师的时候，他负责监督在皮卡迪地区的防御工事，并开始对房屋建筑的研究，1623年出版的《公平建筑的艺术》（*The art of fair building*）在某种程度上可以看作是一个初步的结果。从17世纪30年代开始，他担任巴黎酒店的建筑师。在大多数情况下，他的客户来自财务管理的高层，他有三个项目都是受到这些人的委托，建造或是改造他们的乡间别墅。他在巴黎的工作主要是巴黎酒店。1655年，勒·莫艾特被任命负责圣宠谷的工作，这所未完成的巴黎修道院是为王太后和奥地利摄政王安妮（1601—1666年）居住而设计，在这里他得以把他自己的想法纳入教堂圆顶和女王居住区的设计。

作为一个从事军事和民用建筑的工程人员，勒·莫艾特代表了从1700年开始变得越来越重要的建筑师类型，特别是从事德国皇家及王公贵族的住宅的建筑师，例如维也纳的约翰·卢卡斯·希尔德布兰特、柏林和德累斯顿的珍·德·波特、和维尔茨堡的巴尔塔扎·诺伊曼。

在《公平建筑的艺术》中，勒·莫艾特列出了所有在建造中常用的做法，并由此派生出一个模式设计的系统方法。扎根于16世纪的研究，他的论著成了最初两任波旁国王、亨利四世（1589—1610年在位）和路易斯十三（1610—1643年在位）时期住宅建筑的重要参考。作为一个手册，《公平建筑的艺术》涉及内容一直到1680年左右。著作是献给路易斯十三的，包含113页，开头是一段“应当考虑之事的小品文”，其中勒·莫艾特介绍了维特鲁威的建筑学基础的梗概，并且建议在公寓设计中要求坚固、舒适、美观和卫生。作者省略了对柱式的描述，首先它们在这篇著作中无足轻重，其次他已经出版了维格诺拉的《五法则》（1631年）以及帕拉迪奥《建筑四书》第一册（1645年）。

勒·莫艾特的模式设计的主要章节中，解释文本位于左边部分，插图位于右边部分，版画雕刻师的名字我们已经无从知晓。这些简短的文本只包含尺寸数据，这样的话与石匠更容易商量价格。所有的尺寸，譬如墙壁的厚度、房间的高度和走廊的宽度都符合当时的习俗，并不涉及艺术的问题。勒·莫艾特的第一个设计是一幢每层只有一个房间的小房子，每个房间里面只能放得下一张床和一个壁炉。从床和壁炉开始，他的设计逐步扩大，分12个阶段完成。最初这个空间通过衣橱来扩大，之后是房间，最后加入了一个小庭院。此外，他还为这些事物中的四个部分做出了空间的变化，第六个部分的长宽尺寸经历了变化，达到了90米×174米（二审老师：不确定），堪称中产阶级的典范。第七部分也有一个带有一翼耳房的小内院，以及建筑的后花园，这是菲利贝尔·德·洛尔姆早在1555年就确立下来的住宅类型。在第九个部分中的长宽尺寸达到了171米×360米，这已经是一个小型旅馆的标准尺寸了。很明显，1643年建成的塔波耶夫旅馆中是与这个原型一致的，不过它要比那个20年前的总平面要更大一些。“小餐厅”的存在是第一批证据，表明了当时用餐占用了一个单独的房间。在一个乡村城堡和阿沃酒店中，勒·莫艾特也在说明文本中强调了这种新鲜现象。在第12个部分中，勒·莫艾特将注意力转向了分离式的台阶式房屋，它们的平面带有鲜明的迪塞尔索和塞里欧的痕迹。立面设计同样相当保守，列柱和壁柱很少被使用，立面上主要表现了窗户的布置，它们的框架由垂直的雕刻线条勾勒出来。16世纪的时尚逐渐销声匿迹，勒·莫艾特后来也放弃了它。这本著作的最后13页是关于木工的内容，在此他介绍了一个完整的木结构房屋实例以及一些屋顶构造的做法。

《公平建筑的艺术》是一本实际建造的工作手册，不过勒·莫艾特避开了内城中那些填补性的、不规则的、描绘性和系统性的平面图。他的这种系统性的思考与尚布雷是十分类似的，它的关键在于规划上的理性主义，主要反映在当时法国的经济状况和政治上。至于建筑被更深层次地讨论，则是在1671年由宫廷建筑学会基金会资助推进。

《法国新建建筑补充》是对于1647年第二次出版的一个补充，也是一种新方法的结果。勒·莫艾特使用了让·马罗（1619—1679年）的31页铜版画，展示了六个自己的建筑作品，但没有任何说明文字。这是法国建筑师的第一本这样的作品集。勒·莫艾特收录了巴黎酒店，其中两个是基于《公平建筑的艺术》中建议做出的设计。另外还有三个乡村城堡，其中两个是改造的。书中没有像迪塞尔索那样频繁地使用鸟瞰透视图，也没有建筑和花园的平面图，然而，其中一个版画证实了一个不寻常形式的花园景观的存在。勒·莫艾特为改造于1642年至1645年勃艮第的唐莱城堡设计了水塔城堡，一直留存到今天。它位于运河的开端，立面是半穹顶和双柱的形式。勒·莫艾特最负盛名的建筑——阿沃酒店开始于1644年，关于它的版画占据了《法国新建建筑补充》的首尾。1644年，酒店开始建设，同年，它的业主阿沃的伯爵克劳德·梅斯姆被任命为威斯特伐利亚国会的法国总代表。对于这样一个杰出的业主，勒·莫艾特没有直接使用早期的类型设计，而是设计了一个有着两个庭院和漂亮房间的大房子。在内庭院的墙壁上，他穷极建筑学的专业知识，设计出了巨大的凹槽壁柱，这种设计不久后被路易斯·勒沃用于圣路易斯岛上的兰伯特宅，后来仅限于宫廷建筑使用。在书中版面上，入口立面的旁边，有一个带装饰烟囱的侧翼的剖面图。低处的房间再次被赋予了餐厅的功能，而高处的房间有着拱形的方格天花板，是跨越整个房屋进深的八部分展厅的一部分。勒·莫艾特还设计了一个既巧妙又辉煌的方案，用在从道路到庭院的入口位置：一个大壁柱和小列柱的组合。尽管这种对壮丽的膜拜展示出了他作品的另一个侧面，但是对于业主来说可能太过度设计了，实际建成的只有一个浅带状的半穹顶。勒·莫艾特在这个建筑中，提供了一个高级贵族酒店的范例。不久后路易十四登基，在他的统治期间，艺术和建筑被用作宣传的目的。

哈尔·克莱米埃尔 著　　唐韵 译

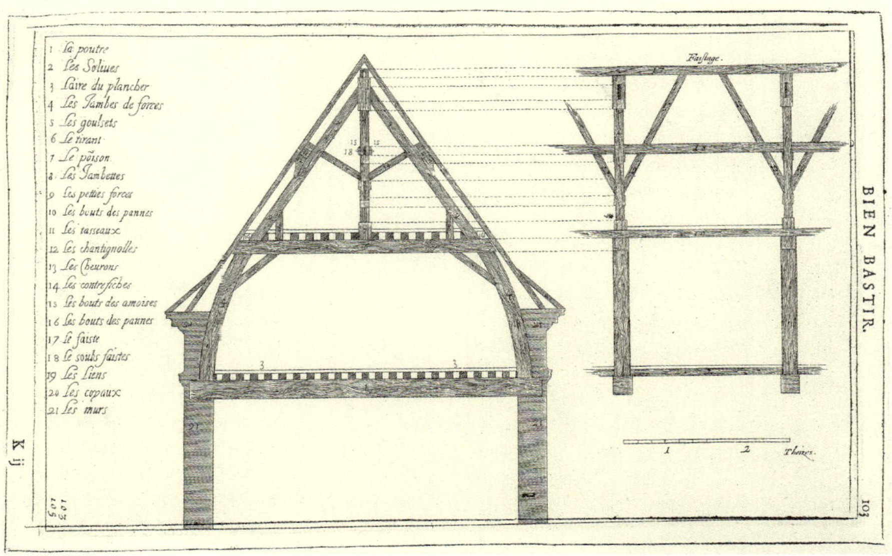

1 | 木屋架结构
勒·莫艾特通过剖面和立面图介绍从17世纪早期开始常用的屋顶做法
第103页

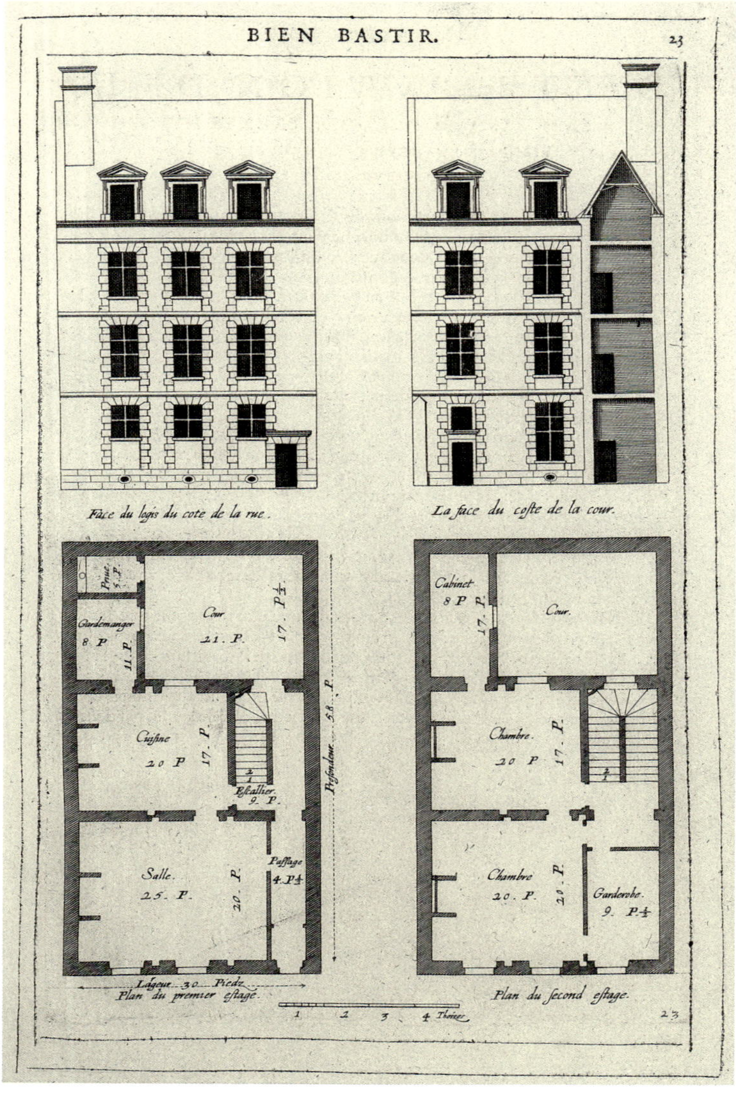

2 | 一栋台阶式房屋的平面图与立面图

这个布尔乔亚的住宅展示了“第六宫格的第二种布置”

这种每层两个房间的台阶式房屋也影响了英国建筑

第23页

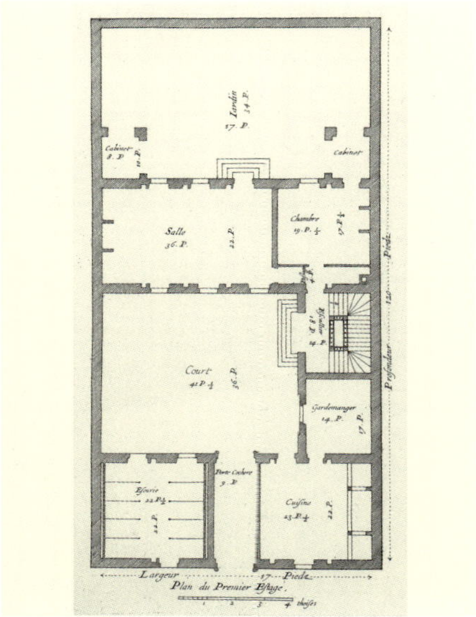

3 | 一栋台阶式房屋的首层平面
这是在第九宫格的第四种布置，勒·莫艾特创造了一种中等尺寸的房子，左侧的小门通往畜舍
第65页

4 | 一栋台阶式房屋的立面
和小房子不同，这个沿街立面中间设置了主入口，同时第一次体现了柱式的运用，图中可见多立克式壁柱
第69页

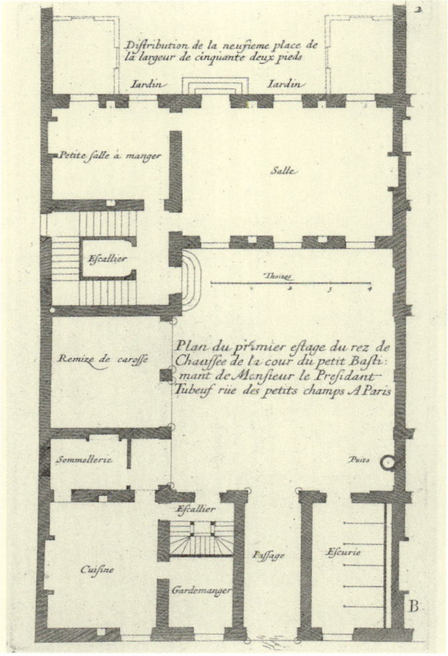

5 | 阿沃旅馆庭院入口平面与立面

有着华丽装饰但是从未实现的阿沃旅馆庭院入口设计，勒·莫艾特开始了自1647年起的一系列设计

让·马洛特绘制，第1页。版画

6 | 图波旅馆平面

图波旅馆（已在1643年被毁）设计基于九宫格，但是出于法国人舒适第一的思想扩展了空间布局

让·马洛特绘制，第2页。版画

7 | 唐莱城堡花园喷水池

在唐莱勃艮第城堡的典型立面，位于花园水渠尽头，水从五个人脸雕塑中流向水渠中

让·马洛特绘制，第21页。版画

8 | 阿沃旅馆庭院立面与剖面
庭院侧翼的剖面图表明，在建造屋顶时需要考虑展览厅的更高的天花板带来的影响
让・马洛特绘制，第29页。版画

STEL DAVAUX A PARIS
Thoizes

罗兰·弗雷亚尔·德·尚布雷
（1606—1676年）

Parallèle de l'architecture antique et de la moderne: avec un recueil des dix principaux autheurs qui ont écrit de cinq ordres

PARIS, 1650

The parallel of the antient architecture with the modern, in a collection of ten principle authors who have written on the five orders. London, 1723

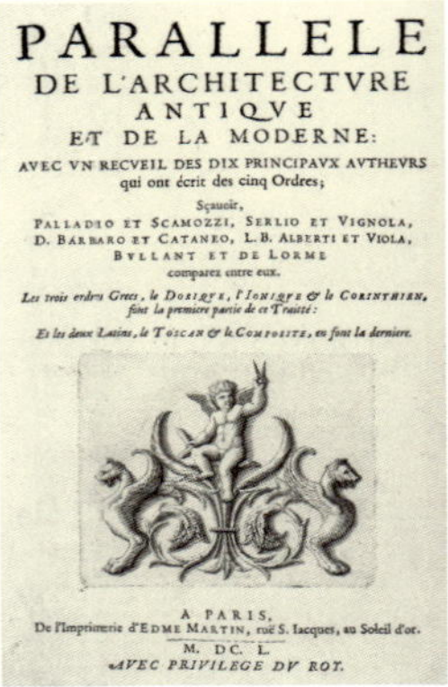
PARALLELE
DE L'ARCHITECTVRE
ANTIQVE
ET DE LA MODERNE:
AVEC VN RECVEIL DES DIX PRINCIPAVX AVTHEVRS
qui ont écrit des cinq Ordres;
Sçauoir,
PALLADIO ET SCAMOZZI, SERLIO ET VIGNOLA,
D. BARBARO ET CATANEO, L.B. ALBERTI ET VIOLA,
BVLLANT ET DE LORME
comparez entre eux.
Les trois ordres Grecs, le DORIQVE, l'IONIQVE & le CORINTHIEN, font la premiere partie de ce Traitté:
Et les deux Latins, le TOSCAN & le COMPOSITE, en font la derniere.
A PARIS,
De l'Imprimerie d'EDME MARTIN, ruë S. Iacques, au Soleil d'or.
M. DC. L.
AVEC PRIVILEGE DV ROY.

1547年，让·马丁将维特鲁威的原著从拉丁文本翻译成法语。从那以后，法国的出版物往往倾向于一方面强调国家，另一方面强调实际性和应用性，重点集中在住宅建筑上面。在马丁之后的一个世纪，罗兰·弗雷亚尔·德·尚布雷（Roland Fréart de Chambray）再次回到了严格检验柱式及其比例的经典模式中。这个高贵的朝臣并没有以他的实际身份进行写作，而是更像一个业余爱好者那样，出于个人对于文物的兴趣，孜孜不倦地研究艺术问题。也就是说，他对当时建筑的研究在一系列标准上都达到了登峰造极的高度，例如他会无条件地服从维特鲁威的著作中以及当时留存的纪念建筑物中的古典比例法则。对他来说，这些规则的守护者是安德烈亚·帕拉迪奥，他翻译了后者的《建筑四书》，并且与《平行》这本书集中在一册内销售。

从1630年到1635年，弗雷亚尔·德·尚布雷居住在罗马，在那里，除了学习建筑之外，他还结识了画家尼古拉斯·普桑（1594—1665年）。在1638年，他的表哥弗朗索瓦·苏博莱特·诺耶斯（1588—1645年）也成了一名建筑从业者，也就是英国皇家建筑办公室的主任。苏博莱特想带普桑回到巴黎，准备卢浮宫新的部分的工作，1639年他送尚布雷和他的兄弟保罗·弗雷亚尔去罗马。在那里，弗雷亚尔获得了许多古典柱头和图拉真柱的研究资料，与已经被苏博莱特送回罗马的画家查尔斯·杰拉德一道完成了文物的绘制。这构成了《平行》一书中至关重要的目录。弗雷亚尔和他的兄弟们对于“正确的”古典比例问题已经关注了很久，他们希望发表自己对于文物的发现作为论据，对于那些不正确的使用进行抨击，并且带领众多建筑师尝试改革。在埃拉尔那里，他们发现了一个人，他的研究可以帮助他们拿

Bullant.
De Lorme.

到最初40页的铜版雕刻和八个标题或插图。然而，在《平行》出版的1645年，苏博莱特·诺耶斯已经不在工作，他死于1645年。这解释了为什么这本109页的书开卷第一页就是苏博莱特的肖像，事实上，尚布雷花了整整六页来写他的两个兄弟，既是颂词，也是讣告。扉页后，赠言和序言成了书的主体部分，其中一个很大的部分是写给他们的，两页内容用来解释作品中的技术术语。雕刻师乔治斯·图尼埃只在第一页的版面上签了名，不过他也有可能负责了其他的版面。

尚布雷在标题中非常明确地表现了他的意图，他批判性地逐一比较了上述几位作者的观点以及对应的柱础、柱身、柱头和檐部比例。它们的特点揭示了帕拉迪奥的领导地位，后者的古典尺寸是“在《建筑四书》的第四册中如此精确，以至于我们不需要再去期待其他”。为了保证正确的比较，尚布雷和埃拉尔使用相同的单位重新计算了所有尺寸，将柱子直径的一半作为一个单位，分为30个部分。这些插图以这样一种方式出现，即柱身的顶端标志着最高的节点，偏差可以根据那里确定。在比较从阿尔伯蒂到洛尔姆这些现代作家之前，我们看到最多的古典建筑的模式范例有如下三个：波图努斯神庙（爱奥尼克式），先贤祠（科林斯式），以及在许多情况下还会包括的戴克里先浴场。无论是题目的暗示还是引言中的解释，都表明了尚布雷坚信的正确只有这三个希腊柱式，多立克式，爱奥尼式和科林斯式，只有它们才能被使用，因为它们“不仅仅是美丽的，而且还将建筑学的所有诉求浓缩在三个标准中：坚固、合适与美观。这些标准在这三个柱式中得到了完美的表达，因此，没有再加入其他两种的必要性”。

尚布雷的方法也许可以以爱奥尼柱式为例说明。由于他认为古典主义是他的理想，他在这个问题上并没有坚持特别的法国观点。他提出了拒绝洛尔姆（1514—1570年）的爱奥尼柱式的详细理由，不知道十条华丽精美的线条怎么可能出现在洛尔姆的作品中，毕竟后者“拥有对于建筑自然而伟大的爱”。出于实用和图示化的原因，尚布雷放弃了由让·古戎带来的（1510—1568年）当时法国建筑中的一个特殊母题——女像柱和波斯柱。一方面，这个柱子成了女性的形式，建筑师会感到很不舒服，因为长袍的长度使得过道太窄，对称性也无法得到保证；另一方面，在维特鲁威，来自卡亚的女性都是囚犯，穿长袍是对她们的一种惩罚，所以这些女像仅仅在非常有限的几个例子中被认为是高雅的。尽管尚布雷排斥它们，埃拉尔的插图还是非常漂亮。同样漂亮的图画也被用于表现传奇的科林斯柱式。即使有一个经典的例子，太多的科林斯装饰也是不合适的，这种“混乱冒犯了富有知识的眼睛”。洛尔姆的比例在这章也遭到了猛烈的批评，尚布雷几乎有些歉意地补充道，洛尔姆在指导建筑施工现场和切石法方面要高于他在柱式比例方面的造诣。尚布雷非常清醒地认识到一个16世纪法国旅行者的基本问题，洛尔姆“用哥特的眼睛看到了罗马最美的事物”。

尚布雷将非希腊（换句话说，拉丁语区）的塔斯干柱式和组合柱式的部分控制得十分简短，因为不是所有的作者都在这个主题上表达过自己的观点，而且组合柱式根本不是维特鲁威所写的内容。然而，有趣的是，他在耶路撒冷寺的柱式上却放松了自己严格的标准，根据比利亚尔潘多（1552—1608年）的观点，将其归类于科林斯柱式的代表中。这里的比例是科林斯式，但是叶饰被棕榈树取代，楣饰则是多立克式，柱间壁并不是真的符合“精美”的科林斯柱式比例。尚布雷选择了忽略这些，不然的话所罗门神殿就得归入无法比较的类别中去了。

尚布雷将他严谨的观点应用在他的艺术绘画以及对于参考书籍《列昂纳多·达·芬奇的绘画批评》的翻译上，1662年他继续自己的研究《关于完美绘画的一个想法》。1663年，他写了一篇关于透视的讨论《欧几里得的透视》。尚布雷和他的《平行》，对于柱式的正确使用做出了影响深远的贡献，对于精确的建造是至关重要的。同时，《平行》为1671年所成立的建筑学会对于柱式独断性的理解埋下了伏笔，对于《古代与现代的争论》一书也做出了贡献，在法国，时不时会爆发关于权威古典建筑代表的争论，实际上就是严格遵守传统法则和支持现代自由和创造之间的矛盾。

哈尔·克莱米埃尔 著　　唐韵 译

1 | 爱奥尼方柱构成

图中展示了源于戴克里先浴场的方形爱奥尼柱式比例。这个比例曾出现于尚布雷的一个早期立面，在这里被完全地展示出来

第44页。版画

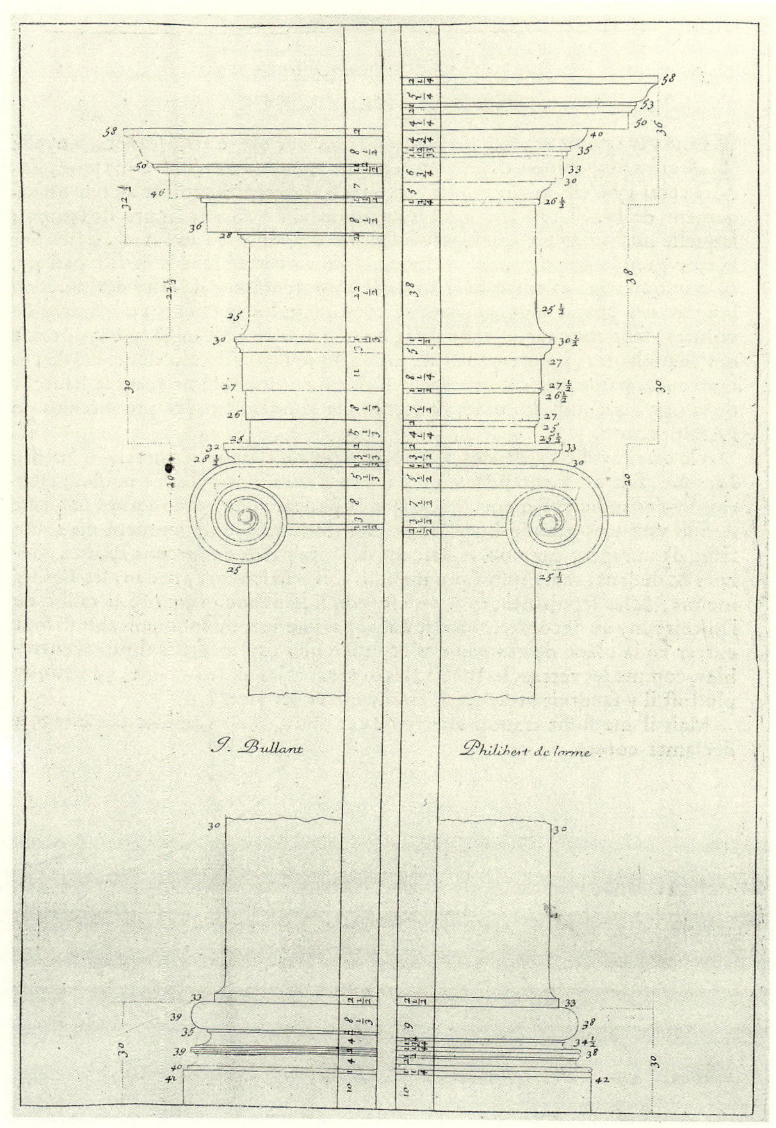

2 | 爱奥尼柱式比例比较

尚布雷更倾向于让·布伦特的比例（左侧）而非菲利贝尔·德·洛尔姆（右侧），因为前者遵从维特鲁威对于爱奥尼柱式的规定

第51页。版画

3 | 女像柱图示

尚布雷将男女像柱分别归类于爱奥尼柱式与科林斯柱式。浮雕上的凯旋队伍证明女像柱的人物是一位俘虏
第53页。版画

4 | 男像柱图示
男女像柱都不是柱子的替代品，因为他们仅仅是倚着墙放置。这个男像柱的形象来源于一个生活在法尔内塞宫的古老人物
第54页。版画

5 | 卡利马科斯构思科林斯柱式
尚布雷认为这个版画仅仅是个装饰，“单纯用来讲述卡利马科斯的故事”
第63页。版画

6 | 科林斯柱式的构成
尚布雷对戴克里先浴场的科林斯柱式仅给出了有限的推荐，因为它们“被过度地装饰与美化”
第69页。版画

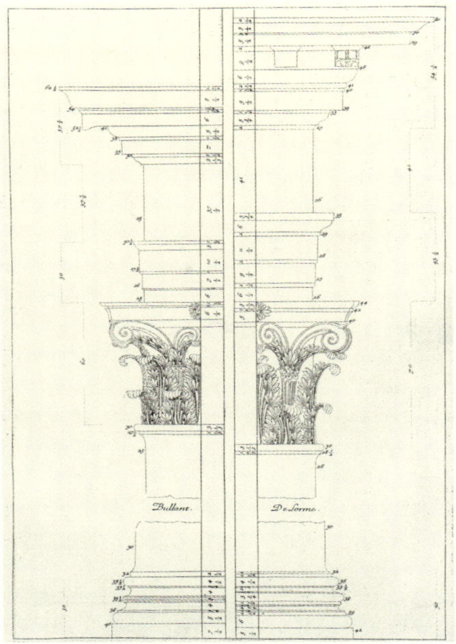

7 | 所罗门柱式构成
因为所罗门柱式由上帝赋予，不可比拟，所以尚布雷才会接受这种不规则的柱式（有着科林斯的比例，多立克的檐口，棕榈叶而非莨苕叶）
第71页。版画

8 | 科林斯柱式比例比较
对比让·布伦特与菲利贝尔·德·洛尔姆的科林斯柱式比例，我们发现就爱奥尼柱式而言，洛尔姆稍差一点
第81页。版画

克劳德·佩罗（1613—1688年）

Les dix livres d'architecture de Vitruve, corrigez et traduits nouvellement en François

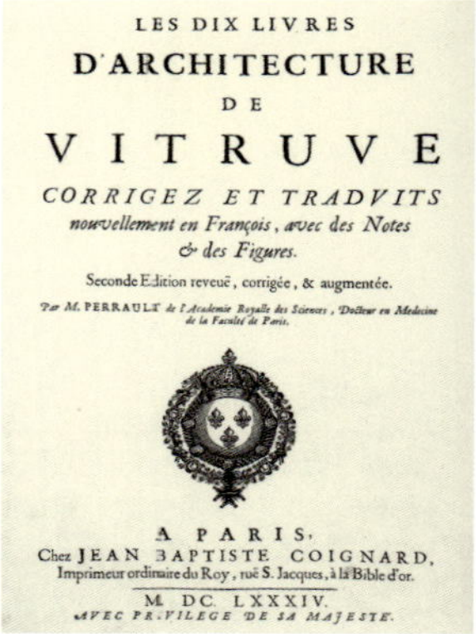

PARIS, 1673

The ten books on the architecture of Vitruvius, corrected and in a new French translation

Ordonnance des cinq espèces de colonnes selon la méthode des anciens

PARIS, 1683

A treatise of the five orders of columns in architecture. London, 1708

法国建筑学会成立于1671年，其主要目的是发展一种综合的建筑学说，以一种可以理解的方式呈现路易十四（1643—1715年在位）时期法国建筑鼎盛的文化盛景，并且将其延续到未来。更为深入的讨论要建立在对维特鲁威《建筑十书》清晰理解的基础之上，这本书是唯一一本流传至今的古代建筑理论，但从很多方面来说，它又是神秘的，很容易招致误解。由于这个原因，1666年克劳德·佩罗（Claude Perrault）曾被委托重新翻译这本书，包括详细的批判性注释。但是，他随后的工作根本没有达到学会的期望。他认为，对于建筑构件的正确比例，不可能制定绝对的规则，而是应该由社会负责决定什么是"美丽"的。这引发了名副其实的流言蜚语和旷日持久的辩论，包括古代和现代之间的争论、主张古典风格与巴洛克风格之间的争论，特别是后者，还被克劳德的兄弟查尔斯·佩罗加以文学表现，出现在了《古代与现代的争论》一书当中。

克劳德·佩罗出生于一个名门望族，家庭中有科学家、文学家和建筑师。最开始的时候，他曾经研究过医学与物理学。早在17世纪50年代，他就在教授生理学和解剖学，并且当选为科学学会的成员之一。他写了几篇关于物理学的论文，并且成了路易十四时期最重要的建筑师之一。由于他所拥有的自然科学知识，他注定要成为巴黎天文台的建筑师（1667—1669年）。此外，他的建筑理论知识也使得他被委任为卢浮宫东立面重新设计项目的首席建筑师。1672年，他当选为建筑学会的成员。

A

佩罗对于维特鲁威《建筑十书》的译本出版于1673年，在1684年再版，再版中加入了评论作为完善，卷首以牧师的长序开头，同时作为广告，书中也刊登了作者自己的建筑作品。在这样的背景下，卢浮宫的柱廊（当时仍在建设中），与前面有路易十四的骑马雕像的雄伟凯旋门一起，共同作为佩罗的设计作品，见证了太阳王时期奢华的建筑项目。在前景的舞台上，一个建筑的寓言解释了《建筑十书》，它们被拟人化的雕塑、几何学和绘画高举到空中。法国化身为一个全世界的统治者，他们正在给他加冕，然而国王的注意力正放在背景中丰富多彩的建筑作品上。

赠言部分更加清楚详细地解释了法国辉煌的时代中这种文化百花齐放的状态是如何产生。正如罗马时代奥古斯特·凯撒大帝，在和平时期广泛建造建筑，这样的行为可以解释成在战争中展示实力的方式。佩罗继续说道，只有法国才拥有以文明、科学和高尚品位统治的文化，这也必然会表达在建筑上。但是，作为许多对于维特鲁威新译本的评论和观察的主要论题，究竟什么是完美的建筑？首先，美只不过是一个标准，绝大部分的感知是根据一些诸如教育程度和时尚程度等外部条件，作为一种主观的反映（“幻想曲”）出现。然而，佩罗认为，更进一步而言，要得出关于美的正当合理的法则，必须对维特鲁威这位古代建筑的权威做出一份细致的文献分析。

然而，他继续说道，维特鲁威的写作往往是神秘的，而且经常被不正确地翻译。不过，在这里，佩罗没有准确定义建筑各要素的正确比例，而是提出了对感知建筑美相当重要的细分层次。我们可以在宇宙和人体中发现绝对比例的存在，然而在建筑中却不能分辨出来。什么样的比例对于建筑物构件是美丽的？答案的结果更多是社会共识的看法，并不一定是逻辑推演或者自然法则所得出的结论。

否则的话，那些相当荒谬的建筑细节怎么可能被专家们认为是美丽的？尤其是当那些德高望重的古典建筑师参考人体的自然模型作为柱子比例的时候。佩罗断言，与人类身体有关的柱础、柱身和柱头不可能是正确的，而且正如柱子一样，人体有许多变化，所以也没有办法从中派生出理想的比例。这样，对正确的美的认识就达到了一个层次，建筑构件的比例只能建立在对美相对一致的理解之上。从这个意义上说，美意味着大多数受过教育的人的品位，但这不能被自然法则所证明。

然而，当然有可能制定一个原则，这要基于建筑物的功能，即它的坚固、卫生和舒适的特性。因此，在做出任何审美判断之前，我们都必须考虑到建筑的意图与装饰之间的联系。就算建筑师坚持每一个构件的比例法则，在一个谦逊的建筑前，巨大的列柱也不可能是美的。佩罗在他后来的《建筑五柱式专著》中补充了一些额外的评价建筑的标准，例如材料使用的丰富性、施工质量、平面的对称性以及建筑的“壮美性”，等等。

在不久之后，对这个“可耻的”结论的回应出现了，弗朗索瓦·布朗德尔（1675—1683年）在他的《建筑课程》致力于反对佩罗的论述。然而佩罗却没有放弃，他在1683年发表的关于柱子的论文《建筑五柱式专著》中，延续了他的论点，并且不断地提到那时候在罗马进行中的安托万·迪兹葛蒂昀建筑项目，不遗余力地证明它的用处。

虽然这份研究非常严谨，但是它并没有得出关于任何比例的定律。因此，佩罗继续写道，似乎不应有约束的法则，布朗德尔关于尺寸的精确法则显然是荒谬的。相反，佩罗提出了一个简单的系统，每个柱式都有对应的模数。可以说，这些代表了一直沿用至今的尺寸系统，它们形成了当时建筑师可以用于工作的经验法则。研究古典建筑的建筑师也会采用同样的方式，不至于附庸于种种迂腐的层次比例。

克里斯蒂安·弗赖冈　著　　唐韵　译

1 | 卢浮宫的女像柱大厅
这些雕塑创作于1551年，是一个对古代雅典卫城阿克罗波利斯门廊柱的高度精确再现。第二版，巴黎，1684年，第5页。版画

2 | 以弗所戴安娜神庙的重建
佩罗使用了这张带有爱奥尼柱、而不是多立克柱的双列柱廊神庙作为插图
第二版，巴黎，1684年，第13页。版画

3 | 科林斯柱头的插图
注意从瓮棺盖生长出并且覆盖其上的叶形装饰以及它的生长过程
第二版，巴黎，1684年，第23页。版画

4 | 法诺的巴西利卡
维特鲁威曾经盛赞这座大楼的建设，然而在考古中后人并没有找到它。佩罗用巴洛克的建设方法重建了这个古代模型
《十英镑的建筑》，第二版，巴黎，1684年，第40页。版画

5 | 五柱式的概览

佩罗没有去钻牛角尖地讨论尺寸比例。柱式之间有明确的模数区别

《五柱式》，第一页。版画

6 | 爱奥尼亚柱式的柱础、柱头、檐部和细节
插图6至插图8展示了爱奥尼式、科林斯式和组合柱式。版画是可以打开的一整页，几种柱式相邻，便于观看和比较
沙里昂，第4页。版画

7 | 科林斯柱式的柱础、柱头、檐部和细节
沙里昂，第5页。版画

8 | 组合柱式的柱础、柱头、檐部和细节
沙里昂，第6页。版画

弗朗索瓦·布朗德尔（1618—1686年）
Cours d'architecture

5 PARTS, PARIS, 1675-1683

Course in architecture

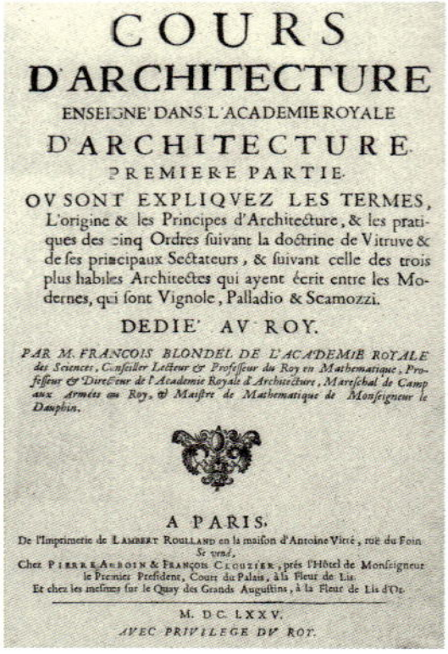
COURS D'ARCHITECTURE ENSEIGNE' DANS L'ACADEMIE ROYALE D'ARCHITECTURE.
PREMIERE PARTIE.
OV SONT EXPLIQVEZ LES TERMES, L'origine & les Principes d'Architecture, & les pratiques des cinq Ordres suivant la doctrine de Vitruve & de ses principaux Sectateurs, & suivant celle des trois plus habiles Architectes qui ayent écrit entre les Modernes, qui sont Vignole, Palladio & Scamozzi.
DEDIE' AV ROY.
PAR M. FRANCOIS BLONDEL DE L'ACADEMIE ROYALE des Sciences, Conseiller Lecteur & Professeur du Roy en Mathematique, Professeur & Directeur de l'Academie Royale d'Architecture, Mareschal de Camp aux Armées du Roy, & Maistre de Mathematique de Monseigneur le Dauphin.
A PARIS.
De l'Imprimerie de LAMBERT ROULLAND en la maison d'Antoine Vitré, rue du Foin S. Iacques.
Chez PIERRE AUBOIN & FRANÇOIS CLOUZIER, prés l'Hôtel de Monseigneur le Premier President, Cour du Palais, à la Fleur de Lis.
Et chez les mesmes sur le Quay des Grands Augustins, à la Fleur de Lis d'Or.
M. DC. LXXV.
AVEC PRIVILEGE DV ROY.

在建筑理论的历史上，弗朗索瓦·布朗德尔（François Blondel）被认为是在《古代与现代的争论》保守阵营中的一位主要倡导者。17世纪后期关于古典和巴洛克风格的争论中，他潜心于证明古典建筑中存在一个绝对的理论模型，用以约束美丽与和谐的建筑。然而，在皇家建筑学会新发表的框架之下，对于这种定义一个明确标准的尝试不应该被简单理解为是对流传已久的法则的强调，而是对历史学科的重新发现，以及在独特的时代对建筑问题的多元化解决方案。

布朗德尔，1618年生于瑞伯蒙 ，1686年在巴黎去世。他经历了一个漫长而多舛的军事生涯，在那里他接受了建筑师的培训，开始成为一个要塞建筑的负责人。从上世纪中期开始，他是几位在任部长的儿子们的监护人，其中包括科尔伯特。另外，他在建造防御工事的时候，环绕整个欧洲进行了旅行，甚至还去过遥远的加勒比海。随后，1671年科尔伯特任命他为新成立的皇家建筑学会会长，并给他布置了构建建筑理论的任务，一方面要制定出有效的规范，另一方面，也要为法国在建筑领域的地位奠定基础。此外，1674年安托万·迪兹葛蒂被委托对古典建筑进行精确的测绘和记录，它们于1667年和1695年以详细的铜版画的形式出版。另外，克劳德·佩罗（1613—1688年）已经被委托进行的重要古典建筑理论——维特鲁威的《建筑十书》的翻译与评注工作。然而佩罗的研究得出了这样的结论：建筑美应该被定义为一种共识，而不是绝对规范。这种“可耻的现代”立场遭到了罗兰·弗雷亚尔·德·尚布雷的强烈反对，他在1650年的著作中表达了这一观点，而弗朗索瓦·布朗德尔在他的建筑课程中延续了这种批判，并且将其收录进了《建筑课程》（*Cours d'architecture*）中，并于1698年再版。在这里，布朗德尔试图从早期作者的著作中总结出明确的柱式，并把它们彼此联系在一起，形成无数种组合，在这里他竭力想研究出一个有效的尺寸系统。他一次又一次地企图使用有些琐碎和反复的论述反驳佩罗的立场，更重要的是，布朗德尔试图确立一个发展线索，它起源于一个原始社会的模型，并受到自然规律的影响：

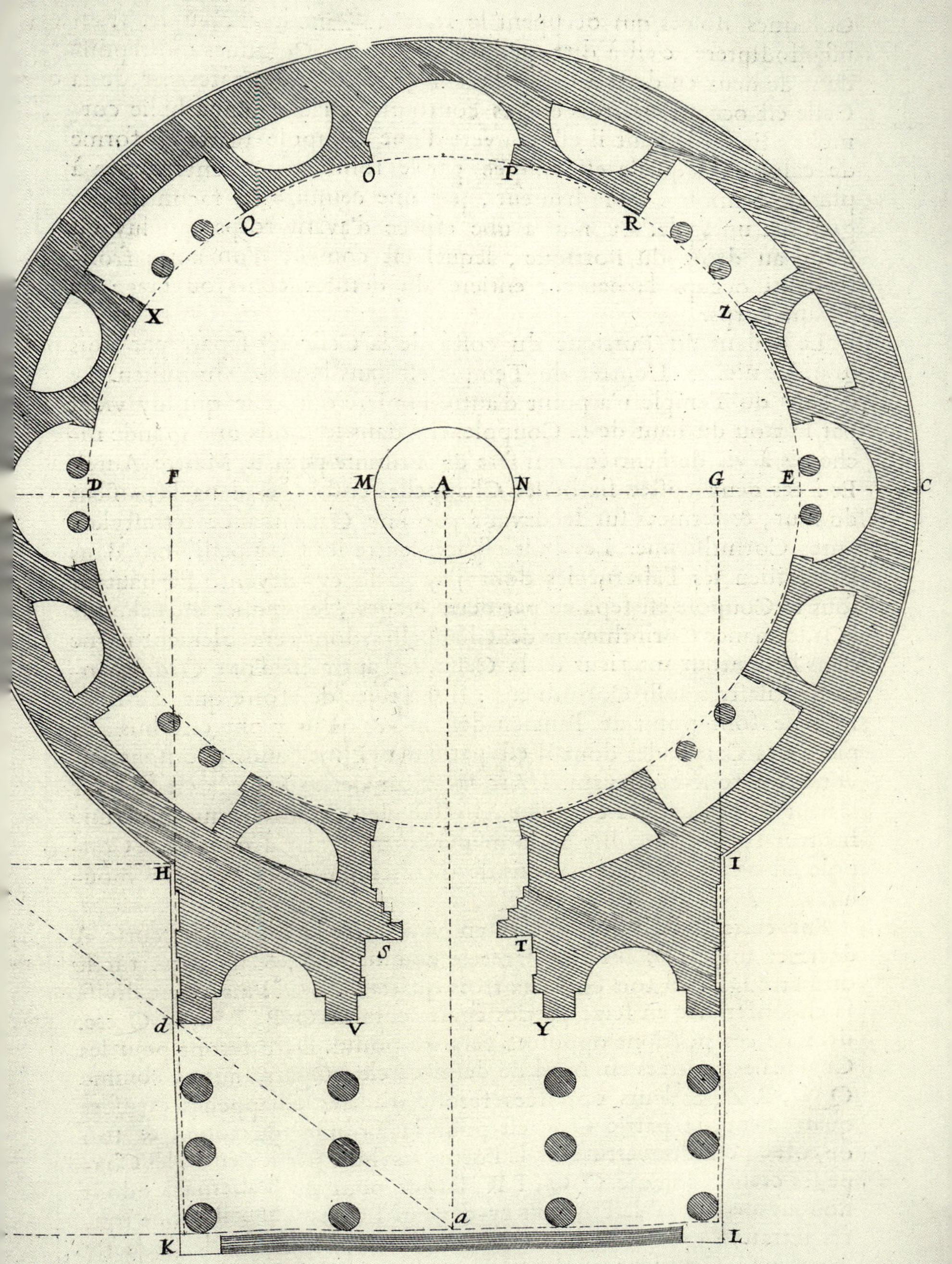
O
P
Q
R
X
Z
D
F
M
A
N
G
E
C
H
I
S
T
d
V
Y
a
K
L

在维特鲁威描述的原始小屋基础上，布朗德尔重建了四个树干、一个平台以及一个由树枝构成的屋顶。在这种状态下可以产生任何形式的进步，这种想法被认为是建筑能够进步的先决条件。只有这样才能明晰合理地证明，在路易十四（1643—1715年）时期，艺术超越了古典本身。就这样，模仿和精练的法则成了建筑学发展和评价基础。提到原始小屋，第一个人类模仿并完善自然的产物，实际上希腊人也用同样的法则建造他们的宫殿。然而，布朗德尔没有让自己成为一个古典建筑盲目的崇拜者。相反，他也指出错误和偏差。即使在古代，好的法则也处于危险之中，这更为编纂它们提供了理由。随后布朗德尔详细描述了柱式的所有构件和比例，包括它们经历了中世纪的颓废时期的发展进程。然而，这并不是普遍适用的，因为布朗德尔甚至参考了一些成功使用比例的哥特式建筑。然而，在16世纪的弗兰西斯一世（1515—1547年在位）时期，新的法则被赋予了新的生命，在太阳王时期臻于完美。他在这里的观点是，古典建筑在原始建筑学的基础上，根据自然法则不断进步，这使当代建筑师不只要做表面上的模仿，而且还要完成改进和细化的任务。法国的荣耀复兴需要一个组合柱式，它在以前的历史柱式基础上形成。正如古代伟大的帝国发展出他们的柱式那样，从希腊人的多立克式、爱奥尼式和科林斯式以及罗马人的组合柱式，到1671年，终于轮到建筑师进入由科尔伯特发起的竞赛，在这样一种方式下，摒弃奢侈，去运用那些好的法则。

在所有关于建筑美的辩论中，布朗德尔和他的对手也有一致的观点，那就是技术和实用功能是决定建筑质量的关键性因素。这相当于承认，自从17世纪开始，建筑就应该根据社会仪式的需要以及更高的居住和社交标准而改变，从某个方面来说，这在18世纪法国已经成为一个建筑辩论的基本特征。这也就是说，布朗德尔的"保守"立场以及他所宣扬的建筑美学，也有深远的影响。结合古典建筑的权威法则，年轻的布朗德尔加入了适当的细化，并把它们带入了他的时代，这对于20世纪法国的现代运动来说，是一个重新确立法国传统的理想方法。大约在1700年，根据尼古拉斯·戈德曼（1611—1665年）、莱昂哈德·克里斯托夫·斯特姆（1669—1719年）和克里斯提安·沃尔夫的喜好所编纂的德国建筑理论中，也接受了布朗德尔对于建筑美学绝对的、基于数学模型的理解。

克里斯蒂安·弗赖冈 著　　唐韵 译

1 | 个体建筑形式，“原始小屋”和多立克柱式
对于原始神话模型和现代柱式的有效建筑表达
第一部分，第1页。蚀刻版画

第263页插图

2 | 罗马万神庙平面图

布朗德尔强调，建筑及其规划的典型方式应当是统一的，并且需要构思和谐的几何比例

第五部，第750页。蚀刻版画

3 | 柱头的来源

图画描述了一个古老的墓地上各种墓碑的冠顶。它们是古典柱头的原型

布罗贝尔，卷首，第二部分。蚀刻版画

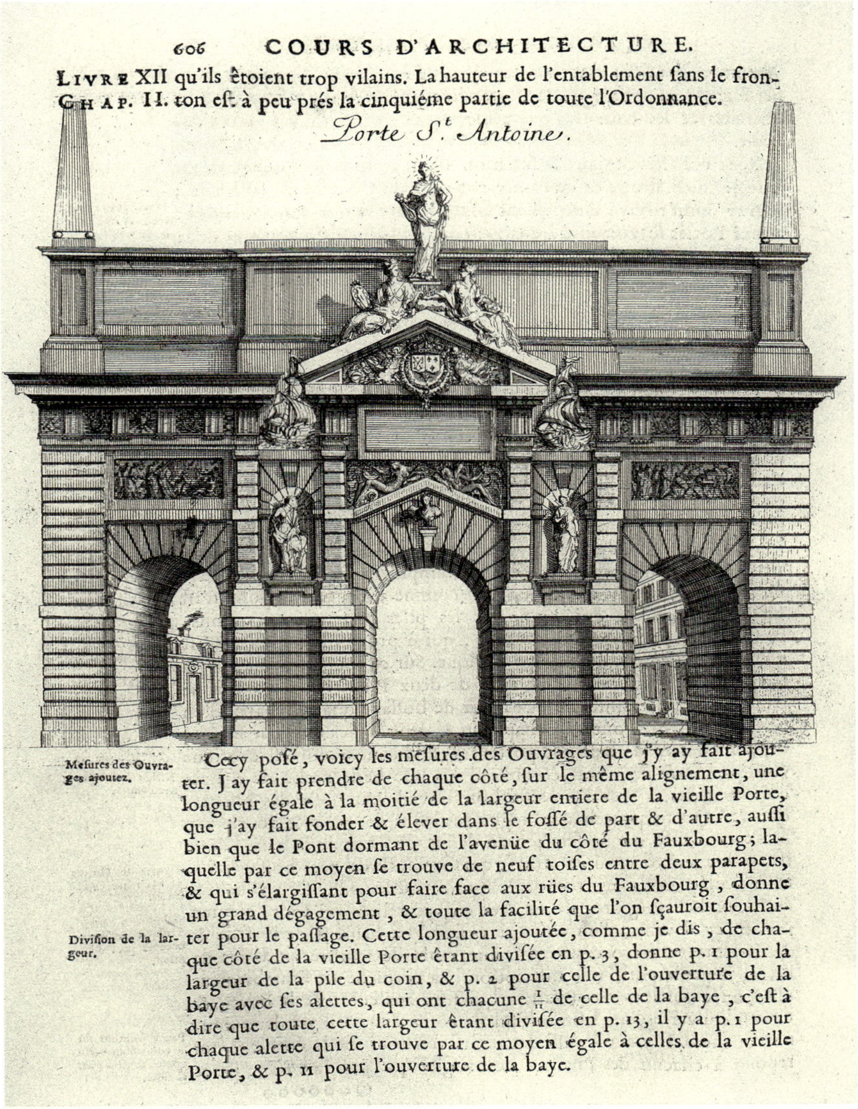
606 COURS D'ARCHITECTURE.

LIVRE XII. CHAP. II. qu'ils étoient trop vilains. La hauteur de l'entablement sans le fronton est à peu prés la cinquiéme partie de toute l'Ordonnance.

Porte S.t Antoine.

Mesures des Ouvrages ajoutez. Cecy posé, voicy les mesures des Ouvrages que j'y ay fait ajouter. J'ay fait prendre de chaque côté, sur le même alignement, une longueur égale à la moitié de la largeur entiere de la vieille Porte, que j'ay fait fonder & élever dans le fossé de part & d'autre, aussi bien que le Pont dormant de l'avenüe du côté du Fauxbourg; laquelle par ce moyen se trouve de neuf toises entre deux parapets, & qui s'élargissant pour faire face aux rües du Fauxbourg, donne un grand dégagement, & toute la facilité que l'on sçauroit souhaiter pour le passage. Cette longueur ajoutée, comme je dis, de chaque côté de la vieille Porte étant divisée en p. 3, donne p. 1 pour la largeur de la pile du coin, & p. 2 pour celle de l'ouverture de la baye avec ses alettes, qui ont chacune $\frac{1}{11}$ de celle de la baye, c'est à dire que toute cette largeur étant divisée en p. 13, il y a p. 1 pour chaque alette qui se trouve par ce moyen égale à celles de la vieille Porte, & p. 11 pour l'ouverture de la baye. Division de la largeur.

4 | 巴黎圣安托万门的设计图

多立克柱式的连续使用代表着勇气和力量

第四部分，第606页。蚀刻版画

奥古斯丁·查尔斯·阿维列（1653—1701年）

Cours d’architecture qui comprend les ordres de Vignole

2 VOLS, PARIS, 1691

Course on architecture, including Vignole's column orders

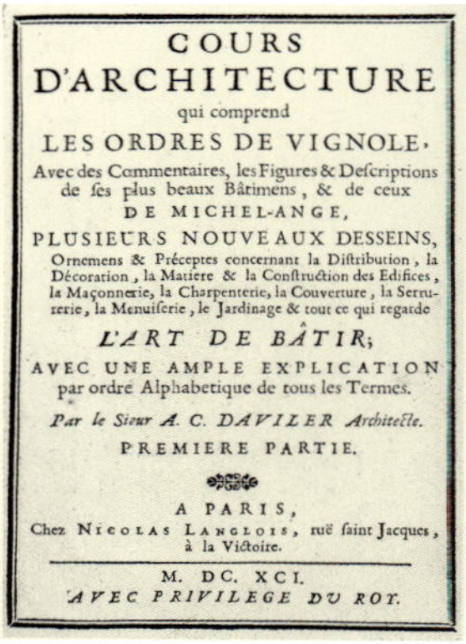
COURS D'ARCHITECTURE
qui comprend
LES ORDRES DE VIGNOLE,
Avec des Commentaires, les Figures & Descriptions de ses plus beaux Bâtimens, & de ceux DE MICHEL-ANGE,
PLUSIEURS NOUVEAUX DESSEINS,
Ornemens & Préceptes concernant la Distribution, la Décoration, la Matiere & la Construction des Edifices, la Maçonnerie, la Charpenterie, la Couverture, la Serrurerie, la Menuiserie, le Jardinage & tout ce qui regarde
L'ART DE BÂTIR;
AVEC UNE AMPLE EXPLICATION par ordre Alphabetique de tous les Termes.
Par le Sieur A. C. DAVILER Architecte.
PREMIERE PARTIE.
A PARIS,
Chez NICOLAS LANGLOIS, ruë saint Jacques, à la Victoire.
M. DC. XCI.
AVEC PRIVILEGE DU ROY.

奥古斯丁·查尔斯·阿维列（Augustin Charles D’Aviler），1653年生于巴黎，是一位维尼奥尔法则的重要支持者，不过他加入了很多自己的观点，例如五种柱式如何通过变换母题的方法获得更丰富的形式。阿维列的建筑专业知识为他赢得了法国学会的奖学金，借此他在罗马那里度过了三年的时光。他回国后，马上开始了维尼奥尔的柱式理论——首次出版于1691年的《建筑课程，包括维尼奥尔柱式》（*Cours d'architecture qui comprend les ordres de Vignole*）的注释工作。他作为一名建筑理论家备受尊敬，但在巴黎却鲜有成就，1689年他被迫搬到了蒙彼利埃，在那里一直居住到离开人世。1693年，他被任命为朗格多克的建筑师，在蒙彼利埃建造了一些私人住宅，不过他最主要的项目还是图卢兹大主教的宫殿。

正如弗朗索瓦·布朗德尔的《建筑课程》（1675—1683年）、克劳德·佩罗1673年对维特鲁威的翻译以及安托万·迪兹葛蒂的古典建筑调研那样，阿维列的《建筑课程》应当被看作是法国皇家建筑学会的一部分努力成果。该学会于1671年成立于巴黎，旨在确立一个正式的学术原则。阿维列的目标是找到一个标准理想形式、现有需求和期望之间的解决方案，他强调，路易十四正在发展一个超越古典建筑的完美形式，这是当下十分理想的条件。维尼奥尔关于柱式的著作也被视为一本权威性柱式法则的现代手册，虽然它仍需要详细的注释。阿维列在意大利风格的门窗集里加入了法国的样式，并举了一个大型别墅的例子来说明其应用情况。他在最重要的布置，即空间布局中，呈现了狭窄基地上的平面图。鉴于巴黎的建筑密度，这些技巧显得至关重要。为了提供合适的装饰，阿维列为米开朗琪罗的建筑母题添加了一系列柱子和栏杆的形式，这些包含在了维尼奥尔的早期版本中。因此，我们发现柱子是“历史的”（叙事浮雕）、“乡村的”（象征树干的柱身）、“海上的”（像悬崖一样的浮雕）和“象征性”（提供了一个关于法国柱式的论述）。对于科林斯柱式上叶饰的修正表示出了意义的变化。在比利亚尔潘多（1552—1608年）建议重建耶路撒冷圣殿的时候，阿维列提出以棕榈叶代替爵床叶饰。法国柱式要求将鸵鸟和公鸡的羽毛与军事徽章结合，这种方

Porte Cochere avec Ordre.

法打破了三种维特鲁威提到的柱式：多立克式、爱奥尼式和科林斯式的严格限制，理论家罗兰·弗雷亚尔·德·尚布雷（1606—1676年）阐述道。只有这些柱式是从原始社会的木质小屋和原型定律中产生。就算是后两个经典柱式，塔斯干柱式和组合柱式（又称罗马柱式），在他看来都是对于理想三柱式的后期修改。按照这个原则，柱式的变化只允许出现在特定的区域，例如在刻凹槽、柱身条纹以及对于柱头叶形的选择上。区别在于，阿维列试图将建筑中丰富的形式理解为一种语言。因此，檐部的曲率是字母，它使得“词语”能够由此产生。这样，建筑中引人注目的母题就能够“说话”。阿维列的研究，特别是关于最高处的檐口的研究，为后来的法国建筑理论提供了基础。建筑只需要简单地建造，不需要为柱子的母题进行特殊的安排，因为最高檐口的具体形式已经为建筑发声了。因此，阿维列被认为是简化柱式最早的拥护者之一，这种柱式在后来众所周知，被用于大量的案例当中。

《建筑课程》第二卷是一个详细的专业知识大全。在这里，阿维列再次表现出对于掌控、完成和更新事物的愿望。此外，书籍以一个易于使用的四开本格式出版，不过这对插图的质量并没有影响。插图非常详细和精确，有时会跨页。阿维列目标的实用性也很明显，他认为建筑师应该接受培训。一个总建筑师不应该仅仅熟悉自然法则和艺术，还必须有一个实用的方法，并通过旅行不断学习——不用说，他在这里指的是无可争议的古罗马。阿维列的著作获得了巨大的成功，并在1710年至1760年之间扩印了几个新版本，比外还有许多未经授权的副本。考虑到人们对于舒适和空间效率不断增长的需求，书籍加入了更多私人住宅平面图以及室内装修的案例。在德国，阿维列的作品成了当代建筑理论的基础。早在1699年，莱昂哈德·克里斯托夫·斯特姆将其翻译成德语，并试图用自己的语言来表达这些观点，包括那些国家的建筑装饰，更适合德国读者。

总体而言，在路易十四的王权统治下，《建筑课程》符合当时关于典范特征的讨论以及路易十四时期的意识形态，它的内容在《古代与现代的争论》中继续被讨论着，尽管我们得承认，建筑的发展会受到历史的影响。在这么多年以来，建筑呈现出不同的形式和品质，从近古时代就开始呈现下降趋势，而在法国，它被赋予了新的生命，最终在路易十四时期达到巅峰。在阿维列的著作中，他明确地采取了保守的立场，将自己放在争论的阵营中。对他来说，古典建筑的品质是一个绝对的范例，而那些被认为有效的法则（例如那些维尼奥尔制定的法则）需要被留存下来。所以，虽然人们要强调古人的权威性，也应当允许包罗万象的变化形式，创造“法国的建筑”。这就指向一种“会说话的建筑”，一个18世纪“话语”的建筑学。像布朗德尔那样，阿维列提及了一些应当避免的特征，例如碎三角楣饰、涡卷饰等意大利巴洛克建筑师钟爱的形式。

克里斯蒂安·弗赖冈　著　　唐韵　译

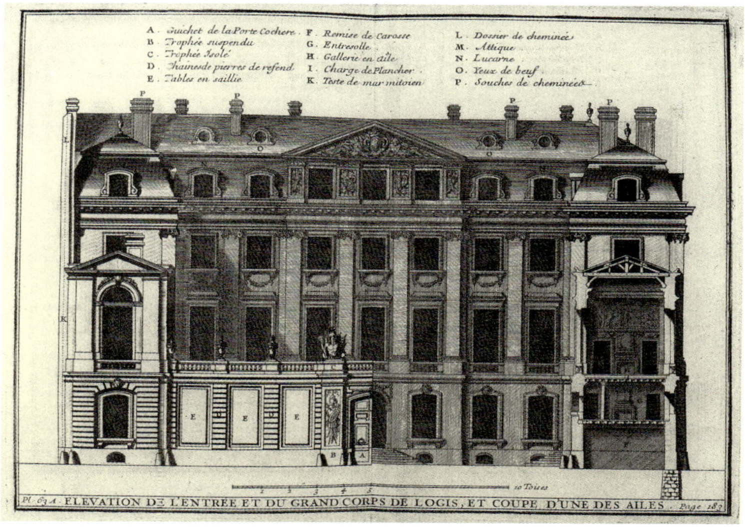

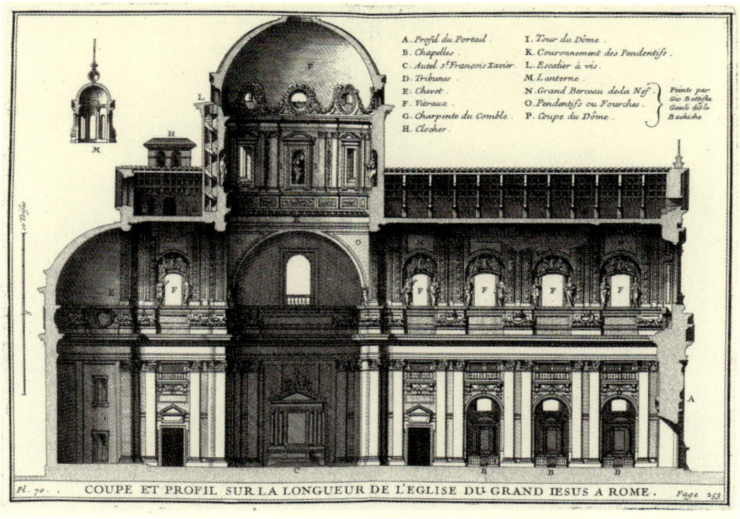

1 | 一个城市宫殿的素描

阿维列用他自己的建筑法则勾画了一座城市宫殿。它是一个巴黎城市宫殿，是一个综合的模型

第一卷，第63页A面。版画

2 | 罗马耶稣学院的剖面图

阿维列绘出了维尼奥拉法则的作品：在卡普拉罗拉的法尔内塞宫之外，我们还发现了罗马耶稣学院的平面图和剖面图，它是罗马耶稣会的母亲大教堂

第一卷，第70页。版画

3 | 门的立面图
除了维尼奥拉柱式以外，著作还包含了一些草图，它们迅速成为一个被经常使用的目录模式
第一卷，第43页。版画

3 Toises .
Porte en Tour creuse .
Porte de Clôture pour un Parc .
: Balcon . Porte Bourgeoise .
Porte Cochere en Niche .
DE PORTES
page 115 .

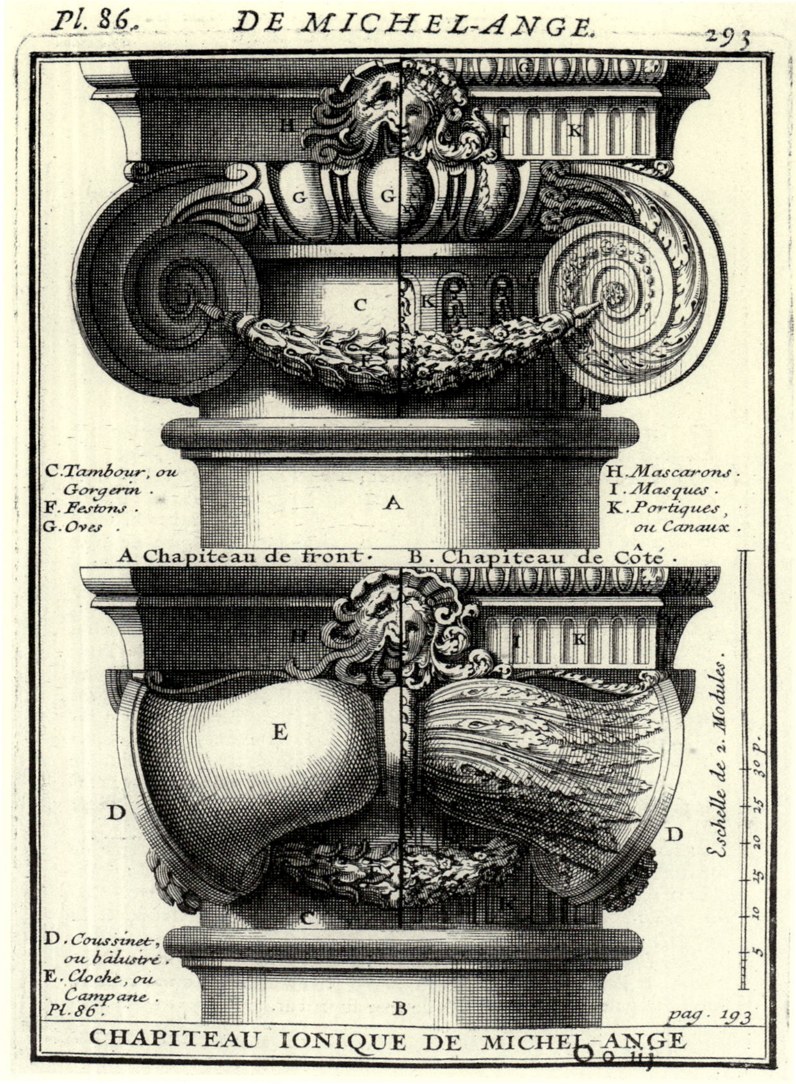

4 | 米切朗琪罗的柱头插图

奇怪的是，不仅是维尼奥拉的“经典”法则被展现出来，米开朗琪罗的不规范形式，特别是国会宫殿中的钟形的蜗壳也出现了

第二卷，第86页。版画

5 | 一个科林斯式柱头的图示

阿维列讲述了科林斯式柱头上“象征性”装饰：法国柱式中的鸵鸟羽毛和军队勋章，以及萨洛蒙神庙中的棕榈叶和鹿角装饰

第二卷，第89页。版画

6 | 柱身的装饰

柱身也可以根据属性进行装饰，这样对于建筑进行分类，要比仅仅直接使用维尼奥拉模式更为精确

第二卷，第91页。版画

7 | 柱子比较

柱子不仅仅是有用的支撑，柱身也形成其表达的一部分：除了军事化的柱式外，还有地方性、天文学、葬礼用以及“水力学”柱式

第二卷，第93页。版画

Statüe Pedestre . Statüe Equestre .
Colo. en Balustre .
Couronnes
Triomphale
Ovante .
Civique .
Palissaire .
Obsidionale
Murale .
Navale .
Colonne Cylindrique .
ge . C.Feuillüe . C.Canelée Torse
dée . C.Bandée . C.Gnomonique . C.Funeraire . Colo . Rostrale . Col . Triomphale .
AORDINAIRES ET SYMBOLIQUES .
page . 307 .

雅克-弗朗索瓦·布朗德尔（1705/1708—1774年）

Architecture françoise

4 VOLS, PARIS, 1752–1756

French architecture

Cours d'architecture ou Traité de la Décoration, Distribution & Construction des Bâtiments

6 VOLS OF TEXT, 3 VOLS OF ILLUSTRATIONS, PARIS, 1771–1777

Architectural course or treatise on the decoration, division and construction of buildings

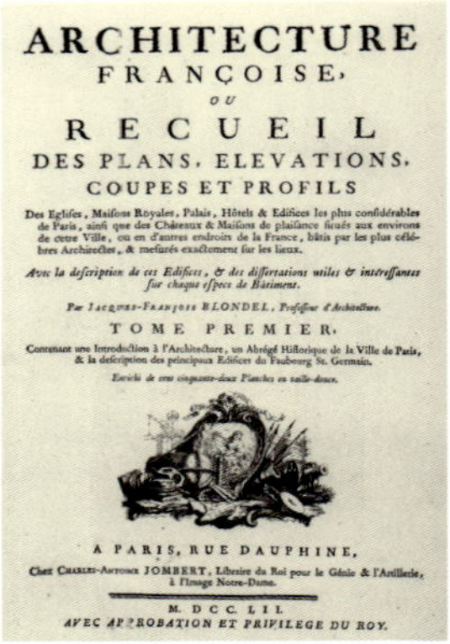

ARCHITECTURE FRANÇOISE,
OU
RECUEIL
DES PLANS, ELEVATIONS, COUPES ET PROFILS
Des Eglises, Maisons Royales, Palais, Hôtels & Edifices les plus considérables de Paris, ainsi que des Châteaux & Maisons de plaisance situés aux environs de cette Ville, ou en d'autres endroits de la France, bâtis par les plus célébres Architectes, & mesurés exactement sur les lieux.
Avec la description de ces Edifices, & des dissertations utiles & intéressantes sur chaque espece de Bâtiment.
Par JACQUES-FRANÇOIS BLONDEL, *Professeur d'Architecture.*
TOME PREMIER,
Contenant une Introduction à l'Architecture, un Abrégé Historique de la Ville de Paris, & la description des principaux Edifices du Fauxbourg St. Germain.
Enrichi de cent cinquante-deux Planches en taille-douce.
A PARIS, RUE DAUPHINE,
Chez CHARLES-ANTOINE JOMBERT, Libraire du Roi pour le Génie & l'Artillerie, à l'Image Notre-Dame.
M. DCC. LII.
AVEC APPROBATION ET PRIVILEGE DU ROY.

在雅克-弗朗索瓦·布朗德尔（Jacques-François Blondel）的时代，以及20世纪的法国，在经历了18世纪早期的洛可可主义与1900年左右的新艺术运动之后，他的建筑理论为理性主义建筑提供了一个典范模型，以此对抗建筑中那些自我放纵和不合逻辑的装饰。布朗德尔的著作题目《建筑装饰、划分与结构课程论文集：1750年之后的建筑课程和讲座》（*Cours d'architecture ou Traité de la Décoration, Distribution & Construction des Bâtements contenant les lecons données en 1750, & les années suivantes*）表明，他的写作中的说教元素是如此明显，以至于用学术教育来传授理性的知识体系成了一种传统。这种传统缘起于弗朗索瓦·布朗德尔，进一步被安托万·阿维列发展，并由朱利安·郭德特自1900年开始的《建筑的理论与元素》与古斯塔夫·安普顿斯多克从1930年开始的《建筑课程》所延续。

布朗德尔于1705年出生在里昂，除了作为一个实践建筑师外，布朗德尔很早就进入建筑文字出版的领域，例如从1727年开始与珍·玛里埃特合作的《法国建筑》（*French architecture*），随后1737年他的第一部建筑理论著作问世，在1739年开办了自己的建筑学校，并很快被州建筑学会官方认可。从1752年到1756年，大开本四卷版的《巴黎最大的建筑集——教堂，宫殿，皇家建筑和酒店》展现了数量可观的17世纪和18世纪的巴黎建筑，布朗德尔对于建筑的贡献被进一步囊括进狄德罗和达朗贝尔百科全书（1751—1772年）。在1755年加入建筑学会之后，布朗德尔获得了几次大规模的建筑竞赛奖金，特别是对梅斯和斯特拉斯堡中心的重新设计，尽管项目只完成了一部分。1762年，他被任命为建筑学会的教

MAISON ET BUREAU DES
MARCHANDS DRAPIERS.
A

授，同时他继续在自己的学校授课并负责数个莫斯科与德国境内的大型项目。从1771年开始，他的讲座文章开始陆续刊登于在《建筑课程》上，1774年布朗德尔逝世后，由他的学生皮埃尔·帕特接管，并于1777年全部刊登完毕。

刊登有众多优秀的铜版画的《建筑组织》仍然继续展现着珍·玛里埃特1727年的工作，并且加入了一些简短的建筑历史研究、巴黎城市历史研究以及对建筑基本原则的介绍。尽管说不上毫无赘言，然而《建筑课程》在这些话题上确有所发展。布朗德尔很了解在不同时期与国家中人们对于建筑问题的应对措施。他认为是好的品味决定了好的建筑构成，而这往往是难以确定的。总体而言，人们都渴望着追求和谐，包括建筑功能之间的协调、各部分之间的统一、适应自然法则、满足常识要求以及令人愉悦的特性。然而这种品质预设了人们必须充分理解建筑的法则，甚至禁止追求任何短暂的流行趋势与变化无常的幻想。即使布朗德尔本能地将古典时期视为一种理想模型，也不应对其保持盲目的忠诚。法国的情况与罗马、希腊不同。更确切的说，至关重要的是建筑外表与结构法则的统一、方便的布局与合理的使用之间的挑战。简单地设计立面并不困难，困难的是设计既反映社会文脉又有恰当的室内布局的立面。建筑的预期用途（目的）与表达它的特征（个性）之间的联系，我们称之为“相宜”。就像语言一样，它表达了一种品质，并且可以非常多元化，比如既有神秘、鲁莽的“个性”，也有女性化的、肤浅的“个性”，这都是一种新文化对话的普遍表达，同样旨在将建筑转化成一种新的探索，关于人类灵魂的探索。根据这些理论，横梁被赋予了各种面部表情。在插图中，各式各样的人脸轮廓在帕拉迪奥、斯卡莫齐以及维尼奥拉的样式中被赋予在横梁上。这些特征所形成的语言系统同样也决定了设计的艺术价值，建筑元素的布置如此和谐，以至于建筑成为了一种“无声的诗”。直到那时，建筑品质的最高标准，也就是建筑的“真正风格”，才会实现。

当一个建筑全部由各种建筑母题构成的时候，它也必须遵守结构的法则，与由理性支配的自然法则一致，这往往会导致大量有问题的、不当的解决方案：明显更重的物体置于轻的物体上面；柱子或者壁柱延长了若干层；各个轴线不对齐；柱子与壁柱缺少对位关系；母题互相交叉；山墙突破椽子；重叠的山墙；墙的剖面尺寸比墙里的窗更窄；窗宽大于窗高；这些无论如何也无法与经过合理安排、带有三角屋顶框架的原始模型相吻合。而布朗德尔也意识到这些严格的规矩不可能永远被遵守，好的建筑师需要使用一些小手段，以表现得像是听从了合理结构的召唤。所以真正的建筑需要分清什么看起来是对的，有些情况下必须在立面上创造一种特殊的效果，用以达到视觉上的平衡。再一次地，对于原理的应用并没有盲目遵从规则。相反地，是否能够在不违背法则的前提下，设计出看似真实的建筑，这是衡量一个建筑师明智与否的一方面标准。布朗德尔将自己的建筑限制在合理与合适的范围内，并以此为由，推崇一种“高贵的简洁”。

很明显布朗德尔对好建筑多方面的需求是不可能被满足的。然而正是创造一种融合建筑功能、使用与装饰完美统一的苛求意图，这种基于理性的统一性可以被立即辨识出来，这也解释了为什么布朗德尔被当作20世纪法国新古典主义建筑理论的典范之一，与他同名的还有奥古斯特·佩雷（1874—1954年），一位因使用混凝土而出名的建筑师。布朗德尔并不仅仅是最后一位完全信仰传统的柱式的理论家，亦不是最后一位为了抵抗洛可可建筑没有逻辑的装饰而开始再次使用柱式的理论家。他也是最后一位在旧体制衰落前发展建筑学校的作家。这是“优秀”的法国现代建筑师应当追随的目标：跨过失败的19世纪，将新技术与布朗德尔的古典法则相结合。

克里斯蒂安·弗赖冈 著　　唐韵 译

第279页插图

1 | 巴黎布料商人住宅

布朗德尔批评这个立面混乱的装饰与过大的窗户可能由利贝哈勒·布鲁昂于1650年左右设计

第三卷，第307页。版画

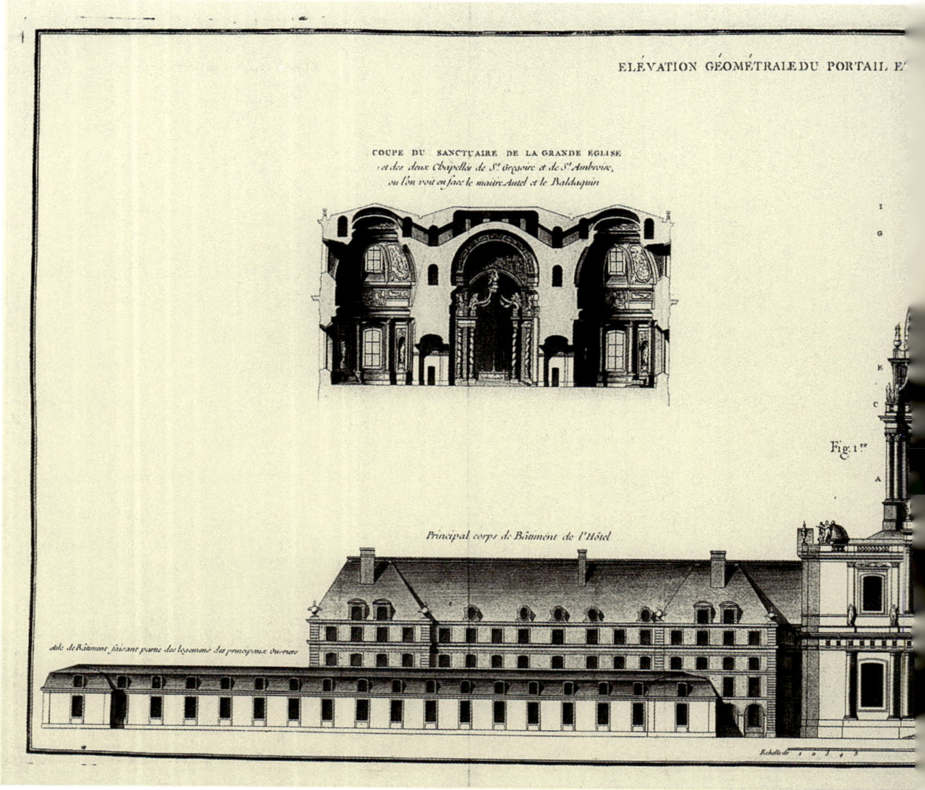

2 | 穹顶教堂立面图，荣军院，巴黎
最初穹顶纪念碑建于1680年至1690年，用来安置路易斯十四的陵墓与圣徒路易斯（逝于1270年）的纪念物
布朗德尔绘制，第一卷，第8页。版画

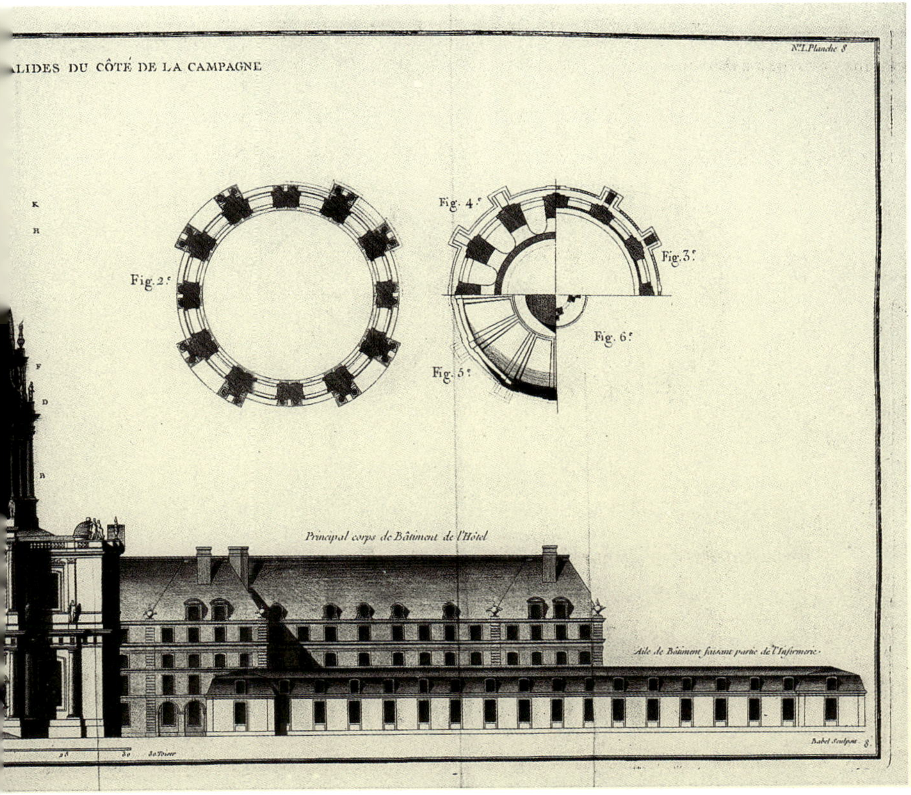

ALIDES DU CÔTÉ DE LA CAMPAGNE
N°I. Planche 8
Fig. 2.e
Fig. 4.e
Fig. 3.e
Fig. 6.e
Fig. 5.e
Principal corps de Bâtiment de l'Hôtel
Aile de Bâtiment faisant partie de l'Infirmerie
Babel Sculpsit

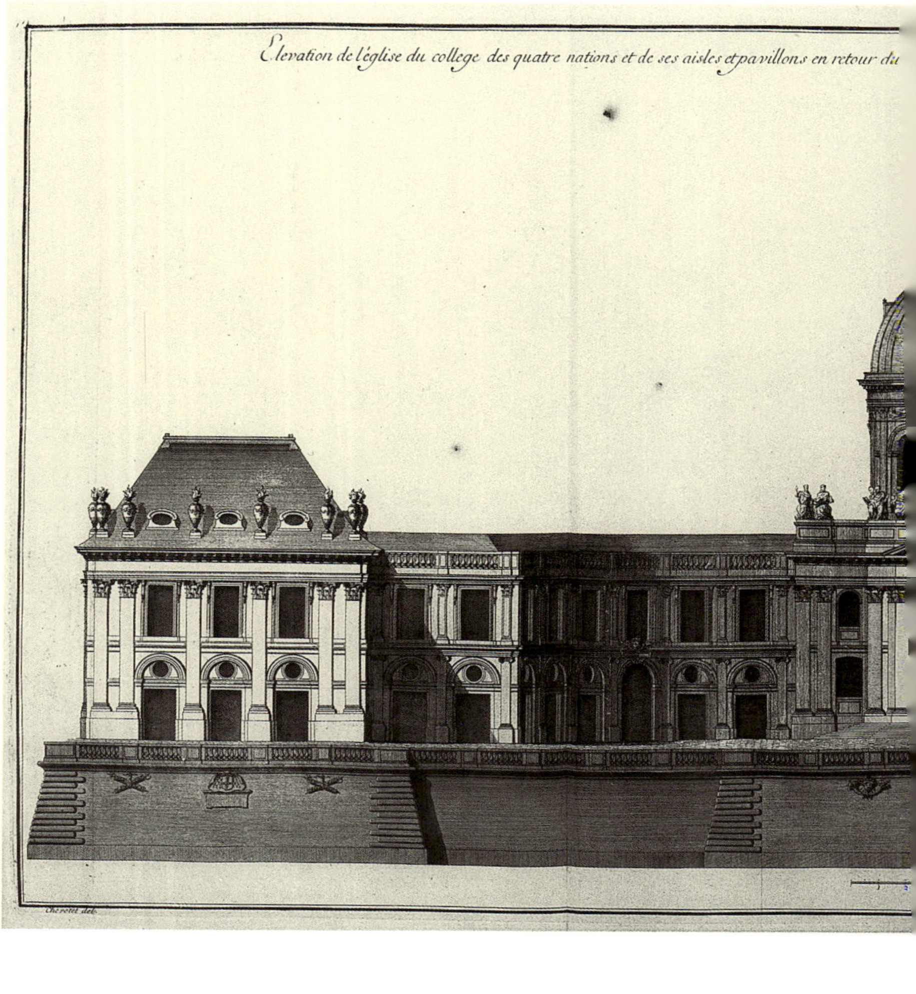

3 | 四国学院庭院立面图

学院由路易斯勒沃在儒勒·马扎然的支持下于1663年至1674年建造，作为供外国学生使用的演讲大厅，现在法兰西学院位于其内

布朗德尔绘制，第二卷，第156页。版画

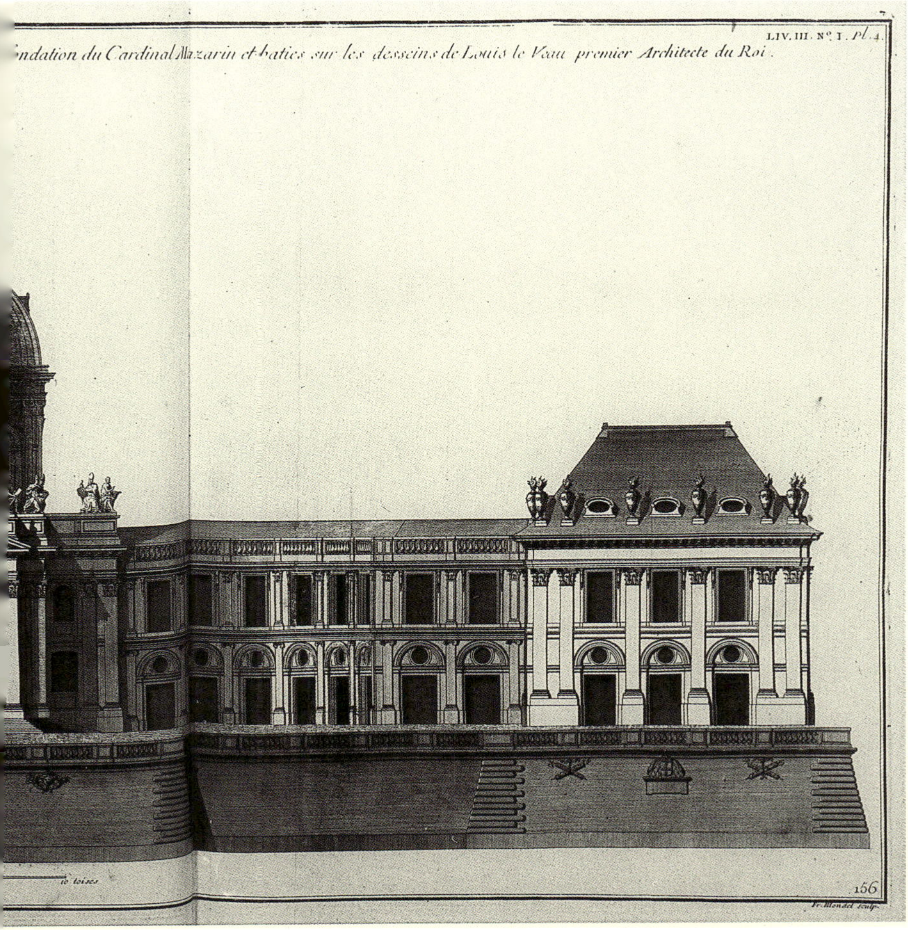
LIV. III. N° I. Pl. 4.
ndation du Cardinal Mazarin et baties sur les desseins de Louis le Veau premier Architecte du Roi.
10 toises
156
Fr. Blondel sculp.

4 | 巴黎圣宠谷教堂庭院视角

在王位继承人路易斯十四出生后，奥地利安妮女王命弗朗索瓦·孟莎于1645年建造了这座大教堂

第二卷，第195页。版画

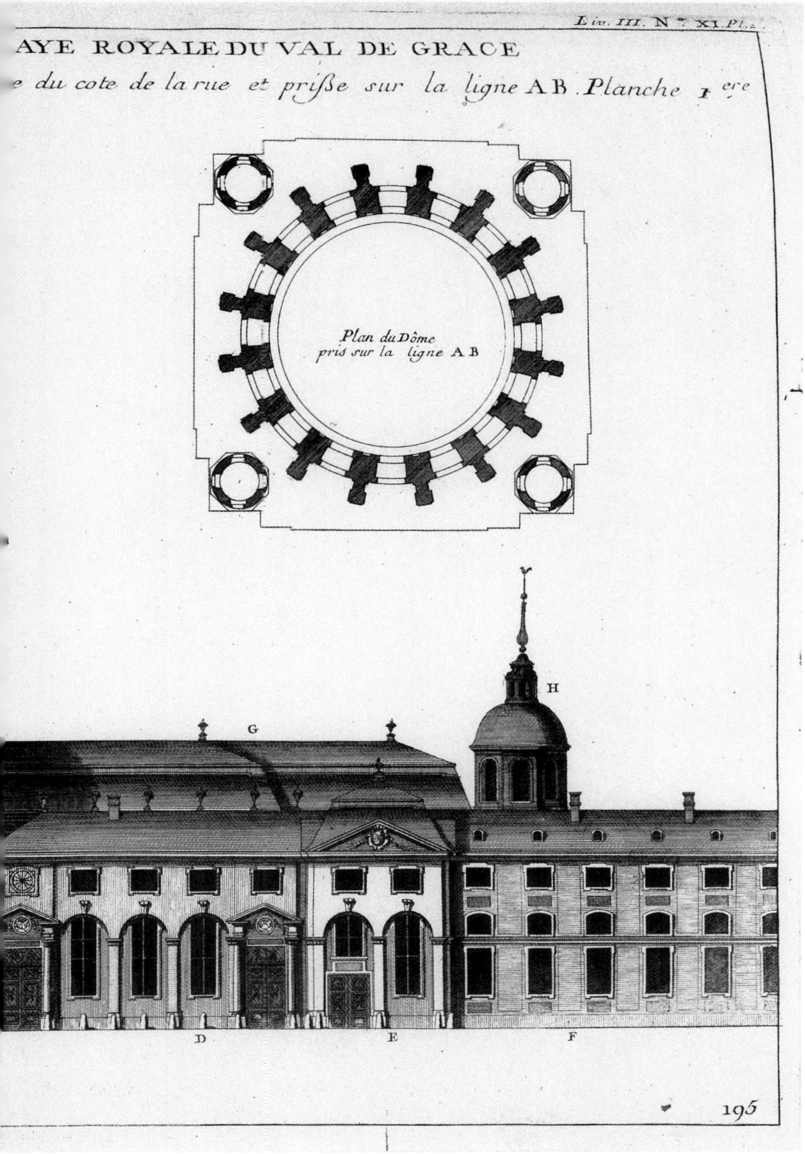
Liv. III. N°. XI. Pl. 2.
AYE ROYALE DU VAL DE GRACE
e du cote de la rue et prise sur la ligne A B. Planche 1ere
Plan du Dôme
pris sur la ligne A B
G
H
D
E
F
195

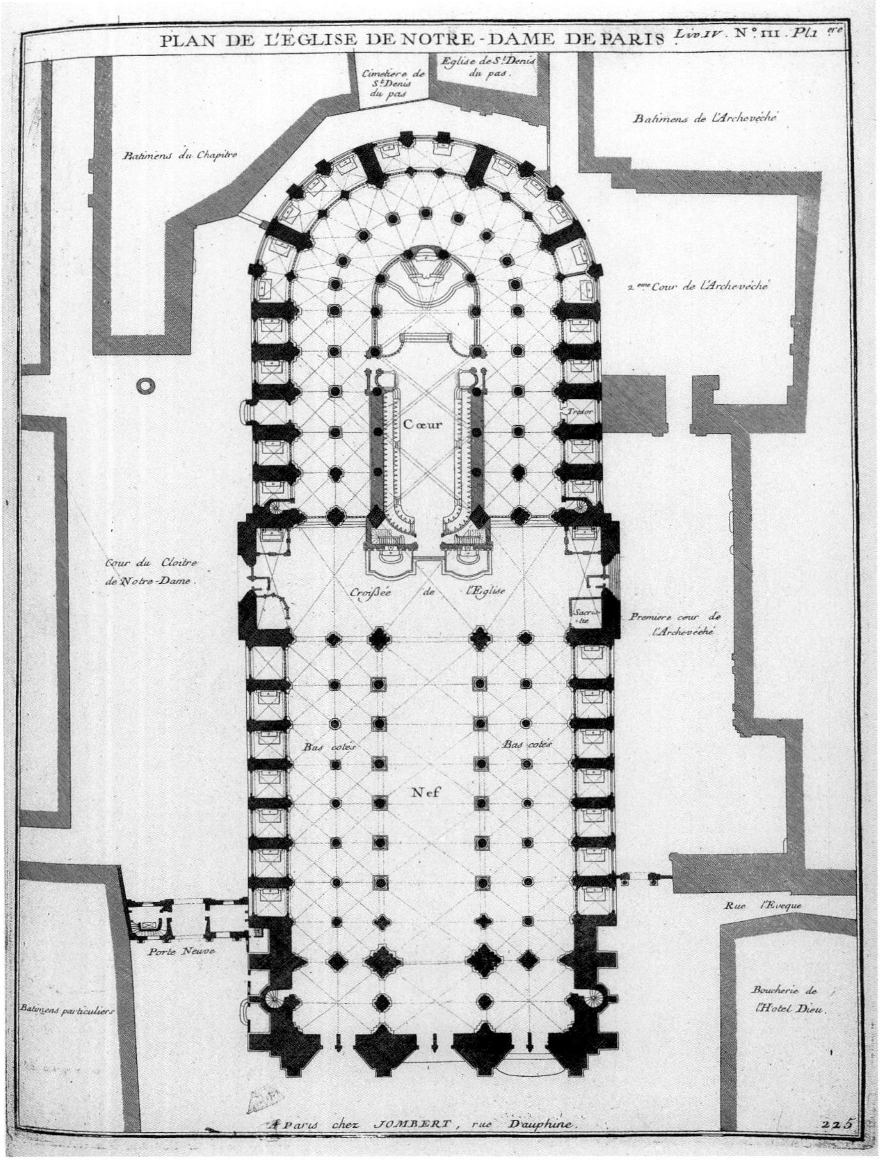

5 | 巴黎圣母院首层平面图
这张哥特大教堂的图纸在细节上绘制得十分精确
第二卷，第225页。版画

6 | 路易斯14世凯旋门
这座由克洛德·佩罗设计的凯旋门始建于1670年。后续施工采用木头与石膏，于1716年倒塌
第二卷，第262页。版画

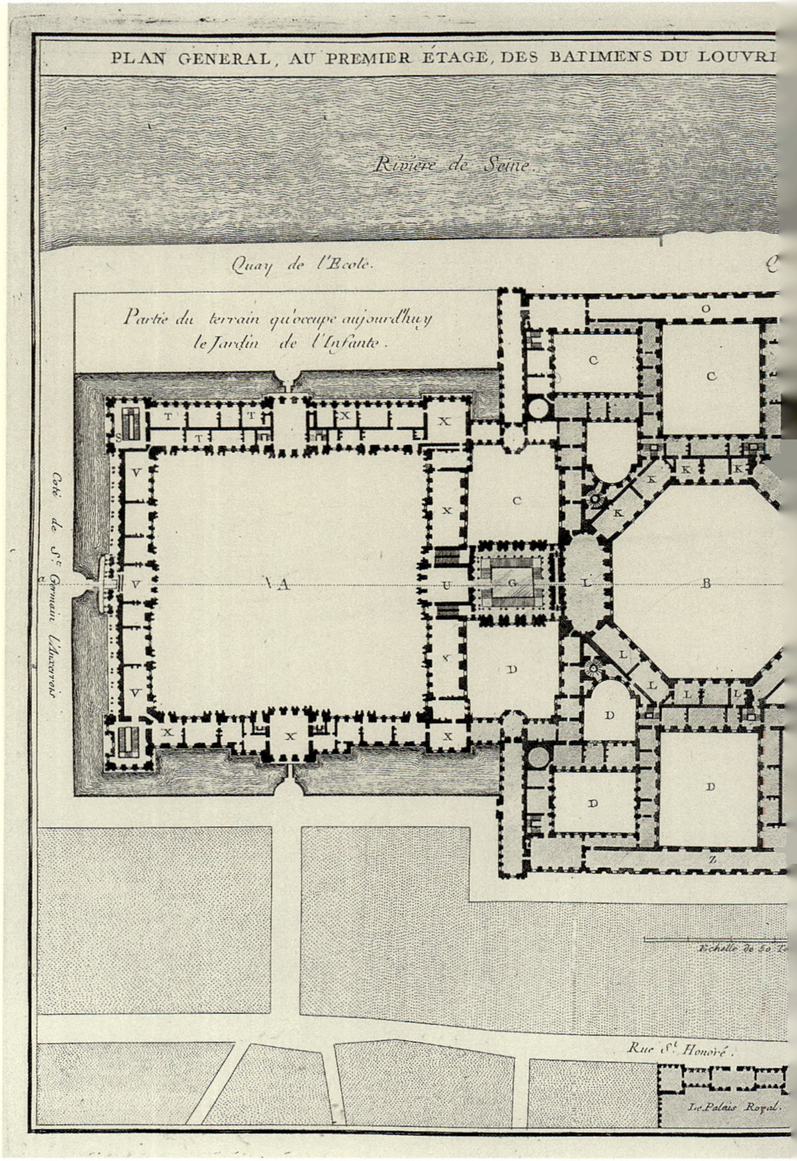

7 | 克洛德·佩罗的卢浮宫扩建计划
布朗德尔的著作中，给出了连接卢浮宫与丢勒里宫苑（右）的详细项目列表
第四卷，第442页。版画

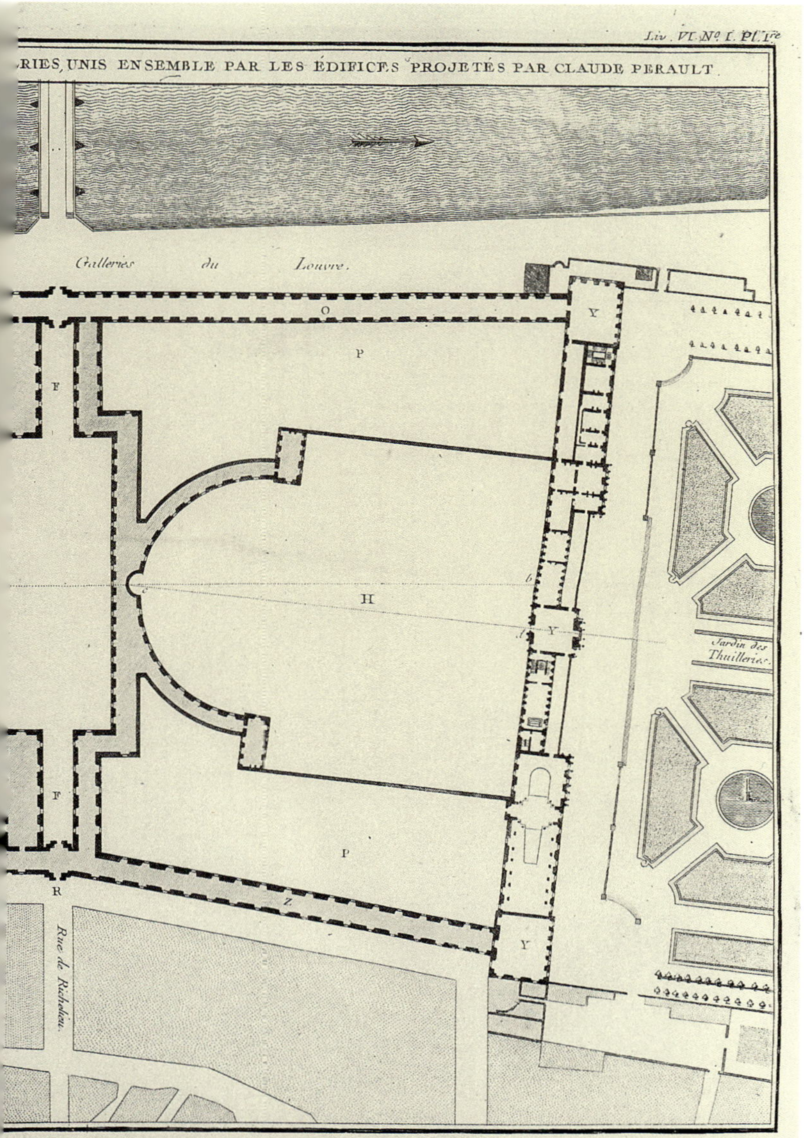
Liv. VI. N° I. Pl. 1re
RIES, UNIS ENSEMBLE PAR LES ÉDIFICES PROJETÉS PAR CLAUDE PERAULT.
Galleries du Louvre.
Jardin des Thuilleries.
Rue de Richelieu.
442

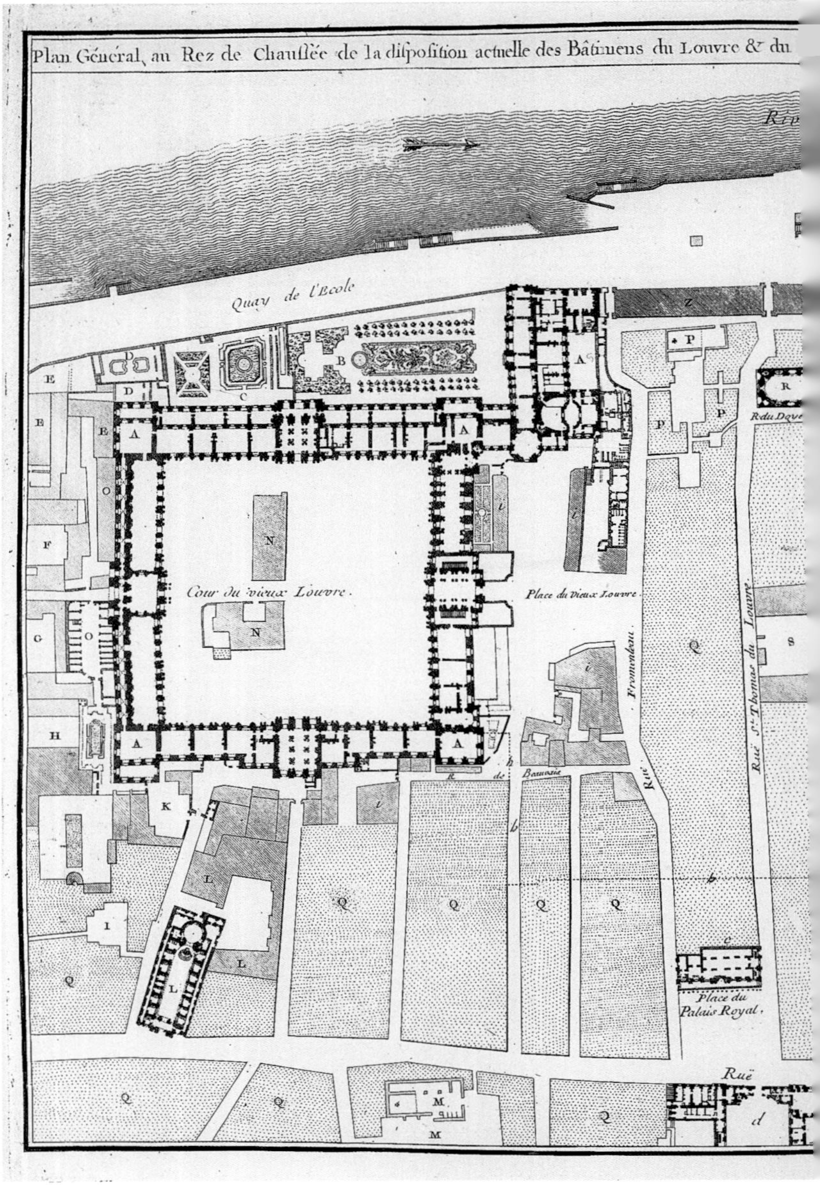

8 | 18世纪中叶后卢浮宫与丢勒里宫苑居所
注意两个宫殿之间间距之近。第四卷，第445页。版画

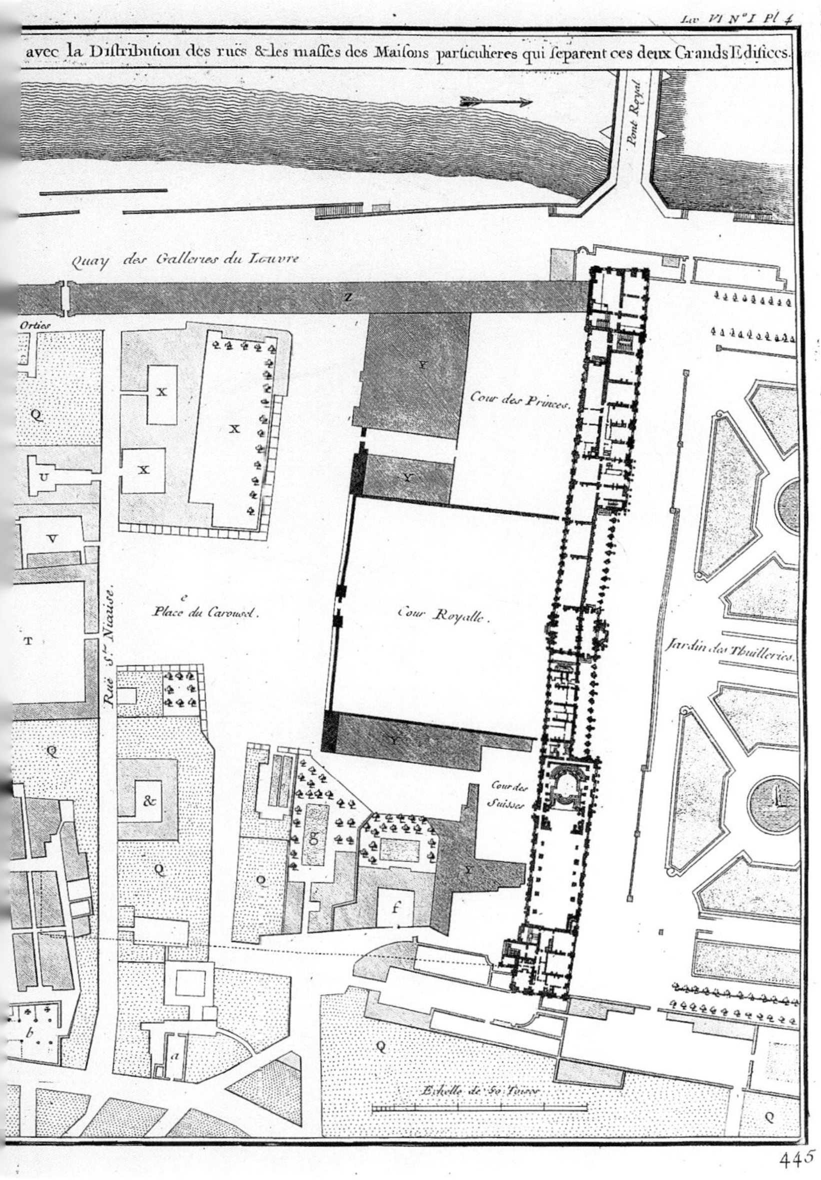
Liv VI N° I Pl 4
avec la Distribution des ruës & les masses des Maisons particulieres qui separent ces deux Grands Edifices.
Pont Royal
Quay des Galleries du Louvre
Z
Orties
X
X
X
Y
Cour des Princes.
Q
U
Y
V
Place du Carousel.
Cour Royalle.
Rue S.te Niaise
T
Jardin des Thuilleries.
Y
Q
&
Cour des Suisses
g
Q
Q
Y
f
b
a
Q
Echelle de 60 Toises
Q
445

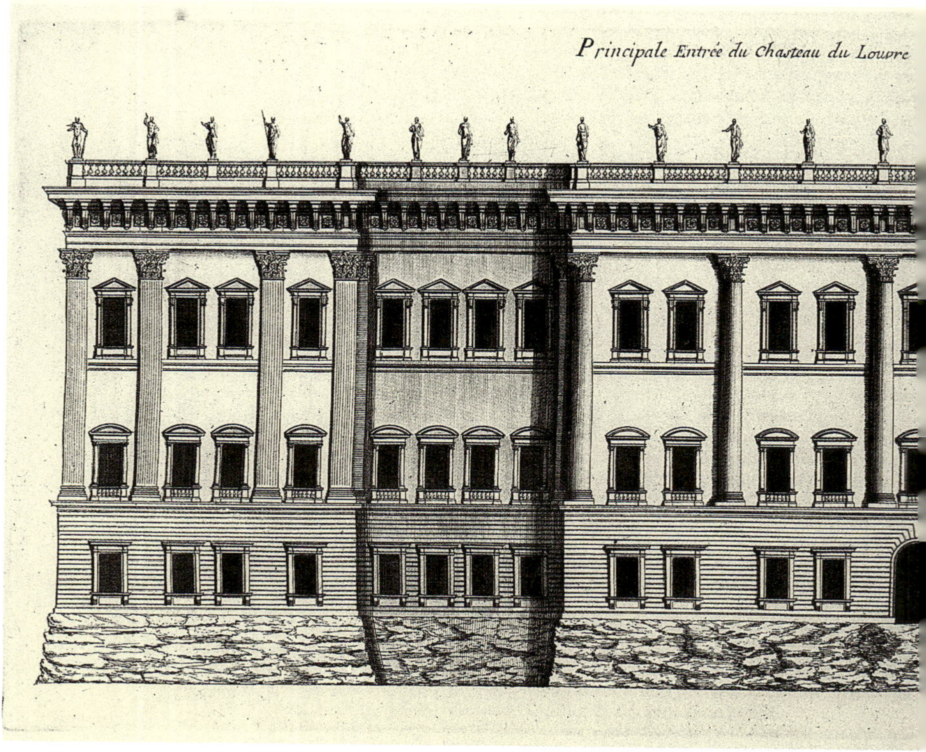

9 | 卢浮宫东立面图

乔凡尼·洛伦佐·贝尼尼设计的卢浮宫东立面引发了对真实的法国建筑的激烈讨论

第四卷，第449页。版画

n, du desseing du Caualier Bernin
Liv. VI. N°. I. Pl. 8.
449

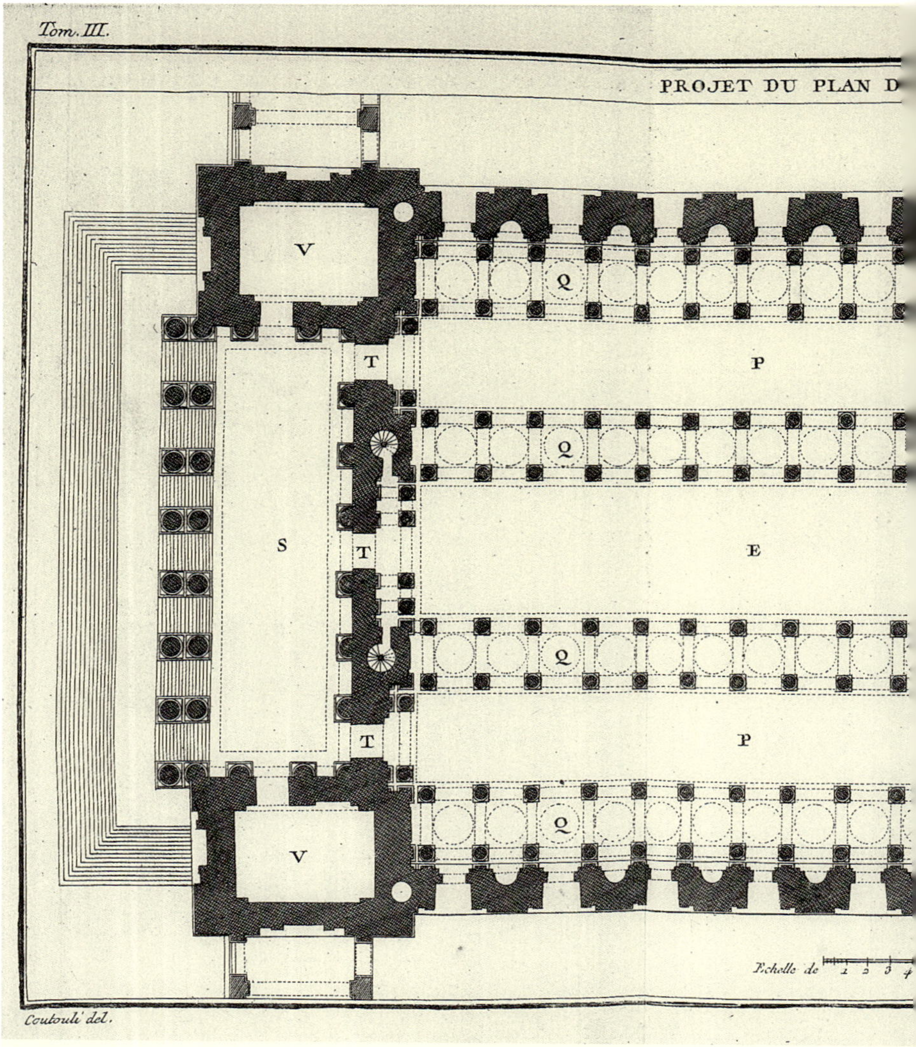

10 | 理想教堂平面图
这栋宏伟的巴洛克建筑几乎完全让步于由独立柱子支撑起来的古典主义结构
荣松奈特绘制，第三卷，第53页。版画

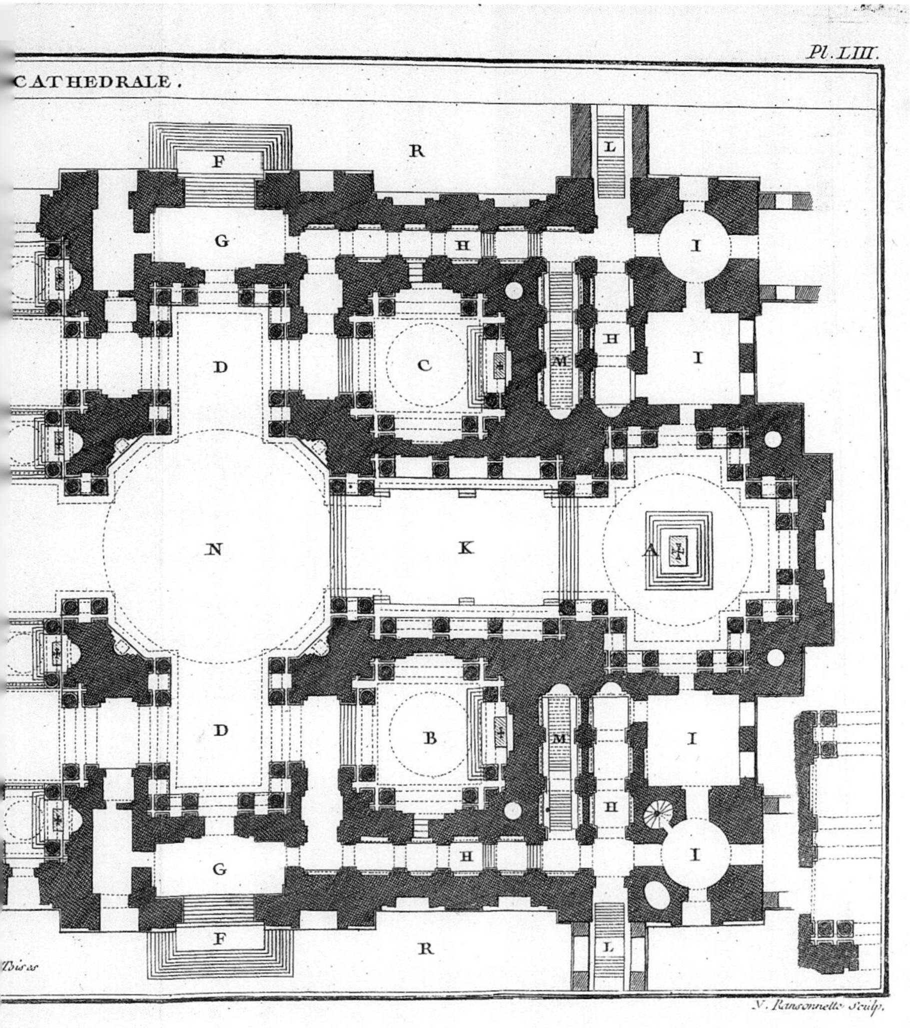
Pl. LIII.
CATHEDRALE.
R
L
F
G
H
I
D
C
M
I
N
K
A
D
B
M
I
H
I
G
H
F
R
L
Toises
N. Ransonnette Sculp.

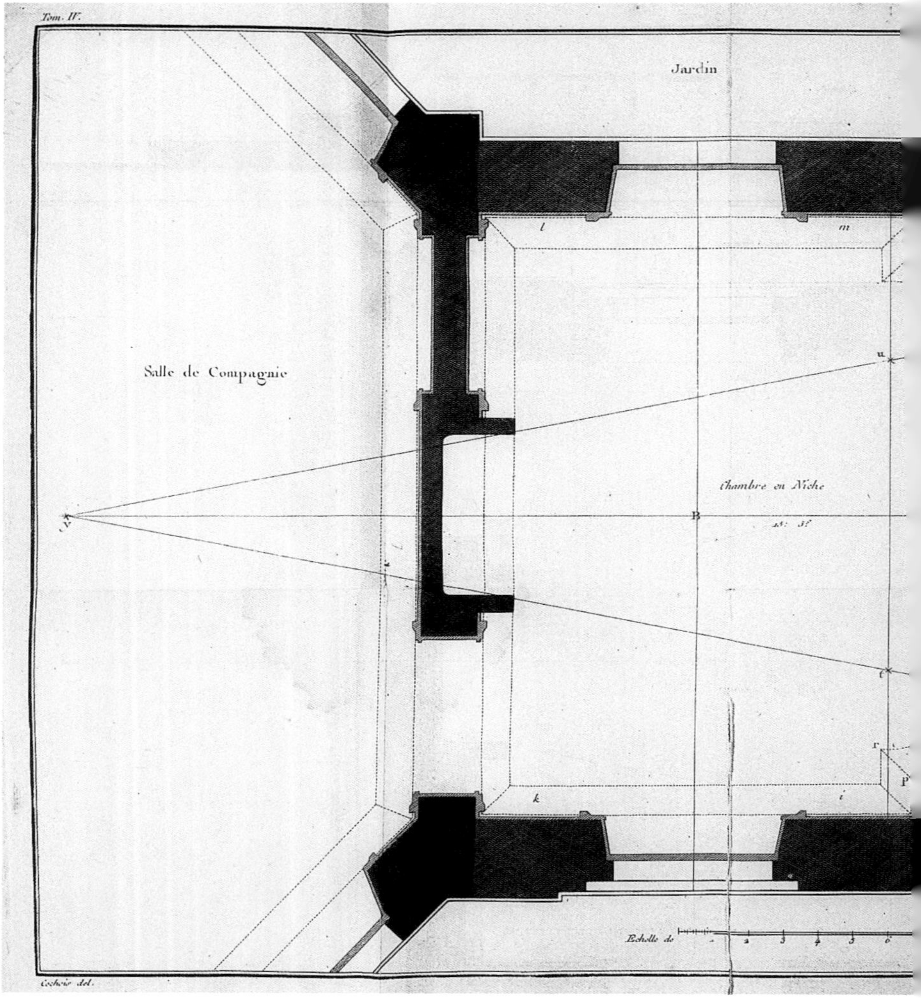

11 | 一个房间布置的平面细节

尽管是平面是非常规的，但是最小的房间仍然对称且常规

荣松奈特绘制，第四卷，第48页。版画

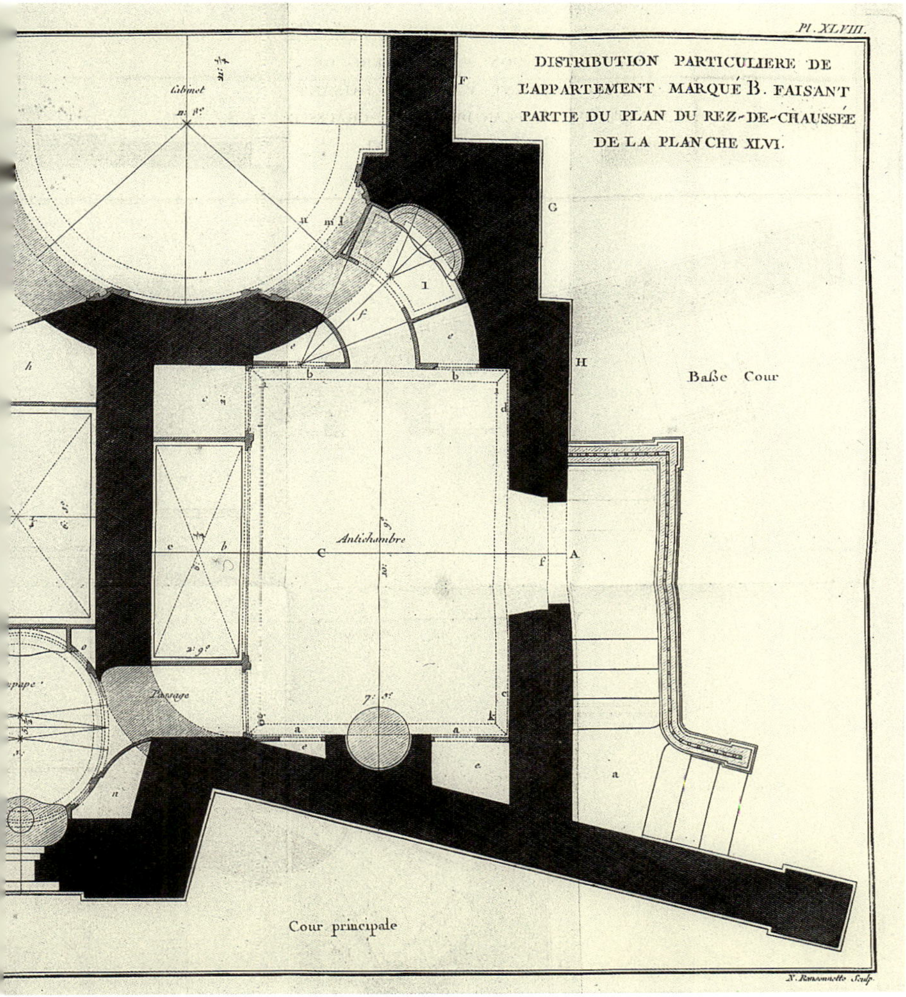
Pl. XLVIII.
DISTRIBUTION PARTICULIERE DE L'APPARTEMENT MARQUÉ B. FAISANT PARTIE DU PLAN DU REZ-DE-CHAUSSÉE DE LA PLANCHE XLVI.
Cabinet
Antichambre
Passage
Baſse Cour
Cour principale
N. Ransonnette Sculp.

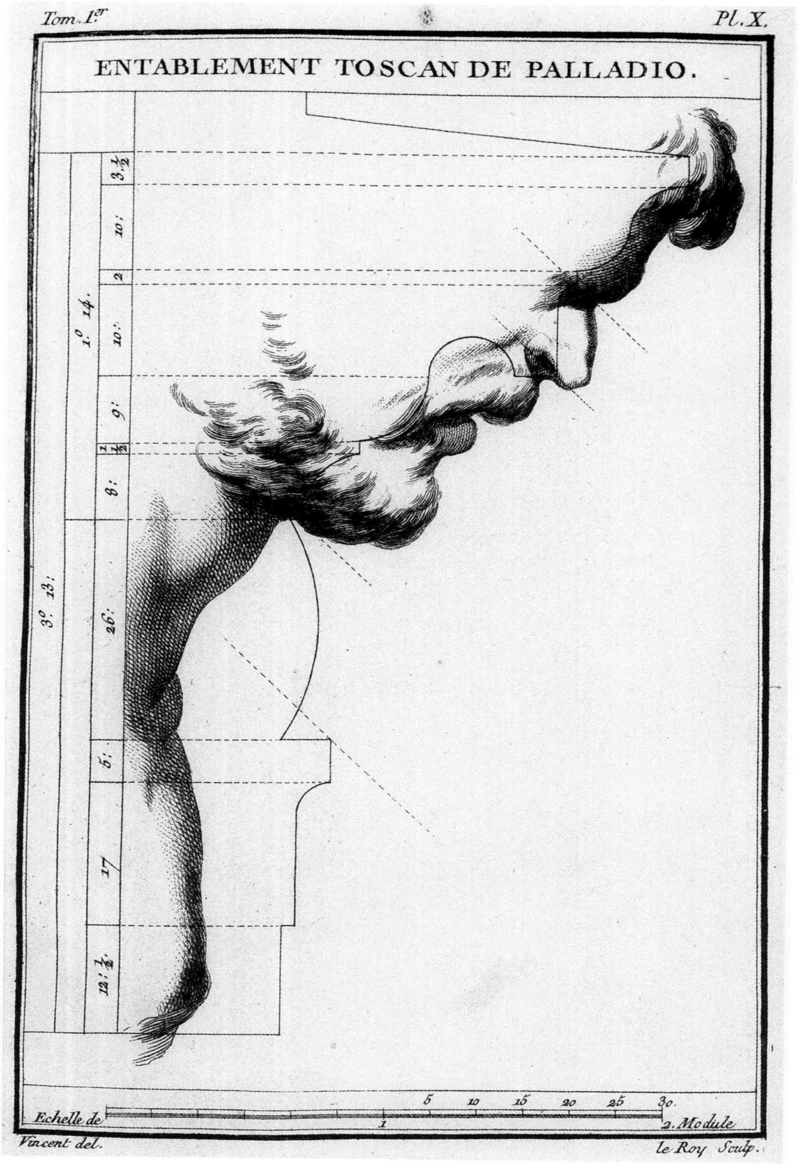

12 | 隐藏在人脸轮廓后的柱顶轮廓线

建筑开始呈现出独立的特征。柱顶现在和如同人脸一般令人惊叹

勒罗伊绘制，第一卷，第10页。版画

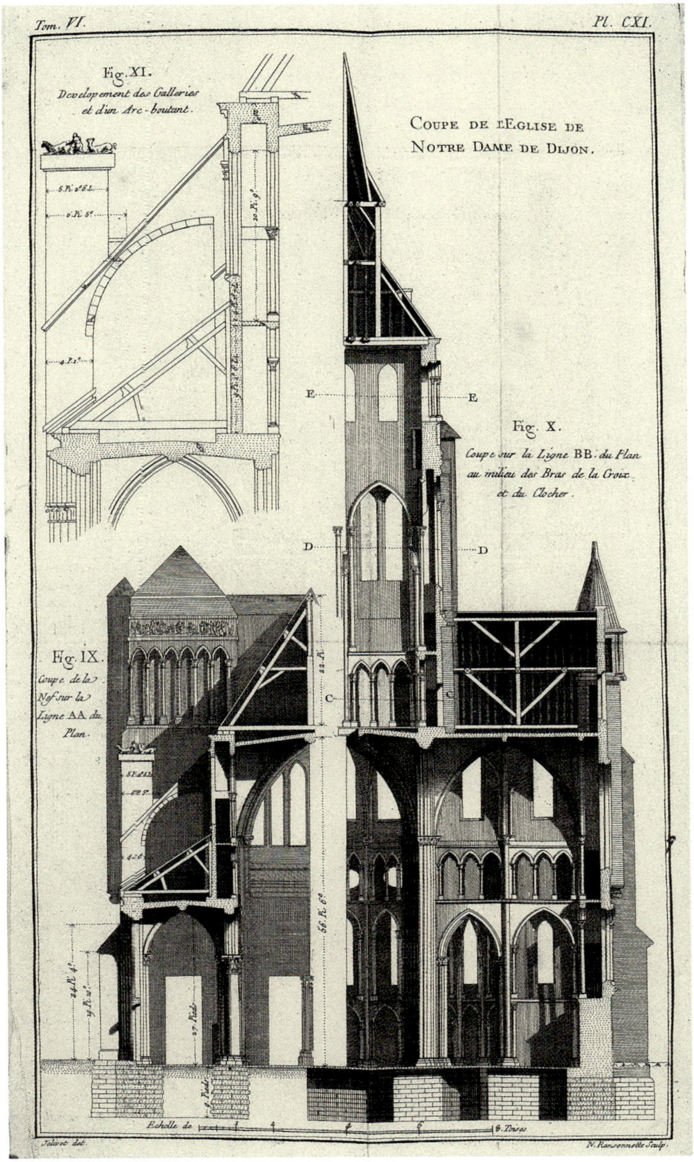

13 | 第戎圣母院剖面图

荣松奈特绘制，第五卷，第120页。版画

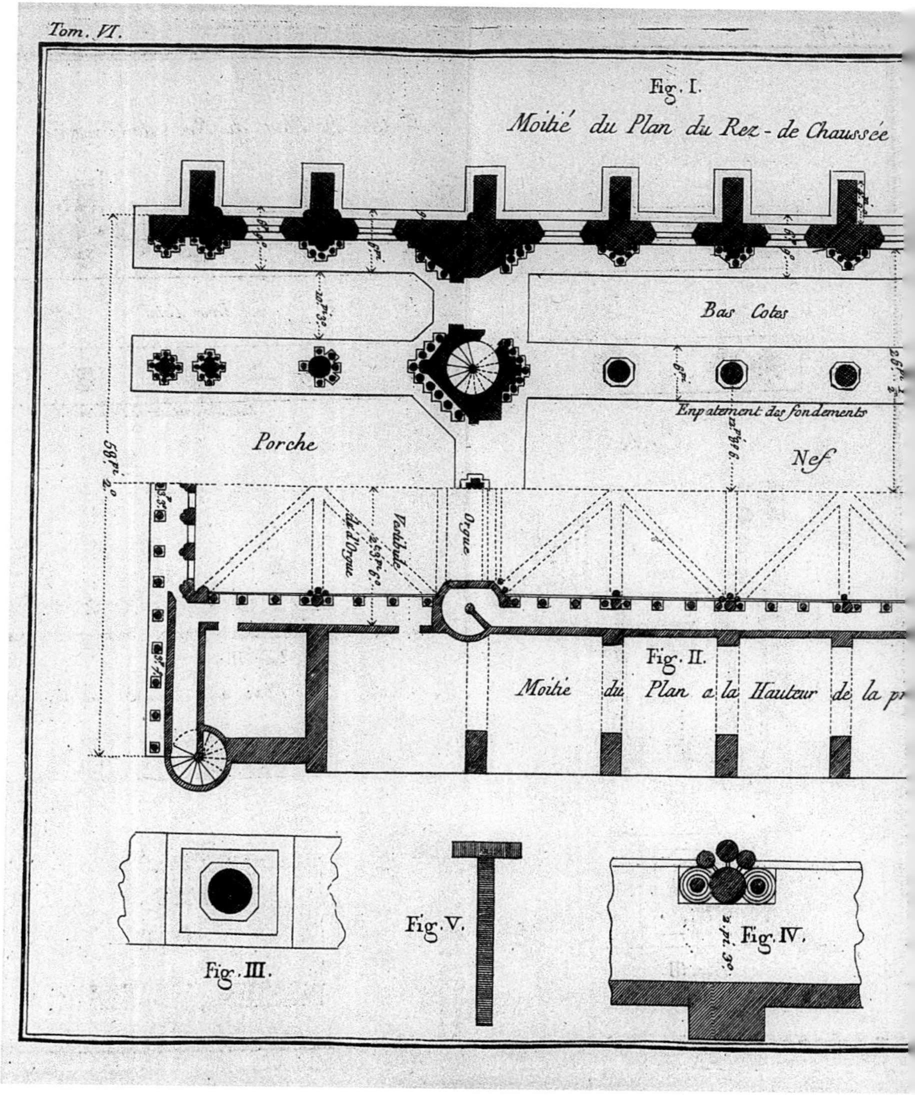

14 | 第戎圣母院平面图

哥特结构在18世纪时可以被非常精确地测绘。结构细节也是如此
荣松奈特绘制，第五卷，第111页。版画

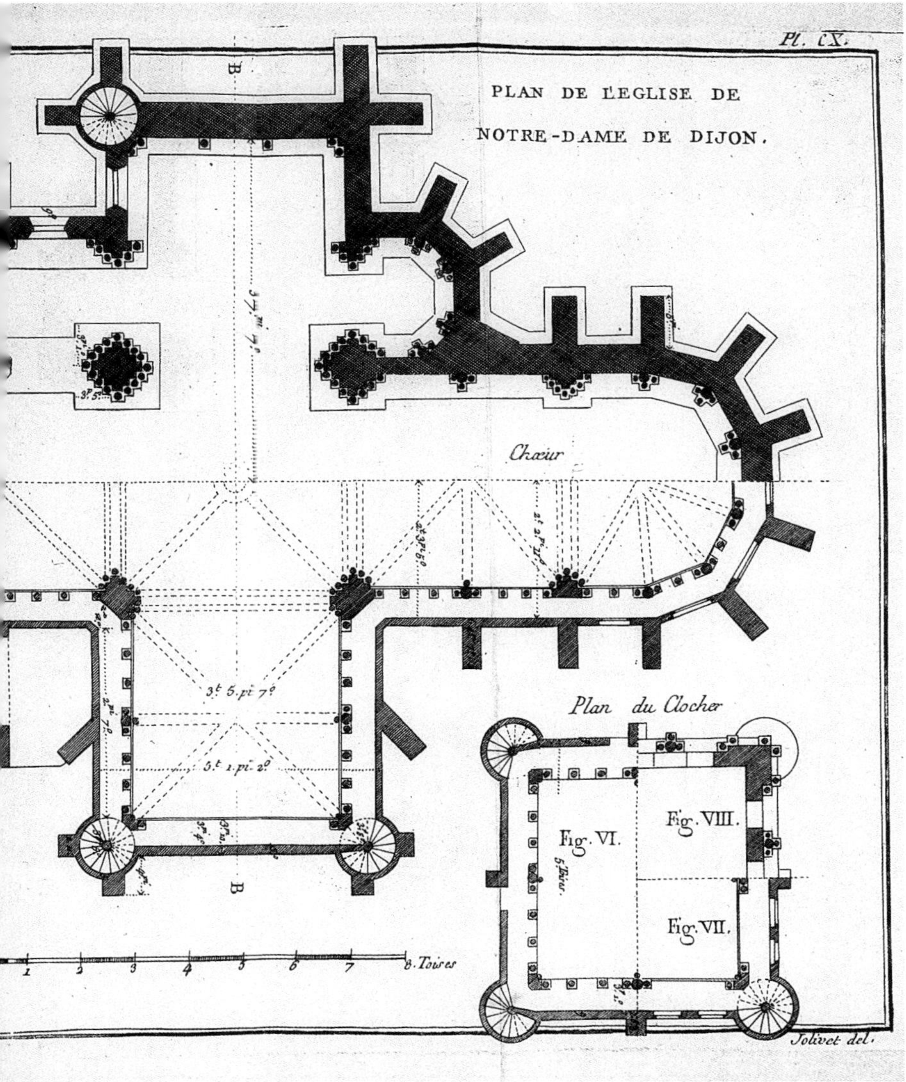
Pl. CX.
PLAN DE L'EGLISE DE
NOTRE-DAME DE DIJON.
Chœur
Plan du Clocher
Fig. VI.
Fig. VIII.
Fig. VII.
8. Toises
Jolivet del.

玛丽-约瑟夫·佩尔（1730—1785年）
Œuvres d'architecture

PARIS, 1765

Architectural works

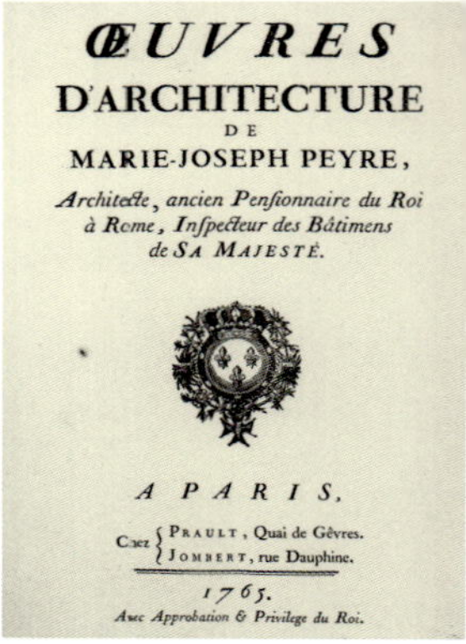

与部雷（1728—1799年）和迪朗（1760—1835年）同时代的玛丽-约瑟夫·佩尔（Marie-Joseph Peyre）是另一位受小布朗德尔的影响，并进一步推动了启蒙时代晚期的建筑理论的重要建筑师，即在19世纪巴黎美术学院的背景下，他在世界范围内产生了影响。他的作品恢宏壮丽，构思十分讲究对称，细节十分精致，影响了法国最负盛名的建筑学院的教学方式。

他于1730年出生在巴黎，师从J.F.布隆代尔（1705？—1774年），并于1751年获罗马学院奖。他在意大利首府逗留期间忙于调查戴克里先和卡拉卡拉的温泉浴池。获奖后他就开始了这次研究，而这些复杂的圆顶结构对他产生了很大影响，然后他把成果递交给了圣路加学院，并逐步了解了皮拉内西（1720—1778年）及其奇妙的建筑学愿景。佩尔设想了一座拥有四条门廊的大教堂，同时借鉴贝尼尼为梵蒂冈的圣彼得广场设计的外围建筑，而给这座教堂的侧翼修建同心弯曲的柱廊。作为大主教的宫殿，这两座巨大的四翼复合式建筑与环形的柱廊连在一起。1756年，佩尔回到巴黎后就担任多处皇家地产的首席建筑师（卢森堡宫和舒瓦西勒鲁瓦）。1765年，他在《建筑作品》（*Œuvres d' architecture*）中发表了自己的12件满意的作品，此书未来的一个版本出现在1795年。他主要的建筑作品是与查尔斯·达·瓦莱（1729—1798年）共同设计的奥德翁剧院（1769—1782年）。1785年，佩尔在舒瓦西勒鲁瓦去世。

他的著述基本上是对自己的大型建筑项目的总结以及小型建筑，特别是喷泉。他的所有建筑项目的特点就在于形状（衍生自古罗马拱形和环形建筑），这成为他建筑素养中最重要的组成部分。特别是半圆形壁龛和半圆室，对话间和马戏场具有显眼的中枢轴心，其上圆顶、柱廊和门廊的有效使用又进一步强化了这种效果。佩尔认为古希腊人并不看重柱式，更不用说古罗马人了。在建筑中真正重要的就是处理好“空间的虚实”。在这方面他指出，现代建筑一定要有所反思，这样才能实现崇高。因此，一座建筑的整体视觉印象就是决定性

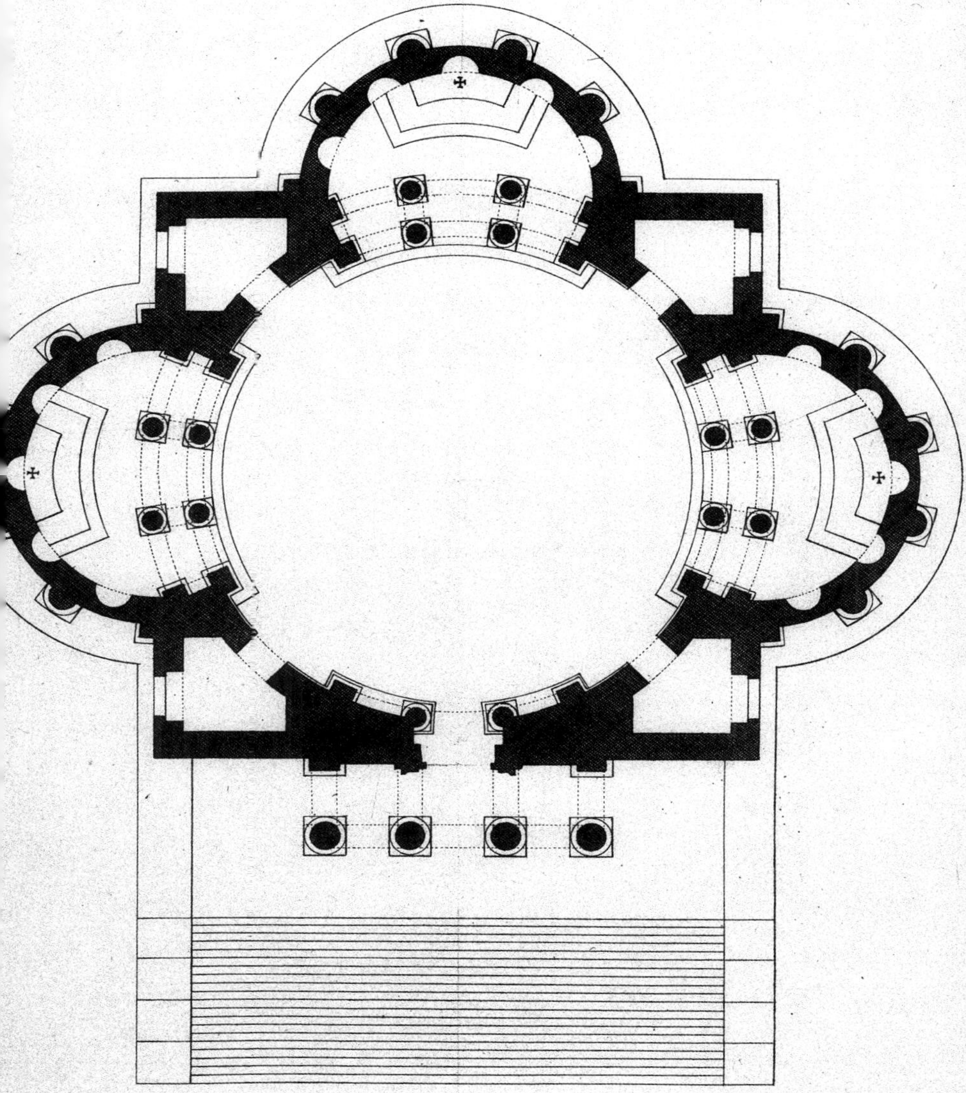

的，若要造就一座无与伦比的建筑，就必须要有一位充满创意的建筑师才能构思出如此协调和独特的作品。装饰过于花哨并非必要，相反，这会造成视觉疲劳。新奇本身同样也不是建筑的目的。相反，建筑要竭力点燃一种尽可能强烈的情绪反馈，例如震惊、恐惧、崇敬、甜蜜、冷静和激情。简单地模仿旧事物是不够的，它们应当被超越，正如现代超越了古代那样。庙宇之后，就有为整个社区服务的教堂耸立了起来，它反而成了供奉上帝的庙宇，需要能容纳很多人。掌握这类建筑离不开对古罗马的深入了解，而迄今为止我们都没有对古罗马人合理处理空间的水平做深入的探究。同一层楼面上的房屋形状各异，通常都是圆形的，偶然也是巨大和拱形的，这就是这种建筑的主要特征。这种设计能满足多种功用，比如集会厅、博物馆、浴室和雕塑收藏室，佩尔认为它们要配有各种有价值的用具，而且要光照良好。此外，要是有人来数一数罗马有多少出众的建筑——他发现只有80座温泉浴场——佩尔郑重指出，也只有在这个时候，他才能真正了解古典时代的伟大，并知道现代的标尺是什么。因此，即使如今在一层楼面上建造很多采光良好的套房也是适宜的，这需要一座非常巨大的宫殿。圆柱之间的正确距离特别能让人留下一种稳重和坚固的印象。佩尔认为哥特式建筑应当被遗忘，因为它脆弱的特性意味着它只会催发恐惧。在佩尔那个年代，人们长篇大论柱式的比例问题，而他认为这是一个无足轻重的话题。

基于这些理论佩尔改进了理想设计方案，有名的建筑项目被夸张得巨大无比，同时保持其一体化，由此确保设计图的雅致。因此，勒沃（1612—1670年）的四国学院方案就增加了四倍大小，其平面图是一个四方形，每条边朝里弯曲，弧度非常大。圆弧外面建起了侧翼建筑，从这里又引出了两个竞技场模样的庭院。这座巨大的教堂是罗马的凯齐利娅陵寝和万神殿的复合体。这座建筑是凡尔赛宫和乌兹堡的宫殿的大型混合体。令人惊讶的是，佩尔只用几句简洁的话就写下了对它的评论。为了实用性，他牺牲了一点点宝贵的建筑空间，建了不受局限的庭院与房间。视觉冲击力是至关重要的，下一个世纪壮丽的城市花园和广场是对这很好的体现。

克里斯蒂安·弗赖冈　著　　肖林振　译

第305页插图

1 | 一座圆形教堂的平面图

佩尔认为这座小圆形教堂的设计沿袭了罗马巴洛克式圆形建筑的传统，例如维尼奥拉建在弗拉米尼亚大道上的圣安德烈教堂和贝尼尼建造的圣安德莉亚·奎里纳勒教堂

插图11。版画由卢瓦耶绘制

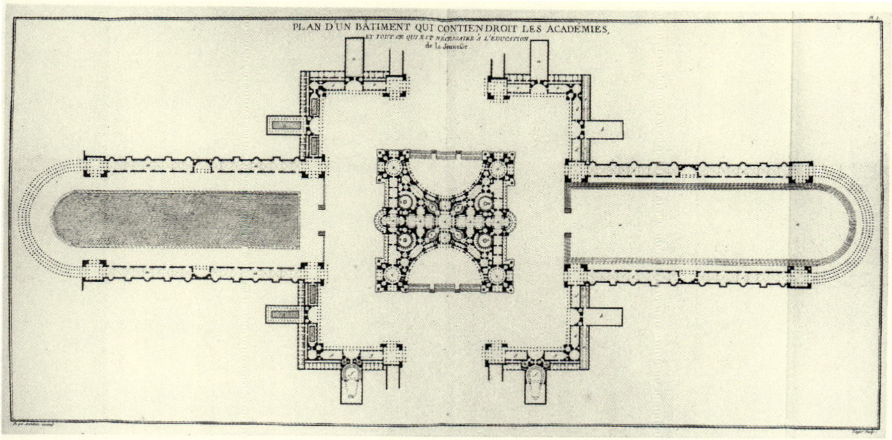

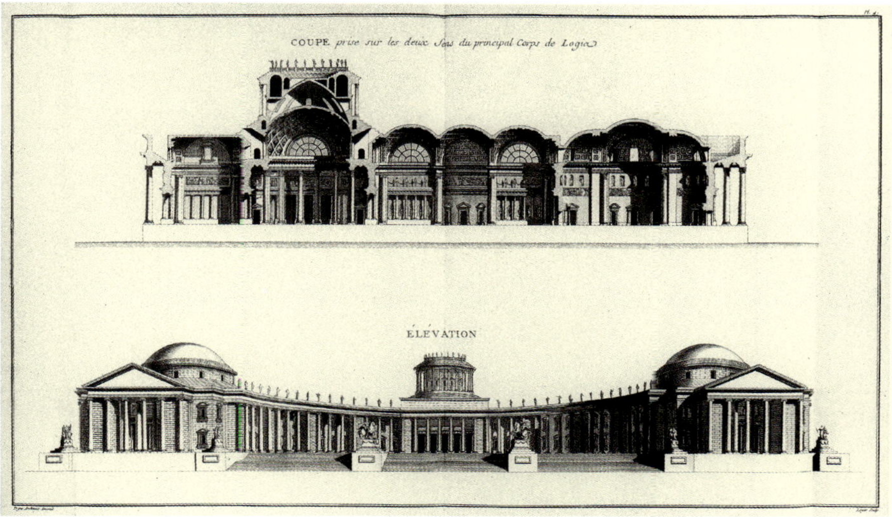

2 | 一所学院的平面图

一所学院的平面设计图极其复杂，包括了演讲厅、图书馆、艺术学院、舞蹈学校、军事学院、军械厅、公共浴室和球馆

插图3。版画由卢瓦耶绘制

3 | 一座教学楼的立面图和立面剖视图

中央大楼严格按照两条对称轴设计。内部中央有一个圆顶大厅，外面有一排长长的柱廊

插图4。版画由卢瓦耶绘制

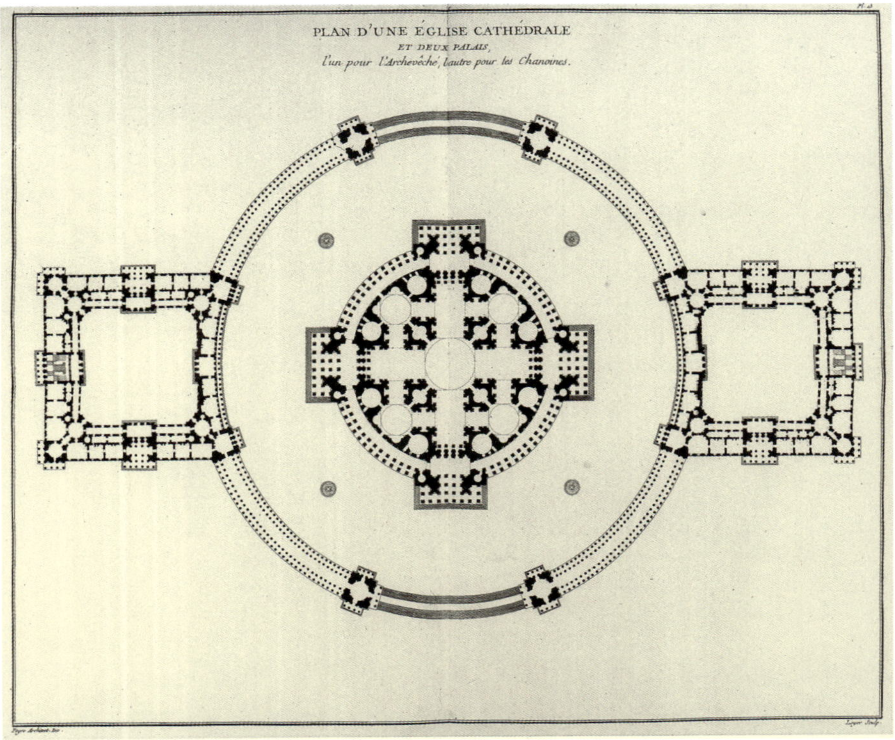

4 | 一座教区总教堂的平面图
这张设计图试想达到罗马圣彼得大教堂的水准。柱廊环绕成一圈，中间是十字形内部建筑
插图13。版画由卢瓦耶绘制

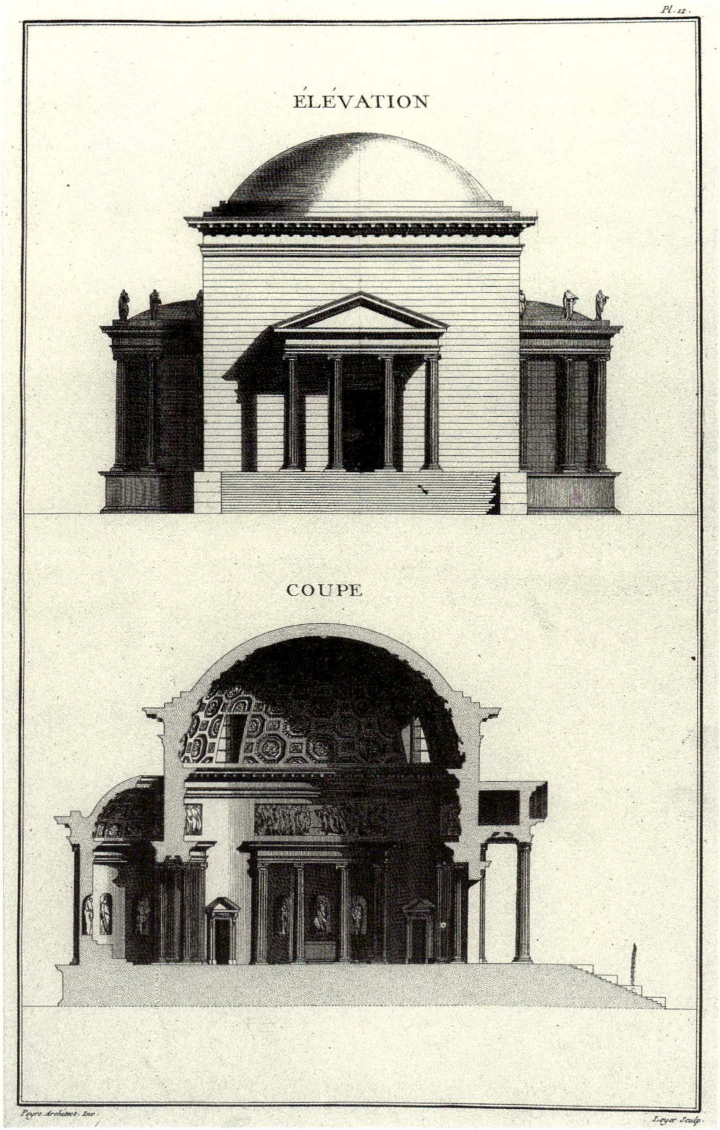

5 | 一座圆顶小教堂的立面图和立面剖视图

从圆顶小教堂的外部和内部式样可以清楚地看出罗马建筑在法国产生的影响：方格天花板的形状与在巴黎巴黎圣宠谷军医院发现的一样

插图12。版画由卢瓦耶绘制

6 | 大教堂立面图
从这座大教堂的外部结构可以清楚看出，建筑师是想放大贝尼尼给圣彼得广场设计的环形柱廊
插图14。版画由卢瓦耶绘制

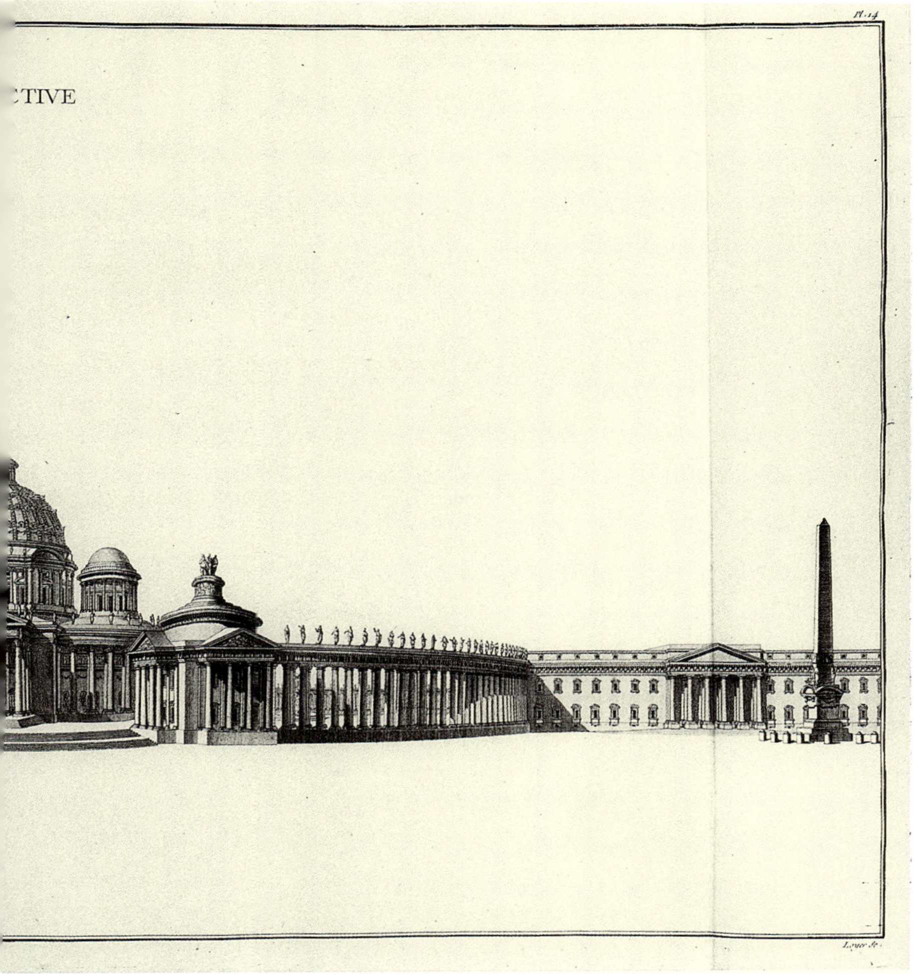
CTIVE
Pl. 14

克劳德-尼古拉斯·勒杜（1736—1806年）

L'Architecture considérée sous le rapport de l'art, des mœurs et de la législation

PARIS, 1804

Architecture in its relation to art, customs and legislation

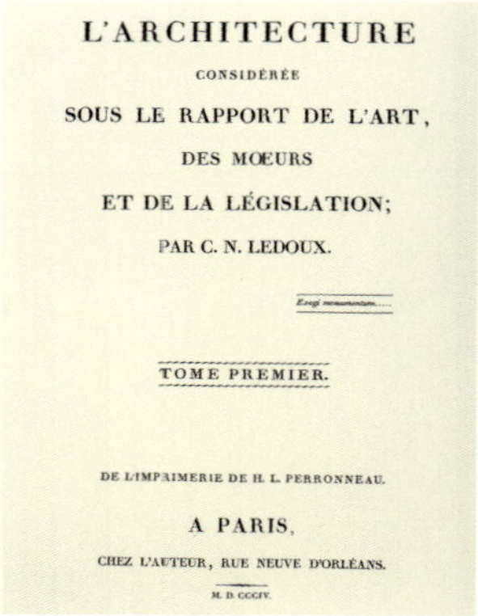
L'ARCHITECTURE
CONSIDÉRÉE
SOUS LE RAPPORT DE L'ART,
DES MŒURS
ET DE LA LÉGISLATION;
PAR C. N. LEDOUX.

Exegi monumentum.....

TOME PREMIER.

DE L'IMPRIMERIE DE H. L. PERRONNEAU.

A PARIS,
CHEZ L'AUTEUR, RUE NEUVE D'ORLÉANS.

M. D. CCCIV.

与革命战争时期许多重要的建筑家一样，诸如部雷（1728—1799年）或洪德莱（1743—1829年），克劳德-尼古拉斯·勒杜（Claude-Nicolas Ledoux）也在布隆代尔（1705？—1774年）开办的著名学校学习过。他很快就成了一位广受欢迎的建筑师，而且从1771年开始就一直担任佛朗什-孔泰大区皇家盐场的高级督察。这份工作对他建筑理论的发展起到了至关重要的作用，因远离法国所以除了设计杰出的建筑方案外，他还更频繁地接触了工程项目、林学知识、运河建设、物流运输和组织管理问题。和部雷如出一辙的是，勒杜也不能被归类为革命战争时期的建筑师，但有时候却保留了这种说法。这样做几乎会让他走上断头台，但这位建筑师在1789年以前就开始了理论研究工作。

《建筑与艺术、风俗和法律之间的关系》（*L'Architecture considérée sous le rapport de l'art, des moeurs et de la legislation*）一书的文字和图片都很华丽（而他还想做得更加令人惊叹），在这之前他早就出过书，试图摸索着严密的建筑线条重构新的乌托邦社会，或者说通过建筑表达这种愿景。这本书所描绘的社会风貌毫无疑问是一种苛求，然而在20世纪不知怎么地就成了一种主导思想。他用冗长的语言和感伤的文字，描述了一个环抱建筑梦想的世界，各个地方都没有社会壁垒，而是通过建筑物这种高度形象的手段将人联系在一起，形成一系列社会活动。一方面，这里存在卢梭所提出的社会契约的影子，也兼容了法国18世纪后半叶涌现的重农论思想。这种初始的国家经济体要建立在一个闭关锁国的体制循环中。一种永无止境的交易模式，就好像血液循环那样，理应要持续保证货物的生产、加工与流通。在这种体系中，所有社会阶层，尤其是农事工作者，都会发挥自己的作用。对勒杜来说这就意味着建筑再也无须见证其主人或使用者的社会地位，而更应该是对正在发生的工艺与劳动的进行表达，以及它们的社会相关性。出于这个原因，建筑说道者这个概念——滔滔不绝地谈论建筑——就被赋予了一种完全不同的功用。有礼仪，或社会阶层合理，就会出现教育。勒杜在给法国制盐之城绍村的设计方案中集中体现了这点。这项工程的主体是制盐厂和个人宿

舍，在1774年至1779年就完成了。但在论文中，绍村成了一座复杂的理想城镇的模范构想。每个职能群体所生活其中或使用的建筑都要能在视觉上体现出他们所在参与的活动。那么铁环制造商，因为他们对于木桶生产而言极其重要，所以就要被安置在形状像轮子一样的大房子里。和事佬的住宅要用束棒罩住以象征团结。至于河流巡逻员，就要让河流穿过他们的房子。为学校找一个象征符号就比较困难。十字形建筑中间可以有一个小教室，象征各科教学内容都能引导学生朝着一个方向终有所获。此外，在这里还可以密切地关注每位学生。教育功用是决定性的，因为走进建筑物的来客不是为了满足享乐，而是反思不良行为并提升道德水平。

这套建筑理论杜绝使用不同的柱式反映社会地位。勒杜倾心于建筑尽可能地保持自然本质，不加雕琢修饰，就像多立克柱式，为城市营造出一种崇高感。为了这个目的，盐长主任的房子有一个巨大的入口大厅，圆柱上每隔一定间距就有四方形平板砌在上面，好像浮雕装饰。此外囊括了整个社会结构的建筑不允许有任何装饰。甚至科林斯柱上精雕细琢的叶子图案也是毫无用处的，是对经济的损害。

勒杜遵守自然循环，这也引来了越来越多对城镇的批评之声，这一问题在雕版印刷方面很快就浮现了出来。卢梭理想中的自然主义社区远离乌烟瘴气的城镇，自给自足，坐落在生态平衡、起伏蜿蜒的郊野，布满植被。这样的天堂是为人类存在的，并通过建筑的帮助而实现社会分配。工人的房子呈辐射状环绕在分类工和厂长的房子周围，而且是单层平房，这样就能毫无差错地区分下属和领导的房子。不过所有房子都带有小花园，居民可以自己种蔬菜和水果。1800年左右，勒杜用一种近乎集权的方式，把支配生活的各种复杂的社会职能融合在一起，这种激进的建筑体系非常独特。建筑就应当要不断地照亮乌托邦的美好与惬意。然而，让“穷人”也能照见真理的光明却是建筑的创造者，建筑师做到的。在“穷人的庇护所”这幅著名插画中，一个裸体男人站在沙滩上一棵孤零零的树下面。住在遥远的奥林匹斯山巅的女神想要减轻这个流浪汉的苦难。按照勒杜的说法，建筑师注定要成为为人们服务的诸神之一，让他们的基本需求都得到满足。很久以前维特鲁用过原始木屋这个比喻，但在这里可怜的原始人就要永久被剥夺建造起第一座木屋的本能了。这个想法很受欢迎。举例来说，甚至连勒·柯布西耶（1887—1965年）都坚持认为光靠建筑就能组织无产阶级革命。

克里斯蒂安·弗赖冈 著　　肖林振 译

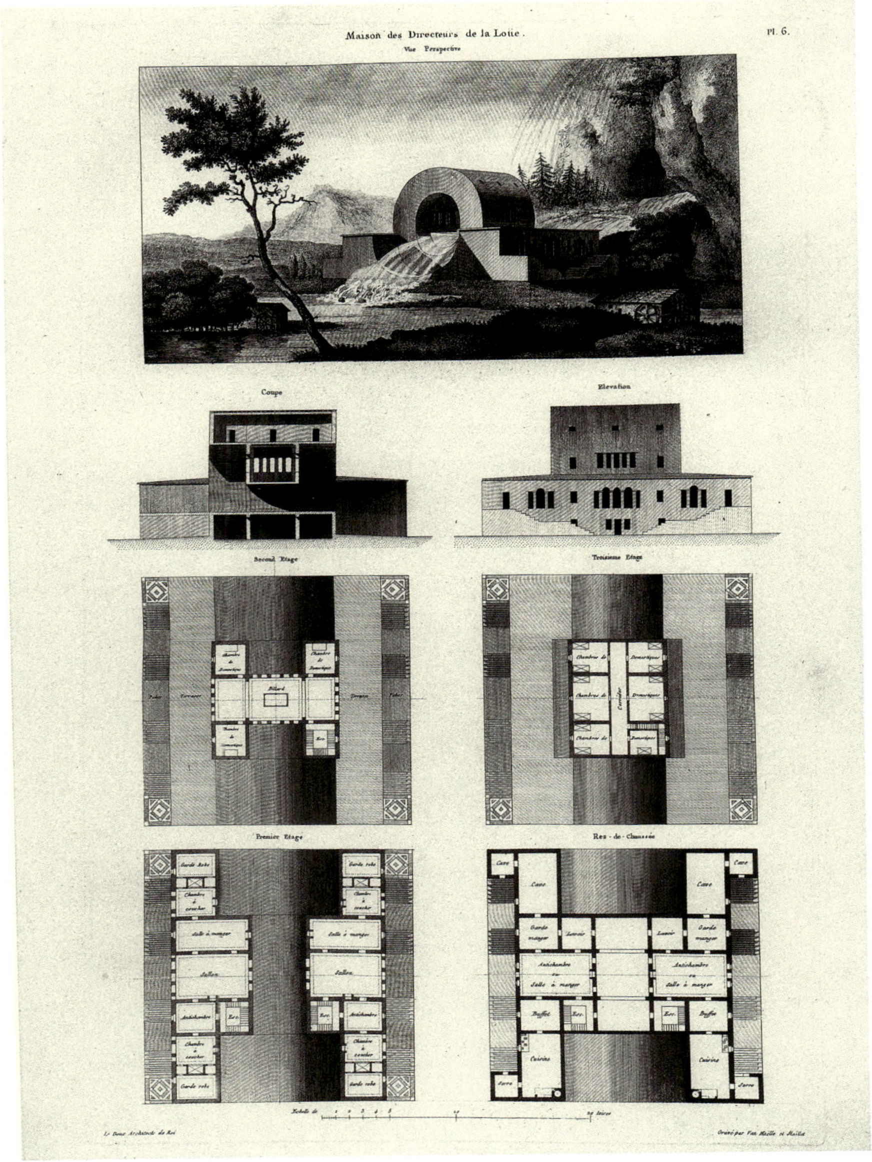

1 | 河流巡逻员在卢厄河上的房子
他房子的形状就像一根水管
版画6由凡·梅尔和马耶绘制

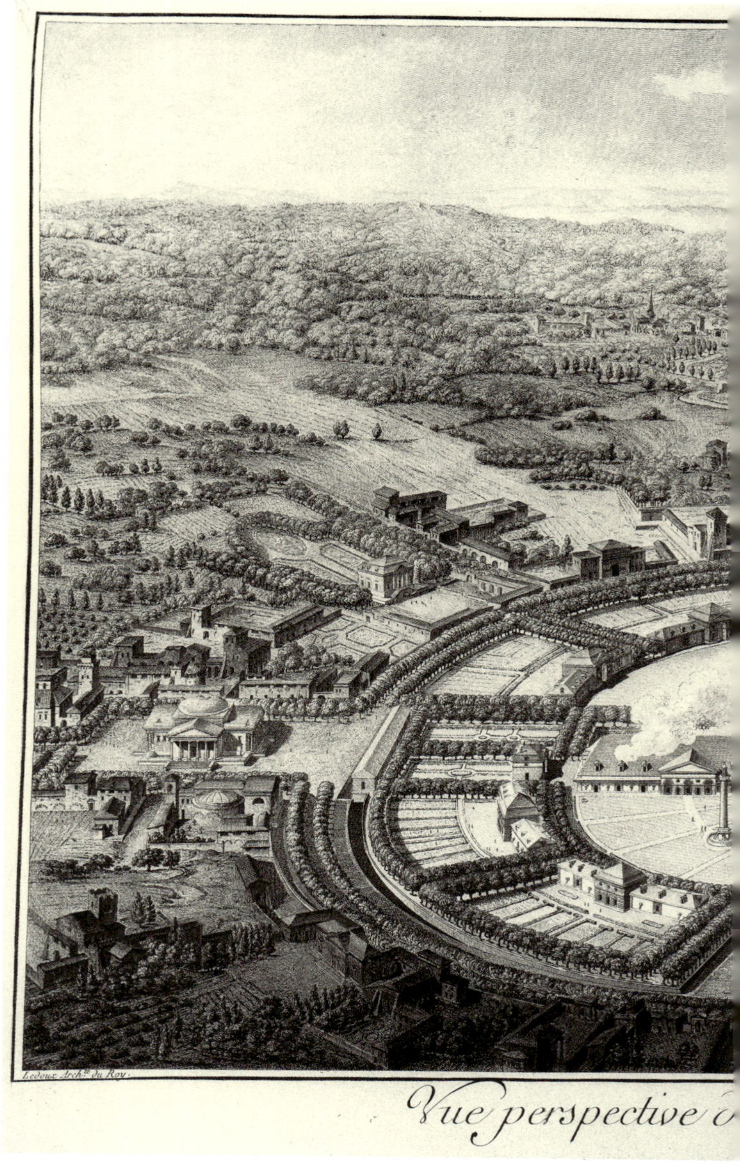

2 | 绍村全景图
中央地区分布着学校和领导的房子，工人的房子环绕在中心区周围
版画15

lle de Chaux

3 | 绍村制盐厂、整幢建筑以及食盐加工井的横截面图
该图显示了城市的一大功能，入口被设计成石窟模样，盐就在石窟里加工
版画36

Coupe sur la Ligne AB. du Batiment des Berniers.

PL. 36

4 | 绍村制盐厂与公墓规划图

在这座四处漆黑的建筑中央，有一个巨大的圆形房间，会让人产生庄严感

版画99由雷森内特绘制

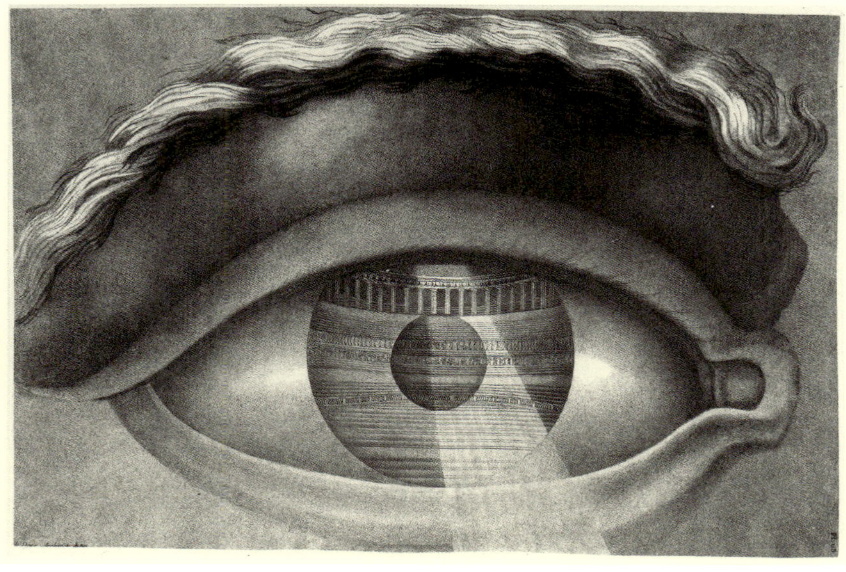

5 | 外太空景象
这幅看似具有讽刺意味的图画代表着生死轮回
版画100由波维内特绘制

6 | 贝桑松的剧院礼堂
这座礼堂的图像投影在演员的眼睛里，在台下观看的观众成了受教育对象
镂刻凹版画113

7 | 贝桑松剧院的舞台
为了纪念舞台表演，舞台被装饰成了凯旋门的模样
版画119

4
5 Toises
PRISE SUR LA LARGEUR.
Pl. 119.
Sellier Sculp.

让-尼古拉-路易·迪朗（1760—1835年）

Recueil et parallèle des édifices de tout genre anciens et modernes

PARIS, 1800

Depiction and comparison of all types of new and old buildings

Précis des leçons d’architecture

2 VOLS, PARIS, 1802–1805

Précis of the lectures on architecture. Los Angeles, 2000

让-尼古拉-路易·迪朗（Jean-Nicolas-Louis Durand）的题为《建筑课程概述》（*Précis des leçons d’architecture*）的建筑学著述，为读者提供了一套令人惊叹的建筑学概念的标准和体系。它明确地与他的《各式建筑的描述与比较：古代与现代》（*Recueil et parallèle des édifices de tout genre anciens et modernes*）拉开了差距，两者出版时间差别并不大。这是一个巨大的努力，将世界上以前的建筑放入一个历史文脉中，并将其放在一个虚拟的博物馆中展示，同时又清晰地与当时的建筑潮流划清了界限。

迪朗于1760年出生在巴黎，并且在艾蒂安-路易·布雷（1728—1799年）的资助下成为一名建筑师，年轻之际就取得成功。从1796年开始，迪朗开始执教于新近建立的理工学院。这便是他后来的主要工作，直到1833年，即他去世的前两年。《建筑课程概述》是他图文并茂的课程讲稿，以他教学内容为主要线索，并以浓缩的形式涉及了建筑的各个方面。这与年轻的布朗德尔那冗长、无序的《建筑课程》（1771—1777年）的差距十分之大。迪朗坚称，建筑的主要意义就是发挥社会作用。因此，任何建筑的社会适用性及其建设的盈利能力都是在这一原则下的主要考量对象。这包括坚固、卫生与舒适，以及由后者衍生而来的匀称性、规律性和简洁性。因此，盈利能力与设计的效率、技术估算的清晰程度、建设工作的执行效率息息相关。在所有这些的背后，是建筑师的道德责任感，即将整个社会作为一个平等的整体进行考虑。这个整体只能建立在其个体成员互惠共利并且共同享用成果的基础上，建筑的盈利能力在此同样扮演着重要的角色。迪朗试图通过一个激进的系统原则来保证它，即提供一个方格网作为墙体和支撑结构的基础，这能协同组合成各式各样的建筑物，并且在建筑街区范畴上同样适用。毋庸置疑，基础轴网的尺度能随着所要求的建筑的变化而变化。并且，基础的网格常常决定着建构系统，包括墙体、拱廊、建筑物和内部庭院，等等。通过横向和竖向建筑体块的组合，任何的建筑任务都能容易地规划和执行。随后，在他的讲座中，迪朗常常使用方格纸（在18世纪曾偶尔地被用于建筑制图，这便是后来现代图表纸的起源）。以

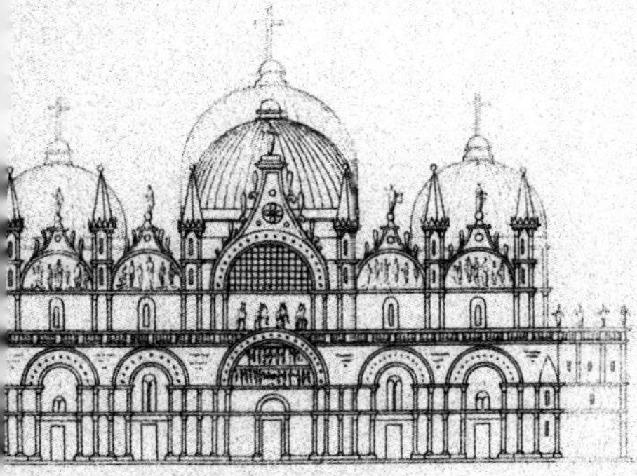

Marc de Venise bâtie sous Urséolo Ier vers l'an 977.

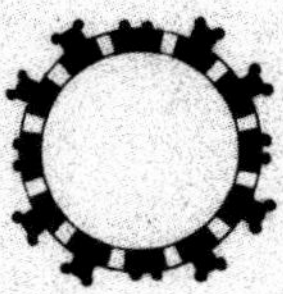

des Invalides

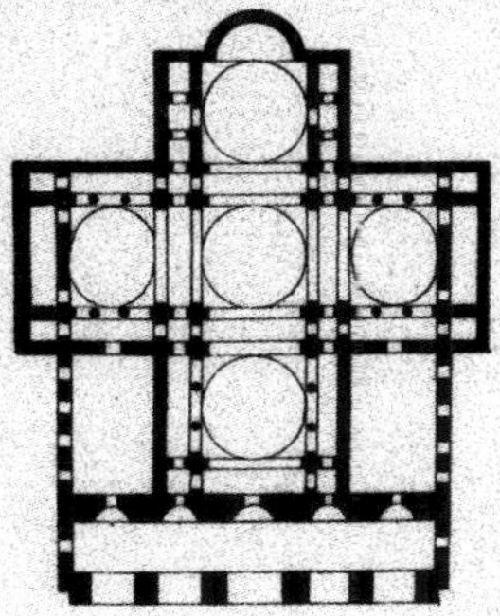

nvalides, bâti par Jules Hardouin Mansard en 1693.

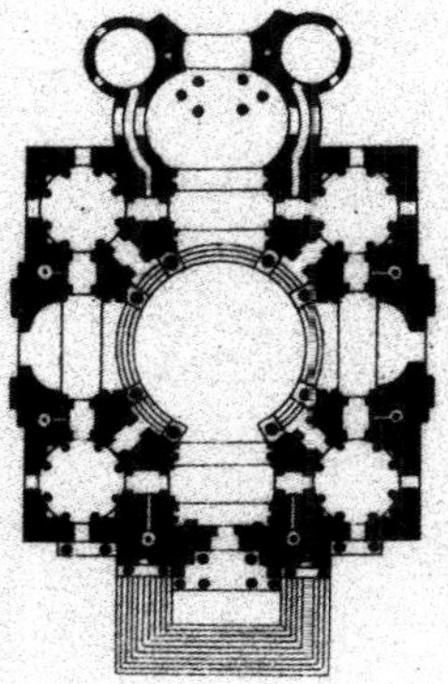

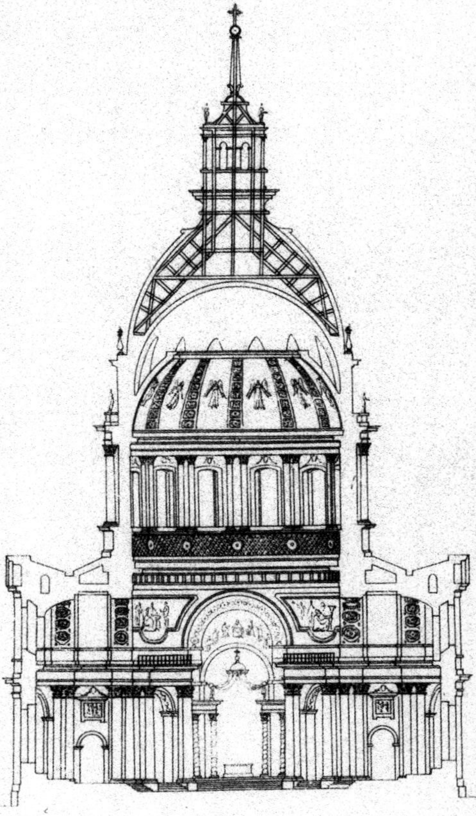

200 Mètres

起源）。以上所提到的标准化意味着，他能设计出一个通用的建筑单元系列，组合出任何可以想象得到的建筑类型。甚至，这个过程能够很容易地进行传授和实践，并且，能成为预制构件实现的原则。预制构件的首个大尺度的例子，可以追溯到1851年伦敦的巨型水晶宫。迪朗并不为他的项目的技术、工程而烦恼；对他来说，设计的经济性和合理性才是决定性的因素。建筑传统、场地和表达的象征层面，并不扮演重要角色，并且因此不再是实现社会基本需求的目标。这个目标主要通过公共建筑项目实现，因而迪朗的指导手册主要关心大型公共建筑，每个大型公共建筑都是匀称而有组织的，并且严格地遵守轴网系统，通常围绕许多内院进行布置。然而，在他的建筑学习生涯里，这些只不过是长期的抽象练习设计建筑的基础，例如入口大厅、拱廊、庭院和大厅，在学习期的结束之前，它们被组合在一起，去塑造基于特定功能要求的特定建筑类型。虽然只是基于经济性要求，这些纪念性建筑也需要被量化。所以，迪朗这种以标准化建立的方法，同时也影响着传统的五柱式的序列。到目前为止，经历了一个复杂的历史进程以及持续的激烈争论之后，这些柱式的比例已经被定义。现在，它们成为数学公式的一部分，通过这个公式，从塔斯干柱式到组合柱式的差距逐渐被拉近，每一次变化一个柱子的半径，然而柱子的高度则是每一次变化一个柱子的直径。

迪朗的《各式建筑的描述与比较》出版于1800年，是一个历史母题的纲要，一个真正的世界建筑"虚拟博物馆"。该书的封面边缘显而易见地展示了世界上主要建筑作品的插图，边缘处标注有各大洲的象征性图标。这本海量型的图集不能和《课程概述》一起比较，因为它是当时正在涌现的建筑新话语中更深远的部分。在这部著作里，建筑设计过程内容与建筑历史内容被严格清晰地分离开来，就像是在《概述》里的教学和实践那样。20世纪后期之前，《比较》被用来作为的历史建筑教学和设计练习的优秀教材。建筑任务以及母题被编纂成目录，使得读者能够快速地找到合适的纲要。每个作品都配有精确的铜版雕刻插图，所有都是同样的比例，平面图、立面图的轮廓线条都清晰可见：所有东西都被精心处理，从导水渠到土耳其建筑，从泵水房到清真寺，从所有能想象的寺庙类型（按方形或者圆形进行类型学分类）到剧院，从帕米亚的古代建筑到柱头和天花板上难以计数的装饰物。迪朗的工作标志着用新的系统性手段来叙述建筑历史的曙光。一方面，建筑依据其类型学特征，被安排进各自的类型中去，例如，"圆顶的主要建筑"或是"纪念性的柱廊庭院"，在相似的建筑方案中，每个建筑的个性都能脱颖而出。在另一方面，每一幢建筑和每一个重建项目都配有简要说明文字，描述它的位置和名字，以及一部分的建造时间，或者是这个特定重建项目的负责人，例如比利亚尔潘在耶路撒冷的寺庙重建案例。如果这些说明文字起到了图片标题的效果，那么类型的布局就会显得更像博物馆的展示方式。它们会以图表或展示墙的形式出现，照片墙通常以显著大幅的建筑插图出现，以集中在中轴线的方式排列，至于边缘，相对较小的项目被匀称地表现出来，规则的平面图和立面图形成了和谐的图示。在建筑母题的剖面中，史法则至关重要。柱式不是以传统的塔司干柱式、多立克柱式、爱奥尼柱式的传统方式来分类，而是根据埃及、希腊和罗马现存的例子，以历史序列的方式展示。通过这种办法，书籍依据地形学、历史学的标题作为主要的排版原则，从多立克到科林斯柱式的历史发展过程便不再重要。

克里斯蒂安·弗赖冈 著　　唐韵 译

1 | 罗马神庙的简介
上面是维特鲁威的神庙类型；下面是实际建造的类型
插图2。版画由雷维尔绘制

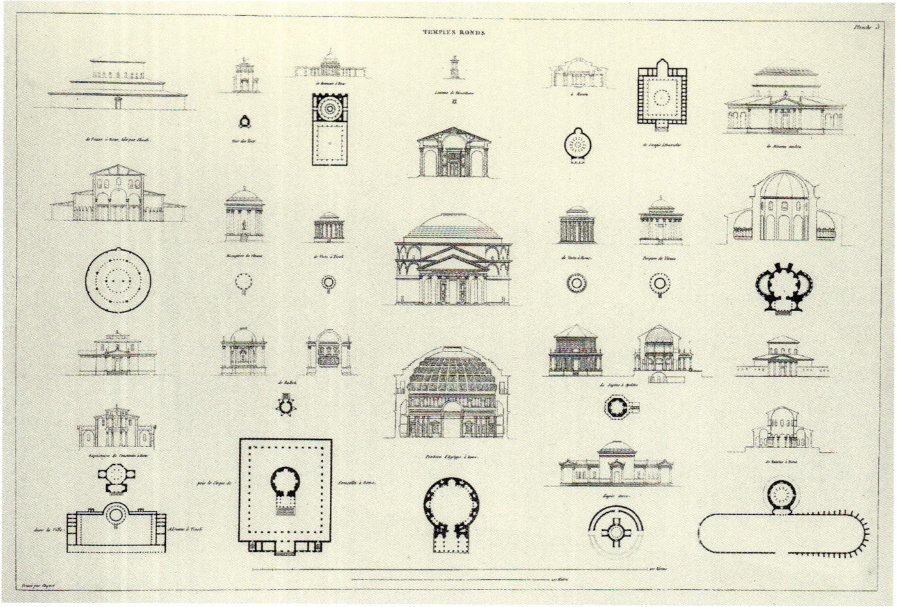

2 | 圆形神庙的简介
迪朗使用了两种比例：剖面比例较大，平面比例较小
插图3。版画由考克特绘制

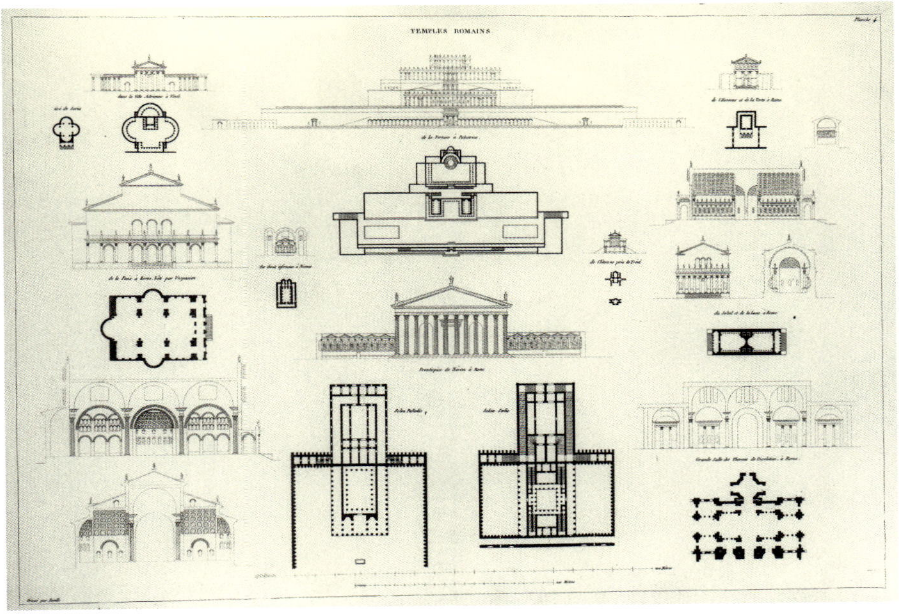

3 | 帝国论坛和浴场的简介
罗马帝国的论坛和浴室集中在一起，作为19世纪法国纪念性建筑，经历了许多变化
插图4。版画由考克特绘制

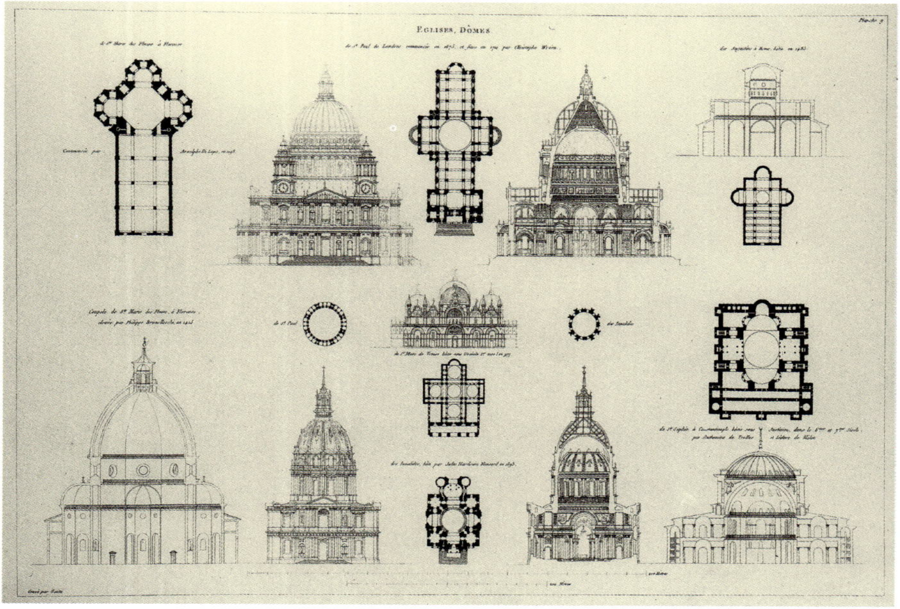

4 | 圆顶结构的简介

世界建筑中圆顶结构的典范：佛罗伦萨大教堂、伦敦的圣保罗教堂、巴黎的圆顶教堂、威尼斯的圣马可教堂、伊斯坦布尔的圣索菲亚大教堂和罗马的圣奥古斯丁大教堂

插图9。版画由加里绘制

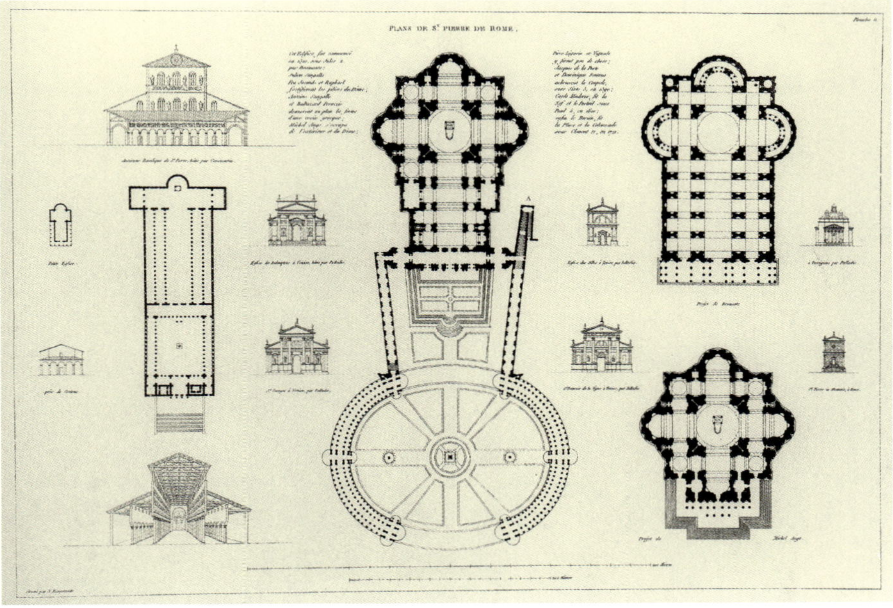

5 | 罗马的圣彼得大教堂重建平面
图表显示旧圣彼得教堂、布拉曼特的方案、米切朗基罗的方案以及最终建成的方案平面
插图11。版画由荣松奈特绘制

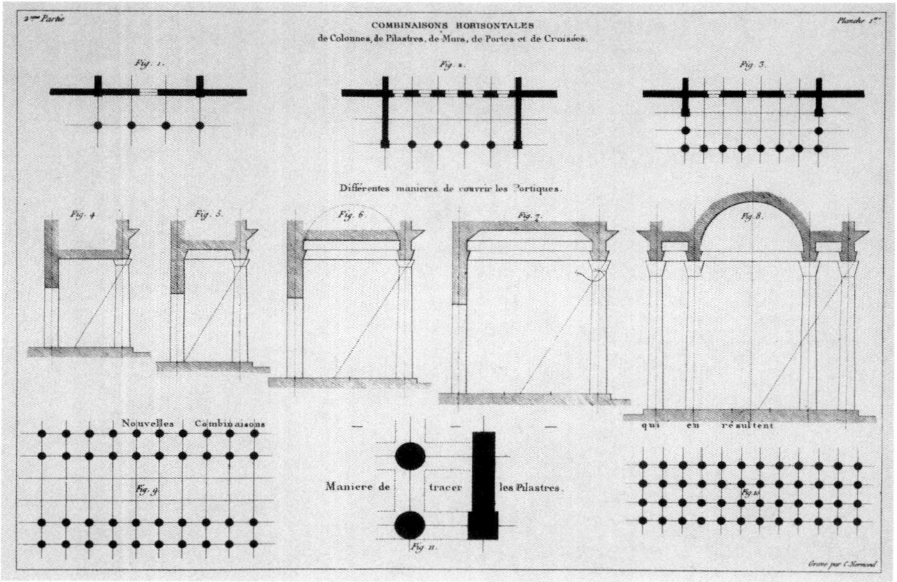

6 | 柱与壁柱之间的水平连接
显而易见，方格网上的严格几何平面中出现了各种各样的门廊
第二版，巴黎，1817—1819年，第一卷。版画由诺曼底绘制

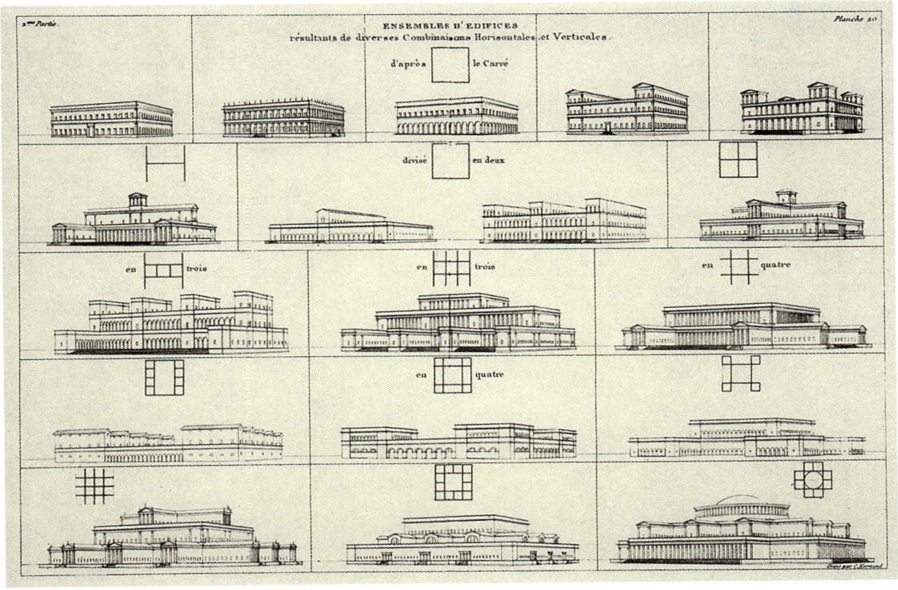

7 | 从方形平面中发展出的各种建筑类型
这些建筑物的设计无目的，而是根据对一个广场不同的划分而设计
第二版，巴黎，1817—1819年。版画由诺曼底绘制

让-巴蒂斯特·宏德莱（1743—1829年）
Traité théorique et pratique de l'art de bâtir

7 VOLS, PARIS, 1802–1817

Theoretical and practical treatise on building

纪尧姆·阿贝尔·布鲁伊（1795—1853年）
Supplément

PLATES. PARIS, 1847

Supplementary volume

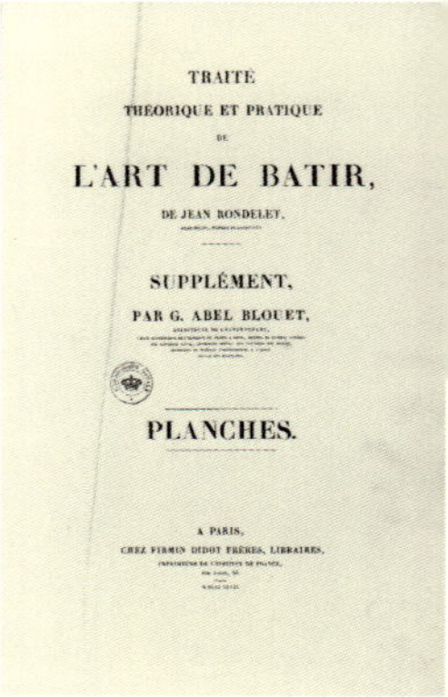

让-巴蒂斯特·宏德莱（Jean-Baptiste Rondelet）属于法国革命动乱的年代，他在建筑形式的转变过程中扮演了主要的角色，即建筑形式从审美与象征到一个理性的技术学科的转变。

他于1743年生于里昂，求学于雅克-弗朗索瓦·布朗德尔（1705？—1774年）的建筑学院，也曾是艾蒂安·路易·布雷（1728—1799年）的学生。值得一提的是，他在雅克-圣日尔曼·苏夫洛（1713—1780年）手下工作的时候掌握了广泛的技术知识，尤其是在圣吉纳维夫教堂的建造时期，即后来的万神殿。宏德莱最为非凡的技能就是圆拱砌块的切割以及土木工程，这些都来源于多年的大胆建造实践，从1806年起，他成为高级建筑师。那些实践，当面对有关结构安全的质疑的时候，常常被证明是重要的，尤其在有关穹顶的情况中。从1783年到1785年，建造工作停止，他抓住机会去意大利进行长期的学习研究之旅。他很快被公认为法国最好的结构工程师之一，他的专业报告越来越具有权威价值。皇家学会于大革命期间的1793年被解散，但在那里，整合了工程与技术专业知识的新学院建立起来，宏德莱便是当时杰出的组织者之一。从1789年开始，他就已经开始号召这样类似机构的建立，并且于1794年在巴黎公共工程中央学院得以建立，开始建筑和工程的教学。然而一年后，它开始只专注于技术和实践技能的研究，被更名为综合理工学院。革命军的军事需求是学院以这种形式存在的主要原因。它被强制性教授基于准确计算和有效使用基础上建造的精确知识。这样，它后来很快就向一些专业的领域深入，例如火炮、采矿、桥梁建设、筑路和造船。1799年，宏德莱被任命为建筑学院的教授，该学院即建立于1807年的帝国美术学院的前身之一。宏德莱

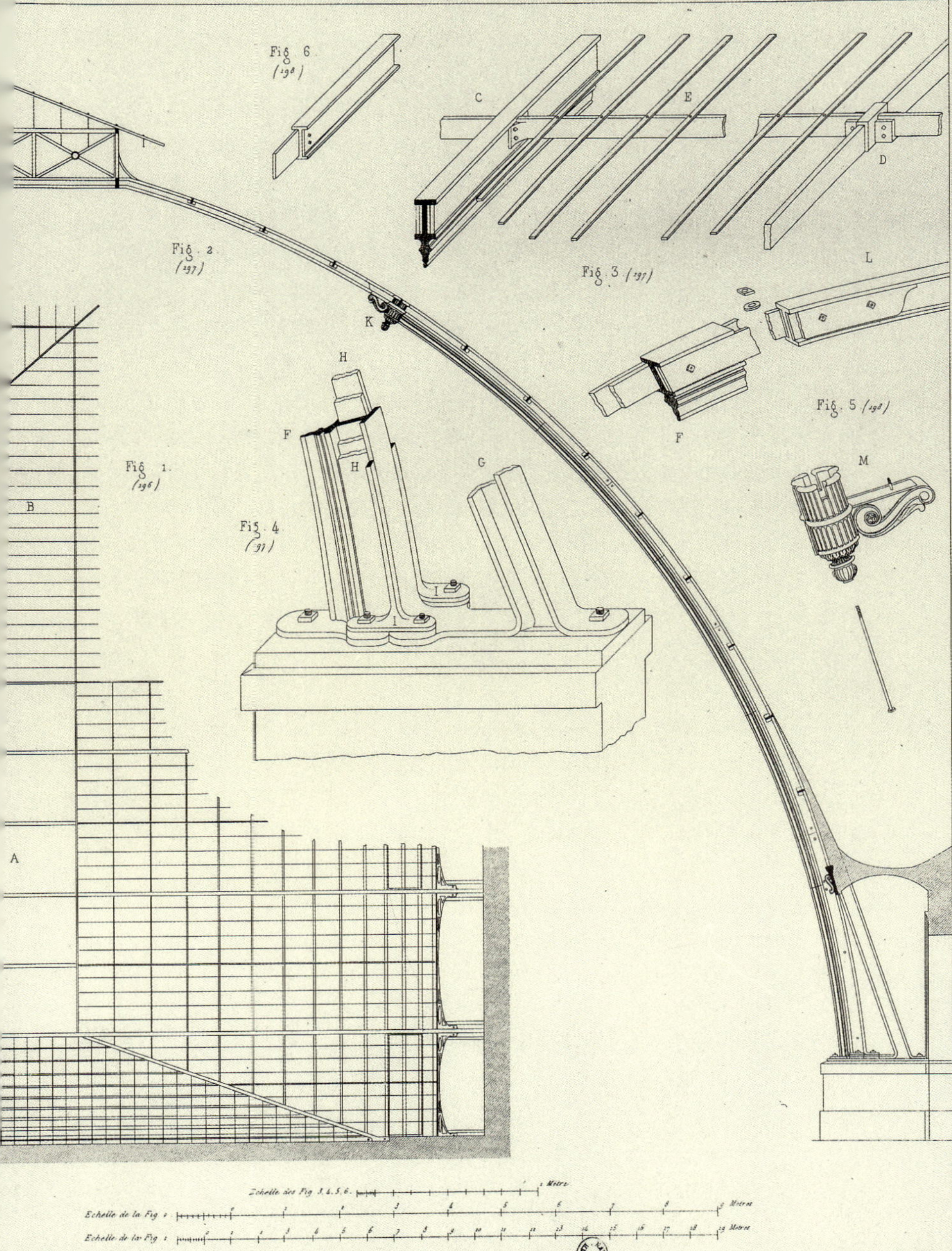

SERRURERIE.

Combles.

在建筑系负责教授切石法和建筑建造，并且在1815年被任命为美术学院的成员，1829年在巴黎去世。

宏德莱将其关于建筑问题的思想写进了大量的专家意见以及研究报告里。他的主要作品《建筑的理论和实践著作》出版了多个版本，首次发行于1802年到1817年间的五卷里，附有大量的套图。在前言部分，他声称建筑的目标是为进步做贡献。建筑不应该仅仅是工程师的工作，因为在提供稳固性之外，建筑必须同时也要满足适宜和美观的标准，所以安全、方便和辉煌的建筑需要被建造，从而给城镇以声望。这些都曾是经典的古典建筑所遵循的原则；但是从14世纪开始，那时大多数建筑师被训练成画家，建筑的装饰成为关注的焦点，技术技巧遭受忽视。鉴于这个原因，他建议现在的首要需要考虑的事情，必须是在实践和理论视角下对建筑技巧的掌握。宏德莱所指的内容，一方面，关乎建造者如何去对待材料（生产、处理与运输），在另一方面，关乎建筑的结构性和荷载承受的特性以及所需要的花费。因此，这著作不包含冗长的传统范式，而是作者亲身经验的总结。建筑教学的新科学方法，便分为军事建筑、造船和土木工程，这对宏德莱而言只由公共建筑和花园组成：寺庙、宫殿、学校、剧院、凯旋拱门、喷泉、水管道、桥梁、港口、广场和街道。该著作大量的主要章节提供材料方面的细节信息，描述并以表格清单的形式罗列出沉积物、处理方式以及各式各样的石头、砖块、水泥和土壤的特性，以及关于如何计算拱顶和屋顶结构的细节展现。建筑材料铸铁的使用第一次被精确地描述，宏德莱以库尔布鲁克代尔的铁桥、艺术桥和德奥斯特利茨桥作为案例进行了解释说明。单位“米”于1795年作为新的计量单位被引进，宏德莱甚至详尽地说明了应该如何根据单位“米”去计算费用，基于人体尺度的计量方式不再扮演重要角色，并且宏德莱因此拒绝提到经典的比例系统，也就不足为奇了。

至于结构方面，宏德莱的作品，偶尔被描述为迪朗的建筑学说教义的翻版，形式介于较老的文献著作和较新的分为多个部分的手册类型之间。尽管宏德莱的作品出现在五卷书中，但它严格的分为七部分，每一部分都是一个独立的作品，各自致力于一个单一的主题：第一部分是石头，第二部分是砖和水泥，第三部分是穹顶建造的技术，第四部分是数学运算，第五部分是基础铺设和土壤搬运，第六部分是木工艺，只有第七部分包含有多个主题，例如屋顶、墙体镶板、栏杆和最后的新建筑材料铸铁，这表明铸铁当时显然还未被广泛认可，因此不能保证自己占有独立的卷章。

克里斯蒂安·弗赖冈 著　　唐韵 译

第335页插图

1 | 作为覆盖的铸铁骨架结构

T型截面梁和箍铁铆结，形成了令人惊讶的透明细腻的骨架

第79卷。钢版画由H.鲁克斯绘制

2 | 古代砖石建筑技术

在古老的文化中，正确切割石头对于理性建造是必要的

第一卷。钢版画由H.鲁克斯绘制

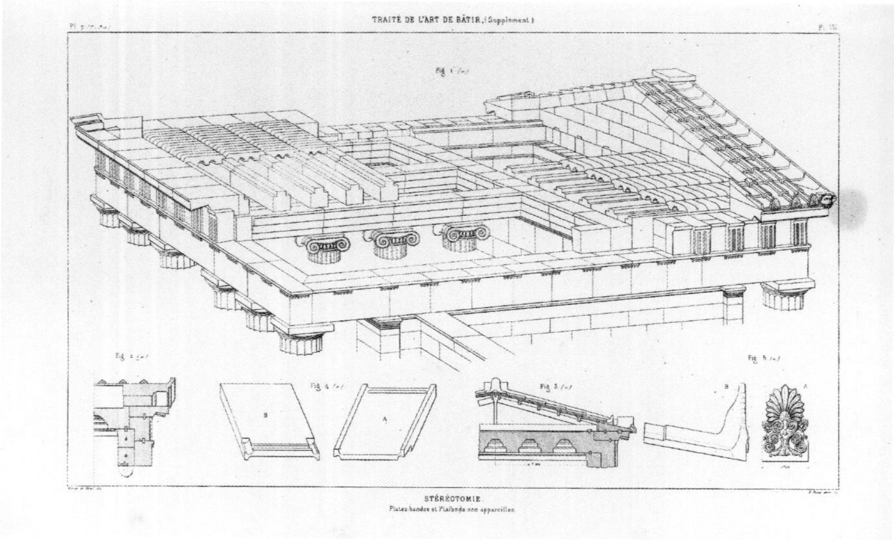

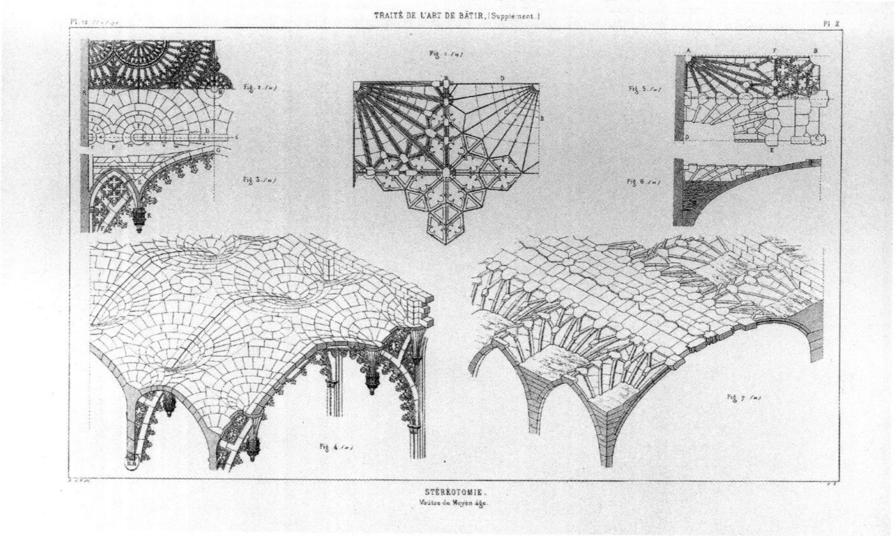

3 | 希腊神庙的系统建造

布卢埃明确地使用了卡尔·弗里德里希·申克尔的设计
第七卷。钢版画由H.鲁克斯绘制

4 | 英国哥特式的火焰装饰拱

它再次表明，对于石头正确的切割和组合是拱顶建筑的先决条件
第10卷。钢版画由H.鲁克斯绘制

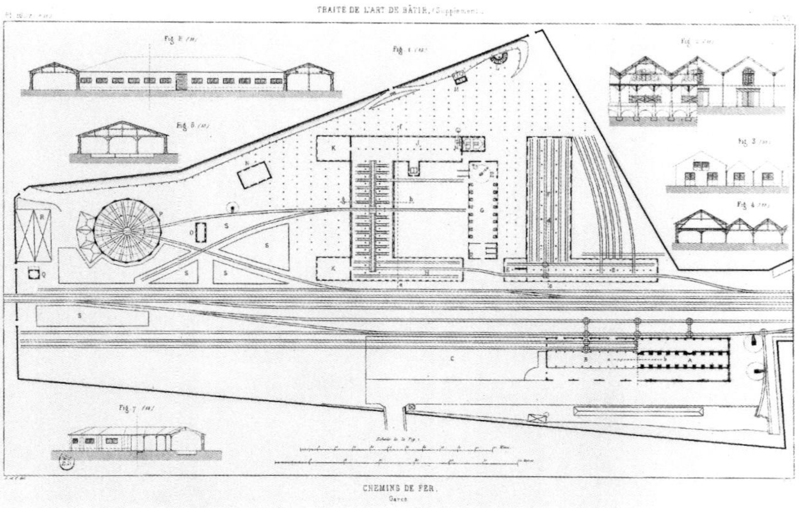

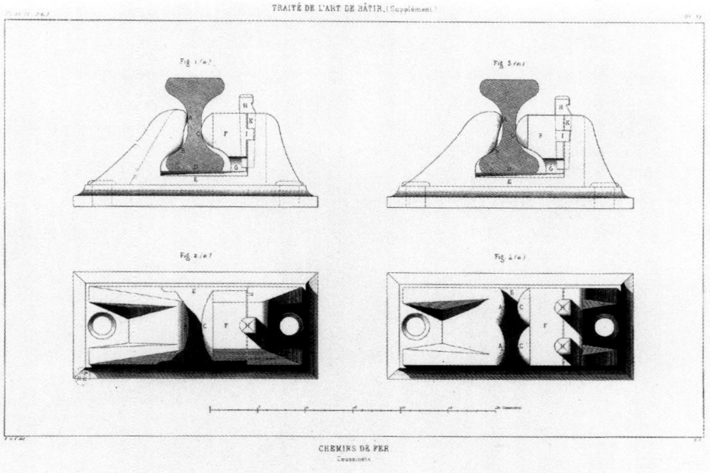

5 | 货运列车车站轨道布局

这是奥尔良站最初的平面图，1900年被现在的奥赛美术馆替代

第16卷。钢版画由H.鲁克斯绘制

6 | 轨道扣件

除了砖石和木工，轨道建筑现在被认为是建筑的一部分

第20卷。钢版画由H.鲁克斯绘制

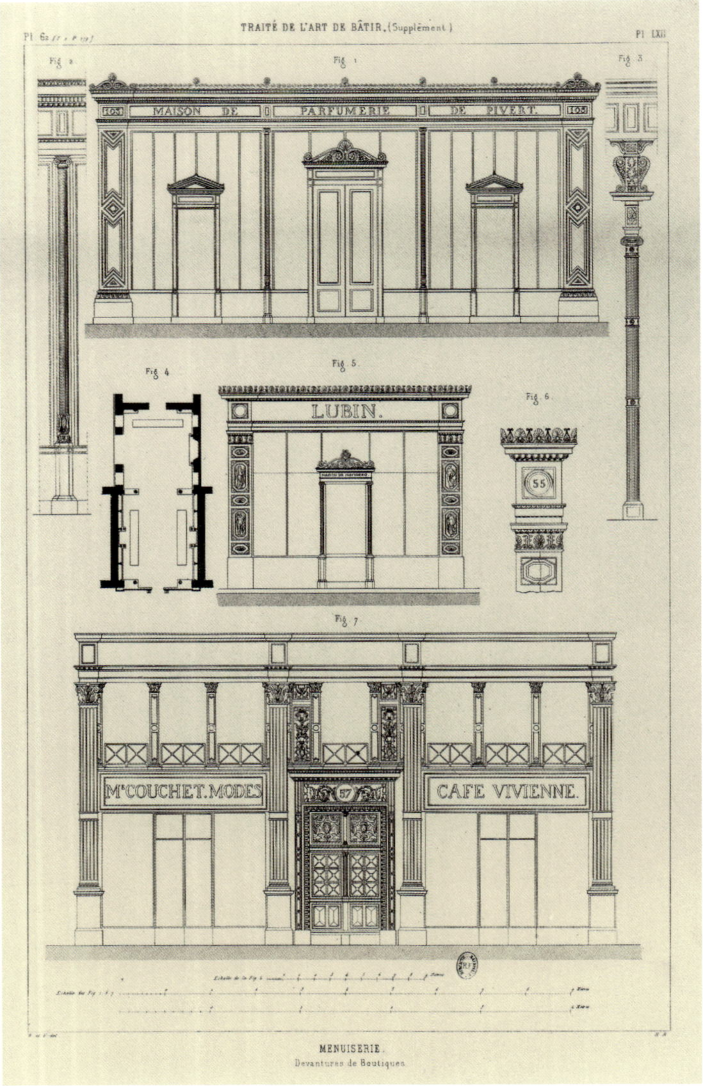

7丨金属店面

在“建筑配件”一章，描述了各种商店和商店窗口的经济性构件

第62卷。钢版画由H.鲁克斯绘制

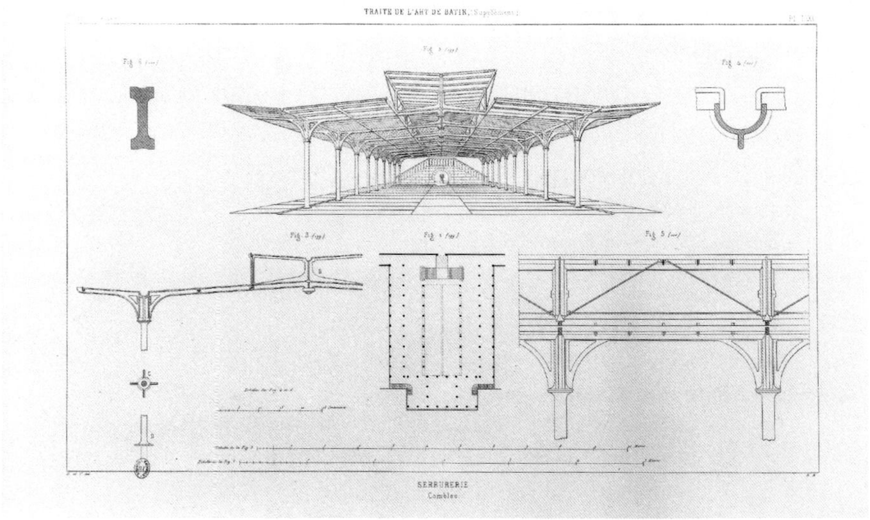

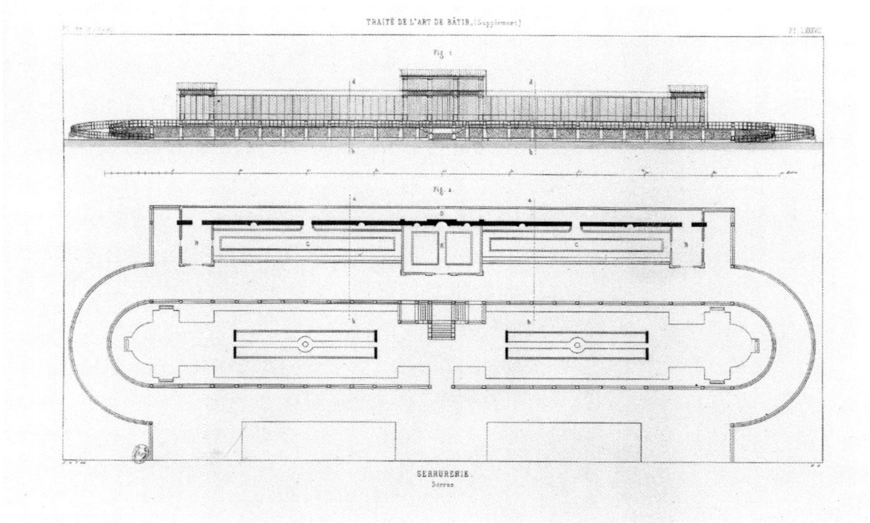

8 | 亨格福德市场大厅

这种铸铁结构的特点是T型梁的使用，不需要外部支撑

第80卷。钢版画由H.鲁克斯绘制

9 | 鲁昂植物园温室

三座铸铁和玻璃结构展厅以及雄伟的斜坡让人想起巴洛克宫殿

第87卷。钢版画由H.鲁克斯绘制

欧仁·埃马纽埃尔·维奥莱-勒-杜克（1814—1879年）

Dictionnaire raisonné de l'architecture française du XIe au XVIe siècle

10 VOLS, PARIS, 1854–1868

Detailed encyclopaedia of French architecture from the 11th to the 16th century

Entretiens sur l'architecture

2 VOLS, PARIS, 1863–1872

Discourses on architecture. USA 1889

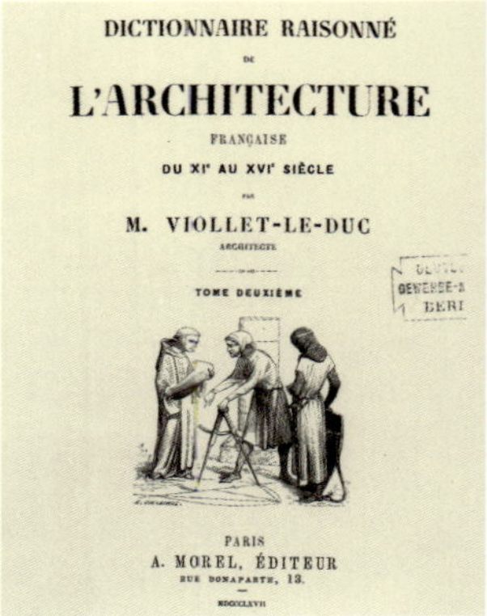

维奥莱-勒-杜克（Viollet-le-Duc）对建筑的解释，对20世纪现代建筑的概念工具有着无与伦比的影响。建筑的结构和功能作为独立的决定因素，换而言之，作为历史学、社会学以及所有技术分析的结果，似乎从这个全面的天才的广泛著作中被直接剔除。这个效果主要是因为杜克不再将建筑理论视为一个推测性的、美学的系统，而是作为看似无懈可击的经验科学研究的结果。除了古代希腊遗迹以外，唯一合乎逻辑的是，我们强调中世纪以来的建筑，或者说所谓的现代建筑，之所以有效只是因为它的贴面装饰，并且都与建造无关。从最开始，物理的科学法则就不来自这种建筑的形式。

杜克的理论可以被追溯到纪传体的大环境。他于1814年生于一个受教育的中等阶级家庭，很早就受到一些建筑师的训练，曾经在法国和意大利进行大量的旅行，并且与国家首席建筑检查委员会保持着密切的联系。他在1838年被任命为这个委员会的出版发言人，同年他开始了中世纪教堂和城堡的调研和恢复工作，因而为世人所知，并成长为最伟大的历史学家。通过历史遗迹委员会，杜克多次被委托恢复法国的主要中世纪建筑项目，包括在巴黎、亚眠和克莱蒙费朗的教堂，以及圣但尼和韦兹莱的大修道院教堂、阿维尼翁和卡尔卡松的老防御工事。1853年，他成为总建筑监察长，即法国所有教会建筑的监察长。他在这个角色所获得的专长，奠定了被广泛印刷的《11世纪至16世纪的法国式建筑百科全书》（*Dictionnaire raisonné de l' architecture française du XIe au XVIe siècle*）第一版的基础，发行于1854年至1868年。与此类型的其他作品相反，例如1800年左右出版的《昆西四世的建筑历史词典》，包括了关于历史时期真实情况的苦心记录。但在这里，杜克关于建筑的基础理论在几篇重要的文章里明确地处理了诸如建造、修复和风格的问题，但许多其他条目则是隐含处理的（如教堂、地牢、尖拱）。1863年，杜克被任命为美术学校的教授，一年之后他不得不放

弃了这个职位，因为他对改革建筑师的培训太过贪心，以至于徒劳无功。然而，他在1863年到1872年间的教学历程在题为《建筑谈话录》的书籍里得以记录。在那里，他提出了他的建筑系统、不同时代的结构以及建筑的基本议题。但他的学说的成功是归功于几个说教的著作，以及其他出版物，他坚持创作直到他生命的尽头：1873年的《房子的故事》以及1878年的《一个小镇和一个教堂的历史》，以叙述性的、易于理解的方式，讲述了历史和建筑的问题。

杜克的建筑理论建立在准确且丰富的中世纪建筑和技术知识的基础之上，这些知识习得于他的修复经历。有逻辑且理性的原则出现于13世纪，即经济的建造方式，它导致了建筑的骨架形式的出现，这是以前关于大教堂所未有过的大胆阐述。在这方面，杜克采取了反官僚或资产阶级和反宗教的明确立场。这是仅有的一次严格的建筑法则，可追溯到罗马式时期的修道院文化，但现在被世俗的城市文化所挫败。他建议，自由的公民可以代表自己委托大型项目，只有这样，天才的建设者才能在遵守自然规律，并且在履行这些合同的时候，享有逻辑合理的工作自由。

因此，对理性与逻辑原则的坚持应用成了驱动发展的力量，进而使人们聚焦于自由社会的好建筑上，尤其是对希腊和哥特风格的建筑来说更是如此，杜克这样说道。因此他确认了阻碍进展的因素：过分拘泥于遵守传统、学院派法则和权威机构，尤其是首先意味着神职人员和君主统治的机构。他结合这些因素，提供了一个普遍的历史，这不只是建筑历史，更是建筑背后所反映的文化史。然而，推动进步背后的力量依赖于“种族”，这显然意味着某些心理特征和人民的素质，以及由物质资源和气候所决定的条件。此外，进步必须与历史事件和审美前提相抗衡。这样，盲目地遵从自然的法则就不足以实现理想的建筑了。另外，有些附加标准也是必需的，例如建筑物能否在战争中抵抗攻击。归根结底，这是一个试图达到理想比例系统的案例，就这样，哥特式、骨架形式建筑达到了进步的巅峰。在那里，对于神权机构的超越、建筑材料的特性和法国民族的天才（即他所说的雅利安人和高卢-罗马人的愉悦结合），共同导向了一种建筑的方式，它能够在力量的动态关系中容纳各种结构元素。这种品质证明了一种观点，那就是哥特式建筑构成了一个独特的“风格”。他断言，只要是秉承自然法则完美地实现一种功能，任何对象都能拥有最完美的品质。对于使用某种材料并实现特定功能的事物，例如一只花瓶、一艘轮船或一台机车来说，这也并没有错。相反地，这种解释需要为理想哥特式建筑的每一个细节都找到一个“理性”的技术解释，就像一台机器一样。

毫无疑问，这种关注每一个细节并且渗透到其他几个知识领域的建筑理论，除了许多正确的断言之外，也产生了一些站不住脚的前提和结论。杜克站在了与未知的激进主义相对的立场上，从而与现代主义产生了关联：哥特主义与古典主义、建造与装饰、真相与谎言、进步与学院派以及建筑工程与建筑艺术，这些关于极端概念的辩论为后来的现代主义关于功能与建筑本质的讨论埋下了伏笔。

克里斯蒂安·弗赖冈　著　　唐韵　译

1 | 一个铸铁骨架拱大厅设计
新的建筑材料铸铁，不仅能够建造出比石拱更大的跨度，而且更经济
第26页。钢版画由苏瓦乔绘制

2 | 理想的大教堂
对“正确”的哥特式建筑的了解使得杜克设计了理想的教堂：高耸哥特式结构的复合体
第二卷，324页。木刻版画

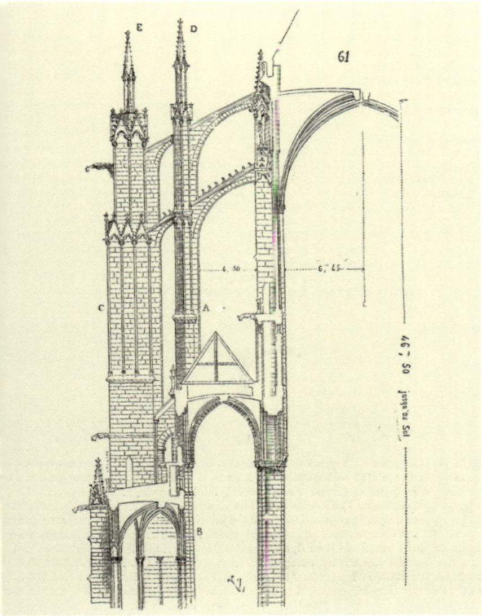

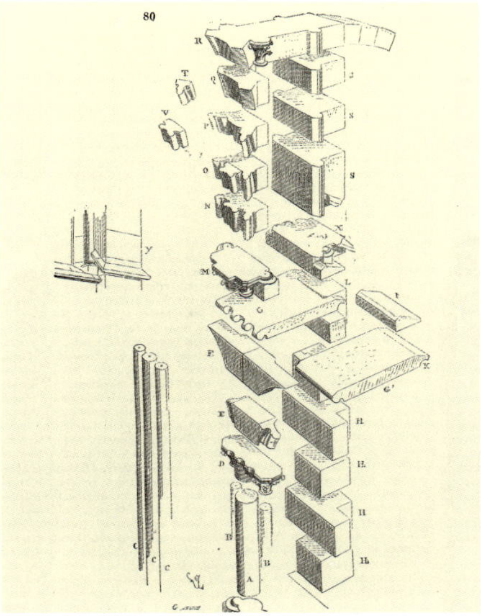

3 | 博韦教堂的唱诗班席位的剖面图
这种精妙和大胆的建筑 "并不是不犯错误的"，杜克声称他知道1284年倒塌的原因
第一卷，70页。木刻版画

4 | 第戎圣母院的拱形部分
"积木"系统对拱开始的复杂部分很有利
第四卷，141页。木刻版画由G.珍纳绘制

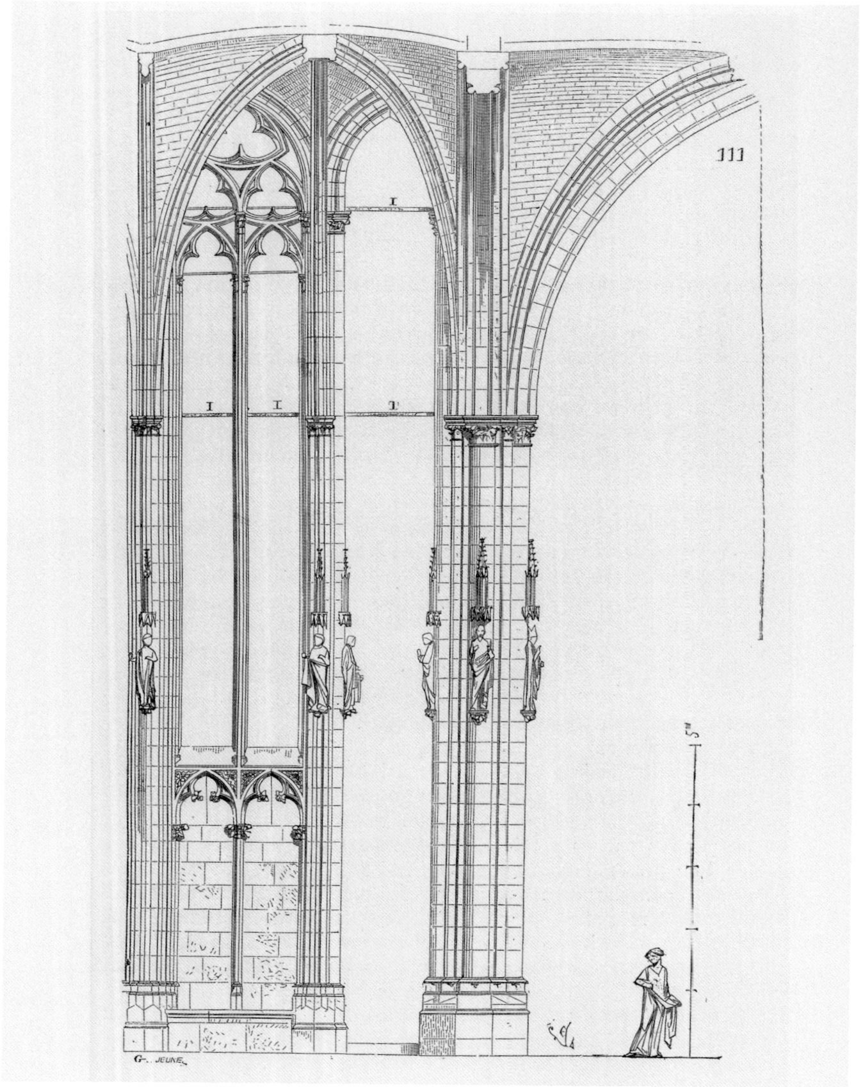

5 | 卡尔卡松的圣纳泽尔教堂东翼剖面图
哥特式建筑的建造离不开不同高度的铸铁构件
第四卷，202页。木刻版画由G.珍纳绘制

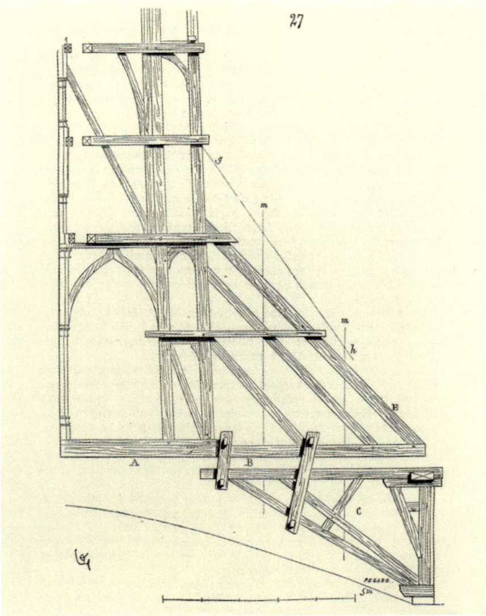

6 | 卡尔卡松的圣纳泽尔教堂穹拱细部
第四卷，203页。木刻版画由G.珍纳绘制

7 | 亚眠大教堂中塔的木结构
哥特式建筑的大胆不仅反映在石砌上，而且也反映在木作中
第四卷，470页。木刻版画由G.珍纳绘制

8 | 亚眠大教堂中塔的立面图

第四卷，471页。木刻版画由G.珍纳绘制

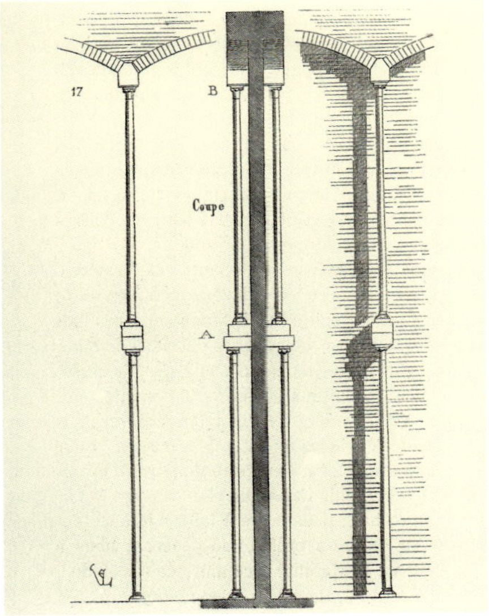

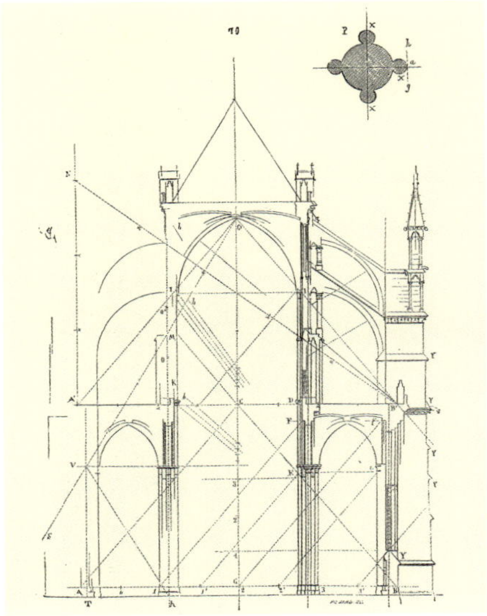

9 | 竖向承重构件
由石头或铸铁制成的垂直支撑可以降低墙体的质量
第298页。钢版画

10 | 亚眠的唱诗班席位剖面上的比例分析
由于遵循相同三角形的特定比例，建筑内部结构和谐
第406页。钢版画由埃佩加尔绘制

11 | 铸铁支撑的集市建筑
根据弹性哥特式骨架构造原理，铸铁目前承担了支撑和覆盖的功能
第21页。钢版画由苏瓦乔绘制

TURE PL. XXI

Cl. Sauvageot. sc.

E

Imp. Lemercier. Paris

西班牙

胡安·卡拉莫·德·洛布科维茨（1606—1682年）

Architectura civil recta, y obliqua

3 VOLS, VIGEVANO, 1678

Architecture, upright and oblique

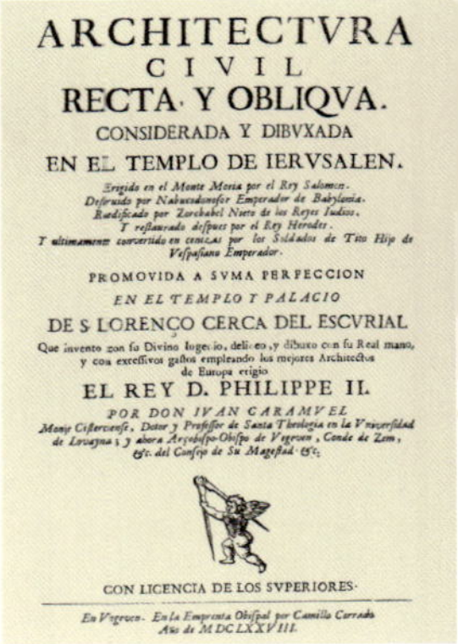
ARCHITECTVRA
CIVIL
RECTA, Y OBLIQVA.
CONSIDERADA Y DIBVXADA
EN EL TEMPLO DE IERVSALEN.
Erigido en el Monte Moria por el Rey Salomon.
Destruido por Nabucodonosor Emperador de Babylonia.
Reedificado por Zorobabel Nieto de los Reyes Iudios.
Y restaurado despues por el Rey Herodes.
Y ultimamente convertido en cenizas por los Soldados de Tito Hijo de Vespasiano Emperador.
PROMOVIDA A SVMA PERFECCION
EN EL TEMPLO Y PALACIO
DE S. LORENÇO CERCA DEL ESCVRIAL
Que invento con su Divino Ingenio, delineo, y dibuxo con su Real mano, y con excessivos gastos empleando los mejores Architectos de Europa erigio
EL REY D. PHILIPPE II.
POR DON IVAN CARAMVEL
Monje Cisterciense, Dotor y Professor de Santa Theologia en la Universidad de Lovayna; y ahora Arçobispo-Obispo de Vegeven, Conde de Zem, &c. del Consejo de Su Magestad &c.
CON LICENCIA DE LOS SVPERIORES.
En Vegeven. En la Emprenta Obispal por Camillo Corrado Año de MDCLXXVIII.

胡安·卡拉莫·德·洛布科维茨（Juan Caramuel de Lobkowitz）——西班牙西多会的修士、外交官以及未来的维杰瓦诺主教——是《建筑：直与斜》（*Architectura civil recta, y obliqua*）一书的作者。这是一部相较传统建筑理论而言更加任性的作品。这位巴洛克作者博学多才，曾完成过120多本涉及各种不同科学问题的著作。在这本著作中，他建立了一个基于精确透视规律的复杂建造理论。这种理论受到笛卡尔的理性主义影响，而作者与笛卡尔亦有着频繁的通信。对卡拉莫来说，这篇文稿本质上是教义性。其中完全不包含一点自我怀疑，而他用这套理论来批判其他著名的建筑师们，比如米开朗琪罗（1475—1564年）和洛伦佐·贝尔尼尼（1598—1680年）。他建议他们重新设计罗马圣彼得广场的柱子。尽管这篇文章因其过多的推测与大量的乌托邦特征而备受批评，但它确实引发了巴洛克时期对于建筑理论的自由讨论。

西班牙语版的三卷本著作于1678年在意大利维杰瓦诺镇问世。如卡拉莫自述中所讲，他从1624年开始构思这个计划，并于1635年开始在欧洲各中心制备161幅插画的雕版。这本著作是为了献给菲利普四世的儿子、奥地利的堂·约翰而作。从副标题中可以明显地看出作者与西班牙教廷的联盟关系。为了这种联盟关系，他在30年战争期间十分活跃，而埃斯科里亚尔的皇家修道院也作为完美建筑的案例受到盛赞。为了契合主题，文章序言对耶路撒冷圣殿的做了历史与哲学性讨论，其中包含了四幅著名的重建比利亚尔潘的版画。除此之外卡拉莫还给我们带来了第五张变体，一张从上空俯瞰纪念碑的鸟瞰。前两卷包含了接下来的九章内容，卡拉莫在这九章中发展了他的理论。第三卷的工作仍在搁置中。卡拉莫的建筑观点中包含了神学、天文学、数学和道德等各方面的角度。不同于和他同时代的弗赖·洛伦佐·圣·尼古拉斯（1595—1679年），他对建造实践的方面毫无兴趣。他的研究方法完全是

C
A
b

科学式和理论式。为了这一目标，他进而拟定了一部世界建筑历史，这部历史中不仅包含了金字塔与摩索拉斯陵墓，还援引了亚洲、非洲与美洲的小镇与原始的定居点为例。卡拉莫仔细区分了“建筑的直”与“建筑的斜”，“建筑的直”包括古典主义柱式，而他将“建筑的斜”归纳为自由的艺术，第十位缪斯，也就是天赐的法则。“斜”建筑的核心在于几何中的投影方法。卡拉莫试图用此方法将一张基于透视的图像转换为真实的建筑。每个单独的建筑元素经历视觉修正后，构筑的空间受制于观察者的视角。卡拉莫明确地意识到，他已经与古典主义建筑决裂，转而设想一种新的巴洛克理论：“正如古人随心所欲地运用石头，他们教导我们按照愿望来工作，既不使自己受制于法律，也不受制于他人的训言。”

在他开始对“建筑的斜”进行更深入的剖析前，卡拉莫讨论了柱式，他将柱式增加到至少11种。像弗雷·胡安·里奇一样，他引入带有螺旋柱身的所罗门式，或者说提尔式柱式，后者被应用在罗马的圣彼得巴西利卡华盖的模型上。除此之外，他援引米兰大教堂中、帕维亚的卡尔特修道院以及塞维利亚和萨拉曼卡大教堂的例子，加入了哥特式柱式。他描绘了拱顶垂直投影与形式，并得出结论，认为他们不但难以掌握，也不是很有吸引力。尽管他对哥特的评价普遍比较负面，但他首次将哥特作为一种柱式引入，这甚至早于加里诺·加里尼。他继续描绘马赛克、大西洋和傧相柱式，以极大的自由进行着这些类型的设计。卡拉莫对多立克柱式装饰的建议同样是原始的，他在柱间壁上装饰了大象头和麋鹿头，而非传统的牛头，还布置了一个蹲着的大象，起到柱础或者台基的作用。

在第六章中，卡拉莫开始讨论著作真正的主题：建立一个“新”的艺术形式，即“斜的建筑”。他区分了两个不同区域的使用方法:平面图和垂直投影图。前者关注基本的平面形式，比如圆和椭圆；而后者与地表的高度、“消失”的墙、楼梯和栏杆有关。通过各种各样的实例，作者解释了“斜”元素的几何来历。借助辅助线，他阐明了柱身、雕像和柱廊的透视扭曲现象。作为对贝尔尼尼的明确批评，他坚持柱子应该在横断面上呈现出“寄生”的特点，也就是说围绕中心的椭圆形分布，这样对站在广场中心的观察者来说，它们看起来就能整齐一致。作者在楼梯边缘及楼梯扶手“斜”的设计上花费了大量空间，向人们展示出遵守“直的建筑”的直立柱子或者栏杆、上升基座、柱顶梁、扶手以及它们之间不引人注意的三角壁。至此我们可以发现卡拉莫似乎碰触到了一个致命的建筑难题，而且在此领域有很多对他的理论的应用。菲利普·尤瓦拉（1678—1736年）在都灵夫人宫的楼梯井中就考虑了西班牙人的建议。在加泰罗尼亚以及新世界有着大量“斜的建筑”的案例。著作后面的章节专注于探讨柱式的厚度，因为柱子的轮廓线偏离了铅垂的直线，卡拉莫将其盛赞为他的“斜”建筑理论的古典先驱。

然而事实上这位西班牙科学家很难达到他在写作中为自己定下的标准。他唯一完成的建造项目就是维杰瓦诺大教堂广场和立面，而这些值得一提的原因是仅仅是因为这与他关于城镇规划的想法一致。然而贝尔尼尼是否受到了卡拉莫批评的影响乃至受到多大影响这件事仍然悬而未决（后者在圣彼得广场建造期间身在罗马）。其著作的文学影响更加深远。在本国之外的反馈中，法国和意大利理论家经常谈及洛布科维茨的插图。加里诺·加里尼在1686年他的论文《建筑中的公民与教会设计》中尖锐地批评了卡拉莫，可能是因为他并非通过自己观察来获取西班牙的建筑知识，而是通过阅读沃纳·奥斯林的《民用建筑》的原因。

巴巴拉·波隆加塞尔·克莱因　著　　唐韵　译

1 | 建议重建所罗门的圣殿
第一卷，第A页。版画

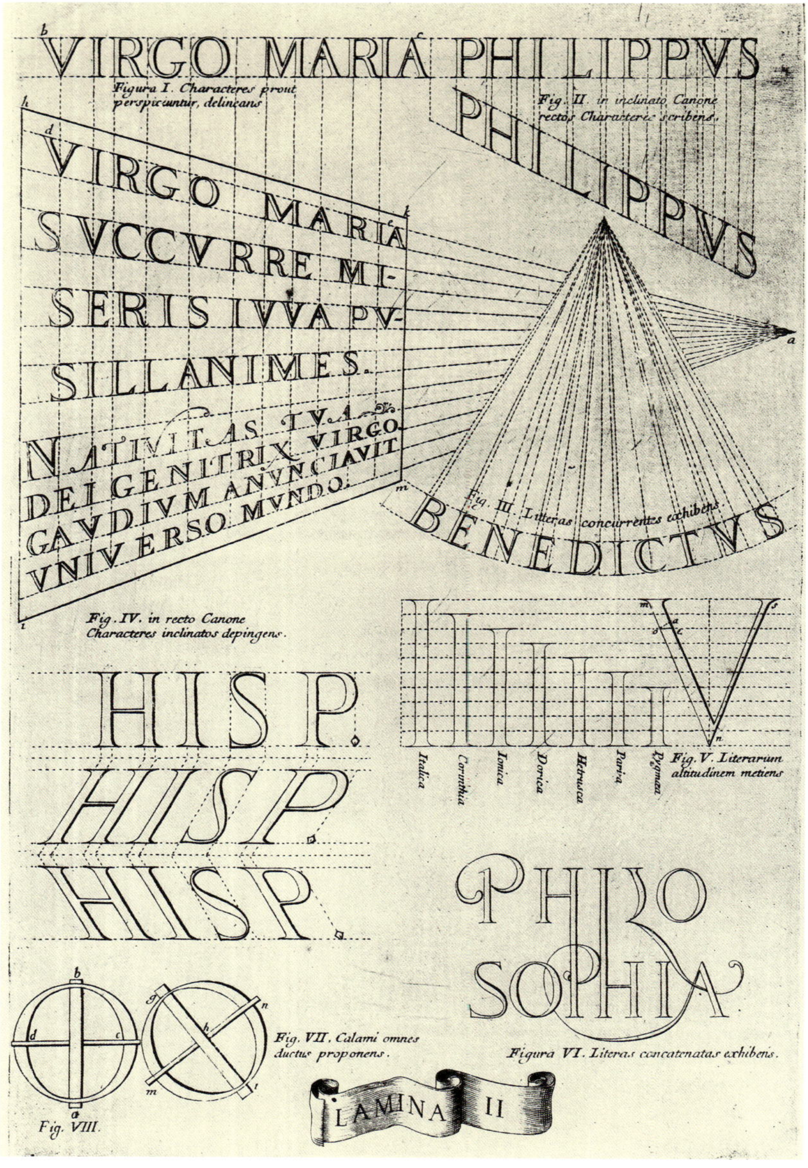

2 | 视觉扭曲
作者用字母展示他的视觉扭曲理论
第三卷，第2页。版画

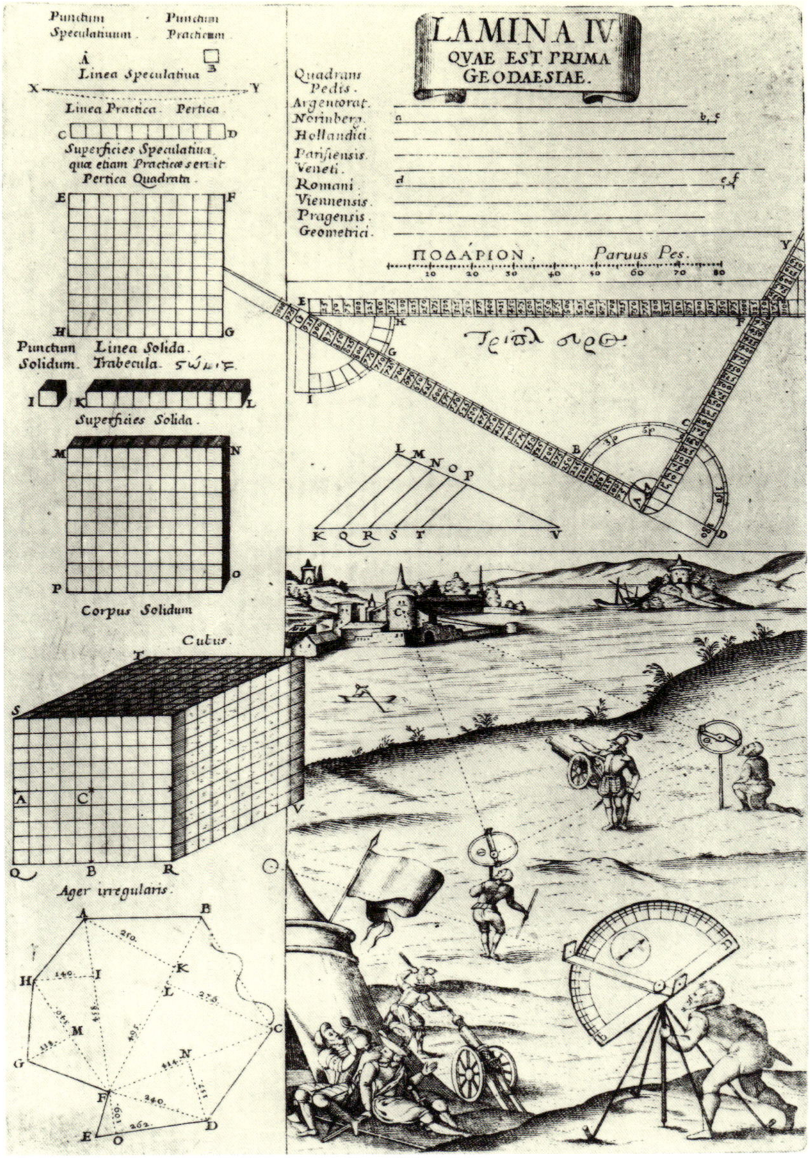

3 | 测地线的基础要素
卡拉莫阐释辅助设备、方法和源于测地线法的应用范围
第三卷，第4页，版画

4 | 科林斯柱头的构造
作者展示如何通过辅助线构筑斜角放置的科林斯柱头
第三卷，第19页。版画

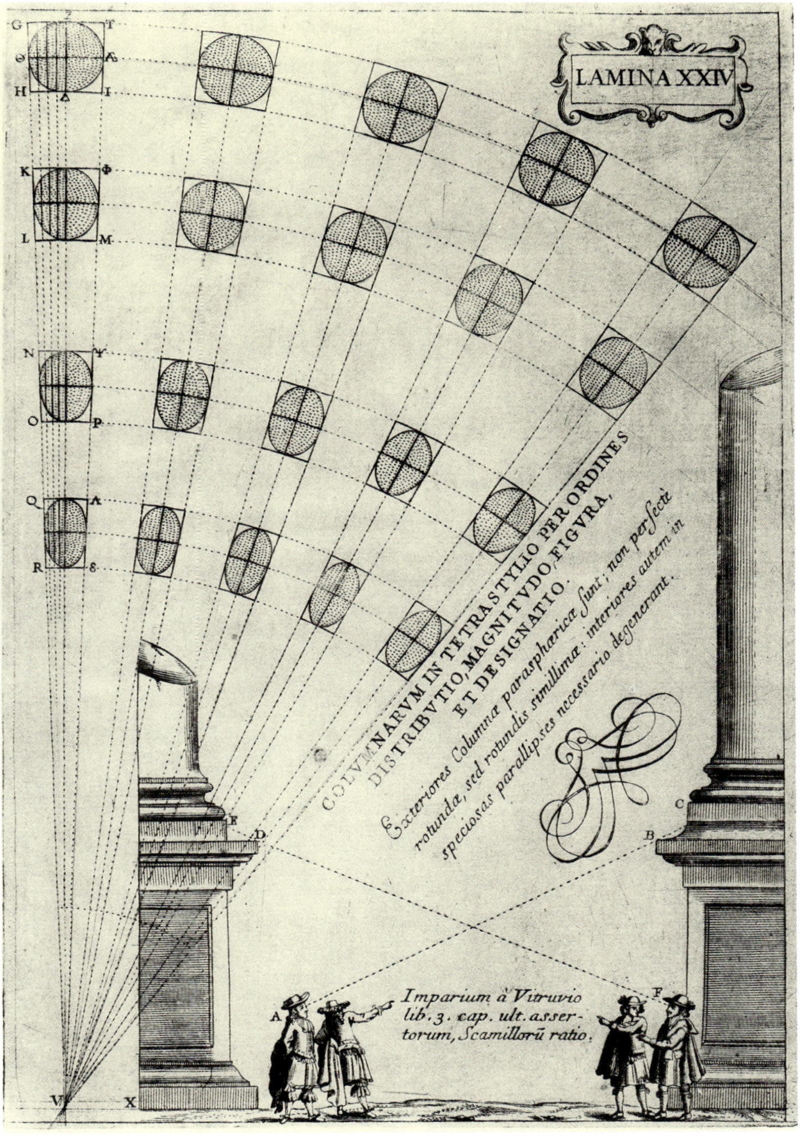

5 | 罗马圣彼得广场的柱廊
根据卡拉莫学说，圣彼得广场的柱廊相对于中心应为渐大椭圆的形式
第三卷，第24页。版画

6 | 多立克柱式细部

根据卡拉莫的学说，多立克雕带柱间壁上的非常规兽头让人们想起神庙与献祭有关的事物

第三卷，第25页。版画

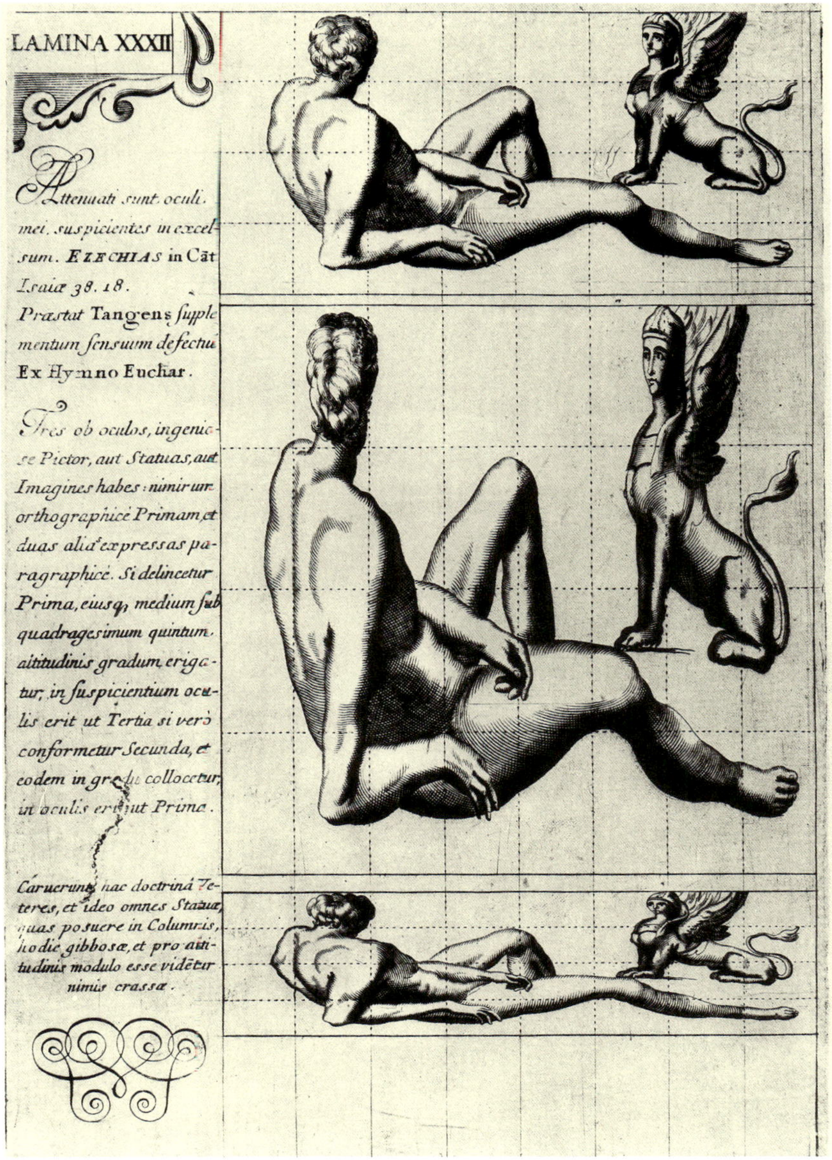

7 | 视觉扭曲

运用变化象限可以造成雕塑的视觉扭曲，图中是一个倾斜的人体和斯芬克斯
第三卷，第32页。版画

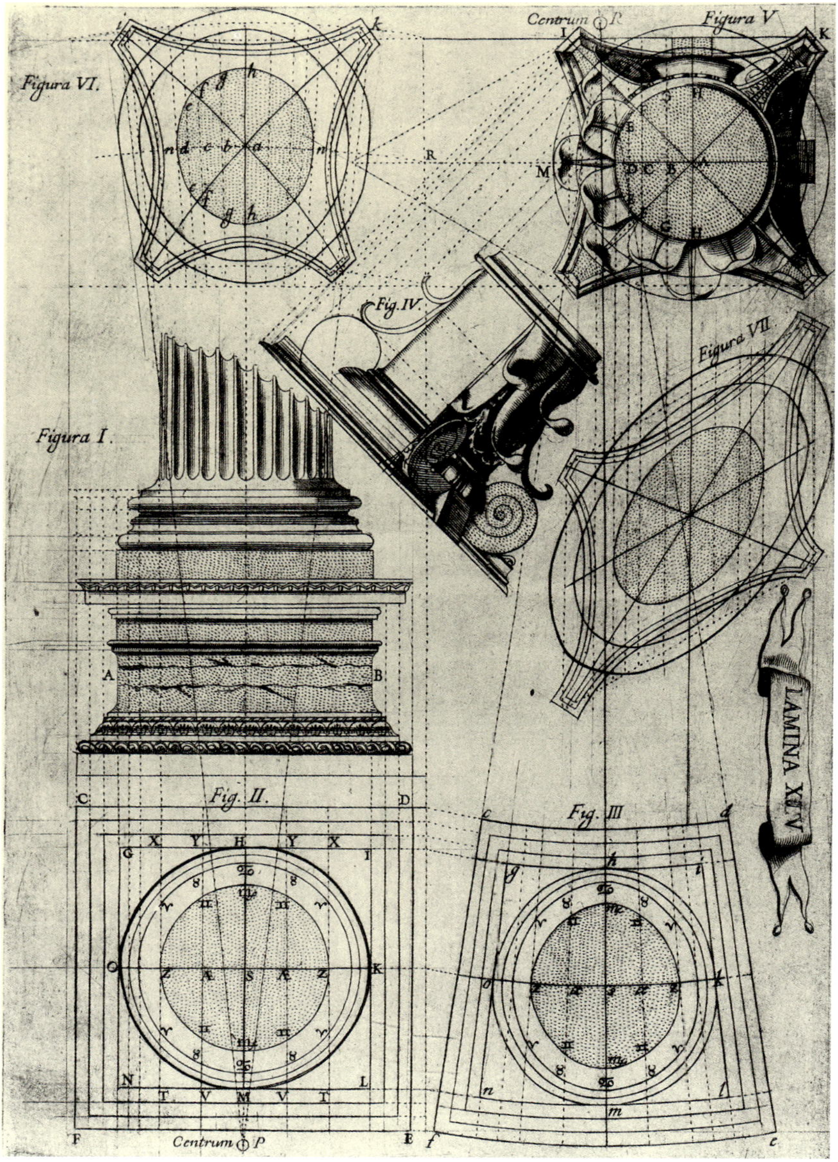

8 | 视觉扭曲
如同论文开始的字母，柱子与柱头同样适用于视觉透视
第三卷，第45页。版画

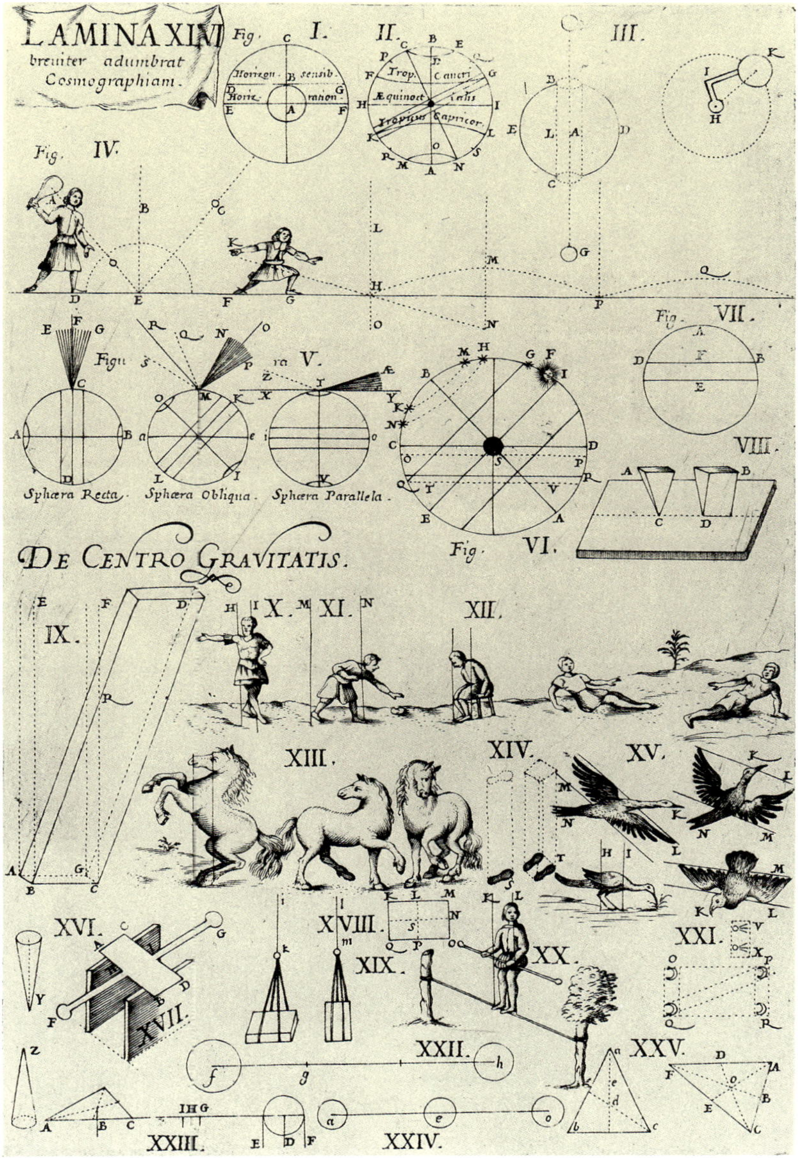

9 | 宇宙学和重力

这个版面解释了测量的方法，展示了重力的原因和结果，并且证明了它们对运动的影响

第三卷，第66页。版画

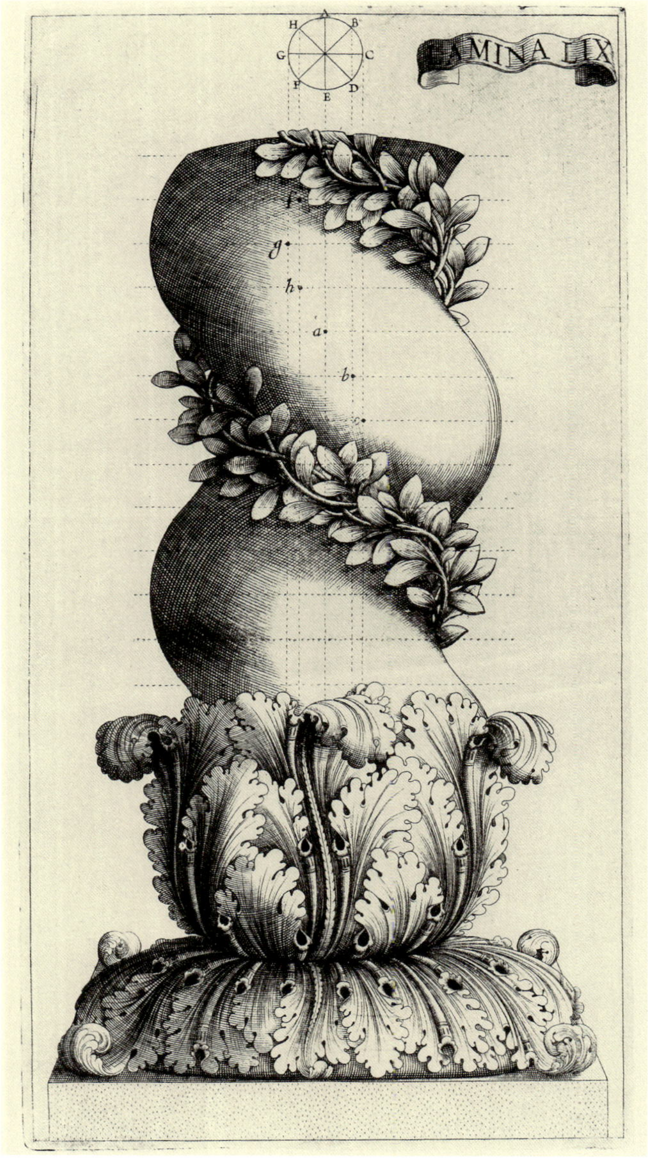

10 | 所罗门柱式的镶嵌法

卡拉莫将所罗门柱式、马赛克柱式与古典柱式并列

第三卷，第59页。版画

11 | 侯相柱与大西洋柱
卡拉莫列出了11种不同的柱式，包括侯相柱与大西洋柱
第三卷，第64页。版画

英格兰

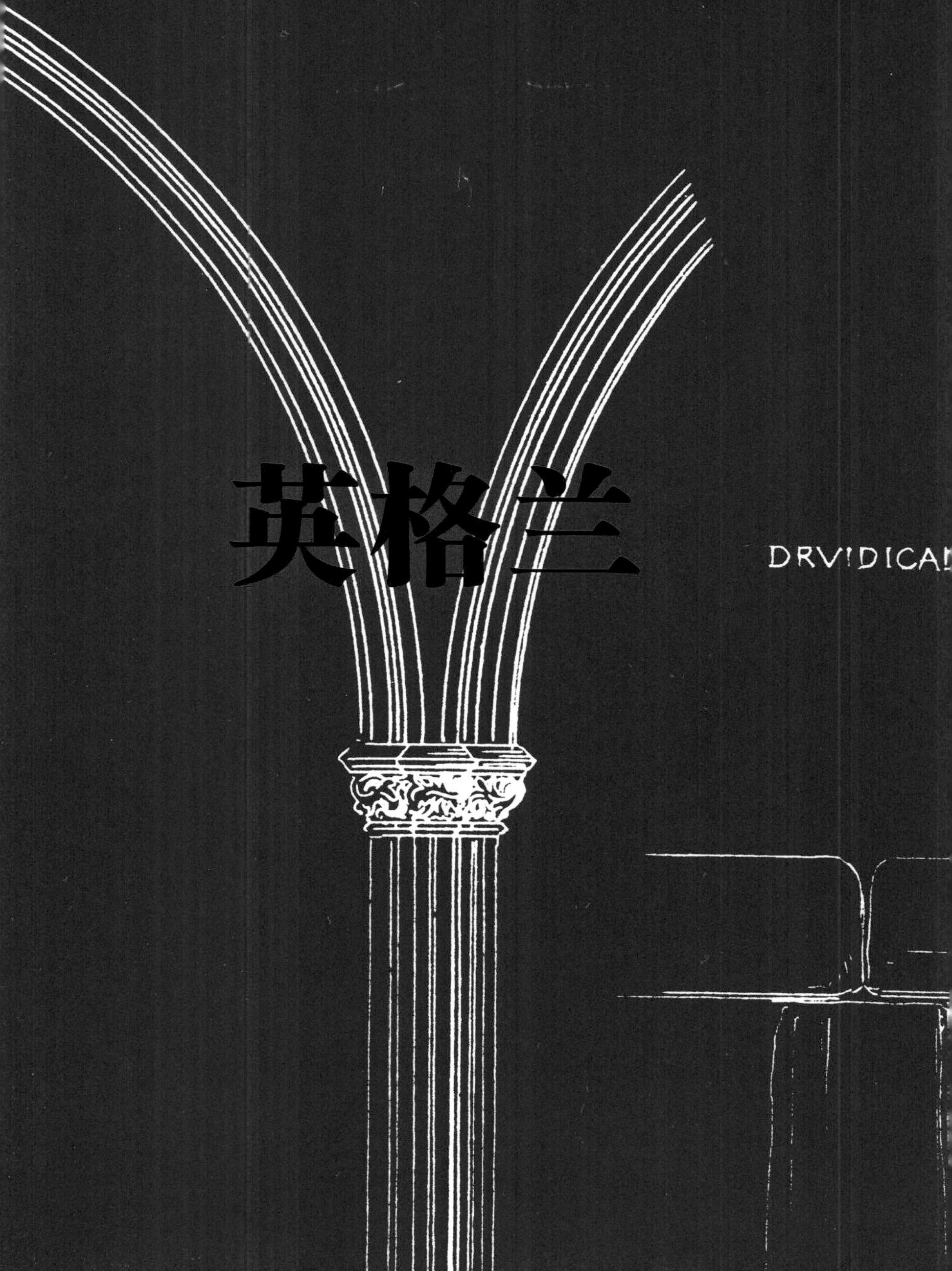

约翰·舒特（1563年逝世）
The First and Chief Grounds of Architecture
LONDON, 1563

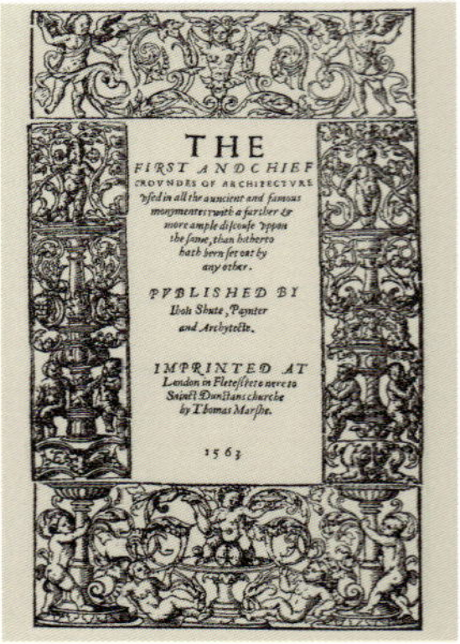

由微图画家约翰·舒特（John Shute）所著的《建筑基础通论》（*The First and Chief Grounds of Architecture*），可以说是当时的人们探索英格兰古典建筑时留下的最早文字资料。在对女王的献词中，舒特自信地表示，这部作品是他于1550年访问意大利期间，潜心研读重要建筑理论文献，并进行独立研究的成果。实际上，舒特的重要性不仅仅在于他独立地研究建筑，更重要的是他通过著书论述古建筑中的石柱，将人们对于古典建筑的争论引入英格兰。这本书于1563年、1579年、1584年和1587年先后出版。舒特发表的评论大多是对维特鲁威的建筑理论所进行的重新阐述，这一理论早在他阅读1544年出版的纪尧姆·菲兰德集注时便已了如指掌。这一点在舒特所梳理的《建筑历史纲要》中显而易见，因为他在《建筑历史纲要》里不仅将维特鲁威的建筑概念认定为人类的生存需求之一，即“自然主题”，还将维特鲁威关于希腊三大石柱的起源传说包括在内。但不同寻常的是，他并没有将三大石柱的起源追溯到古希腊，而是认为它们起源于诺亚方舟。舒特之所以这么做，是为了在反宗教改革的大环境下，将异教徒势力和基督教势力之间加以平衡。也就是说，希腊人并没有从自然中汲取他们的建筑原则，而他们的建筑模型是巴比伦塔，老波鲁盖尔（1525？—1569年）在舒特的书出版的那一年形象地阐释了这一点。

此外，舒特在定义建筑师的主要资格和职责时，参考了维特鲁威的建筑评论。例如，他特别强调了在对建筑师进行的训练中，几何、光学、算数、音乐和天文学的综合知识尤为重要。木版画中所描述的石柱样式极其粗略，并没有表明舒特是否亲自研究了这些建筑问题。启发他的是塞里欧在1537年所著《建筑五柱式的一般准则》一书。这本书首次系统地阐明

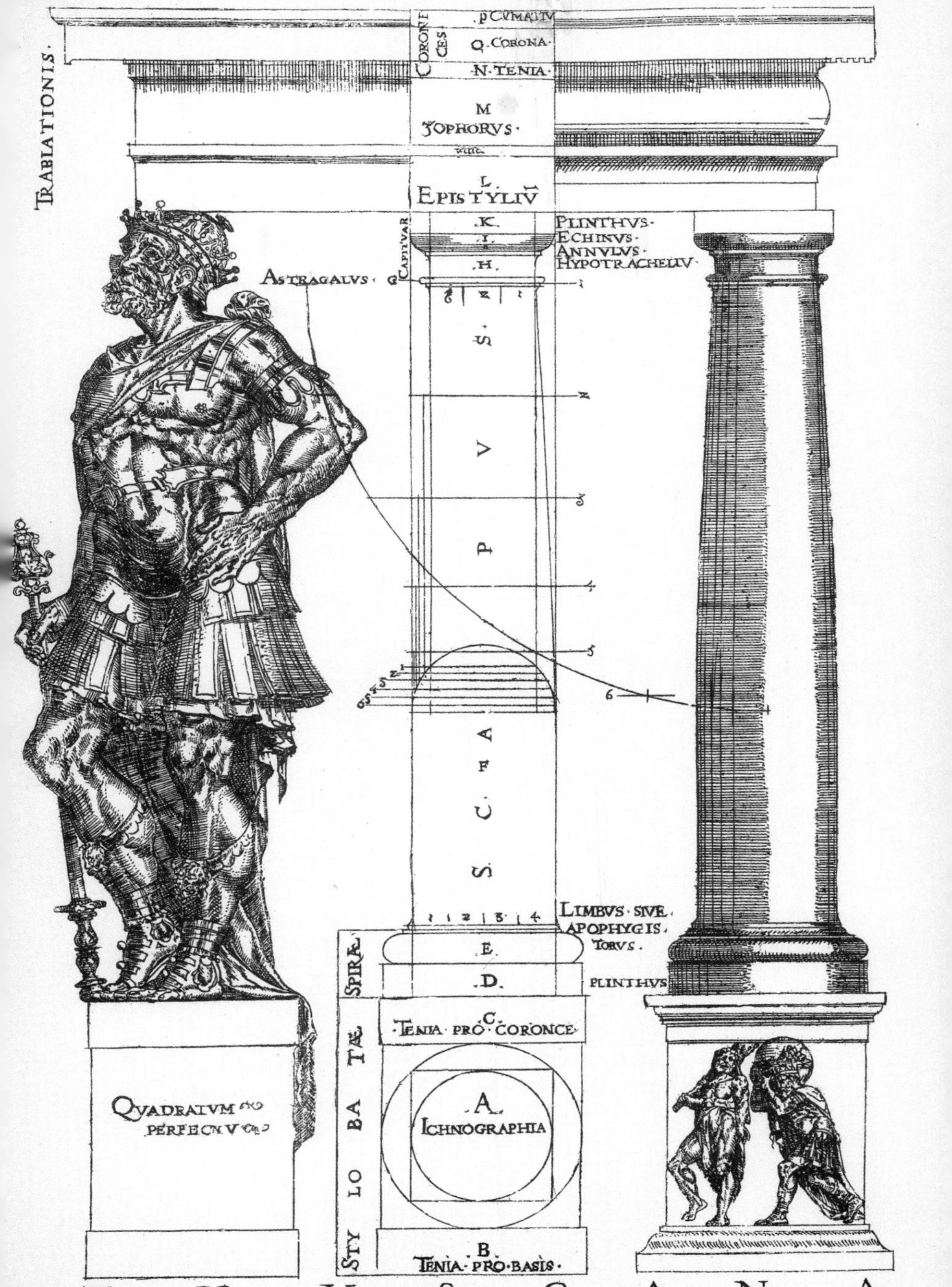

TRABIATIONIS
CORONICES
P CVMATIV
Q CORONA
N TENIA
M
ZOPHORVS
L
EPISTYLIV
K
I
H
CAPITVLVM
PLINTHVS
ECHINVS
ANNVLVS
HYPOTRACHELIV
ASTRAGALVS G
S P V
S C A F
LIMBVS SIVE APOPHYGIS
TORVS
E
D
PLINTHVS
SPIRÆ
C
TENIA PRO CORONCE
A
ICHNOGRAPHIA
STY LO BA TÆ
B
TENIA PRO BASIS
QVADRATVM PERFECTVM

T H V S C A N A

了五大石柱样式。诚然，直到1611年，塞里欧五本著作的英译本才在艺术家罗伯特·皮克（1551—1619年）的指导下出现，但在16世纪中叶，塞里欧的第五本关于柱式的书早已有副本流传在外，这部副本是由弗兰德画家皮特·范·库克·阿尔斯特（1502—1550年）所制。所以，舒特很有可能对这本书极为熟悉，因为当时安特卫普和伦敦之间，在建筑装饰方面有着频繁的文化交流。

舒特的创作与塞里欧极为相似，两人都是从托斯卡纳样式开始，以复合样式结束。但是，舒特对建筑形式进行了拟人化的阐释，而维特鲁威的阐释则更直接，他在每一个柱子旁边都附上了一些雕塑。显然，这些雕塑的设置，是为了表达维特鲁威赋予每根柱子的独特个性。比如说，多立克柱式以力士形象代表着男性原则，而爱奥尼亚柱式象征着女性原则。维特鲁威在自己的第四本书中将此描述为“女性的优雅风范”。

总的来说，从石柱呈现出的外表上我们可以得知，舒特并没有真的想通过他的专著向建筑家表达自己的观点。他写书的主要意图在于为各种形式的艺术提供古典装饰的模型。在书中，他对金匠、雕工、上釉工和其他手工艺人做出的许多评价也证明了这一点。不容忽视的是，舒特著书的那个时代，艺术依然被认为是一门手艺，是没有任何理论或科学基础的机械工艺。在当时，人们对“设计”一词的理解非常明确，“设计”一词仅仅是指工匠在做活之前的研究工作。不同的是，意大利语中的“设计”一词则是指科学规律形成的艺术观点。比方说在1598年，当理查德·海德克乔瓦尼·保罗·洛玛左的《绘画、雕塑和建筑艺术论述》时，依然将“设计”一词解释为轮廓草图。直到17世纪中叶，人们才把“设计”与“观点”的呈现联系起来。这时，人们对“设计”的理解，才与“设计仅仅是机械绘画的辅助草图”的观点区分开来。这一价值观念的转变，使得艺术在英格兰第一次被认定为一门科学。

因此，在这种环境下，英格兰的艺术专著从原始的“建筑物”转变为研究古典“建筑学”概念并非巧合。毕竟除了大洲之间的相互影响之外，在17世纪以前，英国的建筑学是由英国哥特式建筑及其原始的艺术概念构成的。所以，在16世纪的英格兰，舒特所提及的“建筑”一词并不是自然产生。事实上，为了避免使读者感到困惑，他起初将建筑一词描述为“建立完美建筑物的方法”。

以此为出发点，学者约翰·迪（1527—1608年）在对欧几里得《几何学》（1570年）的翻译中将建筑师译为多种手艺的协调者（或者用他自己的话说，是“首席大师”），而建筑则被认为是人文学科之一。尽管英尼哥·琼斯（1573—1652年）曾和诗人本·琼森（1572—1637年）就建筑的地位进行讨论，这场讨论表明大众还暂时不能接受舒特的建筑概念，而且琼斯本人直到17世纪初才将“建筑是一门科学”这一思想付诸实践。为此，皇家学会部长伊夫林（1620—1706年）在他的《建筑师与建筑报道》（1664年）中表达了自己的惋惜之情，因为英国社会精英对古典建筑曾有过的争论并不熟悉。在书中他还介绍了古典建筑争论中的一些措辞，并遵从维特鲁威的惯例将其总结为“坚固”“实用”和“美观”。同时，伊夫林借机警示读者，要将未经训练的技工和高素质的建筑师区分开来。伊夫林认为，人们难以将以上两者相互区分是产生当时巴洛克建筑中“沉重、阴暗、忧郁和禁欲的柱式”的主要原因。他将这种建筑成为不良建筑，也就是所谓的畸形建筑。在这种形势下，伊夫林第一次在英格兰呼吁成立建筑学校，帮助英国建筑师达到合格标准。但是，他对于学院化的建筑培训的渴望并没有得到满足。100年后，第一家建筑学院法国皇家建筑学院（1671年）才成立，而英国皇家建筑学院成立于1768年。舒特关于柱式的专著代表着这一趋势的开端，因为他在书中第一次告诉人们，在维特鲁威的设想中，建筑师应具有怎样的高素质。

卡斯特兹·鲁尔　著　　刘旭　译

第373页插图
1 | 带大力神雕塑的托斯卡纳柱式
第四卷。木刻版画

2 | 带有大力神阿特拉斯雕塑的多立克式石柱

第六卷。木刻版画

3 | **带有人像的爱奥尼柱式**
第八卷。木刻版画

4 | 带有人像的科林斯柱式

第十一卷。木刻版画

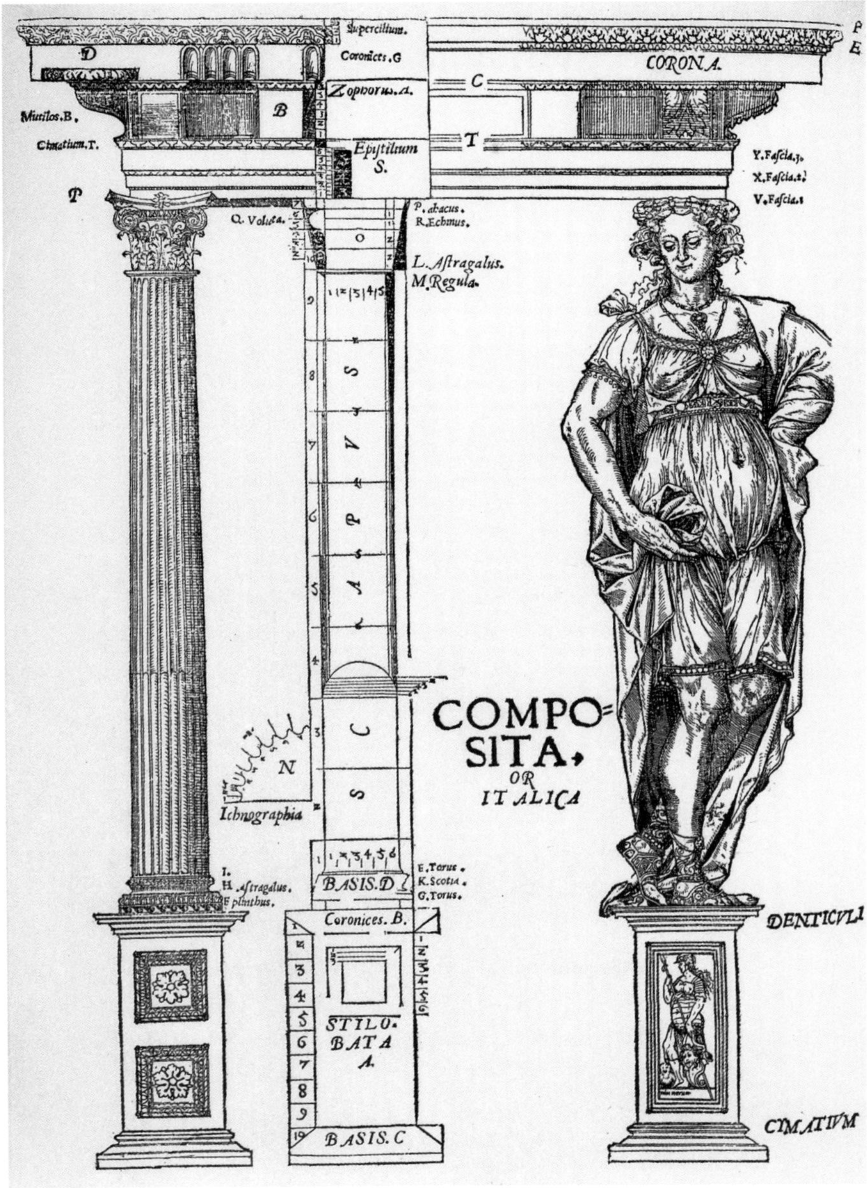

5 | 带有人像的复合柱式
第九卷。木刻版画

亨利·沃顿（1568—1639年）
The Elements of Architecture
LONDON, 1624

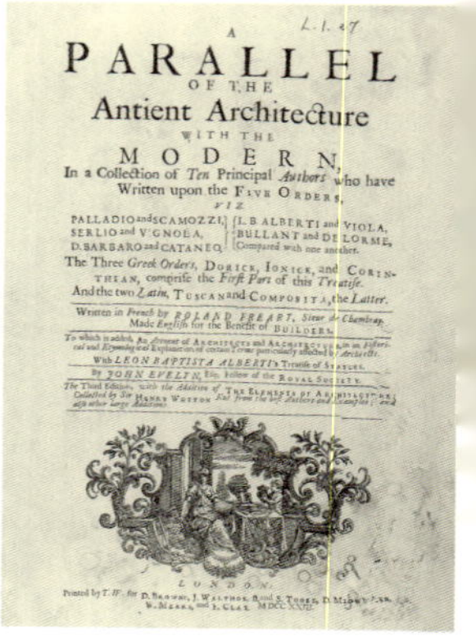

英国外交家、学者亨利·沃顿的著作《建筑的要素》从很多方面来说，可以称得上是17世纪英格兰最重要的建筑学专著，这本书代表着英国建筑史上对维特鲁威建筑理论第一次深入的研究。在欧洲，人们认为这本书是新建筑批评的重要组成部分，因为它不是由建筑家编写，而是由对建筑感兴趣的行外人编写。沃顿的这一尝试使得建筑成为知识分子竞争相了解的热门话题。为了顺应这一潮流，沃顿没有将自己的论文写成带插图的专业教科书，在他的作品里没有任何图片。他写书的唯一目的，就是梳理他认为重要的建筑类型和质量标准，帮助受过良好教育的贵族人群形成批判性判断。也正是为了达成这个目的，沃顿与建筑师们面对面地坐下来，对建筑批评理论进行改良。他自己解释道："我应该意识到做一个好的批评家比作一个好建筑师更难，因为建筑工作可以深思熟虑后进行，但评论必须来自人的自然流露。"1604年至1623年，沃顿作为英国外交大使频繁地访问威尼斯。在此期间他所学到的建筑理论奠定了他建筑批评的基础。沃顿是第一个因为对其文化感兴趣而访问意大利的英国人。在这里，从维特鲁威到帕拉迪奥，一系列建筑家的古典建筑理论吸引了他的注意，他将丹尼尔·巴尔巴罗翻译的维特鲁威（1565年）的著作和帕拉迪奥的《建筑四书》（1570年）作为自己的参考来源。当然，他在外交访问中曾拜访许多威尼斯上层人士，对威尼斯文艺复兴时期的别墅和宫殿十分熟悉。他就像一个威尼斯风情的导游一样，在英国建筑师和其他文化观光者认识帕拉迪奥建筑的过程中扮演着极其重要的作用。沃顿的所作所为激发了英国人对帕拉迪奥建筑的热情。《建筑的要素》一书出版不久后，英格兰建筑师英尼哥·琼斯（1573—1652年）设计出了第一套帕拉迪奥方案。

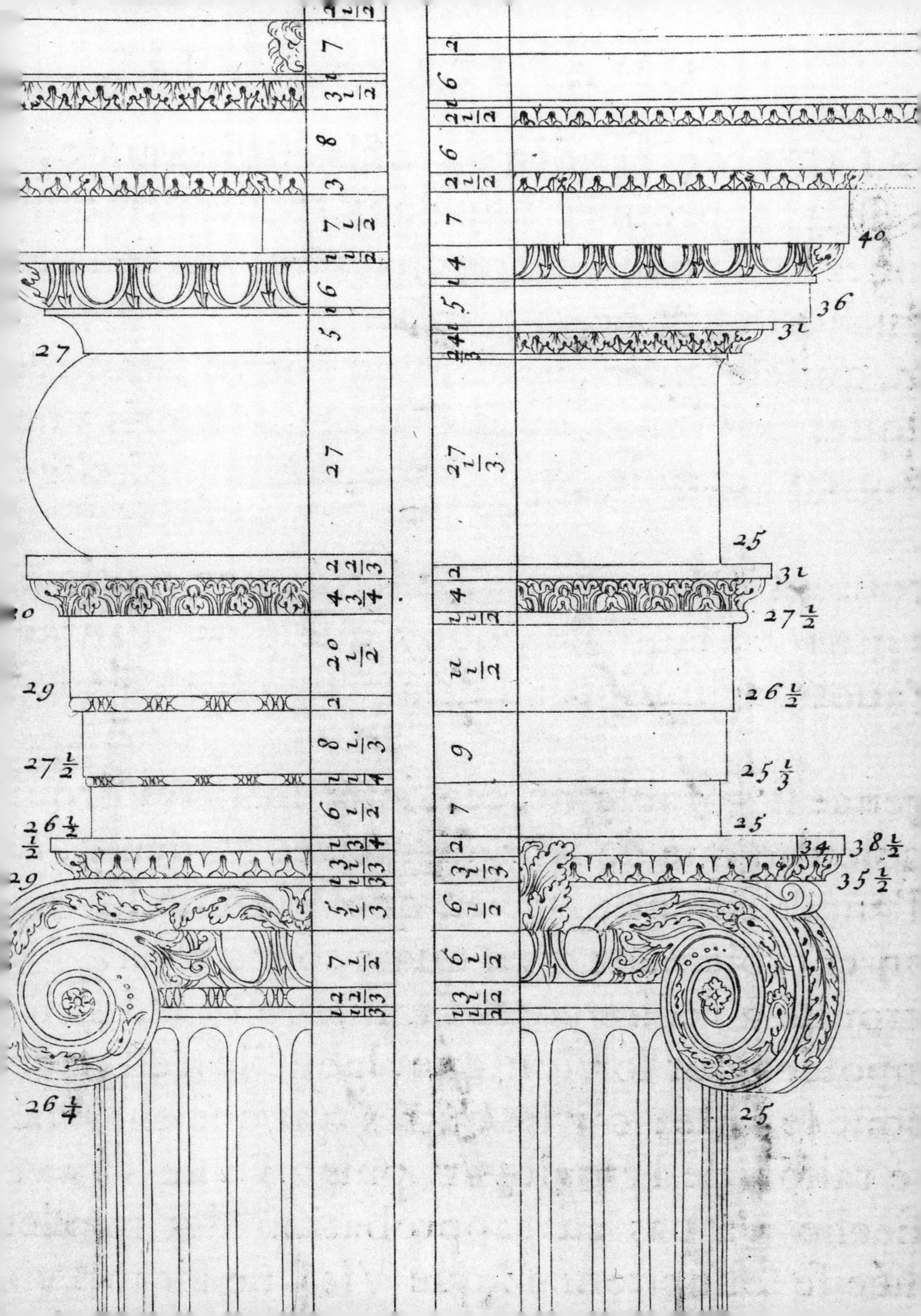

27
29
27 1/2
26 1/2
29
26 1/4
40
36
31
25
31
27 1/2
26 1/2
25 1/3
25
34
38 1/2
35 1/2
25

沃顿在他的作品开头就强调了他所掌握的建筑知识的范围，并不厌其烦地声明维特鲁威是他的“原则导师”。但是，为了保持建筑批评领域的自由性，沃顿也不停地指出他导师的一些错误。他在前言中告知读者，维特鲁威的某些表达实在是差强人意，在余下的文章中，他反复引用维特鲁威的一些无意义的观点。例如，他反对将圆形作为理想的建筑形状，因为圆形无法用于私人住宅领域；沃顿似乎认为微凸线是不合逻辑的，因为在自然中找不到含有该线条的实物；维特鲁威认为上层石柱应比下层的短四分之一，这一点与所有的视觉规律相互冲突。

沃顿同样反对维特鲁威设计的饰有长凹槽的石柱，这也就意味着他反对维特鲁威的“美观”的概念。沃顿认为维特鲁威没有清晰地表达自己的观点，他所提出的六大指示性原则中有两条是不必要的。也就是说，沃顿否定了柱式比例原则和合理组合原则，创新地提出在建筑批评领域，有规律、成比例，准确执行和建造成本合理这四项原则就足够了。

在书中我们不难看出，沃顿以批判的眼光追随着维特鲁威。与维特鲁威不同，沃顿更看重建筑的实用性，并由此从建筑理论中总结出了三条理念，即“坚固”“实用”和“美观”。他认为建筑之美都来自于实用，实用性是放诸四海皆准的原则：“……建筑的每个部分，都由其用途决定。这一点，就如圣光中闪耀的箴言一般明了。”

总之，在《建筑的要素》一书中沃顿坚持认为经验掌控着建筑理论的发展。于是他采用了他的朋友弗朗西斯·培根（1561—1626年）建立的全新的科学模型。1620年，培根在他的《新工具论》一书中奠定了新科学的基础，并将其描述为将人从传统理论中解放出来，摒弃偏见后观察事物的一种方法。培根自己的建筑研究也与这句格言相契合。在他的《论建筑》（1625年）一文中，他将笔墨集中于“用途”上，并由此入手发表自己的建筑批评观点。基于日常体验，培根提出建造房子并不是为了外表的美观，而是为了舒适地居住。自此，美观性不再是建筑领域广泛遵循的首要原则，它需要从建筑的实用性中寻找存在的意义。培根用这种方法简明地解释了建筑的内涵。

尽管沃顿受到培根经验主义的极大影响，他还是没有忽视维特鲁威的建筑传统。他将新经验主义作为自己的出发点，以简单易懂的方式向他的外行读者阐释他的建筑批评理论。为了迎合这一群体对于乡村地产建筑的极大兴趣，沃顿将焦点放在庄园的选址和绘画、雕塑及地形的相互作用上。在实用性视角下，人们对意大利传统别墅的评论再一次受到了考验。在研究了卫生问题、气候问题和坚固性之后，沃顿确信在实用性方面，成列的意大利传统别墅并不适用于英国的寒冷地区，因此必须被否决掉：“在这种格局的建筑中。如果所有门都敞开，人们可以看穿整个房子。这对所有房间的住户而言都是难以忍受的。在寒冷或多风的地区，这种格局还会给住户带来许多痛苦的体验……”他强调居住体验，也强调建筑物应该拥有好的视野。他认为一个庄园中应该设置一座花园，通过提供各种审美体验来满足人们对建筑的苛刻要求。同样，花园的设计也应体现建筑对其的影响，绘画和雕塑应点缀于乡村庄园这个大艺术品中间。在这种情况下，沃顿多次使用贵族的理性批评权，强调自己的艺术欣赏不应被知名艺术家的权威或艺术建筑传统所影响。他认为建筑批评必须遵循逻辑，并借用了克劳德·佩罗（1613—1688年）的批评方法。在沃顿的书的结尾处，他引用了另一篇关于“道德建筑”的论文。显而易见，沃顿认为批评判断应符合逻辑，这是建筑教学框架的一部分。

18世纪，人们对沃顿的《建筑的要素》赋予了极大的重要性，因为他在批判地研究维特鲁威的著作时提出了“道德建筑”。此时英国人对别墅的热情已经达到顶峰，他的建筑作品于1723年再版，一同再版的还有弗雷亚·德·尚布雷的《古典建筑与当代建筑比较》（1650年于法国首版）、阿尔伯特的《雕塑》（1434年）和约翰·伊夫林的《建筑师与建筑报道》（1644年）。从约翰·哈里到艾萨克·威尔（1707—1766年），英国杰出作家和建筑家都将沃顿认定为英格兰建筑理论界的首位权威。

卡斯特兹·鲁尔 著　　刘旭 译

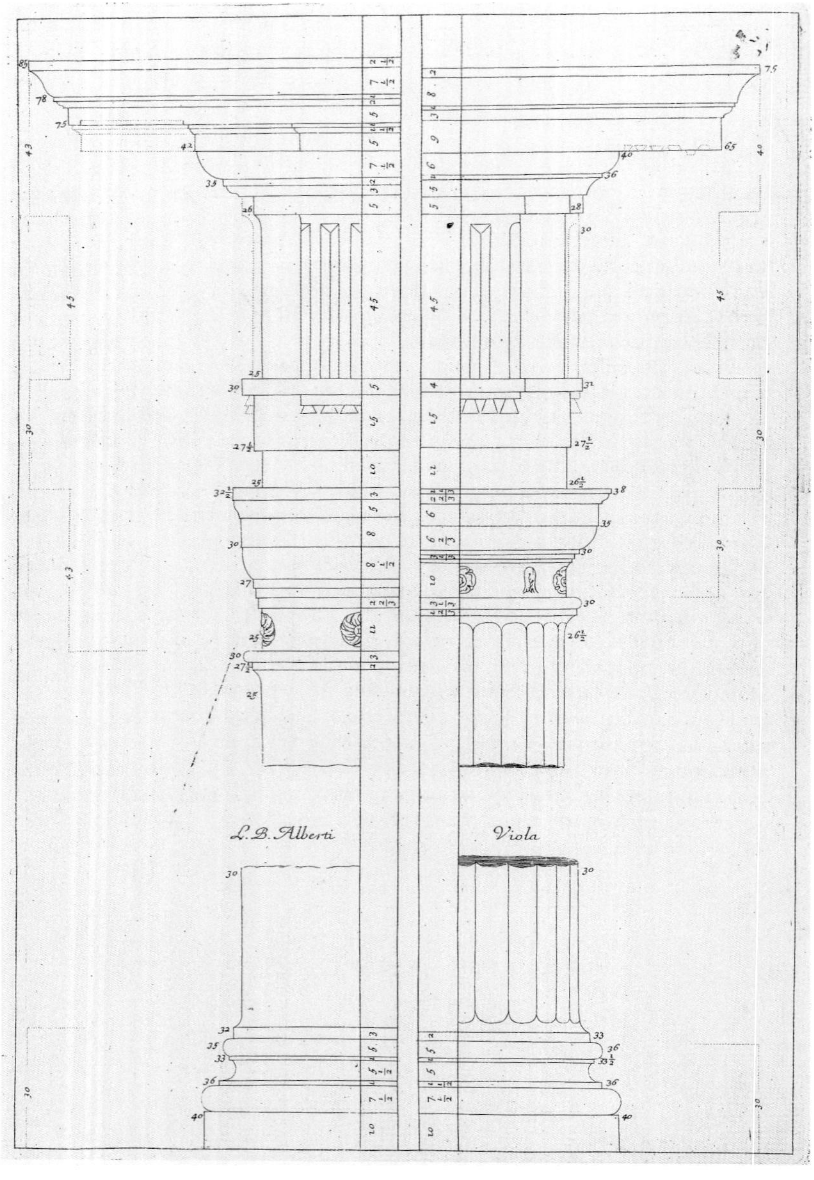

1 | 里昂·巴蒂斯塔·阿尔伯蒂和乔瑟夫·威尔拉·扎尼尼设计的多立克柱式
罗兰·弗雷亚·德·尚布雷，《古典建筑与当代建筑比较》，巴黎，1650年
英文版与沃顿的《建筑的要素》共同出版于1723年。第29页

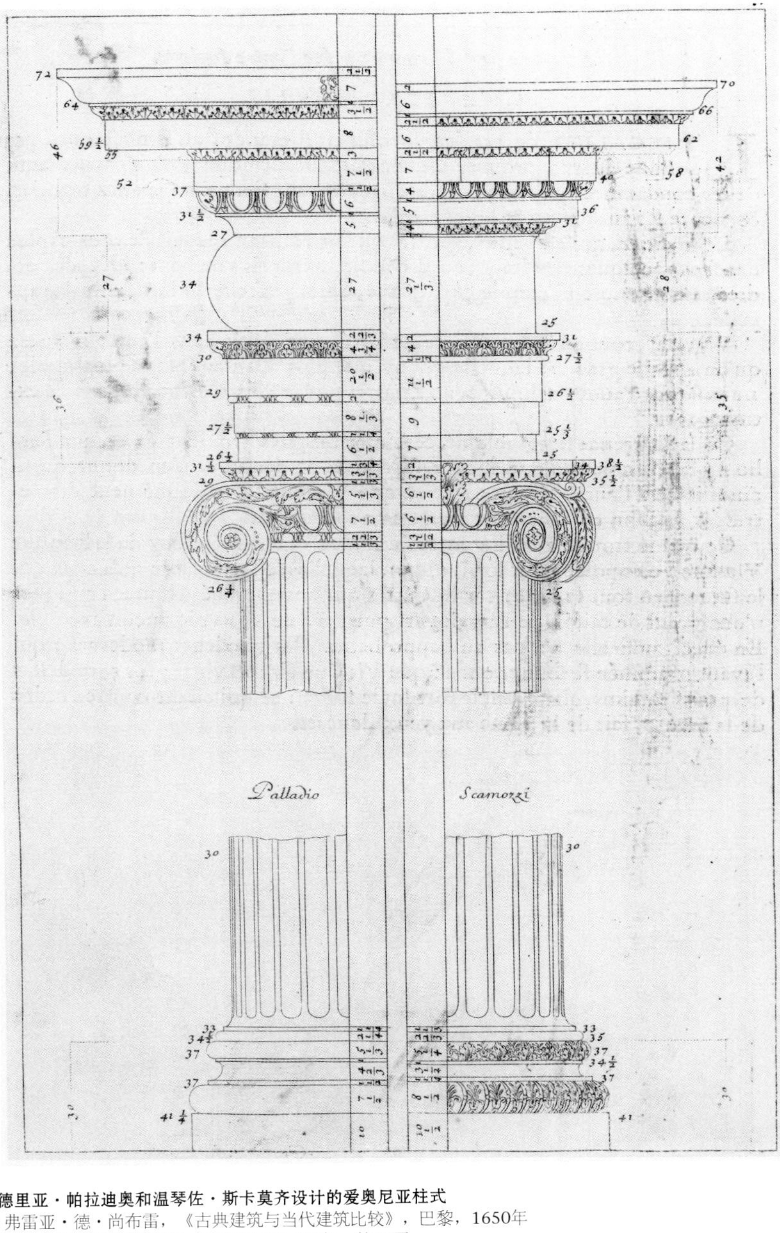

2 | 安德里亚·帕拉迪奥和温琴佐·斯卡莫齐设计的爱奥尼亚柱式

罗兰·弗雷亚·德·尚布雷，《古典建筑与当代建筑比较》，巴黎，1650年

英文版与沃顿的《建筑的要素》共同出版于1723年。第43页

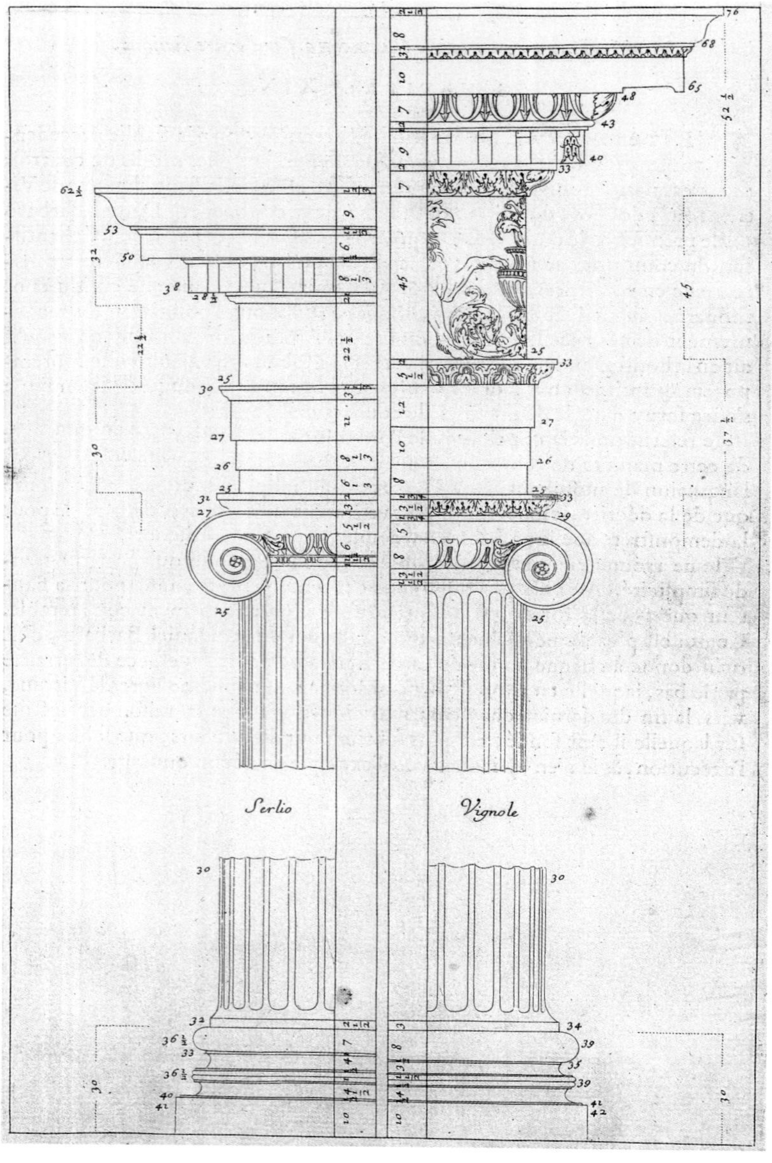

3 | 塞巴斯蒂亚诺·塞里欧和维尼奥拉设计的爱奥尼柱式

罗兰·弗雷亚·德·尚布雷，古典建筑与当代建筑比较，巴黎，1650年
英文版与沃顿的《建筑的要素》共同出版于1723年。第45页

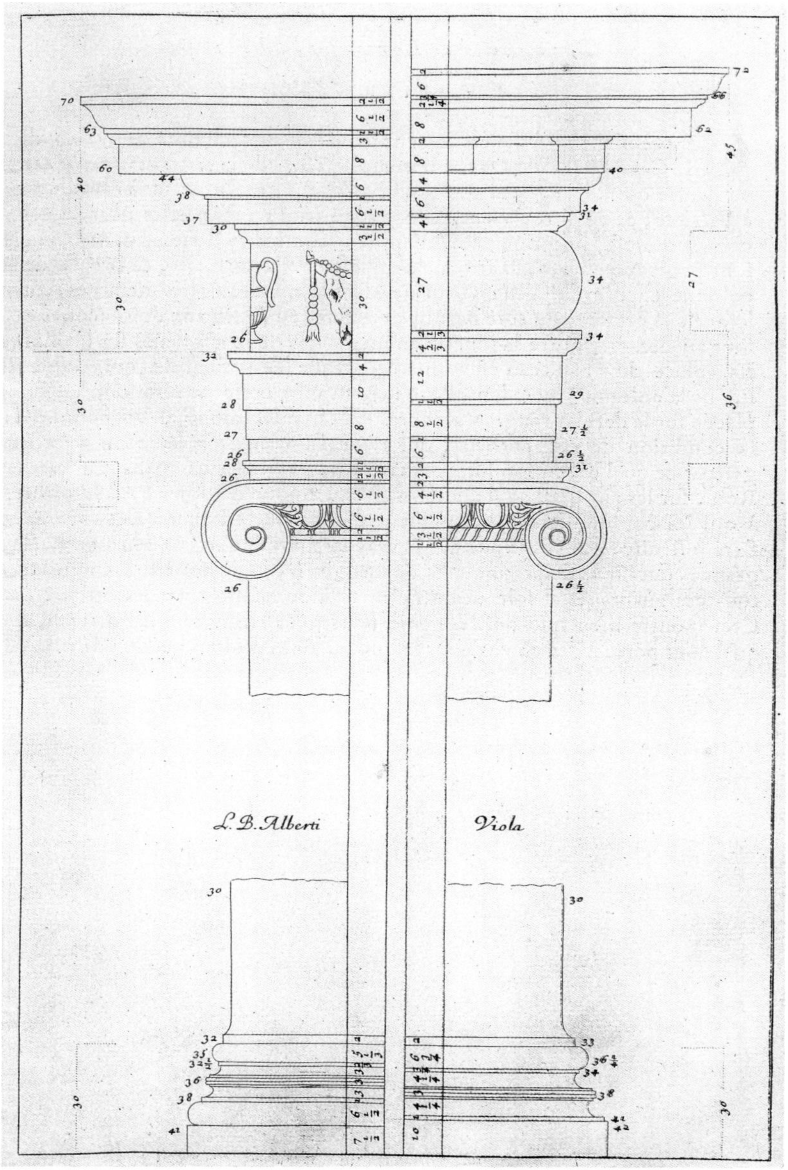

4 | 里昂・巴蒂斯塔・阿尔伯蒂和乔瑟夫・威尔拉・扎尼尼设计的爱奥尼柱式
罗兰・弗雷亚・德・尚布雷，《古典建筑与当代建筑比较》，巴黎，1650年
英文版与沃顿的《建筑的要素》共同出版于1723年。第49页

科伦·坎贝尔（1676—1729年）

Vitruvius Britannicus

3 VOLS, LONDON, 1715-1725

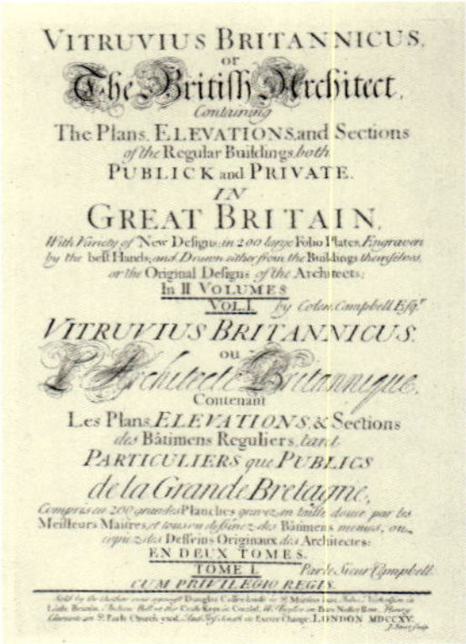
VITRUVIUS BRITANNICUS,
or
The British Architect,
Containing
The Plans, ELEVATIONS, and Sections
of the Regular Buildings both
PUBLICK and PRIVATE.
IN
GREAT BRITAIN.
With Variety of New Designs; in 200 large Folio Plates, Engraven
by the best Hands; and Drawn either from the Buildings themselves,
or the Original Designs of the Architects;
In II VOLUMES
VOL. I. by Colen Campbell Esq.r
VITRUVIUS BRITANNICUS.
ou
L'Architecte Britannique.
Contenant
Les Plans, ELEVATIONS, & Sections
des Bâtimens Reguliers, tant
PARTICULIERS que PUBLICS
de la Grande Bretagne,
Compris en 200 grandes Planches gravez en taille douce par les
Meilleurs Maitres, et tous ou dessinez des Bâtimens memes, ou
copiez des Desseins Originaux des Architectes:
EN DEUX TOMES.
TOME I. Par le Sieur Campbell.
CUM PRIVILEGIO REGIS.
LONDON MDCCXV.

英国建筑家科伦·坎贝尔（Colen Campbell）所著的三卷本《维特鲁威全书》（*Vitruvius Britannicus*）是英国帕拉迪奥主义的成立宣言。但是，这本书不是帕拉迪奥建筑的书面总结，而是总计295幅版画插图组成的建筑纲目。全书的文本仅限于第一卷的前言和插图的注解。但这本书的出版目的已经清晰地反映在它的标题上：在英国建筑史上，人们第一次将目光聚焦在维特鲁威这位伟大的建筑师身上。

所以，在第一卷的100幅版画中，坎贝尔再现了17世纪早期以来英国建筑的全景风貌。作为英国建筑领域最伟大的标杆，安德里亚·帕拉迪奥（1508—1580年）的作品出现在此书的这一部分。坎贝尔说，英迪哥·琼斯（1573—1652年）曾设计英国皇宫的宴会厅（1619—1622年）以及位于格林尼治的皇后宫（1616—1635年），这些建筑在美观程度上甚至超过了帕拉迪奥的作品，但是在其设计中都体现出了帕拉迪奥的深刻影响。在第一卷中，坎贝尔呈现了琼斯的设计，在第二卷中他展示了琼斯对英国皇宫以及科芬园露天广场的设想。他还认为他所处的时代拥有大量伟大的建筑家（他把他们称为“博学多谋的绅士们”），比如克里斯托弗·雷恩（1632—1723年）、约翰·范布勒（1664—1726年）、尼古拉斯·霍克斯摩尔（1661—1736年）以及约翰·詹姆斯（1672—1746年）。这些人都“用自己的才智为我们的国家变得更美做出巨大贡献”。在第一卷的引言中，先从位于罗马的圣彼得大教堂写起，这不由得令人有些吃惊。但在前言中，他认为济安·劳伦佐·贝尼尼（1598—1680年）、弗朗西斯科·博罗米尼（1599—1667年）和卡罗尔·丰塔纳（1638—1714年）的巴洛克建筑是不合规矩的，结合这个论点，我们便能明白为何全书从圣彼得大教堂入手。对于坎贝尔而言，圣保罗代表着建筑物的全部缺陷，在这面黑色背景墙上，英国建筑家们的特别成就将会更加闪耀。坎贝尔机智地将自己对圣彼得大教堂的批评演绎成建筑批评界的共识。（“批评家们认为阁楼设计得太高了……门顶的三角顶饰多么重要，至少也应设计成六柱式，怎能只有四柱呢？建筑之间的空隙太小，各部分之间不成比例……”）

事实上，对于坎贝尔而言，圣保罗大教堂不仅仅是批评欧洲建筑的一个表达手段，它还代表了意大利文化的衰败。他在前言中提到，在前帕拉迪奥时代，意大利不仅偏离了正确的“建筑品味”，还抛弃了其文化根基——拉丁语言。从这方面上看，意大利不再称得上是“环欧旅行”的目的地。坎贝尔认为这种现象是“教育的失职”。《维特鲁威全书》这本书就是为了宣明，英国建筑师和艺术家正取代意大利，成为永不过时的经典品位之继承者。

坎贝尔自信地支持着英国文化，但在1714年辉格党掌权后，这种支持似乎并不顺应当时全国性的欢欣鼓舞的气氛。辉格党杰出代表、沙夫茨伯里家族第三代伯爵安东尼·艾什礼·库珀在他1712年发表的《关于艺术、科学和设计的通信》中曾呼吁全国反对巴洛克式建筑风格。巴洛克风格不仅不能满足沙夫茨伯里家族的审美，还被视为专制统治和罗马天主教义复活的标志。但是，沙夫茨伯里的批评没能消灭英国的巴洛克建筑，它在克里斯托弗·雷恩的作品中再三出现。为了打击它，沙夫茨伯里规定，在建筑和艺术作品中朴素地呈现古典主义风格，就是在表达启蒙的理性主义。

在《维特鲁威全书》中坎贝尔响应了这一号召，他解释称帕拉迪奥建筑也体现了沙夫茨伯里的观点。然而，与沙夫茨伯里不同，坎贝尔尽心尽力地阐述英国建筑发展进程。因为17世纪早期的英国正流行着一个统一化趋势，连伟大的巴洛克建筑师也融入其中。为了保护这股全国风潮，坎贝尔保留了他对欧洲巴洛克建筑的意见。这也是为什么继圣彼得大教堂之后，他选择收录克里斯托弗·雷恩设计的圣保罗天主教堂和格林尼治医院（1704年）。他还向克里斯托弗·雷恩的学生约翰·范布勒表达了自己的敬意，因为他设计了布莱妮姆宫（1705—1724年）和霍华德城堡（1699—1712年）。他将这两个建筑分别称为“贵族层次”和“贵族地位”。但是，坎贝尔没有完全否认帕拉迪奥之外的其他建筑风格对这些建筑的重要影响。最终，坎贝尔追随着雷恩设计的圣保罗大教堂，设计出了理想中的“继承古人朴素精神的最舒适教堂”。也就是说，坎贝尔的创作动机也不是完全无私的，他的书实际上是在推广自己的设计作品。

威尼斯建筑师贾科莫·莱昂尼（1686—1746年）也是辉格党的支持者。他翻译的帕拉迪奥著作《建筑四书》故意与坎贝尔的专著同时出版，就是为了与其竞争。莱昂尼于1715年移民到英国，巧妙地利用了当时英国人对帕拉迪奥建筑的热情。但是他的成功之梦没能完全实现。虽然他设计了昆斯伯里宫（1721年）和阿盖尔宫（1723年）等帕拉迪奥项目，但这些都没有使他大获成功。事实上，他所翻译的帕拉迪奥建筑没过多久就被认为是对伟大榜样的诋毁，很快就被艾萨克·威尔的译文（1738年）所取代。

相比之下，坎贝尔的《维特鲁威全书》取得了巨大的成功。在这本书出版之前，没有人知道他是一位建筑师，出版之后，他收到了一长串的邀请，都是邀请他为英国贵族设计乡村庄园。除了他在第一卷中提到过的教堂之外，《维特鲁威全书》的另一个重要内容便是坎贝尔在1715年到1720年为理查德·查尔德所设计的旺斯特得宫。坎贝尔成功地融合了传统的英国乡村庄园和帕拉迪奥式别墅，为后来一系列乡村庄园的设计提供了一个样板，这一风格在亨利·费列哥夫设计的文特沃斯庄园（1733年）和约翰·伍德设计的普莱尔公园（1735年）中都有所体现。在《维特鲁威全书》的第三卷中，坎贝尔记载了第一卷出版成功后建筑领域出现的活跃时期。除了伯灵顿宫（1717年）、霍顿府（1722年）、斯托海德城堡（1721年）和哈伯特勋爵府（1723—1724年）之外，第三卷还囊括了梅瑞沃斯城堡（1722年）圆形大厅的设计图和他的老主顾伯灵顿勋爵（1694—1753年）所做的一些设计。

总而言之，《维特鲁威全书》对英国建筑的影响是无法估量的。这本书中坎贝尔对英国建筑的概述和他自己的设计都是建筑领域的无尽宝藏。它和后世的图画书一样，对建筑实践产生了极其深远的影响。坎贝尔的帕拉迪奥主义也间接地影响了伯灵顿勋爵的建筑思想。他在1719年访问意大利期间成为一名建筑师，并最终在帕拉迪奥运动中取代坎贝尔成为运动首领。他对帕拉迪奥古典建筑的研究资料和设计草图进行了详尽的归档，严格地限定了古典主义的形态，这在当时是无与伦比的伟大举措。

卡斯特兹·鲁尔 著　　刘旭 译

1 | **克里斯托弗·雷恩设计的长方形基督教堂外观**
第一卷，插图6。版画

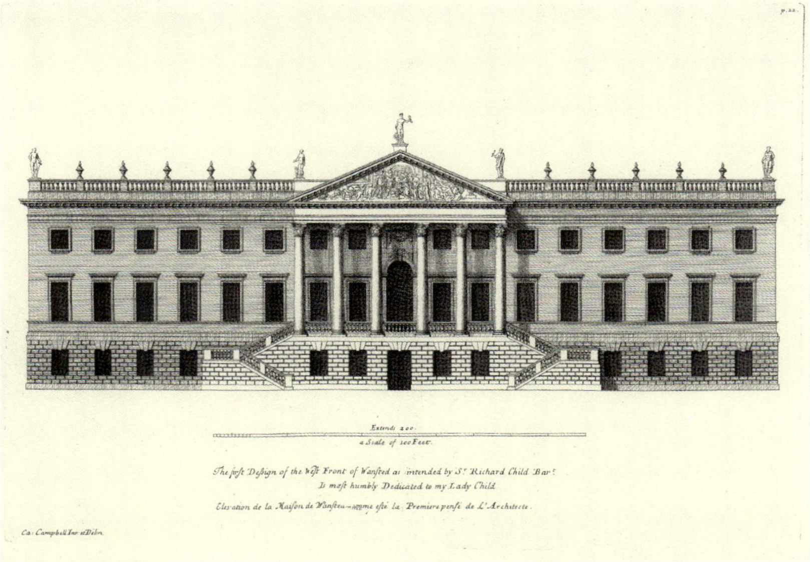

2 | 英尼哥·琼斯设计的宴会厅外观
第一卷，插图13。版画

3 | 科伦·坎贝尔设计的旺斯特得宫外观
第一卷，插图22。版画

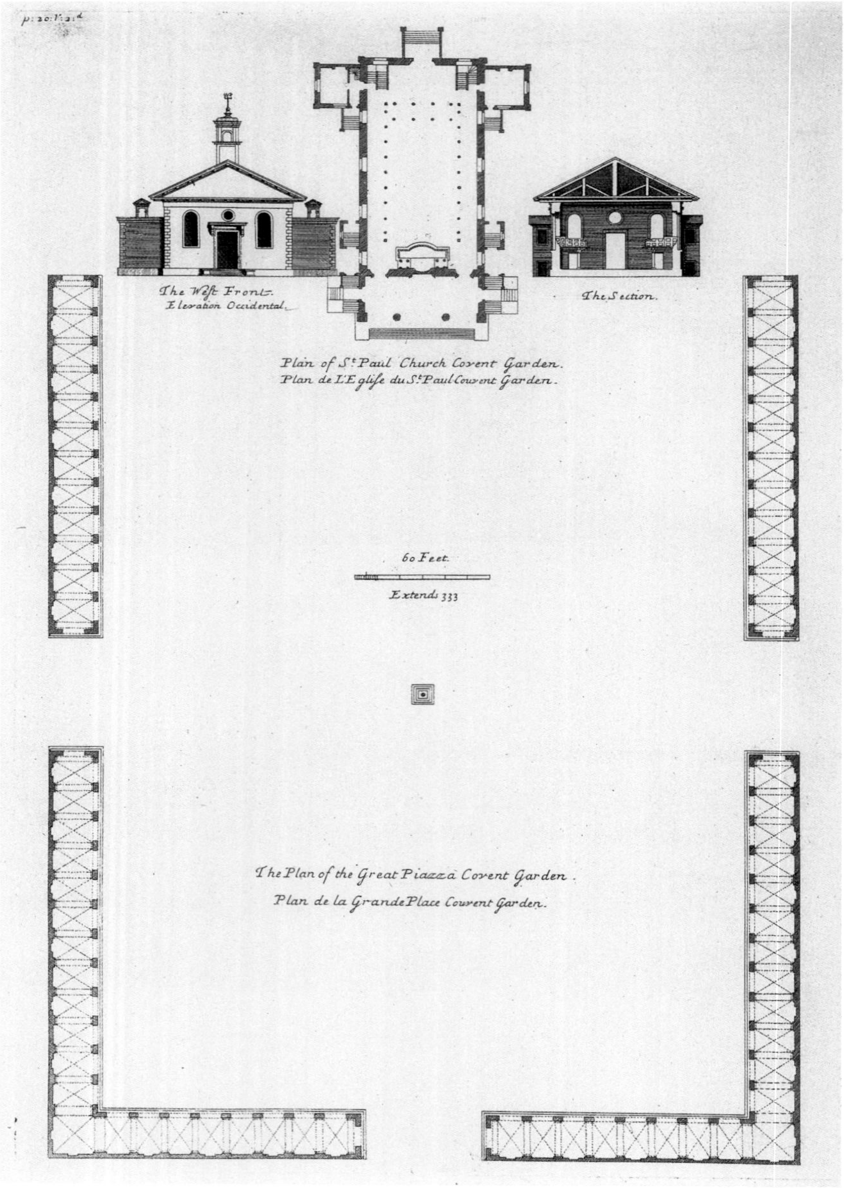

4 | 英尼哥·琼斯设计的考文特花园广场平面图
第二卷，插图20。版画

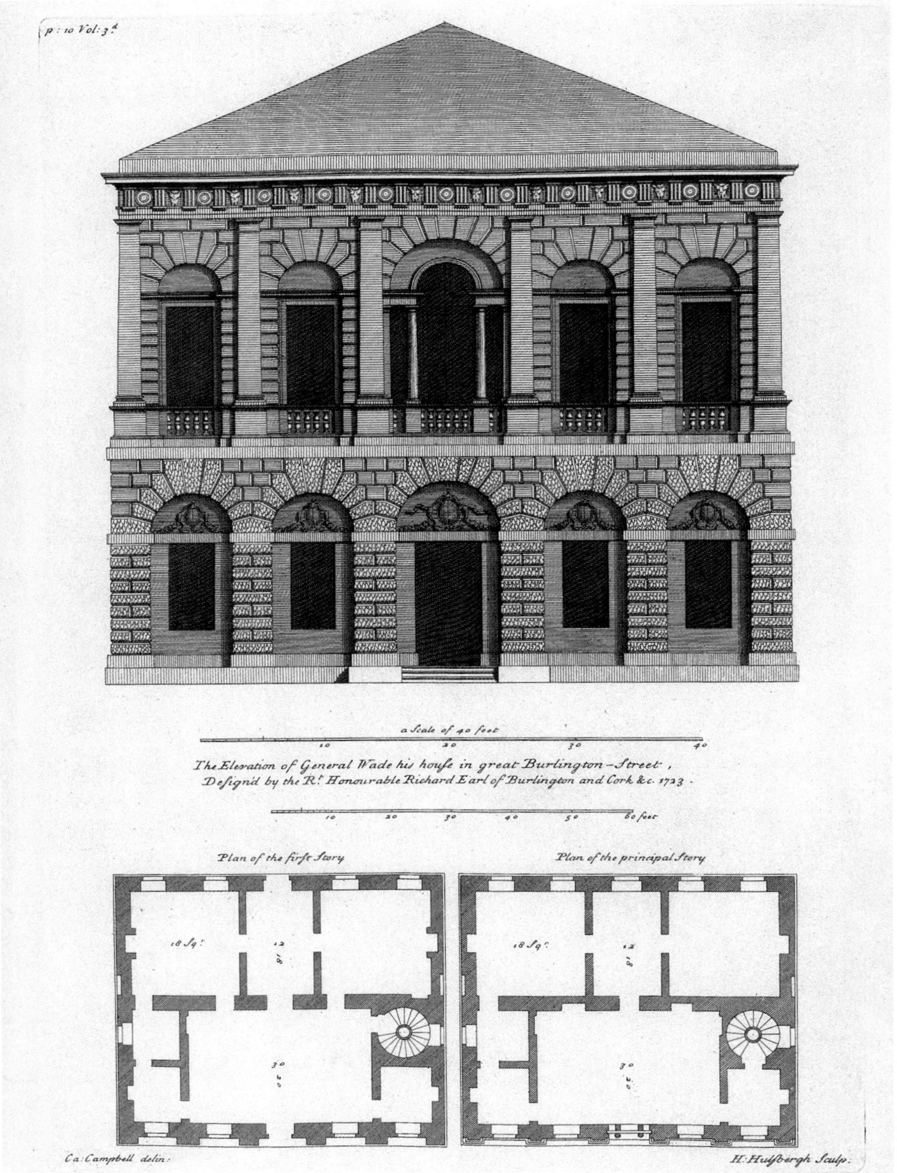

5 | 伯灵顿勋爵设计的韦德将军府外观和平面图

第三卷，插图10。版画

6 | 英尼哥·琼斯设计的考文特花园建筑外观
第二卷，插图21和插图22。版画

p: 22

o the Great Square.
on du coté de la grande Place.

by Inigo Jones 1640.
de Couvent Garden.

hess of Bedford &c:

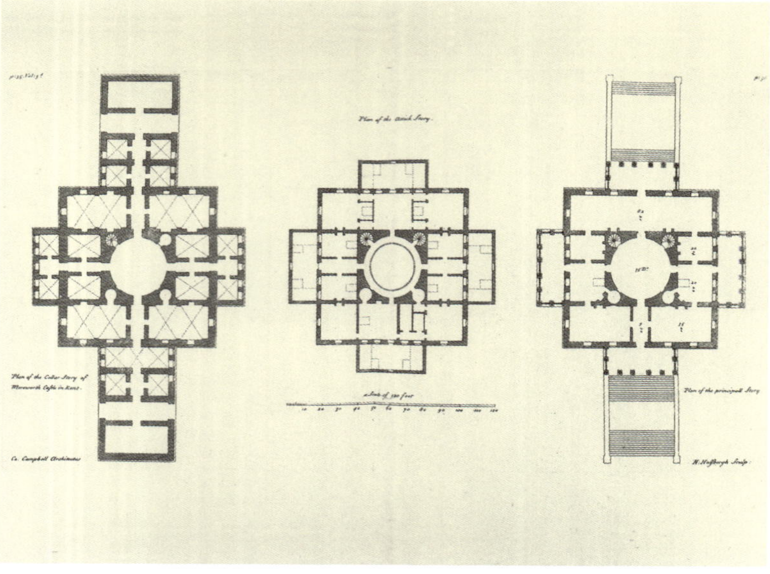

7 | 坎贝尔所设计位于皮卡迪利的伯灵顿府大门
第三卷，插图25。版画

8 | 坎贝尔设计的梅瑞沃斯城堡圆形大厅平面图
第三卷，插图35和插图36。版画

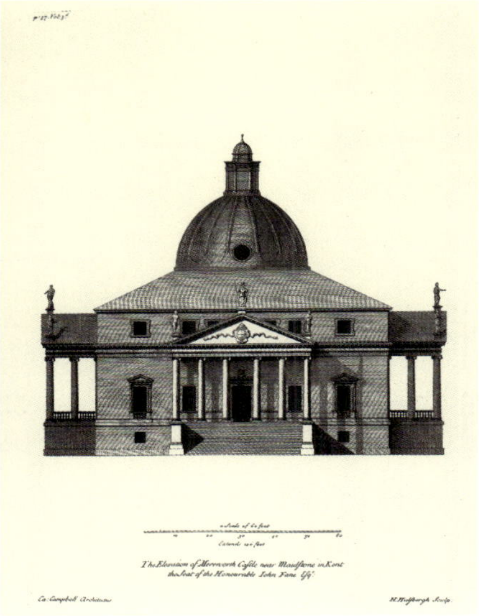

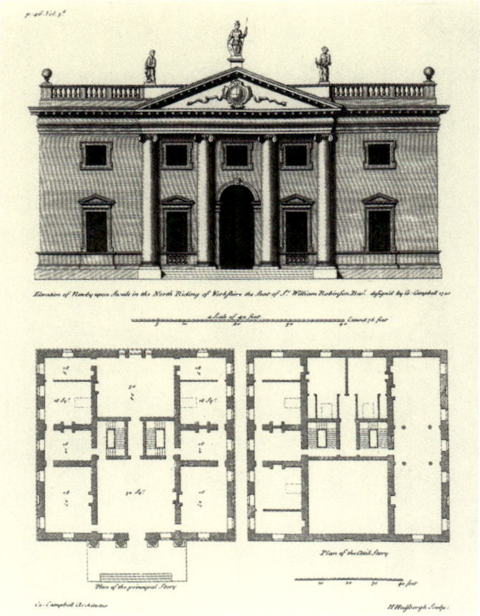

9 | 坎贝尔设计的梅瑞沃斯城堡圆形大厅外观
第三卷，插图37。版画

10 | 坎贝尔设计的斯托海德城堡外观平面图
第三卷，插图46。版画

詹姆斯·吉布斯（1682—1754年）

A Book of Architecture, Containing Designs of Buildings and Ornaments

LONDON, 1728

Rules for Drawing the Several Parts of Architecture

LONDON, 1732

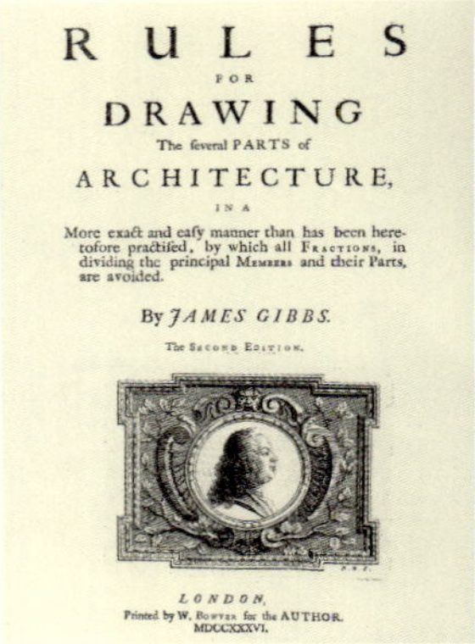

《建筑学》（*Book of Architecture*）由英国建筑师詹姆斯·吉布斯（James Gibbs）编写，该书是第一本仅包含作者绘制设计图的英文出版物，并且旨在成为建筑图样类书籍。但是，与众多其他作者编写的图文类书籍相比，吉布斯的书不针对执业建筑师，而是为那些“可能热爱建筑，特别是在偏远乡村、无法获取设计相关指导的人”量身打造。换句话说，通过其伟大的安德里亚·帕拉迪奥模型，吉布斯以自己的实战（在他看来，也是专业的）经验为例进行说明，想要以此改善地方建筑师教育不足的局面，以避免建筑领域的“不正之风”。从某种意义上说，吉布斯的《建筑学》中提供了丰富的建筑形式，即使是门外汉也可以从中选择合适的形式，完成各类建筑任务。相应地，书中包含了从教会建筑到别墅建筑等不同的项目形式，非常全面。本页恰到好处地展示了门、窗户和壁炉等室内装饰的细节。吉布斯在前言中强调，他设计的别墅“品位无与伦比”，也就是说，设计中运用了大量意大利建筑的知识。

然而，吉布斯之所以创作这个不寻常的项目，其动机绝不局限于表达正确的建筑主体，也可以理解为对帕拉迪奥式建筑学说的回应。事实上，吉布斯的品位概念与帕拉迪奥运动完全吻合，当他看到其理想中建筑的美，在一个简单、几乎无装饰的建筑物上实现了之时，他感叹“建筑物的优雅、美丽和宏大不在于其结构、材料的丰富、线条的多样和加工的精细，而在于各部分之间、部分和整体之间的比例以及整体简洁和少量使用装饰之间的平衡。”然而，吉布斯的设计不仅受到帕拉第奥式建筑的影响，更受到了克里斯多弗·雷恩（1632—

3
2
1
10
9 2/3
4 2/3
1 3/4
7

1723年）的建筑以及意大利巴洛克风格的影响，此外，从《建筑学》前言中可以清楚地看出，吉布斯不赞成科伦·坎贝尔（1676—1729年）在1725年出版的《维特鲁威布里塔尼古斯》第三卷中再一次阐释的建筑学说。吉布斯将正统的帕拉迪奥式建筑比作“品位的独裁”，不容任何建筑来替代，因此必须将其视为对品位的人为限制。在这一点上，吉布斯先于英国诗人亚历山大·蒲柏（1688—1744年）提出更为自由的审美概念。1731年蒲柏在阐述该主题的信件中表示，直觉或“感觉”优于“审美”，据此拒绝对帕拉迪奥式建筑的进行简单复制，认为这是不可接受的。

对审美的探讨，也必须考虑到不同的政治背景。吉布斯与坎贝尔不同，他对辉格党不抱有同情之心。作为一个忠诚的天主教徒和托利党人，他支持驱逐斯图尔特王朝，并完美融合了英国专制主义的价值观和理念。因此，他的赞助人主要是保守的托利党贵族，这些贵族在汉诺威王朝执政后便大权旁落。所以不能认为，吉布斯的建筑充分反映了当时的新形势。相反，只能将其视为古老、未开化的英国的象征。对于坎贝尔对意大利的巴洛克式建筑的批判，吉布斯表示可以理解。吉布斯充分意识到，在自己这一代英国建筑师中，只有他一人曾在意大利接受教育，他甚至强调他从巴洛克的意大利大师那学到很多。从1703年到1709年，吉布斯曾在罗马建筑师卡罗·丰塔纳（1638—1714年）的工作室中工作，而这位建筑师“放纵”的建筑曾受到坎贝尔的嘲笑。

在这种不可调和的差异之下，不难解释伯灵顿勋爵为何在翻新皮卡迪利的房子时，弃用保守建筑师吉布斯而选用坎贝尔，这是为了确保房子的改造沿袭新帕拉迪奥建筑理念。在《维特鲁威布里塔尼古斯》第三卷中，坎贝尔描述其为伯灵顿勋爵房屋改造的设计，却丝毫没有提到吉布斯，这样一来吉布斯在这个英式建筑中的贡献也遭到全盘抹杀。尽管经历过这些公开的拒绝，即使由于政治观点的不同，他丧失了不少重要的建筑项目，在创作《建筑学》一书之时，吉布斯已获得了职业生涯的成功。例如，在1713年，他受命担任伦敦50座新教堂的测量师，并设计了不少知名重要建筑，如河岸街圣母教堂（1714—1717年）、圣马田教堂（1722—1726年）和迪奇雷（1720—1722年）等乡村建筑。吉布斯一定很懊恼，坎贝尔的英式建筑画册中未收录他的设计，却收录了其他英式巴洛克代表人物的作品，如约翰·凡布鲁赫（1664—1726年）和尼古拉斯·霍克斯莫尔（1661—1736年）。事实上，吉布斯在《建筑学》一书中仅收录了他自己的设计，可以看作对坎布尔全盘忽视其作品的回应。此外，吉布斯的前言似乎也是对坎贝尔《维特鲁威布里塔尼古斯》第一卷前言的直接反击。与《维特鲁威布里塔尼古斯》形成鲜明对比，吉布斯强调他在意大利接受建筑教育的重要性，同时批评像坎贝尔一样的建筑师，他们从来没有研究过伟大的意大利建筑模型，因此最多算是掌握了肤浅的建筑知识，“……因为对奥古斯特残留的粗略看法，不值得观察或欣赏，乡间的空气更能够激发人们的建筑灵感。”吉布斯强调绘图技能的重要性，以及对建筑师教育中的古典和意大利模型的研究——这与传统观念相契合——他以帕拉迪奥的原则为指导，这一点与外行建筑师坎贝尔和伯灵顿不同。这就产生了一种悖论，英国帕拉迪奥式建筑的代表人物完全忽略了帕拉迪奥的建筑实践和对古典时代的广泛研究，而吉布斯作为巴洛克和帕拉迪奥式建筑之间的中介，却支持这些做法。

吉布斯的第二本出版物《建筑构件绘图原则》（*Rules for Drawing the Several Parts of Architecture*）也诞生在这种环境之中。大体上看，这本书遵循了自塞里欧以来关于圆柱式书籍的传统。吉布斯采用了帕拉迪奥的圆柱比例，这可以看作是对帕拉迪奥运动的让步。这种做法与前人克洛德·佩罗（1613—1688年）在《五种圆柱柱式指南》中的描述类似，随后，吉布斯又转向了更为简化的计算系统。但是，与佩罗关于圆柱的书籍不同，吉布斯的书中不包含对五种圆柱式状态和特征的理论反思。吉布斯不愿思考这些，因为他既不想引用帕拉迪奥学派中的建筑师的作品，也不想引用自己的出版物中解释其建筑作品理论合理性的部分。即使他的《建筑学》一书比其他古典建筑图样类书籍更有说服力，吉布斯的意图仅限于视觉美学，与威廉·哈夫彭尼（逝于1755年）和巴蒂·兰利（1696—1751年）的许多图文类书籍类似。与帕拉迪奥派不同，吉布斯的书产生了多重影响，因此，即使英国对帕拉迪奥的热潮退去之后，这些书籍仍吸引了广泛的公众注意。这就解释了为何相当长的时间内，吉布斯的建筑书籍在大不列颠建筑领域产生了相当大的影响，甚至波及18世纪末19世纪初的美国。

卡斯特兹·鲁尔　著　　刘旭　译

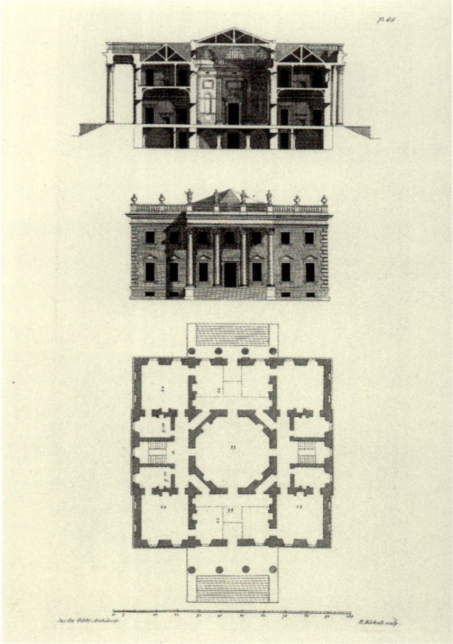

1 | **河岸街圣母教堂设计西立面**
插图17。版画

2 | **带有科林斯式柱廊和八边形大厅的房屋的横切面、视图和平面图**
插图44。版画

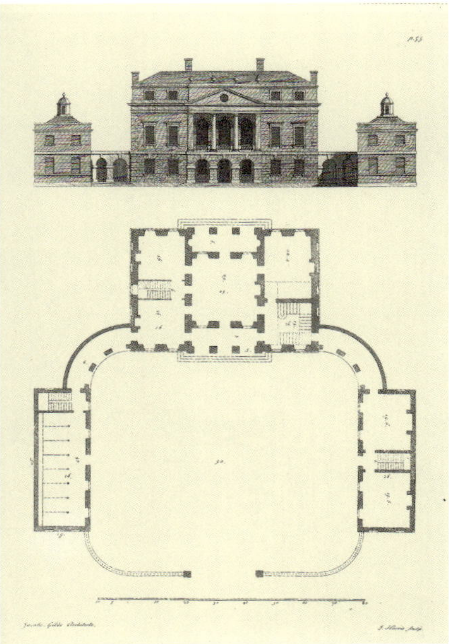

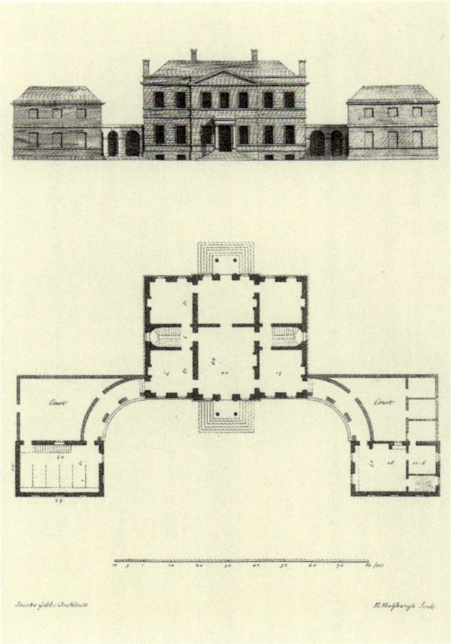

3 | **位于艾塞克斯唐氏厅的马修·普莱尔住宅视图及平面图**
插图55。版画

4 | **约克郡的房屋设计**
插图63。版画

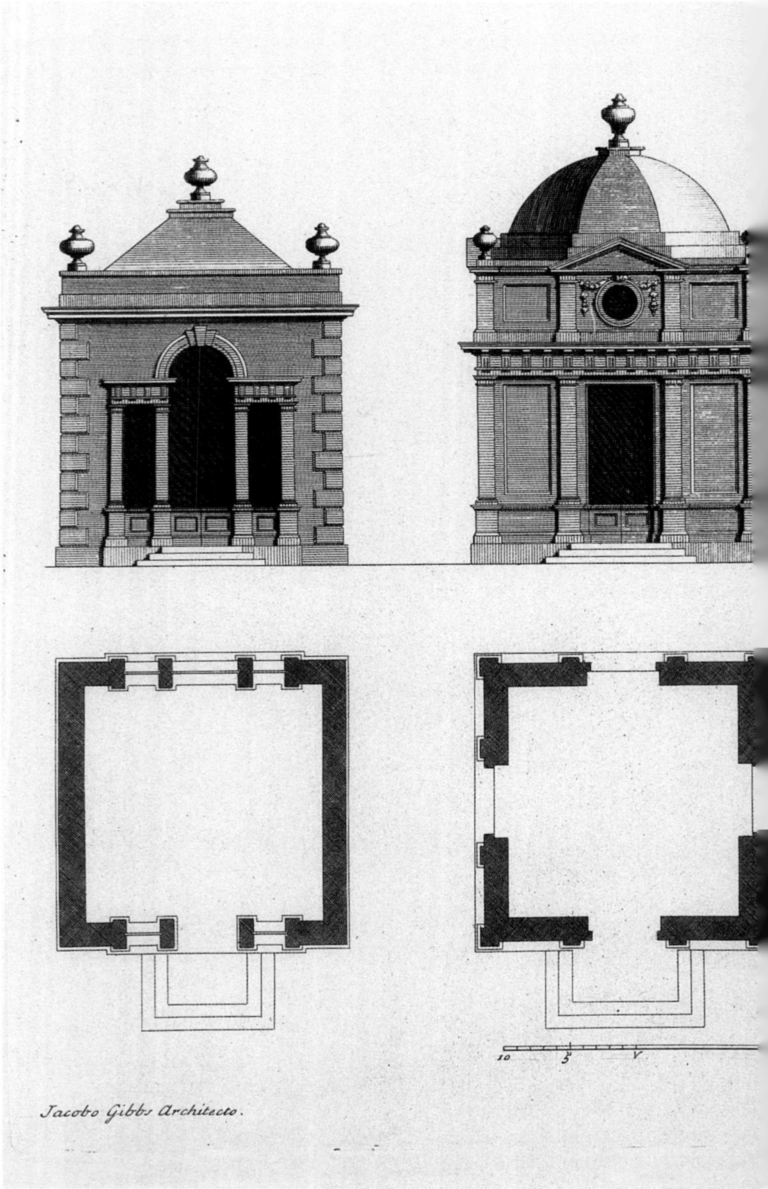

5 | 斯陀园科巴姆伯爵花园亭台设计
插图77。版画

P.77
30
40
H:Hulsbergh Sculp:

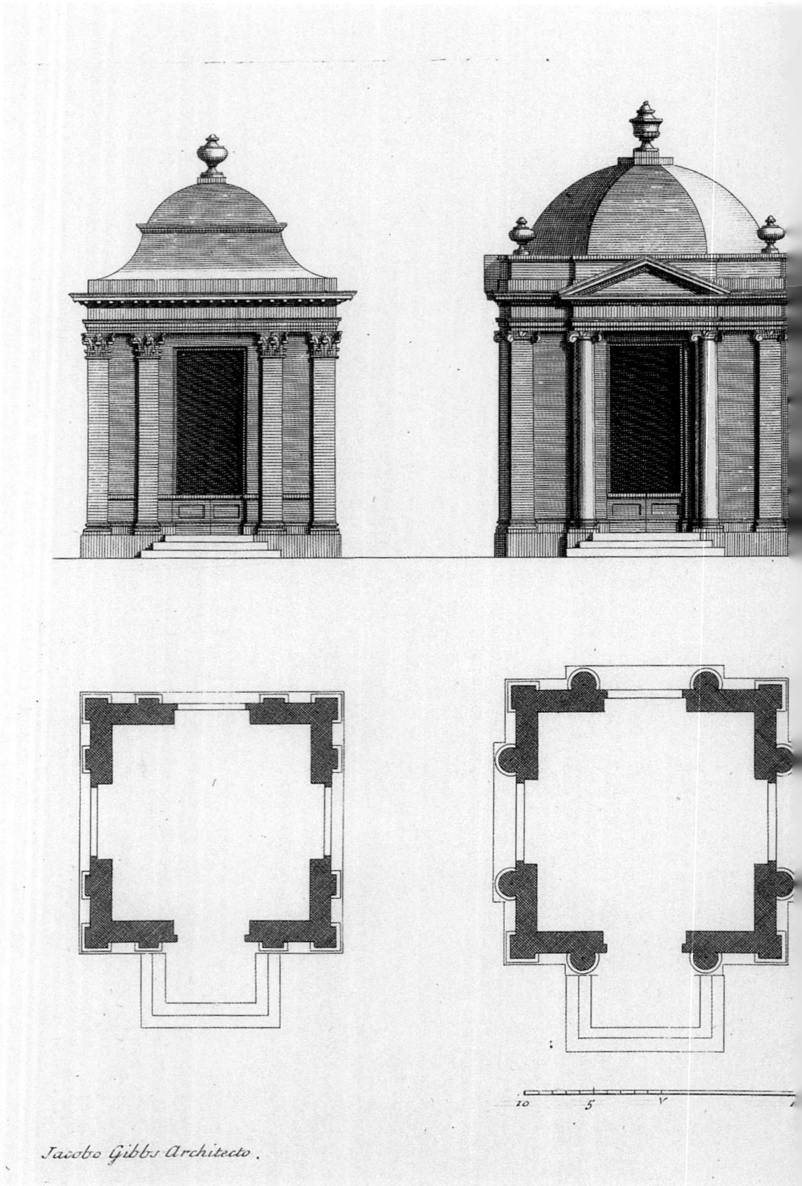

6 | 斯陀园科巴姆伯爵花园亭台设计
插图78。版画

p.78
30
40
H:Hulsbergh Sculp:

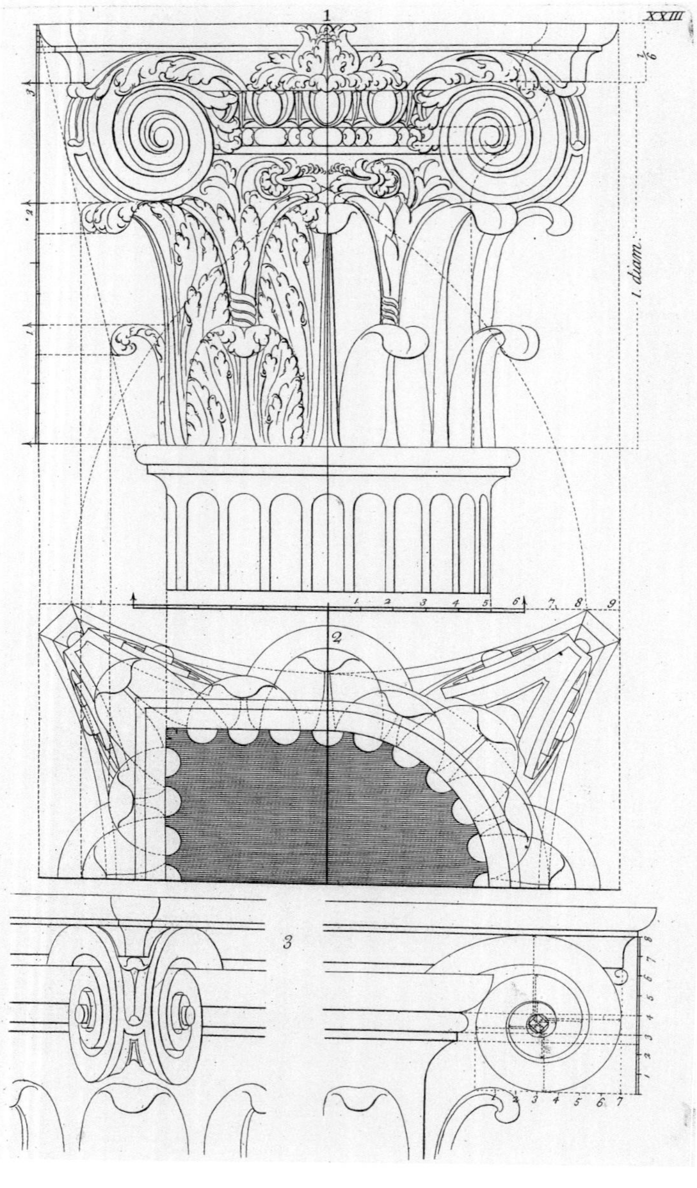

7 | 合成柱头

第二版，伦敦，1736年，插图23。版画

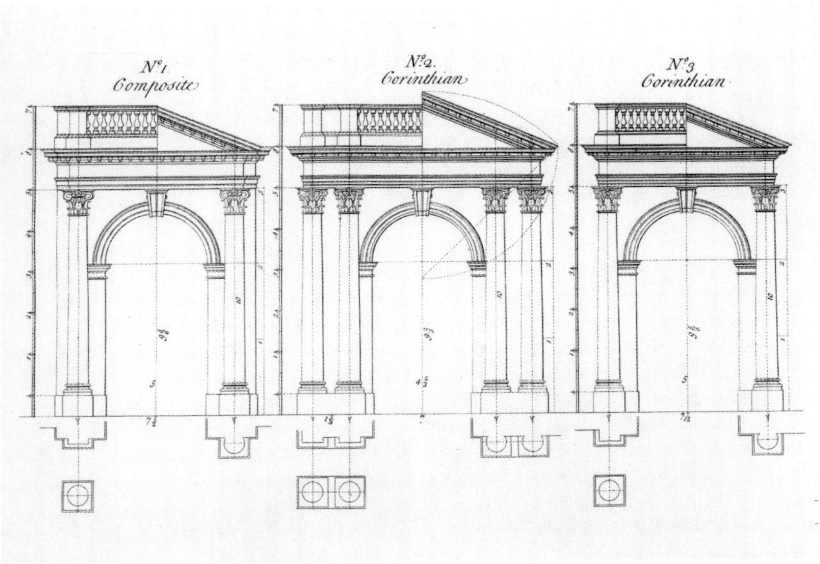

8 | 多种合成科林斯式拱形游廊和山形墙
第二版，伦敦，1736年，插图40。版画

9 | 门的多种设计
第二版，伦敦，1736年，插图42。木版画

罗伯特·莫里斯（1701—1754年）

An Essay in Defence of Ancient Architecture

LONDON, 1728

Lectures on Architecture

LONDON, 1734-1736

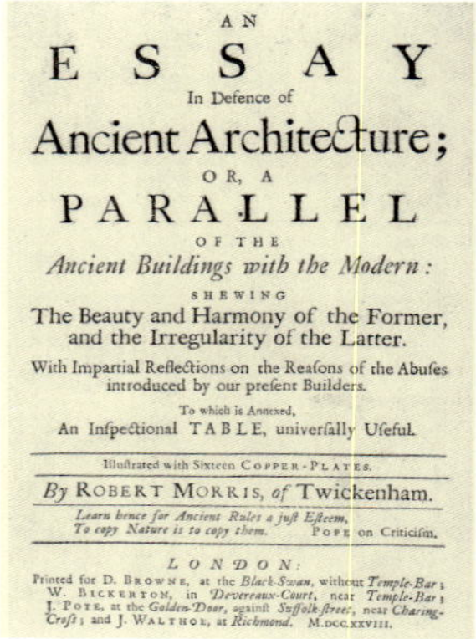

AN
ESSAY
In Defence of
Ancient Architecture;
OR, A
PARALLEL
OF THE
Ancient Buildings with the Modern:
SHEWING
The Beauty and Harmony of the Former, and the Irregularity of the Latter.
With Impartial Reflections on the Reasons of the Abuses introduced by our present Builders.
To which is Annexed,
An Inspectional TABLE, universally Useful.

Illustrated with Sixteen COPPER-PLATES.

By ROBERT MORRIS, *of* Twickenham.

Learn hence for Ancient Rules a just Esteem,
To copy Nature is to copy them. POPE on Criticism.

LONDON:
Printed for D. BROWNE, at the *Black-Swan*, without *Temple-Bar*; W. BICKERTON, in *Devereaux-Court*, near *Temple-Bar*; J. POTE, at the *Golden-Door*, against *Suffolk-street*, near *Charing-Cross*; and J. WALTHOE, at *Richmond*. M.DCC.XXVIII.

作为一位业余建筑师，罗伯特·莫里斯（Robert Morris）在他的系列著作中阐述了英国帕拉迪奥主义的根本理论。这个系列包括了《关于捍卫古建筑的文论》（*Essay in Defence of Ancient Architecture*）、《建筑讲稿》（*Lectures on Architecture*）、《论和谐》（*Essay upon Harmony*，1739年）以及《建筑的艺术》（*The Art of Architecture*，1742年）。令人惊讶的是，尽管莫里斯毫无疑问是帕拉迪奥建筑的圈内人，人们对他几乎一无所知。莫里斯对他的亲戚，著名的帕拉迪奥主义建筑师罗杰·莫里斯（1695—1749年）的建筑作品评价极高，并且在他后来所著《讲演集》（1736年）的第二部分中强调了自己对罗杰·莫里斯的致敬。

然而，莫里斯并没有把自己当作一个建筑师。他甚至多次表明自己对建筑结构理论毫无兴趣。相反，他在《建筑的艺术》一书中说自己是“诗意的建筑师”，他把关于建筑的写作视为一种为反映建筑之美服务的文学艺术形式。所以他的作品和传统的建筑学专著内容截然不同。莫里斯的著作并不仅限于宽泛的对建筑美感的定义，他在书中不断为当代帕拉迪奥主义辩护，证明其是一种建筑范式，同时暗示读者，在18世纪，建筑理论和美学之间已然存在某种特定的关系。因此，莫里斯为了构建自己的建筑美学理论而避谈维特鲁威的建筑理论，这仅仅是人们的逻辑猜想。哲学家安东尼·阿什里·库珀、沙夫茨伯里伯爵三世（1671—1713年）、法兰西斯·哈奇森（1694—1746年）、记者约瑟夫·艾迪生（1672—1719年）以及诗人亚历山大·蒲柏（1672—1719年），他们共同梳理整合了英国启蒙运动早起所有的美学模式，给莫里斯提供了理论工具。

然而，考虑到自17世纪后期以来哲学问题更趋主观，这一新的美学观的根本问题在于尝试建立一个人们普遍接受的审美定义。莫里斯提出“个体审美”的概念来解决这个问题，这一概念只建立在个体内在品质的基础上，并不借助抽象的概念来评判人感受对象的美丑，在这个概念下，人们使用“满意”或者“厌恶”这样的词来表达自己的判断。这一源自古典秩

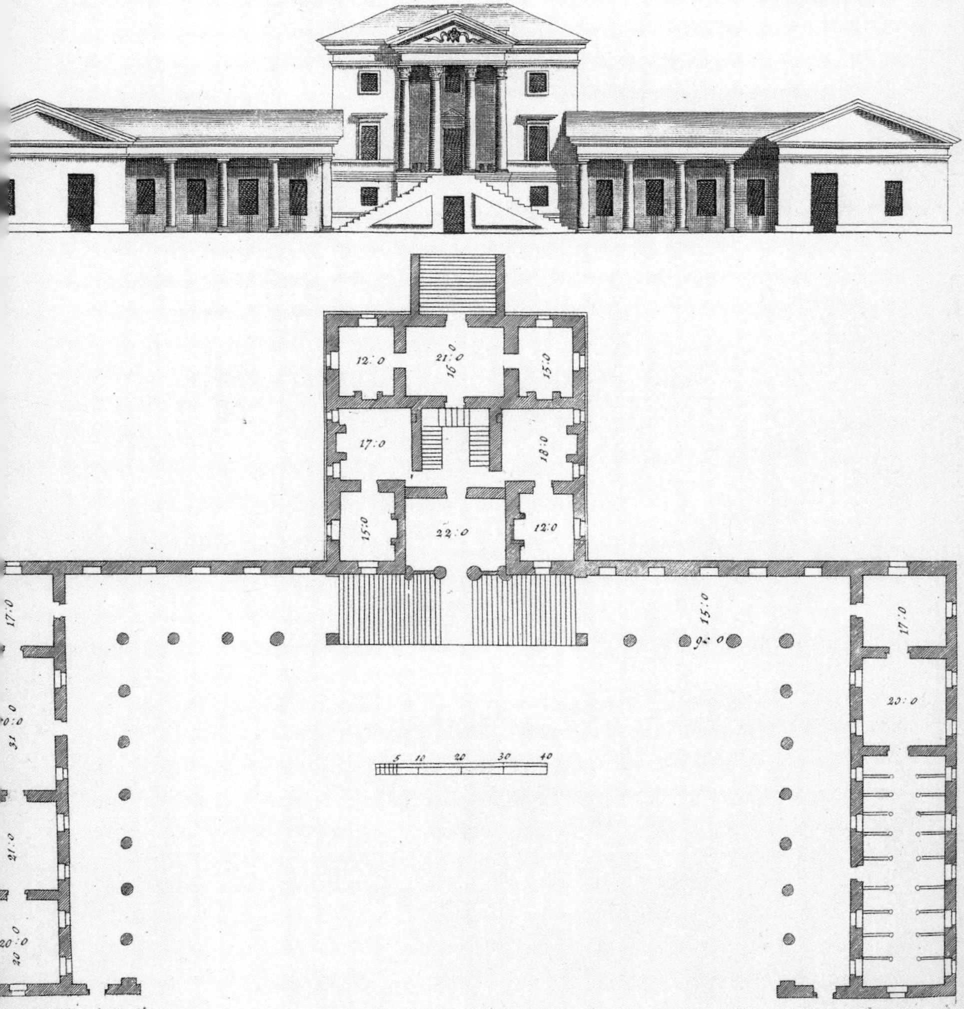

bertus Morris Delin

序观的是非感目的在于保证在审美上高度主观的主体只被同样具有古典主义构成的对象所吸引。古典主义建筑所蕴含的对称、比例和立体几何构造从根本上反映美的构成，沙夫茨伯里认为古典主义建筑不失为一种能够启迪"个体审美"的艺术形式。因此，对古典主义建筑的评价是由其自身性质决定的，无须其他理由。

依照这种不言自明的主张，莫里斯也假设，在意识结构和艺术建筑之间存在某种特殊的对应。然而，后者所具有的感情特征意味着对艺术建筑评判的描述不可能精确，因此，在这种描述过程中避免了对建筑美感的具体定义，这与意大利文艺复兴时期的做法有所不同。在主体自发的感知过程中，美感自然呈现并对观察者产生影响。如今，美学感受被提升到更高的位置上，它被用作评判美的标准，当建筑对象能够向观者传递建筑的秩序美感，这个建筑才能够吸引人。人们开始用一般性术语来表述美，比如"布局有序""选材多样"。但与此同时，这些术语不应被视为寻求建筑许可的说辞，相反地，建筑问题的审美化最初使得对以帕拉迪奥主义为导向的古典主义建筑的需求增加。从美学角度讲，古典建筑应该比巴洛克建筑更加严肃理性。关于这一点，人们认为巴洛克建筑缺乏规律性，将其理解为是在欧洲绝对主义幌子下道德畸形的体现，并因此否定巴洛克建筑。

莫里斯的《建筑讲稿》一书更具系统性，在书中他再次使用了这个概念模型，称"没有装饰的简单规则的建筑正面，只要比例合适，相比那些装饰华丽但比例不佳的设计会更加符合智者的审美，且更快地吸引注意。当你从一个建筑中发现完美的比例，自然而然地就会感受到共鸣的愉悦。"莫里斯在《讲演集》第12章中的别墅设计就是他建筑理念的例证。这一设计完全基于他自己的立方体比例示意图。别墅正面是简单的九间式设计，仅以爱奥尼柱廊作为设计亮点，中间穹顶使用渐进式圆顶设计，两翼使用金字塔形的屋顶设计。然而，莫里斯对于简约的要求并不仅限于建筑领域。事实上，在《讲演集》中他把乡间别墅视为艺术品，完美融合建筑设计与园艺设计。虽然对他来说，建筑的简约建立在特定的古典主义形式之上，莫里斯认为英国景观园林不同于巴洛克式园林的几何结构，其设计的简洁性具有微妙的艺术效果，尝试用自然的方式呈现完美的自然景观。

表面上，莫里斯对英国乡村别墅的评论似乎是对古典主义建筑文学一些章节的参考，这些章节列出了合适的建筑选址标准。但很快你就会发现，莫里斯对于"位置"一词的理解和传统意义上对拉丁术语"位置"的理解毫不相关。他加入自己的美学信仰，建立了新的关于帕拉迪奥式乡村别墅的理论，这一理论只考虑建筑的审美效果，并不考虑所谓的"便利性"，从莫里斯采纳了一个画家对别墅选址的意见就可见一斑。莫里斯选择将他的别墅设计建在山上，从那里可以看到克洛德·洛兰画中那样的古典建筑和景观（远处的景观、美丽丰饶的河谷或其他美景）。蛇形蜿蜒的小路通向花园和别墅，他想要从这些小路上也能看到那些引人入胜的殿宇和其他古典建筑。

莫里斯认为，伯灵顿勋爵（1694—1753年）的建筑代表这一艰巨工作的基本完成。伯灵顿的一生严格契合"个体审美"的审美理念。作为一个帕拉迪奥学院的业余建筑师，他总是和圈内的建筑师合作完成他的设计，并且愿意放弃将自己的理念著作成书的机会。和莫里斯一样，伯灵顿对建筑的兴趣完全建立在建筑是一门艺术的基础上。在此背景下，我们也就了然为什么在奇西克庄园（1725—1729年）的设计上，伯灵顿放弃了建筑所有的功能目的，转而追求新的审美。在这种情况下，建筑被视为一种自由的艺术，几乎不受制于建筑理论所要求的规则。莫里斯的审美观和伯灵顿建筑目的之对比似乎说明，将建筑视为完全自主的艺术是一种先锋的构想，在艾蒂安·布雷（1728—1799年）的美学建筑观中，这一理念将会以一种更加极端的形式表现出来。莫里斯作品的特别之处在于，它们代表了18世纪早期建筑美学思潮最早且唯一的概要，既是对文艺复兴时期设计理念的回潮，也是全新的建筑美学观的先驱。

卡斯特兹·鲁尔 著　　朱怡雯 译

第413页插图
1 | 别墅正面图和底层平面图
该设计基于帕拉迪奥的拉格纳别墅
第93页。版画

2 | 别墅正面设计

该设计让人联想到罗杰·莫里斯在马布尔希尔的别墅。第84页。版画

Scale of 30 1 2 2 Diameters
Delin.
Page 84

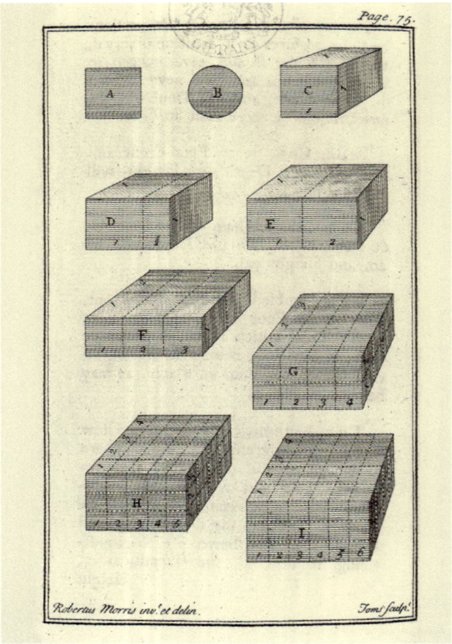

3 | 莫里斯的空间比例体系
第二版，伦敦，1759年，第75页。版画

4 | 正面装饰的研究
第二版，伦敦，1759年，第127页。版画

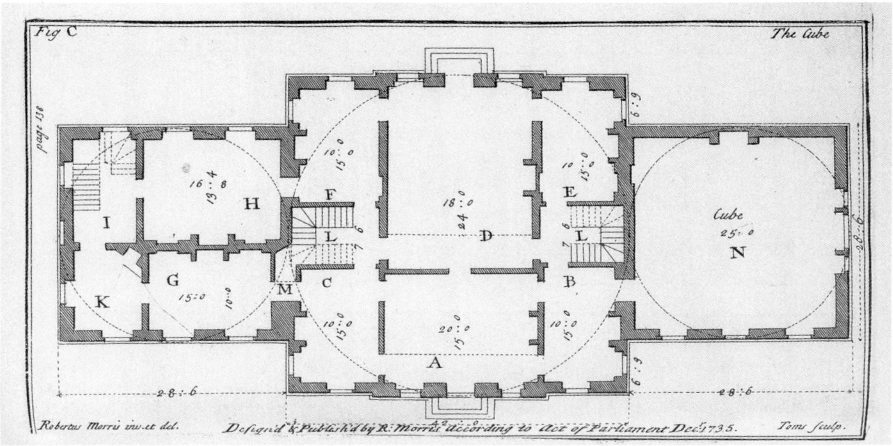

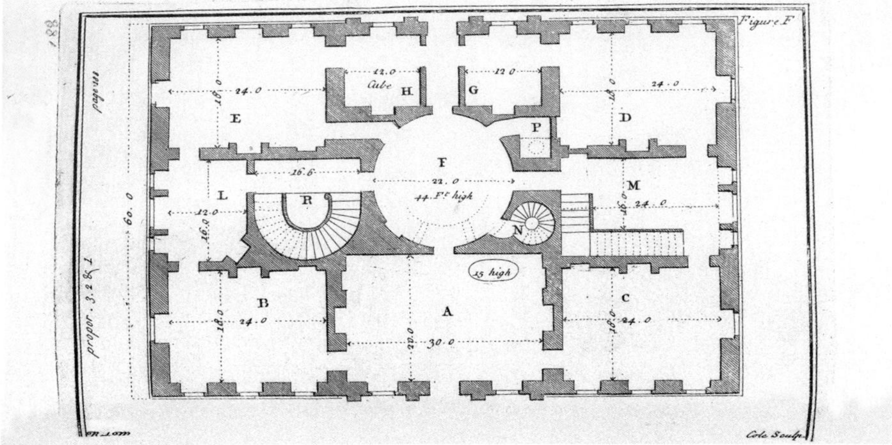

5 | 带爱奥尼柱廊装饰的理想化帕拉迪奥别墅底层平面图
第二版，伦敦，1759年，第138页。版画

6 | 带圆顶的理想化帕拉迪奥别墅底层平面图
第二版，伦敦，1759年，第188页。版画

7 | 带圆顶的理想化帕拉迪奥别墅视图
第二版，伦敦，1759年，第139页。版画

8 | 带圆顶的理想化帕拉迪奥别墅视图
第二版，伦敦，1759年，第189页。版画

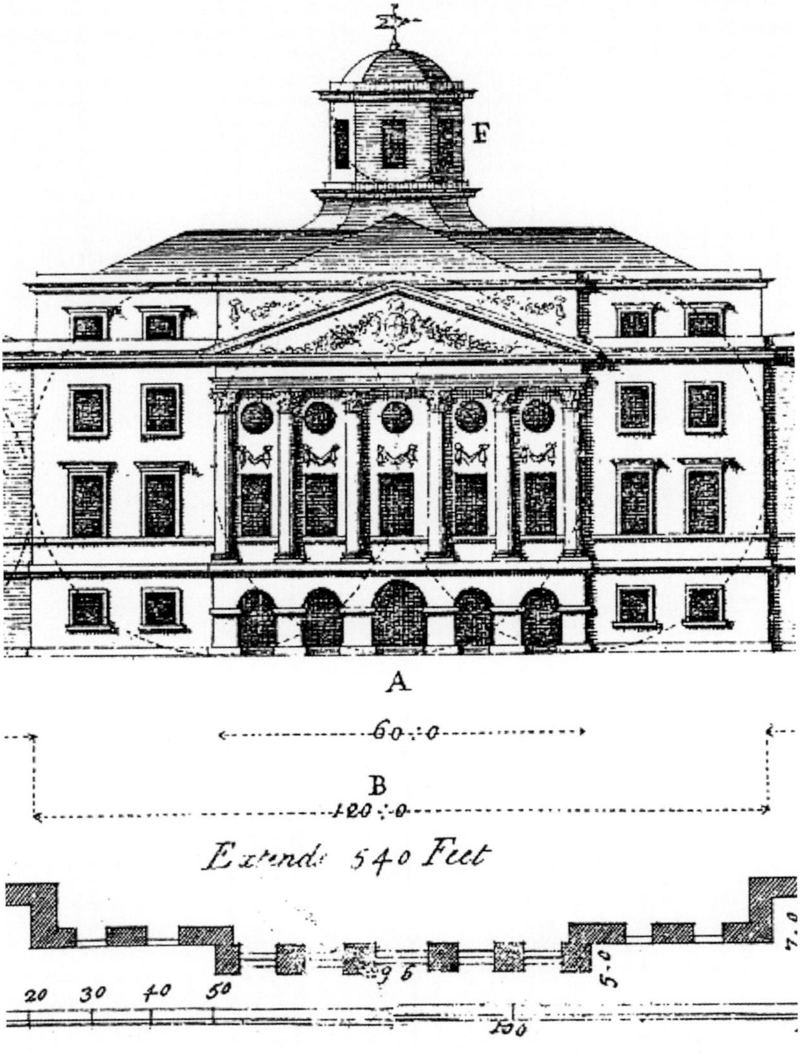

9丨大型帕拉迪奥乡村别墅设计图
第二版，伦敦，1759年，第201页。版画

艾萨克·韦尔（1707—1766年）
A Complete Body of Architecture
LONDON, 1756

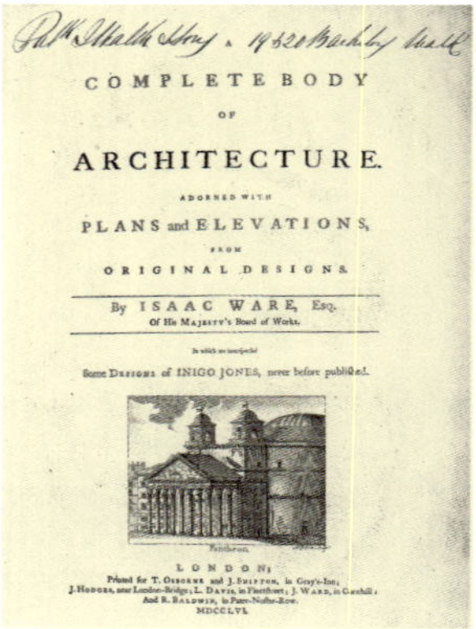

这部作品由帕拉迪奥主义建筑师艾萨克·韦尔（Isaac Ware）所著，是一本百科全书式建筑论著。《建筑通论》（*A Complete Body of Architecture*）以房产所有权人和建筑师为受众，韦尔想通过这本书将建筑学的各个方面全面地展现出来。这本著作的海外版分为十册（建筑学的完整文库），明显受到维特鲁威和阿尔伯蒂的影响，这也在一定程度上强调了韦尔的这一目的。从内容看，韦尔提及更加近现代的建筑理论问题，试图调和这些问题与他秉持的帕拉迪奥主义建筑理念的矛盾。

韦尔是伯灵顿勋爵（1694—1753年）周围帕拉迪奥建筑圈内最著名的建筑师之一，受到伯灵顿的大力赞助。韦尔设计了帕拉迪奥庄园别墅，比如克里夫顿·希尔别墅（1746—1750年）和洛珊公园（1754年），撰写多本建筑学的早期著作，比如《伊尼戈·琼斯及其他建筑师设计集》（1731年）和《安德里亚·帕拉迪奥建筑四书》（1738年），为英国提供了最早的安德里亚·帕拉迪奥《建筑四书》译本，这使得他在实际建筑和撰写帕拉迪奥主义建筑文学方面都很有名。在《四书》的前言中，韦尔使自己从较早发行的加科莫·莱奥尼（1716年）和爱德华·霍普斯（1735年）合作翻译的帕拉迪奥建筑四书译本中脱离出来，因为这个早期的译本对帕拉迪奥的解读存在纰漏，也不充分。在《建筑通论》一书中，韦尔想要改正之前出版商加入《四书》译本中不必要的部分，由浅入深对建筑进行解读。在此过程中，韦尔非常注重这部书将给人带来的训导作用。事实上，在这部书的序言之后，韦尔加入了一份详细的建筑学术语词汇表，从“顶板”“古典式”“法国柱式”到“现代”“兽形装饰”。词汇表对读者起到指导作用，也向读者大致展示了建筑学的方方面面，为读者继续阅读书中的后续章节作了指导。

后来，韦尔多次提及实用性与功能效用，以此作为建筑的最高原则。因此他有意识地加入了论战，反对完全的审美主义。然而，韦尔显然对当时的美学建筑观持开放的态度，他的书中关于建筑选址或者说“位置”的章节里，韦尔也用到了英国花园的美学概念，称其具有“电影”般画面感。但是，韦尔只在充分考虑实际建筑规范的前提下才考虑审美的方面。

逻辑上讲，和他的偶像帕拉迪奥一样，韦尔的书中首先是对各种建筑材料的调查，接着阐释了正确的建筑选址的标准和建筑过程本身，全书最后一部分是对各种建筑柱式的讨论。对韦尔来说，柱式代表了建筑中的美学领域。然而，在他对以往意大利式建筑模型设计的一次偏离中，他抛弃了将廊柱视作建筑中必要部分的观点，转而认为廊柱只是装饰性的部分，仅具有配件的附属性功能。于是韦尔构想出了无柱建筑："饰物减弱了建筑的秩序感，而秩序感正是建筑最高美感的来源。装饰不是必要的部分，十分优秀典雅的大型建筑或者民居可能完全不带有任何的装饰。"

换言之，不能简单从意大利建筑理论的视角去看韦尔的《建筑通论》。1708年，法国建筑师克洛德·佩罗在1683年写就的《建筑五柱式》（介绍建筑学中五大柱式的专著）由英国建筑师约翰·詹姆斯（1672—1746年）翻译成英文，通过采纳书中提及的法国建筑理论，韦尔拓展了通论的内容。值得一提的是，佩罗以建筑美学为基础对一些特定柱式传统概念的批判很可能促使韦尔下结论，认为美学并无确定、客观的准则（在一些方面确实存在标准，比如考虑建筑的坚固性与实用性时），因此柱式并不属于建筑"必要的部分"。打个比方，尽管面部表情随着面部动作个体的情绪变化而变化，这并不妨碍它的美感，建筑学也是如此，存在这种在一定范围内由设计师决定的变化，但不妨碍建筑的整体美感。韦尔认为，古希腊建筑就证明了这种一定范围内的变动。他认为，希腊人直接从自然中获得灵感，换言之，他们的建筑装饰，即三大柱式和柱顶盘设计都源于自然。希腊人并不擅长模仿现有建筑进行设计。因此，韦尔认为建筑师应当恢复建筑最本原的样貌，以寻求希腊人从他们自己的建筑艺术中总结出来的原则。

他认为只有通过这种途径才能设计建造出像希腊建筑那样具有模仿价值的建筑。但是回顾建筑史，我们就会发现未加思考的模仿大量存在，对建筑界施加影响，完美融合了想象力和逻辑感的建筑艺术随着古希腊的消亡也一并消失。所以，在这个习惯于毫无创见地模仿设计的时代，韦尔在自己的书中揭示了这些流传的比例，并且赞成佩罗的主张，认为这种建筑比例体系是任意的："我们展示的这些比例在不同的建筑中也有很大的不同，如今我们或许可能增加一条，这些比例是任意的。"但这一点直到理性主义时期才被人们认识到，因此韦尔关注他自己所处时代特定的建筑成就。

法国建筑理论家马克安东尼·洛吉耶（1713—1769年）所著《论建筑》在1755年被译作英文版《建筑文论》，他和韦尔持相同的观点。韦尔借用洛吉耶书中契合自己观点的理论，采纳了洛吉耶对于原始屋架的观点，对于建筑模仿的评价以及他对无柱建筑的想法。韦尔相信，建筑中所有的必要成分都源自带有简单柱形、台口与山墙的原始屋架结构。韦尔赞同洛吉耶的观点，批评在建筑中使用凹槽、半圆柱和拱廊这样的装饰性元素，呼吁建筑应当结构简约。帕拉迪奥式别墅建筑为他的建筑理念提供了例证。韦尔还评判了英国那些对帕拉迪奥无条件崇拜的狂热分子，对建筑系的学生说："我们已经证明了帕拉迪奥也会犯错误，如果对他的观点一味盲从，就很可能违背真理。"在韦尔看来，对帕拉迪奥的盲目模仿是非理性的，当时的帕拉迪奥式建筑是一个象征，象征着文明建筑的高峰，伯灵顿和肯特建筑设计中未加修饰的墙面以及对门廊上随意的柱式装饰的限制彰显着这一点。韦尔代表的建筑观点和帕拉迪奥主义建筑理论家罗伯特·莫里斯（1701—1754年）相同，但韦尔不认为莫里斯的纯审美主义能够解决建筑学的问题。对他来说，建筑应当同时被视为是科学和艺术，这才是迎合时代发展的观点。韦尔整合功能主义和审美主义形成的理性主义建筑观很有可能对后来英国建筑师威廉·钱伯斯（1723—1796年）的《民用建筑概述》（1759年）一书产生巨大的影响。

卡斯特兹·鲁尔　著　　朱怡雯　译

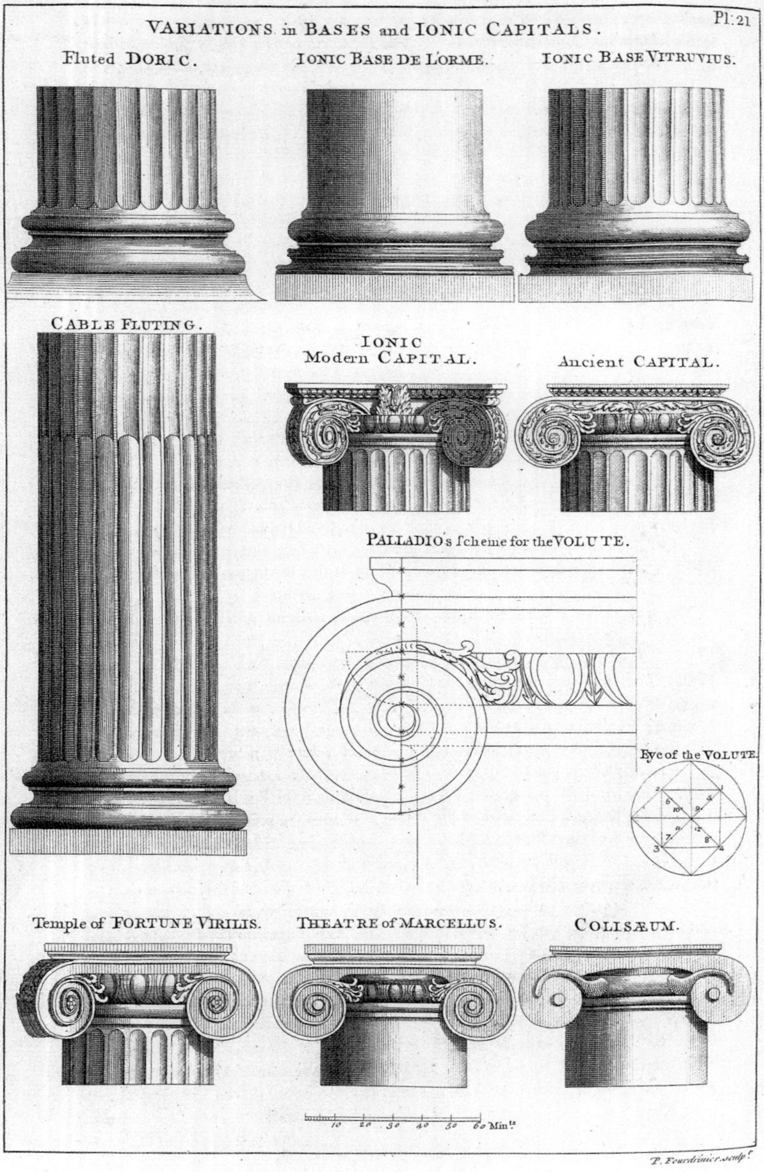

1 | 底座和爱奥尼式柱顶变化

插图21。版画

2 | 科林斯式柱顶变化图解
插图23。版画

3 | 五大柱式底座和台口图解
插图2。版画

CORINTHIAN.
COMPOSITE.
Plate 2. Page 12.
Cornice.
Frize.
Architrave
ENTABLATURE.
Capital.
Shaft.
Base.
Cap.
PEDESTAL
Base.
Plinth.

4 | 帕拉迪奥设计的基耶里凯蒂宫正面图
插图30。版画

Pl.30.
...erio Chiericato at Vicenza built by
10
20 Feet
I.Roberts Sculp

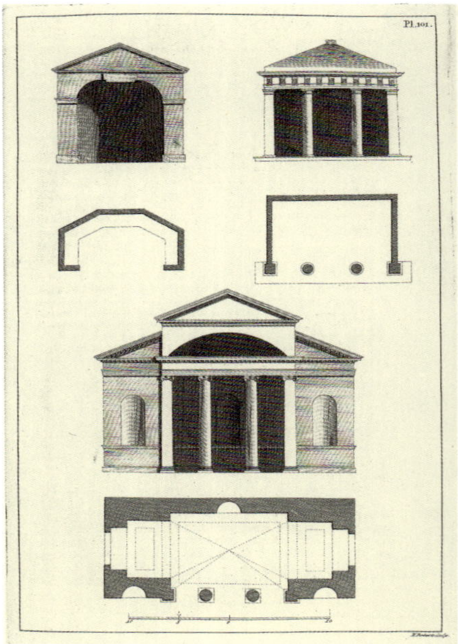

5 | 古埃及宴会厅底层平面图
插图37。版画

6 | 多种景观楼台设计
插图101。版画

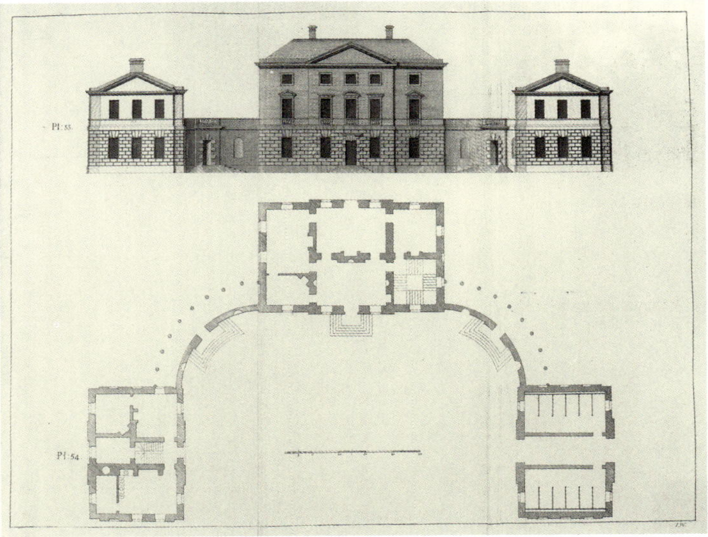

7 | 洛珊公园别墅设计
插图53。版画

8 | 亚历山大・约翰斯顿别墅的设计
插图54和插图55。版画

威廉·钱伯斯（1723—1796年）

A Treatise on Civil Architecture

LONDON, 1759

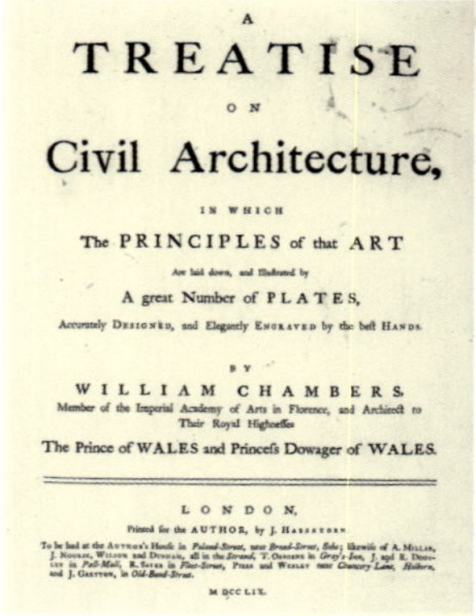
A TREATISE ON Civil Architecture, IN WHICH The PRINCIPLES of that ART Are laid down, and Illustrated by A great Number of PLATES, Accurately DESIGNED, and Elegantly ENGRAVED by the best HANDS. BY WILLIAM CHAMBERS. Member of the Imperial Academy of Arts in Florence, and Architect to Their Royal Highnesses The Prince of WALES and Princess Dowager of WALES.

LONDON, Printed for the AUTHOR, by J. HABERKORN

MDCCLIX.

英国宫廷建筑师威廉·钱伯斯（William Chambers）所著《民用建筑概述》（*A Treatise on Civil Architecture*）是英国建筑界最有影响力的著作之一。本书在钱伯斯在世时印刷出版两次，19世纪再版四次，为人们提供了系统且易用的英文柱式索引。韦尔仅仅列出了柱式的数量，完全省略了材料、结构等问题，钱伯斯为此格外注重装饰性建筑元素，意以弥补。

在他自己校改的第三版（1791年）中，钱伯斯将书名拓展为《论建筑的装饰部分》，甚至在其中增添了新的文章，涵盖了他30多年设计师经历的成果。但是第三版中没有对钱伯斯的建筑观进行深度解读，他的观点大致是他最初在巴黎学习建筑学的时期（1749年）形成，以及后来在意大利求学的时期。正是这种综合全面的训练使得钱伯斯在18世纪后半叶成为和他竞争对手罗伯特·亚当（1728—1792年）一样重要的英国建筑师。

从意大利回国后，钱伯斯被委托设计萨默塞特宫（1776—1786年），并被任命为皇家测绘局长和财务总管，这是建筑师的无上荣誉，他的职业生涯就这样以一种史无前例的方式展开。钱伯斯也是皇家学院的创办者之一，作为学院的讲师也享有很高的声誉。早在1757年，他被任命为威尔士亲王（后来的国王乔治三世）的导师，他的概论一书便是导师工作的直接成果。钱伯斯经常强调建筑作为象征以及在经济意义上对于国家的重要性，也在书中强调了他得以获得这些工作委托的综合训练。

然而，《民用建筑概论》并不是钱伯斯出版的第一本作品。早在1757年他出版了基于观察中式建筑的名为《中国建筑设计》的著作。但并不能就此得出结论认为钱伯斯把自己视为外来建筑理念的支持者。相反，他详述了中式审美在欧洲建筑界几乎被忽略的事实，认为相较于古典主义建筑传统，中式建筑美观但仅能用于景观花园的设计。

根据这种建筑评价，在不久出版的概论一书中钱伯斯着重强调古典主义建筑风格。但不同于韦尔，钱伯斯没有将自己的著述写成一部综合的百科全书式建筑学专著，而是将研究对

The Primitive Buildings &c.

The First sort of Huts.

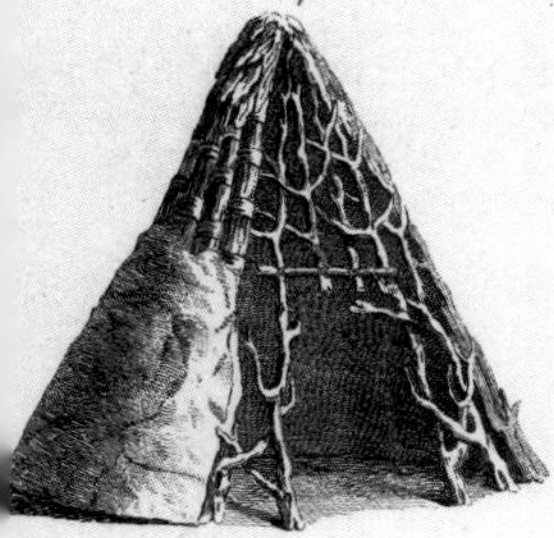

The Second sort of Huts.

The Third sort of Huts which gave birth to the Doric ORDER.

The Doric Order in its Improved State.

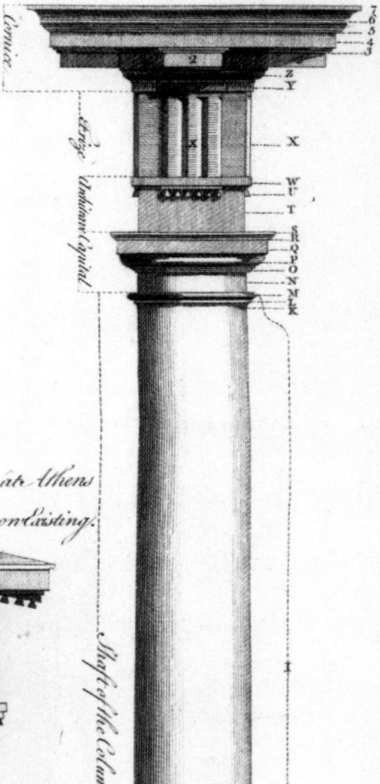

of the Corinthian Capital.

The Doric Profile of the Temple of Theseus at Athens one of the most Antient Monuments of that Order now Existing.

Plinth	K	Conge	T	Fascia of ye Architrave	4	Corona or Drip
Lower Torus	L	Fillet or upper Cincture	U	Drops	5	Ogee
Fillet or Square	M	Astragal	W	Fillet or Tænia	6	Cavetto
Scotia	N	Neck or Frise of ye Capital	X	Triglyphs	7	Fillet
Fillet	O	Fillets or Annulets	Y	Capital of the Triglyph		
Upper Torus	P	Ovolo, or Echinus	Z	Ovolo or Quarter round		
Fillet or lower Cincture	Q	Abacus	1	Mutule or Modillion Band		
Conge	R	Inverted Cyma or Ogee	2	Mutules		
Shaft of the Column	S	Fillet	3	Ogee		

象限定为柱式和景观园艺，在传达建筑评价时强调自己的审美经验，用理性赋予它们更明显的理论优势。因此，除了对建筑史的介绍和批判性考察，这本书着重在作者自己观察和观点的基础上对柱式进行讨论和展示。显然钱伯斯也依赖佩罗的观点，在序言中他批判了对古典主义建筑家的盲目称颂以及静态的美学观，尝试为自己的评论提出客观的建议。

钱伯斯尽可能直白地阐释自己的观点，这也符合启蒙运动的精神。根据培根以来写作经验主义的哲学传统，钱伯斯在撰写概论时尽量遵循“精确”“明晰”“简洁”以及“朴素”的风格。钱伯斯并不是希望借此从抽象原则的角度解释建筑，而是希望从易于理解的经历和展示中推出所有的基本真理。

在引言中，钱伯斯表示，这一素质（和数学、几何学及透视知识一起）是建筑师培训中最重要的因素之一。他认为，旅行对上述素质的培养具有重要的作用，因为与不同文化和建筑观的邂逅能够激发想象力。单纯依附于模型会导致对于建筑的肤浅理解，而绝不会带来真正的审美品位。因此钱伯斯在借用马克安东尼·洛吉耶的理论时，也坚持自己观点的独立性。

在此过程中，钱伯斯在建筑师传统素质中增加一条，即建筑专家的审美经验，他们对感知对象的自发评价建立在国际化审美品位及审美经验的基础上。建筑师在设计建筑时，必须考虑观察者的审美。选择合适的建筑比例并不依赖于各种建筑元素之间的具体关系，而取决于建筑师对使用的建筑元素美学效果的驾驭能力。

建筑学作为一种艺术形式，关乎受教育的观察者的想象力，它不再仅仅是科学或者理性的体现，而首先是一种想象力的艺术。英国对于美学的讨论始于艾迪生的系列文章《审美与想象的乐趣》（1712年），钱伯斯最终又回到了建筑概念的起点，并且融入了罗伯特·莫里斯早期建筑著作的观点。钱伯斯和艾迪生持不同的观点。钱伯斯认为，建筑不仅可以给人以感官上的愉悦（主要愉悦），还可以表达概念与想法，而概念与想法（次要愉悦）和感知并没有直接关联。因此，建筑没必要只是模仿自然。和其他艺术形式一样，建筑所给予的关联和审美愉悦只有那些“受过教育想法开明的人”才能领会。

然而这种特定的美学特征并不适用于古典主义建筑。（在对希腊式建筑激烈争论的背景下）钱伯斯提到了古典罗马式建筑的成就，同时也强调英国哥特式建筑的美感。他借此支持他的同事，皇家学院院长约舒亚·雷诺兹（1723—1792年）的观点。

根据他提出的建筑既是科学也是艺术的观点，钱伯斯对哥特式建筑的结构创新和美学效果给予了肯定，他认为哥特式建筑有时甚至超越了古典主义建筑模型。但事实上没有作家对哥特式建筑进行探索，这在他看来是失败的，这本应该是一项迫切的工作，因为哥特式建筑的杰出代表正在迅速瓦解。

“艺术爱好者不要一味捡拾希腊建筑的遗穗，古文物研究者不要只想着出版不精确不连贯的作品，应该鼓励有能力者出版关于我们自己建筑的书籍，我们的教堂，其他哥特式的建筑，这些建筑正趋近消亡。这将真正对艺术设计做出贡献。”因此，钱伯斯在18世纪就提出一个迫切的任务，保护和重视哥特式建筑，并预测到19世纪古文物研究者对于哥特式建筑产生的巨大兴趣。与此相比，钱伯斯自己的建筑作品深受严谨的学院古典主义影响，这一点与洛吉耶和韦尔相似，他的建筑设计源自原始屋架模型。

卡斯特兹·鲁尔　著　　朱怡雯　译

第435页插图

1 | 原始屋架到古代建筑的发展

插图1。版画

2 | 查尔蒙特伯爵赌场设计
插图35。版画

This Design of his Lordship's Casine at Marino.
most Obedient Servant, William Chambers.
20
25
30 foot
P. Fourdrinier Sculp.

3 | 布鲁斯伯爵赌场设计
插图38。版画

ld Hall in Yorkshire, is humbly Inscribed
ant, William Chambers.
25 30 35 40 f.t
F. Patton sculp.

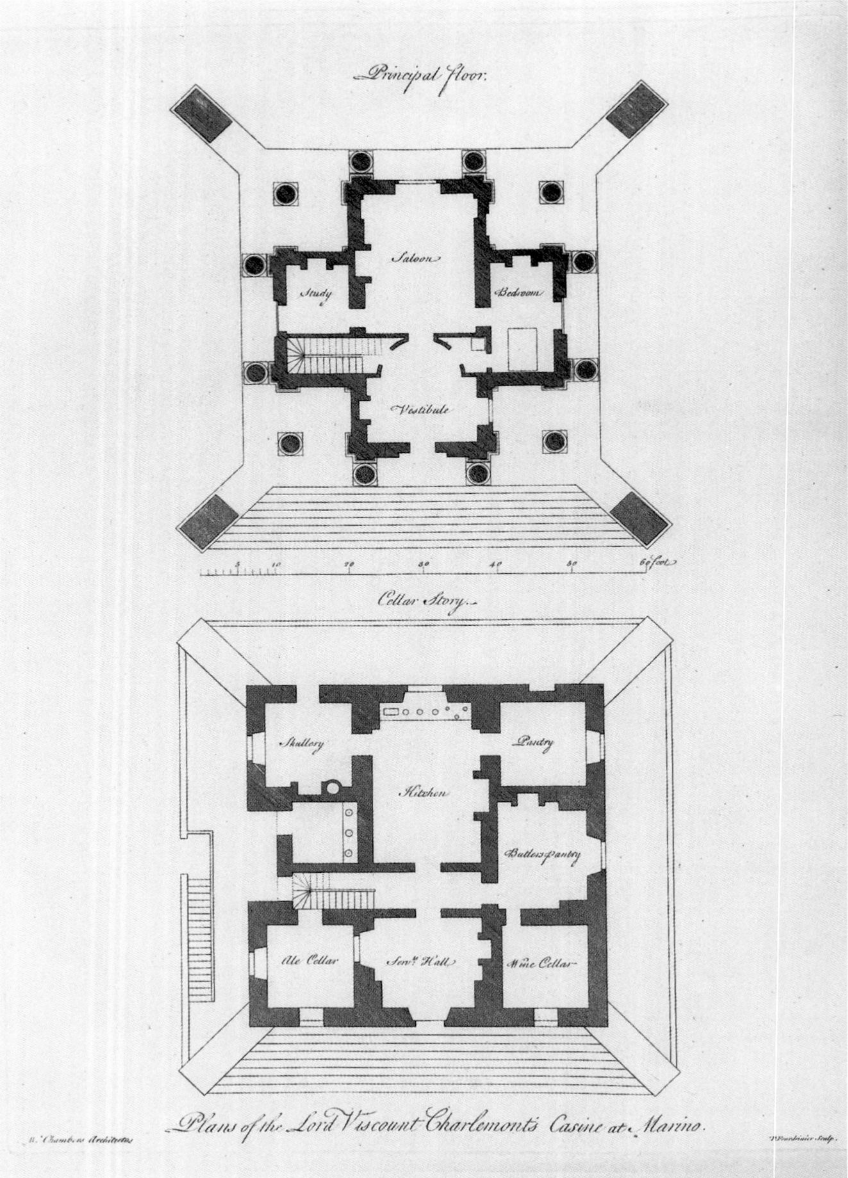

4 | 查尔蒙特伯爵赌场设计底层平面图
插图36。版画

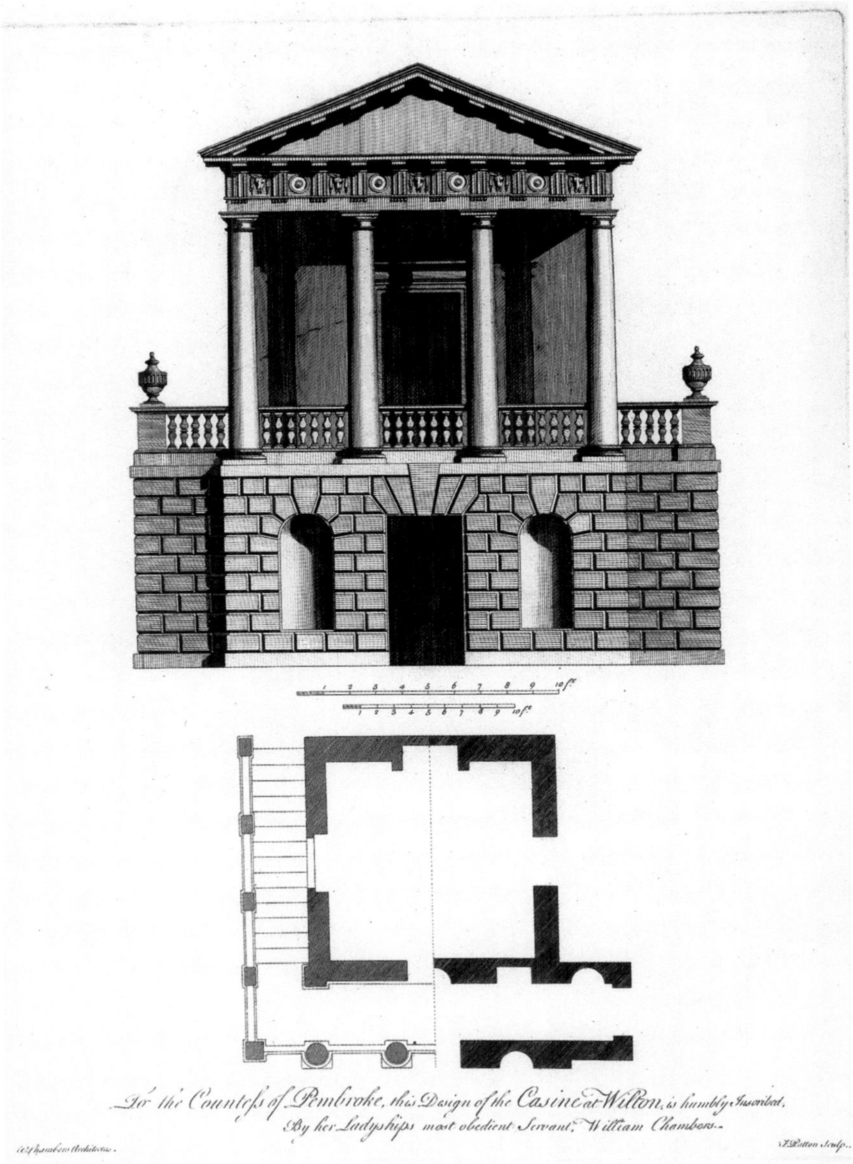

5 | 惠尔顿的彭布罗克伯爵赌场设计

插图37。版画

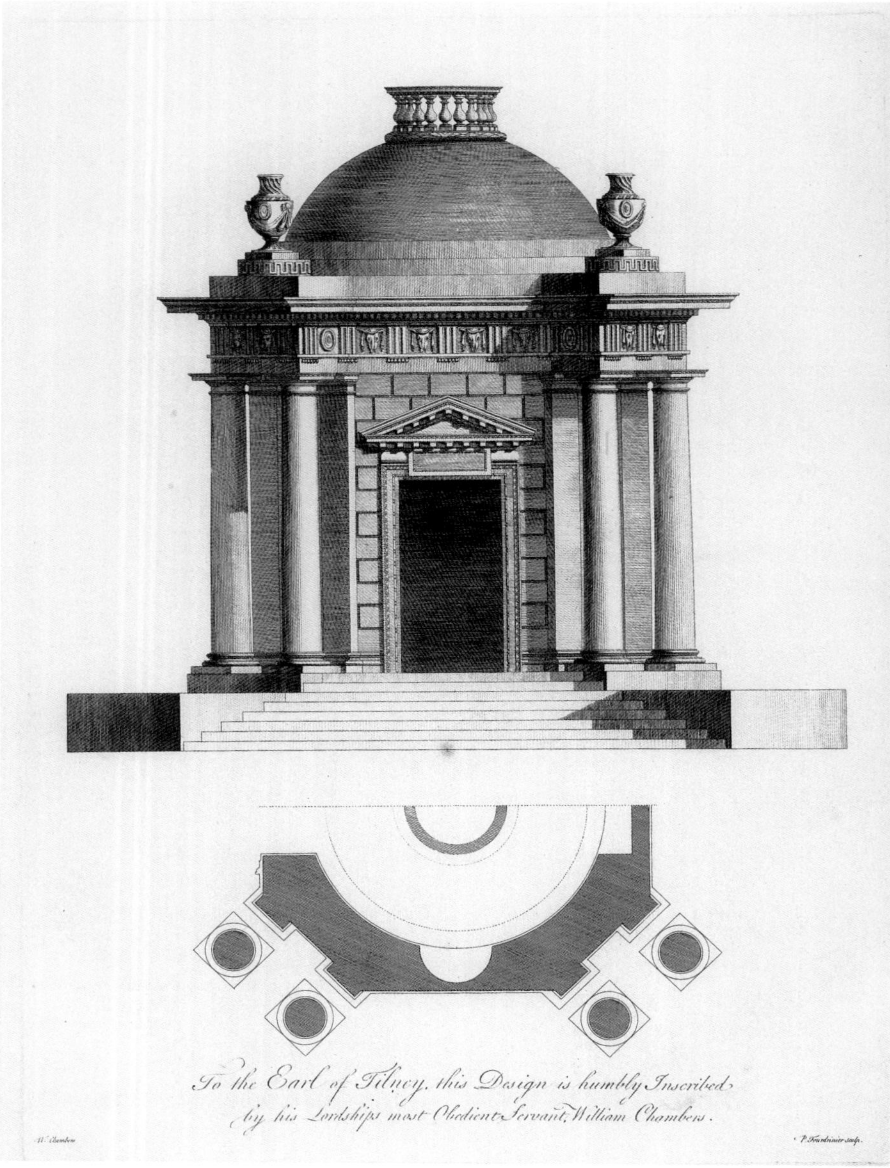

6 | 提尔尼伯爵多利安式八角殿宇设计
插图41。版画

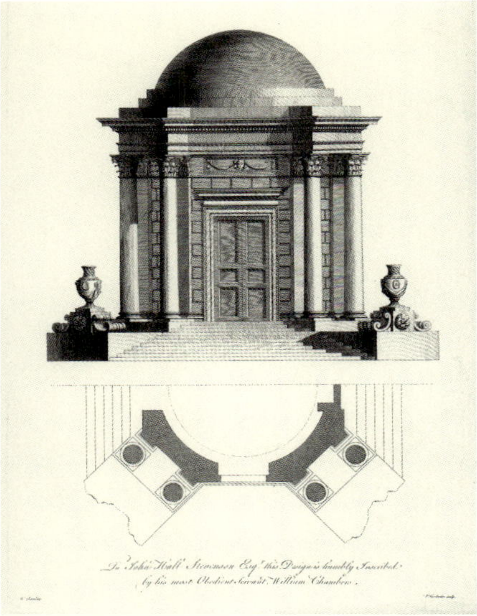

7 | 科林斯式八角殿宇设计
插图42。版画

8 | 英国皇家植物园多立克式前柱式殿宇设计
插图43。版画

奥古斯都·韦尔比·普金（1812—1852年）

Contrasts: Or, A Parallel between the Noble Edifices of the Middle Ages, And Corresponding Buildings of the Present Day

LONDON, 1836

The True Principles of Pointed or Christian Architecture

LONDON, 1841

身为建筑师兼装潢师的奥古斯都·韦尔比·普金（Augustus Welby Pugin）的著作，标志着作为自然系统参照的英格兰古典主义建筑风格的第一次全面突破。在他1836年的作品《对比：高贵的中世纪建筑与对应的当代建筑并行》（*Contrasts: Or, A Parallel between the Noble Edifices of the Middle Ages*）和《基督教哥特式建筑的真正原则》（*True Principles of Pointed or Christian Architecture*）中，普金撰写了全新的建筑史评论。不同于将古典主义建筑及文艺复兴视为建筑巅峰的观点，他将其视为一个衰退的标志：普金认为它们应当被中世纪哥特式建筑取代，他强烈地呼唤着哥特式建筑的"文艺复兴"，并称之为"哥特复兴"。

但普金绝不是第一位怀有此野心的英格兰建筑师。早在18世纪，就有人认定哥特式建筑将在美学上取代古典主义建筑风格，尽管它还仅限于在英格兰景观花园中使用，例如斯陀园和斯托海德风景园。只有霍勒斯·沃波尔（1717—1797年）的乡间别墅——草莓山庄（1750—1777年）中，哥特式建筑被刻意与诸如柏林顿爵士（1694—1753年）的帕拉迪奥式古典主义建筑对立起来。沃波尔的建筑是审美品位扩展的迹象，它有意要唤起人们对古典主义建筑单调性的批评。但沃波尔最主要的目标是拓宽建筑审美；他并不那么关注哥特式建筑原则的全面复兴。

与他相反，普金呼吁彻底抛弃古典主义建筑。除了功能与结构方面，他认为最重要的是建筑之外的问题。在此情况下，普金对哥特式建筑的偏好在与他父亲奥古斯都·查尔斯·普金（1769—1832年）的合作中受到了决定性影响。1792年，后者从法国出发到达伦敦后，在著名的约翰·纳什（1752—1835年）的办公室中工作，担任建筑制图员。此外，奥古斯

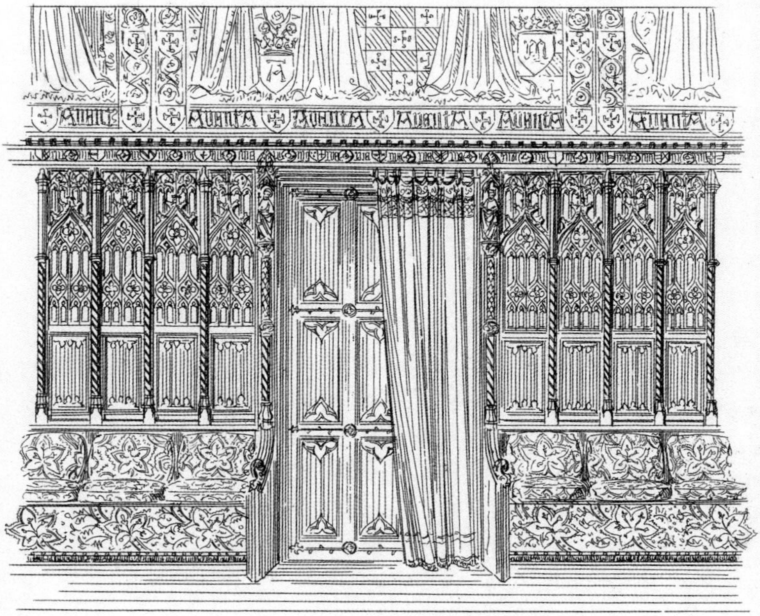

都·查尔斯·普金所取得的声望主要来自于他在哥特式建筑方面所出版的著作，例如《哥特式建筑标本》（1821—1828年）。奥古斯都·韦尔比·普金参与撰写了第二卷。其他在19世纪早期探索哥特式建筑的作者——其中一部分出于考古学角度——很可能强化了普金的观点，认为哥特式建筑代表了一种非凡成就，尤其是它的结构。

因此普金在《对比》中将美解释为“设计与目标意图之间的契合度”，详细阐述了一种实用主义的建筑典范，这一切并不令人意外。在《真正原则》中，他更进一步呼吁朴素的结构（“纯粹的建筑”），一切建筑装饰都应当被视为次要元素。然而，和十八世纪的案例一样，这种建筑的历史范式不是古典主义，而是带有飞扶壁、半身柱和横肋拱顶的哥特式建筑。所以尽管有着表面的相似性，普金的理性主义与劳吉尔或瓦雷的建筑理想并没有多少共通之处。不如说在强调哥特式建筑的构造逻辑方面，他更接近于法国当代建筑师维欧勒·勒·杜克（1814—1879年）。当普金观察到原始小屋的范式并不适合基督教建筑时，这一切变得更为明显。他发现希腊石材建筑应当源自于原始人的木头小屋这一观点十分荒谬。他继续写道：由于石头提供了与木材完全不同的结构和设计方式，希腊建筑并没有充分开发出它们的潜能。因此他最后评价，认为希腊建筑必然是原始的。与此相反的是，哥特式拱形结构的飞扶壁和直插云霄的高度令人印象深刻地展现了中世纪建筑大师对石材的运用。与此同时，哥特式建筑的构造逻辑决定了它的立面，这点可通过哥特式教堂的支撑构造得到证实。普金用克里斯托弗·雷恩的巴洛克式圣保罗大教堂作为反面对比，因为它的支撑构造隐藏在并无结构或功能作用的饰面之下。

但导致普金对自古以来古典主义建筑演变的排斥，并不仅仅是构造与功能上的因素。在《对比》中他首先通过引用宗教典故来解释他的态度。例如普金批评了古典主义建筑所运用的元素，因为他们源自于希腊神庙建筑，与基督教的文化脉络截然不同。从根本上而言，古代的伟大建筑，例如希腊神庙，均由宗教动机发展而来。他的逻辑推论是，在基督教社会中融入这样的异教徒建筑将会带来对伪神的崇拜，尤其自是文艺复兴开始的历史进程，证实了基督徒没有能力创造一种属于他们自己的建筑风格与文化表达。为了证明他的观点，普金援引了十五世纪以来的欧洲建筑，及其将古典主义建筑视为无主珍宝任意取用的错误观念。此外，他表示自己从约翰·纳什（1752—1835年）、约翰·索恩（1753—1837年）和罗伯特·斯默克（1781—1867年）的当代建筑观点中感受到了一种肤浅的态度。

总的来说，普金将上述发展解释为审美标准逐步退化的证据，他认为这样的退化主要源自于天主教教义的弱点，是“从古至今这些新兴的堕落的观念的胜利”。他的观点是，这一切只会在英国社会在宗教革命中证实其自身缺乏宗教信仰的情况下发生。因此，普金——这个在1834年皈依了天主教的人——主张哥特式教堂的革命将会为好的建筑学奠定基础，正如它们在13世纪到14世纪之间的演化一样，最终与宗教和社会的理想达成一致。

所以普金不厌其烦地表达了这一观点，尤其是在《对比》中，他强调了中世纪社会的完美，并描述了一个乌托邦，与19世纪中叶快节奏工业化带来了一系列复杂问题的社会形成鲜明对比。在普金眼中，中世纪代表了社会和谐的新纪元。当他描写信徒们的大公无私——这些信徒遍布所有社会阶层——时，这一切变得更为明晰，他将之视为中世纪的必须品质。最终，这种包罗万象的宗教信仰使得伟大的教堂屹立不倒，再没有什么比他们的虔诚更有效地折射到建筑中了。不言而喻，这种建筑的基本元素很可能来自于基督教的象征意义，例如十字架作为一个范式带来了十字形的平面图，或教堂中殿的巨大高度象征着对天堂的追求。相反的是，那些古典主义建筑的形式来自于与基督教社会基本价值观毫无关联的古代文明，因此它们被视为空泛的装饰品，象征着缺少方向与价值的社会。普金用1444年的一个“天主教小镇”与这个小镇在1840年时的状况进行比较，表明他所意指的是工业革命下的当代英格兰。哥特式小镇均衡的建筑外观与早期工业化小镇的古典主义建筑风格大杂烩形成了鲜明对比，纯粹的功能建筑与带烟囱的工厂亦如是。显而易见的现代监狱意在暗示荒凉且世俗化的社会状态，如英国的现状。因此普金展现了一幅中世纪的积极图景，这一切最终触发了约翰·拉斯金（1819—1900年）和威廉·莫里斯（1834—1896年）的先进思想，尽管他们并没有继承普金对宗教的狂热信仰。

卡斯特兹·鲁尔 著　　李松珊 译

第447页插图

1 | 护墙板

以霍勒斯·沃波尔的草莓山庄为参照的哥特式建筑室内装潢

出自《真正原则》，第8页。木刻版画

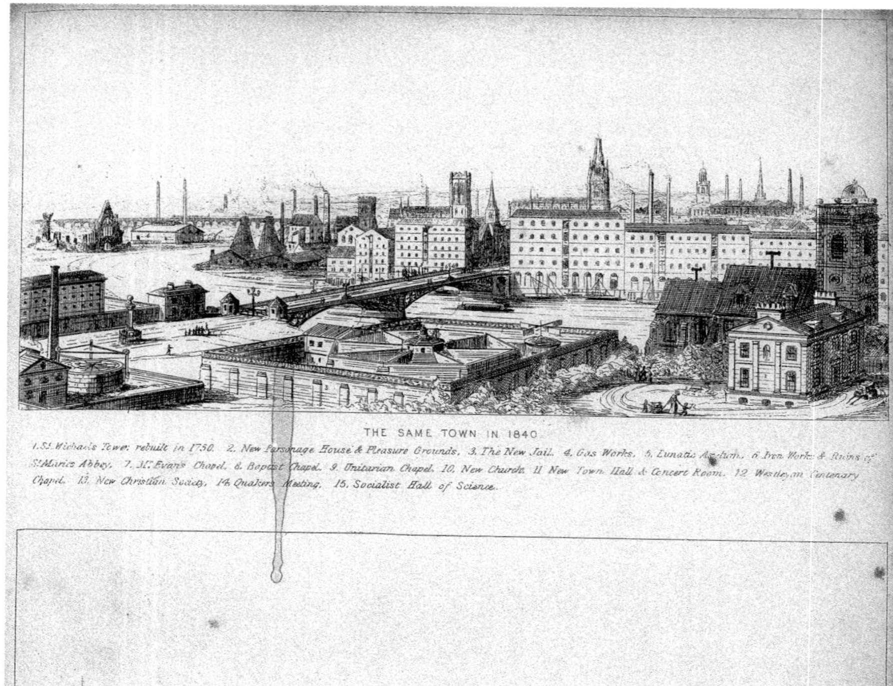

2 | 一座中世纪哥特式小镇与预想其19世纪的状态之对比
出自《对比》。木刻版画

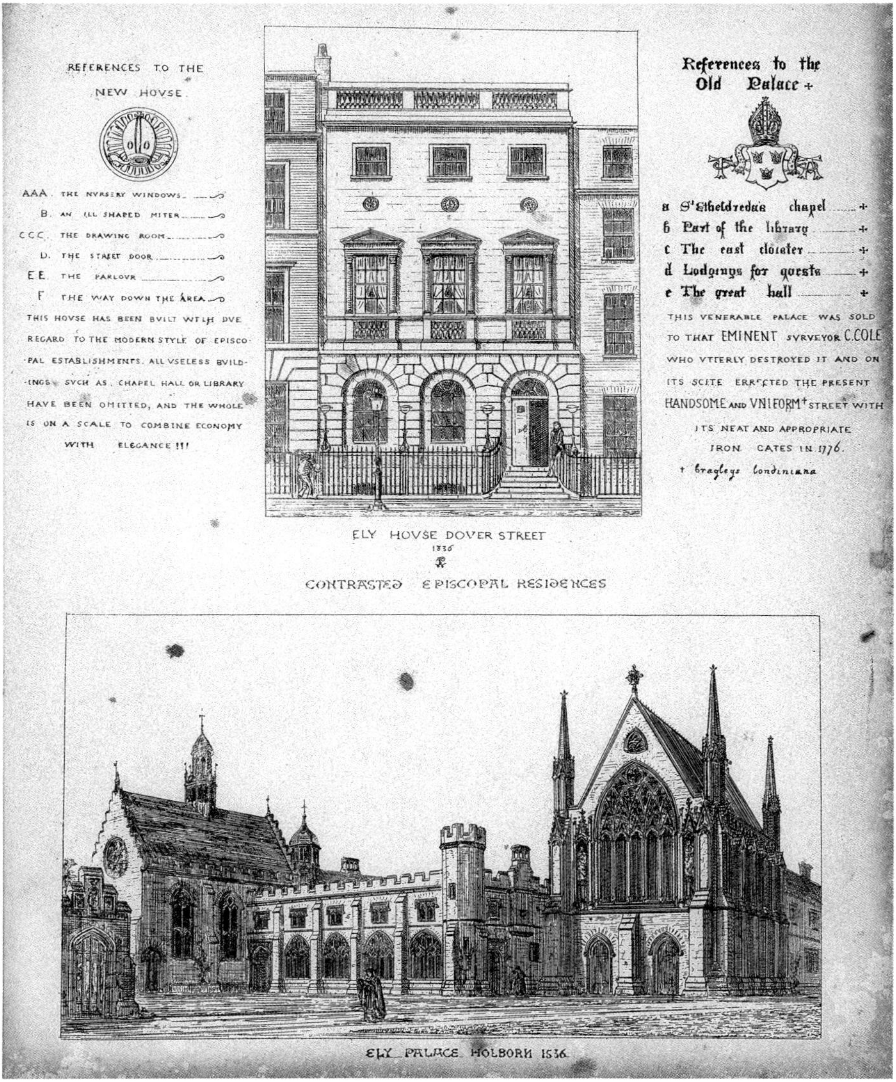

3 | 一座1536年的圣公会住所与一座1836年的圣公会住所的比较
木刻版画

4 | 约翰·纳什的万灵教会与布里斯托尔地区拉德克里夫教堂的比较
木刻版画

REDCLIFFE CHVRCH BRISTOL

TED
HVRCHES

5 | 伦敦国王学院大门与牛津大学基督学院大门的比较
木刻版画

CHRIST'S COLLEGE OXFORD

ATEWAYS

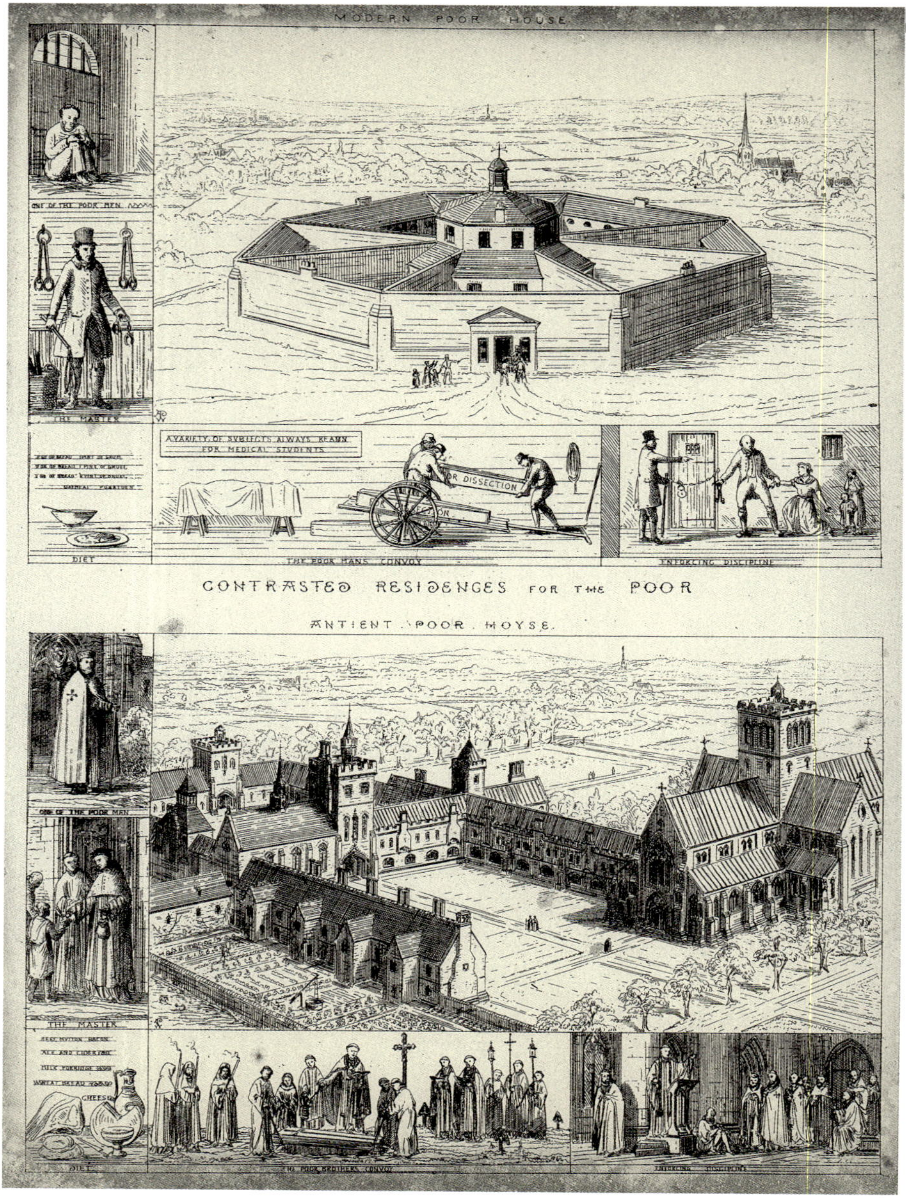

6 | 中世纪救济院与普金当时的救济院的比较

出自《对比》。木刻版画

7 | 希腊与基督教宗教建筑的比较
出自《真正原则》。第1页

约翰·拉斯金（1819—1900年）
The Seven Lamps of Architecture
LONDON, 1849

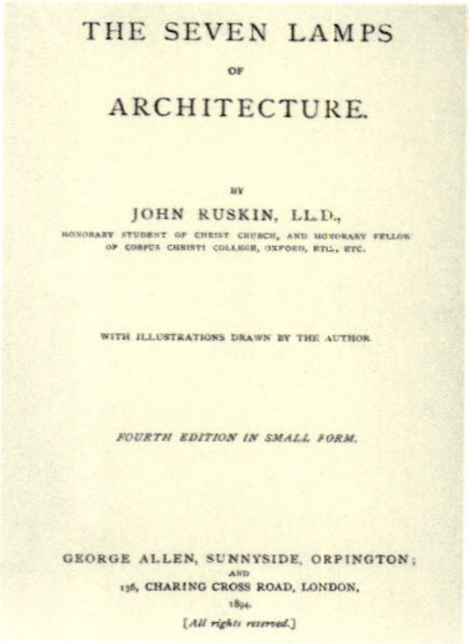
THE SEVEN LAMPS
OF
ARCHITECTURE.
BY
JOHN RUSKIN, LL.D.,
HONORARY STUDENT OF CHRIST CHURCH, AND HONORARY FELLOW OF CORPUS CHRISTI COLLEGE, OXFORD, ETC., ETC.
WITH ILLUSTRATIONS DRAWN BY THE AUTHOR
FOURTH EDITION IN SMALL FORM.
GEORGE ALLEN, SUNNYSIDE, ORPINGTON;
AND
156, CHARING CROSS ROAD, LONDON.
1894.
[*All rights reserved.*]

多才多艺的自学者约翰·拉斯金（John Ruskin）出版的大量建筑学著作不仅定义了建筑的原则，更上升至社会伦理的高度。拉斯金著作中的建筑理论往往也意味着道德哲学，因此它们总是与对真理的追求紧密联系起来。其中又以《建筑的七盏明灯》（*The Seven Lamps of Architecture*）最为突出，它是拉斯金在撰写他的第一本重要的绘画领域著作《现代画家》时完成的。它被分为“献祭之灯”“真实之灯”“力量之灯”“美感之灯”“生命之灯”“记忆之灯”和“遵从之灯”多个章节，这些标题暗示着拉斯金对建筑以外的话题的重视。这本建筑学著作系统地阐述了普遍适用的原则，为与它不同寻常的分章方式相契合，拉斯金试图单独表达他的主观感受与偏好，并将它们和实际应用案例一起浓缩为格言警句。所以说拉斯金并不是从建筑历史中推导建筑标准这一方式的支持者。最主要的原因是，他认为每一幢历史建筑都只能被其诞生前的流行所塑造，不能在当下被还原。拉斯金和维欧勒·勒·杜克（1814—1879年）持相反意见，他认为重复过去的建筑原则是消极的行为。这一联系并不仅仅存在于建筑学语境中，而是存在于整个历史的大框架下。在拉斯金看来，将当代的精神用于修复过去的建筑遗迹将对其呈现的历史理念、价值与寓意的完美性造成破坏。唯有在将来建筑师从一开始便为不朽而建造，才能防止这样的错误，并为他的时代树立永恒的纪念碑。拉斯金认为，无论如何，建筑师们都要在四五百年后才能享有他们最伟大的名声。

在拉斯金对恢复历史建筑的所有批评中，他从未提倡一个建筑艺术的新纪元。他更倾向于认为现有的建筑风格已超出了当前社会的需求。拉斯金的论断是：“我们不需要新的建筑风格。”每一种建筑风格都需要通过“真实之灯”的考验以被广泛接受。对拉斯金而言，每种建筑风格都必须源自于上帝所创造的自然本质。一方面，建筑来源于人类的本质，即他的匠人技术；另一方面，建筑来源于材料的恰当应用。在此之上，拉斯金要求真诚，以及对构造方面的真实反映。对他而言，无法实现这一点的建筑形同犯罪，足以视作不道德之物受到谴责。总的来说，他偏爱结构上的透明性，例如在建筑中体现出工匠对材料的炮制。在匠

del.

人精神理念中，拉斯金尤其重视通过建筑材料上的不规则痕迹来显示其制作过程。因此，他对传统材料例如石头和木材有特别的偏好。尽管如此，他还是指出新的建筑材料将带来建筑可能性的拓展："这里没有法律，没有原则……通过新条件的诞生，或新材料的发明，它们也许不会被瞬间推翻。"然而拉斯金仅仅为接纳工匠创造的新材料或自然方式形成的新材料做好了准备。其结果是他认为运用工业生产的钢结构代表了对自然规律的违背。由此看来，拉斯金针对约瑟夫·帕克斯顿（1801—1865年）的水晶宫（1851年建成）的批评也是意料中事。他将之视为可憎的帕拉迪奥式建筑传统——"多立克和帕拉迪奥的骄傲"——的悲惨终结。但拉斯金会忍受纯粹功能性建筑中对工业生产材料的运用，甚至将此归结为它们"自身的尊贵"，区别于建筑作为美学的纯粹表达（"某些庄严或美丽的，但并不必要的特质"），它们是目标导向的工程。

拉斯金针对工业化生产的建筑和古典主义建筑传统的批评并不仅仅基于其建筑真理的道德联系，也包括了他的审美主张。拉斯金偏爱以绘画影响下为基础的建筑多样性，这也反映出他作为现代画家的职业审美品位。他强调了自己在《建筑七灯》中叙述的两大绘画风格的影响，即哥特式和罗马式，并与他眼中富有艺术性但色彩单调的古典主义进行对比。在拉金斯长达三卷的著作《威尼斯之石》（1851—1853年）中，他将英国风景画阐释为对千篇一律的建筑的补偿，也反映出了他的审美观："因此，以特纳为顶峰的英国风景画派，实际上是一种有益健康的努力，它为填补哥特式建筑被毁后留下的空虚而生。"唯有建筑——与风景画一样——被大自然中的丰富形式引导时，这令人不满的情形才可能得以改善。拉斯金精确地发展出了一套完整的建筑装饰，囊括了有机形式到抽象形式的范围。

与普金不同，拉斯金相信欧洲的哥特式将恢复它的典范地位。在他看来，首先没有任何英国建筑风格值得在当代重现；其次，欧洲哥特式在审美上比英国哥特式建筑更为丰富和复杂，他将英国哥特式形容为"谈不上毫无价值，但小而吝啬、浪费资源、不够坚固。"与此相反，由于意大利教堂运用了许多不同的材料，例如大理石和雪花石膏，它的色彩拥有长久的绘画影响力。拉斯金在《建筑七灯》中写道，在某种意义上，那些建筑师同时也是画家，墙壁的表面就是他们的画布。

接下来，他以自己的14幅描绘其他宗教建筑的画作为例，包括乔托钟楼，卡昂、鲁昂、巴约和博韦的教堂，以及威尼斯总督府。在这些画作中，拉金斯只展示了建筑装饰的细节，意在证明这些令人崇敬的建筑所拥有的丰富形式。他赞扬了乔托钟楼的立面上，光滑平整的墙壁与华丽的花饰窗格之间富有魅力的反差。在费拉拉大教堂一例中，他强调了那些有机地弯曲着的拱廊列柱所具有的丰富的多样性，认为它们是一种效果显著的美学特质。当拉斯金强调意大利建筑中精挑细选的建筑材料和地中海阳光之间发生的特殊的相互作用时，这听起来像是在表达对特纳的油画的敬意。

除了它的美学特征以外，拉斯金还在《威尼斯之石》中将哥特式解释为唯一一种非教条式的建筑风格，将其视为一流的当代建筑范式。他认为它并没有受到早期风格或审美标准的制约。“唯一的理性建筑风格”始终屈居于“实际必要性”之下，尽管这会迫使建筑偏离对称性原则和其他原则。考虑到其灵活性，拉斯金将哥特式理解为一种通用的风格，它可以在快节奏的工业化中确保高度的伦理与社会意识——这是社会学家威廉·莫里斯（1834—1896年）和工艺美术运动在更大范围的社会框架中所提倡的美德。

卡斯特兹·鲁尔　著　　李松珊　译

1 | 花饰窗格的研究
此处拉斯金比较了卡昂、巴约、鲁昂和博韦的花饰窗格
第4版，伦敦，1894年。第3页

2 | 柱头的研究
这是一个对威尼斯总督府里较低的拱形通道的柱头的研究
第4版，伦敦，1894年。第5页

Plate VI.

J.R. del. Goupil & Co. R.P. Cuff, sc.

3 | 卢卡的圣米歇尔教堂立面拱
第4版，伦敦，1894年。第6页

4 | 威尼斯卡福斯卡里的窗格
第4版，伦敦，1894年。第8页

5 | 花饰窗格的研究
拉斯金比较了鲁昂和索尔斯伯里的教堂的花饰窗格和模制
第4版，伦敦，1894年。第10页

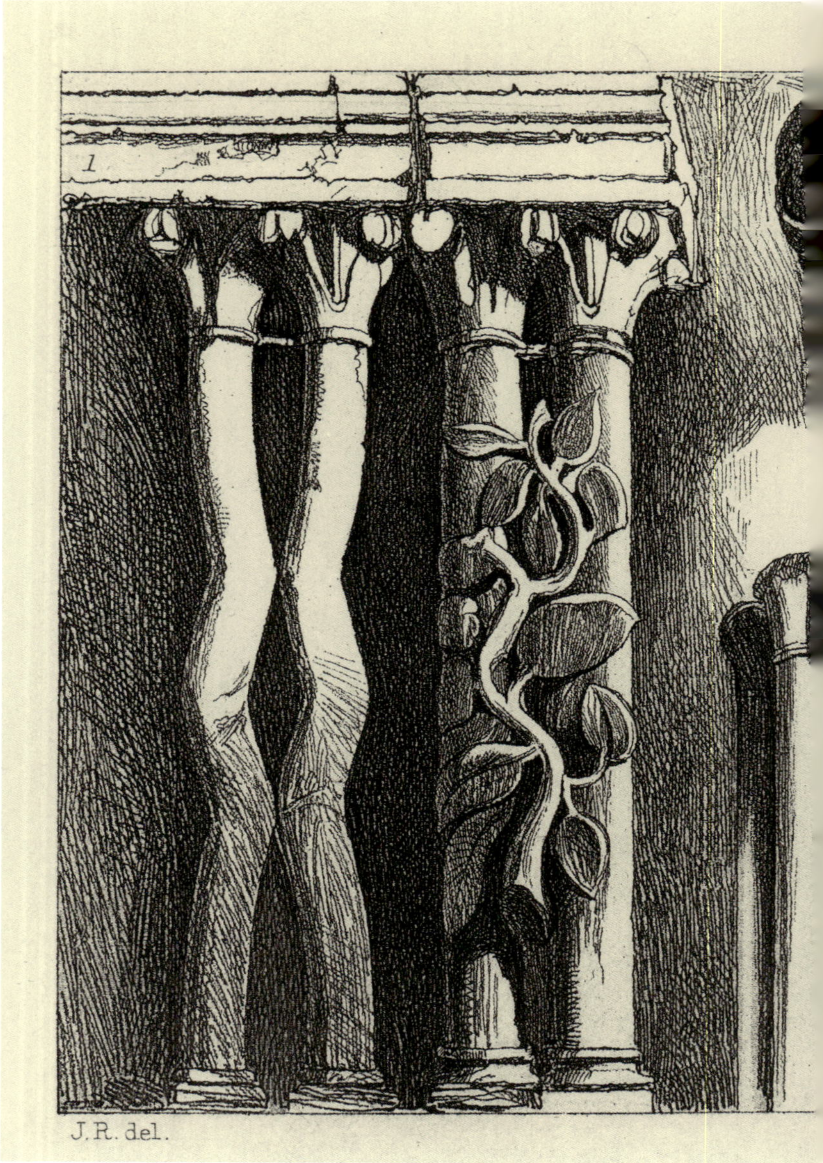

6 | 柱子的形态
费拉拉大教堂修道院里柱子的形态
第4版，伦敦，1894年。第13页

3
2
R.P. Cuff, sc.

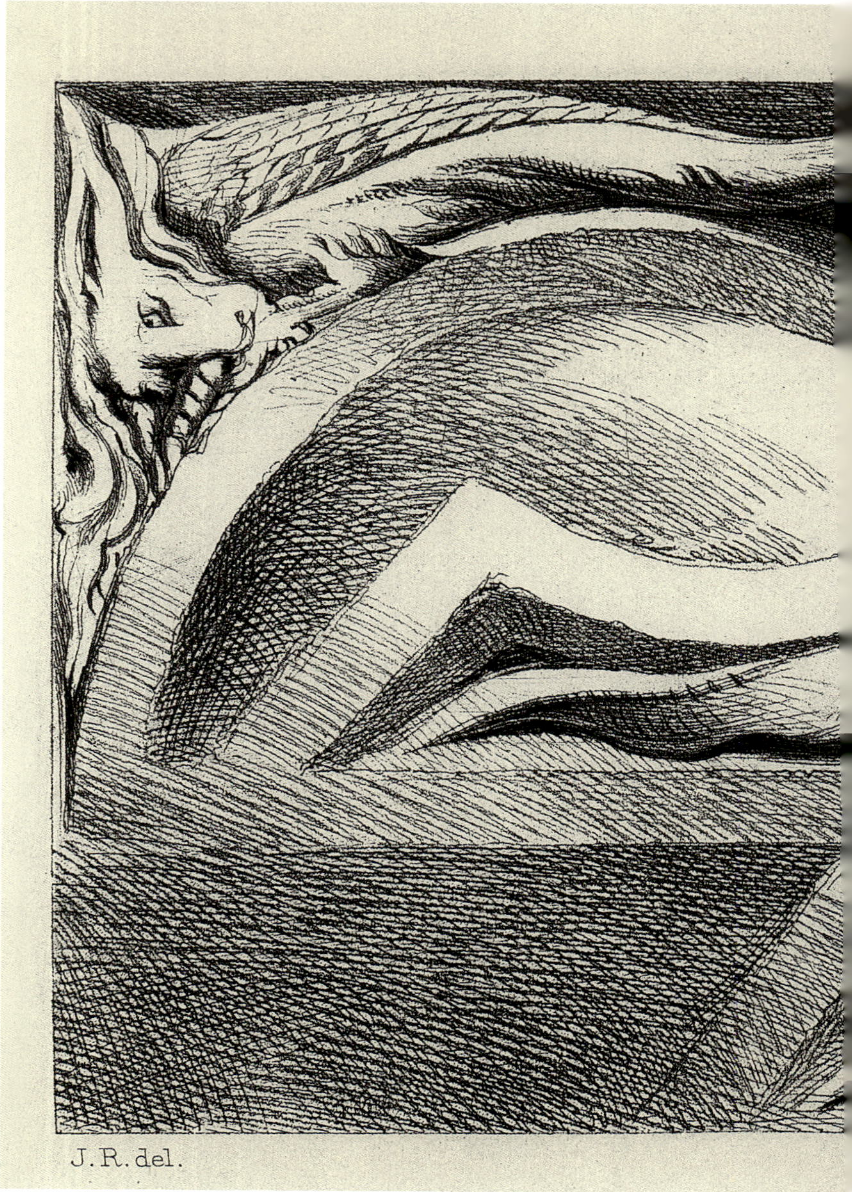

7 | 鲁昂大教堂的神秘生物雕塑
第4版，伦敦，1894年。第14页

R.P. Cuff, sc.

德国

阿尔布雷特·丢勒（1471—1528年）

Etliche underricht, zu befestigung der Stett, Schloß, und flecken

NUREMBERG，1527

The complete teachings on fortification of the town, castle and grounds

大英博物馆有很多关于阿尔布雷特·丢勒（Albrecht Dürer）在防御工程方面初级教学的藏品，从这些藏品中我们可以很明显地看出在1527年，作者正为这部作品做最后的润色。他命人在自己的印刷工厂里印刷了这部作品，很可能通过希罗尼穆斯·安德列亚（又名罗姆施内德）。这部作品共有两个不同的版本，一个错误百出的版本（可能是试印本），包含20、21或者29行详细的勘误表目录，这个版本也得到了发行，另一个新版本没有勘误表的目录。很多人都对这个版本做过修订：文章结尾处的装饰图案被去掉，通过加入新的段落，文章的结构安排也更加清晰。但书中的插图位置没变。所有版本的封面都一样。

有人说最终确定的版本可能是作者死后才出现的，尽管对这本书经过一次次修订的事实反驳了这一观点。在书的最后一页，出版日期显示为1527年。这本书接下来被约阿西姆·卡姆梅斯特或约阿西姆·卡姆哈休斯（1500—1574年）翻译成了拉丁语，并于1535年在法国出版；1603年和1527年的版本在位于阿纳姆的约翰·杨森出版社得以再版，1823年一位不知名的出版商在柏林出版了一个新的德语版本。直到1870年才出现法语译本，而意大利语的版本则迟至1999年才出现。

这部作品是献给将来的皇帝费迪南德一世的（1556—1564年在位）。这部作品的封面上有费迪南德一世的盾徽，这对于一本关于建筑理论的书来说实在是一个不同寻常的开头。这本书措辞严谨，好像是专门写给费迪南德一世。作者提及了他曾受到马西米连一世（1508—1519年在位）也就是费迪南德的祖父的支持，而现在则要给他的继承人提建议。毫无疑问，丢勒在这部作品的开头就注意到了当时的政治情况：“经历过发生在我们这个时代的各种奇奇

Liecht
Liecht
Hohe de
Pflaste

怪怪的事之后，我认为很有必要考虑如何修建防御工程来保证皇帝、公主、贵族以及城里公民的安全。这些防御工事要不仅能保护基督教徒，还要比土耳其人修建的高明很多，可以阻挡像以前那样的暴乱和攻击。我已经开始构思一篇关于如何建造这样的防御工事的文章，但是我热切地欢迎上过战场、有过亲身经历的人给我提建议。”毫无疑问，他也考虑到了农民战争。15世纪时，战争科技的发展意味着必须重新设计城镇和乡村的城墙。公民必须建起能够抵御火炮围攻的防御工事，并且还得有足够大的地方储存已方的军事装备，除此之外，还要保护防御壕沟。丟勒主要探讨了四个话题：堡垒的建造、圆形防御工事的建造平面图、宫殿所在的城市的防御工事和对现有城墙进行改造以对抗现代化武器。丟勒约于1528年4月6日去世，这部作品完成于他去世前不久，是德国出现的第一本关于防御建筑的书。这本小册子对实际工作中的人们和艺术家来说是一本操作指南，丟勒为此奉献了一生：1525年他完成了《怎样使用两脚规和尺子使用指南》（*Underweysung der Messung mit dem zirckel unn richtscheyt*）并于他去世后在1528年出版了《关于人体比例的四本书》（*Vier Bucher von menschlicher Proportion*）。《防御工事的百科全书》（*Etliche underricht, zu befestigung der Stett, Schloß, und flecken*）这部作品是他自创，很明显这部作品不是对前人在这个话题上的再述，尽管人们猜测得出他至少看过在这个领域一些意大利先驱者的作品，比如莱昂纳多、罗伯特·瓦托雷欧、维吉休斯、费朗西斯科·乔治·马蒂尼、法拉瑞特、阿尔拜蒂、布拉蒙特和蒂姆巴斯塔·戴乐·维尔。丟勒很可能在他的意大利之旅中受到了宝贵的启发——他很可能于1506年在意大利的博洛尼亚遇见了卢卡·帕西奥利（1445—1514年），并在维罗纳、帕多瓦和费拉拉学习了新的防御工事技术。根据维特鲁威的说法，建房子时要考虑到风向，丟勒在设计他所在的城市时，也仅仅只是遵循了维特鲁威的这一项指导，这一点他自己曾提到过。

从19世纪起，军事专家就开始研究和评估丟勒的作品，但直到最近，也就是20世纪初，研究艺术的历史家们才开始关注他的作品。研究艺术的历史学家自然对战争知之甚少，他们更感兴趣的是丟勒建有防御工事的城堡和他理想中的城市。方形城市广场的设计方案很可能来源于托马斯·摩尔的《乌托邦》（1516年在卢文出版，1517年在巴黎出版，1518年在巴塞尔出版），这个设计虽然对社会的影响一般，但是根据罗马历史学家和城邦理论家波力比阿斯的观点，这个设计对罗马兵营建设的影响巨大，马基雅维利还在他于1521年出版的《战争的艺术》中推荐用这种方法建兵营。波力比阿斯的作品可以在利巴尔德·皮尔克海默的图书馆找到。利巴尔德·皮尔克海默是一位著名的研究经典的学者也是丟勒的朋友。毫无疑问，在罗马兵营中可以找到这一设计的精髓，但单凭此并不能说明丟勒的设计理念，因为丟勒的设计所涉及的内容远远不止罗马兵营。丟勒很可能已经把从新世界听到的一些消息记载了下来：1524年纽伦堡出版了赫曼·考特兹写给查理五世（1519—1556年在位，也是西班牙的查理一世皇帝）的第一批信，随附的还有一幅木版画，画的是特诺奇提特兰的方形都城阿芝特克。丟勒很长时间都在犹豫是选择维特鲁威的圆形结构还是方形结构，很可能因为方形是一种新的表达方式，所以他最终选用，尽管他觉得使用圆形结构也是可以的。

丢勒想要建造一个既常规又有防御工事又适合居住的城市，这不管在旧世界还是新世界都非常受欢迎；他的设计和卡塔内奥在1554年提出的修建一座带防御工事的城市的理想计划有很多相似之处，但却无法说明他剽窃了卡塔内奥的想法。然而，很明显，海因里希·施卡德建造费罗易登施塔特的方案（1598年？）可以追溯到丢勒，约翰·瓦伦丁·安德烈的社会乌托邦基督城（1619年）、纽黑文的布局（康奈迪格，1638年）、克里斯蒂安桑（挪威，1641年）、乔治·安德里亚斯·博克儿扩建的安斯巴赫城、新埃朗根城（德国，1686年）、佛兰博尔（波兰，1705年）、叶卡捷琳堡（俄罗斯，1721年）和韦尔苏瓦（瑞士，1770年），这些建筑都可以追溯到丢勒的建筑理念。在大多数情况下，这些复制品不能完全追溯到丢勒，因为它们都代表了不同类型的城市。但是这些城市确实说明了丢勒的建筑理念适合没有防御工事的城市，并且施工耗时短。城市不再只是王室的所在地，还可以接纳宗教难民。

丢勒关于防御工事的教科书为接下来的半个世纪开了个好头，丹尼尔·斯派克而在他的基础上加以扩充，并于最后形成了一个完整的系统，这个系统里的很多基本理论直到18世纪都还非常适用。

约尔根·齐默 著　　朱梦莉 译

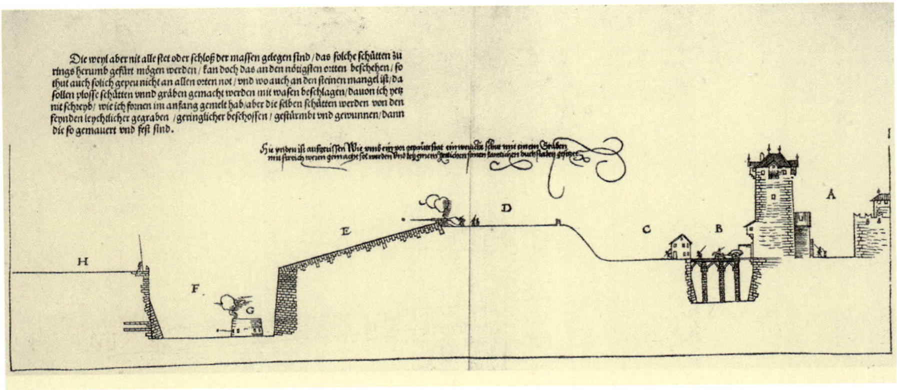

1 | 城市防御性城墙的横截面
1527年的修订本，折页插图F区第二部分。木刻板画

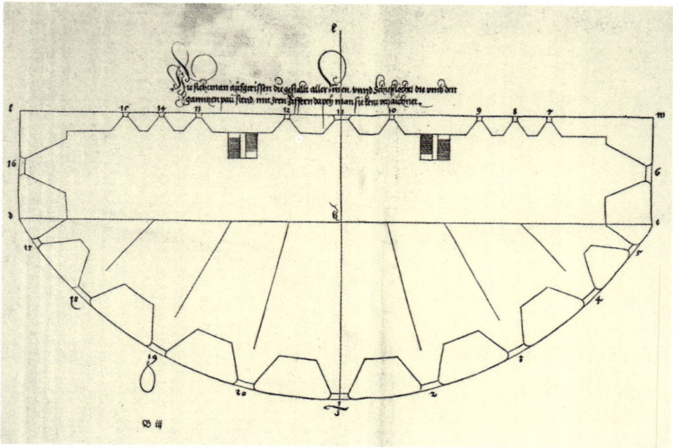

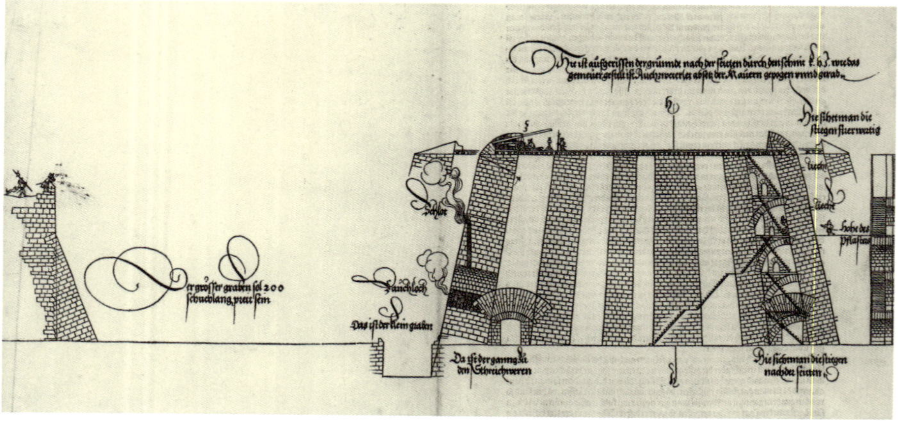

2 | 堡垒的地基平面图
图片说明：“这是所有堡垒的平面图，整个建筑嵌满了垛口。为方便查找，每个垛口都有编号”
1527年的修订本，插页折图B区第三部分。木刻版画

3 | 堡垒和壕沟的横截面
图片说明：“这是切口k—h的横截面，展示了城墙是怎样建造起来的。城墙上有一个缺口；墙体一边是斜的，另一边是直的”
1527年的修订本，折页插图C区第四部分。木刻版画

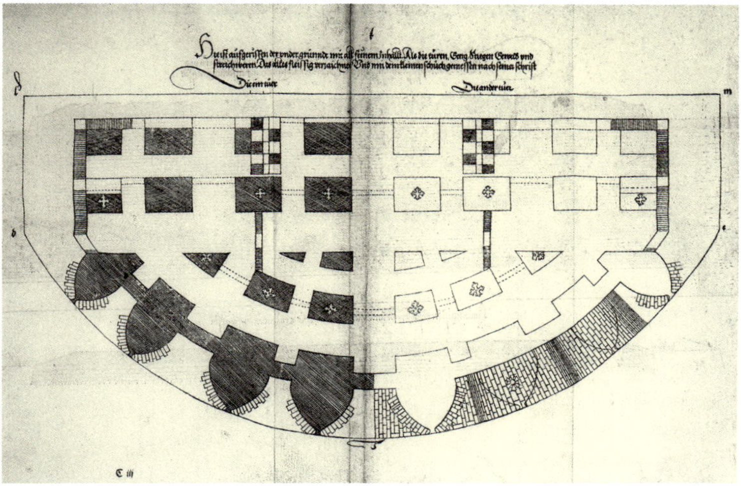

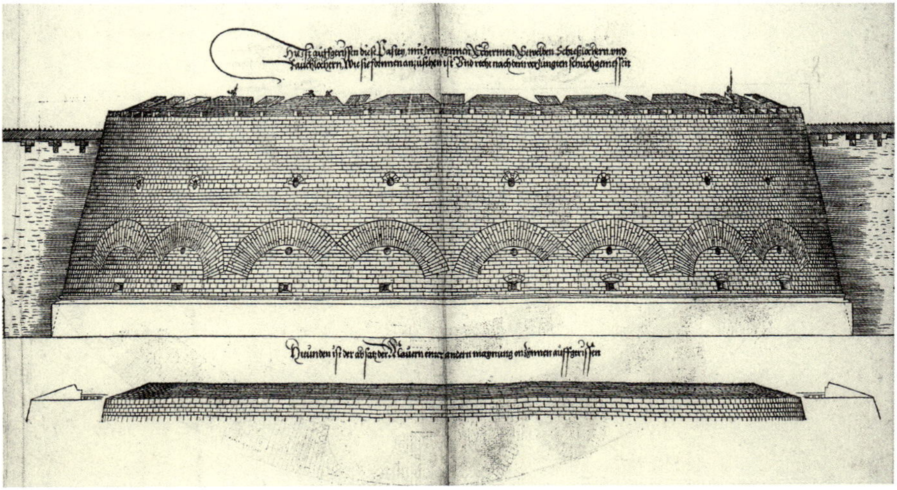

4 | 堡垒的地基平面图

图片说明："这是更下层结构的平面图。有门、走廊、拱门和地下室。所有的东西都用英尺精确地测量、标记和记录了下来"

1527年的修订本，折页插图C区第三部分。木刻版画

5 | 带城垛的堡垒

图片说明："这是带有城垛、开垛口、拱顶、射击口和烟囱的堡垒。这是前视图，并用英尺标记了尺寸"

1527年版本，折页插图C区第三部分。木刻版画

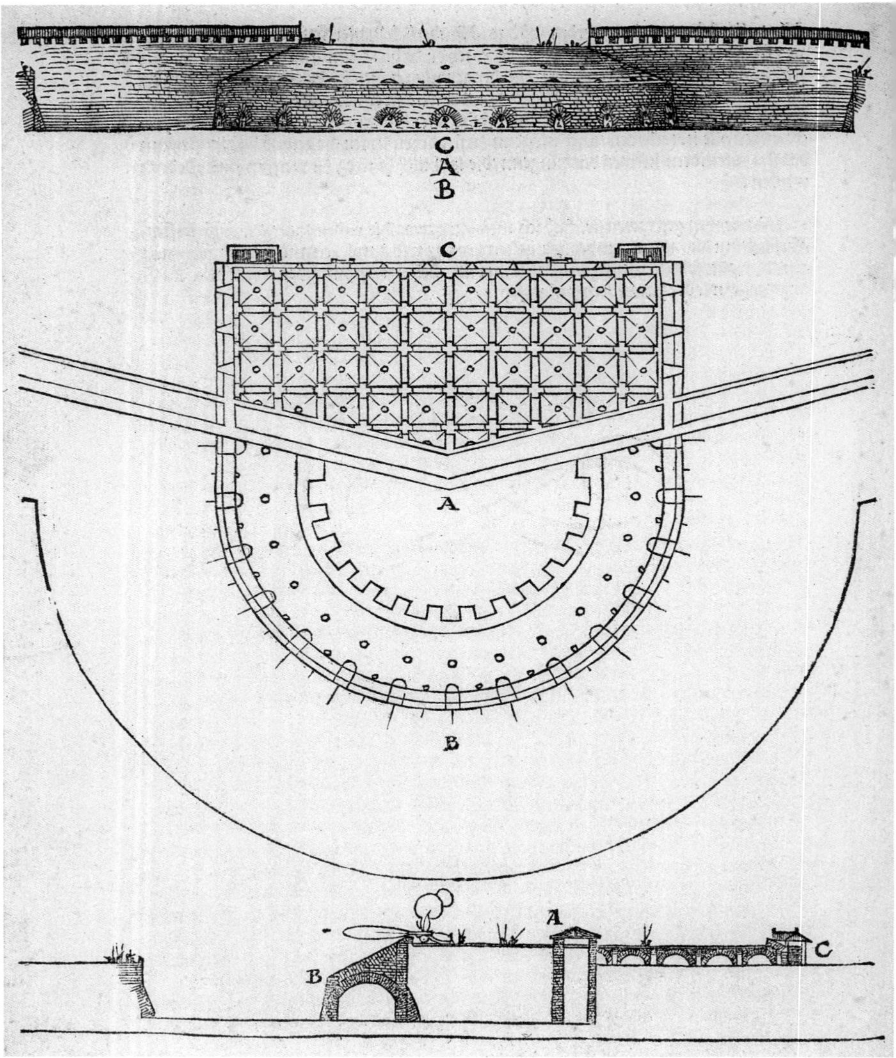

6 | 城墙的堡垒。正面图、地基平面和横截面
1527年修订本，折页插图C区第三部分。木刻版画

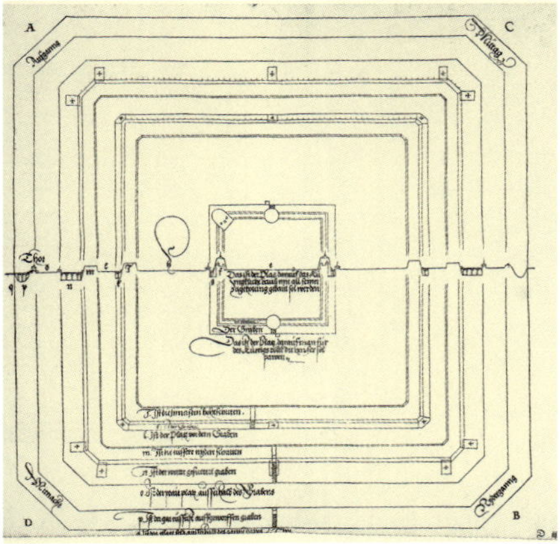

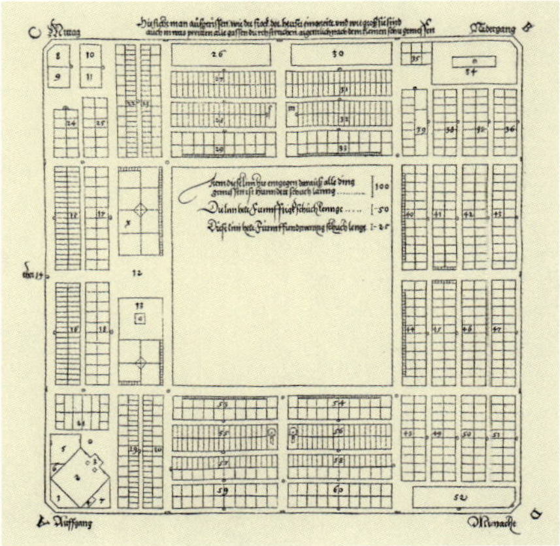

7 | 防御性的国王住所

1527年修订本，折页插图D区第三部分。木刻版画

8 | 理想城市的地基平面图

图片说明：“这是建筑物的地基平面图，展示了空间的分配以及房间的大小和宽度，走廊用英尺标注了出来”

1527年修订本，折页插图E和I部分。木刻版画

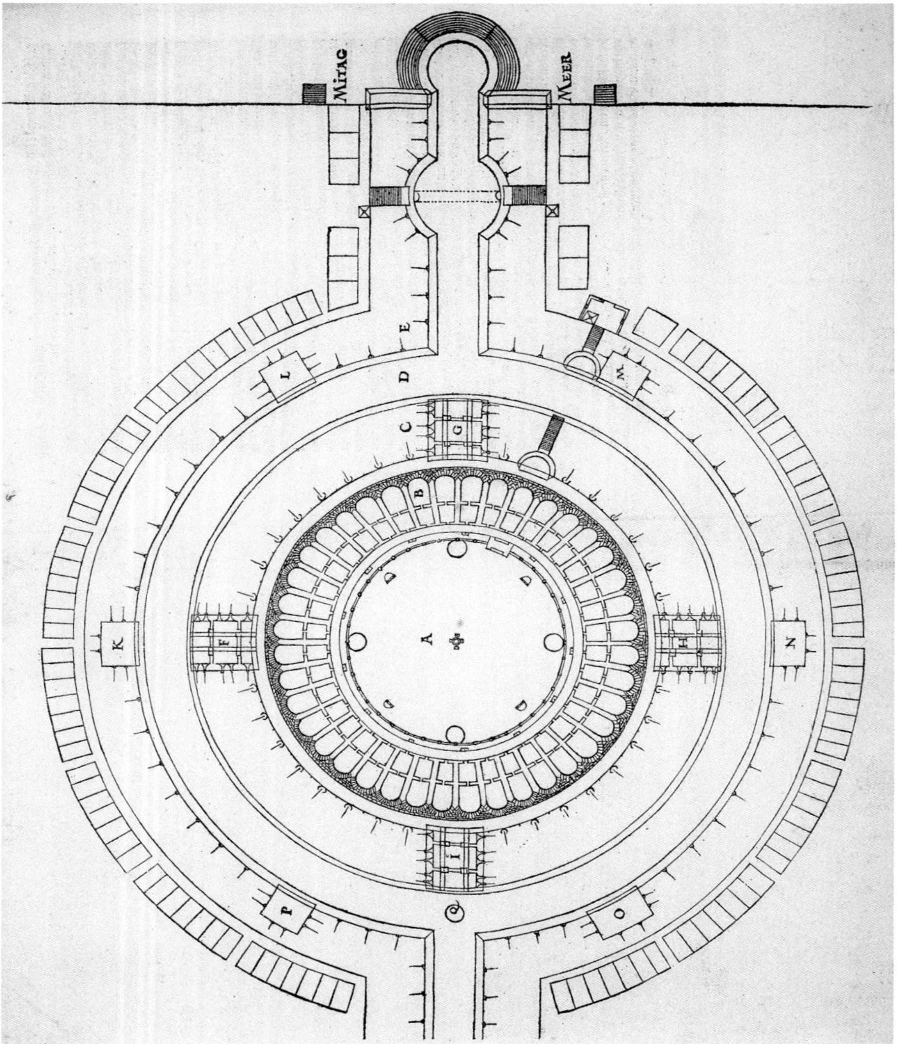

9 | 位于山脉和海洋之间的圆形防御工事的地基平面图
1527年修订本，折页插图E区第三部分。木刻版画

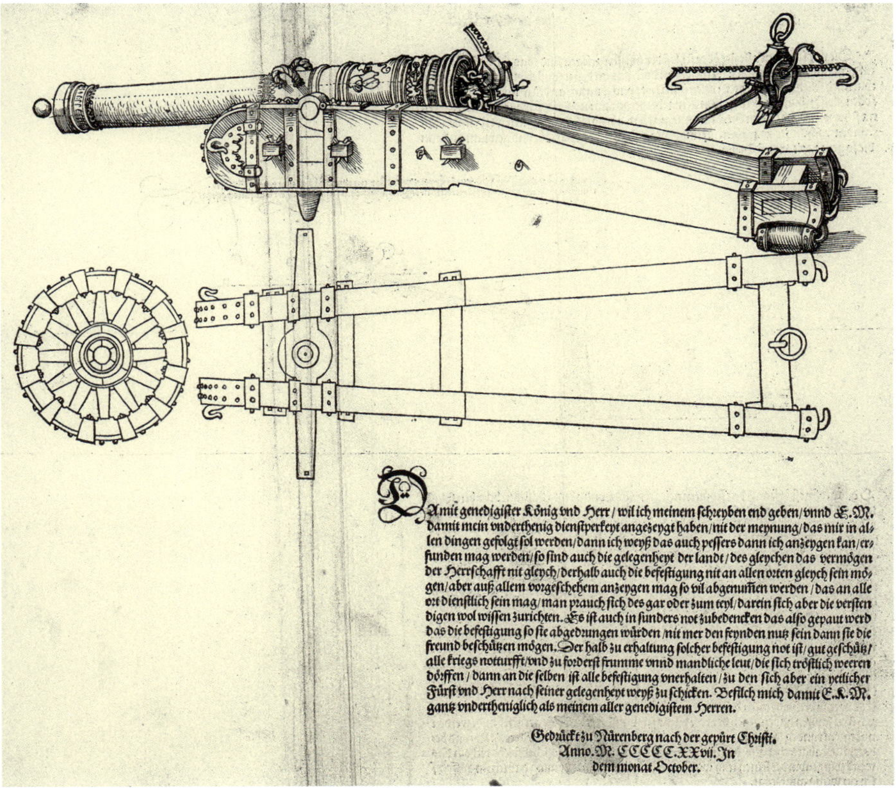

10 | 大炮和碑文

1527年修订本，折页插图F区第二部分。木刻版画

沃尔特·黑维努斯或赖芙（约1500—1548年）

Vitruvius Teutsch

NUREMBERG, 1548

Vitruvius German

Vitruuius Teutsch.

Nemlichen des aller namhafftigi-
sten vñ hocherfarnesten/Römischen Architecti/vnd Kunst-
reichen Werck oder Bawmeisters/Marci Vitruuij Pollionis/Zehen Bü-
cher von der Architectur vnd künstlichen Bawen.

D. Gualtherū H.Riuium Medi.& Math.

Vormals in Teutsche sprach zu transferiren/noch von
niemand sonst vnderstanden/sonder für vnmüglichen geachtet worden.

Zu Nürmberg Truckts Johan Petreius.
Anno M. D. XLVIII.

Mit Keyserlicher vnd Königlicher Maiest. Priuilegio/
in vj. Jaren nit nach zu trucken.

沃尔特·赫曼·赖芙（Walther Hermann Ryff）大约在1500年出生在斯特拉斯堡，他把他的名字用拉丁语写为瓜尔泰鲁斯·赫曼纽斯·黑维努斯。他是一位医生和数学家。除了在解剖学、医学、药剂学和哲学领域出版了几部作品外，作为一位学者，他还对古典遗迹的建筑理论有着浓厚的兴趣：1543年，他开始出版维特鲁威的拉丁文本，另有根据是塞里欧和切萨里亚诺提出的理论画出的五个柱形图，还有一份关于建筑教学的纲要（这两样都可追溯至1547年）。最终，他在建筑领域最重要的作品出版了——他把维特鲁威的作品《维特鲁威·托伊奇》（1548年）完整译成了德语。可以说黑维努斯自己没有当过建筑师。除了知道他于1538年开始写作外，人们对他的生平知之甚少。1539年左右他住在美因茨，1541年他在斯特拉斯堡当医生，可以证实的是1543年他在法兰克福，在那之后他于1547年搬到了纽伦堡定居。于1548年在维尔茨堡去世，去世的时候还很年轻，之后被埋在了那儿的史蒂芬教堂。很明显，他所选择的城市都是重要的出版中心。斯特拉斯堡的条件很适合拉丁文版本的维特鲁威作品的出版。然而，正是在纽伦堡他接触到了很多印刷和艺术资源，这些都是他那插图丰富的鸿篇巨制所需要的，他的书很快在那里的约翰·佩特莱锝斯出版社出版（1497—1550年）。也许他自己花了很多钱资助这些书的出版，因为据说他去世时“已经花光了所有钱。”

在16世纪中叶，他翻译的《维特鲁威·托伊奇》已经被中世纪之后的建筑界奉为“圣经”，这种现象最初开始于罗马帝国时期，因为根据规律，说德语的国家的著名的建筑师都不懂拉丁文，所以建筑家们都选择他的译本。这样看来，他对文艺复兴时期阿尔卑斯山脉北

...liche auffreissung der Orthographi oder auffziehens des obgesetzten grunds oder

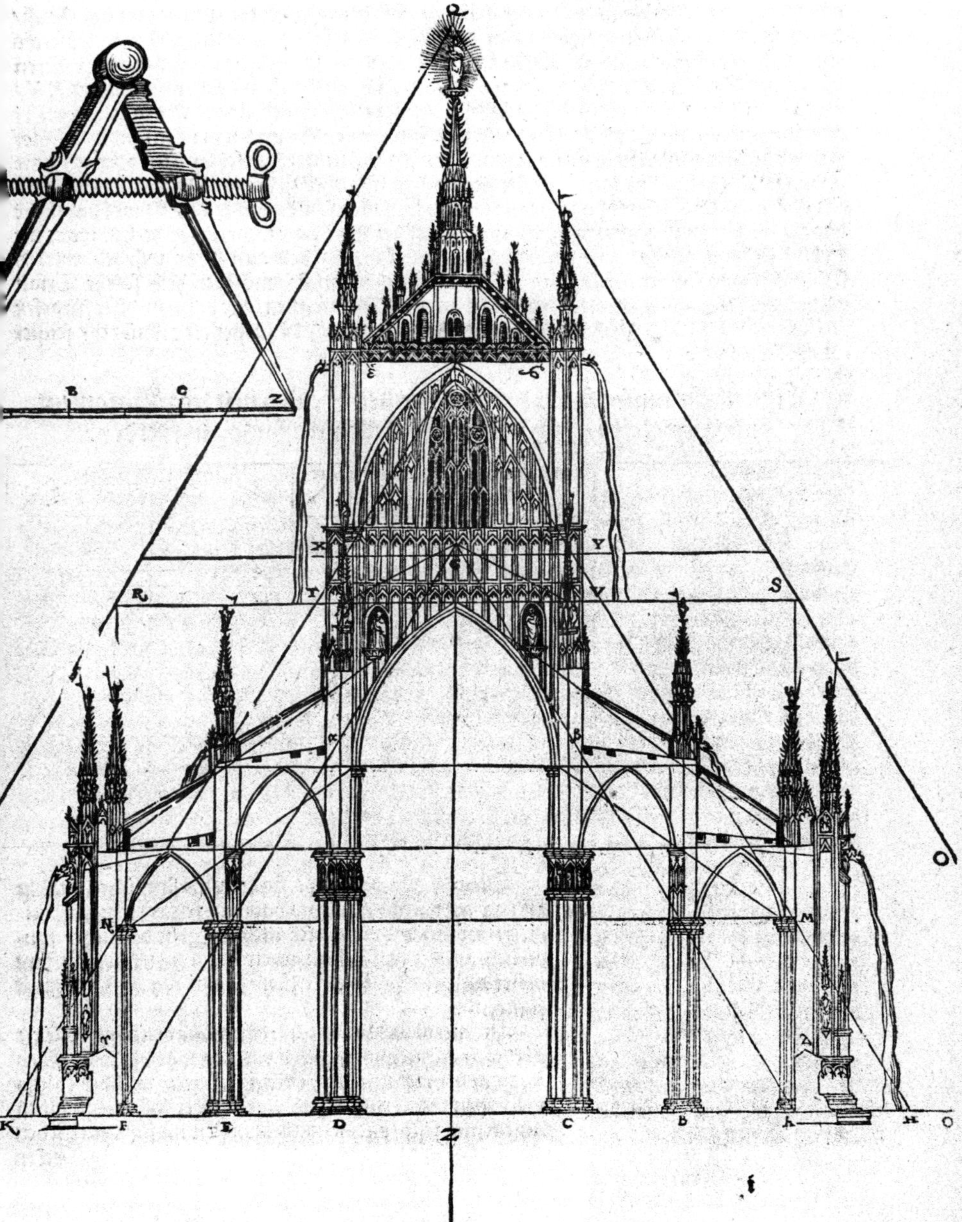

部国家建筑的发展贡献巨大。可以说，他的坚持在某种程度上还是十分重要的——他坚持用凯撒·亚诺加注的意大利版本的《维特鲁威》，虽然这个版本源于布拉曼特和其追随者，且已经出现了20多年，但这一版本保留了意大利北部的重要形式。事实上，这对于黑维努斯及他要达到的目的来说是有利的，因为这一意味着《维特鲁威》不仅仅只是关于古典遗迹方面的历史学院派的物品，更是一个十分适合当下的产品。在1543年出版的拉丁文版本的《维特鲁威》一书中，黑维努斯借用了很多亚诺的插图。其中还有很多米兰大教堂的描写，亚诺以此来举例说明描述建筑的几种方式，维特鲁威称之为平面图、 正视图和侧视图。为了与诺亚保持一致，他甚至成功地将伦巴第乡下的艺术画换成了德国南部或北欧的背景。事实上，刚开始用木头建造房子并不是一定要用木头造一座多利安式的寺庙，用这些木头也能造一座北方风格的木屋，这里只是随便举个例子。

在意大利，通过某个时期的翻译来接触维特鲁威和建筑的方式由来已久。一年前，由于黑维努斯阅读广泛，他就已经把另一本讨论几何和弹道学的建筑著作加入了自己的作品《维特鲁斯》中。在这本书中他重复使用了很多塞里欧于1546年已经出版的插图，比如书中第一节到第三节的大部分。其他插图来自塔尔塔利亚（1546年）、沃朗塔斯·菲纽斯的几何书（1543年）及其他地方。

在这本建筑概要的一个对话中，他清晰地表达了以下观点：建筑师是指导建筑工和工匠的全能艺术家，这应该是向丢勒的《防御工事的百科全书》（1527年）致敬。和建筑大纲一样，《维特鲁威·托伊奇》既面向有文化的建筑师又针对工匠，在很大程度上还面向懂建筑的其他顾客。借助翻译，黑维努斯计划开展一种对建筑及相关的建筑行业的深度解读，把建筑提升到科学的高度，像数学一样。在中世纪，“现代建筑师”已经存在，但大部分是指那些根据上帝的旨意建造的建筑师。和黑维努斯一样，把建筑师称作最高水平工匠的还有13世纪的托马斯·阿奎那（1224—1274年）。然而现实与之相反。为了“根据古代遗物”确定像维特鲁威这样的建筑师的地位，把他们集中起来研究是非常重要的。黑维努斯喜欢深入地研究《建筑师笔记》，这群建筑师有文化、受过教育，喜欢根据自己的目的独立设计建筑，并按照专业的方式把自己的想法付诸实践，这不仅需要技术，也需要实际的操作技能。而且，那个时候的建筑新工具比如柱形，只有熟悉建筑和建筑目的的人才能正确使用。也就是说，中世纪时期，好的和次的建筑师都有，他们的建筑风格怎样并不重要。黑维努斯的目的并不是要宣传一种新的建筑风格，尽管他指出他的目的就是产生和古典遗物一样质量的建筑，但这也要求比大多数工匠要有更广阔的视野。

在《维特鲁威·托伊奇》的190张木版画里，115张是根据1521年亚诺出版的《维特鲁威》的103张木版画创作，在有些例子里，直白地讲，就是简单的复制。然而，有些是对1521年版本提出话题的新创造。他从塞里欧最初的四本书中选择了14个木版画，另外八个部分选自1499年的《寻爱绮梦》。更多木版画则来自汉斯·布鲁萨默的作品《彼得·阿皮努斯》里的插图，费兰德海尔有关维特鲁威的巴黎评论和其他地方。只有14个木版画是之前没有提到的。由交叉字母PF可以推断，这些木版画已在早些时候交由纽伦堡的出版商彼特·福特尔（1495—1546年）出版；根据霍汀格尔1914年的调查，这些木版画大部分是维吉尔·索利斯创作的，还有一小部分是其他设计师或木版画制造者比如乔治·佩恩（1514—1562年）或汉斯·斯宾克利（1490？—1540年）等人创作。1575年和1614年在巴塞尔出版的其他版本做的改动较小，1973年希尔德斯海姆再版了1548年的版本。

约尔根·齐默 著　　朱梦莉 译

第483页插图

1丨米兰大教堂的正面图

“艺术化的平面图”。根据亚诺版本的维特鲁威木刻版画，第29页。维吉尔·索利斯版本

2 | 建筑工具
“圆、圆规和所有艺术教学所需的几何工具”
木刻版画，第11页。维吉尔·索利斯版本

3 | 哈利堪纳索斯的坟墓
根据亚诺版本的维特鲁威
木刻版画，第84页。维吉尔·索利斯版本

4 | 八面塔

雅典的风之塔

根据亚诺版本的维特鲁威，木刻版画，第46页。出自维吉尔·索利斯

5 | 科尔基斯的第一座木制建筑。
根据亚诺版本的《维特鲁威》。木刻版画，第63页。出自维吉尔·索利斯

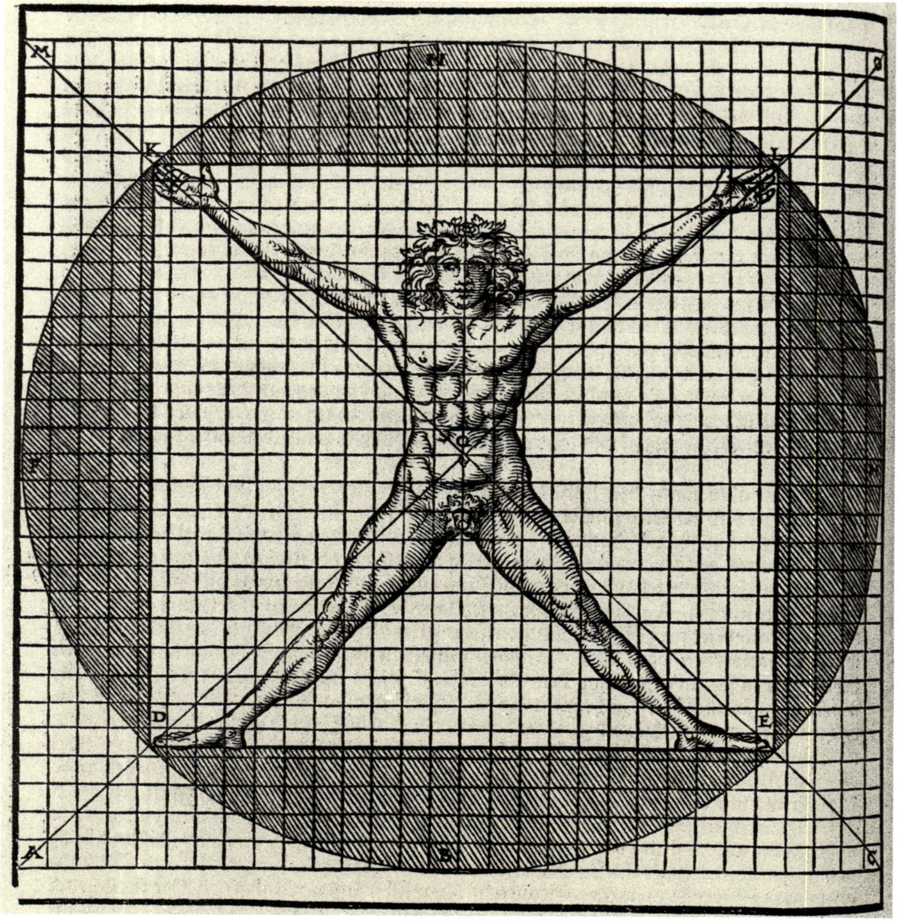

6丨维特鲁威风格的人

根据亚诺版本的《维特鲁威》。木刻版画，第101页。出自维吉尔·索利斯

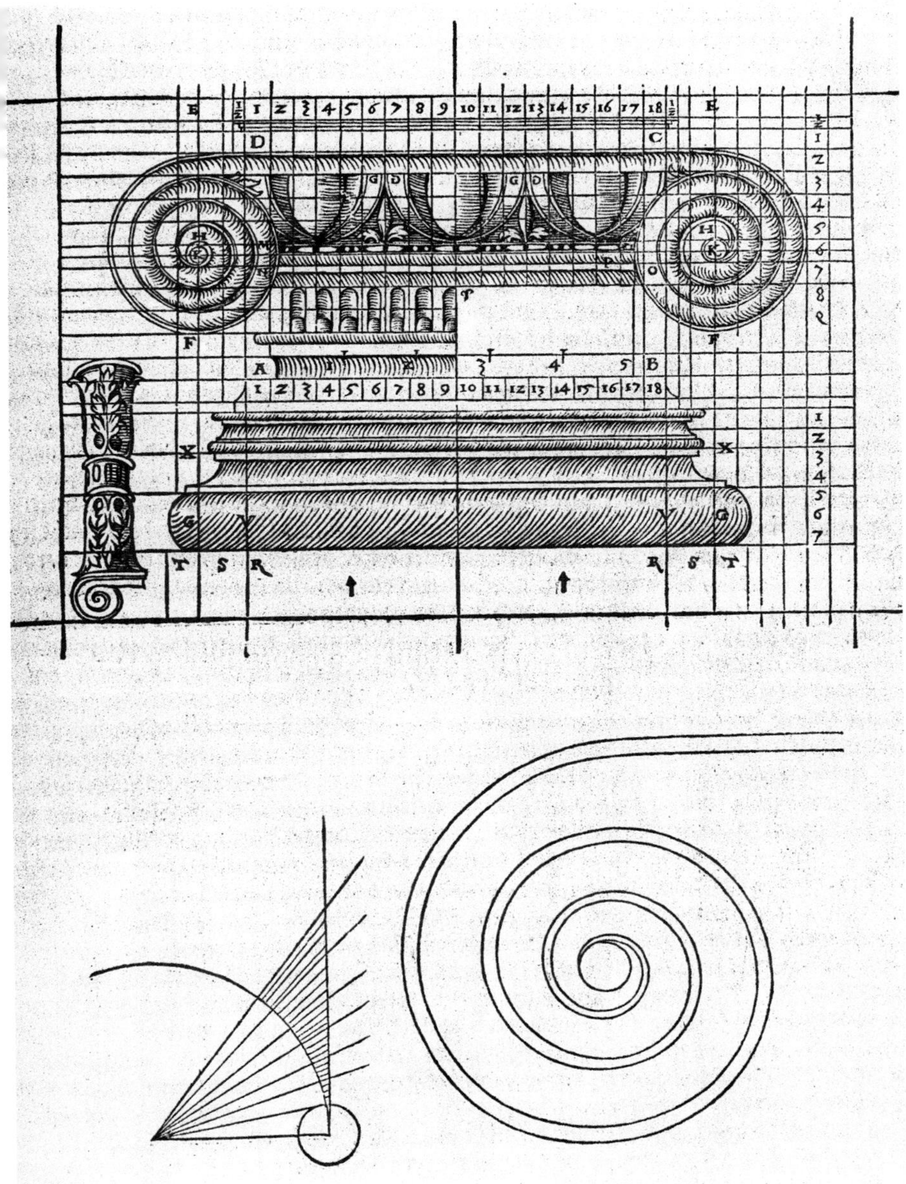

7 | 爱奥尼亚都城的比例

根据亚诺版本的《维特鲁威》。木刻版画，第126页。出自维吉尔·索利斯

8丨列的次序

根据亚诺版本的《维特鲁威》。木刻版画，第134页出自维吉尔·索利斯

9丨六个都城

根据亚诺版本的《维特鲁威》

木刻版画，第134页。出自维吉尔·索利斯

10 | 茱莉亚堡垒的地基平面图和正面截图

茱莉亚的皇宫（“堡垒”），奥古斯都的女儿，维特鲁威建造。根据亚诺版本的《维特鲁威》。木刻版画。第164页

11 | 罗马房间
带有科林斯风格方形水池的罗马房间内部。根据亚诺版本的《维特鲁威》，木刻版画，第200页。
出自维吉尔·索利斯

12 | 起重设备
根据亚诺版本的《维特鲁威》。
木刻版画，第294页。出自维吉尔·索利斯

汉斯·布鲁姆（约生于1520年）

Von den fünff Sülen

ZURICH, 1550

On the five columns

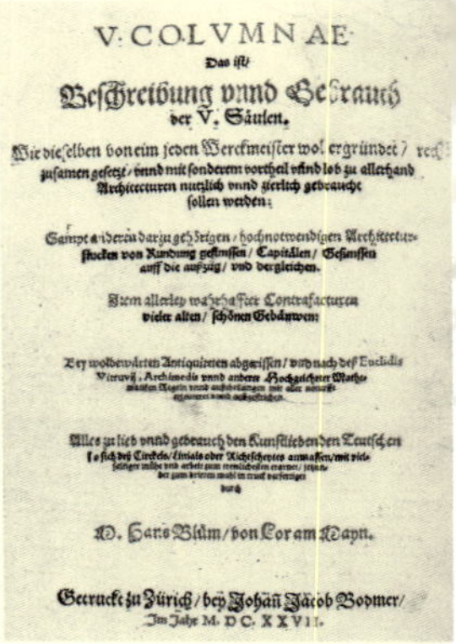
V·COLVMNAE·
Das ist/
Beschreibung vnnd Gebrauch
der V. Säulen.
Wie dieselben von eim jeden Werckmeister wol ergründet / recht
zusamen gesetzt / vnnd mit sonderem vortheil vnnd lob zu allerhand
Architecturen nutzlich vnnd zierlich gebraucht
sollen werden:
Sampt anderen darzu gehörigen / hochnotwendigen Architectur-
stucken von Rundung gesimssen / Capitälen / Gesimssen
auff die aufzüg / vnd dergleichen.
Item allerley warhaffter Contrafacturen
vieler alten / schönen Gebäuwen:
Bey wolbewärten Antiquiteten abgerissen / vnd nach deß Euclidis
Vitruvij, Archimedis vnnd anderer Hochgelehrter Mathe-
Alles zu lieb vnnd gebrauch den Kunstliebenden Teutschen
so sich deß Circkels / Linials oder Richtscheytes annemmen / mit viel-
durch
M. Hans Blům / von Lor am Mayn.
Getruckt zu Zürich / bey Johan Jacob Bodmer /
Im Jahr M. DC. XXVII.

作为一位成功的作家，汉斯·布鲁姆（Hans Blum）的生平和个性却鲜为人知，这种情况实在少见。研究发现，他关于柱子的作品有超过39个版本，17世纪末期之前，这些版本在德语国家、荷兰、法国和英国均有出版。其中在英国的出版最重要，因为英国版本最长。事实上，他之所以成为一名成功的作家，原因在于他创立了一种建造柱形的实用方法，这种方法非常容易应用。因为接受范围广，所以布鲁姆的作品版本众多，他的作品不仅易于被著名的建筑师参照，对木匠和其他工匠也有很大参考意义。甚至撰写建筑和柱子的这一类书的作者（他们都是从木匠行业涌现出来的）比如汉斯·雅各·埃布曼（1570—1609年）、鲁特格尔·卡斯曼（1589—1645年）和于连·毛克里克都使用了布鲁姆在柱形方面的指导，朱利安·毛克里克在一本关于建筑的书（1600年）中提到了他，阿伯拉罕·乐特尔在之后1677年出版的书里也提到了他。然而，布鲁姆关于柱形的作品流传下来的并不多。每一个版本出版的数量我们不得而知，但是建筑工地和工厂里一定用坏了很多本。

人们甚至不知道布鲁姆都学过什么技能，或者他的主要职业是什么。在《艺术小镇布赫》（1560年）的前言里，他曾简单地提到他建造了"无数座一般的房子"（住房），也就是说，他是一位著名的建筑师，1627年版本的作品里他写道"这本书由来自梅茵河畔洛尔的著名数学家汉斯·布鲁姆先生执笔。"他的木刻版画里有交叉字母HB，由此判断他应该也从事木版画出版相关行业。

在梅茵河畔洛尔小城的档案里，并找不到他的痕迹，他可能于1520年至1530年间生于这儿；据说他最早从1542年最迟至1549年作为一个"外国人"生活在苏黎世，很明显他不会被

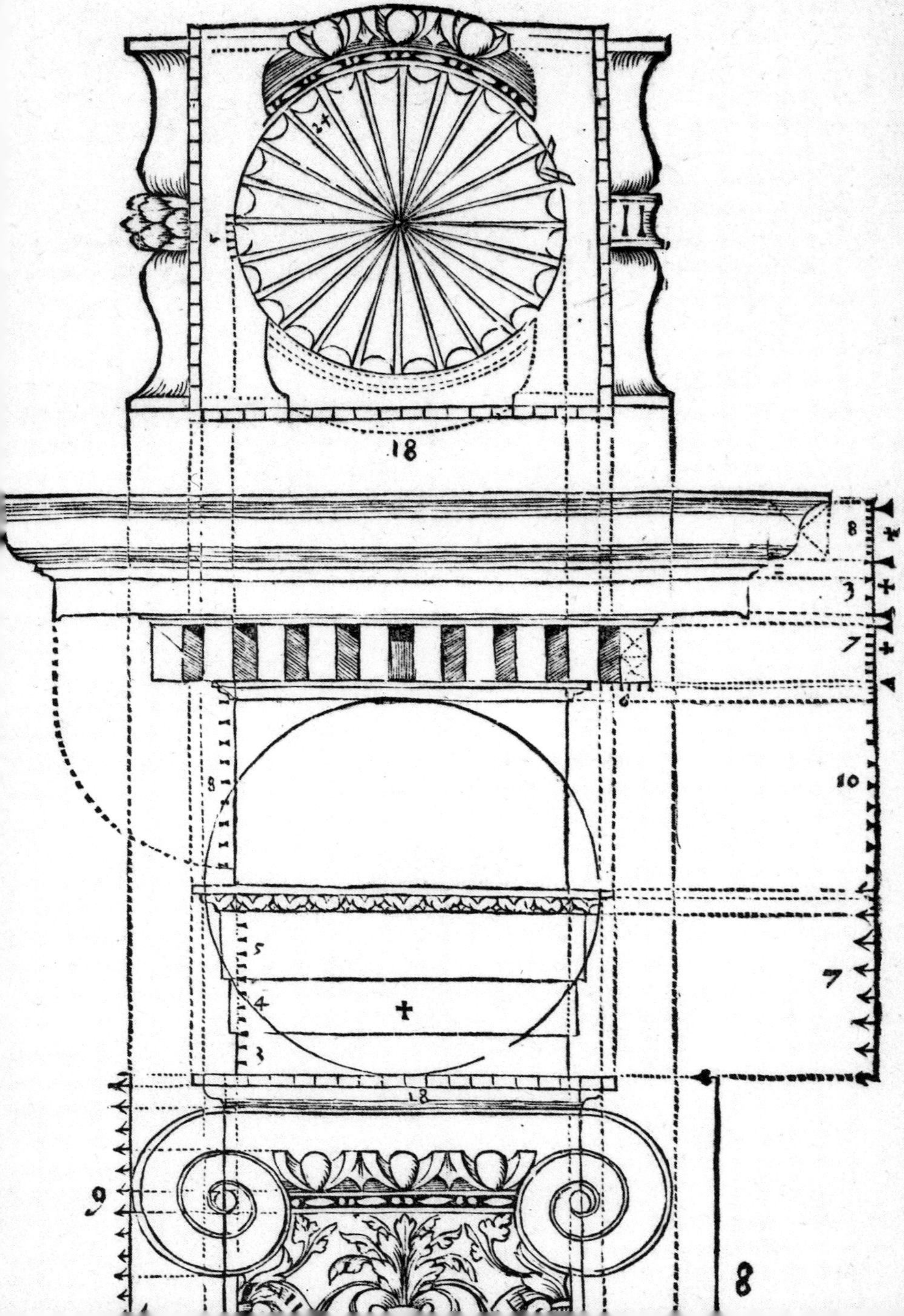

24
18
8
3
7
10
7
5
4
3
18
9
8

授予公民权利。在1549年或1550年的七月份他同海噶丽·库克美斯特在苏黎世大教堂结婚。1550年5月16日，他的长子克里斯多夫在苏黎世教堂接受洗礼，1551年1月21日次子汉斯也是在苏黎世大教堂接受洗礼。据说1552年，布鲁姆带领他的妻子和长子离开了苏黎世，把次子汉斯留给了一位叫克里斯托夫·佛罗绍尔的出版商抚养。人们不知道他于何时死于何地。人们推测布鲁姆是一位清教徒，他年纪轻轻就踏上了求学之旅或根据传统，踏上了到意大利“闯荡”学手艺的道路，之后他又从意大利移民到了苏黎世。

他关于柱形的书是献给苏黎世市政建筑大臣安德烈·施密德（1504—1565年，在1544年至1552年间掌管建筑）的。布鲁姆于1627年出版的书是给安德烈·施密德的孙子——卡斯帕·施密德。安德烈·施密德可能用某种形式资助了布鲁姆的作品。除了关于柱形的书，布鲁姆还出版了名为《关于各类古迹的详细说明，帮助理解建筑的五大柱形》（*Ein kunstreych Buoch von allerley antiquiteten, so zum verstand der fünff Seulen der Architectur gehörend*，没有标注日期，可能于1560年在苏黎世出版），这本书在1596年、1627年和1662年得以重印。很明显这两本书是同一类的，都是关于柱形的；前言中提到了后者并且提到读者要求这份补充材料。没多久一个合集加入了这些书中：《古代建筑是对很多漂亮的古建筑真正的重建》。这个合集包含很多建筑的木版画，但这些都是出版商加入的，人们推测出版商可能想出一本关于建筑的综合性图书。这个续本可能最早出现在1527年左右，可能于1558年增补到布鲁姆的作品中，但可以确定的是，最晚不晚于1561年。单个的木版画带有交叉字母RW或IW，说明制图人是鲁道夫，雕刻人是耶利米亚·威森巴赫。可以说，布拉曼特对坦比哀多的重建应归功于布鲁姆。

关于柱形的书首先于1550年出现在德国，尽管人们只知道这本书的一个副本。在同一年出版的拉丁文版本现在被看作是第一个版本，事实上这是德语译本。布鲁姆对塞里欧关于柱形（第四本书）的教学欣赏很可能通过彼特·考克·冯·艾斯特（1542年）的荷兰语译本表现出来，这本书反过来又被雅各·海西灵哥译成德语。在塞里欧的全部作品里，第四本书的地位很独特，布鲁姆完完全全地把柱形理论和一般的建筑理论区分开，而且在此过程中简化了分比例的方法。他的方法假定了一个预设的高度，这个高度可以细分为几个独立的单元。有几个单元决定了立柱底座的高度或者如果没有底座的话，立柱底座的边长。轴底部的直径就来自这些测量数据。托斯卡纳立柱要把立柱的高分为六个部分，两部分要减去做地基和檐口，剩下的四部分要构成正方形的一个边，这个边里面要画一个圆，再在圆里画一个正方形。最后画出的正方形的边长乘以六就是立柱的高度，而嵌在最终正方形里的那个圆就是轴的底座。用相同的方法，布鲁姆又创造了测量不同柱形的其他方法。轴底部的直径可看作是轴的高，柱头和檐口，柯林斯柱头则排除在外，这种柱头的高度由“对称结构”决定。在立柱叠加的情况下，布鲁姆遵循了维特鲁威制定的规则，把高立柱的长度缩短了短立柱长度的四分之一。

布鲁姆的书具有象征性意义的原因在于他加入了柱形，这点很明显维特鲁威也提到过。但是对于这种象征意义，布鲁姆既没有向古代神秘学的众神求助，也没有向塞里欧的基督教预言求助，而是转向了房屋和性别。他用自己的方式把托斯卡纳风格比成“粗鲁的农民”，把多利安风格比作“强壮的英雄”，把爱奥尼风格比作“勇敢的女人”，把科林斯风格比作“曼妙的少女”。这本合集是“其他柱形的汇编”。他在这里考虑到了改革后的北欧。这种方法也是他虽然著作不多但却能取得巨大成功的原因。他被认为是北方写柱形参考书的第一人，因为很多人继续使用他的理论研究柱形，这种方法非常实用，而且不断有学者对此进行补充。在大概150年的时间里，他的方法使得北欧接触到古典遗迹和意大利文艺复兴时的风格。在英国，直到17世纪末期，这些方法都还是建造各种柱形的唯一一套实用性指导。

约尔根·齐默　著　　朱梦莉　译

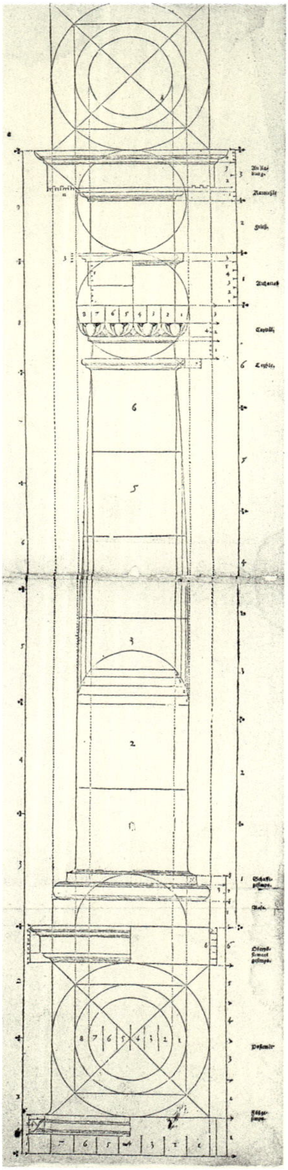

1 | 托斯卡纳柱形构造图
1627年版。木刻版画

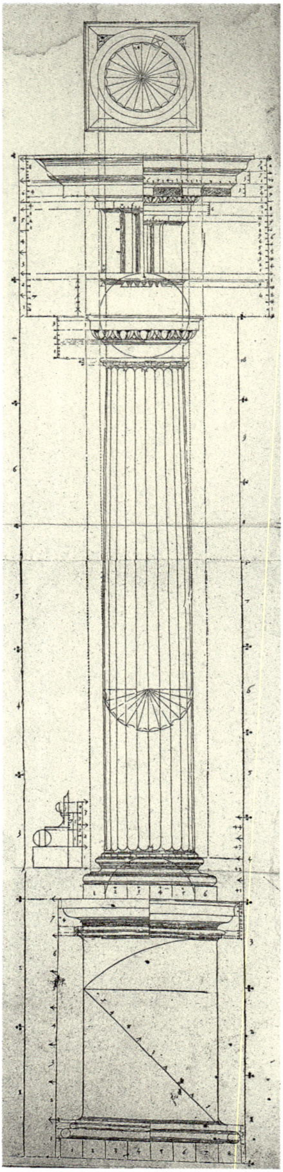

2 | 多立克柱形构造图
1627年版。木刻版画

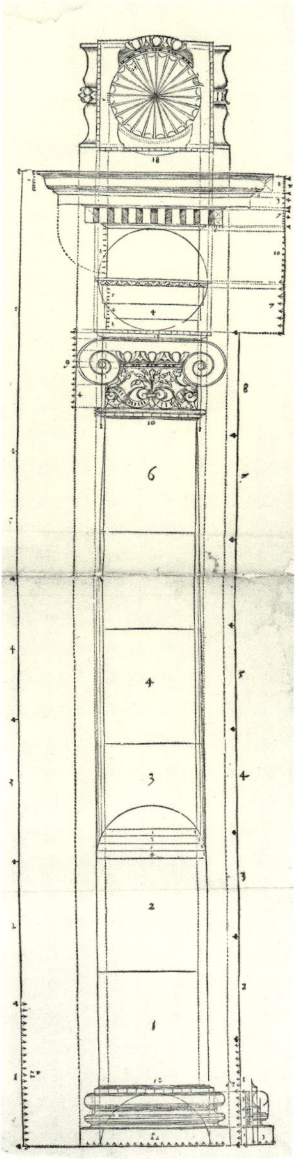

3 | 爱奥尼柱形构造图
第一种变体
1627年版。木刻版画

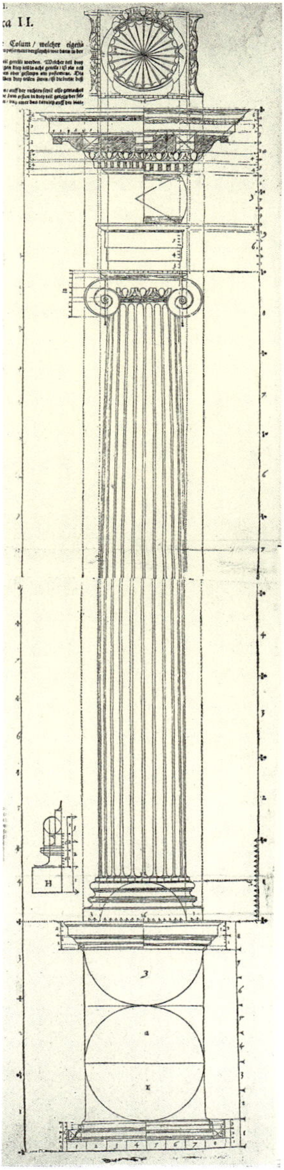

4 | 爱奥尼柱形构造图
第二种变体
1627年版。木刻版画

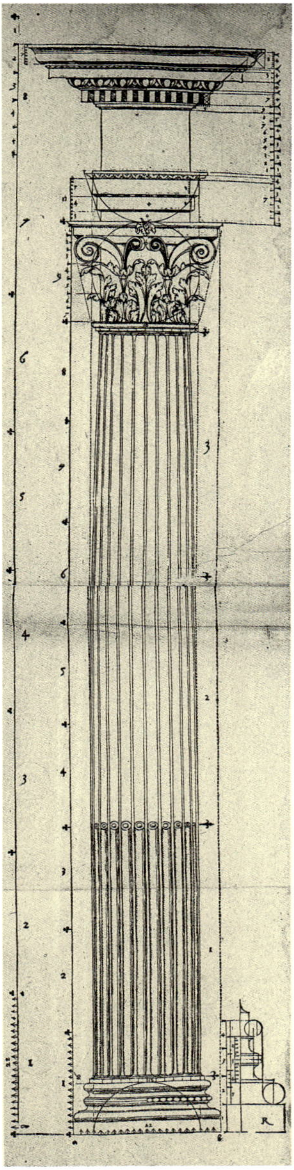

5 | 科林斯柱形构造图
第一种变体
1627年版。木刻版画

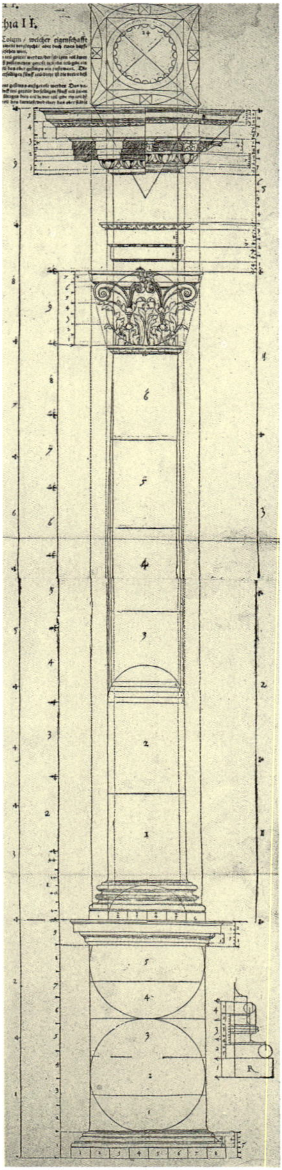

6 | 科林斯柱形构造图
第二种变体
1627年版。木刻版画

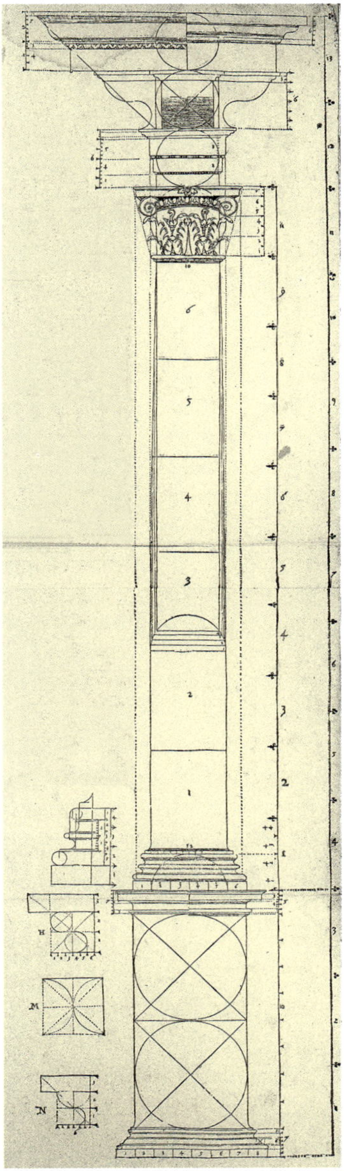

7 | 复合式柱形构造图
1627年版。木刻版画

丹尼尔・斯派克（1536—1589年）

Architectura Von Vestungen, Wie die zu unsern zeiten mögen erbawen werden

STRASBOURG, 1589

The architecture of fortresses, how they can be built at the present time

丹尼尔・斯派克（Daniel Speckle）出生在一个信仰清教的工匠家庭；1536年，他在斯特拉斯堡出生，他的父亲是著名的雕刻师法伊特・鲁道夫・斯派克。他当过刺绣工学徒。他16岁开始外出闯荡，1554年去了匈牙利科马罗姆的城堡，1555年去了维也纳，之后又去了葡萄牙的杰尔，他的兴趣在途中发生了变化。有两个因素影响了斯派克将来要投身堡垒建造的决定：其一，神圣罗马帝国受到来自奥斯曼帝国的威胁。其二，他受到了维也纳大建筑师哈马斯・施劳茨的影响。他很快在这一领域获得了成功并被很多堡垒项目聘为施工负责人。在这之后，据说他参观了特兰西瓦尼娜、丹麦、瑞典、波兰和普鲁士。根据档案记载，1560年他待在安特卫普，1561年他在维也纳，1564年他又从维也纳回到了斯特拉斯堡，又当起了一名丝绸刺绣工。

1565年他同一名叫苏珊娜・威格兰富特的寡妇在天主教堂结婚。因为曾经参与过1567年杜塞尔多夫和雷根斯堡的防御工事建设，在1567年至1569年间他又去了匈牙利，这次是和他的赞助人帝国大将军拉扎勒斯・冯・施文迪一起的，他在那参与了瓦拉日丁、卡少和托开的防御工事计划。之后他经由维也纳回到了斯特拉斯堡。这个时候，他还必须得学会制图，因为施文迪的关系，他在1573年被费迪南大公任命制作亚尔萨斯的地图，这项任务直到1576年才完成。现在，更大的圈子也急需他的建议，例如1574年在建造新巴登巴登殿的时候和1575年在英歌施塔特，他被任命为建筑部门的长官。与此同时，他在布伦瑞克的尤利西斯公爵（1528—1589年）那儿申请了一个职位，因为他认为自己在信仰新教的公侯国能有更好的发展机会。在申请信中，他讲述了自己在修建堡垒方面的经验；毕竟他曾在英哥施塔特任职一

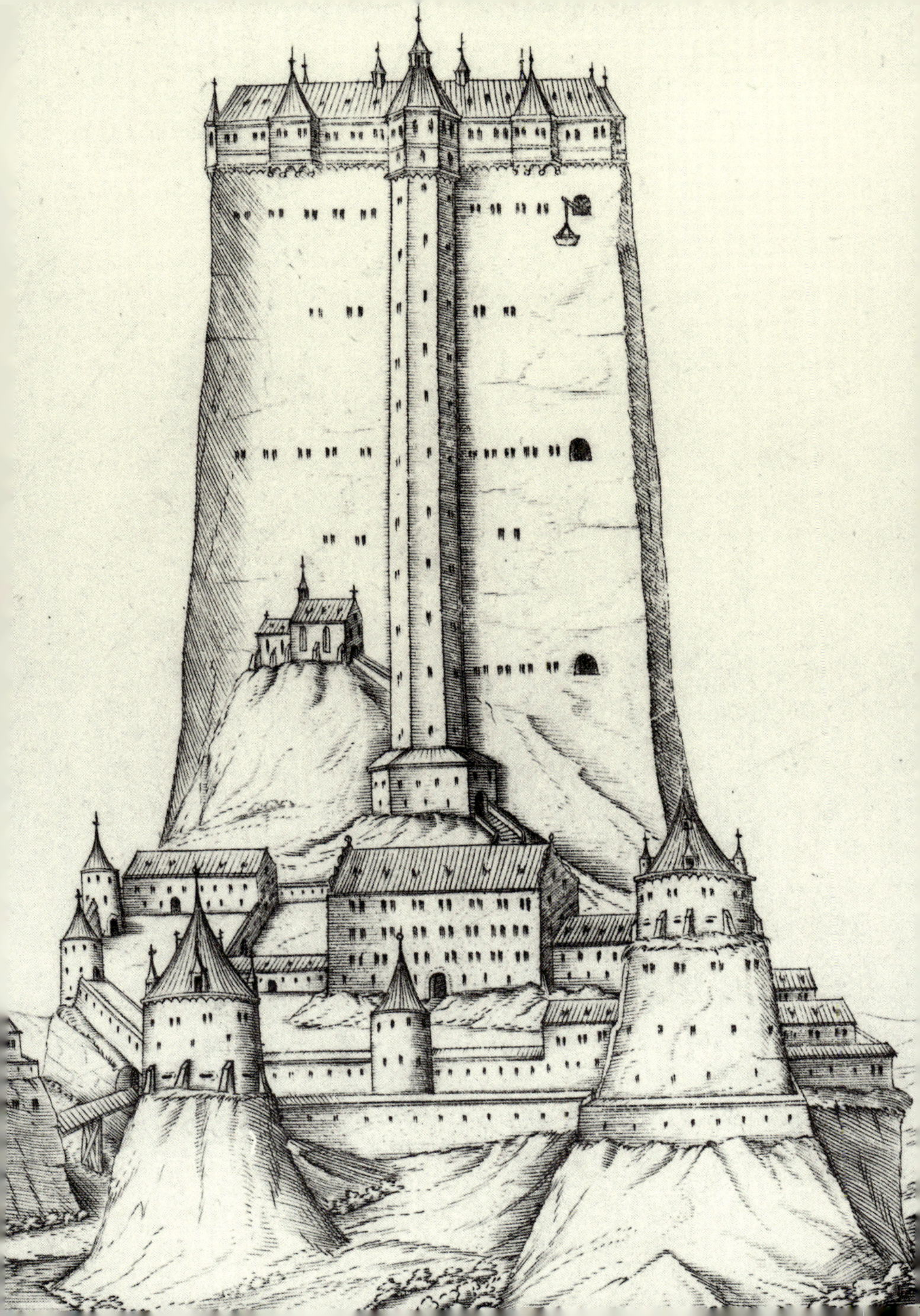

年，但是因为他信仰新教，刚开始他的合同遇到了些麻烦，但接下来麻烦解决了，合同又延长了。在1577年于雷根斯堡召开的由施文迪主持的“建筑与战争”大会上，他成功的夯实了自己作为一名著名的防御工事建筑专家的地位。同时，他参与制订了乌尔姆修建防御工事的计划。这项任务结束时，他已经起草了很多方案并设计了诸多模型，他还起草了第一本建筑师期刊。接下来又为科尔马出版了一部期刊（1579年），为巴塞尔出了一部建筑规范（1589年）。这个时候，他为斯特拉斯堡也创作了很多作品，包括一个斯特维拉斯的大规模木制模型并提出了很多专业意见，这些都是他首创的。1577年10月5日，斯派克被任命为斯特拉斯堡的建筑长官。他的年薪包括250个荷兰盾、6桶葡萄酒和1000捆木头。即使这种条件下，他还坚持工作，在必要的授权下，为其他城市和领地工作，比如斯莱德和昂西塞姆，这些都是奥地利统治的地方，还有科尔马、巴塞尔、菲尔登次、贝尔福、科隆、海德尔堡和哈瑙。在被议会派去安特卫普学习归来后，他带回了巴拉班特和荷兰几座城市防御工事的修建方案。1587年9月，他向议会提交了《建筑设计》，1589年，他从布伦斯维克·芬布特公爵那里收到了这本书的副本，那时还没结稿。最后，海尔布隆城征求他的建议，尽管在病中，他还是在1589年8月赶去了那里。1589年，海尔布隆议会发给他一份按他的计划建造的堡垒的地基平面图，并征询他的意见，但是他已经不能给出任何意见了，因为他在1589年10月18日去世，享年53岁。

《堡垒建造》是斯派克唯一一本出版的作品。其他书，像《数学运算法规》——一本关于壁垒的补充文章和题为《建筑，如何建造防御基督教敌人的堡垒》的这本手册——应该是他1583年笔记的副本，这些都不是为了出版而写。然而，一旦战争的方式发生变化，这些书就都成了要出版的堡垒建设标准参考书的初级版本。1599年，斯派克的侄子拉扎勒斯·内尔再版了他的书，因为第一版已经找不到了。第一个版本是献给布伦斯·维克芬布特的尤利西斯公爵的，而第二个版本则是献给统治者帕拉蒂尼·腓特烈四世（1583—1610年在位）。其他版本分别于1608年、1705年和1736年出版。

斯派克的书很有用，因为由于那个时代他们所面临的威胁，修建堡垒就成了重中之重，但是那时在这方面却没有标准的德语教科书。尼古拉斯·豪纳在悼词序言的末尾赞扬斯派克的作品可以与维特鲁威比肩。题目的开头就提到了丢勒关于堡垒的写作，《城市、城堡和庭院防御工事建造的百科全书》（1527年），这些书斯派克都复制和引用过。除了他认为很重要的丢勒，他还引用了博洛尼亚的费朗西斯科·马奇的作品，那本书的名字叫作《军事建筑》，以此来证明他紧跟时代潮流。马奇从1545年开始写这本书，但直到1559年才得以全部出版。然而这丝毫没有阻止斯派克可怜意大利人的自大，德国人一向嘲笑意大利人，说他们没有任何创造。就这样，他继续用德语版本反击意大利建造堡垒的方式。他把马耳他城的建造（可能是根据马奇的设计）还有“温蒂施兰德边境”卡罗尔城新建的堡垒看作现代堡垒的范例，并详细描绘了丢勒笔下的理想城市，这样的城市是八角形的布局，街道系统呈放射状，正好对应了他心目中有序社会的样子——教堂和世俗机构应位于城市中间。但斯派克仍然是个务实的人，他在教学方法中也充分考虑到了城堡究竟是位于平坦的乡村、小山坡还是山地上。数学、几何、实用技能和机械法则的知识都是建筑堡垒的根基。他修建的一些休养院和山区城堡则像一个世外桃源避开了敌人。

在图书馆和档案里都可以见到斯派克的很多草稿和副本。它们证明了一位伟人频繁的活动。一些展览的文档说明了他作为一名工程师拥有的创造性能力，不管是在控制河流、建造磨坊方面还是在测量和制图方面。

约尔根·齐默　著　　朱梦莉　译

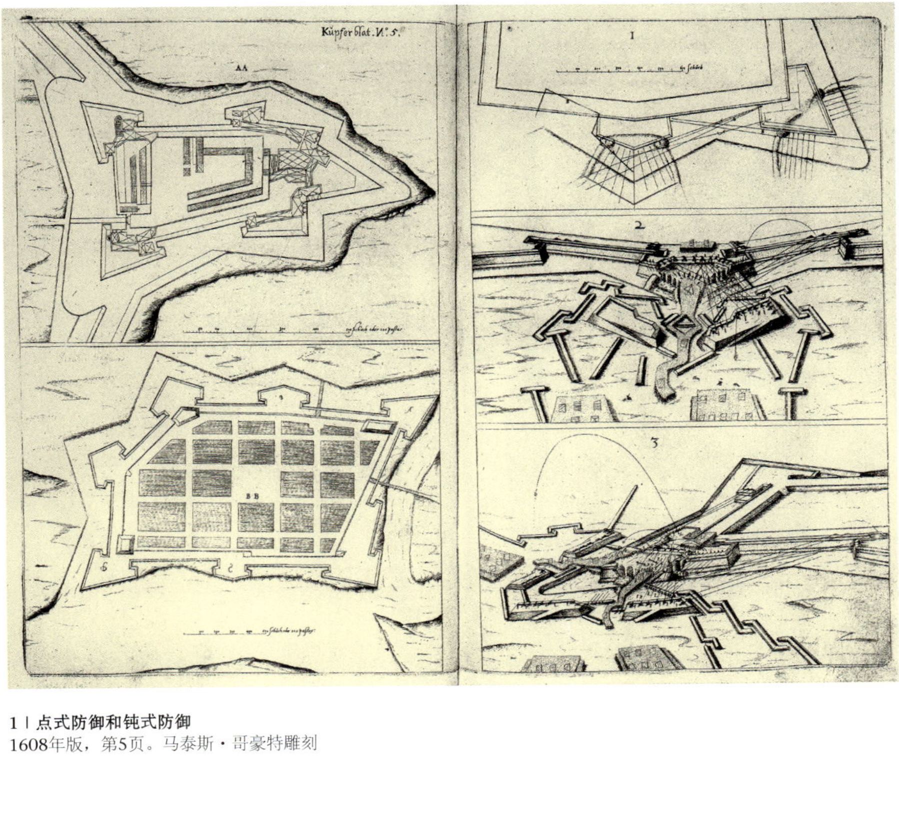

1 | 点式防御和钝式防御
1608年版，第5页。马泰斯·哥豪特雕刻

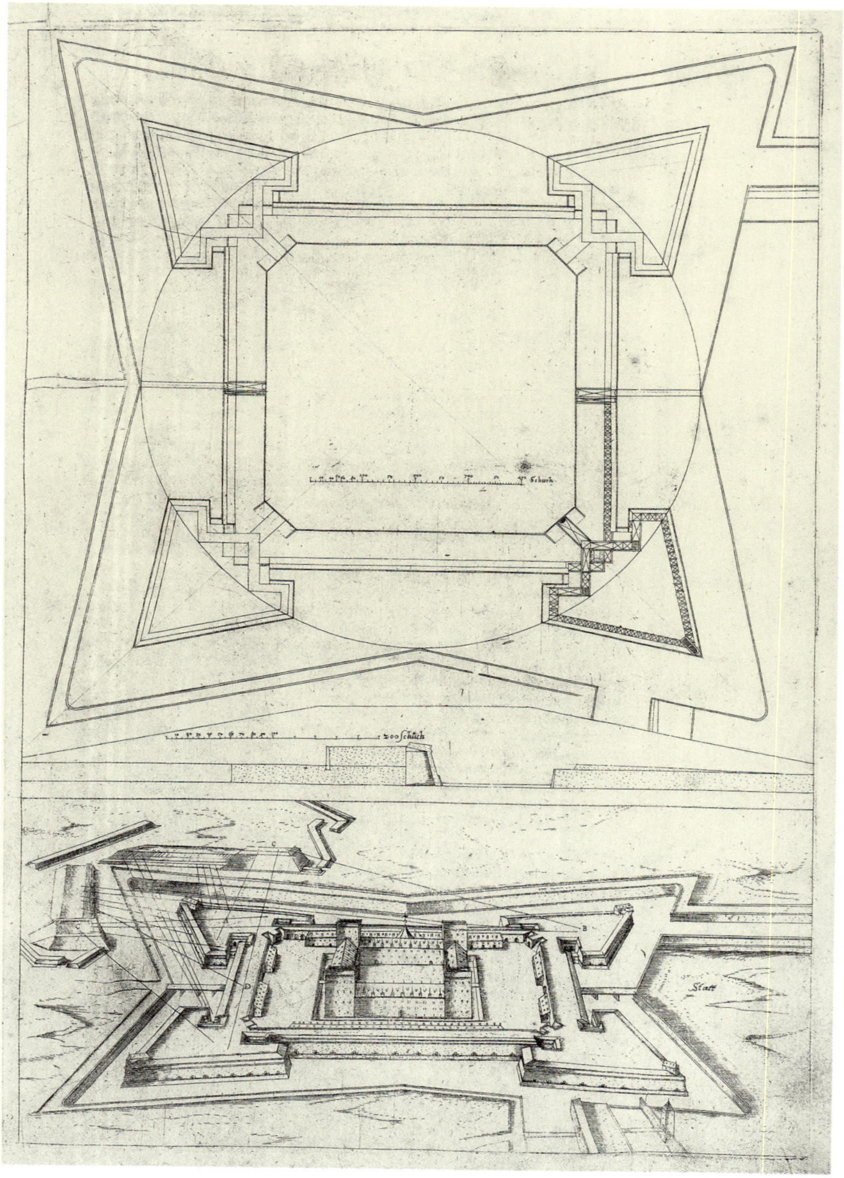

2 | 壁垒的布局

1608年版，第16页。马泰斯·哥豪特雕刻

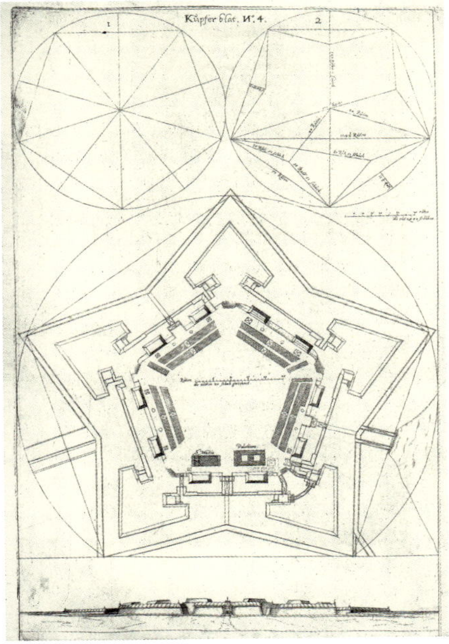

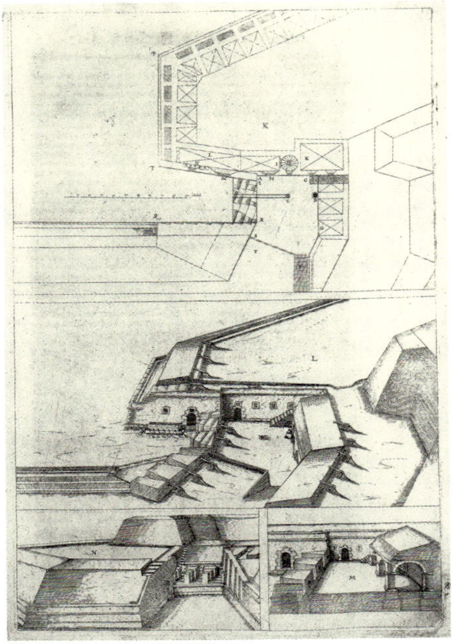

3 | 带五个堡垒的防御工事
1608年版，第18页。马泰斯·哥豪特雕刻

4 | 地基平面图构造
1608年版，第33页。马泰斯·哥豪特雕刻

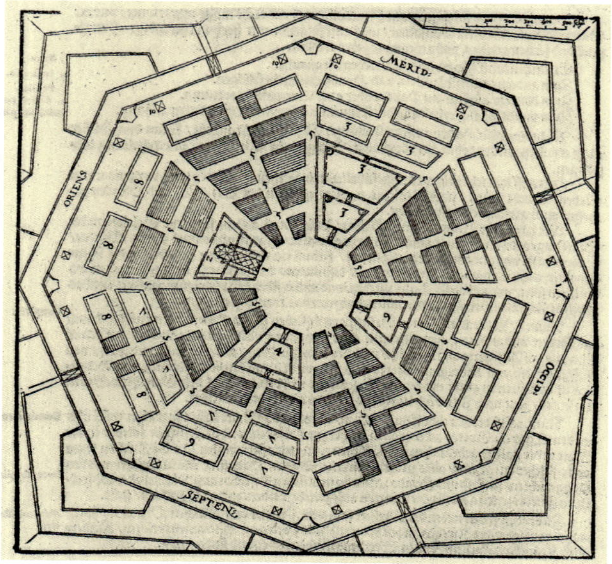

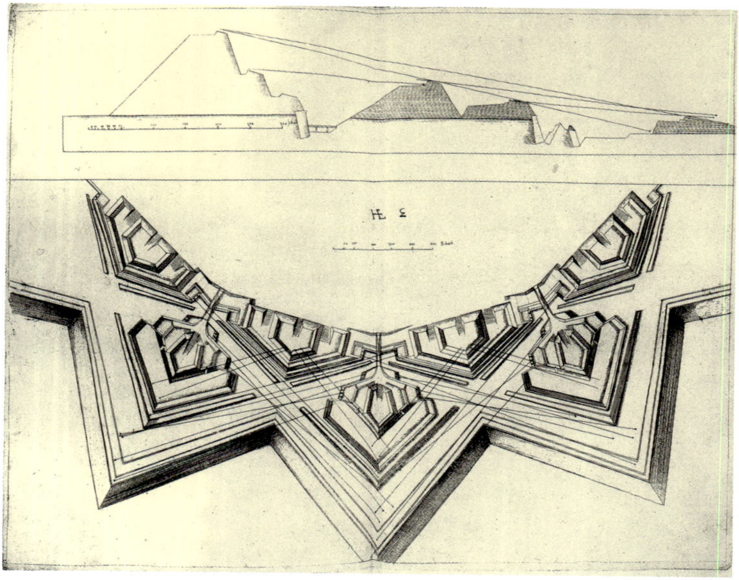

5 | 对称壁垒城市的地基平面图
1608年版，第59页。马泰斯·哥豪特木版

6 | 堡垒
1608年版，第65页。马泰斯·哥豪特雕刻

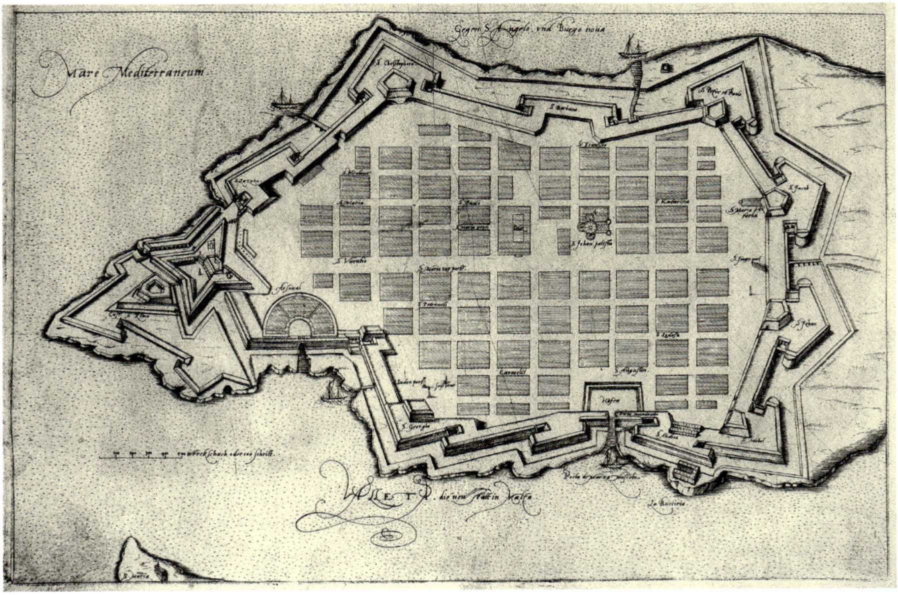

7 | 瓦莱塔城地基平面图

1608年版，第84页。马泰斯·哥豪特雕刻

8 | 防御工事、关口和山顶上的宫殿
1608年版，第89页。马泰斯·哥豪特雕刻

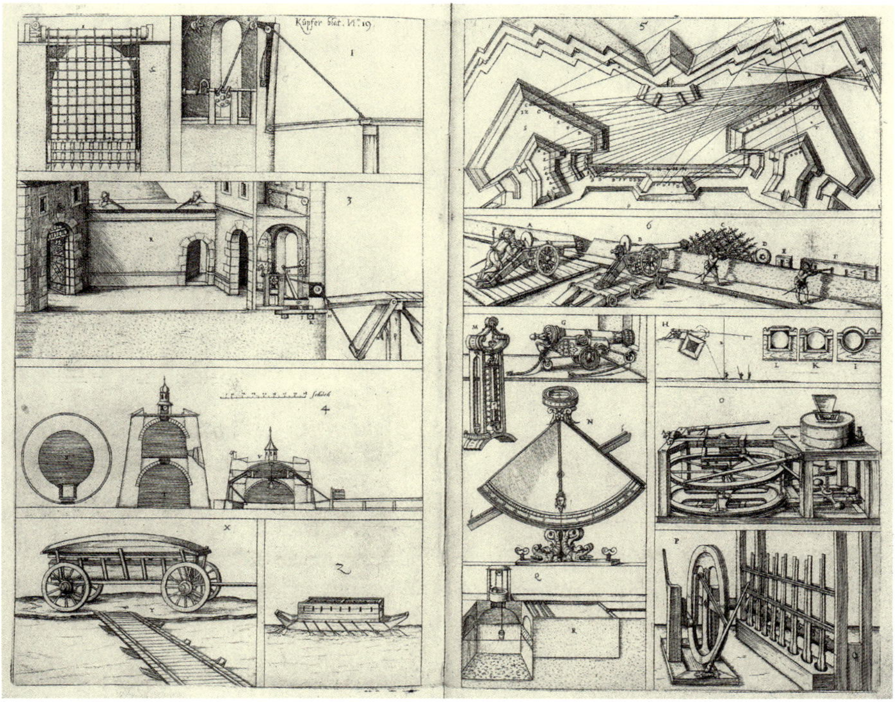

9丨修建防御工事的方法
入口：吊闸、吊桥、瞭望塔。遭遇袭击时有用的装备：运浮桥和大炮的马车和船
1608年版，第101页。马泰斯·哥豪特雕刻

文德尔·迪特林
（1550/1551—1599年）
Architectura von Außtheilung, Symmetria und Proportion der Fünff Seulen

NUREMBERG, 1598

Architecture of division symmetry and proportion of the five columns

画家温德灵（或文德林）·葛拉普（Wendling Grapp），又名迪特林，大约于1550年或1551年出生在康斯坦茨湖附近的普弗伦多尔夫，可能是画家巴尔萨塔·葛拉普的儿子。他在康斯坦茨跟着菲利浦·麦姆伯格做绘画学徒，据记载他于1570年9月12日在斯特拉斯堡和卡瑟琳娜·海佛尔结婚。1571年，他在那里买了房子，之后他成为斯特拉斯堡正式市民，并于1599年在那里去世，留下了他的妻子和他们的孩子希拉里、文德尔（他的儿子——后来因为装饰性的雕刻而闻名），还有罗西娜。他那些大幅的正面画哪怕在斯特拉斯堡之外也很受欢迎，那些画被用来当作华丽宫殿和公共建筑的内部装饰。1583年，他在阿盖诺供职，1589年在斯特拉斯堡，在斯特拉斯堡他参与了新建筑的建造，之后他又在黑森林的上基尔希工作。1590年，符腾堡公爵赞助了一项大工程，他要为斯图加特的避暑别墅（林中别墅）准备几幅画，这使得迪特林在这座城市最好的地方工作了三年。这个模型是（斯图加特绘画馆，壁画藏品）——他三幅巨大的天顶画之一，就诞生在避暑别墅，描绘了末日审判，展示了他画作的创造力——然而，不幸的是这幅作品随着避暑别墅一起消失了。与同时代的米开朗琪罗相比，他很少遵循肖像规则，或者重新解释了这些规则。只有一幅有他签名的画保存了下来——1587年创造的《拉撒路的复活》，这幅画现在正在卡尔斯鲁厄的艺术馆展出。1593年，他回到了斯特拉斯堡，在那作为一名艺术家为商业旅馆和其他的公共建筑工作。他晚年参与了为建筑工程起草平面图和草图的工作。

很明显，《建筑师》与在此之前的任何一种建筑理论都不同。迪特林不像其他理论家，他既不是数学家，也不是建筑师，而是一位作品有着很大独立性和创造性的艺术家，事实上，他必须掌握建筑内部的可用空间。他对建筑理论的了解远不止于此。在这个领域，他很可能从荷兰人丹尼尔·赛丽奥（？—1619年）——他是哈瑙城的建立者之一——那里学到了很多，《建筑师》这本书也是献给这位荷兰人的。他是第一个把维特鲁威的柱形看成一个通用系统并能够将之应用到包括绘画和实用艺术上的人之一。在1577年出版的《建筑师》一

I.
TVSCANA

书中，汉斯·韦德曼·弗里斯就已经按照这种解释提出了一种方法和系统。这些规则方法为迪特林的《建筑师》 提供了插图结构的草图。插图的数量有200多幅，表现出了非凡的想象力。并且，171幅草图初稿和设计保留了下来（铜板印刷展览，杜雷斯顿）。据猜测，这一系列插图是从1590年开始，直到1592年5月11日才完成，当时迪特林向布拉格议会提交了正式的帝国特许状。第一本书包含40幅插图，早在1593年就出版了，之后同年又出版了一部拉丁文版本。第二本书，共58幅插图，在1594年完成，拉丁文版本则晚一年才出现。整部作品首先由乔宾于斯特拉斯堡出版，尽管第一本书实际上是在斯图加特出版的。据推测，这部完整的作品，连同拉丁文版本直到迪特林死后才出版，出版商是纽伦堡的胡珀特和巴塔亚·赛冒克斯，他们都是比利时人。这是雅克·卡勒（1592—1635年）之前出现得最早的印刷作品；这部出版的作品经过了修改且价格不菲。这本书之后得到了无数次重印（不管是合法的还是非法的），最终致使这本书流传广泛，比如1655年在纽伦堡出版的版本。从1609年起，丹尼尔·梅耶（1576—1630年）于1612年在福兰克福再版了这本书的部分内容，并对插图做了改变，一起出版的还有弗莱德曼·德弗里斯的复制品；当时，迪特林插画的复制品和和汉斯·布鲁姆的《五种柱形》（1550年）也一起出版。从19世纪中叶开始，出版了几个复制版本，其中1862年的法国版本（列日市和巴黎）是真正的历史上的复制品。事实证明，自从这本书问世后，艺术家们和工匠就开始使用，但这本书并不是样本书。这只是一位忙碌、喜怒无常而又忧郁的艺术家个人的艺术作品，他只是借助创作来压制天马行空的想象。尽管他的画作都没有保存下来，但我们却有幸看到很多他创作的生动精美的雕刻品——很多都呈现在《建筑师》 这本书里，因此迪特林仍被看作是16世纪下半叶德国西南部最有趣的艺术家之一。这本书被看作是德国文艺复兴晚期最重要的出版物之一，引用汉斯·格哈德·埃弗斯的话：这本书多次被评为是“记录发展的小说”。这无疑是说，这本小说用阿里阿德涅梳理的建筑规则穿越了文艺复兴后期形式的迷宫。通过这样的方法，迪特林把有关的阶层和象征意义都考虑在内，并从形式和内容上丰富了二者。他还通过展示人生的季节和时段、社会结构的宽度、人类社会的活动和热情、神圣和世俗，自然和艺术——这些罗马历史里高贵的秩序，来拓展时间和空间的维度。对于每一种秩序，他通过建筑定义的形式来解读，并欢迎旁观者去体验：比如柱子、基座、大门、窗户、壁炉、喷泉、盾徽、坟墓和墓志铭。通过这种方式，他达到了几乎超越建筑的境界，比如第18页充满异域风情的“托斯卡纳”象形壁炉。那些把这部作品看作样本的人认为装饰性是最重要的因素，这也是19世纪的普遍观点。装饰性是从丰富的秩序、想象力以及自信的形式里面衍生出来的，而不是强加的，哪怕符合复合结构的后哥特式石雕花格看起来也没有很突兀。

很多人都提到《建筑师》 影响了17世纪的建筑和柱形纲要，这些纲要是做木匠的建筑师比如约翰·雅各布·布尔曼（1570—1609年）、雅各布·古柯森（活跃在16世纪）、胡歌·卡斯曼（1589？—1645年）、加布瑞尔·埃莫（1550—1611年）和其他人当作样本书创造。如果这本书一开始不是样本书的话，而是一本来自数学家和堡垒建筑师的关于不同层次的艺术的独立著作，那这本书的理念和丰富的形式就不会得到应用。从这个意义上说，有关比克堡议会有关的作品及艾伯特兄弟和约纳斯·伍尔夫（1604年？）建造的比克城堡金房间“上帝之门”的这些资料都必须要保留。

约尔根·齐默　著　　朱梦莉　译

第515页插图
1 | 图斯坦柱形
插图6。蚀刻版画

2 | 图斯坦柱形的大门
插图26。蚀刻版画

3 | 多立克柱形
插图46。蚀刻版画

4 | 多立克柱形、楣梁和台口
插图50。蚀刻版画

5 | 爱奥尼柱形
插图95。蚀刻版画

6 | 爱奥尼柱形喷泉

插图117。蚀刻版画

7 | 爱奥尼柱形、地基和柱顶
插图96。蚀刻版画

8 | 科林斯柱形
插图136。蚀刻版画

9 | 复合柱形
插图176。蚀刻版画

10 | 复合柱形的顶柱
插图179。蚀刻版画

约瑟夫·符腾巴赫
（1591—1667年）

Architectura civilis, das ist Eigentliche Beschreibung wie man nach bester form und gerechter Regul, Fürs Erste: Palläst … erbawen soll

ULM, 1628

Architectura civilis, that is an actual description of how, according to the best method and fair regulations to build, to begin with: palaces

ARCHITECTURA CIVILIS:
Das ist:
Eigentlich
Beschreibung/
wie mā nach bester form/
vnd gerechter Regul/ Fürs Erste: Palläst/
mit dero Lust: vnd Thiergarten/ darbey auch Grotten:
So dann Gemeine Bewohnungen: Zum Andern/ Kirchen/ Capellen/ Altär/ Gotshäuser: Drittens/ Spitäler/ Lazaretten vnd Gotsäcker auffführen vnnd erbawen soll:
Alles auß vielfaltiger Erfahrnuß zusammen getragen/ beschrieben/ vnd mit 40. Kupfferstucken für Augen gestellt/
Durch
Josephum Furttenbach.
Mit Römischer Kayserlicher Mayestat Freyheit/ in 12. Jahren nicht nachzutrucken.
Getruckt in deß Heil. Römischen Reichs Statt Ulm/ Durch Jonam Saurn/ Bestellten Buchtruckern.
ANNO M. DC. XXVIII.

《民用建筑》（*Architectura civilis*）的作者约瑟夫·符腾巴赫（Joseph Furttenbach the Elder）于1591年12月30日生于洛伊特基希或康坦茨湖。他于1667年的1月12日或17日在乌尔姆逝世。显然，他来自一个富裕家庭，注定要成为一名商人，并以此接受教育。在1607年，即他16岁的时候，他踏上了一场前往意大利的长途旅行，仅在1620年或1621年回过一次德国。他在米兰学习意大利语，并独居热那亚长达七年。佛罗伦萨建筑师朱利奥·帕里吉（1571—1635年）对他日后成为一名建筑师的决定产生了至关重要的影响。返回德国后，他紧接着为自己的兄弟希罗尼穆斯——洛伊特基希的市长——设计了一系列石窟。在1621年，他加入了乌尔姆的一家贸易商人公司。迎娶当地的贵族千金安娜·卡塔琳娜·施特劳斯后，他在1623年被授予荣誉市民的称号。《民用建筑》证明了他在建筑领域的专业技能，因此1631年他被赋予了乌尔姆城市建筑部门的领导地位。1636年，他成为城市木材部门的领导者。他的五个孩子都活得不如他长久。他的儿子约瑟夫作为一名雕刻师为他工作。在1649年，他开始出版一部预计包括15个部分的一系列不同类型的建筑专著。但直到1655年他的儿子去世后，又过了一些时日，他才开始继续这项工作，但最后仍然没能完成。

符腾巴赫是一个帝国城市的成功市民，这座城市在30年战争中依然繁荣昌盛。他的宅邸包括一个著名的、来访者众多的艺术收藏室，藏品包括了满满一柜的模型，更不用说一座图书馆了。几乎没有一座由他主持或规划的建筑得以幸存。1641年，他的剧院在多米尼加修道院旧址修建并名声渐起，可以肯定他的活动并不局限于监督建造工作。他也参与了临时的建造项目，例如纪念性的墓葬灵柩、凯旋门和剧场装潢。

m

他第一次作为作家进入公众视野是在1626年，他以自己在意大利长期居住的经历出版了《意大利行记》，长久以来该书都被用作赴意旅行者的指南。1627年，他补充撰写了一篇关于烟花的短文——他在热那亚接触到了烟花艺术。《民用建筑》是他关于建筑理论最早的作品，在《意大利行记》出版两年后得以发行。这本短小精悍的正式著作浓缩了此后他在实践层面的工作和更精微的建筑理论研究。这本书主要包含了以王子宫殿为开篇的建筑类型学、层级结构、“英雄法庭”和每个统治者及王子的宫殿，最后是一个备选方案，“另一个王子宫殿”。在上流宅邸中，一座高贵的楼梯依然被视为必需品。描绘着“咏叹调”的布景，展现着古希腊喜剧里维特鲁威风格的场面（乍看之下似乎有点不合时宜），和动物园一起彰显着统治阶级建筑略显轻松愉快的一面：符腾巴赫用七张图纸来表现一座石窟，从立面到平面图到横剖面再到石窟本身，并单独描绘了大型珊瑚饰品和贝壳花结装饰。接下来的建筑类型是一幢很有可能属于市民或贵族的“私人住宅”，以及市内宅邸的平面图，包括一座橘园。教堂建筑维持着最小的篇幅，仅以正立面图、平面图和室内设计图表达，并按照室内设计展示了它的祭坛画。但书中有大量的平面图展示了一座双层修道院的三次变更。它们均按照高度对称的广场布局，为一个或多个天井所环绕；这样的平面形式也被运用在医院、具有防御功能的医院和墓园中。它们构成了《民用建筑》的结尾部分。这些图纸被奥格斯堡的拉斐尔·库斯托斯和雅各布·库斯托斯雕刻制版，“作者约瑟夫·符腾巴赫”出现在每张图版的右下角。这本书毫无疑问是以建筑承包商和他们的客户为目标群体。

很显然，这本书深受作者对意大利的印象的影响。符腾巴赫着手调整他在意大利所见到的建筑形式以适应德国的气候，不过最终他没有发展出任何建筑理论系统。就像他的后辈保卢斯·德克尔（1677—1713年）一样，他参考过去在意大利的见闻，例如维尼奥拉（1507—1573年）的作品，来解决所有柱廊和《建筑原理》中存在的问题。他后期的著作尽可能将建筑中包含的多种目标构建成一个系统：《民用建筑》《纳瓦尔建筑》《军用建筑》《私人建筑》《通用建筑》和《景观建筑》。

符腾巴赫展示一系列建筑类型或建筑用途的概念是显而易见的：它早已出现在维特鲁威的著作中，并被他15世纪到16世纪的追随者继承下来。符腾巴赫和之后的戈德曼都推进了建筑类型学的发展。符腾巴赫《民用建筑》以带有花园和石窟的宫殿建筑，以及中产阶级住宅的建造为重点。他是第一位细致入微地解决了这个问题的人。关于王子宫殿，他建议在“必需品”之外加上“一些小小的奢侈品”来弥补王子需要承担的“沉重责任”，同时驱除任何“严肃而忧郁的思绪”。他认为工作和闲暇的存在彼此互补，他对宫殿、房屋和游憩场所的建造都遵从了这一前提。在符腾巴赫之前，很少有人对住宅独立作为一种特定的建筑类型感兴趣。正如读者所预料的那样，他的建议都基于意大利范式，这些范式明显受到了彼得·保罗·鲁本斯为之雕刻的热那亚王宫（1622年建成）的影响。但将单独的房间赋予特定的功能则是他的创新：小礼拜堂、图书馆、剧院、古董艺术收藏室、大厅、总理府、咨询室和宴会厅。在《景观建筑》（1640年）中他拓展了宫殿和花园的主题，用更广博的方式对其进行设计。符腾巴赫同样是详细谈论公共建筑的第一批人之一，他首先设计了医院、诊所和墓园。教堂、市政厅、学校和大学则是他后续著作的主题。符腾巴赫同样是唯一一个在小镇概念中展示“纯中产阶级社区”的建筑理论家。

符腾巴赫的毕生之作都致力于使地方建筑和花园更贴近居民：在30年战争过去后，像这样的《民用建筑》都被称作“和平建筑”。尽管30年战争表面上是由宗教引发，这里也没有丝毫宗教冲突的痕迹，他很有可能偏爱着天主教徒们，如果他不是独自一人的话。

约尔根·齐默　著　　李松珊　译

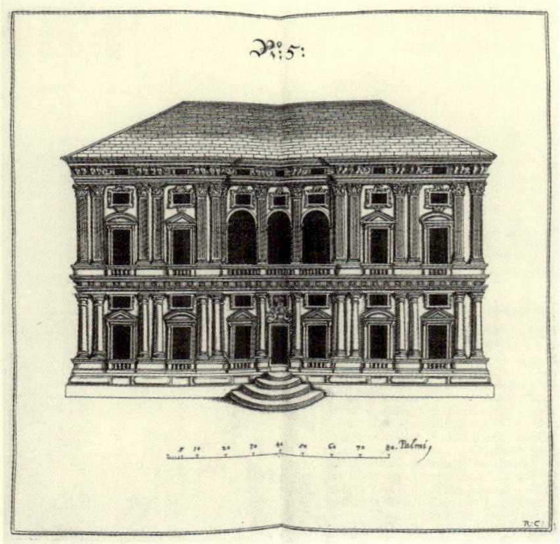

1 | 贵族宫殿
第5页。由拉斐尔·库斯托斯雕刻

2 | 王子宫殿之二
第7页。由拉斐尔·库斯托斯雕刻

3 | “英雄的宅邸”
第4页。由拉斐尔·库斯托斯雕刻

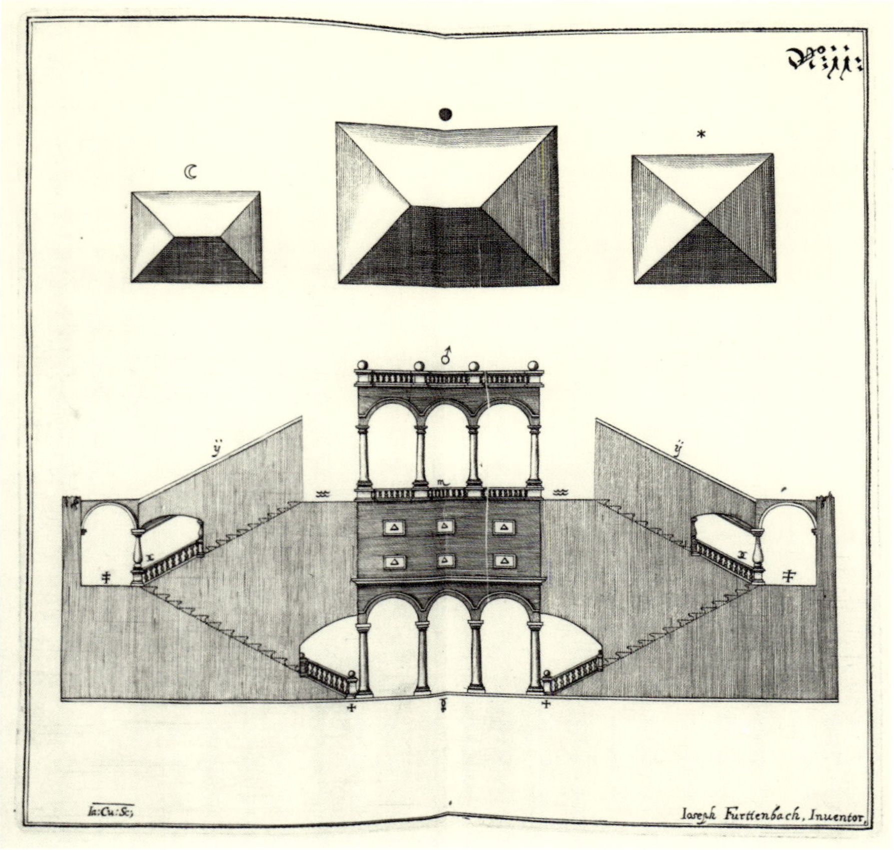

4 | 楼梯
第11页。由雅各布·库斯托斯雕刻

5 | 剧院布景：咏叹调剧场
第12页。由雅各布·库斯托斯雕刻

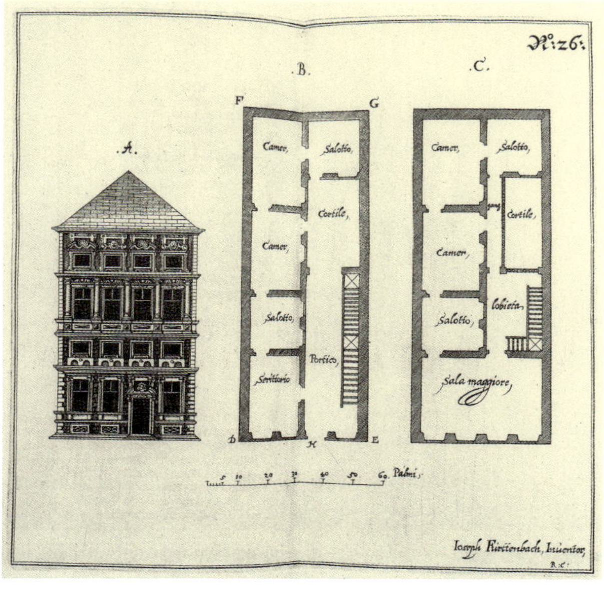

6 | 石窟立面
第14页。由雅各布·库斯托斯雕刻

7 | 市区住宅，附平面图
第26页。由拉斐尔·库斯托斯雕刻

8 | 欢乐之园
第13页。由雅各布·库斯托斯雕刻

No. 13:
Iacomo Custodj Inglia: d. Agosta

9 | 教堂立面
第27页。由拉斐尔·库斯托斯雕刻

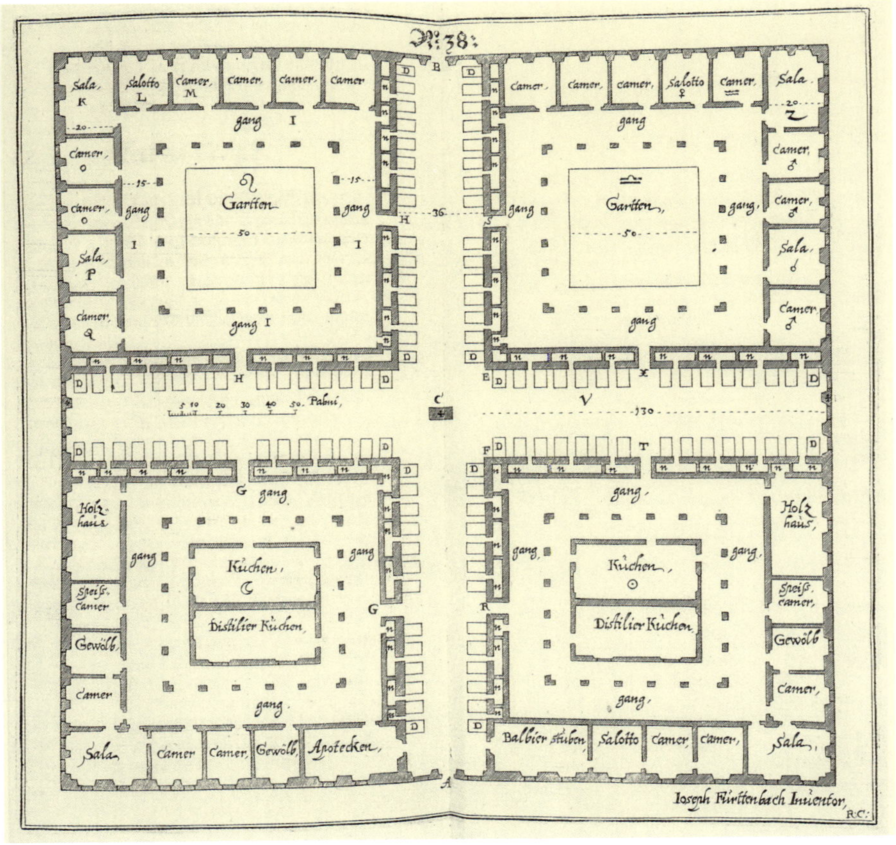

10 | 医院平面图
第31页。由拉斐尔・库斯托斯雕刻

亚伯拉罕·洛伊特纳·冯·格伦特（1639/1640—1701年）

Grundtliche Darstellung Der fünff Seüllen wie solche von dem Weitberühmbten Vitruvio Scamozzio vnd andern Vornehmben Baumeistren Zuesamben getragen

PRAGUE, 1677

Thorough presentation of the five columns like those compiled by the world famous Vitruvius, Scamozzio and other distinguished architects

亚伯拉罕·洛伊特纳（Abraham Leuthner）于1639年间出生在位于波西米亚（现捷克共和国切布）埃格尔北部的威尔德斯坦（现斯卡尔纳），于1701年在布拉格逝世。尽管在他专著的其中一页上，提及他也曾在做短工期间前往意大利，但近年来的基础研究并未深究这个问题，想必没有发现更进一步的证据。在1661年，洛伊特纳为布拉格老城中的石匠协会所认可，在1665年11月6日，作为一名个体经营的建筑工人，他成了布拉格新城的市民。1667年6月26日，他与玛利亚·格洛茨（一说是玛利亚·克洛茨）在布拉格胜利女神教堂结为夫妻。在1680年之前，他成了三个儿子和两个女儿的父亲。在建筑师弗朗西斯科·喀拉提（于1679年逝世）的监管下，他和约翰·德·卡帕里（于1678年逝世）在1668年一起参与了布拉格古堡区车尔尼宫、1674年斯塔拉波列斯瓦夫的朝圣教堂以及1674年至1688年间切布多米尼加教堂的建造。他还在1680年参与了一位切布市民的城区住宅的建设。从1674年到1688年间，他担任奥斯特罗夫的萨克森劳恩堡公爵杜克·尤里乌斯·弗朗茨的建筑工程队领班，1674年至1683年，他为公爵规划并建造了一个小型避暑庄园。1682年后的数年中，他开始着手自己的巨作：位于德国上普法尔茨行政区瓦尔察森的西多会修道院。1689年，该建筑的奠基石得以设立。他为这个任务雇用了丁岑霍弗尔家的五兄弟。克里斯托弗·丁岑霍弗尔（1655—1722年）是他们的领班，自1685年起他便在奥斯特罗夫担任代表。1682年至1687年间，他和约翰·埃舍尔·洛伊特纳一起建造了他自行设计的洛克特市政厅。1687年洛伊特纳被指定为切布——那个六年前他曾在“克莱斯特门”购买了一幢房屋的地方——的城堡建筑工程队领班。1688年，他在布拉格新城为儿子利奥波德购得一幢房屋，还在布拉格购

XIII

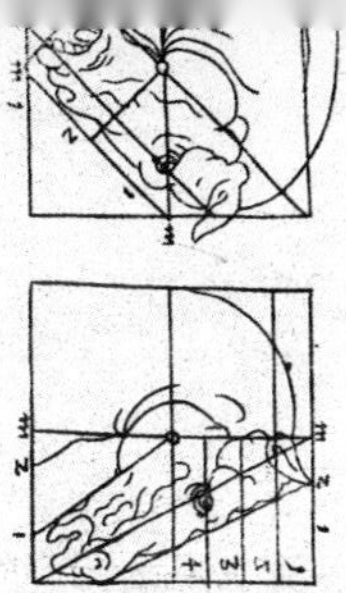

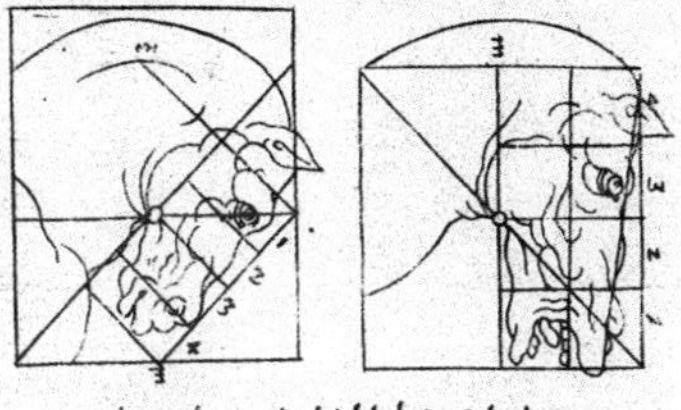

auf solche weiß leichlich durch die gatter statung zureissen.

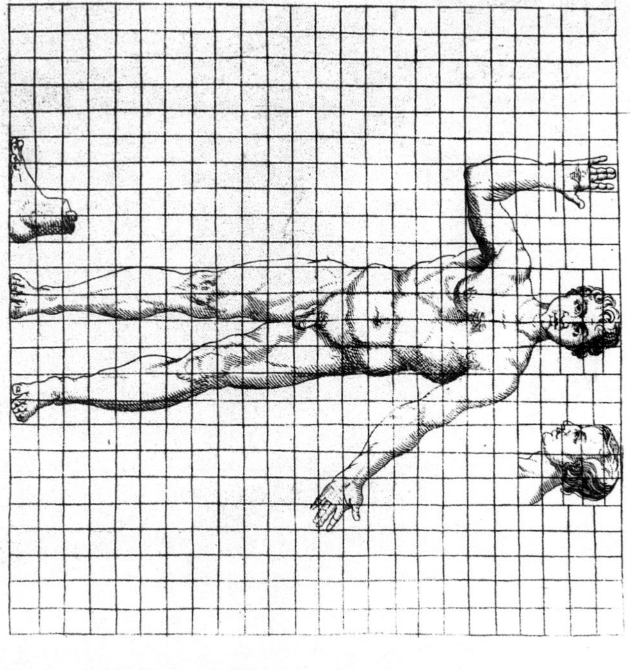

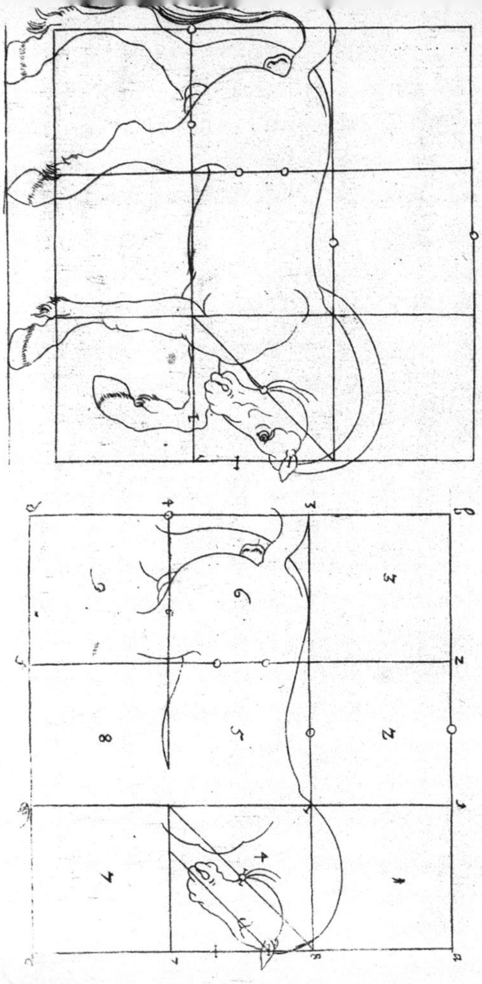

买了一幢被称为“蓝色牡鹿”的房屋，据说这幢房屋与他得到的“冯·格伦特”贵族头衔密切相关。那时他只简单地称自己为“布拉格皇家新城的石匠领班”。从1691年起，他的头衔变成了“埃格尔（切布）要塞工程建筑者领班，政府战壕的主管”以及“埃格尔（切布）皇家边境小镇建筑防御工事领班”。此外，作为卡洛·卢拉高斯（1615—1684年）的继承者，他参与了布拉格新防御工事系统的建设，并使用头衔“波西米亚王国地上建筑及壕沟皇家建造者领班”。1695年，他达到了自己职业生涯的最高峰，成为“波西米亚王国皇家建造者首席领班”。1701年1月12日，他在布拉格小城区名为“蓝色牡鹿”的自宅中去世，享年60岁。

洛伊特纳的生平总结，成了这位功成名就的建筑师和建筑承包商17世纪下半叶的作品的注解。他和丁岑霍弗尔兄弟们一起，对波西米亚王国和德国南部的晚期巴洛克建筑起到了重要影响。他的建造技艺与规划技能使他享有盛名，在此之外，他还通过出版有关柱式的专著，获得了训练有素的建筑师的名声。这本著作自然包括了与维特鲁威有关的参考文献。洛伊特纳引用了有关于原始小屋、维特鲁威人体比例图解和起重装置的建筑、美学、建造实践起源。他沿用了乔凡尼·安东尼奥·鲁斯科尼在《关于建筑……按照维特鲁威的准则》（1590年出版）中所提出的范式。这本专著，或者说手册中的基本原则令人回忆起工匠—建筑师们所使用的早期手册，尤其是汉斯·雅各布·埃博曼1609年出版的《建筑艺术手册》。

洛伊特纳的著作是献给“所有建筑初学者与爱好者”，并非为“经验丰富名声在外的建筑师”而作。这本书实际上是1550年起已出版的建筑著作的汇编。他关于柱式的学说来自于汉斯·布鲁姆（1550年），他充满想象力的旋涡装饰和柱头则沿用了阿格斯蒂诺·米特利（1636年），他的兽头来自克纳里斯·弗洛伊斯和法兰斯·胡伊斯，建筑与装饰物之间的联系则以格奥尔格·卡斯帕·伊拉斯莫斯（1666年）的作品为基础；鲁特格尔·卡斯曼（1630年）是洛伊特纳卷轴和海螺装饰的来源，与此相反，辅助性图示（“波斯”）和赫尔墨斯壁柱是受到了鲁斯科尼（1590年）、约翰·克里斯托弗·菲林（约1670年）和汉斯·赛巴尔德·贝哈姆（1528年）的影响，古典时代的建筑则引用自乔凡尼·巴蒂斯塔·蒙塔诺（1636年）和塞巴斯蒂亚诺·塞里欧（1540年）。更深一层的模型来自于珍·巴贝特（1633年）、皮埃尔·勒·穆尔特（1647年）、汉斯·费尔德曼·德·弗里斯（约1560年）、雅科莫·巴洛奇·达·维尼奥拉（1562年）和塞巴斯蒂亚诺·塞里欧于1537年到1575年间出版的各种建筑著作的所有版本。个别与约翰·威尔海姆（1649年，1668年）的著作《木质建筑》相一致的观点应该是同样来源于维特鲁威。这本专著中没有任何证据表明，作者曾亲眼见过意大利建筑。虽然如此，我们也没有任何理由怀疑第26页上的说明：“我在罗马圣彼得大教堂看见了这个祭坛。”

洛伊特纳的范式手册所引用的现存结构案例，除了贝尔尼尼的华盖和那不勒斯附近的塞里奥乡间别墅外，还有两座当代布拉格建筑：车尔尼王宫和老城区的克莱门特耶稣会神学院的立面。洛伊特纳的八张手绘草图提供了一条有关他建筑形式观点的线索。教堂的平面图使人想起圣雅各布斯·马约尔教堂。它的立面虽然有着不同的比例，但还是令人联想到布拉格胜利女神教堂。

总而言之，洛伊特纳关于柱式的著作并非百年来衍生自古典时代精神的建筑形式的集合，而是可效仿的潮流，虽然它确实从所有与18世纪早期建筑息息相关的形式中选取了这些元素。洛伊特纳自己蚀刻铜版，作为一个熟练的石匠和建筑承包商，他在插图中显示了非比寻常的可靠手艺和灵活自如。后来布拉格出版商卡斯帕·乌辛（1664—1747年）在附加的版本中也使用了这些印刷铜版，和第一版不同，它们是汇编合集；出版商添加了新的图版来描绘大部分花园喷泉、入口和窗框，但这些与洛伊特纳并无多少关联。虽然今天这里只有15份得到证实的副本现存，这本书也算得上广为流传了；这些蚀刻毫无疑问拥有和所有的范式手册一样的命运，它们都在作坊和建筑小屋中"耗尽"了。这本书在波西米亚和德国南部刮起了一阵后无来者的建筑风潮。甚至今天这里也没有任何1677年版本的可靠摹本。

约尔根·齐默　著　　李松珊　译

第539页插图

1 | 维特鲁威人体

参照鲁斯科尼而来的维特鲁威人体，参照菲林而来的赫尔墨斯壁柱和参照贝哈姆而来的马及马头建造网格

第33页。蚀刻版画

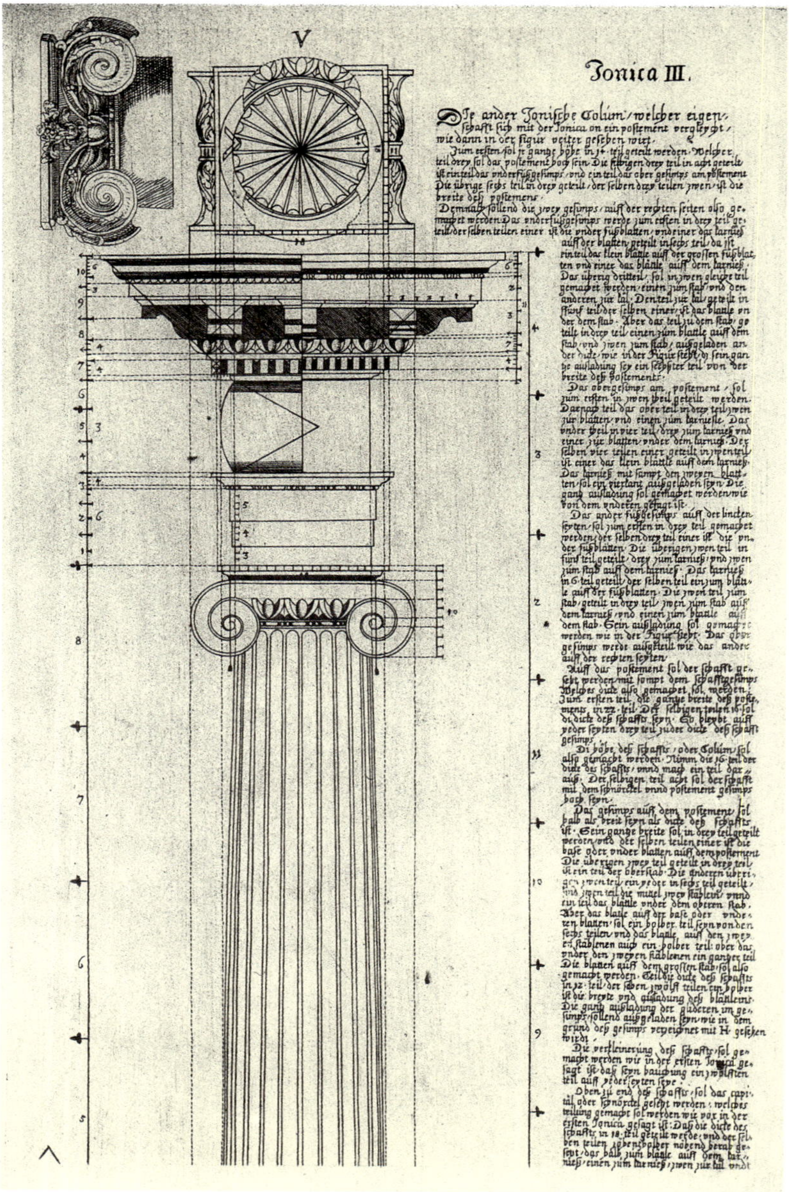

2 | 爱奥尼柱（上半部分）参考布鲁姆；柱头参考蒙塔尼奥
第5页。蚀刻版画

3 | 大门
第12页。蚀刻版画

4 | 贝尔尼尼的华盖，位于罗马圣彼得大教堂
两个参考蒙塔尼奥的柱头和参考塞里欧的方石头模具。第26页。蚀刻版画

5 | 参考菲林的接合贝和科西亚贝装饰
第28页。蚀刻版画

6 | 三个圆形建筑的平面图、立面图、全视图和剖面图，参考蒙塔尼奥
第38页。蚀刻版画

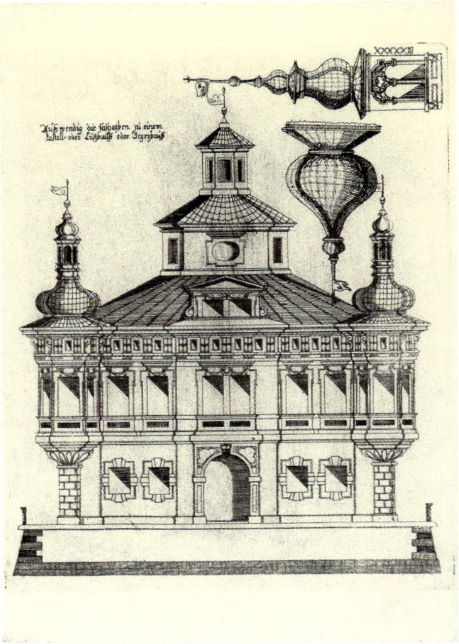

7 | 布拉格克莱门特学院立面局部
平台建造，参考布鲁姆
第40页。蚀刻版画

8 | 一座乡间宅邸、城堡或狩猎小屋的主视图
第53页。蚀刻版画

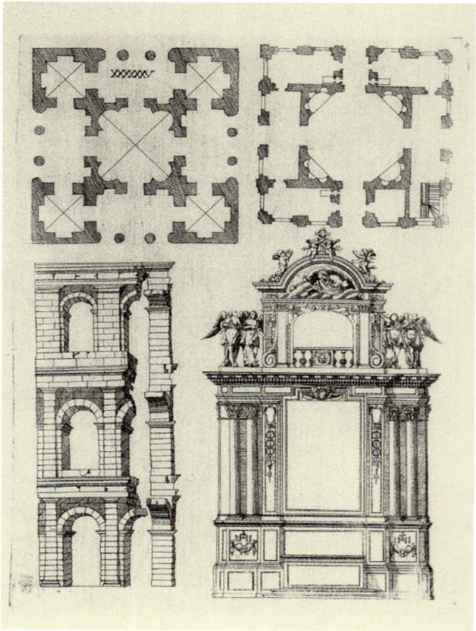

9 | 教堂立面和怪物头像的主视图，参考弗洛里斯
第57页。蚀刻版画

10 | 平面图，参考塞里欧和洛伊特纳
维罗纳竞技场的局部主视图，参考塞里欧；祭坛装饰参考巴伯特
第65页。蚀刻版画

11 | 棚屋和起重装置，参考鲁斯科尼
第78页。蚀刻版画

保罗·德克尔（1677—1713年）
Fürstlicher Baumeister Oder: Architectura Civilis

2 PARTS, AUGSBURG, 1711–1716

Princely architect or: Civil architecture

保罗·德克尔（Paulus Decker）被称为“年长者”，以此来区分他和比他年轻八岁、同样以“保罗”为名受洗的弟弟。尽管他去世时只有36岁，但已经有了最精雕细琢令人印象深刻的德国巴洛克式建筑作品。他是纽伦堡一个金属工匠家的儿子，在1677年12月27日路德教会的仪式中受洗。从1695年开始，他成了新成立的纽伦堡画家学会主席格奥尔格·克里斯托弗·艾马特（1638—1705年）的学徒，学习制作铜版雕刻。1699年，他成功完成了自己的学徒生涯，搬迁至柏林，接受安德里亚斯·施吕特尔（约1660—1714年）在建筑领域的教导。他第一次担任雕刻师的记录可以追溯到1702年，当时他为约翰·冯·贝塞尔的《普鲁士加冕历史》制版，1703年，施吕特尔让他为《柏林城堡》中的六页制作蚀刻版画。大约1705或1706年间，保罗返回纽伦堡，一开始他推出了一些小装饰，紧接着他出版了《民用建筑详解》（Fürstlicher Baumeister Oder: Architectura Civilis），显然，这本书很快成就了他的声望。因此，在1708年，他被授予了巴拉汀伯爵祖尔茨巴赫的建造者领班头衔。1710年，他被指定到拜罗伊特总督朝廷担任埃朗根新贵族建筑的检查员，1712年总督乔治·威廉姆指定他为勃兰登堡—拜罗伊特总督辖区的建造者主管。由于他在1713年10月3日逝于拜罗伊特，他只有一年时间来执行公务。他去世时仍然未婚，这点毫无疑问。

德克尔承担起了制定一个囊括所有皇室建筑的建筑类型系统的责任。当他在拜罗伊特执行公务时，《贵族建筑》的第一部分面世，紧接着他在1713年去世前又完成了一个简短的附录。出版商耶利米亚·沃尔夫（1663—1724年）在奥格斯堡将第二部分编辑完成，并在德克尔去世后于1716年付梓。原计划中的第三部分应包括教堂和小礼拜堂，第四部分包括市政厅、学校、医院、交易所和军械库。由于他早年去世，第二部分仅包含了德克尔遗留下来的图纸。这17份由德克尔负责的建筑铜版雕刻中，大部分是奥格斯堡的建筑，但也有纽伦堡的——尽管只有碎片化的形式，这本书和它的130张大尺幅图纸依然具有绝对优势——其地位在巴洛克建筑项目中屹立不摇，这个年轻的建筑师怀着显而易见的热情，为高贵的专制君主

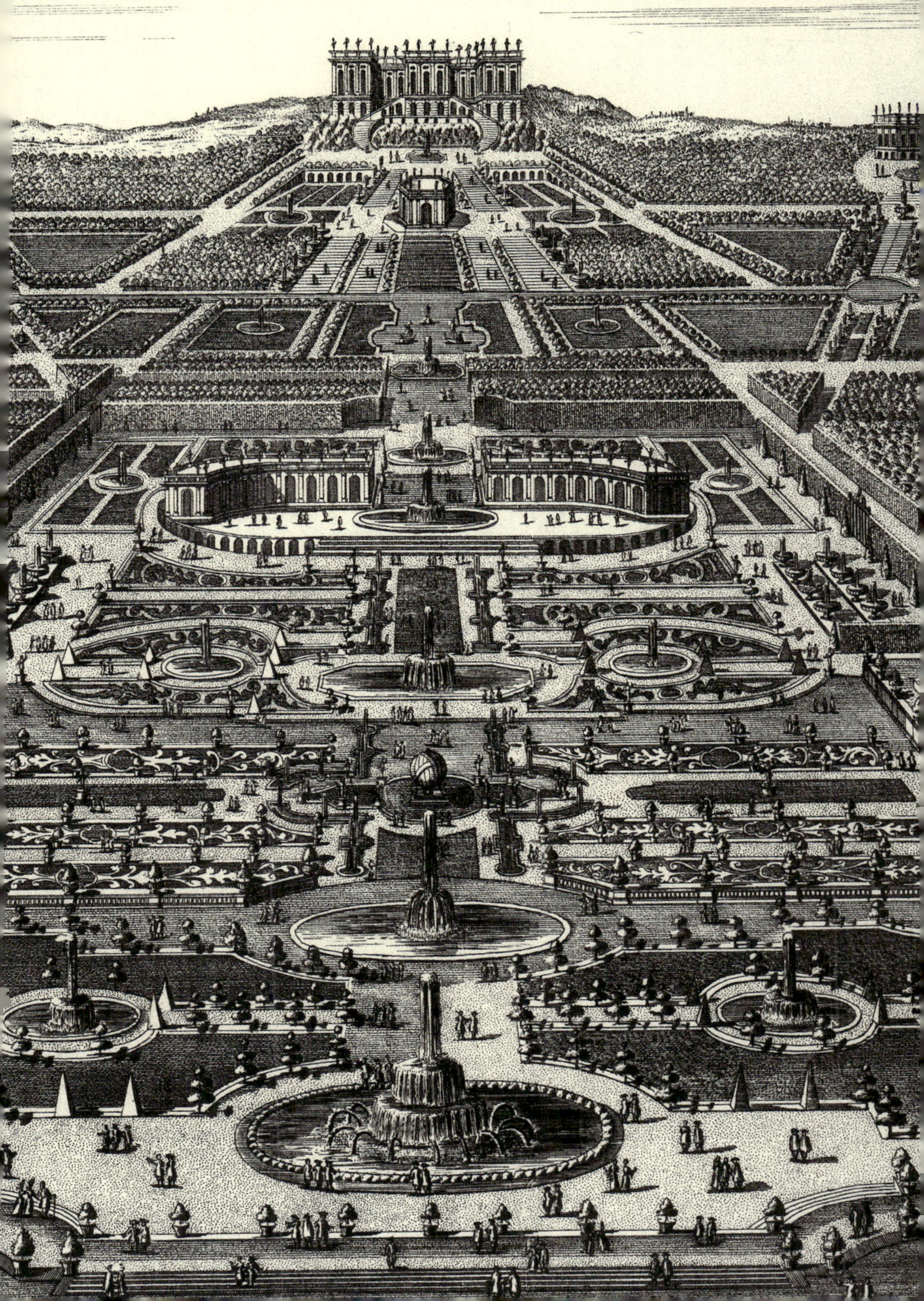

设计并提供了这一切。德克尔只来得及为现有的一些项目绘制图解，它们都有着极其丰富和充满想象力的形态，例如埃朗根新宫，或附近的芒普莱西亚避暑宫殿。然而这本书完全没有系统的建筑理论。德克尔还认为他已经在没有标注日期的《民用建筑详解》中，写下了足够多的关于建筑理论的观点。因此他只是简单地汇总了一些几何图解和柱廊，还有一套历史建筑范式和他自行设计的案例，这不同于亚伯拉罕·洛伊特纳（1639？—1701年）基于有理有据的理论知识系统写作的论著。在《贵族建筑》中，德克尔致力于从统治者的视角来展示一套完整的建筑类型。

1700年，神圣罗马帝国包括了数不胜数的小国家和选区、公国、公爵领地、主教教区、帝国管区、郡和总督辖区，它们都是德克尔和沃尔夫的潜在客户。这些领土的统治者不仅在17世纪的政治信条上优于帝国，它们还渐渐开始宣告自己为“权威”阶层，而这曾经只是传统帝国中皇帝的特权。这样的社会条件构建起了德克尔与继承了更高权利的贵族紧密联系的不朽事业的基础，统治者被授予了整个州府的全部统治权，他负责他们的监督、福利和规划职能。

德克尔作品的第二部分由奥格斯堡的出版商沃尔夫编辑而成，但其中最主要的部分是德克尔编制的，这是一个对新普鲁士王国的回应：在这里，在施吕特尔的建筑办公室，德克尔获得了他的技能并赋予它们更大的深度。在《贵族建筑》的前言中，“贵族宅邸”证实了他的作品和1700年左右柏林宫殿建筑之间的紧密联系。除了法国模型之外，书中还包括了瑞典建筑师年轻的尼科迪默斯·提契诺（1654—1728年）设计的夏洛腾堡宫案例。高塔的草图显然来自1706年柏林王宫的铸币塔项目。人们认为它的雕版是德克尔为这座建筑绘制的草图，由于柏林的沙质土壤，它在技术上不太可能建成；接下来是贝里尼为罗马圣彼得大教堂所设计的钟楼形态。在《戈德曼的建筑的简介》（1714年）中，莱昂哈德·克里斯托弗·斯特姆（1669—1719年）从与德克尔相左的角度，明确提及了这个失败的建筑项目并写道，很遗憾德克尔的声音和他广为认可的建议并没有得到继承。

德克尔描绘了形形色色的辉煌建筑和基本住宅的典范，并推荐统治者们复制它们。他将这些建筑类型汇集到了一本非凡的范式手册《独一无二》中：为城堡、欢乐之宅、花园、橘园、石窟、高塔和宫殿里的单个房间制定了草图和建议规范，甚至还包括了主要房间（餐厅、接见室和温室）的天顶画。他没有遗漏画廊以及贵族们的古代雕像和绘画；还包括通过肖像研究、象征主义和肖像学（甚至更进一步隐喻了被誉为明君的所罗门的建筑风格）的方式来表现君主统治权的至高无上。这些范式主要遵从了法国朝廷或法国建筑理论家的引导，如克劳德·佩罗（1613—1688年）、弗朗索瓦·布朗德尔（1618—1686年）和马洛特。德克尔应该是从柏林建筑学会的法国移民那里知晓了他们的观点，他的成功以此为基础。许多18世纪建筑师和装潢师都从德克尔那里得到灵感，例如多纳托·朱塞佩·弗里索尼（1683—1735年）为路德维希堡绘制的草图。尽管他在别处完成了这本书，出版商耶利米亚·沃尔夫还是“怀着最大的敬意”请求君主推动这些建筑项目，并承诺“他们将不遗余力地尽快完成这些建筑并做到尽善尽美”。因此这本范式手册同时也是一份给贵族客人们的请愿书，使贵族自己和一些机构从中得益，甚至此后皇家建筑设计也获益良多；奥格斯堡出版社必然会尽可能地印刷此书——这是一个在当时十分超前的商业策略。

约尔根·齐默　著　　李松珊　译

1 | 橘园风景
“一定距离外观赏橘园的主视图”
第一部分，附录，第8页。由约翰尼斯·布约克林制版

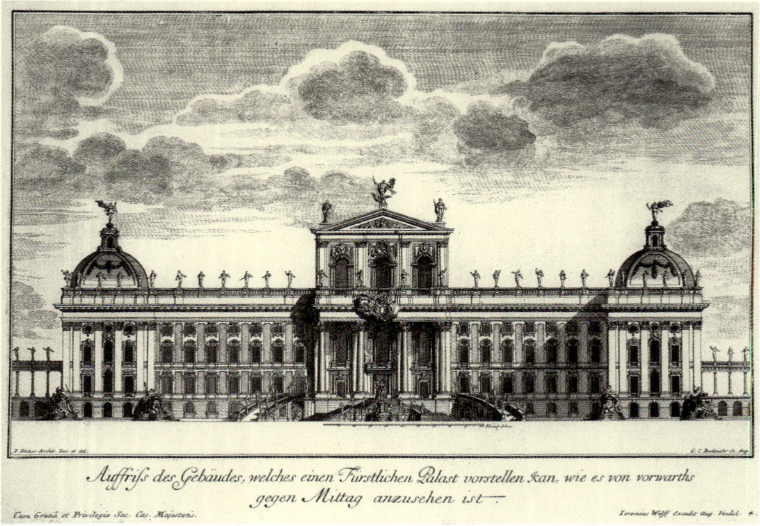

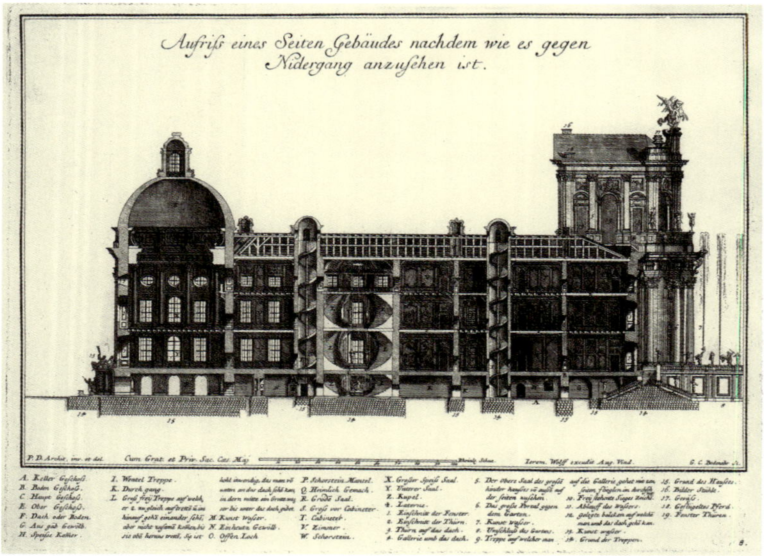

2 | 宫殿立面

“应该是贵族宫殿建筑的主视图，可能是正午从前方观看的”

第一部分，第6页。由格奥尔格·康拉德·博登纳制版

3 | 贵族宫殿北翼的正立面和横剖面

第一部分，第8页。由格奥尔格·康拉德·博登纳制版

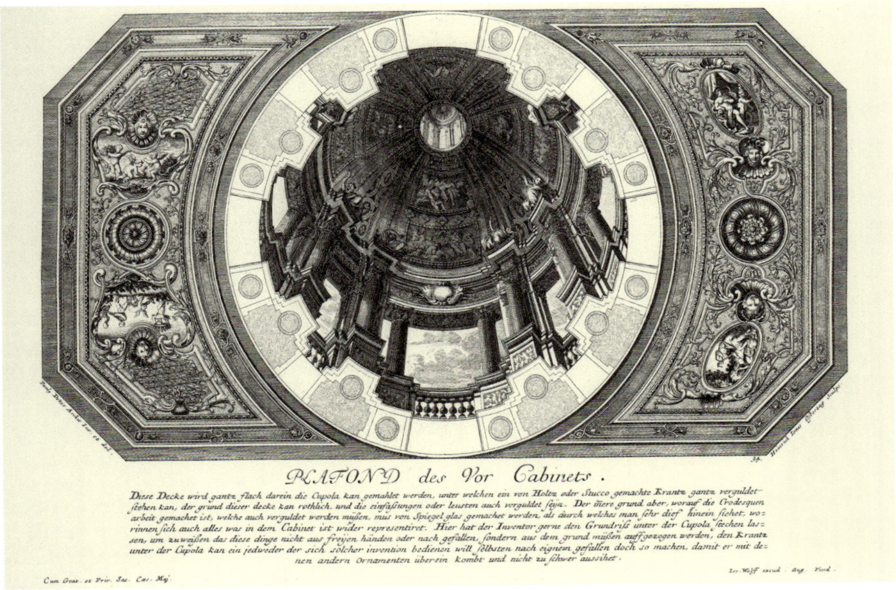

4 | 套筒状的穹顶
贵族宫殿，“前室天花板”和彩绘穹顶
第一部分，第34页。由海因里希·乔纳斯·奥斯特塔格制版

5 | 画廊景象

贵族宫殿画廊长边的主视图

第一部分，第51页。由约翰·奥古斯特·科菲努斯制版

Haubt Geschoßes, nach dem Spazier Saal komen kan; die Statuen in denen Blinten koñen nach denen Antiquitæten
ıen 4. Bogen Füllungen koñen Zierlich gewürckte Tapeten hangen, die Geniȷ und andere Tugend Bilder sollen von
Thür nächst denen Geväßen kan man von Kupffer machen und hernach im Feuer Vergulden laßen, die Wände
ft Gesimbse, Holl Kehlen, Capitæle sambt dem Haubt Gesimbs Verguldet werden. Ingleichem auch die Bogen
Gallerie flögen, al fresco oder mit oel farben Auf tuch koñen gemahlet werden. Über denen Bilder Blinten
her zu hangen kommen.

Ieremias Wolff excudit Aug. Vind.

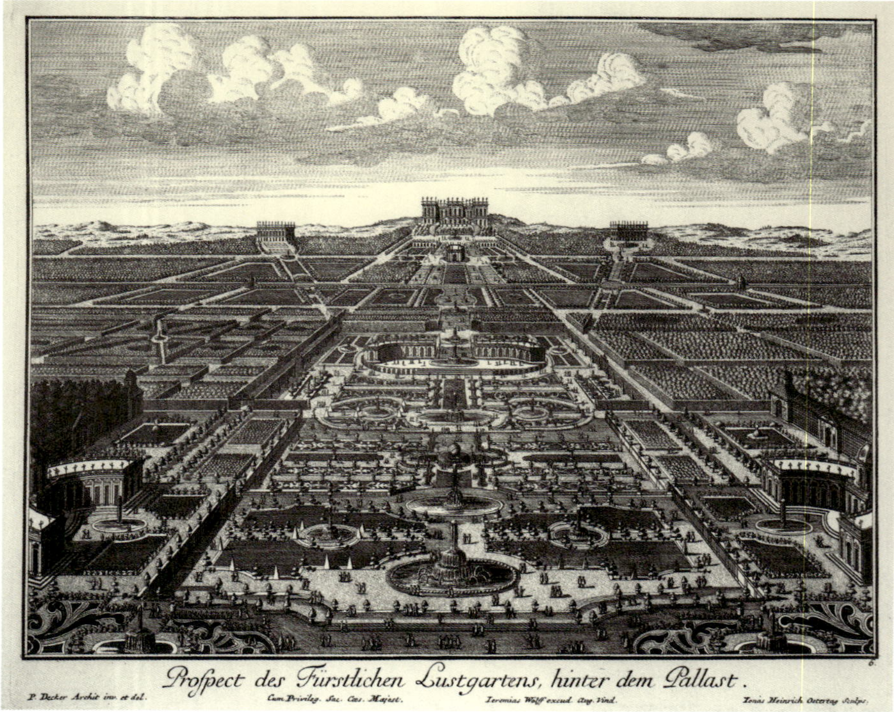

6 | 欢乐之园

“从宫殿后方欣赏贵族的欢乐之园”

第一部分，附录，第6页。由海因里希·乔纳斯·奥斯特塔格制版

7 | 花园凉亭
“夏日凉亭应当被设立在贵族的欢乐之园的水道上，位于迷宫的尽头”
第一部分，附录，第24页。由约翰·奥古斯特·科菲努斯制版

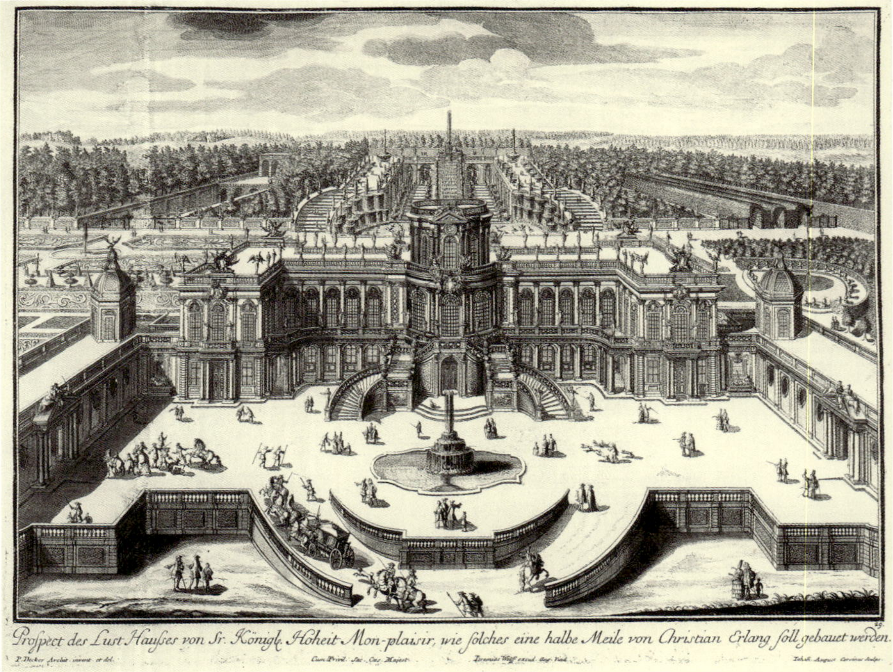

8 | 埃朗根附近的芒普莱西亚避暑宫殿平面图
“芒普莱西亚避暑宫殿景观”
第一部分，附录，第29页。约翰·奥古斯特·科菲努斯制版

9 | 贵族欢乐之园景观

“建造在乡间的一位高贵绅士的宅邸的主视图，从一定距离外观赏”
第一部分，附录，第38页。由卡尔·海姆沙德制版

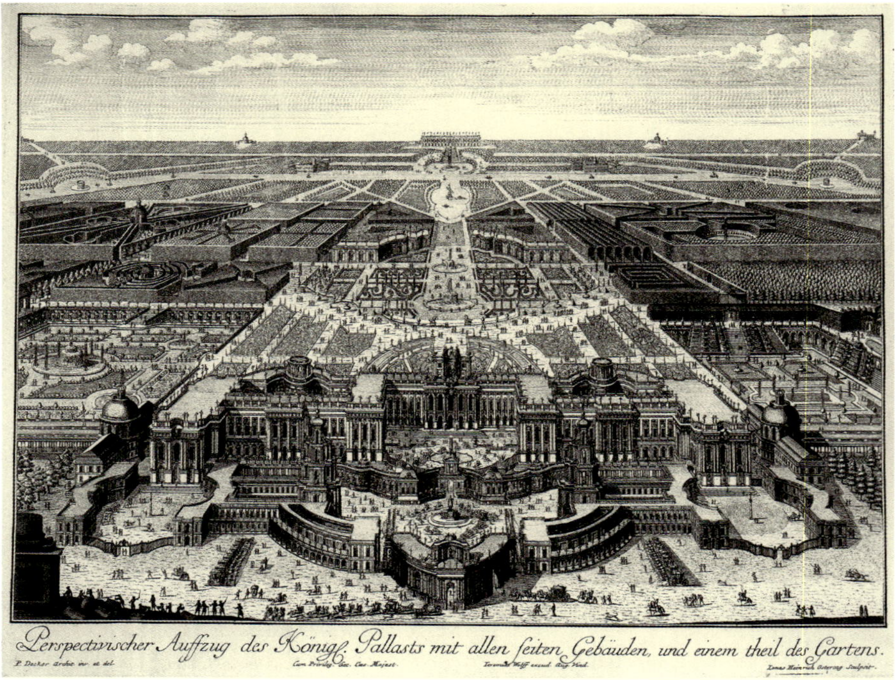

10 | 宫殿及其庭院的景观

“从一定距离外观赏皇家宫殿的主视图”

第二部分，第1页。由海因里希·乔纳斯·奥斯特塔格制版

11 | 视线与塔楼垂直的塔楼主视图
第二部分，第2页。由卡尔·海姆沙德制版

约翰·伯恩哈德·费舍尔·冯·埃拉赫
（1656—1723年）
Entwurff Einer Historischen Architectur

VIENNA, 1721

Plan for an historical architecture

约翰·伯恩哈德·费舍尔·冯·埃拉赫（Johann Bernhard Fischer von Erlach）于1656年6月出生在奥地利格拉茨的一个匠人市民家庭。在他父亲的作坊里接受雕塑训练后，年仅15岁的费舍尔前往罗马，开始在教皇建筑师兼宫廷画家菲利普·朔尔（生于1646年，大约逝于17世纪）的工作室里工作。除了雕塑家和铸蜡师的工作之外，费舍尔还熟悉了建筑理论。他接触了瑞典女王克里斯汀（1632—1654年在位）周围的知识分子圈子，了解到当时还处于萌芽期的考古学方法体系。他在那不勒斯待到1685年，自1687年开始，他在维也纳被皇帝利奥波德一世（1658—1705年在位）雇佣为雕塑家。同年，他开始为列支敦士登王子进行建筑工作。1705年皇帝利奥波德一世去世后，约瑟夫一世（1705—1711年在位）继位，费舍尔成为宫廷建筑的首席检查长。1712年，他将《历史建筑图集》（*Entwurff Einer Historischen Architectur*）交给了皇帝查尔斯四世（1711—1740年在位）。费舍尔·冯·埃拉赫于1723年4月5日逝世。

那一套组成《历史建筑图集》的椭圆形雕版是建筑理论历史上最不同寻常的原创作品之一。在纪念币、废墟中的发现、旅行摘要和古典主义传统之后，费舍尔转向神庙、宫殿、陵墓和古希腊古罗马广场的复原，同时引入了埃及和亚洲建筑。在漫长的筹备工作后，他的手稿实际上已经被迅速地编辑成册，据推测这是为了展示给1712年掌权的新任皇帝查尔斯四世。这本书的文字内容直到1721年才得以公开，与手稿里的绝大部分图纸保持一致。从第一版的皇家宪章中可以推断，费舍尔"已经花了16年在这本隶属于他专业领域的书稿上"。因此可以肯定这个项目应当开始于1705年左右，那时费舍尔在罗马期间产生的一些想法已经被编入其中。

费舍尔相当清楚地在扉页和前言中表达了他的意图。他致力于创作"运用了古代和国外各种著名建筑的图解的建筑历史"，来"点亮建筑学爱好者们的双眼，并为艺术家提供灵感"，从而有助于"同时推动科学与艺术"。费舍尔第一本书的开篇是，"关于古代犹太

人、埃及人、叙利亚人、波斯人和希腊人建造的一些建筑”用流行的方式和所罗门圣殿编写在一起。费舍尔知晓西班牙耶稣会信徒比利亚尔潘多（1552—1608年）对以西结的解释，这构成了所罗门圣殿建筑重建的基础，他同时知晓尼古拉斯·戈德曼（1611—1665年）以比利亚尔潘多的叙述为基础、对所罗门圣殿的细节描述，这本书由伦哈德·克里斯托弗·斯特姆于1696年出版。费舍尔以所罗门圣殿为开篇，遵从了规范的出版传统，尽管他并不是为了使自己的建筑合理化而使用这个建筑范式，相反，他以此为优势，展现出了世界建筑的全貌及其单独的分类。所罗门圣殿之后是世界七大奇迹，波斯建筑、埃及建筑和古希腊建筑，这些形形色色的建筑形式并不是单独展示出来的，每个案例都被嵌入了他们周围的乡土环境中。

第二本书是关于一些“古老的、不为人知的罗马建筑”，他选择的案例令人惊异。那些罗马建筑的典范如万神庙并没有被包含在内；相反，费舍尔以西班牙塔拉戈纳圆形剧场的废墟为开篇。在这本书中，与其说费舍尔像个考古学家或博学的学者一样高谈阔论，不如说他是一名侍臣，让皇帝睁眼了解现实——这片皇帝正掌权的国家的土地上，曾经矗立着古典时代的建筑。因此古代的和新的罗马皇帝之间的延续才是它的主题，史实被用于支持政治诉求。接下来是古罗马的纪念碑，它们和建筑一样重要，其重建可以用各种理由加以解释，它们至高无上的品质与费舍尔之后的建造工程有一定的联系。“就建筑学而言，我们主张建筑师必须提出一个好的概念，其准则既是他的法律，也是他的洞见，他的图纸应当以秩序和空间分隔、整体及局部的尺度与和谐为基础。然而在考虑柱列的装潢和装饰时，其概念必须脚踏实地，必须以基于长期研究后取得成功的古代案例为证，来决定这个艺术品的类型和所属范围。”这就是乔凡尼·彼得罗·贝洛里在1664年的某次演讲中对他“艺术观点”的总结，他要求古典主义建筑的史诗遗迹根据原有的概念和外观得到修复。在罗马停留的期间，费舍尔认识了这座城市文物古迹的总管理者，很可能是他触发了费舍尔对古代遗迹的兴趣。

假如这些手稿被作为第三本书的基础，那么这本书是“关于阿拉伯人和土耳其人建造的建筑，以及当代波斯、暹罗、中国和日本风格建筑”，这本书也计划包括哥特式和摩尔式构筑物。费舍尔使用了他所熟知的案例，这些案例来自于铜版印刷而成的出版物，是他在中东和远东所重建的多位于城郊的大尺度建筑。

第四本书仅包括“一些作者设计并绘制的建筑”，附有当时相关建筑类型的图解：教堂、市内住宅、花园宫殿、避暑庄园、乡间城堡、陵墓和节庆建筑。费舍尔展示了一些规划中的和一些已建成的建筑项目的集合。与展示已经建成的建筑相比，他往往更乐意呈现他所提交的图纸，这些图纸提供了对建筑师原意更加深远的理解。相比之下，已经完成的建筑的主题会受到各种各样的限制。他在这本关于世界建筑历史的书中加入了自己的作品，表现他在文艺复兴时期典型的建筑师们中脱颖而出的信心。在这方面，把自己的作品放进《建筑四书》中的帕拉迪奥（1508—1580年）正是一个榜样。

费舍尔的《历史建筑图集》并不是一本建筑历史的客观展示；它更致力于使哈布斯堡王朝的帝王承认这套书的合法性并对其产生兴趣，以保证此书得以延续。费舍尔的世界建筑历史比较来自于他单独命名的文字和图画来源。同时他证明了自己是一位有独创性的建筑师和制图员，对建筑三维制图得心应手。费舍尔跨越了当时主导建筑理论领域的维特鲁威学术传统，作为一名建筑师和艺术家，他描绘了历史与当代语境下的建筑，令人印象深刻。

伯恩德·艾弗森 著　　李松珊 译

1 | 奥林匹亚宙斯神庙的重建
其重建以鲍桑尼亚的描述为基础，科林斯柱式和镶板筒状拱顶借用自斯巴拉多的戴克里先皇宫
第一册，第5页。蚀刻版画

2 | 柱厅

费舍尔·冯·埃拉赫用法国古典主义语汇阐述了带有开间的柱厅的古代建造理念。该语汇与古典建筑之间有着刻意的联系

第一册，第4张。由约翰·乌尔里希·克劳斯制版

3 | 所罗门圣殿的重建

就像许多建筑理论家一样，费舍尔·冯·埃拉赫将有着“完美”结构的所罗门圣殿作为他著作的开篇，并在此基础上展示了它巨大的底部构造

第一册，第2页。蚀刻版画

4 | 罗德斯巨型雕像的重建

费舍尔·冯·埃拉赫延续了罗德斯巨型雕像重建的主题，自从文艺复兴开始，这座雕像就是广泛讨论的对象。然而这座青铜像并没有像灯塔一样矗立在港口的入口，他本身就像一座港口

第一册，第8页。蚀刻版画

5 | 罗马图拉真广场

费舍尔·冯·埃拉赫通过设计一根中心柱、一座喷泉和两座马背上的骑士的雕像，创造了一个古典主义法国皇家宫殿的变体

第二册，第7页。蚀刻版画

6 | 英格兰巨石阵和萨尔茨堡附近海尔布伦宫的石头剧院

第二册，第14页。蚀刻版画

7 | 君士坦丁堡贮水室的重建

费舍尔·冯·埃拉赫将“君士坦丁堡大贮水室”和戴克里先的热水浴池、迦太基的水渠以及一些桥梁一起，作为技术构造放入了他的《历史建筑》

第三册，第5页。蚀刻版画

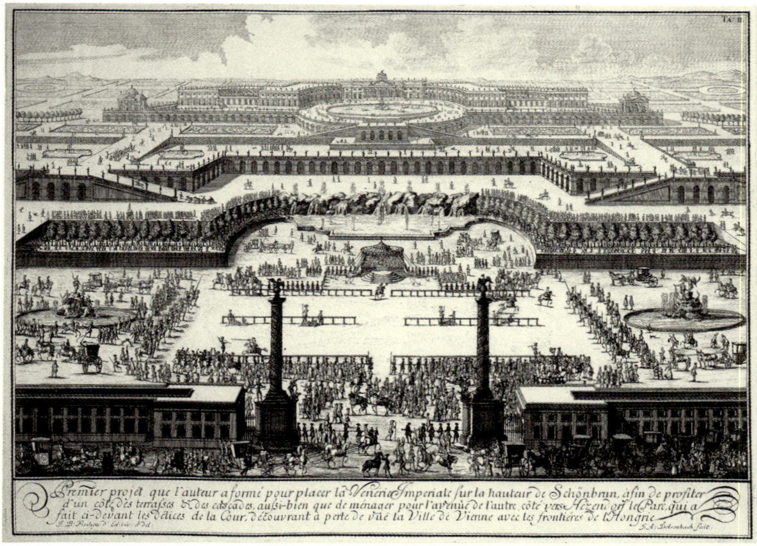

8 | 麦加城景观

麦加城及其广场的景观是根据一个阿拉伯工程师的草图绘制而成

第三册，第7页。蚀刻版画

9 | 美泉宫设计

费舍尔・冯・埃拉赫第一次为美泉宫所做的设计是那些没能实施的著名建筑项目之一。其规模远远超过了凡尔赛宫

第四册，第2页。蚀刻版画

10 | 一座花园建筑的视图

1725年，在维也纳大概有200个大小封国，在这些封地上建造了夏宫、花园凉亭和欢乐花园宫，维也纳的贵族便在此避暑

卷4，插图十九。蚀刻

弗里德里希·魏布雷讷（1766—1826年）
Architektonisches Lehrbuch

3 PARTS, TÜBINGEN, 1810–1819

Architectural textbook

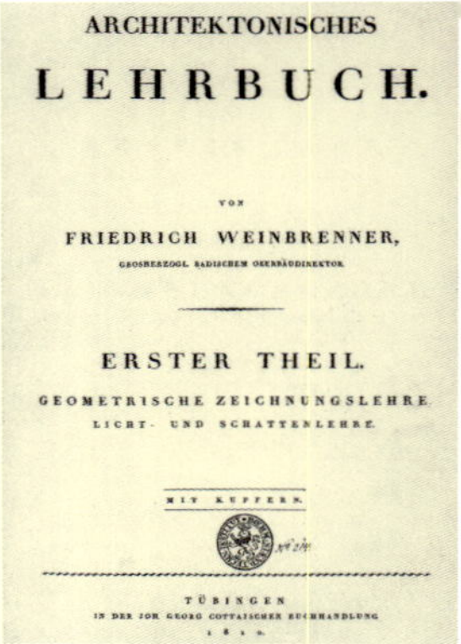

弗里德里希·魏布雷讷（Friedrich Weinbrenner）的生平及作品可以分为三个主要阶段：童年及其在卡尔斯鲁厄学习木匠的阶段（1766—1788年），在瑞士、维也纳、德累斯顿、柏林和意大利做学徒和短工的阶段（1788—1797年），以及在卡尔斯鲁厄的巴登州担任建筑官员的职业生涯（1797—1826年）。意大利六年的求学生涯对魏布雷讷的一生影响重大：正是意大利开启了他研究古典建筑学及其相应的世代沿袭下来的文学作品的大门，这一阶段为魏布雷讷日后的建筑事业奠定了坚实的基础。

他所设计的建筑作品成为希腊和罗马风格不可绕过的经典。1800年8月至其去世的1826年，魏布雷讷在卡尔斯鲁厄担任首席建筑官，负责广泛多样的建筑活动，为建筑工程的监督管理做出了重大贡献，主要体现在扩展卡尔斯鲁厄这座巴洛克风格的扇形城市，高度重视市区内每一条街道、每一座广场的风貌。谈起自己在私立机构对建筑师进行培训的日子，魏布雷讷热情澎湃。其学生的作业单为课程提供了启发：简明的绘图、几何结构、建筑造型和建筑理论。魏布雷讷所著的《建筑学教程》（*Architectural textbook*）既是其学生的实践指南手册，同时也是魏布雷讷对自己建筑理论的阐释。

《建筑学教程》的第一部分问世于1810年。该书将建筑学分为四册进行阐释（从绘图和工程理论到建筑学的历史和理论）。其中前三册是在魏布雷讷生前完成，第四册《实用建筑学》以手稿形式保存，未经出版。

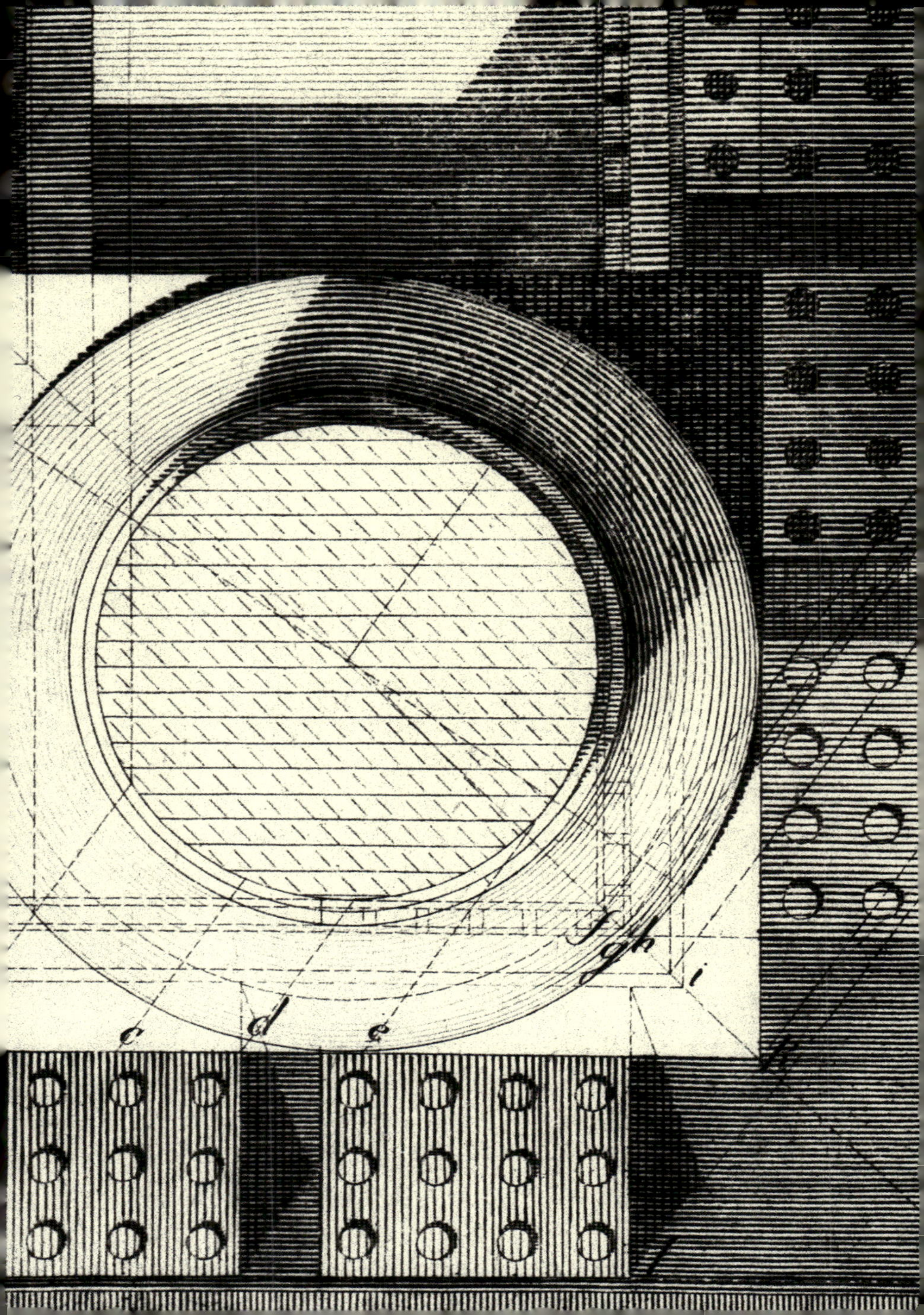
c
d
e
g
h
i

尽管全书尚未完成，《建筑学教程》作为首部涵盖建筑学领域方方面面的理论和实用纲要，一经面世还是迅速受到人们尤其是德国人的欢迎。书中附有简要说明的插图构建了德国的建筑学理论，削弱了法国和意大利理论的主导性地位。

《建筑学教程》前两册介绍的是透视绘图法，这是未来建筑师们必不可少的实践技能，因为他们要面对各类描绘建筑学和建筑工程的基本问题。第三册《现代建筑》将魏布雷讷的建筑理念清晰地呈现出来。它讨论了现代建筑的外形与美观，关于装饰的建筑实践，圆柱使用的顺序、划分与排列，以及建筑物的施工，这显然是非常实用的。"在这个层面上，如果建筑物按照其实用性完成，那么它就是美观的。其实用性由该形象的概念所决定。"魏布雷讷用形式而不是材料来感知美。下面是他描述建筑物的形状应当是什么样子："如果说商品是某些特定特征的建筑物的设计指导原则，那么设计应当与我们的需求一致，而不是我们去满足别人的需求。

那么为一个鞋匠、一个商人、一个制造商乃至一个富人筑房，其特征不必在多，为一位王子筑房，就要考虑诸多的商品，使其特征多样化，成为一个有特色的整体。"即使是内部装饰的内在重要性也必须"与其装饰的对象的重要性和建筑物的目的保持一致。" 对于魏布雷讷来讲，证明建筑物层次结构重要性的关键仍是圆柱的顺序，因为不同的排列不仅能够强调建筑物的特征，还能够促进建筑的精细化。魏布雷讷自己感知建筑美学的概念来自于1800年前后流行的建筑理论，即强调建筑物功能和实用性。

为了研究建筑形式，魏布雷讷在三大板块中用基础的几何形状来展示不同系统的立面图和地面平面图。用这种办法，他能够规划设计简单的单一建筑和实现一座多用途房屋的建筑。

根据建筑物的大小和目的，严格遵守对称排列，在一个基于网格的系统中，任何数目的组合都成为可能。他认为这些手册可以作为观赏和教学的视觉案例，但是为了恰当地对待这些建筑草图的"多用途"本质，应当实际应用中稍作修改。在此，魏布雷讷尝试在康德的美学思想和杜兰德的功能主义之间进行调解。

未出版的第四册研究的是实用建筑，解决楼梯的理论和技术制造问题、木结构与石结构的实际应用和技术理论问题。这一部分并不是按照时间顺序编纂。有关建筑木匠工、玻璃工、铅皮工和钳工的技术性规定，在第三部分的第六段有着不同的手稿版本。书中详细地介绍了建筑中大门、门、百叶窗、墙壁与天花板饰面、窗框以及铁的使用。这些无一不见证了魏布雷讷在实践中积累的丰厚的工艺知识。

不同于礼仪理论中典型的建筑方法的论述，魏布雷讷为更高难度的建筑教学与实践提供了手册指南。此书在方法论和建筑目的的需求方面为建筑设计提供了基础，这与法国人让·尼古拉·路易·杜兰德（1760—1835年）的作品有着相似之处，杜兰德用抽象的网格系统将现代理性思想引入建筑学中。魏布雷讷坚持的是古典建筑元素，其建筑在其去世后不久便受到批评。

伯恩德·艾弗森 著　　吴吉昌 译

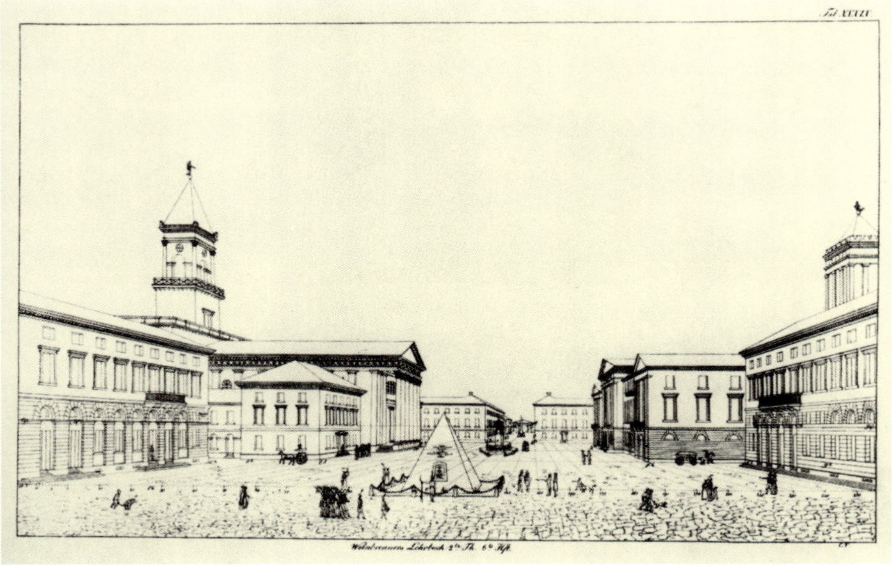

1 | 卡尔斯鲁厄市集广场
卡尔斯鲁厄市集广场由连续四个不同的广场组成，以凯旋大道的形式通向宫殿
第二册，插图39。石版画

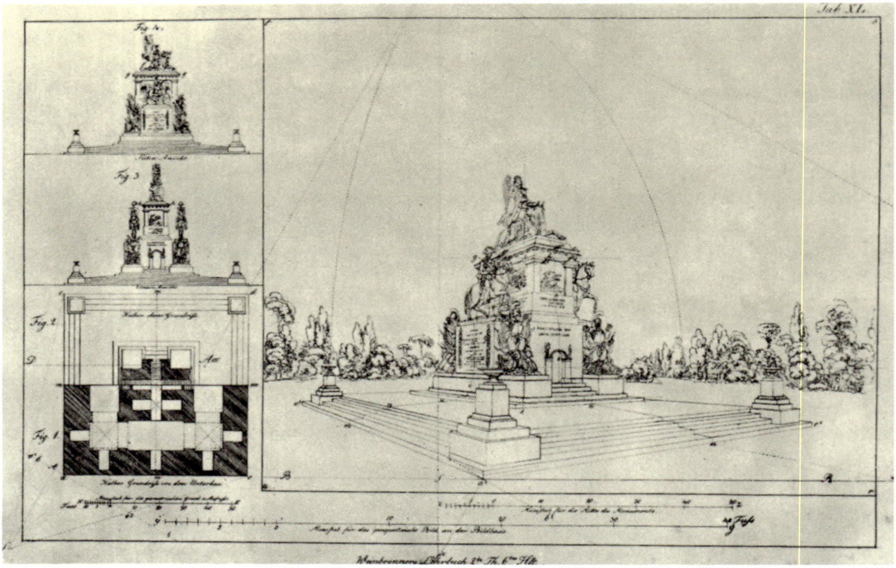

2 | 一个纪念碑设计

1815年，魏布雷讷为滑铁卢战役所设计的纪念碑，用于“纪念全欧洲”第二册，插图40。石版画

3 | 细节研究

任务是通过俯视图和正视图来确定一个陶立克柱的采光和阴影

第一册，插图13。蚀刻版画

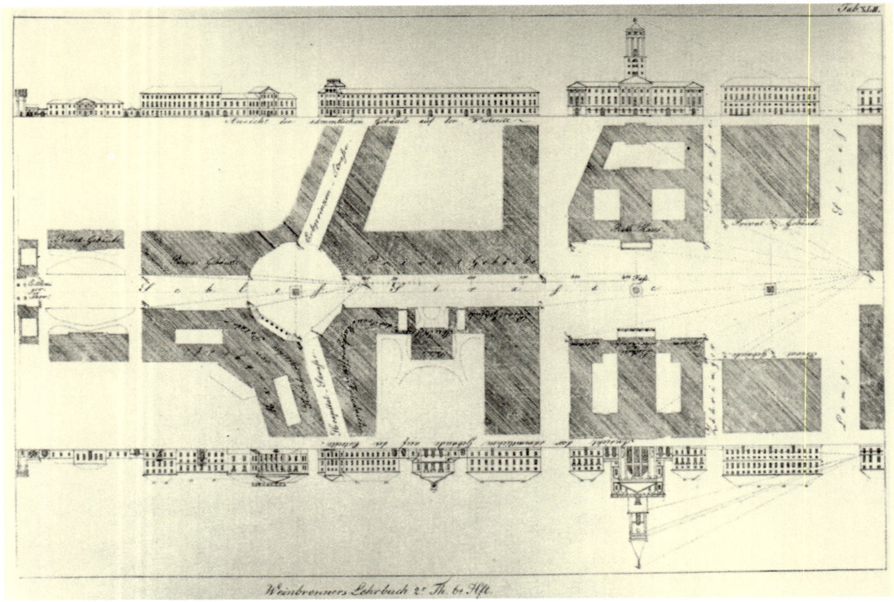

4 | 卡尔斯鲁厄的前宫殿街的设计

先是入口广场，紧接着是一个带有方尖碑的圆形广场，然后是一个矩形广场，最后是带有金字塔的四边形广场

第二册，插图42。石版画

5丨楼梯
通向露台的楼梯图示。教科书展示了楼梯设计的合适角度以及阴影形状的确定
第三册，插图31。石版画

6 | 装饰品

第三册，插图17。石版画

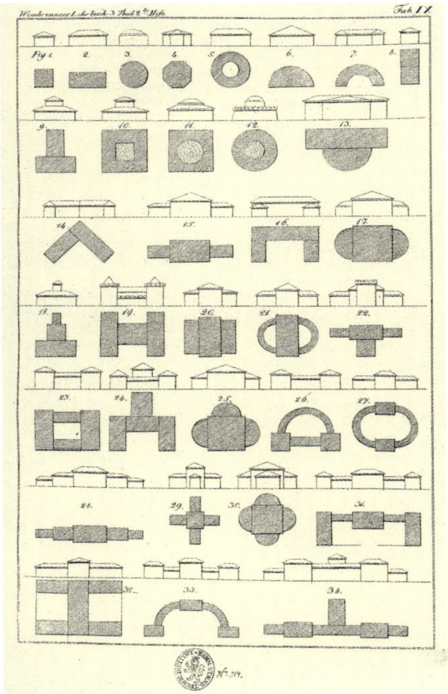

7 | 几何形状的建筑物平面图与立面图
第三册，插图9。石版画

8 | 凹槽
不同凹槽的柱轴，有赫尔墨斯像柱、女像柱、爱奥尼柱式与科林斯柱式
第三册，插图30。石版画

卡尔·弗里德里希·申克尔（1781—1841年）

Sammlung architectonischer Entwürfe von Schinkel enthaltend theils Werke welche ausgeführt sind, theils Gegenstände deren Ausführung beabsichtigt wurde

28 FASCICLES, BERLIN, 1819-1840

Collection of architectural designs. New York, 1989

当16岁的语法学校学生卡尔·弗里德里希·申克尔（Karl Friedrich Schinkel）在1797年柏林艺术学院的展览中看到弗里德里希·基利为纪念弗雷德里克大帝设计的纪念碑的手稿时，他立即决定成为一名建筑师。1781年，申克尔出生在诺伊鲁平，是新教教会的监督牧师约翰·库诺·申克尔和他的妻子多萝西娅·申克尔的儿子。他是柏林建筑学院第一批毕业生之一，其师弗里德里希·基利（1772—1800年）去世时年仅28岁，他对申克尔的建筑思想产生了毕生的影响。这很明显的体现在他在1825年发表的自传里面：“对于艺术的把握力已经在年少的申克尔身上体现出来，他抓住在建筑师基利身边学习的机会，而基利对于建筑学的贡献正是通过他的著名的作品而为人所知。但是弗里德里希，也就是上面这位建筑师基利的儿子，他的作品深深地刺激了年轻的申克尔的灵魂，申克尔能够以如此个人的形式第一次近距离地体验辉煌的建筑对比的艺术形式。”

1803年至1805年，他第一次远行至意大利，途中对于古典建筑和中世纪砖结构产生了深刻持久的印象。1805年回到意大利之后，他不得不首先从事装饰工作，但是之后成功的凭借展示大幅面的立体实景引起了公众的关注。在威廉·冯·洪堡的建议下，他被任命为普鲁士政府的见习建筑官员（秘密的审核员），他在1815年在被指派到国家建筑委员会后成为正式官员。他在公共服务中的任职赋予了他对于整个普鲁士王国以及各部门和公共机构佣金的监督责任。直到1816年他才被指派真正的任务，比如修建新岗哨以及勒斯特加藤大教堂的重新设计。紧接着在1817年他负责被大火毁掉的皇家御林广场剧院的重建。尽管在行政部门中的任职使他失去了很多教育旅行的机会，但是之后的公务旅途还是让他经过了法兰西、英格兰（1826年）、意大利（1824年和1830年），以及多次奔走于普鲁士各个省份之间，从莱茵地区一直到俄罗斯边界。除了许多从未被实现的建筑设计和项目外，申克尔在柏林完成的建筑有新岗哨（1816—1818年）、国王剧场（皇家剧场，1818—1821年）、弗里德里希韦尔

德教堂（1821—1830年）、柏林老博物馆（1822—1830年）以及柏林建筑学院（1832—1836年），在学院里，申克尔拥有一套公寓，他在1841年10月在此逝世。

“历史并不意味着保留或者重复什么旧的东西，因为这会破坏历史。以历史的方式行事就意味着要在继续历史的同时引入新的元素”，申克尔就是这么准确地描述他的建筑意图背后的基本准则的。而这也确实成为日后理论和实践中他的建筑作品中的基础。申克尔用他持续的思考，不断地反思自己的建筑实践方法，让自己在同时代的建筑师中脱颖而出。

1819年，申克尔38岁时，他总结推出了第一部分的系列建筑设计手稿，包括他自己的作品，比如已经完成的或者至少已经绘制出来应用到实际建筑工程中的作品。其中大篇幅的版本受到了法国的查尔斯·皮谢尔（1764—1838年）和皮埃尔·弗朗索瓦·莱奥尔·封丹（1762—1853年）的室内装潢作品集（1801年）的影响，以及纽·维特鲁威·布里塔尼库斯（1802—1809年）和乔治·理查德森（1736—1817年）的影响。令人惊奇的是假定他在1840年去世之前完整地出版这部作品，那申克尔在他职业生涯的早期阶段便完全呈现了自己建筑作品的概观。

这本图册是一本参考作品，是一部意义非凡的目录，它记载了申克尔毕生的作品，是以图片形式呈现出来的申克尔个人传记。其中它记载了建筑物和其他竣工项目，以及备选设计、地面平面图、立面图、剖面图以及内部装饰和街道景观、建筑详图，还有在许多作品中从未被完成过，甚至是修改后或者简化后的纪念碑、桥梁、家具、装饰品与工艺品设计。因此，这本图册既是一本样品手册，又是一本可仿效的建筑与设计的教科书，被认为对后世的建筑师产生了相当重要的影响。

申克尔用简短的文字介绍每一个样图，尽管这种理论的方式会使视觉印象大打折扣，但是这种审美参数还是能以这种简洁的解释说明的方式表现出来。除了收购土地之外，他还可以修缮改造既有建筑物、修改河道，总之他能够从容应对客户的需求，和其他建筑师以及景观设计家合作，在因财务原因导致建筑计划产生变化时，他也能一一应对。

在书的引言部分，他为自己的杰出代表作品御林广场剧院（即皇家剧院）进行辩护，当时许多人不理解他，并由此提出批评。“许多人都有一种模糊的片面的感觉，那就是他们可以能够在已经完成的作品上面进行个别的修改，无知和缺乏在高度不统一的起始位置创造统一的能力使他们盲目地认为能够在整体建筑上做出改变，而这些改变将是毁灭性的。一个复杂的建筑物直接外观越简单，它的艺术价值就越容易不被公众认可。”这实际上是在当忽视了建筑物个别特征的时候，对于建筑整体外观的一个简明的呼吁。对于所有这些个别特征的清晰描述来讲，这本图册更强调的是建筑物整体的聚合印象。

申克尔将自己的建筑学的基础理论写入了《建筑学教学手册》之中，但这仍是一本零零散散的书籍。其中理论不是实际的建筑与规划，而是关注于建筑物能够达到的预期艺术效果。这是申克尔建筑思想持续发展进步的证明，它汇集记录了1800年至1850年间所有的建筑思想、审美观念和技术的改变。由于19世纪初现代建筑材料所提供的可能性，申克尔能够对维特鲁威的三位一体（实用、坚固、愉悦）的观念进行新的诠释和应用。后面迅速连续出现的版本，见证了申克尔在建筑学领域所受到的广泛的高度的尊重。申克尔建立了一种新的出版形式，即自己编写的作品目录，这种形式对于后来的弗兰克·劳埃德·赖特（1867—1959年）和勒·柯布西耶（1887—1965年）的出版物具有重要的意义。

伯恩德·艾弗森　著　　吴吉昌　译

1丨柏林新剧院全景图
第二册，第7页。版画

2 | 柏林的宫殿桥梁
1819年申克尔设计的新的皇宫桥梁以代替原来的木桥。跨施普雷河左侧，连接博物馆岛，坐落于城市宫殿正前方，是菩提树下大街的尽头
第三册，第24页。版画

3 | 柏林新博物馆
柏林新博物馆规划于1824年。主楼层用于展览雕塑，上层用于展览画作，下层用于满足“经济性要求”
第六册，第37页。版画

4 | 科泽斯科维茨宫的设计

科泽斯科维茨宫是波托茨伯爵为自己的家庭计划修建的住所。在1822年委托申克尔设计，但是该计划从未被执行

第七册，第43页。版画

5 | 柏林韦尔德市场的大教堂

教堂外观全视图

第13册。第79页。版画

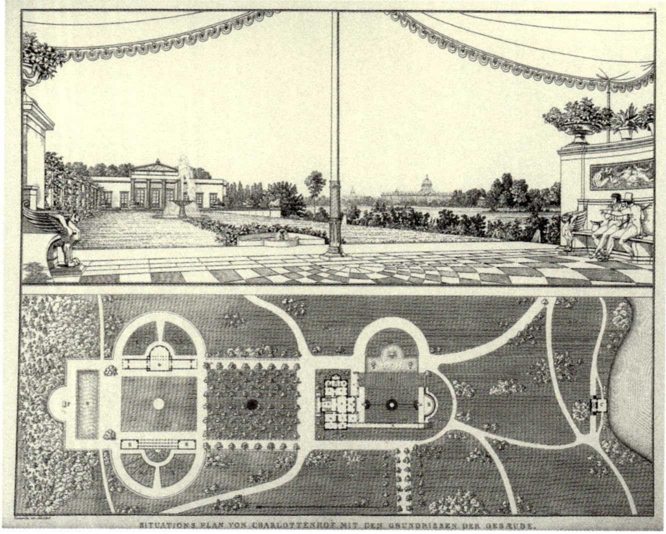

6 | 柏林新博物馆的入口大厅
在这著名的一页上，可以透过大厅的圆柱看到游乐园、皇家宫殿的部分建筑以及韦尔德大教堂的塔
第17册，第103页。版画

7 | 夏洛登霍夫宫的地面平面图
夏洛登霍夫宫的规划布局以及建筑物的地面平面图。从帆布屋顶覆盖的露台可以欣赏到波茨坦的新宫殿
第18册，第109页。版画

8 | 彼得斯堡附近彼得霍夫御花园内的小教堂
服务于希腊东正教的小型哥特式建筑
第21册，第131页。版画

9 | 柏林普通建筑专科学校图景

这座普通建筑专科学校的正方形建筑有着四个完全相同的，由砖建成的外立面。它收藏了申克尔许多珍贵的建筑图纸和模型

第20册，第121页。版画

ALLGEMEINEN BAUSCHULE IN BERLIN

10 | 波茨坦附近的夏洛登霍夫宫园亭
用申克尔的话来讲，这座建筑是个风景如画的整体。拥有宜人的景色，舒适的客房和开放的空间，让乡间生活更加愉快
第24册，第148页。版画

DAM, VOM PUNCTE E IM GRUNDRISSE AUFGENOMMEN.

利奥·冯·克伦泽（1784—1864年）
Anweisung zur Architectur des christlichen Cultus

MUNICH, 1822

Instructions on the architecture of the Christian faith

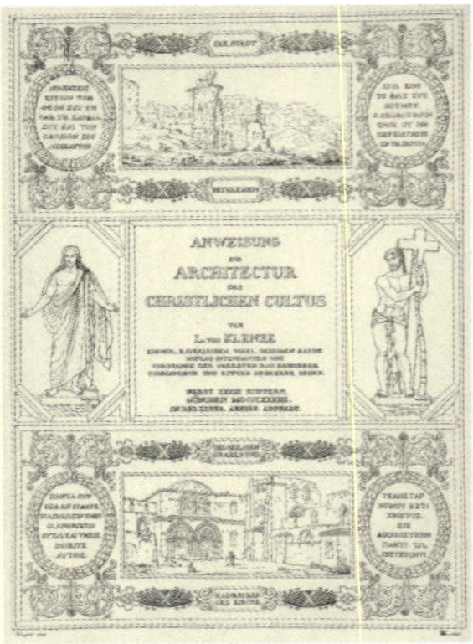

和卡尔·弗里德里希·申克尔（1781—1841年）一样，利奥·冯·克伦泽（Leo von Klenze）担任了多年的宫廷建筑长官，是当时巴伐利亚国王路德维希一世手下的最高建筑官员，他被认为是19世纪上半叶德国最重要的建筑师。即使在今天，如古代雕塑展览馆、老绘画陈列馆、国都王宫以及在音乐厅广场和路德维希大街仍然主导着慕尼黑的城市景观。纪念馆，如凯尔海姆市北部的解放纪念馆，和多瑙施陶夫附近的瓦尔哈拉神殿在今天仍然受着整个国家的欢迎。他设计的当时圣彼得堡引领潮流的新艾尔米塔什博物馆也是享誉国际。

1800年，16岁的克伦泽在柏林建筑学院开始了他的学业，师从大卫·基利（1748—1808年）。他的目标是进入普鲁士公共建筑部门中较高级别的部门。在巴黎持续几个月的课程学习当中，他深受让-尼古拉-路易·迪朗（1760—1835年）的建筑理论的影响。1808年他被招募到热罗姆·波拿巴（被其兄长拿破仑封为威斯特伐利亚国王）在卡塞尔的宫廷之中。1816年在巴伐利亚首都慕尼黑被任命为宫廷建筑师。他旅行到过众多的国家，如英国、法国、希腊、意大利和俄罗斯。克伦泽获得了丰富的艺术历史知识，还额外进行了希腊和西西里的考古研究。他在耄耋之年参加了一个当代建筑理论研究和辩论。尽管克伦泽在考古学、宗教学、历史学等领域留下了丰富的作品，但是在建筑学方面并没有留下包含某种特定理论的教科书般的书籍。

这本《基督教建筑阐述》（*Anweisung zur Architectur des christlichen Cultus*）可以被视为现代基督教建筑的典范书籍，克伦泽想将基督教建筑提升到一个新的更高的发展水平。以神圣的建筑为例，克伦泽将涵盖宗教哲学、历史与审美以及艺术与文化史等层面的新古典

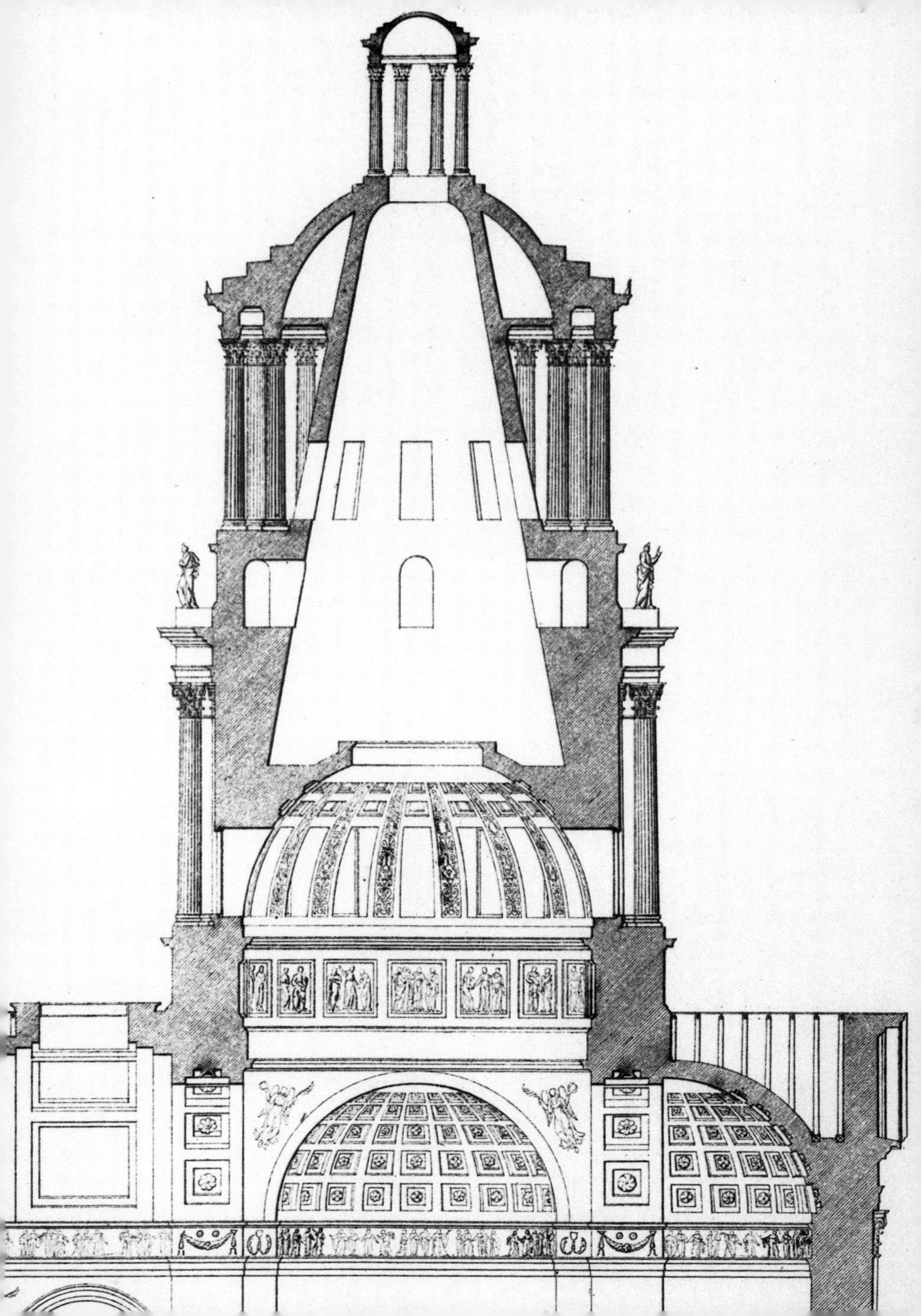

主义融入基督教建筑之中。在这项工作的介绍之中，他准备了几百份免费的说明转递给诸多的宗教与世俗当局，亲自解释其官方、政府的形象。克伦泽制定了一项在国家层面的统一集中管理的艺术与建筑政策，援引从伯利克里到文艺复兴时期热爱艺术的教皇的历史模型，为的是推广一种“建筑原则和形式的一般固定的解释。”这些指导分为一篇前言、六个章节和38个板块。前四章是新古典主义风格建筑的理论论证。第五章以目录的形式总结了“基督教礼拜仪式的建筑要求”。第六章也就是结束章节进行了样品建筑的解释。这些板块一共呈现了11种模式的小型村庄教堂、三种模式的大型村庄教堂以及两种模式的城市教区教堂和两种模式的适用于大城镇的主教堂，以及一种模式的大教堂。值得一提的是，没有一种计划介绍展现出的横截面带有中殿和天窗等突出的老式基督教教堂建筑的特征。理论章节阐释了克伦泽是如何处理早期基督教长方形教堂是被新古典主义还是浪漫主义来解释这个核心问题的。最重要的是在将新古典主义的思想运用到现代教堂建筑时，克伦泽想方设法地反驳彼得·科尼利厄斯（1783—1867年）的浪漫主义的观点。

在第一章“早期宗教以及它们与基督教的关系”中，克伦泽试图证明古老的异教与基督教的内在亲和力。他致力于达到一个这样的原则，即“它们对于礼拜仪式在建筑上的要求以相同的方式表现出来。”第二章提供了“深厚的历史理由”，用于为早期基督教时期的古典建筑正名，他认为“基督教英雄时代”的建筑与当今时代，而不是衰落的中世纪有着高度的相关性。在第三章中，克伦泽介绍建筑审美，他力图证明希腊建筑的审美原则和基督教信仰并不是针锋相对的，而是与其最内在的真理完全一致。继阿洛伊斯·希尔特（1759—1837年）之后，他断言在静力学、建筑和经济领域，希腊在精神与物质的协调与平衡方面达到了最为完美的高度。他说，由于希腊建筑是完美和真实的，其应该被认为是“真实的、内在的和积极的基督教建筑，是真正的基督教建筑。”然而，这也绝不意味着希腊建筑应当被完全仿制过来。相反，他寻求个别形式及其构成以及比喻与语法的明显区分。因为尽管希腊与罗马传下来的个体形式本身被认为是完美的，但是绝不是终极的目标，我们的要求，特别是对礼拜形式的要求与他们大为不同，因此这些形式也应当被以不同的方式表现出来，以求其职能的充分实现。源于法国的新古典主义对形式与结构统一的破坏，引起了同时代的许多批评。然而可以认为，克伦泽的“个体形式与它们结合到一起的明显区别”仅仅是为了用一种抽象的方式来证明希腊建筑的优越性。它不只是“最完美，最优质，最美丽”的建筑，而且是“最真正的根本的”建筑，所有它之前的建筑可以被认为是建筑的开始和不完美的尝试，它之后的建筑可以被归为仅仅是局部地区的建筑顶峰或是递减的艺术水平。

第四章介绍的是“基督教礼拜仪式建筑一览”，“受时代和环境的影响，我们会有选择性地对待这些建筑原则。”这里有许多对哥特式的批评，认为“基督教层次化的风格反映了恶意的吹毛求疵的教条主义与墨守成规。”克伦泽断然否认了浪漫主义认为的“哥特是德国的起源”的看法，将其视为卑鄙的政治体系的产物，它利用精神和教会的手段取得世俗权力和财产，让人们将自己的眼睛抛向空中，从而无所顾忌的进行行动和统治。专制、谎言与

"缺乏静态和谐"是哥特式建筑的特征，它们隐藏扶壁，这是"人造的、虚伪的，而不是艺术的。" 克伦泽认为，哥特式建筑已经不适合再生，充其量可以作为文化遗产进行保存。这项理论开始形成之前，克伦泽就已经开始进行不是很具体的关于教堂建筑的讨论了。

伯恩德·艾弗森 著　　吴吉昌 译

1 | 一个圆柱状教堂大厅的剖面图
这个圆柱状的教堂大厅由拱顶的窗户照明，突起的内殿被一个中央圆顶覆盖
插图26。版画

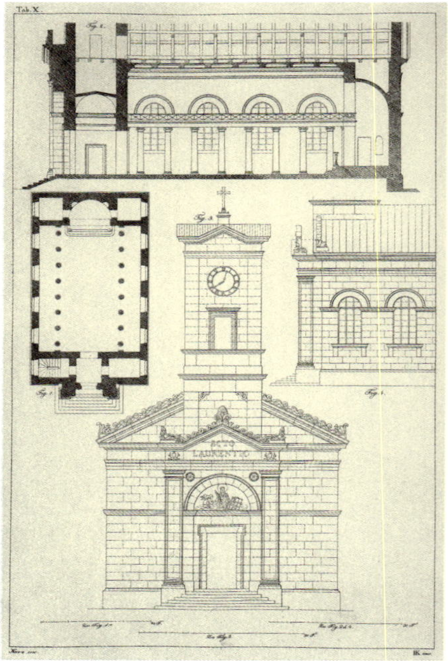

2 | 一个乡村教堂规划图
原型为一个"意大利先例"的简单乡村教堂；其上开放式的塔楼为许多意大利小型钟塔的重复
插图3。版画

3 | 一个教堂规划图
长廊形教堂是德国新教教会的特征，但克伦泽还是为天主教堂的底部结构设想此种风格
插图11。版画

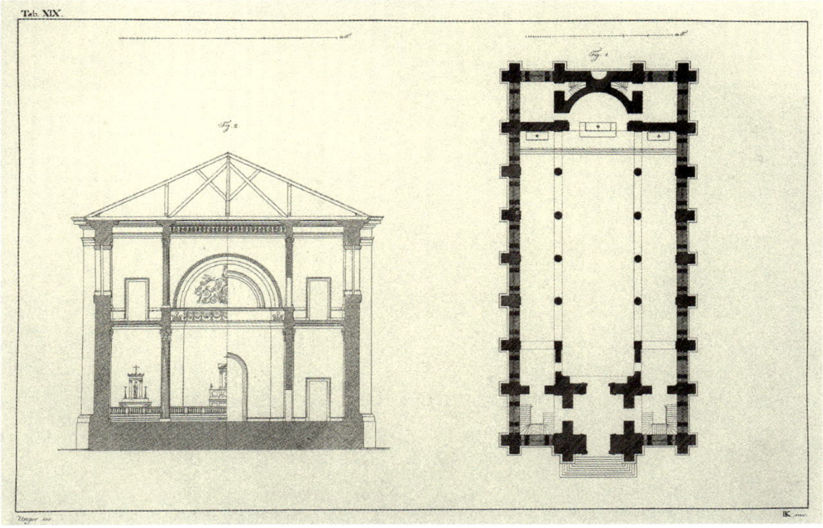

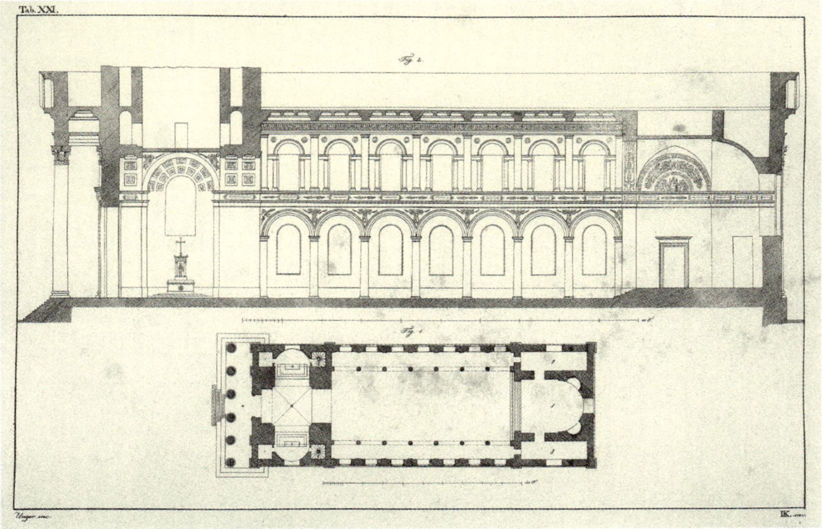

4 | 一个城市大教堂的横截面和平面图
克伦泽认为此种设计可以作为当地教堂的设计典范
插图19。版画

5 | 一个城市大教堂的剖视图和平面图
该设计中，克伦泽设计了一个塔楼、一个前置的小礼拜堂以及一个凸起的内殿
插图21。版画

6 | 教堂塔楼
该塔楼是一个怀旧式的七节楼，建于带有六根圆柱的入口大厅之上。盖塔分为四个部分，开放式与封闭式结构交替
插图22。版画

7 | 两座式塔楼外观
克伦泽的此项设计有意地采用了中世纪的建筑外观
插图24。版画

8 | 教堂中央塔楼外观

入口由一个门廊和科林斯石柱构成；两层楼高的中央塔楼上置有一个十字架

插图27。版画

克里斯蒂安·卡尔·乔赛亚斯·本森（1791—1860年）

Die Basiliken des christlichen Roms

2 VOLS, MUNICH, 1842–1844

The basilicas of Christian Rome

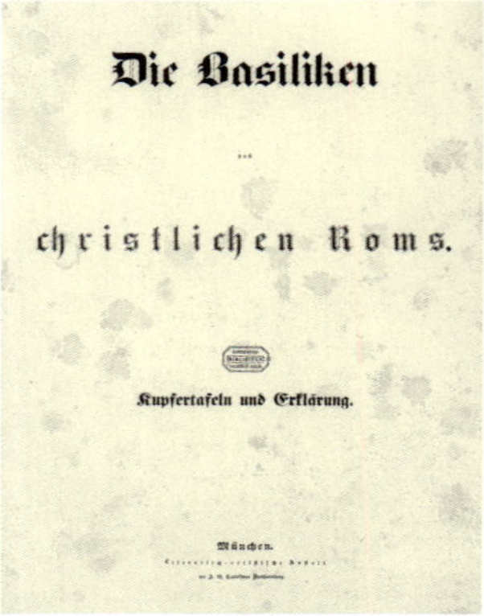

约翰·戈特弗里德·古藤生（1792—1851年）约翰·米迦勒·纳普（1791—1861年）

Denkmale der christlichen Religion

VOLUME OF ILLUSTRATED PLATES, STUTTGART, TÜBINGEN, ROME, 1822–1827

Monuments of the Christian religion

克里斯蒂安·卡尔·乔赛亚斯·本森（Christian Carl Josias Bunsen），外交官兼神学家，1791年8月25日出生于德国科尔巴赫，1808年赴马尔堡学习神学、古典文学和历史学，1809年又前往哥廷根求学。1813年赴哥本哈根进行外语深造，学习冰岛语，随后于1816年前往巴黎学习波斯语和阿拉伯语，师从安托万·艾萨克·德·萨西。1818年，巴托尔德·乔治·尼布尔派他到梵蒂冈的普鲁士使馆任职。1818年至1838年，他在使馆当过秘书和管理员，最终成为一名大使。在他的倡议下，使馆修建了考古学院和新教医院。1828年，他在随普鲁士王储访问罗马期间，与未来的国王弗里德里希·威廉四世（1840—1861年在位）建立了终身友谊。

访问期间，本森写下了五卷关于罗马城市地理历史的专著《详述罗马》（*Beschreibung der Stadt Rom*）和一系列关于罗马大教堂的文章，这些作品日后对新教建筑产生了深远的影响。他的《罗马天主教大教堂》一书虽然没有配插图，却频繁提及了古藤生和纳普的版画。由于科隆1837年发生宗教政治震荡，1838年他在英国滞留了一年，后来在1839年至1841年

间，在伯尔尼担任大使。经过一系列细致的谈判，1841年英国普鲁士教区终于在耶路撒冷建立。他的政治和外交目标集中在英国和普鲁士的新教国家之间的联盟上。1854年，他从政府引退并搬到波恩生活，并于1860年11月18日在该地与世长辞。他的活动生涯极其丰富，支持远征埃及和非洲甚至都有他的份。在美国，他对奴隶制的明确反对通过一本专著得到了传播。他相信，凭借着对天主教的信仰，未来终有一天国家能够在合法的宗教自由中获得共同的福祉。

19世纪初，关注古典或早期天主教大教堂的教堂建筑方面的论著，被阿尔伯蒂誉为天主教崇拜的典范之作。歌德早在1787年便率先表达了他对早期的天主教大教堂，尤其是对罗马的圣保罗福雷莱的钦赞。柏林研究古典时代的专家阿洛伊斯·希尔特，则致力于在维特鲁威描述的基础上重建古典时代的大教堂。拿破仑战争之后，不要说建筑学的发展了，光是教堂的复原工作，便已令人们急需一套指导教堂建筑实践的标准，而早期的天主教教堂正好可以作为这种标准的范本。

1787年，出版商巴伦·冯·科塔委托年轻的巴伐利亚建筑师约翰·戈特弗里德·古藤生和约翰·米迦勒·纳普为罗马早期的天主教大教堂制图并提出建设计划。1822年至1827年出版的四卷著述里均使用了版画。1822年9月，古藤生和纳普宣称，他们打算把自己所制的"平面图，剖面图和视图"放在七卷本著作当中，每一卷里都有七幅铜刻板画。第一卷的七张版画在德罗曼尼斯出版社印制，描绘了圣克莱门特和圣保罗福雷莱米拉的大教堂。该项目断断续续地进展，直到1824年，第二卷才由J.G.科塔在斯图加特和蒂宾根出版，并在罗马得到许可。第三卷也于同年出版。第四卷和第五卷的首版完成于1827年。最后一版于1843年由科塔出版，其中带有50幅版画。

这些插图描绘了建筑史中尚未开拓的领域，因为在那之前没有人做过罗马早期天主教教堂的历史研究工作。平面图、立面图、剖面图和视图来自于两位建筑师亲自对建筑的测量，后来对初稿的改动与调整则由交叉影线表示。作为古藤生和纳普的著作的同期作品，本森的《罗马天主教大教堂》也在稍后问世了。

本森这本献给弗里德里希·威廉四世的著作对于罗马教堂的研究，就像克伦茨在《对基督教建筑的回应》一书中对天主教教堂的研究一样。早期的天主教教堂适不适合成为当代教堂建筑的典范，如果适合的话怎样做才能办到这一点，这两个问题是本森的著作所探讨的核心。本森在序言中写道："的确，我们对于古代大教堂的这种认识，非常有助于我们去理解中世纪德国建筑及其复兴的可能性。"因此，他关注的显然不仅仅局限于考古学和建筑历史学。他还对哥特式风格，也就是德式建筑很感兴趣。

在序言中，本森对前人有关天主教教堂的论述和观点做了一个总结，然后对雅典和古罗马的教堂作了描述。在第二章里，他把注意力转向了天主教教堂。第三章专门讨论了罗马天主教教堂。第四章对第三章的内容进行了更为系统的研究。最后一章主要探讨了当代新教建筑及其源自于天主教建筑中的建筑学、礼拜仪式和历史条件。"长期以来，教堂建筑及中世纪晚期壮丽的景观与日耳曼风格教堂建筑之间的内外关联问题已不容被忽视。”本森认为，教堂中的大礼堂满足了新教教会的需求，既可以进行布道，同时又拥有祭坛。就风格而言，本森喜欢日耳曼式穹顶，他将理想的解决方案诉诸笔端：“为了应用于新教教堂的建筑当中，我们可以将早期的天主教教堂，当作日耳曼风格的范本。将构造和风格的演变纳入考量范围的话，这三种建筑风格可以造就一种无尽的自由。”

本森关于新教教堂构造的观点及其对于哥特式风格的明显偏好具有深远的意义。在1845年出版的《新教教堂建筑》（*Über den Bau evangelischer Kirchen*）一书中，森佩尔专门引用了本森的论点。柏林及周边为数众多的教堂建筑体现出了本森思想的影响力。如果没有他的研究，柏林大教堂的重建及阶段性的规划工作将如何进行，实在令人难以想象。

伯恩德·艾弗森 著　　杨梦楚 译

1 | 从高起处看圣保罗福雷莱教堂内部视图
插图6。版画

2 | 圣保罗福雷莱教堂内部视图
插图5。版画

3 | 大圣马利亚教堂
插图10。版画

4 | 圣洛伦茨教堂
插图13。版画

XIII
hors des Murs
Veduta dell' Interno della Basilica di S. Lorenzo fuori delle Mura

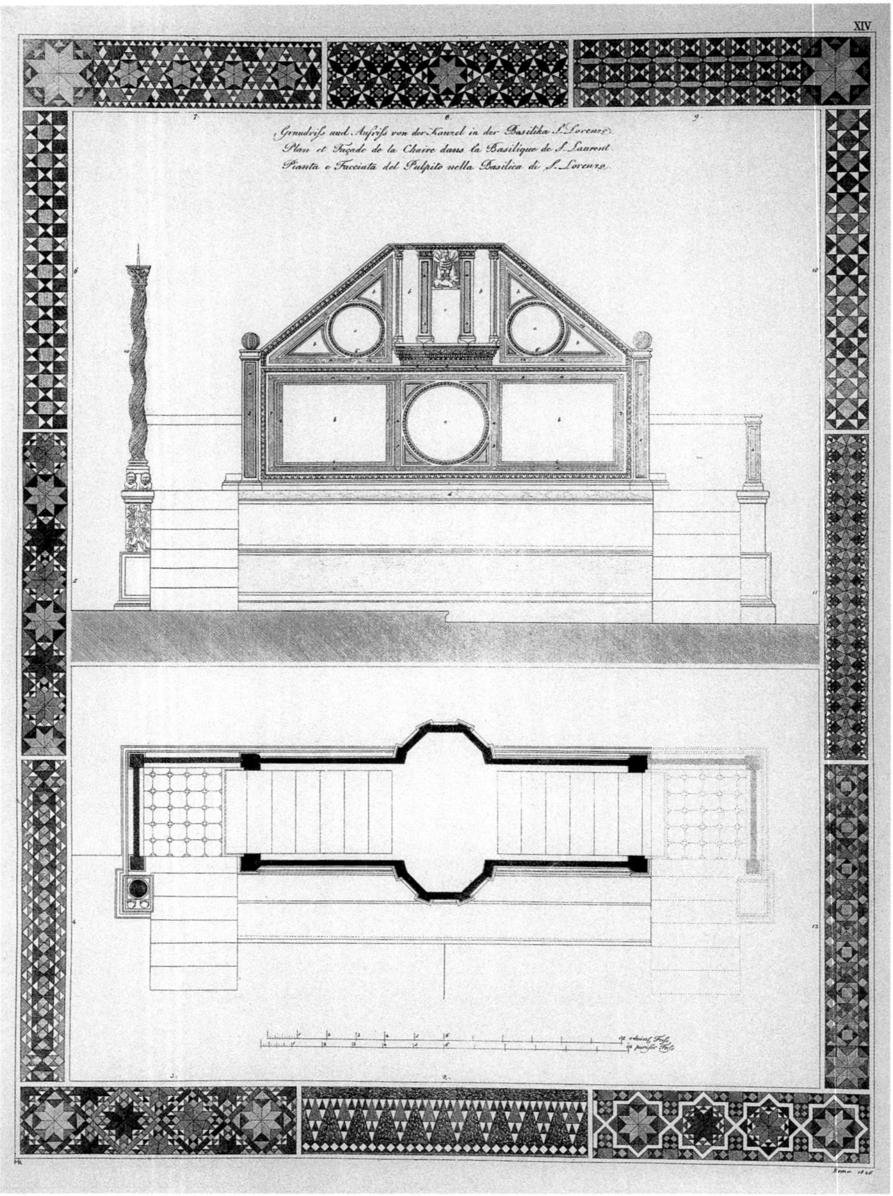

5 | 圣洛伦茨教堂布道台的平面图和立面图
插图14。版画

6 | 圣阿格尼斯教堂内部视图
插图18。版画

7 | 圣斯特凡诺·罗通多教堂内部视图
插图21。版画

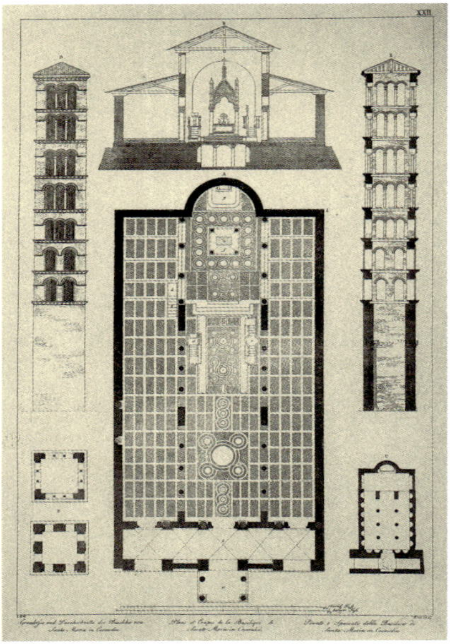

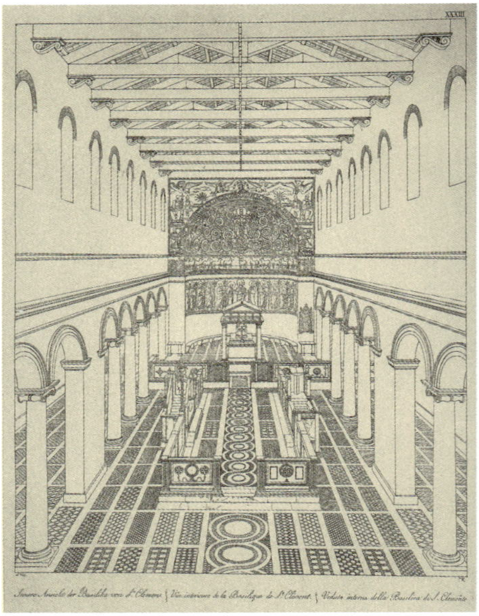

8 | 科斯梅丁圣母教堂平面图和剖面图
插图22。版画

9 | 圣克莱孟教堂内视图
插图33。版画

10 | 三泉圣文森特教堂纵面及剖面图
插图25。版画

海因里希·胡伯舒（1795—1863年）

In welchem Style sollen wir bauen?

KARLSRUHE, 1828

Which style should we use for building?

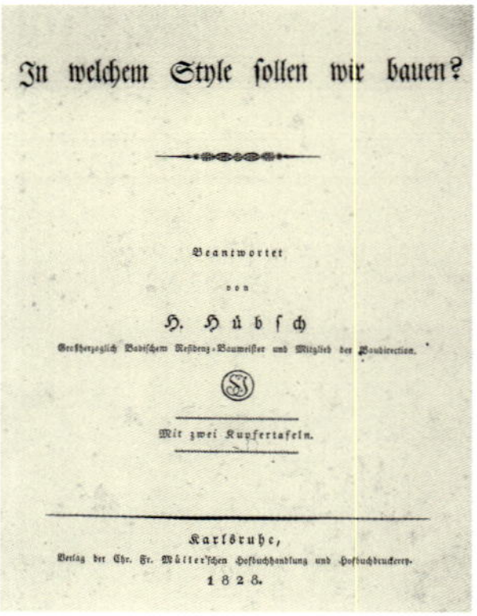
In welchem Style sollen wir bauen?

Beantwortet

von

H. Hübsch

Großherzoglich Badischem Residenz-Baumeister und Mitglied der Baudirection.

Mit zwei Kupfertafeln.

Karlsruhe,

Verlag der Chr. Fr. Müller'schen Hofbuchhandlung und Hofbuchdruckerey.

1828.

戈特利布·海因里希·克里斯蒂安·胡伯舒（Gottlieb Heinrich Christian Hübsch），1795年2月9日出生于韦因海姆市贝格施特拉瑟县，1813年开始在海德堡学习哲学和数学，后于1815年移居卡尔斯鲁厄，师从弗里德里希·魏因布伦纳（1766—1826年），并结识了乔治·莫勒（1784—1852年）。在意大利和希腊旅居多年后，他开始在法兰克福的斯塔德学院担任建筑学教师。1827年，老师魏因布伦纳去世一年后，他被指派至卡尔斯鲁厄政府任职，起初任宫廷建筑师及建筑委员会成员，随后在巴登大公国的建筑部门继任，最终于1842年升职为建筑部部长。1832年以来，胡伯舒还在如今已成为大学的新建理工学院担任建筑系主任。由于早期天主教教堂是他研究的一部分，1838年、1847年、1849年至1950年和1853年至1854年间他频繁外出，多次前往意大利、法国、德国北部，尤其是德国南部进行游学。1858年，《早期基督教教堂》（*Altchristliche Kirchen*）第一章问世。文中他将建筑定义为一种艺术的历史形式“而非多数人认为的考古形式”。胡伯舒于1863年4月3日辞世，享年68岁。

1828年，专著《如何选用建筑风格？》（*In welchem Style sollen wir bauen?*）出版的年份，既是胡伯舒人生的中间点，也是他生命的转折点。这部作品引发了一场关于建筑理论的辩论。文章的致辞部分表明，他希望这部作品能够产生广泛的影响力：“致那些为了纪念阿尔布雷希特·丢勒逝世300周年而在纽伦堡聚集的艺术家们。”自老师弗里德里希·魏因布伦纳去世两年，而他自己在巴登大公国任终身公务员以来，他头一次成功地发出自己的声音，呼吁让建筑从“古代的羁绊”中解脱出来，变得独立而不受约束。对当时盛行的新古典主义发起的本质性探讨，目的在于为一种新的风格提供坚实的理论基础。

A
A

胡伯舒用一种极具颠覆性的假说展开了他的论述："在现代，无论绘画还是雕塑都早已不再是死气沉沉的古代仿制品了。唯有建筑停滞不前，继续模仿古代的风格。"胡伯舒在这种生硬的模仿中看出了建筑的不成熟之处。这导致了他对当代新古典主义的持续批判。早在1822年，因发表《论希腊建筑》（*Über griechische Architektur*）一文，他就遭到了古希腊文化研究机构及其发言人阿洛伊斯·赫特（1759—1837年）的反对。

胡伯舒的反古典主义立场来自于对历史建筑的钻研。他对希腊和意大利古代遗迹的研究，使他对希腊和罗马建筑进行了明确的区分，并强烈地批判维特鲁威。"如果我们希望开创一种无论从品质还是从美观度上，均能与公认的其他建筑类型相比肩的风格，那就必须从当下而非过去的情况中评判，比如：首先，是常用建筑材料；其次，是建筑工程知识的现状；其三，因气候影响及耐久性而做的建筑保护措施；其四，一种建立在我国气候甚至文化中的对建筑需求的普遍性。

因此，胡伯舒定义了一组与美学无关的条件，其中建筑材料、技术及构造知识、气候及其对耐久性的影响，以及对建筑需求的普遍性（这种需求反过来又是建立在气候和文化上的）均扮演着重要角色。

除此之外，"真理"这个术语可谓整本专著的宗旨，胡伯舒认为这乃是艺术的最高准则。当建筑中所有元素的设计和运用都符合其预期功能时，它便满足了检验真理的唯一标准。在他的理论中，结构本身也被赋予一种基本功能。同时，这种结构要素被赋予了重要的风格功能，因为"对于任何风格而言，支撑元件的风格及其覆层对于构造来说都是举足轻重的，它们使风格具有了显著的特征"。在对风格进行阐释时，胡伯舒将一个核心元素，即合适的结构，作为"真理"来看待，这似乎是在暗指中产阶级的道德观。他轻蔑地将传统建筑形式视为一种"虚假的风格"，并且批判了一种日渐盛行的趋势，在这种趋势中，从结构方面来说必不可少的建筑元素"正逐渐被仅仅当作装饰来看待，或沦为一种让建筑变得华而不实的手段。"

胡伯舒认为，设计元素应考虑到建筑所依存的自然环境。使他得出这种结论的，是适用的建筑材料、特定时期的"技术主义"知识水准、气候所决定的耐久性，以及社会和文化方面的需求。基于这些准则，他对新古典建筑进行了批判，并从理论上提出了与之抗衡的"圆拱式风格"。

他认为这是罗马风格的再生，一种继承其精神却不模仿其形式的复兴，"它就像罗马风格没有限制地自由发展，同时又不效仿古典，最终就会形成的那种风格一样。"对胡伯舒而言，"圆拱式"是指承重的结构框架。任何涉及装饰方面的扩展，任何形式上的点缀，都应留给个体的艺术家去表现。"那些在装饰方面极不成功，但作为建筑功能元件具有协调一致设计的建筑，在任何情况下都应当被视为艺术作品，甚至比最还原古典建筑的复制品都更具有价值。"这种一致性正是其风格特点，它通过认真地考量建筑的基本元素，成功地"以最灵活和最直接的方式解决了各种问题"。这样的建筑具有一种真实自然的特质，即便是外行人对其也能产生与资深艺术家同样的感受。

作为魏因布伦纳的弟子，胡伯舒对法国大革命时期的建筑十分着迷。他十分认同那种彻底忽视细节，却对立体比例十分关注的建筑风格。立体比例虽然不是建筑的组成部分，但在任何场合都会发挥作用。光是凭借不受细节形式影响的承载框架与其功能的匹配，就能决定什么叫作艺术品。胡伯舒开创的建筑理论认为，建筑所蕴含的创造性，比简单地模仿某种风格要多得多，这对于建筑的复兴主义的发展起到了决定性作用。胡伯舒的贡献在于，他开创了一种建筑美学手段，其影响远远超出了他的时代。

伯恩德·艾弗森　著　　杨梦楚　译

1 | 希腊建筑的简洁性
胡伯舒以包括罗马竞技场在内的建筑为例，展现了“无一处多余”的希腊建筑的简洁性
插图2。版画

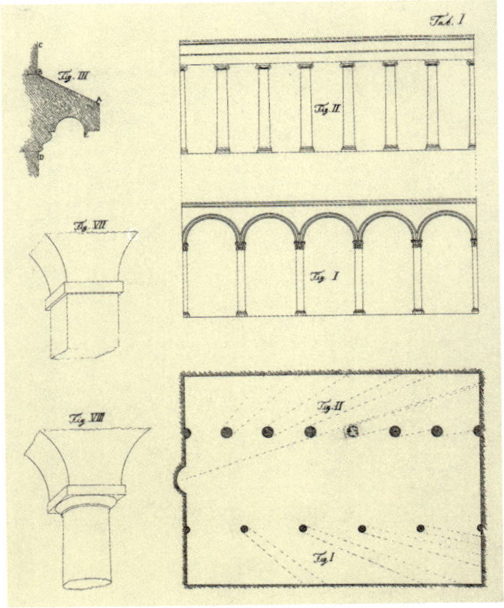

2 | 圆柱排列之比较
拥有三座中殿的教堂，圆柱不应按照希腊式比例（图二）排列，而应按图一所展示的距离排列
插图1。版画

戈特弗里德·森佩尔（1803—1879年）

Vorläufige Bemerkungen über bemalte Architektur und Plastik bei den Alten

ALTONA, 1834

Preliminary remarks on architecture and sculpture

Vorläufige Bemerkungen

über

bemalte

Architectur und Plastik

bei den Alten

von

G. Semper.

Grau, theurer Freund, ist alle Theorie,
Und grün des Lebens goldner Baum.

Faust.

ALTONA,

bei Johann Friedrich Hammerich.

1834.

Die vier Elemente der Baukunst. Ein Beitrag zur vergleichenden Baukunde

BRAUNSCHWEIG, 1851

Der Stil in den technischen und tektonischen Künsten

2 VOLS, MUNICH, 1860–1863

Style in technical and tectonic art

戈特弗里德·森佩尔（Gottfried Semper），1803年11月30日出生于荷尔斯泰因的阿尔托纳市。这一区域在之后成为毗邻汉堡的自由市（现在为汉堡的一部分）。1823年10月，森佩尔进入哥廷根大学进行学习，其理想是在之后成为一名炮兵指挥官或者是当一名防御工事的工程师。1852年，他前往慕尼黑，在弗雷德里希·冯·加特纳（1792—1847年）的手下学习建筑。1826年，森佩尔前往雷根斯堡，以协助关于主座教堂的调查研究。之后，因为一场决斗，他被迫从德国逃往巴黎，并在出生于科隆的建筑师弗朗茨·克里斯蒂安·高斯（1790—1853年）手下找到一份差事。在1830年这一年，森佩尔游历了地中海地区。在去往普罗旺斯、意大利和西西里岛之后，他在希腊逗留了一段时日，并且在那里研究了古典建筑的色彩工艺。1834年，在弗朗茨·克里斯蒂安·高斯的推荐下，森佩尔被任命为德累斯顿建筑学院的主任。在德累斯顿任职的日子里，森佩尔投身于大型的建筑工程中，如宫廷剧院（寇特剧院）和博物馆；与此同时，他在学院里也致力于进行教学方法的根本性重组工作。在此过程中，他试图将结构、技术的部分和艺术元素结合起来，通过这种方式探索技术和艺术之间的相互作用。由于森佩尔参与了1848年5月的反萨克森政府的革命起事，此后被迫流亡国外。1851年，他参加了在伦敦举办的万国工业博览会。作为一个建筑学教师，马尔伯勒大楼里新成立的绘画建筑学院所展示的结构工程和雕饰，让他对于在工艺品中所盛行的东西大开眼界。1855年至1871年，森佩尔在苏黎世的瑞士洛桑联邦理工担任建筑学教授。1879年5月，森佩尔于罗马逝世。

《就古希腊罗马时期绘画、建筑和雕塑的初步见解》这部短小的作品是他在德累斯顿任职时所写，并在1800年前后引起了研究古典学者们的持续讨论。即使这样，森佩尔还是希望去平息这场关于用色的争辩，他主要的关注点还是在于推进当时建筑学的发展，因为他认为当时的学科已经过于死板且仅仅是对过去的模仿。在这部著作的前言中，森佩尔十分直截了当地宣称，他并没有宣扬“纯粹的古文物研究者和专业的学术论文”的意图，而是意图提供实用的方建议和“直接使用”。对比于古典时代的建筑与其所在的时期的要求切实相对应这一点，他指出当代的建筑学并没有考虑时代的要求。森佩尔认为，集体的精神和命运支配着古典时代城市的建设。在自由辩论的传统之下，他猛烈地抨击了其所在时代“廉价的建筑物”，并批判了迪朗图解式的设计方式和其对历史建筑风格的翻印及盗用。这本森佩尔于1834出版的早期著作，包含了对政治和文化进程的探讨，同时也已经涉及建筑与社会环境之间的关联性。

1851年在森佩尔流亡国外时，出版了《建筑四要素》一书，又一次引发了学界关于建筑样式色彩工艺的讨论。这本书实质上是与柏林艺术史学家弗朗茨·库格勒（1808—1858年）的一场争论。在第五章中，森佩尔提出了自己关于建筑美学的概念——“建筑四要素”。这一概念源自于 “人类社会的原始状态”。他认为，建筑的起源是基于四个基本元素，这四个要素即他所说的火塘、屋顶、围合和地基。他将人类丰富多样的技艺归因于这四要素：“制陶工艺和之后的冶金工艺、壁炉的艺术、水工艺学、筑堤的石工、建造屋顶的木工以及与它们相关的技艺。”墙体来源于手工艺时代的编织物、垫织布工和地毯制作者的技能。森佩尔认为，艺术和建筑源于手工艺，也就是说，建筑只是采用了与手工艺相同的概念，所产生的另一种形式。

《工艺美术与建筑的风格》（*Der Stil in den technischen und tektonischen Künsten*）这本书的写作，始于1840年森佩尔在德累斯顿关于建筑物的一系列演讲。森佩尔这本主要论著分为两卷，分别在1860年至1863年成（第一卷，“编织艺术”，于1860年完成；第二卷，“制陶术、构造学、立体几何学、冶金学领域研究”，完成于1863年）。书中的内容包含装饰现象以及其对文明发展的重要性。对于森佩尔而言，装饰是人类艺术表达中最基本的原则。在那些具有装饰的案例中“装饰的部分被刻意地凸显，成为一个具有意义的象征，以及人类自身创造”，因此他认为，“装饰”和“覆盖”在艺术和文化的表达中是一直是十分必要的。根据森佩尔的理论，可以通过两种方法得到具有象征性的形式。第一种是将注意力集中在建筑物本身和其结构的质量上。从而，森佩尔进一步将建筑设计看作是一个时代最高思想概念所形成的产物。在第二种方式中，象征性形式是通过建筑立面而产生的，而不是由于内部的布局。立面是建筑物的皮肤。建筑物内部的布局则是由客户个人的要求而决定的。通过建筑立面，建筑的内部被覆盖，从而使得建筑物获得了其自身对外形象的象征性内容。建筑表皮石材使用的质量对于建筑整体效果有着十分重要的影响。森佩尔在书中谈及文艺复兴早期的大师。他认为，除了使用古典柱式，让石头砌块在建筑上变得可见，可以在建筑的多方面形成相似的象征意义，从而赋予建筑其自身特有的外观形式。而然，对于森佩尔来说，建筑的风格不仅仅是通过技术美学表达的，对于宗教、社会条件、政治环境的表达对于建筑风格也是同样重要的。森佩尔指出，文艺复兴时期建筑背后最基本的概念是两种文化元素合成的结果，即将个体整合到更大的共同体中的原则，和个体“可以感知其自身作为一个强大而荣耀的文化的体现”的可能性。森佩尔认为，文艺复兴时期的建筑是当代建筑的典范，因为通过“客观性和自由地使用符号”，文艺复兴以此摆脱了对三种古典柱式固有认知的束缚，并发现自己独特的、富有个性的形式表达方式。根据森佩尔的理论，将古典（或者类型的）变化为特色的取代原则（起源于古罗马帝国，并在文艺复兴时期达到顶峰）应该在当今的建筑中延续并不断完善。

森佩尔认为，文艺复兴不是对古典时代的重复，而是其正统的、极具典范性的继承者，对于当今，也因如此。森佩尔大量的写作，表达了其自身的艺术意图。这些文字不是纯粹的建筑理论，而是对艺术在社会和历史文脉中所处位置的一种阐明。森佩尔关于艺术和建筑实践的理论的重要性在于他认为建筑在社会中发挥着政治角色的作用，并且他希望通过对建筑历史风格的审视，为当代建筑寻找出新的形式表达方式。

伯恩德·艾弗森　著　　吴皎　译

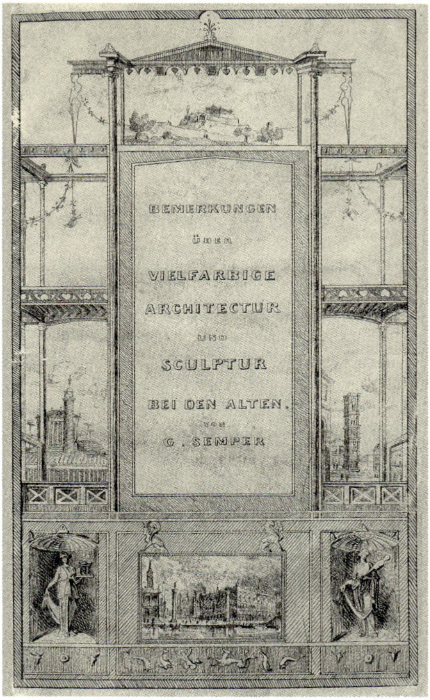

1 | 杰克的插图

2 | 杰克的插图
“亲爱的朋友，所有的理论都是灰色的
而宝贵的生命之树却是绿色的。”歌德，《浮士德》

3 | 雅典特修斯神庙天花局部
插图5。染色印刷

4 | 位于阿西西的圣凯瑟琳教堂天顶壁画
插图7。染色印刷

5 | 额枋细部
雅典特修斯神庙鼓形部分的额枋
插图9。染色印刷

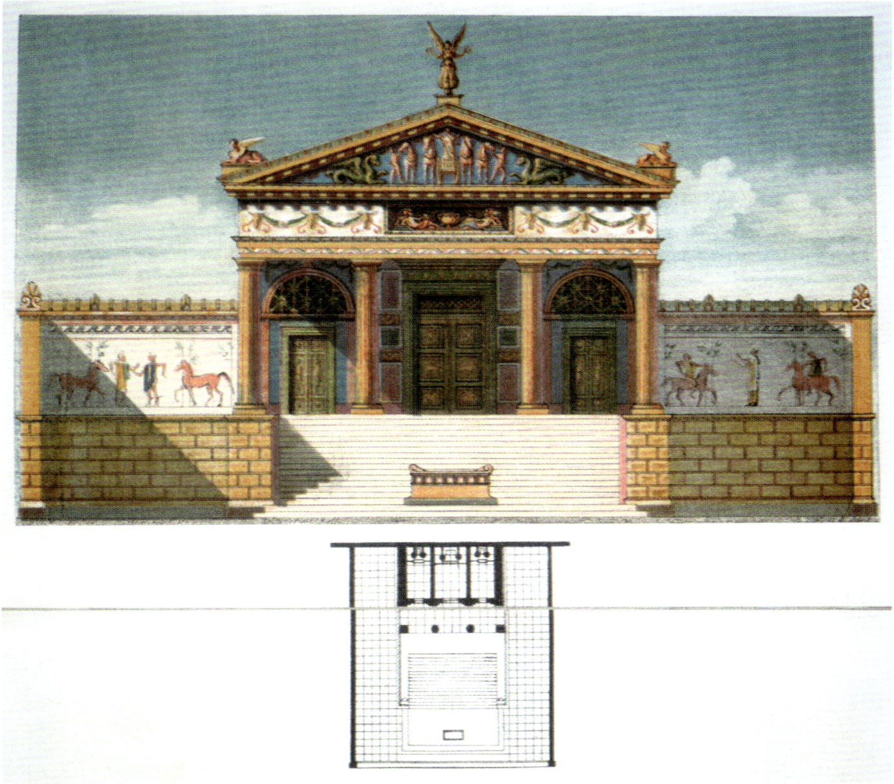

6 | **根据维特鲁威描述的托斯卡纳神庙**
插图13。染色印刷

弗里德里希·霍夫施塔特（1802—1846年）

Gotisches A-B-C Buch, das ist: Grundregeln des gothischen Styls für Künstler und Werkleute

FRANKFURT/MAIN, 1840-1845

Gothic A-B-C, i.e. basic rules of the Gothic style for artists and craftsmen

PRINCIPII
DELLO STILE GOTICO
CAVATI
DA FEDERICO HOFFSTADT
DAL CAVALIERE FRANCESCO LAZZARI
TERZA EDIZIONE
VENEZIA

正如柏林建筑师古斯塔夫·斯蒂尔（1807—1880年）在班贝格建筑师大会上所陈述的那样，当前的欧洲建筑似乎“有着最鲜亮的外表；然而没有国家像德国那样，建筑的精神和宗旨普遍匮乏。而这在我们当前的时代中尤为凸显……没有什么地方像这里一样，持不同见解的人们组成大大小小的群体，分庭抗礼。”

弗里德里希·霍夫施塔特（Friedrich Hoffstadt），身为职业律师的他不仅是艺术收藏家，还是业余画家、图形艺术家及雕塑家。1802年他出生在阿莫尔巴赫的弗兰科尼亚。在埃尔兰根，慕尼黑和兰茨胡特学习法律后，他最初在安斯巴赫担任律师，但同时以中世纪艺术创作、书籍插图绘制为副业，他以彼得·科尼利厄斯（1783—1867年）的图案为灵感，为讷德林根天主教会设计了一扇彩色玻璃窗和一个雕刻祭坛。在调任至慕尼黑后，他被任命为市地方法院初级法官，同时他着手收藏了一系列种类丰富的中世纪艺术品。1833年，他便创立了一种类似旧时德国石匠集会的三盾德国古典研究学会。他的《哥特入门读本》于他在法兰克福任市政法官期间发表，并由他本人和卡尔·巴伦伯格（1801—1860年）绘制插图。他后于慕尼黑和阿沙芬堡任职。霍夫斯塔德在1846年去世，遗留下一个建造哥特式大教堂的愿望尚未兑现。

因此，发表了有关哥特建筑最广为流传、并按编年编撰著述的，并非建筑师却是一位律师。初版《哥特入门读本：建筑师和工匠须知的哥特风格基本法则》（*Gotisches A—B—C Buch, das ist: Grundregeln des gothischen Styls für Künstler und Werkleute*）于1840年至1845年以连载形式在法兰克福出版；总的来说，该著作相当于一本工匠施工实用几何手册。

这部仍未完成的书稿共有270页，40幅插画，是对哥特式风格及基督教建筑历史的一种诠释，虽然对国家元素作了弱化处理，但哥特式建筑作为德国通用的建筑形式，其地位不可撼动。令霍夫施塔特惋惜的是，哥特式风格并没有被院校和建筑学校的课程接纳。但他试图

Tav: XLIII.

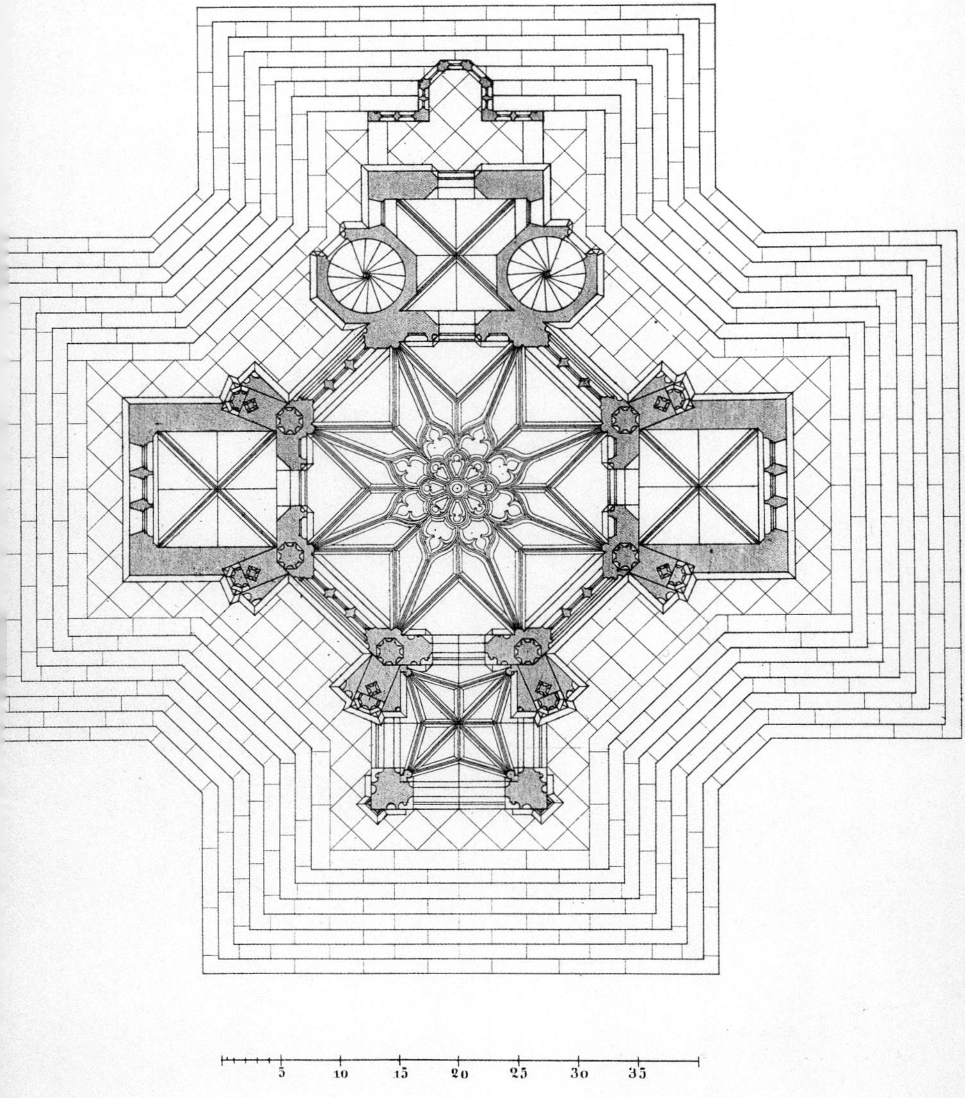

通过在著述中向艺术家和工匠们详述哥特式建筑的规则来弥补这一缺憾。当代评论家颂赞霍夫施塔特为“德式建筑的维特鲁威”，他阐释了可观的哥特式建筑平面图，以及砌石法则的书籍。霍夫施塔特给出了如何使用几何定律构成单个图形的精确说明，并选择了基本方形作为起始图形。

他相信，除非采用哥特式建筑的细节而非建筑的基本原则，否则就无法创造真正的艺术作品。书中他摘录自古老的石砌书籍、中世纪建筑计划以及其他参考书中的插画展示了他的个人计划。霍夫施塔特强调，纯粹的点缀是次要的，单个哥特元件的基本几何构型开才是重要的。他试图通过探寻准则从其内核着手阐释哥特式风格。他主要研究的是基督教大教堂和基督教教会。它们作为所有类型的艺术融汇的核心，通过在宗教建筑中运用并保存哥特风格，成为一件联合而完整的艺术作品。在教堂、森林与诗歌结合的过程中，霍夫施塔特反复使用了笃信基本象征的新哥特拥簇者定义的典型譬喻。

对霍夫施塔特而言，“永恒不变的几何定律”是一切形式的根基，其中等边三角形和正方形代表着哥特式风格的“要领”。即便在他本人所处的时代，他坚持把平面图转换为立面图，从几何图形中演绎出基本构型的行为，都被批判为过于僵化顽固。他还因对数字过分狂热而遭到批评。他以晶体作为例子，将自然中遇到的形态也归功于几何：“由于自然形态受制于几何定律，而这些定律存在于哥特式风格的创造中，这就让二者之间产生了联系。”对于霍夫施塔特而言，哥特式风格体现了所有建筑的终极目标。

霍夫施塔特以几何为主导的阐释模型教学方法，与1830年作品和乔治·翁格维特（1820—1864年）后来的教科书之间有着重要的连接，这一模型试图在中世纪建立一套构建准则的法则。此外，霍夫斯塔特的手册试图弥合两种方向：一方面，它旨在从中世纪建筑理论的探索中提供考古和艺术的理论基础；另一方面，则是为理论教学提供充分的素材。

伯恩德·艾弗森　著　　杨梦楚　译

第629页插图

1 | 哥特式纪念碑平面图

1885年，意大利版，插图43。蚀刻版画

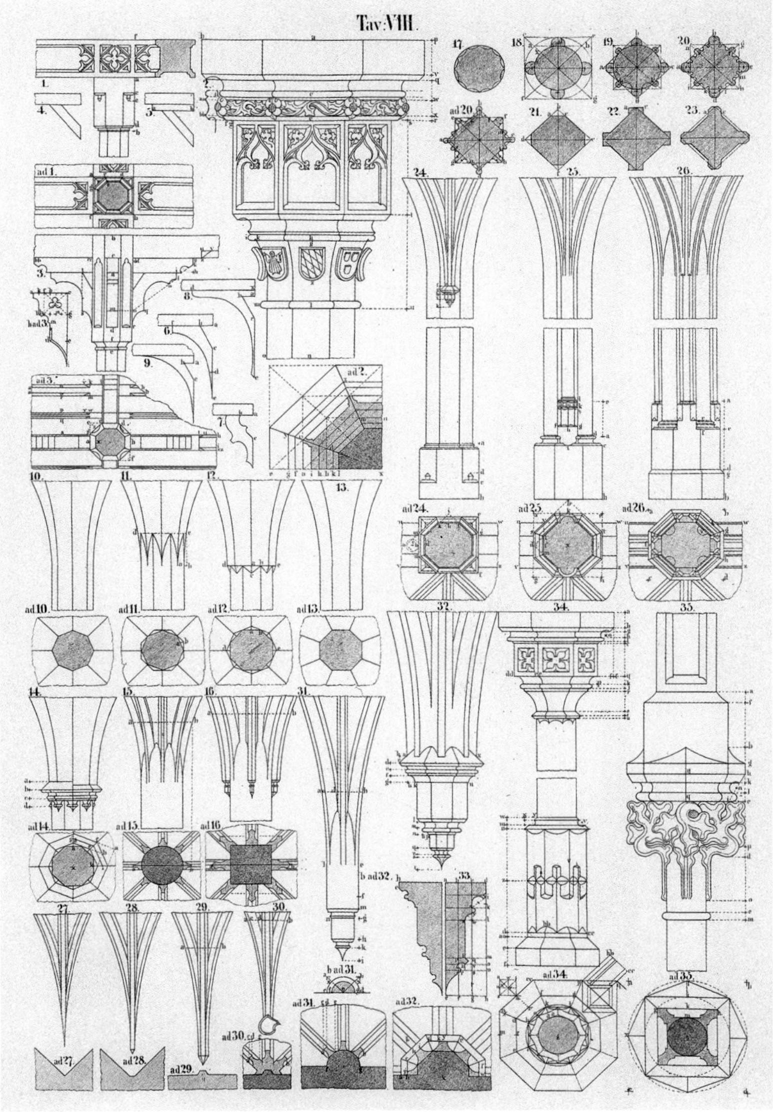

2 | 建筑柱廊和立柱
1885年，意大利版，插图8。蚀刻版画

3 | 塔形构造
基于正交和三角剖分测量结果
1885年，意大利版，插图9。蚀刻版画

4 | 不同形态门的构造剖面图
1885年，意大利版，插图10。蚀刻版画

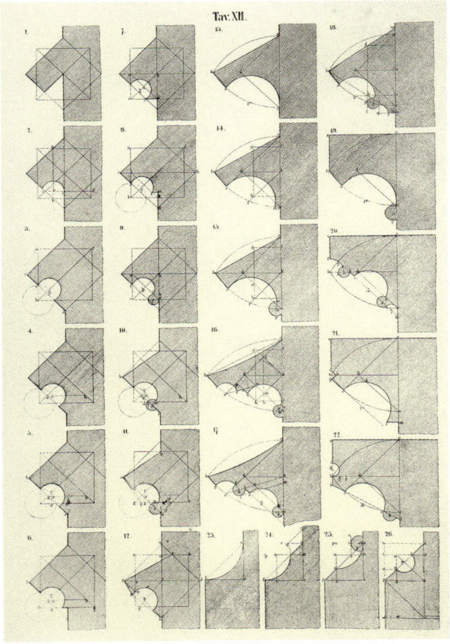

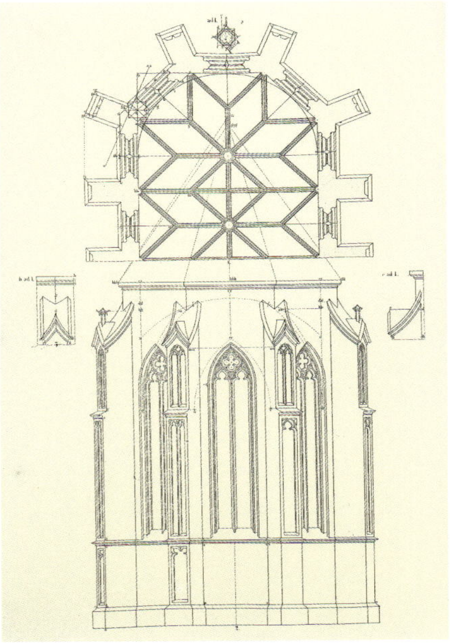

5 | 模具平剖图
1885年，意大利版，插图12。蚀刻版画

6 | 唱诗席平面图
基于三角剖分、正交和壁高测量的结果
1885年，意大利版。插图13。蚀刻版画

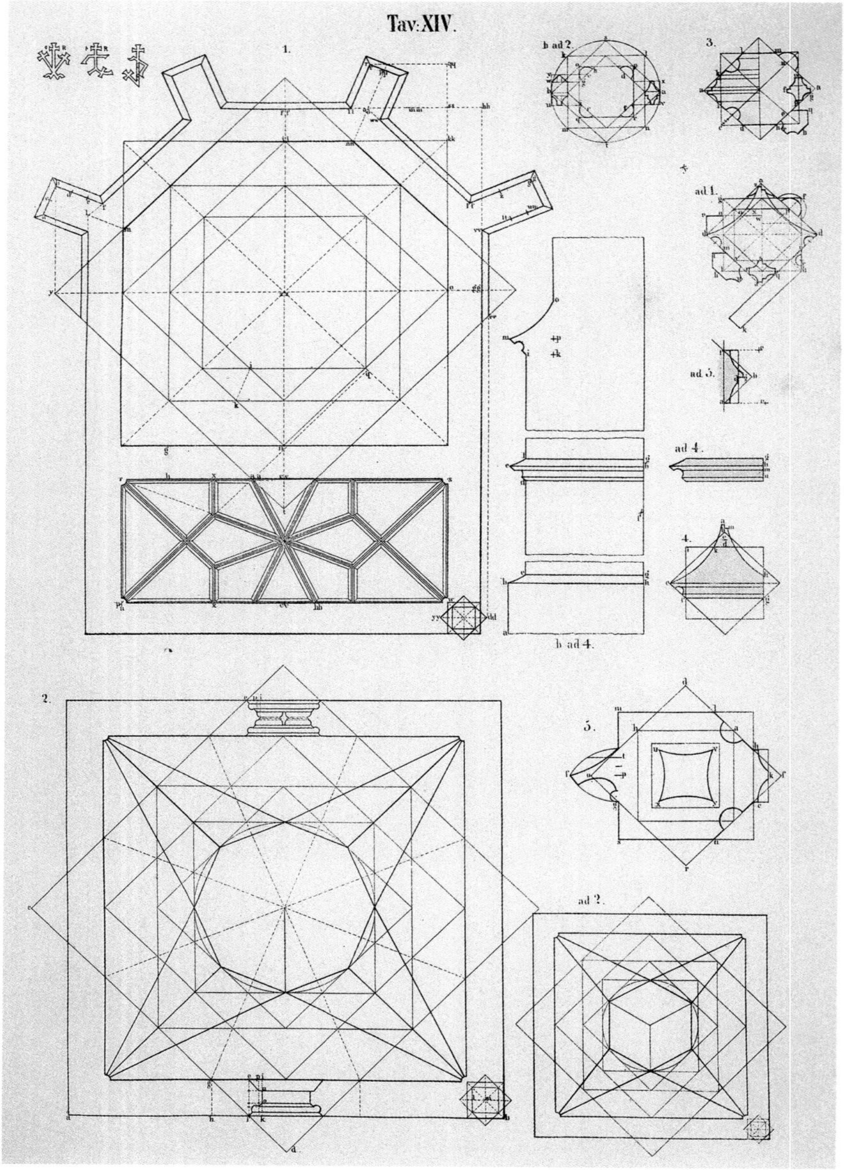

7 | 唱诗席平面图
正交和三角剖分测量结果。 1885年，意大利版，插图14
蚀刻版画

8 | 哥特式纪念碑立面图
1885年，意大利版，插图44。蚀刻版画

卡尔·亚历山大·海德洛夫
（1789—1865年）

Der kleine Altdeutsche (Gothe) oder Grundzüge des altdeutschen Baustyles. Zum Handgebrauch für Architekten und Steinmetzen, besonders für technische Lehranstalten

NUREMBERG, 1849-1852

The little Old German (Goth) or the foundations of the old German style of building.

For use by architects and stonemasons, in particular for technical teaching establishments

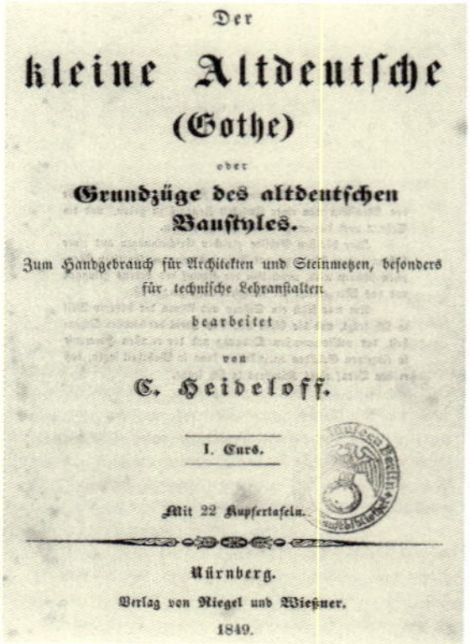

Der
kleine Altdeutsche
(Gothe)
oder
Grundzüge des altdeutschen Baustyles.
Zum Handgebrauch für Architekten und Steinmetzen, besonders für technische Lehranstalten
bearbeitet
von
C. Heideloff.
I. Curs.
Mit 22 Kupfertafeln.
Nürnberg.
Verlag von Riegel und Wießner.
1849.

1823年，纽伦堡的弗里德里希·坎帕这样描述卡尔·亚历山大·海德洛夫（Carl Alexander Heideloff）：“他是一位极具创造力的天才，是稀有的全能型艺术家，自阿尔布雷特·丢勒以来，纽伦堡还没有出过这样的天才。”然而在他去世之后，这位艺术家生前所受的盛名与称赞，却迅速地消逝了。卡尔·亚历山大·海德洛夫，1789年2月2日出生在斯图加特的一个有着众多子孙的艺术家族。他就读于卡尔高级中学的艺术学院，深受建筑师约翰·雅各布·阿采尔（18世纪下半叶）和弗里德里希·托雷（1767—1845年）的影响。在德国西南部的旅行中，他观察到一些中世纪的艺术范例，并写入了1843年以章节形式出版的《中世纪装饰艺术》之中。1816年在科堡市他被委任职务，在这之前他在威斯巴登的见闻加深了他对莱茵河中游地区中世纪建筑的了解。1820年他被任命为纽伦堡市建筑部门的负责人。在这里，除了监管修缮工作，他的建筑和雕刻水平也取得了长足的进步。在1823年，他成为城市理工学院的第一任主任。此处后来变为一个国家研究所，老年的海德洛夫还在此担任着职位。由于海德洛夫在班贝格大教堂（1831—1834年）的修复工作中贡献颇多，他在1837年被授予“皇家保护者”的称号，而且因此还被认为是文化遗产保护运动的创始人之一。他众多的作品见证了他丰厚的知识水平，尤其是关于中世纪的众多贸易路线、希腊圆柱顺序排放、罗马建筑风格以及石匠小屋等相关的手册。1865年，他在最后任职的哈斯富尔特市去世。

a
a

《小古日耳曼（哥特）》［*Der kleine Altdeutsche*（*Gothe*）］是摘选自一本计划出版但未完成的，名叫《古日耳曼建筑及装饰全理论》的书。在1808年左右开始，他开始收集中世纪建筑的范例，比如斯特拉斯堡和巴塞尔市教堂建筑的施工“草图”。他也研究了维也纳的大量建筑草图以及克里斯蒂安·路德维希·斯蒂格利茨在1820年出版的《古日耳曼建筑》，后者包含了一个关于石雕工艺的小册子的摘录。海德洛夫试图探析哥特式建筑的基础理论框架，然后将其整理成可以教授的知识体系。

海德洛夫在他的教科书中为哥特建筑列了一个简单的目录列表，将其分为三部分“课程”。第一课讲授日耳曼建筑的基础原则。第二部分讲的是建筑的交叉拱顶、台柱、塔器、穹顶肋、剖面、窗户、门以及相关的细节与尖塔的位置。第三部分讲的是大教堂、学院教堂、教区教堂、小礼拜堂的平面图中对八角形（三角测量与求积）的编写和进一步应用，并从以上四种建筑基础上作了适当的补充。

第一课包括三角测量与求积的理论、窗饰的几何形状、尖塔的建造与镂空山墙的设计。还包括15世纪雷根斯堡大教堂建筑师马特斯·劳力沙风格的尖顶饰、浮雕、台石与飞檐的设计。第二课从八角形的角度解释了拱顶的建造，以及唱诗班席、塔楼的平面图和正视图。还有拱肋的设计与建筑细节，扶壁的设计，等等。第三课中，海德洛夫对哥特教堂的平面图进行分类，在三角测量和求积理论的帮助下，所得出的三面图对新哥特风格的建筑产生了决定性意义的影响。他在米兰大教堂的横截面中学到了此种办法，西泽尔·切萨里亚诺（1476？—1543年）在1521年就依此对维特鲁威的理论进行说明。他根据可以追溯到1392年的皮亚琴察的数学家斯托南洛科的建议，绘制出了大教堂的三视图。而米兰大教堂正是研究三角测量的典型例子。可以肯定的是瓦尔特·里维斯（1500—1548年）在建筑方面的工作是这项知识的源泉，海德洛夫的工作也用了他的研究成果。海德洛夫还想进一步告知读者艾尔伯图斯·麦格努斯的生平以及传言中他那些建筑活动，麦格努斯被认为哥特式建筑的“过去伟大的大师”。他的研究造成了这样的观点，即“德国的建筑风格只有德国的性格，它的创造性能力需要归功于它的起源。”

在作品中，海德洛夫倡导哥特式建筑的复活与回归。他的理论作品是为了教育像艺术家及工匠这样的人，因为如果没有体系的知识，哥特建筑的复兴是不可能的。其作品的碎片化以及诸多未能解决的问题让他选择了放弃并接受现实。他说：“我过去想完成的作品，在老石匠的基本原则方面，对彻底性和技术的准确性的要求在其他的作品中无出其右。现在仅仅有很少一部分人来观察美，我大概生前是不会看到我所希望完成的古日耳曼建筑的著作出版了。”

海德洛夫摒弃了海因里希·许茨（1795—1863年）的建筑理论，将“古日耳曼”的哥特式建筑与半圆拱风格的建筑进行对比，认为前者是完美的。对海德洛夫来讲，不像许茨，装饰品是建筑的基本元素，因为它能实现建筑的各个部分与整体建筑的平衡关系。他认为中世纪的比例法则是理论和实际应用的原则。进一步讲，对于海德洛夫而言，哥特式风格是宗教的和爱国的。只要这些法则被实际应用，就能够提供广阔的发展机会。海德洛夫坚持一种纯粹风格的理论，这表现在他对“伪哥特”的定义之中。他认为这种风格和真正的日耳曼风格有着很多相似之处，随意添加一些装饰就能被认为是日耳曼艺术作品。他认为的“伪哥特式”，不是真正的新哥特式，在建筑的整体形式和局部形式方面，未能继承哥特式建筑的基础原则。《小古日耳曼（哥特）》是在高职教育里哥特式风格建筑教学理念发展史上的里程碑。

伯恩德·艾弗森　著　　吴吉昌　译

1丨封面插画

艾尔伯图斯·麦格努斯的肖像画。由P.科德德尔雕刻

2 | **封面插画**
埃尔温・冯・斯坦贝奇的肖像画。版画

3 | 基督教符号

八瓣形的基本概念说明，上帝三位一体与福音的象征。来自老建筑者在苏黎世的小屋和瑞士石匠的小册子

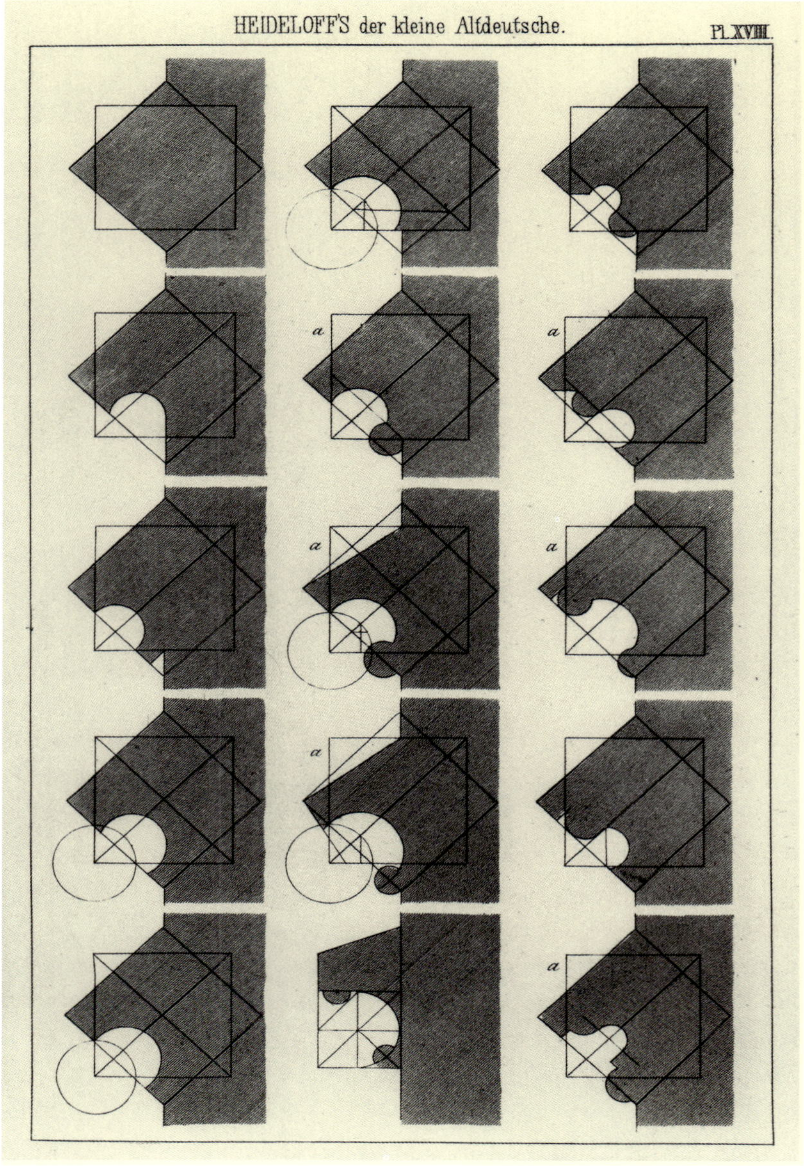

4 | 防护性装饰线条的剖面图
记录来自现存的遗迹以及旧的图纸
插图18。版画

格奥尔格·戈特洛布·翁格维特（1820—1864年）

Lehrbuch der gothischen Konstruktionen

LEIPZIG, 1859-1864

Textbook on Gothic buildings

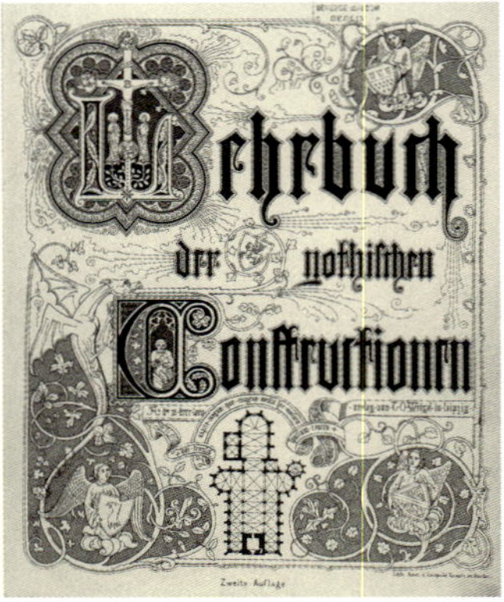

1820年9月15日，格奥尔格·戈特洛布·翁格维特（Georg Gottlob Ungewitter）出生于万弗雷德。14岁时，他在卡塞尔接受职业培训，1837年前往慕尼黑，在艺术学院深造两年，师从弗雷德里希·魏因布伦纳（1792—1847年）。1840年，翁格维特在卡塞尔参加了建筑考试，而卡塞尔正是他日后凭借设计和制图方面的成就而出名的地方。他在国家建筑部当过一段时间的实习生，然而在1842年，他为了到柏林完成学业，选择了辞职。随后六年里，翁格维特在汉堡度过，自称在此期间设计建造了24栋大大小小的建筑。1848年到1849年的两年时间里，他在吕贝克受到当地中世纪建筑和奥古斯特·赖兴施佩格尔的著作《德式基督教建筑及其与时代的关系》的直接影响，开始关注哥特式风格。1849年到1851年，他在莱比锡以独立建筑师的身份开了一家店，生意寥寥，但他出于个人研究的目的，制作了大量历史建筑图纸的副本。他无条件支持在技校和学院教育中重新引介哥特式建筑，因而临时受聘于卡塞尔职业学院，后来在1856年改为永久任职。他在那里教授的内容包括结构学与材料学理论、建筑制图、透视法、建筑史、基督教建筑的起源、德国的德式（或哥特式）建筑，以及建造科隆大教堂所体现的德式基督教建筑风格的复兴。尽管付出了巨大的努力，他始终未能在卡尔斯鲁厄或汉诺威的理工学院等更为专业的学府中任教。1864年10月，翁格维特因肺结核去世。

在其巨著《哥特建筑读本》（*Lehrbuch der gothischen Konstruktionen*）中，翁格维特固然创立出一套理论，却也画地为牢，把自己局限在哥特式风格和他在古罗马与拜占庭时期的建筑中所发现的哥特式拱顶结构之中。他以实存的中世纪建筑作为全书的基础，展现出所有

Lith. Anst. v. Leopold Kraatz in Berlin.

建筑的基本要素以及从早期到晚期的哥特建筑装饰的风格演变。在此过程中，他努力保持着客观性和系统性。他还以哥特风格为例，尽力阐明建筑几何学原理、设计过程和建筑细节的形状。此书分为九章，每章介绍建筑的一个方面，如侧面图、窗饰、拱顶构造、台柱设计、支柱和悬臂等。其中的核心章节展示了中世纪建筑的平面图设计。介绍塔楼、大门、室内色彩设计和圣坛隔屏摆放的部分，篇幅相对较小。虽然此书的出发点是提供建筑方面的实用指南，指导人们如何绘制平面图、立面图和剖面图，但书中也有许多描述、分析和阐释的部分。翁格维特通过这样评价哥特式大教堂，打造了自己的建筑理论体系："大教堂在自身中汇总了其他所有建筑的风格，就像教堂拱顶所体现的精神渗透进所有房间中一样……一座宫殿或市政大厅与教堂的确是不同的，但我们都会在里面祈祷，它们都服从于宗教所提出的要求，如果它们的外形没有体现出来源于教堂的设计，就会导致其外观与其本质相冲突。"依仗这一论断，翁格维特将哥特风格与宗教直接联系在了一起，同时以霍夫施塔特的方式，将其上升为一种风格最多样的建筑都适用的原则。论及哪种建筑风格为19世纪的主流这个颇具争议的话题时，翁格维特旗帜鲜明地支持哥特风格，并凭借对哥特式建筑的大量研究，从美学和实用两个层面上对自己的观点加以论证。

翁格维特表示："对所有的结构关系保持开放性态度，构成了哥特式建筑的首要原则。"这使得结构组成不再单单是一种技术性表达，而是进入了美学的范畴。合适的结构方案是新哥特主义在论证哥特风格的普适性时所强调的重点之一。对真实性的追求在翁格维特的理论中也扮演着重要角色。他以这种方式，在建筑理论中融合了道德层面的因素。"哥特式建筑的典型特征在于以最严格的方式阐明必须被满足的条件，解读时下的处境，展现物质的本性，始终努力以最微不足道的手段去追求最为宏伟的目标，但其中最为关键的特征，是在建造的过程中直面真实，摈弃虚假。""真实"一词有着许多层面的含义：既有物质效用方面的，也有形式设计方面的，其运用于建筑的方式，可以类比于基督徒对真实的理解方式。翁格维特在解释观点时谨慎地使用了理性的措辞，使之显得合乎逻辑，这让形式、功能、材料和构造得以串联在一起，在彼此之间建立起有机的联系并定义彼此，最终组成一套连贯的体系。在美学层面上，则是通过"效用""表达"和"特征"来建立关系。结构组成因而被视为将技术层面与美学层面连接在一起的桥梁。

德式新哥特风格理论家优先关注的是面积和三角形划分的比例。翁格维特的众多著作涉及了建筑理论的方方面面，从中可以看出，其早期作品深受赖兴施佩格尔的影响，对哥特式风格抱持一种富有浪漫色彩的观点，谋求宗教、国家与艺术的融合。然而翁格维特并未执着地追求世界大同的理想，而是渴望通过规划、建筑与写作来塑造自己的时代。他在著作中明确地批判了古典主义，指责约阿希姆·温克尔曼（1717—1768年）忽视当地的建筑风格，将弗雷德里希·魏因布伦纳（1766—1826年）贬为纯粹主义者。他的著作开创了一种新的教程写法，将设计实践与系统理论融为一体。该书的初版于1859年到1864年问世。1875年出版的第二版，内容未作变动。直到卡尔·莫尔曼的第三版，才在章节次序上作了些许调整，并并增加了一些草稿图，用以介绍翁格维特的时代尚未出现的结构关系。1901年到1903年出版的第四版，证明了这本教程在哥特风格领域长盛不衰的影响力。

伯恩德·艾弗森 著　钱卫 译

2 | 窗饰表

门廊上的大型圆花窗及窗饰

第二版，1875年，插图6。石版

第645页插图

1 | 柱顶研究

第二版，1875年，插图15。石版

3 | 网状拱顶的特征

第二版，1875年，插图11。石版

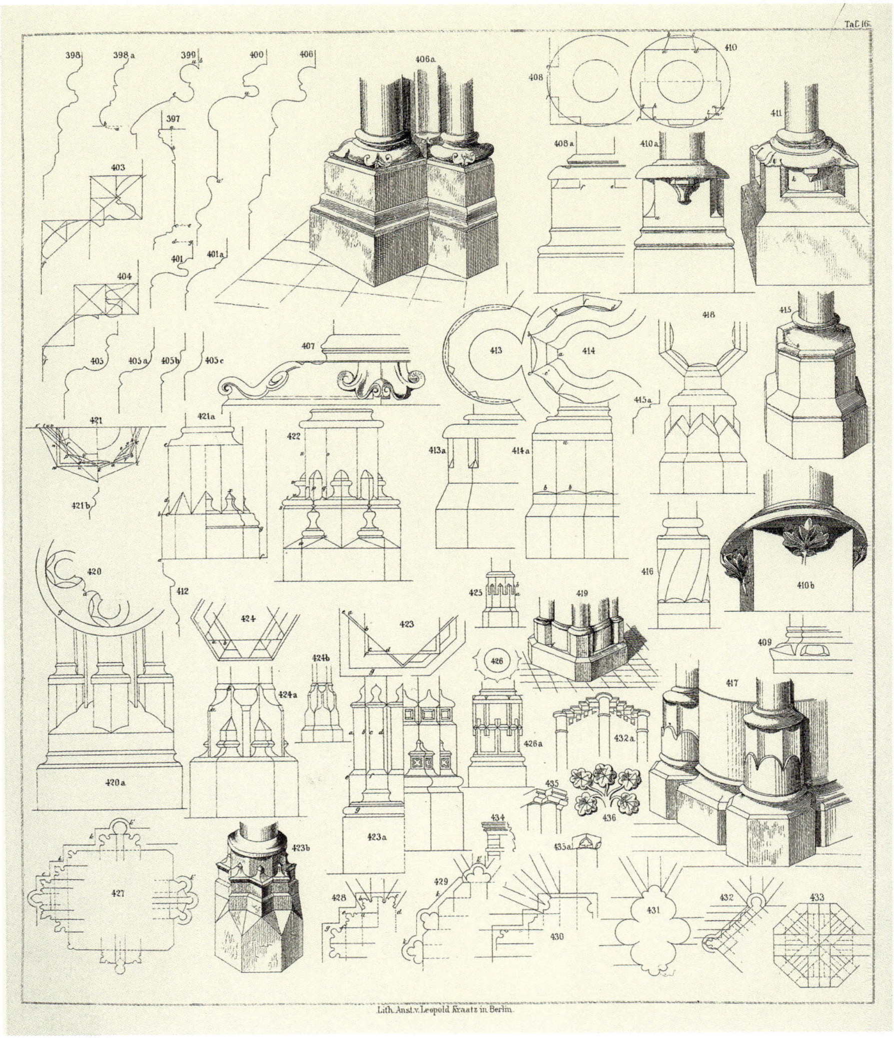

4 | 柱基和台柱剖面图

第二版，1875年，插图16。石版

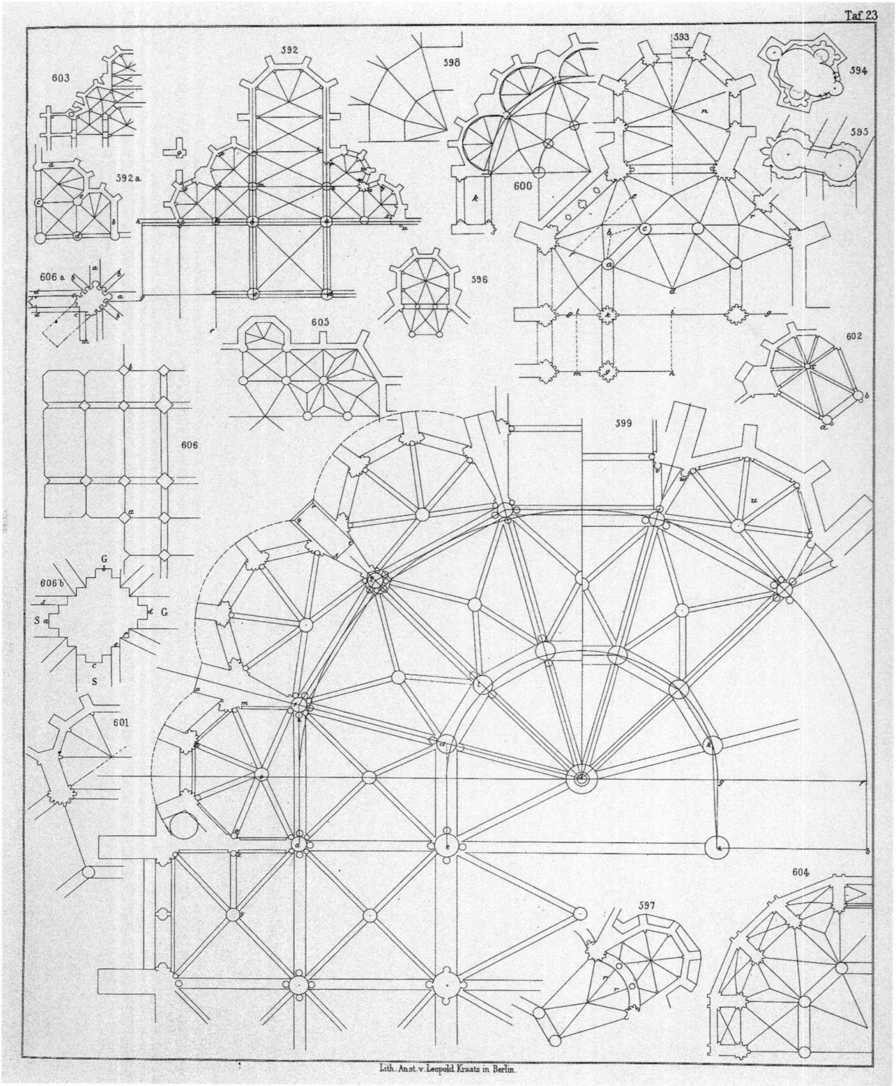

5丨非固定的圣坛和飞檐

第二版，1875年，插图23。石版

6 | 哥特式山形墙构造

第二版，1875年，插图30。石版

7 | 外观立面图
第二版，1875年，插图33。石版

8 | 塔顶侧面的山形墙
第二版，1875年，插图44。石版

9 | 外观立面图
山形墙上的圆花窗和凸起区域的草稿图
第二版，1875年，插图38。石版

20世纪

埃比尼泽·霍华德（1850—1928年）

To-morrow: a Peaceful Path to Real Reform

LONDON, 1898

A slightly modified new edition entitled Garden Cities of To-morrow. *London, 1902*

埃比尼泽·霍华德（Ebenezer Howard）的这本小书，是在城市发展主题中最具重要性和影响力的现代纲领性著作之一。它是最早尝试通过一个新的城市结构来改变因为工业城市扩张而导致的凄惨景象的著作。而这种新的城市结构革除了通常存在于城市和乡村之间的形态对比。

霍华德在伦敦有一份速记员的工作。1872年至1876年，他在美国度过了青年时光。当时，他对美国大量新建的社区印象十分深刻。但是同时他认识到土地投机生意所潜在的危机。霍华德受到几位人物及其思想极大的影响：社会改革家爱德华·吉本·威克菲尔德对殖民澳大利亚和新西兰（《殖民的艺术》，1849年）的见解，生活在伦敦的俄国贵族彼得·克鲁泡特金的共产主义思想以及美国经济学家亨利·乔治的一部要求废除私有制的著作《进步与贫穷》。美国人爱德华·贝拉米于1888年出版的乌托邦主题小说《回头看》，也对霍华德思想的形成起到了一定的作用。霍华德在19世纪80年代进行并完成了其书的写作。

霍华德以磁石作类比，对城市和乡村的生活条件进行了利弊分析。在第三个“磁力”图解——“城市—乡村”——中霍华德将两者的优点结合在一起，提出一个面向未来的规划方案。实现这一概念的是霍华德提出的“田园城市”模型。田园城市最重要的一条原则是限制城市的范围（不到32 000的人口居住在2400平方千米的土地上）并对城市进行功能规划和分区。最终，霍华德设计了一个中心式、呈放射状的城市结构。在城市结构的中心是一个圆形的公园区域，环绕其周围的是办公建筑和文化设施。中心区的外围是一圈广阔的公园，与其外围接壤的是一圈环形的水晶宫，即城市的购物区。接下来的一圈的环形区域是居住区，由带有花园的小型独栋住宅构成。其中，每小块土地的范围较窄，其尺寸为6米×30米或6米×40米。住宅区被一条宽阔的林荫大道“格兰德大街”从中间划分，沿街面是联排式房屋。工厂、仓库和市场则是在田园城市最外围的一环。均匀分布的环形网状铁路系统服务于整个城市。在田园城市的外围还围绕着一圈延伸出去的绿带。霍华德将他提出的“田园城

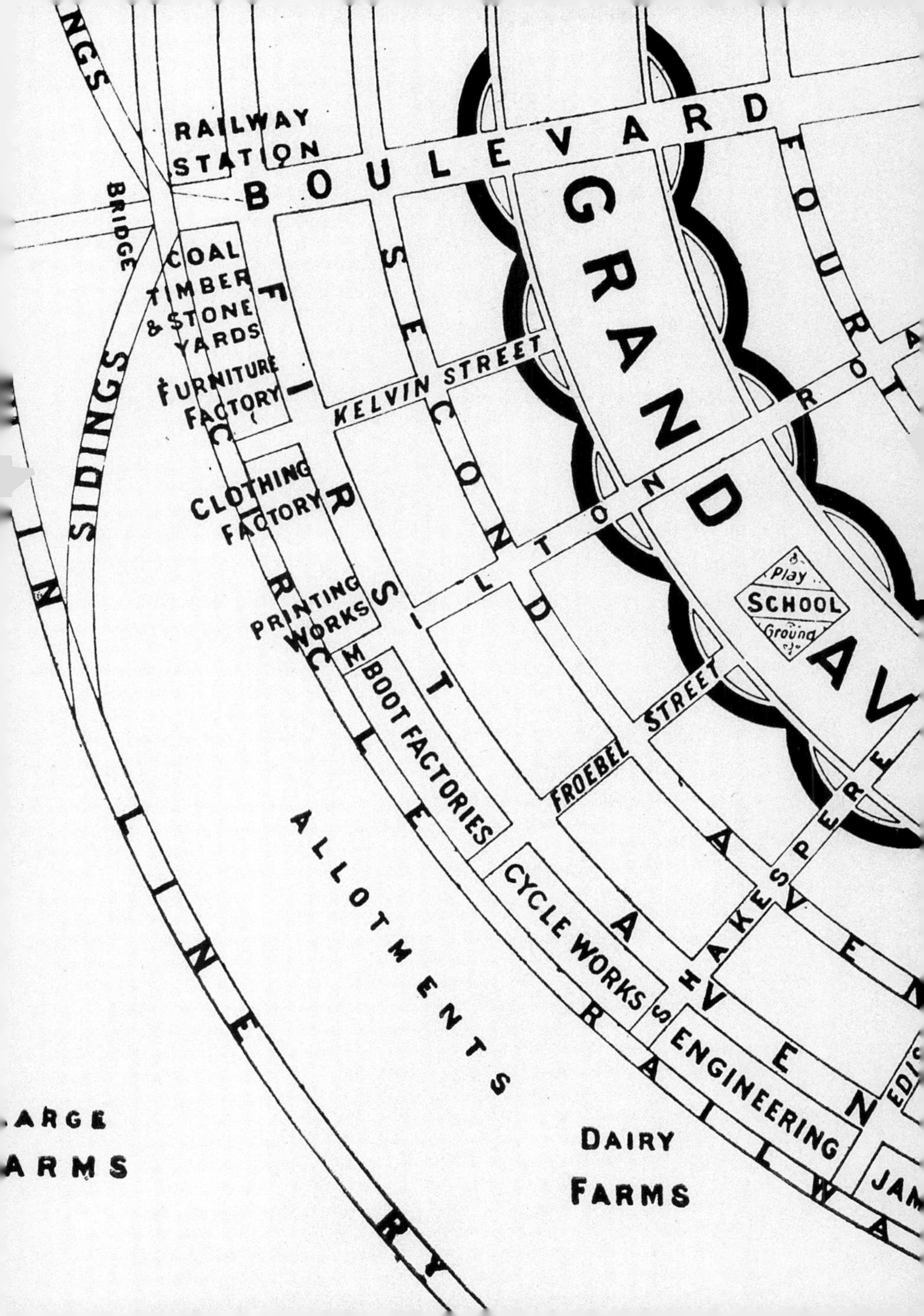
RAILWAY STATION
BOULEVARD
BRIDGE
SIDINGS
COAL TIMBER & STONE YARDS
FURNITURE FACTORY
CLOTHING FACTORY
PRINTING WORKS
BOOT FACTORIES
CYCLE WORKS
ENGINEERING
KELVIN STREET
FROEBEL STREET
GRAND
Play SCHOOL Ground
SHAKESPEARE
ALLOTMENTS
DAIRY FARMS

市”模型作为一个更大的都市系统中的一部分，若干个田园城市环绕一个不超过58 000人口的“中心城市”。这样一个城市组群的总人口合计起来应该限制在250 000人至678 000人。

霍华德田园城市的结构受到文艺复兴时期“理想城市”概念的影响，同时也受到英国传统乡间庄园的启发。但是田园城市却是由相对紧凑集中的建筑物和人口构成，换句话说，这不是乡间田园。霍华德主要针对的是城市社会、人口和功能的改革（霍华德改革的主要对象是城市、社会和功能）。从这一层面上来讲，其概念来源于像罗伯特·欧文（1771—1858年）和夏尔·傅立叶（1772—1837年）这样的空想社会主义者。实现这一模型的先决条件是土地的公有化。霍华德十分认同对工业、农业和零售业进行合作式和集体式管理。其中，个人的主动性不会受到限制，但是所有类型的投机买卖将被禁止。

霍华德希望通过一种更加均衡的经济、文化发展分配方式，来控制大城市中人口的增长、减少贫穷人口的比率以及解决除此之外的知识贫困问题。霍华德在他的许多演讲中传播他的理念，甚至向商人们讲解他的概念经济的可行性及其社会前景。1899年，田园城市协会成立，并且在欧洲的大部分城市中快速地建立了许多类似的组织。

在英格兰，不久就在大伦敦区中建成了两座田园城市：在巴利·派克和雷蒙·恩温的规划指导下于1903年开始建造莱奇沃思；1919年，根据路斯·苏伊讼的规划平面建设了韦林。这两个规划方案尽管在城市结构、建筑和社会层面上都没有严格地依照霍华德的规划进行设计，但是它们在大体上还是遵循了霍华德田园城市的规划。事实上，这两座城市中居住的都是多少有些改革意识的中产阶级。1909年，在毗邻德累斯顿的地方建造了德国第一座田园城市——赫勒劳。

虽然霍华德田园城市的设想从来没有被真正地实现，但是不管怎样，这一思想对20世纪城市规划的政策还是产生了极大的影响。霍华德最重要的成就在于，他最先意识到城市和非城市地区的建设发展是相互关联的两个问题。霍华德理论最主要的部分是大城市的持续扩散和工业分散化，但这两点都在不断地加剧。然而，许多城市规划者都有采用霍华德的这一概念。其中包括弗兰克·劳埃德·赖特（1867—1959年）的“广亩城市”模型和德国的恩斯特·梅。霍华德田园城市的理念促使了现代郊区这一概念的出现，也导致了今天的工业区的形成以及社区公共房产的建立——尤其是在荷兰和德国。然而，这些都不具备霍华德设想城市的特质。

霍华德前后在莱奇沃思和韦林定居生活，于1928年在韦林辞世。在他去世的前一年，霍华德被受以爵位。1946年，他的著作在更新了一些注释之后，经由他的之前的同事弗雷德里克·杰奥之手再版。由于1946年大伦敦区和曼彻斯特规划的影响，霍华德的理念成为1964年开始进行的英国集合都市“新城”规划的重要影响理论，并且在战后的德国被称为“卫星城”。

约尔根·保罗　著　　吴皎　译

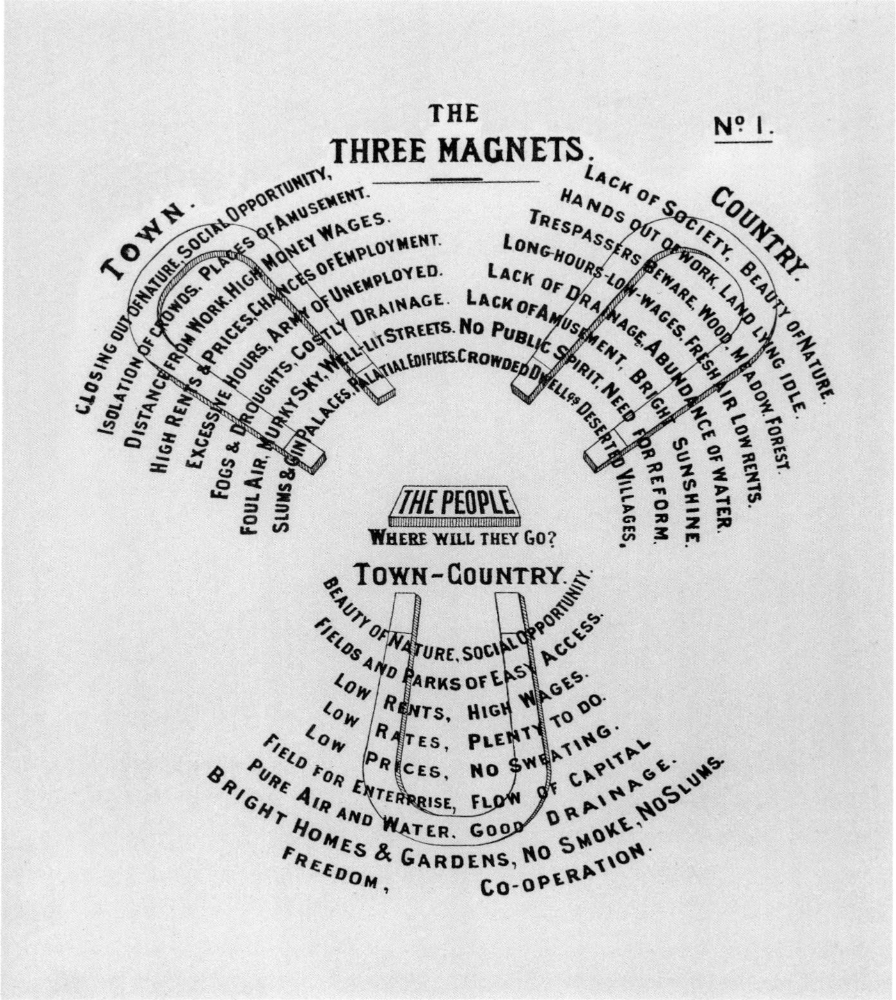

1 | 三块磁石的图解

生活在城市或乡村中的利与弊，以及通过结合两者的优点形成田园城市这一改良模型以提供更好的生活环境

模型一

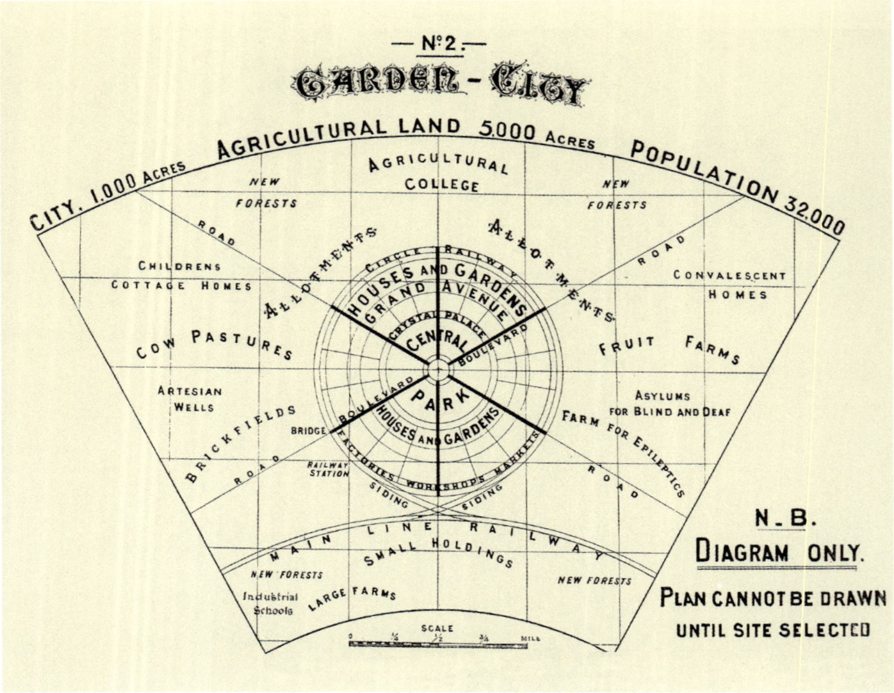

2 | 示意图

图示为田园城市功能和结构的区域划分，以及其周围配置有花园土地、农田、社会设施和铁路的环境条件模型二

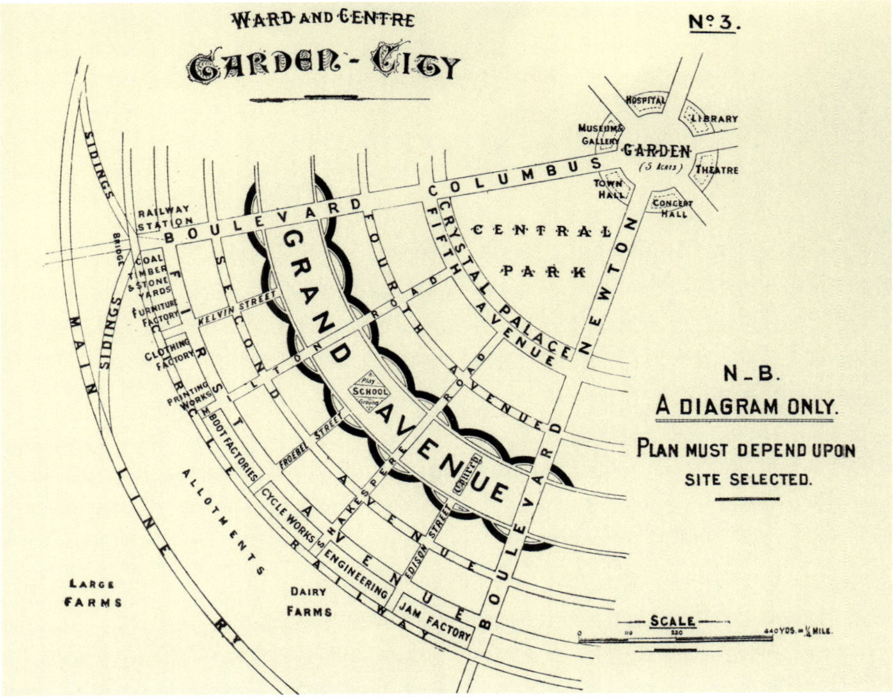

3 | 田园城市的功能结构区域划分
中心花园与公共设施、内含商店的水晶宫、住宅区、工厂、工匠和环形铁路
模型三

阿道夫·路斯（1870—1933年）
Ornament und Verbrechen

VIENNA, 1908

Ornament and Crime

阿道夫·路斯（Adolf Loos）是一位其出版物与实际建成的建筑作品同等重要的建筑师。在他事业的开端，路斯通过在杂志上发表文章来宣传他的工作室。甚至在路斯成为一位富有声名的建筑师之后，他依旧是一位十分活跃的作者。他不断地极富热情地追求着自己的目标，即设计没有装饰艺术性的功能性建筑。他不被过度的建筑训练所“破坏”，却将自己乖戾的建筑同事同工匠进行比较。

路斯于1870年生在摩拉维亚的布隆，是一名石匠的儿子，他深受自己家庭背景的影响。在他结束为期一年的砖匠工作后，于1890年至1093年在德累斯顿的技术大学开始学习建筑，但并没有获得学位。1893年，路斯参观了在芝加哥举办的世界博览会。展览后，他在美国逗留了三年，这段经历对他之后的事业产生了巨大的影响。路斯学习了芝加哥学派最新的设计方法，如结构框架和高层建筑。但是他真正感知的是一种精力充沛且十分乐观的美国人生活方式。1896年，路斯定居维也纳，并开始为一些商店和住宅设计室内。

1909年至1911年，阿道夫·路斯为裁缝戈德曼与萨拉奇建造房子。项目位于米歇尔广场，新建筑与奥匈帝国的霍夫堡皇宫相对，并在建成之后引发了一场争论。建筑中的零售空间为大理石立面，被设计成十分卓越的商业空间，却给人以抽象的感觉。建筑在新古典主义的基础上，显示出美国的建筑模式。大楼的公寓部分，立面由泥灰粉刷并凿出棱角分明的窗户，形象简洁鲜明。不论这栋建筑是属于古典复兴还是新艺术派，它都是拒绝任何装饰的宣言。它的成败在于其材料和比例。让人们觉得丑陋的外部将精致高雅的室内装饰赶入建筑内部隐蔽的位置。这是路斯向所谓“空间规划”迈出的第一步，这一概念是路斯从美国模式中发展出来。空间规划指的是不应该只在二维平面上对建筑平面进行设计，应该也要从三维角度对其进行考虑。因此，每个房间的高度都与房间的功能相对应，这是通过复杂的空间划分而得到的结果。

除了为中产阶级设计房子之外，路斯于1918年开始思考为工薪阶层设计房屋的相关问题。他在城镇的边缘根据战后的需求和自供自足的设计原则，设计了一个住宅模板。路斯在其1902年出版的《住宅的原则》一书中这样写道："每一个住宅的规划都带有一个花园。花园居第一位，居住处第二位。"他在房地产办公室担任了一年的负责人，但是其中的繁文缛节让他对这件事失去了兴趣。此后，路斯去巴黎小住了一段时间。除了为他的诗人朋友特里斯坦·查拉建造别墅外，他没有接到其他的工作。路斯设计的最后一幢房子，是1933年为奥地利德意志制造联盟设计的半独立式住宅。到最后，路斯才接受了这幢房子的布局。他拒绝出席房子的奠基仪式，并且进行尖锐的批评，还称其为"过剩"。他的这些评论是针对新艺术派像约瑟夫·霍夫曼（1890—1956年）、亨利·凡·德·费尔德（1863—1957年）和理查德·瑞默克米德（1868—1957年）这样的艺术家。"我们需要木匠文化。如果这些被归于实用艺术之列，就会再一次让木匠们去画画或者是扫大街，我们需要这一文化。"

1908年，《装饰与罪恶》（*Ornament und Verbrechen*）出版。如果一旦认为建筑业和记者的工作之间存在联系的话，之后就意味着创造的宣言必须是能挑起论争和备受瞩目的书籍。路斯自己这样认为。1910年，他向柏林美术馆的拥有者赫瓦斯·华尔登提出为这本书做以下声明："阿道夫·路斯，这位来自维也纳的建筑师因其激进的观点被众人知晓，他的第一个纪念性建筑被维也纳城市议会叫停，他即将在此进行演讲。路斯先生因为去年的演讲——《装饰与罪恶》所引发的论战被大家所熟知。"当路斯进行《装饰与罪恶》的写作时，他已经拥有了十年的记者经历。1898年，他通过自己在劳尔·罗杰斯新闻社发表的一系列报道而被更多的人所知晓。他的多数文章都是关于建筑，虽然他也会将其比作衣服和鞋子。看起来，他总是试图对日常事物的艺术效果和其价值置之不理，而实际上，他是在自己的文中重组其适宜的美学、功能和社会地位。

1898年，一篇名为《赝品》的文章在维也纳分离派的杂志《圣泉》中发表。文中指责维也纳的环城大道。"当我沿着环道散步时，我时常感到一种'现代波坦金'在试图让人们相信他们所去往的城市里充满了贵族"。他指责"市井"和新贵们生活在入不敷出的廉价公寓中，却觉得自己住的是浮华的意大利文艺复兴时期的宅邸。他指责自己的建筑同行变得自命不凡。他说，比起宅邸，他们只是建造了用装饰装点起来的平庸房子。"他们装饰的细节、水果花环、涡卷纹饰和锯齿形的花键轴只是模压的水泥钉上去而已。"因为十分提倡建筑材料固有的美，这样的"作为似乎"是不可忍受的——出于道德和经济的原因均不可。这是对人力、时间和金钱的浪费。

在美国居住过一段时间之后，路斯成为进步主义的热情拥护者："是的，我们生活在一个美好的时代，好到除此之外我不想生活在任何一个年代。"他试图完成形式的更新。但是仅仅认为路斯是一个反传统者，这样的评价是十分不公正的。他的理念基于19世纪早期简单的中产阶级建筑和卡尔·弗里德里希·申克尔的古典主义理论。

在维也纳环城大道两旁的建于1900年前后的古典复兴建筑并不是他唯一的敌人。他同样会与同时代沉溺于新艺术派设计的同行较量。他把那些声称自己是艺术家而眼中只承认美学的人作为批评的对象。路斯与他的朋友讽刺作家卡尔·克劳斯以及和最近滥用语言对“现代咖啡屋贪图享乐”进行批评十分相似。在他的讽刺作品《贫穷的富人》中，路斯揭发了艺术建筑师的专制，并让其客户看起来十分滑稽可笑。一个“贫穷的富人”找到了一个著名的建筑师，并对建筑师说，“将艺术带给我。钱并不是问题。”于是，建筑师将富人的房子里所有的东西都换成了“艺术制品”，其中也包括他的一双拖鞋。在故事的结尾，“贫穷的富人”不再是自己城堡中拥有审美观点的国王。这个故事的寓意是：艺术只是艺术（它可以被夸大），而实用的东西就是实用的东西，不应该被艺术劫持。

这一寓意在路斯的大部分文章中不断出现。他的许多文章都可以被归纳总结为几个主要的主题，几乎所有被路斯反复讨论的主题都囊括在《装饰与罪恶》一书中。通过快速反思个人和社会的发展进程，他开始进行大规模的总结，其中也包括色情艺术的起源。他举例巴布亚人的文身是一种原始无罪的装饰。“（作为对比的是）任何一个现代人身上的文身，不是有罪的证明，就是堕落的表征。”路斯补充道，“我得到的结论被我称之为：文化的进化意味着从实用物品中去除装饰。”缺少装饰适于现代这一时期。“装饰的缺失意味着文明的力量。”任何装饰，不管它是弯曲的、雕刻的还是被铸造的，所涉及的不仅仅是美学问题，还是“违背经济原则的罪证”。因为是这些奴役工匠们做着毫无意义且收入极低的工作。

路斯于1897年至1900年完成了题为《与砖墙对话》一文，并于1921年发表。之后，路斯在1931年出版《尽管如此》，其题目十分具有挑衅性，出自尼采的“尽管如此，决定还是会出现”一句。在简介中，路斯承认自己认同“新建筑”中提出的大部分重要观点。作为“新建筑”较早的支持者，路斯在最后则是被边缘化。他说，“在战斗了30年之后，我已经胜利了：我将人类从过剩的装饰中解放了出来。”《装饰与罪恶》一书中没有任何插图。文后的插图是对路斯作品的概览。

吉尔伯特·卢普伐　著　　吴皎　译

第663页插图

1 | 维也纳的莫勒别墅

这一别墅（1927/1928年）是路斯后期的作品之一。有着平滑墙体的立体派外观呈现出“新建筑”的特征。路斯是这一运动的先驱之一。

2 | 维也纳博物馆咖啡屋
路斯在1899年设计了博物馆咖啡屋。其不加装饰的房间激怒了同时期的建筑师，因为比起通常咖啡馆的氛围，这里更加能使人回忆起19时期30年代的美学

3 | 维也纳的戈德曼与萨拉奇总部
这栋建筑是为裁缝戈德曼与萨拉奇设计——位于维也纳的米歇尔广场（1909—1911年）——并引起了一场建筑丑闻。其严肃的和缺少装饰的立面是路斯理念的现实表达

4 | 戈德曼与萨拉奇总部的零售空间
阿道夫·路斯最先是以室内设计师的身份而出名。戈德曼与萨拉奇总部的零售空间证明了路斯可以不使用装饰设计出高贵精致房间的能力

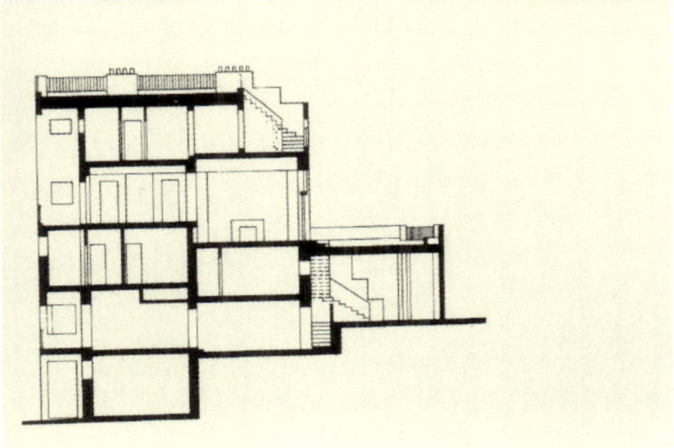

5 | 特里斯坦·查拉住宅
路斯在巴黎生活时，于1925年为他的朋友，即达达主义诗人特里斯坦·查拉设计了位于蒙马特区的别墅。建筑内部错层式布局，反映了路斯对于建筑空间的思考
照片和图纸

6 | 芝加哥论坛报社大楼设计方案（1922年）
即使从路斯的古典主义立场来理解，其用超尺度的柱式设计出的这一方案让人十分不解
钢笔画

托尼·嘎涅（1869—1948年）

Une Cité industrielle: Étude pour la construction des villes

PARIS, 1917

An industrial city. A study in urban planning

托尼·嘎涅（Tony Garnier）的“工业城市”是针对工业革命之后的工业城市提出的一个理想平面。其中，城市每一个方面的设计都经过了仔细考虑，力图阻止当时工业城市无秩序发展蔓延的现象。

嘎涅于1886年至1889年在巴黎国立高等美术学院学习。在那里，他深受朱利思·加代讲授的理性主义的影响。1899年至1904年期间，嘎涅受到巴黎国立高等美术学院的资助进行研究，并计划在罗马规划建设一座“工业城市”。1901年，嘎涅向学院提交申请，其中包含一张平面图和一张总体效果图。但是被学院明确地拒绝。之后他不断地修改深化他的方案，并于1904年以“工业城市”为题，再次提交。这一次，学院方面认为这是一项“成功的但却无趣的”工作。之后，嘎涅回到他的家乡里昂，并在1905年开办了自己的事务所。1909年至1939年，嘎涅在省立建筑学院担任教授一职。并在那里，他将之前的方案扩展到164个设计，于1917年在巴黎出版，并配有简要的说明。

嘎涅想要为20世纪的工业城市设计出最佳的城市模型。嘎涅提出的是一个虚构城市的方案，虽然“工业城市”和里昂在纬度、河流的位置和支流的交汇口上多少存在差异，但是人们怀疑“工业城市”是以里昂为城市原型来进行构想。不同于里昂，嘎涅的城市模型是反大都市。其“工业城市”中的规划居住人口与埃比尼泽·霍华德的“田园城市”规模相同，只有35 000人。“工业城市”规划模型最重要的一点原则是城市功能区域的划分，即分为工作区、社会生活区和居住区。

工业区设置在地面的低洼处。城市中最大的设施是钢铁厂和高炉，另外还有港口和大坝。城市横跨于一个较高的台地上，可以俯眺山谷。火车将城市与工业区连接起来。所有的市政建筑（市政厅、注册局和仲裁法庭）与其他公共建筑一道布置在城市的中心区域。这些建筑物中包含一个大礼堂和许多不同尺寸的房间，以满足各种城市事务、演讲和集会的需求。其中，一个配备有扬声装置的3000人大礼堂，可以举办市政会议或欣赏音乐表演。城市

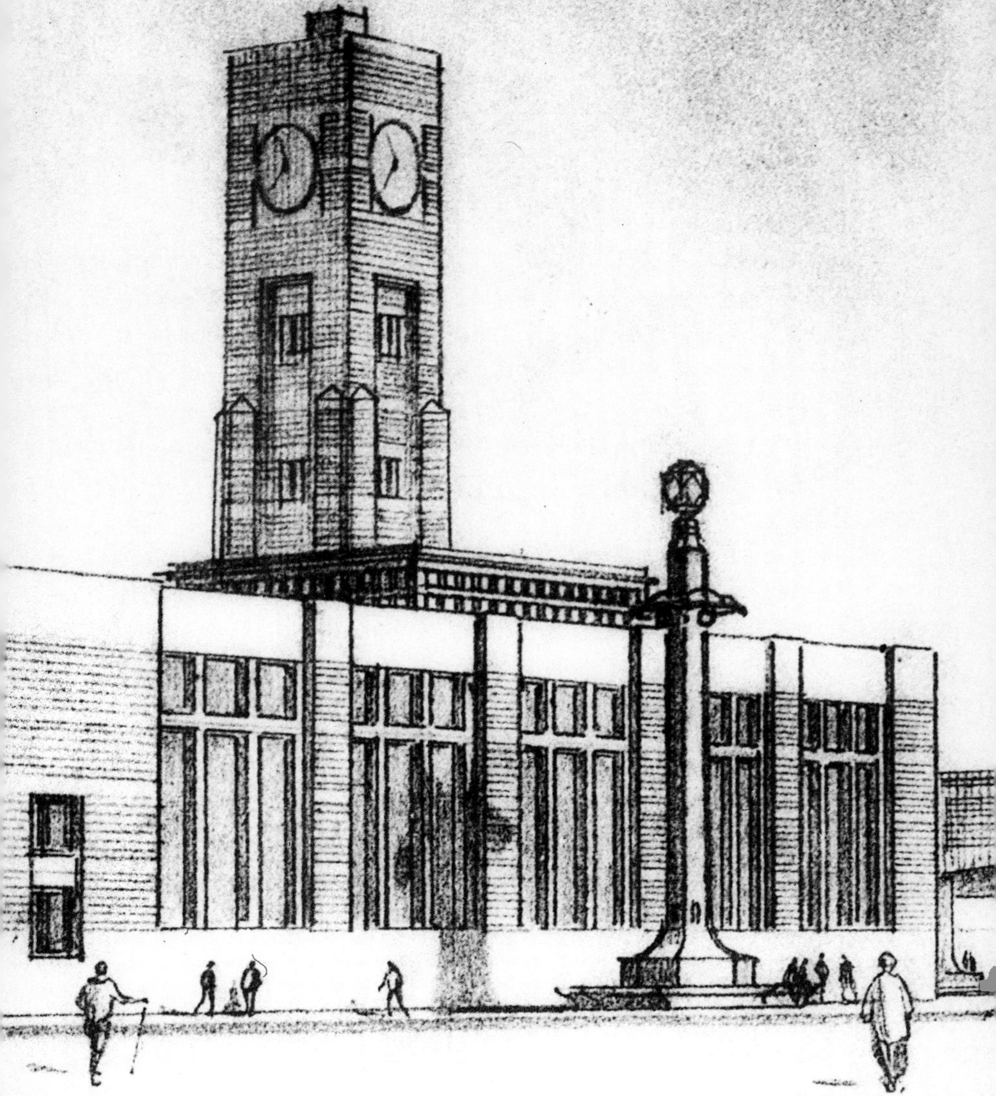

中还建有剧场、博物馆、档案馆、图书馆以及运动设施。除此之外，城市中工作交换中心可以帮助人们谋求工作。而服务设施都设置在火车站前，包括旅馆、商场和露天市场。火车的站台在车站中沿边设置，设计为笔直的轨道可以使得列车能够更快速地运行。

城市中所有的建筑物都不超过3—4层。只有市中心的市政厅配有高耸的钟塔。居住区域为正交的网格布局，由标准尺寸的街道和街区构成。独栋住宅被布置在30×150米的如同花园般的居住模块中，之间没有栏杆分隔。这样的居住模块被再次划分为15×15米的小块土地。而在其上建造的住宅最多只能占用一半的面积，剩下的部分则是作为公共空间服务于来往的路人。“工业城市”是一个开放的绿色城市，没有封闭的城市空间存在。其中，独户住宅的数量要远远高于公寓建筑的数量。独户住宅拥有宅邸式的形象，可以是一层、二层或者最高为三层的建筑物。

在1901年的第一版方案中，房屋都是采用斜坡屋顶，而在出版物中，所有的建筑都采用了平台式屋顶。嘎涅十分重视建筑的卫生标准。每一个卧室至少都有一扇南向的开窗，不管多小的房间都会有一扇朝向室外的窗户。室内的墙壁和地板都是由光滑的材料制成，所有的墙角都设计为弧形。两栋建筑物之间的距离至少要与其高度等同。这些建筑物有着统一的风格特征：立方体的外形、平滑的墙体以及当时法国建筑中少有的理性。然而，檐口、壁柱和长窗等元素的使用使建筑物的外观有新古典主义的风格，如同奥古斯特·佩雷（1874—1954年）的代表作品一般。“工业城市”中的一切都是由钢筋混凝土建造——这项技术在当时还处在初创的状态。

嘎涅创想的城市，不仅仅是技术方面的模板，也是一种社会模型。它延续着像夏尔·傅立叶（1772—1837年）和罗伯特·欧文（1771—1858年）这样的空想社会主义者创立的建筑社会模式的传统。然而，它却是直接受到社会学家让·饶勒斯的理论和埃米尔·左拉的乌托邦式小说《劳动》（1900年）中“理想城市”理念的启发。出自后者书中的文字就如同嘎涅设计的礼堂蓝图的设计说明。嘎涅并没有在其城市模型中设想政治或军事方面的运作。城市中没有监狱和教堂。而城市的规划平面在许多方面都借鉴了埃比尼泽·霍华德的“田园城市”概念。

“工业城市”的手稿在1904年出现后，获得了一定程度的认可，但是其于1917年的正式出版物却并没有引起世人的注意。之后在1920年，勒·柯布西耶摘选了其中的部分内容，发表于《新精神》杂志上。他也在1923年出版的宣言式著作《走向建筑》一书中提及嘎涅。1924年，以“工业城市”设计为主题的展览再次举办，并引起了广泛的关注。1933年，国际建筑协会针对现代城市规划起草了《雅典宪章》。而托尼·嘎涅的“工业城市”对于那些支持《雅典宪章》的人有着重要的影响。

从1906年开始，托尼·嘎涅继社会党市长艾瑞欧特·赫里克——之后分别担任首相和外交部长，在里昂负责了许多公共建筑项目的设计和建造。嘎涅在1920年至1924年间和1929年至1935年间的作品中，只有美国总部项目有限地将他的理论付诸实践。

约尔根·保罗　著　　吴皎　译

1 | 会议厅
有覆盖的宽敞的柱厅门廊；由钢筋混凝土建造而成
第17页。绘画

2丨市政及礼堂建筑
插图中的市政厅和仲裁法庭摘自埃米尔·左拉的小说《劳动》
第19页。钢笔画

3丨剧院
剧院和排练厅。覆盖礼堂的穹顶形式借鉴了查尔斯·加尼叶设计的巴黎歌剧院的形式
第28页。钢笔画

4 | 形式复杂多变的医疗设施

医疗机构设置在城市所在丘的北部，其所在的地形可以为其遮挡冷风。医疗设施由一家医院、日光浴疗法机构和残疾人机构组成

第52页。钢笔画

5 | 居住区
如图所示，画面的前方和中间是一到两层的独立式住宅。房子之间的空间作为公共空间使用
第72页。钢笔画

6 | 两侧住宅
规整的立方体形态和理性的、无装饰的表面，是对20世纪建筑的展望
第75页。钢笔画

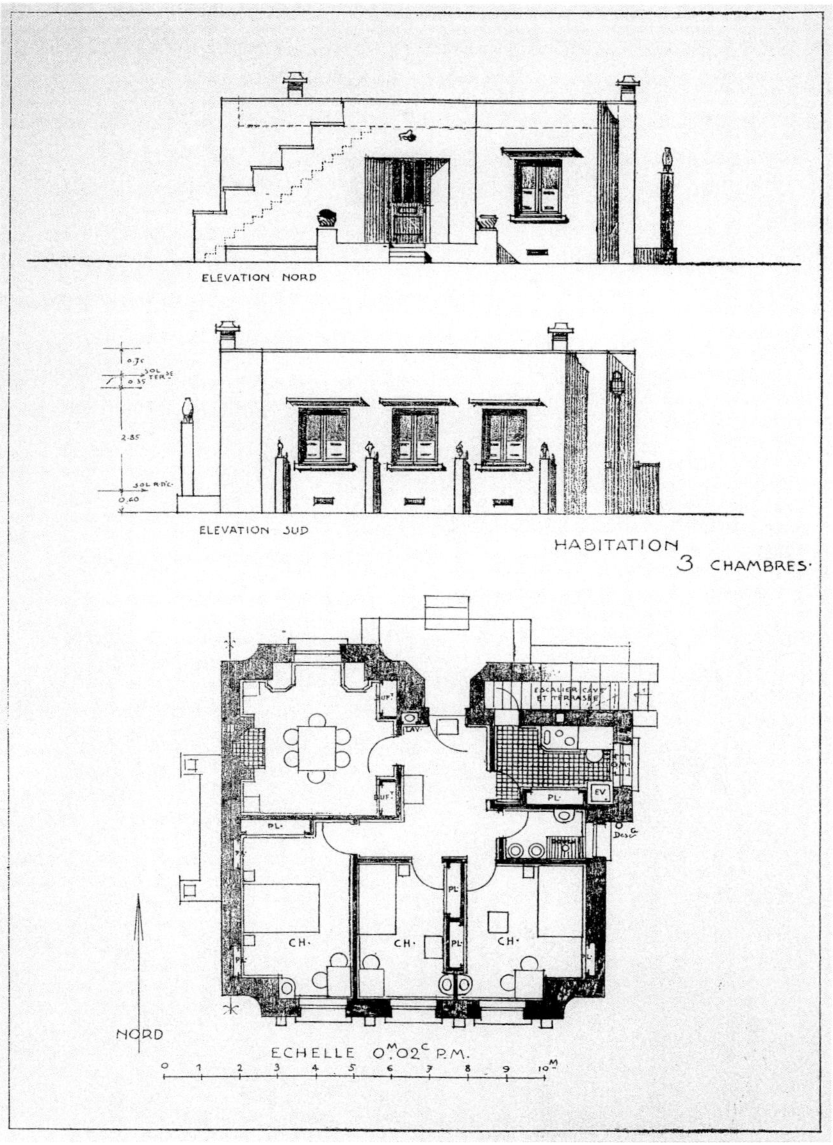

7 | 一层住宅的立面和平面图

这是一个80平方米左右的居住空间；入口和建筑后方的立面上的石柱，给简洁的形式添加了一种古典高雅的氛围
第103页。绘画

8 | 工厂、炼钢厂、工业港口和码头总体效果图
第163页。钢笔淡彩画

P. 163
VUE DES USINES

9 | 高炉和大坝发电厂效果图
第164页。钢笔淡彩

P. 164
LES HAUTS-FOURNEAUX

布鲁诺·陶特（1880—1938年）

Die Stadtkrone

JENA, 1919

The City Crown

Alpine Architektur

HAGEN, 1919

Alpine Architecture

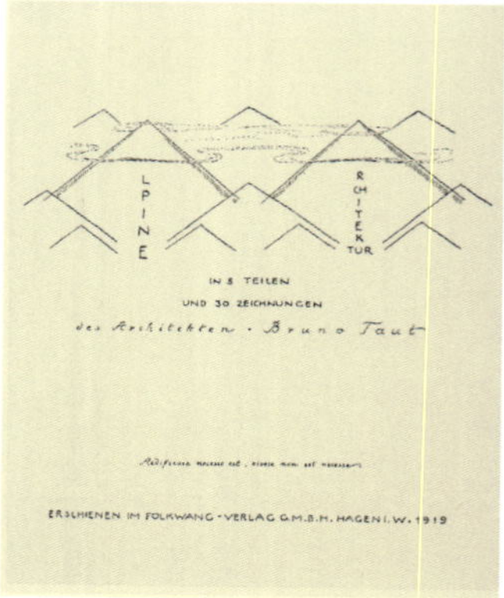

“彩色玻璃可以消除敌意”。这句稍许晦涩的格言出现于1914年德国科隆博览会中的“玻璃亭”。布鲁诺·陶特（Bruno Taut）设计的这座多边形鼓状建筑，由混凝土做结构支撑，并用玻璃马赛克覆盖整个表面。它被冠以棱镜般的玻璃穹顶，并作为玻璃工业的展厅。这位年轻建筑师的创造力引起了许多人的注意，并在不久就成为德国建筑表现主义的代表人物。开头提及的格言是源自于作家保罗·薛尔巴特（1863—1915年）。保罗·薛尔巴特主要的创作是幻想小说和诗歌，并被陶特认定为“之于建筑唯一的诗人”。薛尔巴特的文章《玻璃建筑》与淘特的“玻璃亭”在同一年由柏林表现主义的斯蒂尔姆出版社出版。如果没有这样的影响存在，很难想象陶特会创造出如此的字句。薛尔巴特提出了一系列假设和自己的想法——在建筑中，砖即将被玻璃所取代，而这会在土地上引发巨大的改变，并使人类的文化提升到一个更高的程度。这些都经过他长时间的思考和发展而得出的结论。

回到布鲁诺·陶特，他于1880年生在东普鲁士的魁尼西堡（现为俄罗斯的加里宁格勒区），并在家乡的建筑职业学校学习。在几个城镇进行实践之后，1904年至1908年，陶特在斯图加特与泰欧斗·费瑟尔合作，之后于1908年定居柏林。在柏林，他和弟弟马克思一起工作，但一直处于一种非正式的合伙关系。1912年，陶特成为田园都市运动的成员之一，并设计了在柏林格伦瑙区法肯堡近郊的田园城市，以及马格德堡“改革”田园城市。田园城市的哲学思想（强调社会改革）成为陶特观念形成过程中十分重要的源泉之一。

第一次世界大战开始后，陶特的建筑实践被迫暂停。他成为一名和平主义者，并且避免了兵役。自此开始，他进行写作和绘画，他不是为了逃避残酷的现实，而是想要通过提出一种积极的乌托邦从而反对战争。陶特在1916年至1920年进行的写作和绘画绝对不是一个失业的建筑师为了得到自我慰藉而采取的行动，而应该被视为在乌托邦社会思想和城镇规划之间、在未知和美学之间、在艺术综合和批判文明之间、在玻璃的隐喻特性和抽象艺术之间存在的一种密集的、引人注目的艺术修养。

DOMSTERN

《城市冠冕》（*Die Stadtkrone*）写于1916年（？），并于1919年出版。其中，通过研究乌托邦社会主义学家如夏尔·傅立叶（1772—1837年）将建筑概念和世俗的千禧年说联系起来，揭示两者之间存在的一种特定关系。陶特认为，“社会主义存在于不关心政治和超越政治意识之中，远远超出一种统治形式，代表着最为基础的存在于人类之间的关系。它是连接不同阶级、国家和民族的桥梁，将人与人联系在一起。”陶特设计了一个半径为7000米、能容纳300万人的巨大田园城市。“城市冠冕”就在整个城市的正中心。“非凡且难以接近”，它会成为公众朝拜的终点和文化中心，它是一座如同高楼大厦般、不存在任何企图的“水晶宫”。“建筑的内部只有一间漂亮的房间，可通过两边的剧场和一个小的社区中心中的楼梯间进入。我该如何开始描述这个唯一值得被建造的建筑！”陶特的工作根据历史上的原型和配有插图的文献进行。他特别提到中世纪的城市：“大教堂与它们的不惧任何目的性的中殿，甚至是那更不具目的性的钟塔，是城市中真正的冠冕。”这与时代精神以及与陶特同时代艺术史学家的研究维尔海姆·沃林格尔的研究相一致。对陶特来说，印度神庙是超越世俗大众的主权、思想和智慧的更加恰当的案例，并且也是世俗与宗教结合的案例。

与相对现实的“城市冠冕”进行比较后，陶特开始大步向实现乌托邦更远的道路上迈进。其中的一个成果便是《城市的解体，或地球是居住的好地方，或通往高山构架》。文章写于1918年并在1920年出版。在文章中陶特称这一作品“是纯粹的乌托邦和小小的娱乐”。在30幅艺术插图中，他再次提出一种居住和社会的模型，并远远超出大都市的范围大小。插画中，具有奇异想象的童话构想常常趋向于生物抽象的表现形式。人类的社区被划分得尽可能小并且存在差别，甚至为怪人提供空间。卢德主义和拒绝功能性面向通过未来科技的幻想被混合在一起。以这样的方式，陶特设计了一个“圣殿，在那里太阳能可以被玻璃平板、棱镜和镜面吸收并储存在光塔中。”当然，这些并不能完全按照字面意思来理解。这是一种象征，不是之于新的社会，而是之于已经克服世俗束缚的新人类。那么城市冠冕就在这里出现。然而现在则更多的是从任何世俗的功能主义中超然和解脱出来。这个“巨星庙宇”——不言而喻的——是由玻璃建成，试图使人类和建筑融合在一起，在戏剧或宗教的层面来创造出一个宇宙总体的艺术。为艺术而艺术的理由已被取代了，它早已渗进所有人的身体里。

作为理论的基础和为了保护高质量艺术性的文字和插图，陶特有一个附录，摘录了不同作家作品中的文字片段。这里面包括弗里德里希·荷尔德林、弗里德里希·恩格斯、弗里德里希·尼采，他们对国家和资本主义的批判倾向，使陶特很感兴趣。陶特十分敬佩俄罗斯无政府主义者、共产主义者彼得·克鲁泡特金，他为独立主权国家的社会自由而奋战，并试图废除私有制。陶特的思想和这些弗里德里希以及他的德国追随者古斯塔夫·兰道尔十分相似。尽管如此，在讨论政治政党时，还是没有办法称陶特为无政府主义者或共产主义者。

在撰写《高山构架》（*Alpine Architektur*）一年之后，于1919年出版。这是一本天马行空的想象力之集合，带注释的插图描绘如何攀登阿尔卑斯山，到达一个更加超验的乌托邦国度。虽然内容根植于混凝土建筑结构和真正的地形情况，但是《高山构架》却是陶特最富奇幻想象的著作。书中描述了阿尔卑斯山脉和丘陵地带至地中海区域被水晶玻璃结构所覆盖。“是的，这毫无实际意义并且无用！”陶特这样评价自己的想法。但是他在之后轻蔑地反驳自己说“所有留给我们的都是不安分的，激励人心的工作在于服务于美并且服从于更高的力量。”

在第一次世界大战结束后的两年期间，随着和这一作品类似出版物的发表，如《世界的建筑师》和《天堂的房子》，陶特开始积极活跃于组织具有革新精神的艺术家和建筑师。同他的许多同事一样，陶特确信建筑师和艺术家必须在一个新的社会的成形发展中起到其特有的核心作用。1918年底，陶特成为艺术委员会和11月小组的创始人和成员。这两个都是由乌托邦思想和革命性表现主义思想主导的协会，但都没有持续太长的时间。其中，瓦尔特·格罗皮乌斯、埃瑞许·孟德尔松、保罗·克利和莱昂内尔·法宁格都是他的伙伴同盟。这些没有前景的理想化组织很快就在政治实践中被摧毁。1919年底，陶特提出了新的更为人性化的团体组织构想。他成立了一个秘密小组，是一个由建筑师和艺术家组成的松散联盟，成员通过通信来交流项目和乌托邦的构想。他们自称这一组织为“玻璃链”，里面的成员包括卢克哈特兄弟、汉斯·沙龙和赫尔曼·劳斯特林。陶特把信件中的想法和设计在他创办的杂志《拂晓之光》（*Frühlicht*）上发表。1920年，“玻璃链”瓦解。表现主义繁荣，达达主义缺乏严肃性以及其不羁的幻想，既无法与新理性主义对抗，也对来自建筑特别委员会的诱惑无从抵抗。

布鲁诺·陶特随后被任命为马格德堡的建筑监察（1921—1923年）。在那里，他试图通过给建筑的外观涂上具有表达性的色彩，以此为城市带来更多的魅力。1924年，他回到柏林，并在一家公共服务建筑公司做咨询师。通过使用现代科技，他实现了量产住宅（例如马蹄形的柏林布里茨）。这被认为是魏玛共和国最重要的建筑成就。我们不应该将这些作品看作是对他早期理想主义的背叛或是一种采用资产阶级价值的表达。相反，这些作品使之前的理想进行转化以适应变化的环境形式。

1933年，布鲁诺·陶特被迫移民国外。开始时他去往日本，在那里对日本的建筑和艺术进行了深入的研究。1936年，他在伊斯坦布尔艺术学院任职教授。任职期间，他建造了一些学校建筑和位于伊斯坦布尔奥塔科伊区的私邸。在他的私邸还未完工前，陶特于1938年12月24日离世。

吉尔伯特·卢普伐 著　　吴皎 译

第683页图注

1 | 明星大教堂

明星大教堂奇幻的玻璃镜面拱形形式，是陶特将艺术与自然通过浪漫的方式进行合成的作品

出自《高山构架》，插图26。钢笔淡彩画

2 | 教堂建筑

当他完成城市冠冕的玻璃建筑之后，陶特并没有描述山上的玻璃建筑的主要功能和社区导向功能

插图3。钢笔淡彩画

3 | 水晶建筑

这座位于瑞士的水晶建筑是一座“寂静的庙宇”，它的效果是“崇高的构架与巨大的寂静”的结果

插图4。钢笔淡彩画

4 | 建筑设计

陶特对于高山构架的设想是基于具体的地理环境，如阿尔卑斯山麓上的意大利湖泊。阶梯形建筑缺乏表现的细节

插图14。钢笔淡彩画

5 | 雪、冰川和玻璃

对陶特而言，在阿尔卑斯山上的建筑是由雪、冰川和玻璃一起构成的三位一体式建筑物。它的实现将是“极其困难且完全的献祭，是可能存在的”

插图10。钢笔淡彩画

6 | 童话宫殿

陶特为地中海热那亚的北海岸设想了一个童话宫殿建筑，他认为这里是阿尔卑斯山脉的一部分

插图15。钢笔淡彩画

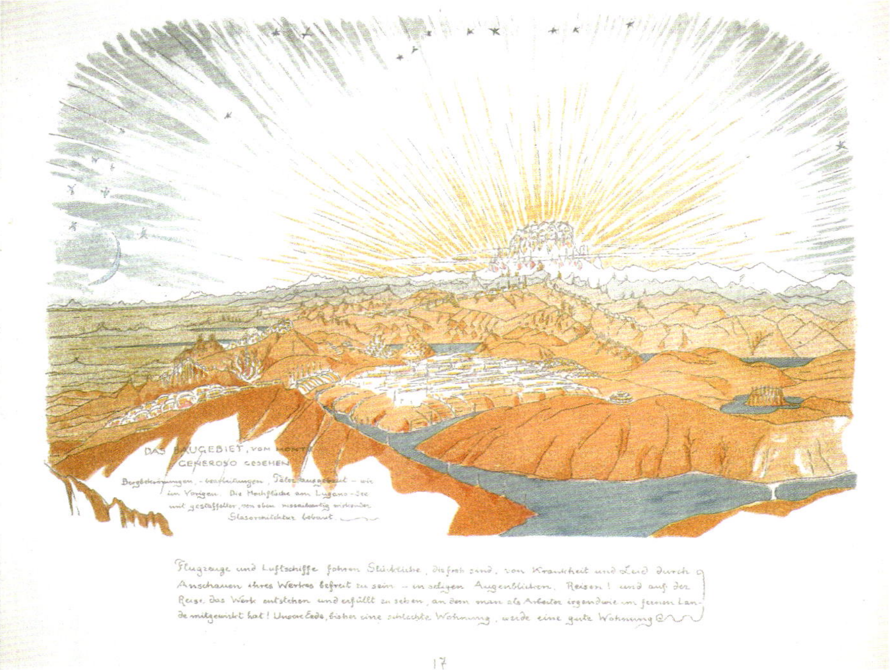

7 | 城市景观

陶特受到中世纪城市的影响，在这幅画中，通过高耸的大教堂表现其特质

插图17。钢笔淡彩画

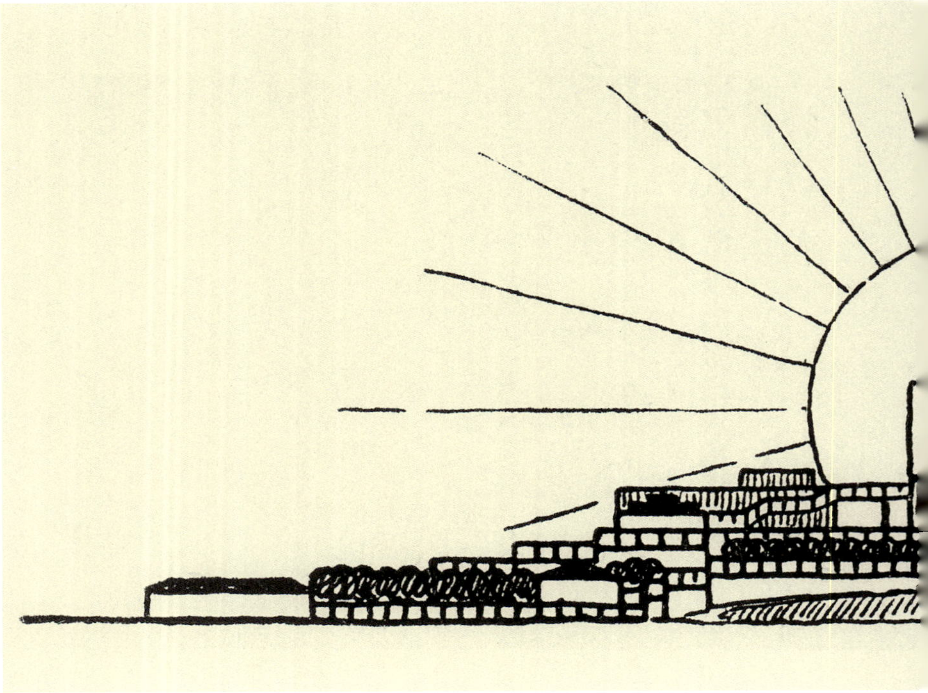

8 | 城市冠冕

陶特理想城市的中心是城市冠冕，在那里一座以骨骼构架建造的没有任何目的性的如水晶般的玻璃建筑巍然矗立
插图42。钢笔淡彩画

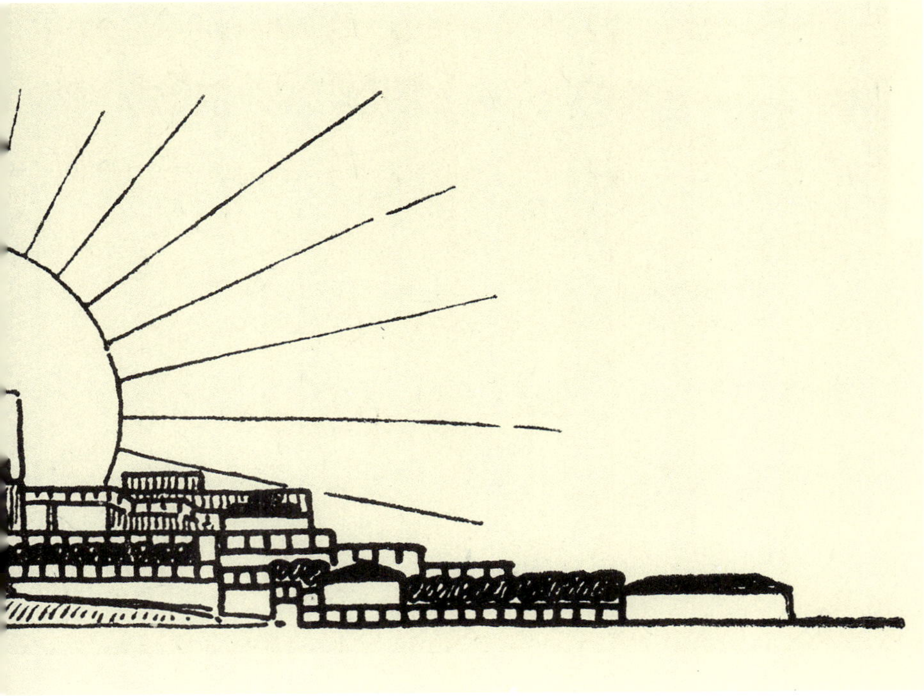

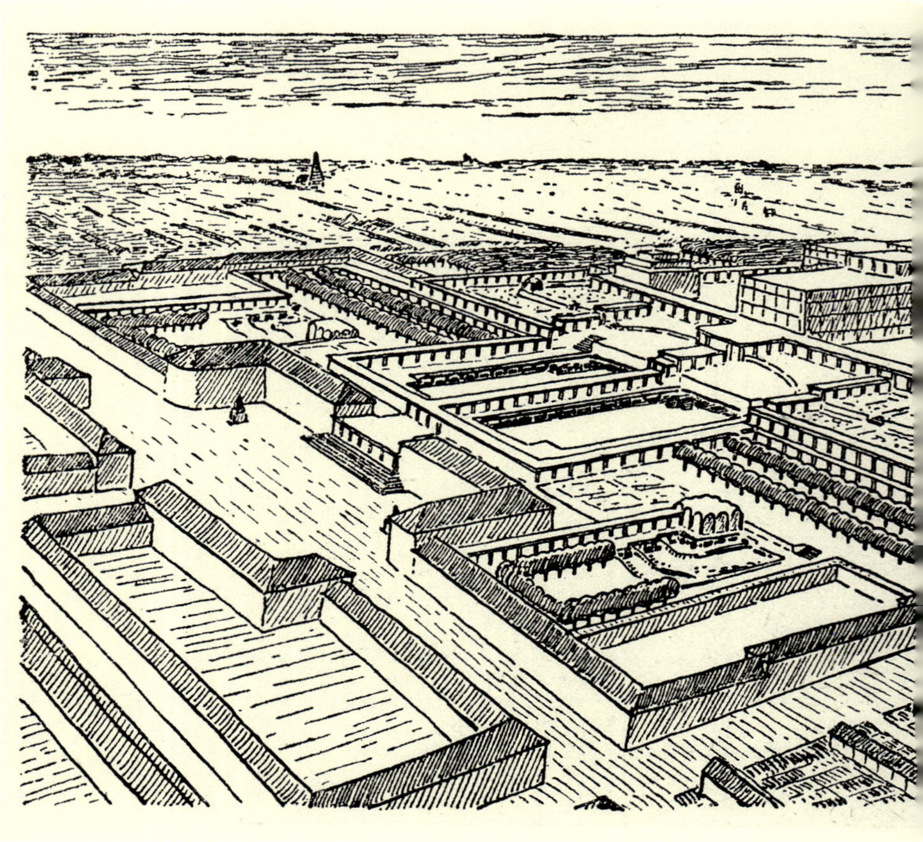

9 | 城市景观
从这幅透视图中可以看出从低层次住宅社区到社区建筑再到最后的水晶建筑的划分层次
插图49。钢笔淡彩画

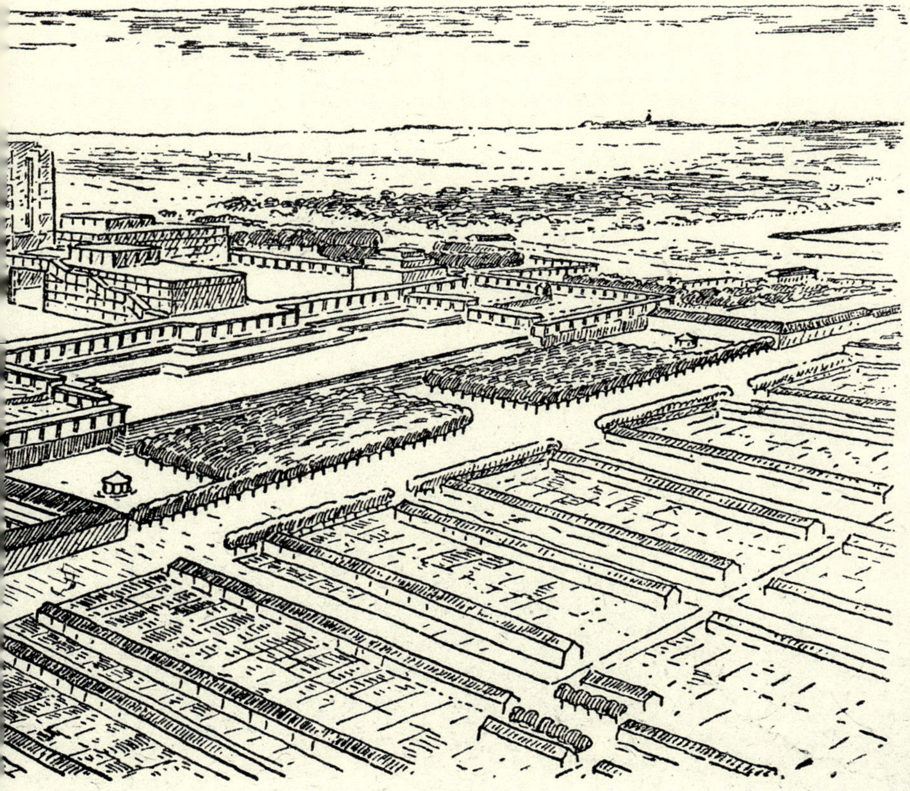

勒·柯布西耶（1887—1965年）

Vers une Architecture

PARIS, 1923

Toward a New Architecture. New York, 1927

Urbanisme

PARIS, 1925

The City of Tomorrow. New York, 1927

La Charte d'Athènes

PARIS, 1943

The Athens Charter. New York, 1973

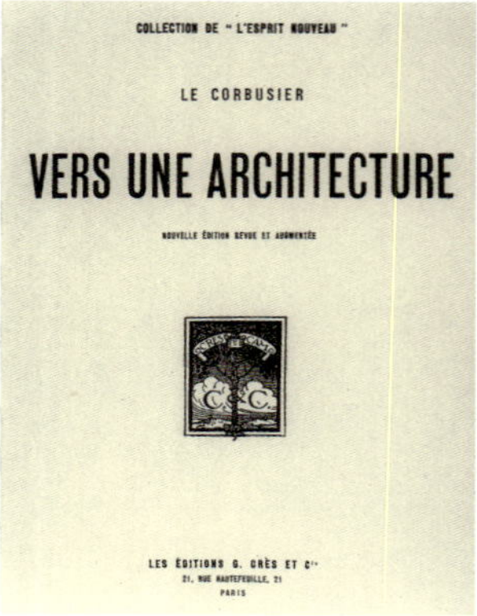

勒·柯布西耶（Le Corbusier）在20世纪建筑与城市规划的理论和实践领域的影响力不容低估。他不仅建造许多建筑与规划项目，还做出了大量理论贡献，其在现代主义建筑的进程中产生的影响，既引发争议，又设立标杆，因此，也可说几乎没有一个建筑师能比得上这样的影响力。他有一句著名的宣言，说他希望打开“没有看到过的眼睛”，意指去看到现代主义的工程技术之美。对于他的理论，他希望将之理解为一种“对建筑师的召唤”，用以帮助他们找到通往现代建筑形式的路径，而这一路径能够兼具理性与诗意：“在阳光下，一个理智的、明确的、绚烂的建筑游戏。”

柯布西耶（原名Charles-Édouard Jeanneret）是一名建筑师与理论学者，于1887年出生在瑞士西部罗曼地（即瑞士法语区）的拉绍德封。1923年后，他给自己改名为“勒·柯布西耶”，据说是取自其母亲家族中某位亲人的名字“Lecorbésier”。1917年，他前往巴黎，而后从1920年开始，他与画家阿梅德·奥尚方一起出版《新精神》杂志。截止1925年，这本杂志一共出版了28期，他们以杂志为平台，为机械时代的美学证言，向公众宣传自己的理念。

柯布西耶初期阶段的建筑理论，构筑了大量的假说，这些内容集最早发表在《新精神》杂志，而后集结成《走向新建筑》（*Vers une architecture*）一书。在书中，他使用普适性的文字内容和激动人心的语言，来阐释他的理论原则。这本书让柯布西耶也一举成名，成为国际知名的学者；并且，这本书至今都是现代主义建筑语汇与内涵的重要参考资料。虽然这本书看上去以形态学为主，显得略微老套，但其宣言似的口号、反复重复的内容，特别是那些非同寻常的文字与图片拼贴，都轻而易举地俘获了读者。在书中，批判性的思辨与决然的宣

Notre-Dame in Paris.

全书分为多个章节，每一个部分都以一个我们常说的“指导原则”作为开篇，用的是一系列简单的，有时候是很短小的，但同时又意味深远的句子，并且经常使用富有诗意的比喻。这种高度复合性的阐释，带给读者惊喜。他并不想在问题中特指任何真实的项目，而是提取出经典建筑史乃至工程技术中，作为核心的脉络。其中一个典型的例子就是，他将雅典的帕特农神庙与汽车比对，这二者都对于其所处时代具有震撼性的影响。柯布西耶经常使用这种对比，将古代历史中代表理性逻辑的标准模型，与现代工业时代中能找到的运用相似逻辑的事物相并列，从而印证自己的观点。他认为这就是工程师可以不受自己传统教育背景限制的原因，找到新的机械问题的准确的解决方法。而柯布西耶也进一步指出，一座房子本身也就是“居住的机器”。

自19世纪下半叶开始，关于重构建筑美学的争论从未休止，现代主义认为新的美学标准应当来源于对功能的清晰的分析。形式追随着功能以及工业设计，是所有类型的设计之准则。他以游轮为例，其上层甲板以及栅栏和旋转楼梯，成排的整齐的窗户以及功能性的白色粉刷，都是符合现代主义建筑的美学要素，一方面是其恰如其分的严谨刻板，另一方面是其对于纯净的追求乃至道德品质的内涵。这就是为什么当勒柯布西耶谈及水平线的时候，他认为那是“一种纯粹的、干净的、明亮的、正确的和健康的建筑”，同时他还指出“风格化”是一种“谎言”。但与此同时，柯布西耶又让建筑回归到一种艺术形式，认为建筑师有责任将对建筑的实用主义的期许上升到更高的层面，并且要进行创造性的工作。建筑师像艺术家一样，却是以有秩序的手法，创造出令人满意的美学效果，这就是他所期待的现代建筑。非传统的平面布局和创造性的建筑组织，让建筑“聚集在阳光底下”，让建筑立面采取自由而又艺术化的形式，这些都成为现代主义建筑的基本准则，将无可指摘的功能组织与同步形成的美学效果结合于一体。值得一提的是，柯布西耶并无意将这本书与革命性的社会乌托邦主义相联系。恰恰相反，该书的最后一章，名为“建筑还是革命”，其中明确地表达了作者并不想专门将他的建筑美学，应用到社会乌托邦主义的语境下。对他而言，要为改良工业主义社会创造出足够的工作、休憩以及最重要的生活条件，还是一个极为遥远的愿景。

也正因如此，柯布西耶之后的作品，更多地关注住房以及与城市规划相关的问题。他之后的一本书就对这一邻域进行了基础性的介绍，书名为《明日之城》（*Urbanisme*），出版于1925年。与他饱受争议的现代主义建筑理念相类似，他将城市规划主要界定在功能性领域中，将城市理解为一种工具。这种理念的必然结果，就是一种秩序、直线形态、功能分析以及刻板的空间形态。即使他对自己理念的阐述着重于“理智”，但毫无疑问，出于美学价值的取向，他仍然给城市设定了特定的风貌。他称之为“纯几何学的外在表现形式”，不仅是其功能的必然的逻辑结果，还能表现出“充满诗意”。他的“300万人口的现代城市”项目，最早构思于1922年，集中展现了他对城市规划的基本理解以及其最终成果。24座摩天大楼排成规则的行列式，围绕着一个中心交通港，形成一种类似于城市“皇冠”的形态，并且坐落于一片巨大的绿地之中，城市被不同等级的道路所划分，最终形成整体的城市风貌。诸多

落于一片巨大的绿地之中，城市被不同等级的道路所划分，最终形成整体的城市风貌。诸多城市功能，比如交通、工作、居住和休憩，都被清晰地界定并且限定在不同的空间中。1922年，柯布西耶还构想了“瓦生规划”，一直到1929年都在不断改进，他试图在其中将“现代城市”理念应用于巴黎。规划将传统的巴黎老城区域与全新的城市景象相对立，也因此引发了诸多争议。除了一些历史性纪念物，现有的城市结构完全被激进的新规划所取代。

1943年，《优雅典宪章》（*La Charte d'Athènes*）面世，这成了柯布西耶在现代城市规划领域中最成功的书籍。这本书的内容主要集结第四次现代国际建筑师大会上的会议宣言。这次会议于1933年举行，历经了从马赛到雅典的巡游，而且很大程度上是遵循柯布西耶的理念。大会的提议于1941年经由柯布西耶修改，在两年后出版，其中用了一些之前出版于1935年《光明城市》一书中的案例。这本书的核心思想，在于将城市功能加以明晰地划分，并且将这种划分上升到方法论的层面，成为理性城市规划的基础。这种命令式的语调，让《雅典宪章》从仅仅是一个精准的分析研究，进一步成为解决城市规划问题的工具，在任何时候都必须使用也必然会成功。同时作者还强调，《雅典宪章》必须从行政机构处获得其合法性，这一点显示出一定国家主导的倾向。而后，建筑师就应当去“创造或改进城市，并且有责任选择不同要素加以分派，这些要素的比例关系是一个城市能否和谐持久发展的基础。而建筑师就手握着解决这一切问题的答案。”

直至今日，对于柯布西耶的评论仍然十分两极分化。他所持的不容置疑的态度，带有专制性质的干预，以及许多相关的领域所受到的他的理论的影响，都让他无可避免地成为批评的对象，更不用提从他的假设中衍生出的其他类似的理论。对批评他的人而言，他的城市哲学注定失败，主要在于他打断了与传统的联系，将城市功能简单地分离，以及对于功能逻辑的简单崇拜。然而与此同时，毫无疑问的是，柯布西耶也是现代工业时代现代主义建筑运动中最重要的声音。除去他所处的历史背景因素，他所主张的城市规划理想，还应该从空间的艺术价值角度加以衡量。

保罗·西格尔 著　　张梦怡 译

第697页图注
1 | 巴黎圣母院正立面分析
德文版，1926年，第59页。照片

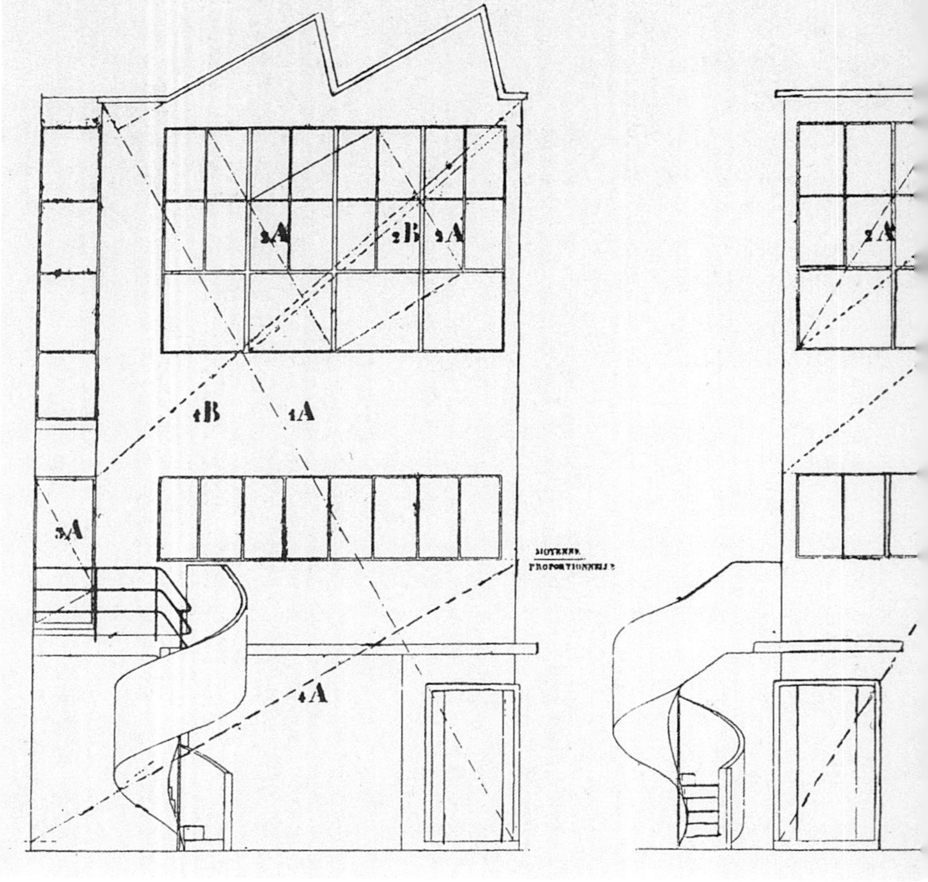

2 | 奥尚方住宅
正立面照片、立面设计以及草图
德文版，1926年，第63页。照片和绘图

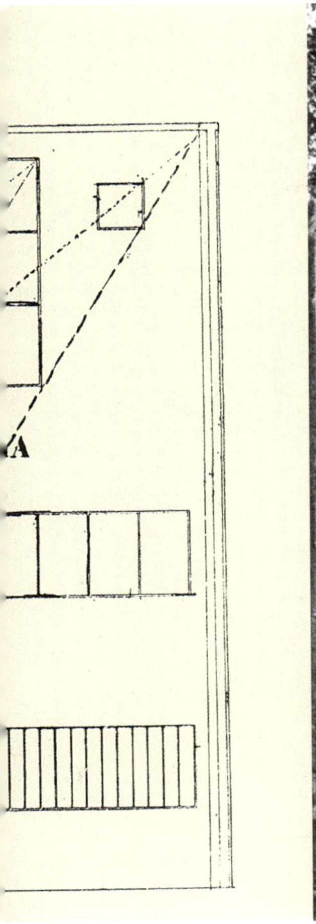
A

3 | 经典希腊建筑与汽车对比
德文版，1926年，第108—109页。照片

4 | 亚基塔尼亚号甲板
德文版，1926年，第79页。照片

5 | 伏瓦生巴黎规划
附加的模型展示，出自《柯布西耶全集》（1929—1934年）。第93页

6 | 光明城市（1935年）
规划平面与典型的巴黎、纽约和布宜诺斯艾利斯城市平面的对比研究
附加的分析图出自《柯布西耶全集》（1934—1938年），第30页。墨线绘图

CLASSÉE
PÊLE-MÊLE
BUENOS-AIRES
0
200
400

亨利-罗素·希区柯克（1903—1987年）菲利普·约翰逊（1906—2005年）

The International Style: Architecture Since 1922

NEW YORK, 1932

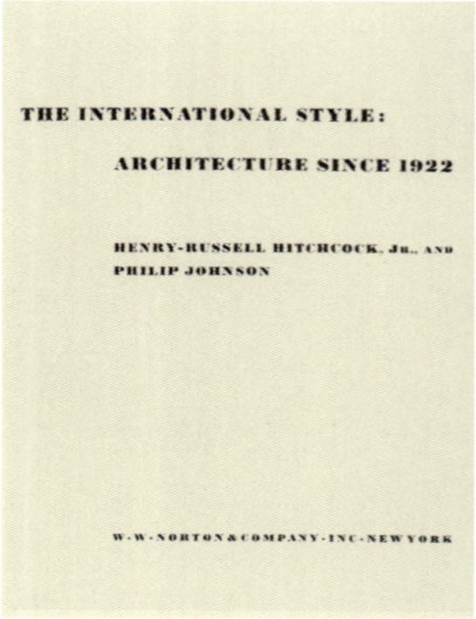

在罗伯特·文丘的著作《建筑的复杂性与矛盾性》出版前，毫无疑问，这部书是在美国建筑行业最为重要的宣言。它的问世与现代艺术博物馆于1932年组织的一场展览会密切相关，那是这座诞生仅仅两年的博物馆第一次举办建筑方面的展览会。1930年的秋天，时任现代艺术博物馆建筑部第一策展人的菲利普·约翰逊（Philip Johnson）、艺术史学家亨利-罗素·希区柯克（Henry-Russell Hitchcock）以及时任现代艺术博物馆负责人阿尔弗雷德·巴尔（Alfred H. Barr）便萌生了举办这场展览的念头。展览的大部分内容由约翰逊操持。多年以前，在欧洲旅行途中，恰逢柏林正在举办1931年德国建筑博览会，当时约翰逊对现代建筑的兴趣被希区柯克激发出来。彼时，他更是当面去结识各路建筑巨匠，诸如路德维希·米斯·凡德罗赫、瓦尔特·格罗皮乌斯、埃瑞克·孟德尔松、雅各布·约翰尼斯·彼得·乌德和勒·柯布西耶等人。现代艺术博物馆所举办的这场博览会题为“现代建筑：国际展览会”，于1932年2月10日开幕。这场展览包罗万象，囊括了德国的密斯·凡德罗、瓦尔特·格罗皮乌斯、汉斯·夏隆和奥托·海瑟勒，法国的勒·柯布西耶，芬兰的阿尔瓦·阿尔托以及来自奥地利、比利时、英国、法国、德国、荷兰、意大利、日本、苏联、西班牙、瑞典和瑞士等国家的建筑师的作品；甚至像雷蒙德·胡德、弗兰克·劳埃德·赖特、豪与理察兹以及理查德·纽佐尔这样的美国建筑师的作品也被涵盖其中。展览只收纳已经实际建造出的建筑作品，而那些仍处于图纸上的项目则被排除在外，即便这些方案可能是出自俄罗斯建构主义者手中。展览的精华由四件作品组成：勒·柯布西耶的萨瓦别墅（1930年）、密斯·凡德罗的图根德哈特寓所（1930年）（约翰逊认为其是最重要的现代主义建筑）、弗兰克·劳埃德·赖特在丹佛建造的“在梅萨的房子”（1931年），以及荷兰人J. J. P. 奥德刚刚为约翰逊在派恩赫斯特的母亲建造的房子。此外，展览还有一节关于住宅建筑的展示，它被交付给当时著名的城市问题批评刘易斯·芒福德所策划布展。1992年哥伦比亚大学的特伦斯·莱利重现了这场建筑博览会。

这本《国际风格：1922年以来的建筑》（*The International Style: Architecture since 1922*）在展览会筹备期间就已付梓刊印。全书包含138幅插图，涉及建筑外部和内部的照片以及底层平面图。所有图片均按照建筑师的姓名字母顺序排列，从而避免了以国别分类的方式。书中相对较短的文字由希区柯克撰写，并包含了阿尔弗雷德·巴尔撰写的一篇引言；约翰逊则仅仅对这些文字进行了简单的编辑。文中并不涉及单个建筑物的介绍。相反地，这本书则根据现代建筑的共同特征以及艺术史中所使用的形式分析原理，尝试对现代建筑的风格样式进行分类与归纳。全书的基本论断是：展会上所展示的新式建筑代表了当代富有成效的一种建筑风格，而这种风格正像艺术史中早期时代的哥特式和巴洛克式建筑一样呈现“统一和包容”的特点。对于这种新式风格，希区柯克不仅将其与19世纪的复兴主义加以比较，甚至拓展到那些第一次世界大战前出现的新建筑，例如彼得·贝恩斯、奥托·瓦格纳、奥古斯特·佩雷和弗兰克·劳埃德·赖特等人的建筑作品，虽然这些建筑在他眼中都属于“半现代”范畴。对他而言，瓦尔特·格罗皮乌斯、J. J. P. 奥德、勒·柯布西耶和密斯·凡德罗等人才是新式风格的先锋者与领导者，而赫里特·里特费尔德和埃瑞许·孟德尔松仅仅处于第二层级。

希区柯克强烈反对许多建筑师的功能主义论断，后者认为，由于建筑的形式必须基于建筑的功能与技术，因此美学元素在科技时代毫无意义。相反地，希区柯克指出了建筑与工程在本质上的区别，强调了现代建筑的艺术本质。希区柯克定义了作为新式建筑美学价值的组成特征的三项基本原则：第一，建筑不再被认为是质量，而是体积。空间不再被墙体区隔，而是由各类表层和窗格组成；由于平滑面的几何上的清晰性，体积似乎变得无形与无重。第二个原则是规律性，现在主要表现为轴对称。它不再是一条刻板而绝对的规律，而是常规形式体现节奏的组成部分。第三原则是放弃装饰。其位置现在由建筑材料的优雅所替代，细节上的技术完美与准确的比例分配同样可以被看作美学价值。希区柯克通过插图中的示例解释了这些原则的具体使用，另外他还为建筑师设计了一系列的准则，帮助他们避免设计中的错误。

在1965年新版本的序言当中，希区柯克表示，与全书内容相比，这本书的著书时间显得更为重要。当在其问世的1932年，这本书是第一部采用形式分析方法与艺术史学者所采用的学术概念，给予现代主义建筑积极评价的著作。希区柯克希望向美国建筑师表明，这里存在一个在美国还未得到承认但却已经普遍接受的当代国际风格。通过瓦尔特·格罗皮乌斯的文章《国际建筑》（1925年）以及“国际风格（1400年）”的概念，希区柯克和约翰逊无疑暴露在“国际风格”的表现之下。这本书因为完全从美学角度出发而受到了批评。而刘易斯·曼福德在展览会的总目中所强调新式建筑的社会性，则只在这部书的最后一章被提及，其以德语单词“The Siedlung”为标题，意为“房屋”。

1951年，亨利-罗素·希区柯克为《建筑记录》杂志撰写了一篇题为《20年后的国际风格》一文，其中，他用相对主义的眼光重新审视了在他在1932年出版的那本书。这时他意识到国际风格已经结束，并认为建筑思想中的理性主义思潮所造成的绝对有效性的要求目前来看已经是一个历史错误。事实上，20世纪20年代所流行的其他趋势同样具有历史有效性。希区柯克强调道，这一修正尤其与弗兰克·劳埃德·赖特有关，后者曾经对1932年那场博览会表示了强烈抗议，并将其描述为一种宣传手段，更扬言要退出展览。因此，希区柯克甚至从没有在他的书中提及赖特。

无论是这部书，还是1932年现代艺术博物馆在全美14个城市先后举办的那场博览会，都引起了强烈的反响。它们帮助格罗皮乌斯在1937年成为了哈佛大学教授，进而促使了密斯·凡德罗1938年在芝加哥的成功，同时，它们也为第二次世界大战后美国建筑业的整体转向铺平了道路。

约尔根·保罗　著　　支玉晨　译

1 | 约翰内斯·安德烈亚斯·布林克曼和甘霖达·科内利斯·凡德沃，内勒烟草、茶和咖啡工厂，鹿特丹（1928—1930年）
"一个工业建筑，由三部分组成，每一部分都有单独的功用，但都具有相同的结构规律性。"第109页

2 | 勒·柯布西耶和皮埃尔·让纳雷，萨瓦住宅，塞纳河畔泊（1930年）
“白色的第二层在圆柱的支撑下显得似乎失去了重量。其严整的对称性引起了学者对于其抽象形式的研究……还有那上面的蓝色和玫瑰色的风雨棚。”第119页

3 | 瓦尔特·格罗皮乌斯，包豪斯学派，德绍（1926年）
“车间有完全透明的墙壁。这是一项将玻璃窗格作为表面材料的很好的例证。屋顶的突出，尤其是左侧入口处的设计，是有些令人遗憾。”第141页

4 | 埃瑞许·孟德尔松，出版社百货公司，开姆尼茨（1928—1930年）
“悬臂结构使规模宏大的带形窗成为可能。”第177页

5 | 密斯·凡德罗，巴塞罗那博览会德国馆，西班牙（1929年）
“在一个延续的屋顶板下，墙是由轻巧的金属圆柱支撑的独立平面。”第183页

6 | 莉莉·瑞克，柏林大厦博览会的一间卧室（1931年）
“通过各种纹理的白色材料的组合，这间卧室展示出奢华而富有女性化的特点。”第204页

7 | 荷兰人胡克，工人住宅（1924—1927年）
“连续的阳台以及曲折的商店，成为窗户所展现出的简约韵律感的基础。”第195页

瓦尔特·格罗皮乌斯（1883—1969年）

Internationale Architektur

MUNICH, 1925

International Architecture

瓦尔特·格罗皮乌斯（Walter Gropius）是20世纪最有影响力的建筑师之一。1910年，他与合作伙伴阿道夫·迈尔（1881—1929年）一道，开始独立从事建筑事业。当谈论自己时，格罗皮乌斯说道，即便是最简单的想法，他也不能将其仅仅停留在纸上，因此他需要迈尔将他的想法付诸形式。他们的第一个大项目，格罗皮乌斯和迈尔在他们的第一个大型建筑项目上便创造了历史：在阿尔费尔德莱茵的法尔斯工厂的衬托下，彼得·贝伦斯的模型更易辨识，虽然其在结构与美学的激进主义上走得更远。

1919年，格罗皮乌斯被任命为位于魏玛的公立包豪斯学校的新任校长。此时，包豪斯学校斯正在尝试一种整合艺术和技术的方法："将所有艺术创作联结起来；将所有艺术学科重新统一到一个新的建构当中。"保守势力将学校驱逐出魏玛，因此包豪斯学校的工匠与大师们不得不选择工业重镇德绍作为他们新的总部。包豪斯建筑、工匠们的居所以及就业办公室等一系列杰出建筑在这一时期涌现出来。1928年，格罗皮乌斯离开了包豪斯学校，并在柏林开办了一间工作室。显然，1933年后的德国对这位包豪斯学校校长没有任何发展前景，因此格罗皮乌斯途经英格兰移民到了美国。哈佛大学的建筑学教授成为他的第二份职业。格罗皮乌斯一直明白团队精神的价值，由于他自己无法绘图，他总是聘请能够胜任这项工作的同事。1945年，他与一些哈佛毕业生一同创办了建筑师协会。它很快成长为美国最重要的建筑工作室之一。包括格罗皮乌斯在内的每个人都将自己的想法注入团队的工作中。1969年格罗皮乌斯在波士顿去世。

与作为建筑师和作为大学教授所取得的成就相比，格罗皮乌斯所出版作品的价值与地位却显得不那么重要。然而，部分书籍和文章仍然存在着巨大影响。1923年，格罗皮乌斯发表了《公立包豪斯学校的理念与建构》（*Idee und Aufbau des Staatlichen Bauhauses*）。这篇文章包含了这篇文章包含基本议程、指示和一份问责声明。

从魏玛的搬离对包豪斯学校来说似乎首先是一个沉重的打击，然而搬迁却点燃了新的热情。包豪斯在其方向上变得更加理性与务实。为了避免公共关系上的错误，格罗皮乌斯发起了被称

之为多媒体广告策略的运动。他们将出版物集结成册为《包豪斯丛书》（*Bauhausbücher*）。出自拉兹洛·莫霍利-纳吉（1895—1946年）的设计，包豪斯学校的教师从一开始便被称为“大师”，借以强调他们的工艺性质。从书中的第一卷便是格罗皮乌斯的《国际风格》。

“这是一部有关现代建筑的画册。这是对发达国家建筑师中领军人物作品的一次简要回顾，其旨在于让读者熟悉当今的建筑设计趋势。”由此，这本书开始了介绍。其后是大约100页的照片、等距剖面和模型插图。来自大约六个国家的90多个范例被容纳其中。因此，这本书具有研讨会报告的性质。书中的大多数范例来自第一次世界大战后，绝大部分诞生于1922年后的时期。只有14个范例来自1914年之前。

如同致敬一般，本书一开始首先介绍了由彼得·贝伦斯于1910年至1912年为通用电力公司建造的三间工厂。尽管依旧彰显着现代性，这些建筑体现出了贝伦斯的古典主义情怀，而这种情怀在格罗皮乌斯身上并未找到。紧接着是亨利·范·德·费尔德专门为1914年于科隆举办的德国工艺联盟博览会而设计的剧院，以及彼得鲁斯·贝拉格的阿姆斯特丹证券交易所。之后格罗皮乌斯展示了自己早期的作品——德国工艺联盟模范工厂和法尔斯工厂。之后是巨型谷仓的照片，尽管看起来有点奇怪，但它们在格罗皮乌斯1911年的“纪念性艺术和工业建设”的演讲中就已被展示过。在一篇文章题为“现代建筑的基本要素”的文章中（发表于《建筑与工艺艺术》，1925年？），格罗皮乌斯描述了他对于这些看似难以接近的建筑物的矛盾般迷恋，以及这些建筑“排斥他者的外形是如何使人感到某种资本主义的残酷力量。”在画册的结尾，有一幅曼哈顿的鸟瞰图。不同寻常的是，格罗皮乌斯在这里写下一段简短的评论，他一方面批评城市规划的缺乏和“不适当的建筑风格”的高度集中，另一方面却赞扬这些“拥有巨大外形的摩天大楼”。如果读者翻过这一页，即可看到一个极权主义的理想：勒·柯布西耶在1922年绘制的一个高层城市的愿景。

在贝伦斯工业建筑和高层城市的梦想之间，我们发现了功利主义建筑、住宅楼宇和屋苑。全书主要关注的是与包豪斯相关的建筑样例，其中10项由格罗皮乌斯亲自设计，其他的则来源于他的同事卡尔·菲格、马歇·布劳耶、路德维希·希尔勃赛玛、乔治·蒙克和理查德·鲍立克（例如德绍的钢制实验建筑），以及汉斯·迈耶，最后一位后来成为包豪斯学校的校长。一幅照片展现了1923年魏玛的包豪斯展览会中所陈列的系统构建房屋的模型，这些模型代表了“最大程度的可变性与统一性的组合。”

并没有一个机制对书中的图片进行审查；样式和图片都是随意排列，并且没有提供任何解释；内部景观和地面规划同样缺失；他们被阻止了，后来从来没有出现过。也没有对迄今趋势的系统性评价。此外，这项工作的目的是吸引“包括外行人在内的更广泛的群体”，谁都可以理解 “现代建筑”所体现的清晰性和客观性，以及对玻璃表面或长方体形状组合的偏好。格罗皮乌斯希冀图片所带来的视觉效果能够影响读者。

本书的序言看起来就像现代建筑的宣言。与阿道夫·路斯（1870—1933年）一样，格罗皮乌斯最初拒绝复兴主义，他认为复兴主义“总是使用先前文化中的图案、装饰品和轮廓”，使建筑物沦为“死去装饰”的承载体。伴随他不承认任何国界的“新的自然的结构感”这一概念的提出，格罗皮乌斯提供了一种“学术美学主义”的可能，从而收回了对技术进步的关照。新秩序的特征是建筑的形式源于其“本质”和功能。然而，格罗皮乌斯绝不是简单功能主义的支持者。相反，他赞成将“各部分”整合为“对精神世界的关注”。它依然依赖于功能和建构，但同时也让建筑物超越了简单的功用性。格罗皮乌斯并没有避开“艺术家”这个词，他认为如果要将功能和形式结合起来，那么艺术家的出现是必要的。

《国际建筑》（*Internationale Architektur*）这本书确立了一种新的建筑文学样式：用一部画册展现建筑界。然而，这并非首例。1923年，一个与现代建筑有关的艺术史学家阿道夫·本尼，便完成了一部题为“现代功能化大厦”的手稿。在其中，他分析并提供了建筑趋势演变的证据。本尼直到《国际建筑》出版后的一年，即1926年才找到出版商将手稿付梓刊印。然而这本书很少得到关注，虽然其论证更为深入。作者们都相互熟悉并了解彼此的项目。本尼曾不断抱怨格罗皮乌斯，因为后者利用了他的想法。然而，格罗皮乌斯的书后来也被争相模仿。因此，1927年，路德维希·希尔勃赛玛委托德意志工艺联盟发表了题为“国际新建筑”的文章。受格罗皮乌斯和本尼启发的最重要的一部出版物诞生在1932年的美国，即亨利-罗素·希区柯克和菲利普·约翰逊的《国际风格：1922年以来的建筑》。格罗皮乌斯不想讨论的问题由美国历史学家解决：他们宣称现代建筑是一种风格。

吉尔伯特·卢普伐　著　　支玉晨　译

第717页插图

1丨彼得·贝伦斯，柏林附近的小型汽车厂

《国际建筑》以第一次世界大战前的几座建筑开篇，包括贝伦斯的小型电机厂。从1908年至1910年，格罗皮乌斯曾在贝伦斯的工作室工作

摄于1981年。第11页

2 | 曼哈顿鸟瞰图（1926/1927年）
对曼哈顿的评论这样结束："除去那因无计划而造成的杂乱，以及一个各类主观式建筑风格的混杂，人们可以发现，现代城市是以巨大摩天大楼的形式为标志"
摄于1981年。第106页

3 | 法尔斯工厂，毗邻阿尔斯费尔德（1910—1914年）
格罗皮乌斯用这个工厂书写了建筑史。外墙的铁框构造，虽然现在不再有任何功用，但显得壮观而富有革新
摄于1981年。第17页

4 | 德绍包豪斯建筑（1925/1926年）
在搬到德绍后，包豪斯学校有了自己的建筑群，这些是瓦尔特·格罗皮乌斯在自己的私人办公室设计。它们成了现代建筑的典范
摄于1981年。第22页

5 | 电影纪录片
德绍一处房地产建筑工地正在使用一架带旋转塔的现代起重机（1926—1928年）。 格罗皮乌斯还在他的书《德绍的包豪斯建筑》中刊印了纪录片的一些镜头（1930年）。照片序列。附加插图未包括在文中

6 | 魏森霍夫的住房
魏森霍夫的住房是1927年在斯图加特举办的德国工艺博览会最后中“住宅”这一节的展品。这是现代建筑最重要的一次宣言。格罗皮乌斯在其中贡献了两个单独的家庭住房的设计。附加说明未包括在文中

弗兰克·劳埃德·赖特
（1867—1959年）
Ausgeführte Bauten und Entwürfe von Frank Lloyd Wright

BERLIN, 1910

Wasmuth Portfolio

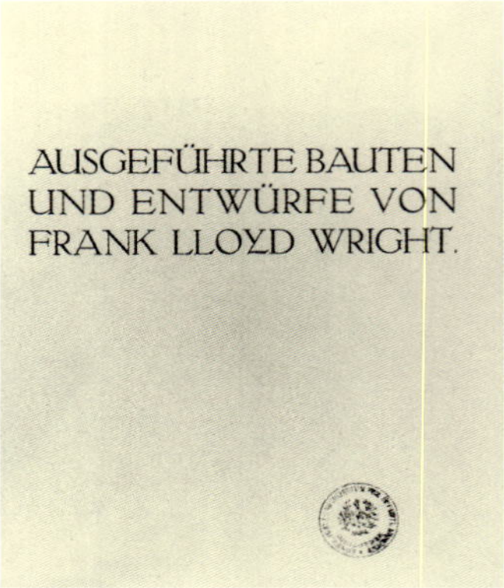

这本作品集，也就是通常所说的《瓦斯茅斯作品集》（*Wasmuth Portfolio*），可谓现代建筑史上最为美丽也最具影响力的出版物之一。

1909年，弗兰克·劳埃德·赖特（Frank Lloyd Wright）的私人生活和职业生涯都遭遇了危机，因此他选择迁居欧洲。当时一位柏林的出版商恩斯特·瓦斯茅斯（Ernst Wasmuth）向他提议将其建筑设计作品集结出版。虽然赖特是一位美国建筑师，但他在欧洲有着不少追随者，例如英国艺术与工艺运动的建筑师查尔斯·罗伯特·阿什比（1863—1942年）；还有德国文学史学家库诺·弗朗克（1855—1930年），曾任哈佛大学教授并且是莱辛格博物馆的创始者（他还曾试图说服赖特移居德国）。也正是通过这些人，瓦斯茅斯才得以知道赖特。也正是为了完成这份出版合同，赖特暂时隐退，在意大利佛罗伦萨旁的菲耶索莱居住了一年。他将自己之前的原始图纸加以整理，其中包括了他和其子劳埃德·赖特共同的成果，以及制图员泰勒·伍莱在他的草图基础上绘制的图纸。而书中只要很少一部分图纸是赖特亲自绘画；大部分的图纸——包括许多从现存建筑改画的透视图——都是由他的同事玛丽昂·马奥尼、波茨·博得特·朗和威廉·德朗蒙德完成。

整本书分为上下两册，包括了78张版面和28张平面图，采用65厘米×41厘米的横开本。印刷采用白色、灰色、棕色和金色的墨水，印制在灰色和白色的纸张上，而平面图则印于半透明的丝质纸上。在不同颜色的纸张上，采用的都是不同形式和不用颜色的墨水印刷。而赖特特别给最亲密朋友的版本，还特别使用了日本纸印刷的奢华版本。

《瓦斯茅斯作品集》包含了赖特当时几乎所有的作品，无论该项目是否已经被实施：草原住宅中就包括芝加哥的罗比住宅（1909年）和伊利诺伊的河边孔利住宅（1908年）；商业项目中包括布法罗市的拉金公司办公楼（1904年）、爱荷华州梅森城的城市国家银行大楼（1909年）以及伊利诺伊州橡树园内的联合教堂（1907年？）。赖特为这本作品集撰写了一篇导言，并且被翻译成德语附在书中。而后，这本书于芝加哥出版之时，则采用了这份英语原版当作前言。

GEDRUCKT UND VERLEGT VON ERNST WASMUTH A.-G. BERLIN

TAFEL XXXIII VERWALTUNGSGEBÄUDE FÜR THE LARKIN COMPANY GRUNDRISS UND PERSPEKTIVE

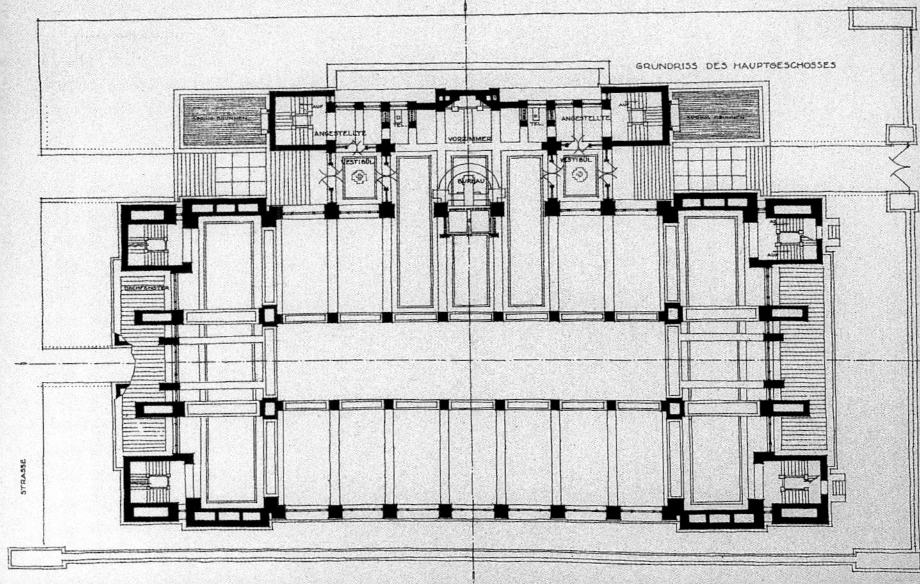

在他的导言之中，赖特阐释了他所理解的建筑如何有机地构成，并且如何服务于一个民主的社会。导言开篇他就对传统意大利的建筑予以赞扬，称赞其简单、自然之美。对文艺复兴之后的建筑，他则是进行批评，认为它们是腐败的、无知的。这些建筑所反映出的，只是文明形式与自然环境的疏离；人们错把令人好奇的东西当成了美的东西，因而自文艺复兴以来对历史建筑形态的研究，不是一种发展而是一种病态。赖特的关键词是“哥特式”。承袭传统的英国浪漫主义对“哥特式”的理解，他讲“哥特式”等同于“有机的”和“自然的”。因此，他号召现代艺术和建筑应当回归“哥特式精神”。除此之外，他还提到，相比其他国家而言，美国更加应该担负起创造契合民主精神的建筑之责任。这种建筑，必须是一种个人主义的建筑（“个人主义是一种国家的理想”）。与此同时，建筑还必须符合工业理想。即使实际情况中的美国，每个人的确都能按照他想要的方式在自己的住宅中生活，这样的权利无可争议、无一例外。赖特还对当时美国人们自由选择的住宅形式嗤之以鼻，并且设想一种全新的形式，一种根植于美国精神的建筑形式。这种探寻真正的美国精神的愿望，并不期冀发生在纽约，而是寄希望于美国西部和中西部。真正的、有机的哥特式精神，应当如同花朵一般自然；它必须来自居住者真正的需求，来自原始的材料，来自景观环境的自然特征。只要这些要素都存在，这种形式就能够自发地生长出来。当然，还有一个必须要的条件，就是客户和建筑师之间良好的合作关系。建筑师必须对建筑事物的每个方面都了如指掌，就如同音乐家熟谙自己的乐器一样。赖特从日本文化中发现了这种对材料的自然之美的特别敏感性；他同样认为在一些德国和奥地利的新建筑中有着类似的气质。

对于建造住宅的原则和他的草原式住宅的理念，他是这样解释的：一座房屋——包括它的装饰及其附属物——必须形成一个综合的整体。所有的东西都必须从同一个理念中派生出来，不需要在墙面上附加装饰或者图画；天花板必须相对低矮而窗户也是紧密地成排排列。起居空间、厨房和卧室必须整合成一个整体的组合。水平线是家居生活的体现。它也是中西部草原的线条。若非必要，就不要增加建筑的高度。因为水平的形式，将住房和地面很好地统一起来。正是在这种整体的氛围中，一座住宅好似扮演了其中一个角色，而非被拼凑过来的部分：只有这样，建筑才成为一个真正的艺术作品。

一年之后，即1911年，在赖特已经回到美国之后，瓦斯茅斯出版了一本开本更小且并不昂贵的照片集，名叫《既成之建筑》，但更广为知晓的是《小瓦斯茅斯》。应赖特的要求，这本书的序言由阿什比撰写。正是这本书的出版，才使得赖特在欧洲获得了更为巨大的影响力，从德国年轻建筑师之中——例如彼得・贝伦、艾瑞克・门德斯和瓦尔特・格罗皮乌斯——甚而跻身于像勒・柯布西耶以及荷兰风格派运动的建筑师之中。然而，赖特却对瓦斯茅斯作品集在美国的反响感到失望。赖特自己带了几本该书到自己在美国塔里耶森的居所中，但1912年他家中失火使得这些副本均付之一炬。赖特的一些原始手稿也在他之后旅居日本的过程中遗失。瓦斯茅斯出版社后来在1924年出版了该书的第二版，1960年代后又有陆续几个重印版本在美国面世。

约尔根・保罗　著　　张梦怡　译

第727页插图

1 | 位于布法罗市的拉金公司行政办公总部大楼

拉金公司行政办公总部大楼的底层平面与正面透视图。从外面来看，这座建筑呈现出一个自我封闭的、纪念性的方块形态

图33b。钢笔墨线绘制

2 | 位于布法罗市的拉金公司行政办公总部大楼（1902—1926年，于1950年拆毁）

办公功能直接置于一个内部挑高的房间，并采用玻璃屋顶，四周环绕四层楼的画廊

图33a。钢笔墨线绘制

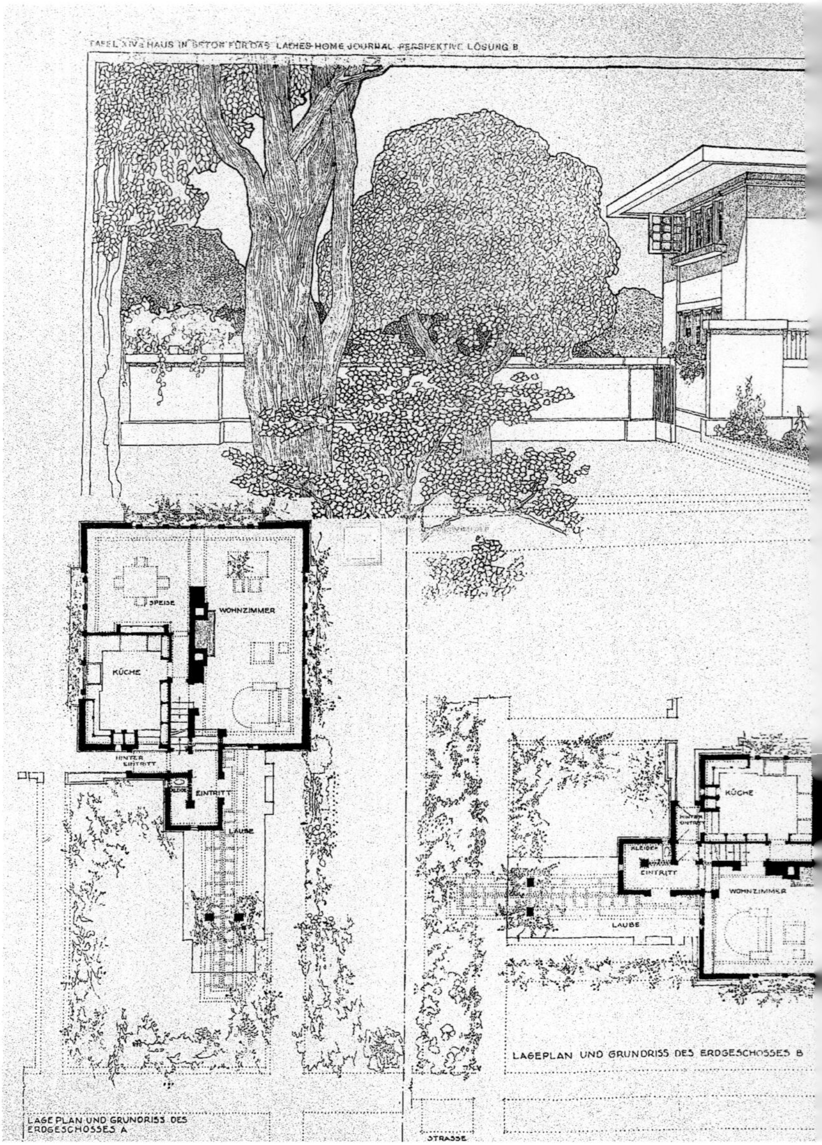

3 | 混凝土住宅

这座住宅设计由赖特于1907年公布，刊登于女性居家杂志，作为“一座花费5000美金的防火住宅”形式。这是他草原式住宅理念的一个小型设想，其形式被压缩在立方体之中

图14a。图纸由玛丽昂·马奥尼绘制

GEDRUCKT UND VERLEGT VON ERNST WASMUTH
BERLIN
SCHLAFZIMMER
BAD
SCHLAFZIMMER
SCHLAFZIMMER
SCHLAFZIMMER
TERRASSE
GRUNDRISS DES SCHLAFZIMMERS

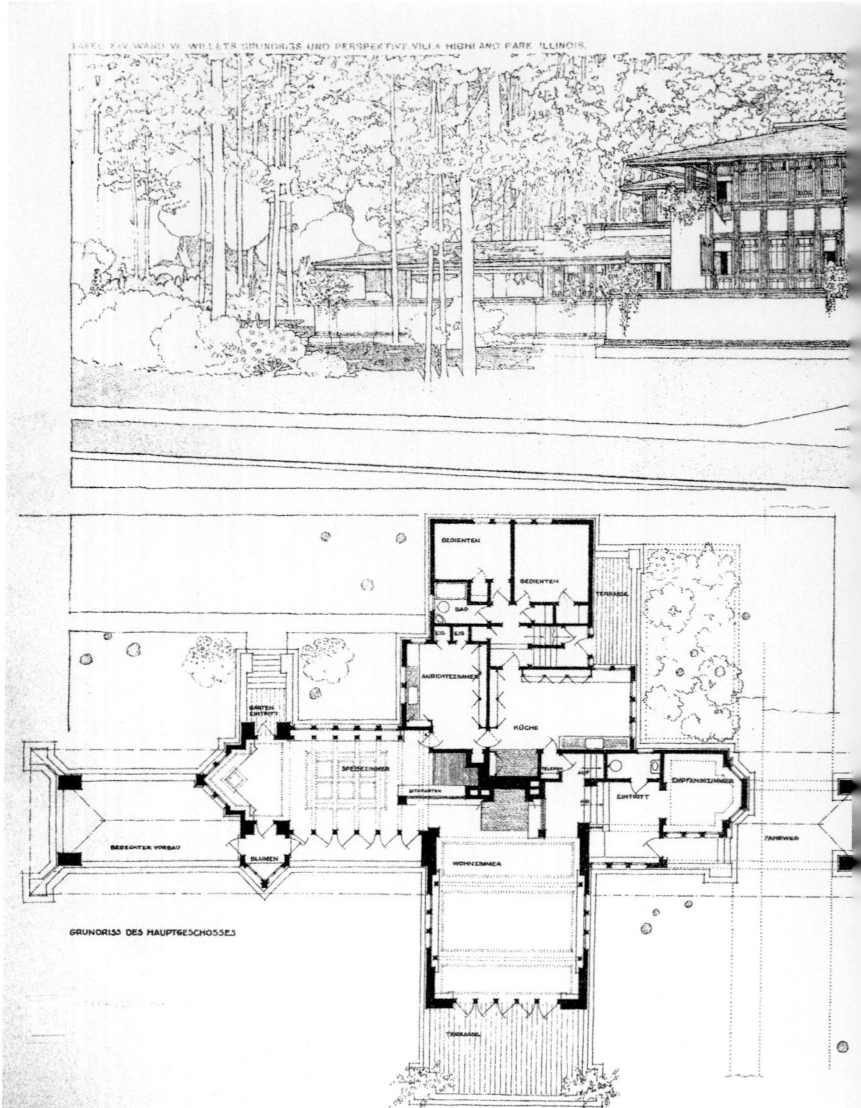

4 | 威利茨住宅（1902/1903年）

威利茨住宅是赖特之后设计的一系列草原式住宅的起始点；其水平方向的组织、十字形的底层平面、以壁炉为中心向外辐射以及内部连通的房间，都是典型的要素

图25。铅笔、水粉以及碳素墨水绘制

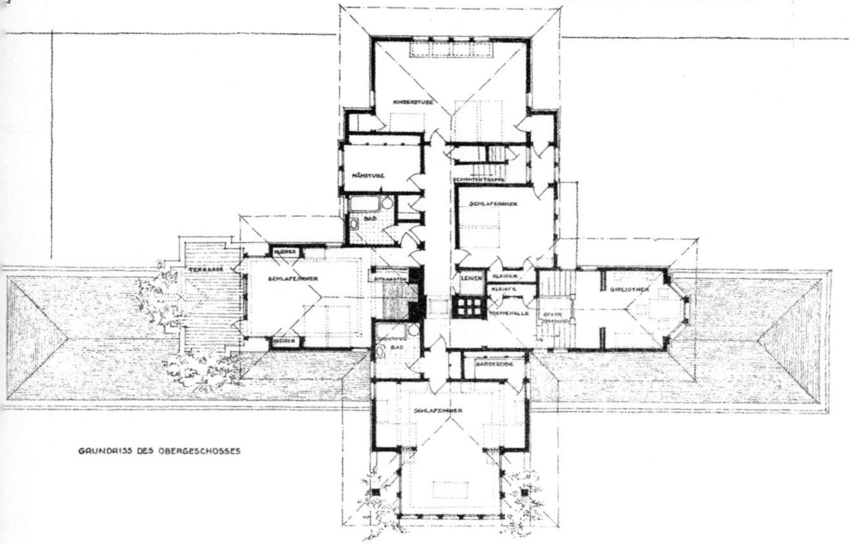

GRUNDRISS DES OBERGESCHOSSES

5 | 橡树园内的联合教堂，伊利诺伊州（1905—1908年）
布道室与公共礼堂由两个立方体组成，用钢筋混凝土筑造而成；二者均具有纪念性和正式感，并且面对面设立。图63b。图纸由玛丽昂·马奥尼绘制

GEDRUCKT UND VERLEGT VON ERNST WASMUTH A.-G. BERLIN
FOR THE WORSHIP OF GOD
AND THE SERVICE OF MAN

保罗·施密特纳（1884—1972年）

Das deutsche Wohnhaus

STUTTGART, 1932

The German House

几乎没有一部建筑学方面的书籍能够像保罗·施密特纳（Paul Schmitthenner）的《德国房屋》（*Das deutsche Wohnhaus*）一样，介于美学与政治的争议之中。本书于1932年第一次出版，再版则是在1940年。本书的争议部分来源于其内容，部分则是因为作者的个性以及他在第三帝国所扮演的角色。

施密特纳于1884年出生在阿尔萨斯城劳特堡。1909年，经过在尔斯鲁厄和慕尼黑的建筑学学习后，他开始为理查德工作。1918年，施密特纳在斯图加特科技大学谋得教师一职。20世纪20年代期间，这里成为“斯图加特学派”的标志，并发展成为一套领先的建筑师培育机制。基于传统和西奥多·费舍尔（1862—1938年）的地方爱国主义思想，施密特纳与保罗·波纳茨（1877—1956年）成了学校的领导。

1927年，由于德国工艺联盟展览会“住宅”正在斯图加特筹备，当地的建筑师和作为现代建筑代表的路德维希·米斯·凡德罗赫（1886—1969年）则被忽视。这导致了当地建筑业界的两极化。施密特纳一直采取保守的观点，尽管他实际上是一名理性主义者并支持标准化的趋势（他倡导建立中产阶级房屋的标准形态）。20世纪20年代，施密特纳曾为斯图加特的富裕阶层建造经过精心设计的高雅且高质量的居所。正是由于这些房屋，“施密特纳房屋”这一名词才为大众所熟悉。他的传统或浪漫的建筑感与他的中产阶级的位置是不相称的。环绕在阿尔伯特·斯佩尔身边的技术官僚精英，与一名个人主义的质量工艺的倡导者没有丝毫相似之处。

施密特纳的书是一个名为“建筑设计”系列从书中的第一部（其他人从未实现）。他用这个词来代替“建筑工程”，以证明单纯的良好的工程不足以满足他在设计方面的要求。他认为，根据德国工艺联盟的传统，建筑师必须“有彻底的工艺知识”，特别是在建筑材料方面。但他最重要的责任是“创造秩序”。这本书主要针对他的学生，因此体现着个人性和指导性。照片、设计图样和图片记录了施密特纳从20世纪20年代开始在斯图加特、柏林、巴登

和阿尔萨斯等地设计的建筑作品。建筑作品的展示，以施密特纳所认为的典型的德国房屋为重中之重："无论是在石勒苏益-荷尔斯泰因州、威斯特伐利亚州、斯瓦比亚、阿尔萨斯和西里西亚，或是被占领的奥地利，德国房屋总是有着一副德国面孔。这样的面孔不是由建筑材料决定，而是取决于创造关联的精神。"

通过使用历史中的例子，施密特纳逐步衍生出一套建筑理想。底层平面图在没有注释的情况下，必须做到清晰、简单和可读。建筑物的主体部分必须是封闭的立方体，加上少量小窗格的插入式窗户。很多空间都用于屋顶；施密特纳认为这些都是检验原则性建筑的基本标准。他强调，屋顶不是一个美学性构造，而是实用的。他通常会坚持在为屋顶做出最简单的形状，对他而言，在德国这便是倾斜屋顶。对于他所提出的理想性房屋，施密特纳显得谦虚而自信。虽然这些想法来源于世纪之交的"国土保护运动"，然而它们依旧包含着现代元素："在这里景观曾是第一位，然而现在其权利则显得更为重要。"

事实上，施密特纳真正感兴趣的并不是房屋的外观，而是对房屋内部的安排与设计。一间房子，无论大小，都应该至少看起来是宽敞的。"即使是最小的房子，都必须有一个如同'大堂'一般的大客厅。"施密特纳虽然已经在平面图上清楚地标明了每个房间的确切功能，但是他依旧试图打破现代建筑和1927年德国工艺联盟博览会所带来的平衡感："把餐车上厨房的问题推给那些冷血无情的问题专家们看起来更好，至于餐车上的一名普通厨师在十年间到底会行进多少公里，好吧，已经有足够的思维僵化的统计师想要解开这个问题。"他从未打算为那些期望完全合理的房产的人设计房子。这一观点是清楚明晰的，并且一次又一次得到证实，例如当他描述斯图加特一座山丘上房子的复杂通路时，他说道："没有人会忽视房屋的门的设计。然而，杂工、走家串户的推销员、面包师以及屠夫则永远不会理解这一点，因为他们总是希望在厨房的窗口旁推销自己的生意，然而在那里他们早已被厨房里警惕的厨师给盯上了。"像他的所有客户一样，施密特纳代表了一种相当陈旧的上层中产阶级的生活方式。他自己的寓所出现在全书结尾处。这是他过去浪漫理想的化身。他还特意请来他的伙伴阿尔萨斯人勒内·沙克尔赞美这座"斯图加特的方舟"。

第一版《德国房屋》获得了相当多的关注与批评——更多的是出于政治而非建筑本身的原因。在一定程度上，这部书是经历魏森霍夫房产项目的"冲击"之后，第一部有理有据的传统主义观点的集合。但是，全书并没有太多创新点。引言部分便开始将现代建筑与"冷酷的机械化的纯粹性"相联系，对于施密特纳而言，现代建筑是"高估技术和经济学"的一项证明。特别是他在"生活的机器"上的抨击，他认为这不仅是美学和功能方面的问题，更是一种精神和道德危机的表现。在一次绘图的比较中，施密特纳将汉斯·夏隆设计的极具表现力的魏森霍夫别墅，与一座旧时更具标志性的模范建筑相提并论：约翰·沃尔夫冈·冯·歌德位于魏玛伊尔姆河公园的园林寓所，其建筑时间可以追溯到1776年。这一结构的理想化并不是施密特纳的发明。它起源于1900年左右的改革运动。保罗·梅布斯很早之前就将其收录在他1908年的著作《1800年前后》之中，它更为海因里希·特森诺在赫勒奥的独立式住宅注入了灵感。

1934年，施密特纳以《德国房屋》的序言为基础，出版了他的新一部建筑学著作《新帝国的建筑》。在1940年的第二版中，其被一篇题为“建筑的谦逊”相对独立的文章所替代。在这一著述中，他以斯特拉斯堡的大教堂为例，赞扬了建筑的谦逊、谦卑与温和的品质。大教堂矗立在“它脚下谦卑的土地上，正是这种和谐给予它伟大与魅力。”从19世纪开始，就有文学原型开始赞美建筑的谦卑：阿达尔贝特·施蒂弗特的中篇小说《五彩石》，与他的比德迈厄式小说《印度之夏》便出现了“玫瑰房屋”。这可能是施密特纳设计的基础。施密特纳在1940年这样的表述被理解为对那个时代建筑精神的微妙批评；尤其是因为施密特纳还评论说，情况依旧如此——“很少看到优秀、丰富和合格的建筑被建造。”他还强调，“我们当代规模宏大的构造”只有在其谦逊的历史背景衬托下，才会令人印象深刻。他看似小心翼翼的批评并没有被人放过。阿尔伯特·斯佩尔的同事弗里德里希·塔姆姆斯发表了一部书用来驳斥施密特纳的观点，这部书的终章题目是“艺术的严密法则”。

1950年，未有变动的第三版的序言中，施密特纳得出了一个痛苦的结论。施密特纳承认，鉴于目前表现为“糟糕的比例”住房危机的蔓延，他家的尺寸并没有“与时俱进”。然而，他依旧为自身作品中一些不变的准则进行辩护，例如建筑材料的重要性，以及对它们适应能力和用途的关注。

吉尔伯特·卢普伐　著　　支玉晨　译

第737页插图
1 | 歌德在魏玛伊尔姆河公园的园林寓所
歌德的园林寓所建于18世纪，是施密特纳理想中的房屋
1984年，第4版。第10页

2 | 保罗·舒尔策-瑙姆堡，普劳埃镇，约1900年
画家、建筑师和作家保罗·舒尔测-瑙姆堡是德国工艺联盟的联合创始人和国土保护运动的代表，亦为施密特纳的崇拜对象。油画布，43厘米×60厘米。私人收藏，汉诺威。本书中不包括附加图示

3 | 斯特拉斯堡大教堂
“斯特拉斯堡大教堂……从它脚下那不显眼的大地的律动与和谐中耸立而起，使其凭借体量而耀眼夺目”（施密特纳，1941年）
1984年，第4版。第11页

4 | 斯塔肯花园城市
施密特纳的花园城市——斯塔肯，让人想起德国北部与荷兰的一些城镇。1914—1917年，它在柏林附近的斯潘道被修造出来，主要服务于军械工业的雇员
本书不包括附加图示

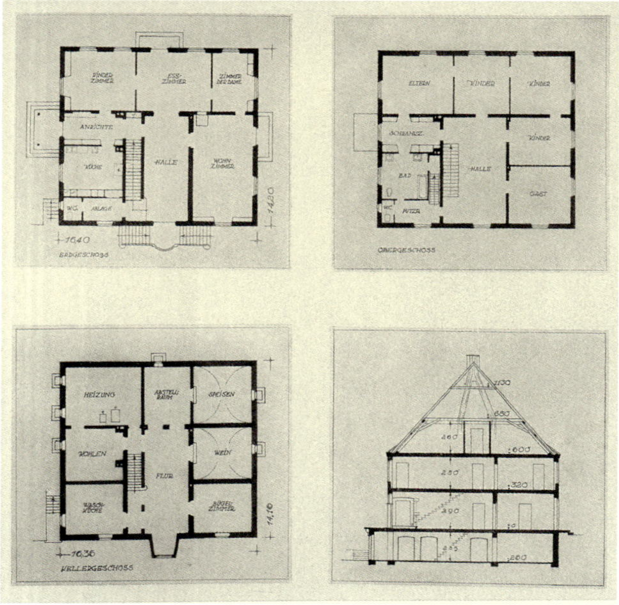

5 | 为制造商罗泽家庭修筑的房屋（1925年？）
施密特纳想象这座在斯图加特的别墅是一间建立在“一个空旷高处的大房子”；这是一个典型的贵族式的“施密特纳房屋”
从房屋东南方拍摄，1984年。第68页

6 | 制造商罗泽一家的别墅，平面图
平面图呈封闭状，是典型的施密特纳风格
1984年，第4版，第71页。手绘

7 | 施密特纳大楼，楼梯（约1930年）
施密特纳在斯图加特房子的楼梯一窥（1944年毁坏），让我们认识到了他关于空间与家庭生活的传统主义观点 1984年，第4版。第185页

8 | 斯图加特附近的考恩霍夫住房
这座房屋建于1933年，为大型住宅楼的一次尝试；后来，施密特纳形成了一种比德迈厄式的建筑风格。本书中不包括附加图示

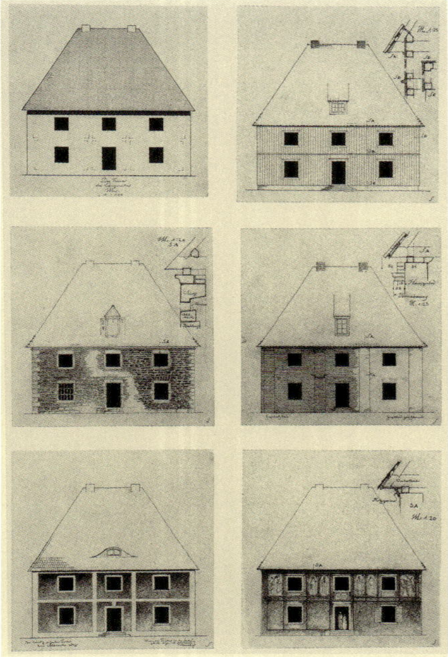

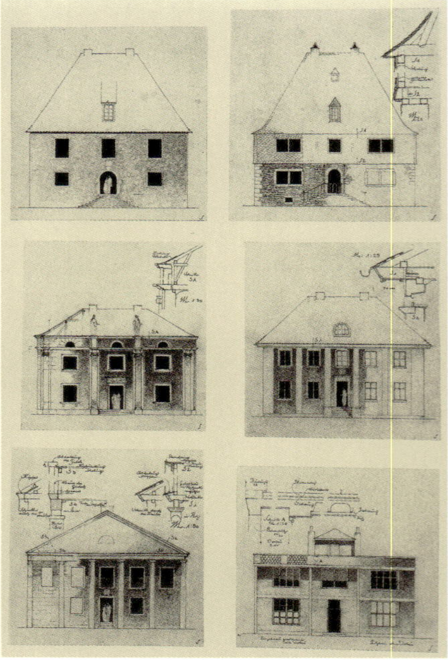

9、10 | 外观设计

《主题变奏曲：吉包特形式》成书于1943—1949年，但在作者死后才出版，施密特纳思考着用不同材料实现外墙的变化。本书中不包括附加图示。手绘

11 | 斯图加特王宫广场上的奥加王后堡（1950—1954年）
在斯图加特的王宫广场的奥加堡是施密特纳晚期的一座有趣的、杂糅而不合时宜的建筑。本书中不包括附加图示

希格弗莱德·吉迪恩（1888—1968年）

Space, Time and Architecture. The Growth of a New Tradition

CAMBRIDGE, MASS., 1941

始于北美洲而后席卷欧洲，希格弗莱德·吉迪恩（Sigfried Giedion）的书籍在很长一段时间里，对现代建筑历史和学术理论界都是处于垄断性地位。他出生于布拉格，是一名瑞士工业家的儿子，他最早在维也纳学习机械工程，而后前往慕尼黑，师从海因里希·沃尔夫林学习艺术史，并于1922年获博士学位。1923年，他接触到了包豪斯建筑运动。至1925年，勒·柯布西耶则带领他迈入了现代主义建筑的大门。从1928年开始，吉迪恩一直担任国际现代建筑协会的秘书，直至1956年协会解散。他主要生活在苏黎世，并且在那里终老。在瓦尔特·格罗皮乌斯的建议下，吉迪恩于1938年至1939年应邀前往哈佛大学担任“查尔斯 埃利奥特·诺顿讲座课”的讲师职位。只可惜他的英语水平有限，因而他的讲座并没有引起很大的注意，而真正具有影响力的，是他此后出版的这本书。

吉迪恩一直希望能够将现代建筑置于艺术史发展的进程中来看待，他希望能证明其发展是一种新传统的诞生。一方面，从经验主义的角度，建筑可以产生于其先决的功能任务；另一方面，又根植于新的科学世界观的理论基础。这种新的观点，将现代建筑与现代艺术视作互相依赖的要素，很大程度上，吉迪恩的观点与阿洛伊斯·里格尔的艺术意志理论有着深刻的联系。在他自己的序言中，吉迪恩写道：“《空间、时间和建筑》（*Space, Time and Architecture*）一书旨在为那些对当今文化领域感到警醒的人提供一条出路，以此脱离这显而易见的杂乱无章和自相矛盾的趋势。我希望能够在我们现如今的文明中建立一套系统，我会用论辩与客观证据来说明，即使在看似令人困惑的环境中，还是会有一个确实的、可能是隐藏的，但一定是统一的、隐秘的可以解释我们所有文明的系统。”这本书采用了富有戏剧性的标题《空间、时间与建筑》，吉迪恩是想以此呼应之前的一篇赫尔曼·闵可夫斯基于1907年发表的名为《时间与空间》的文章，这篇文章奠定了相对论基础。作为物理学领域的新观点，相对论提供了“空间与时间是（组合成了）一个整体的世界”的新认识，但吉迪恩相信

这一理念可以跨越科学与艺术的对立。这就是他将立体主义和未来主义的绘画与相对论相联系的原因。然而，后来当爱因斯坦得知这一想法时，他表示并不接受并且付之一哂。

除此之外，吉迪恩肯定还受到了亨利-罗素·希区柯克《国际风格》一书的影响，他选择了与其相似的观点，将建筑与美术置于并列的位置。同时，作为沃尔夫林的学生，他不仅从美学价值角度看待建筑与美术两者的关系，更希望探寻结构上的相似之处。基于他自己的分析，他的雄心并不在于像希区柯克那样建立一个美学的史论，而是在于书写出建筑学的思想史。他想要展现出完全相分离的领域中互相平行的方法论：是思考的或是感觉的，是科学的或是艺术的，是有意识的或无意识的，并且以此将建筑学和艺术上升到客观性和普适性的高度。从黑格尔时代精神的理论出发，他认为自然科学所代表的理性主义，组成了现代性特征潜藏的“精神”。

回溯历史，吉迪恩认为几何学和数学的空间概念的本源，是理性的、科学的世界观，而这些概念的基础，都可以追溯到文艺复兴时期和巴洛克时代的核心观点。为此他给出了一系列例证，从弗朗切斯科·博罗米尼（1599—1667年）到弗拉基米尔·塔特林（1885—1953年）以及巴勃罗·毕加索（1881—1973年），从巴洛克时期城镇的几何形态肌理到勒·柯布西耶规划的现代城市之蓝图，吉迪恩反复将建筑与现代的艺术进行直接对比。而在19世纪，吉迪恩认为自己能够感觉到“新的可能性在演进”，无论是技术和建造方面（铁材、生铁、钢构骨架、玻璃和电梯），还是它们在美学上的影响。他在这里还将当代艺术与诸多其他建筑和艺术家相比较，例如帕克斯顿的水晶宫、透纳、居斯塔夫·埃菲尔、马奈、1889年巴黎博览会的机械馆以及德加，并且给出了对当时艺术的看法。吉迪恩认为工程技术的进步带来的工业革命，是导向现代建筑形式出现的“基础性事件”。而在这之后的过程中，还需要许多先驱启蒙者的努力，促使建筑得以发展，这其中包括了诸位欧洲（亨德里克·贝尔拉格、维克多·霍塔、奥图·瓦格纳、奥古斯特·贝瑞）和美国的建筑师。吉迪恩可能还是第一位强调芝加哥学派重要性的欧洲学者，认为他们（包括威廉·勒巴隆·詹尼、丹尼尔·巴汉姆和路易斯·沙利文在内）在建造技术改进和钢结构建筑样式设计上有着革命性贡献。

对于吉迪恩来说，弗兰克·劳埃德·赖特是发展和形成空间理论的核心人物。他认为同样很重要的还有罗伯特·马拉特（1872—1940年），他设计的大胆的弧线混凝土桥梁正是代表了空间和时间中艺术性的统一。但是吉迪恩真正崇拜的现代主义建筑师应当是瓦尔特·格罗皮乌斯（吉迪恩将包豪斯校舍的玻璃幕墙与毕加索的立体主义相比较）和勒·柯布西耶。最后，吉迪恩转而萌生了关于现代理性城市规划的概念。他设想的基础建立在奥斯曼的巴黎改造，以及奥图·瓦格纳和托尼·嘎涅的理论之上。他对埃比尼泽·霍华德的田园城市理想持怀疑态度，对卡米里奥·西特则抱反对意见。取而代之的，是他对美国新建的连接各个城市的洲际高速公路十分着迷。他跟随着柯布西耶的领导，要为新的城市创造建筑，并且批准了阿姆斯特丹的扩张规划（1934年）以及纽约的洛克菲勒中心的建设（1931—1939年）。

《空间、时间与建筑》一书在美国共有16种版本，并且被翻译成了八种语言。其中，第一个翻译版本为德语版，直到1965年才面世。每一个新版本，都是由吉迪恩加以更新和扩展内容。在1949年的版本中，阿尔瓦·阿尔托（1898—1976年）成为一名年轻的核心人物；密斯·凡德罗（1886—1969年）的部分建筑在1954年被写入书中。《空间、时间与建筑》在过去的很长一段时间内都是经典的现代主义建筑教科书，并且影响了至少两代建筑师的历史观。瓦尔特·格罗皮乌斯这样描述它，“奠定了我们现代世界形式语言发展历史的基础”。在1975年的一次投票中，这本书依然在“建筑师必读的最重要的书单”中位居榜首。

吉迪恩还特别强调了“历史学家，尤其是建筑史学家，必须与当代的概念保持紧密的联系。只有当他的思想渗透在自己时代的精神之中时，他才能探寻出其前辈们走过的痕迹，甄别出其先人们所持的观点。”因此，他认为建筑史就是一种为现代建筑而做的准备。也正因如此，他才要大加赞颂城市中的建筑，为了技术与功能精神而创作的艺术作品。而在尤里斯·波森纳看来，吉迪恩针对现代主义建筑采用的这种目的论历史学观，已经超越了历史研究的范畴，而且转向了一种宣传鼓动，这就是吉迪恩的著作终将被淘汰的原因。还有值得注意的是，吉迪恩对芝加哥学派的贡献加以强调，这正与尼古拉·佩夫斯纳的著作相反，后者在其《现代主义运动先驱》（1936年）一书中声称现代主义建筑的发源仅仅是欧洲。吉迪恩的其他方面，现如今已经并不被认同，包括他对于19世纪复兴主义的谴责，以及他完全忽略了其他流派，例如表现主义建筑。1962年的版本中包含了一篇新的导言《20世纪60年代的建筑：希望与恐惧》，在这篇导言中，他试图为自己的观点声辩，他并不希望自己看到一个理想建筑的世界观开始崩塌。

从整体上来说，吉迪恩的历史模型，虽然有他自己明晰的论点，但并没有十分确实的理论基础。尤里斯·波森纳写道：“这本书从来就没达到过什么‘数学般的严密’……顶多算是一本聊天式书籍。吉迪恩在书中太过于兴奋，以至于他说得太多也太精明了。”这就是为什么这本书在今日已经不值得一读。这本书是“一种带着预判观点的历史……一本集合了作者自己的发现、文献和转释的手册”……但也只不过是“每一个建筑师的枕边书”罢了。

约尔根·保罗　著　　张梦怡　译

第749页插图

1 | 阿尔瓦·阿尔托，芬兰馆，世界博览会，纽约，1939年
内墙起伏产生的动态感。第470页

2 | 弗朗切斯科·博罗米尼，圣依华堂，罗马和弗拉基米尔·塔特林，莫斯科一处纪念碑项目（1920年）
"……可以认识到将内部空间和外部空间进行转释的紧迫性。"插图11和插图12

3 | 亨利・拉布鲁斯特，国家图书馆，巴黎（1858—1868年）
新的技术可能性带来的新空间。第158页

4 | 机械馆，世界博览会，巴黎（1889年）
“它体现了一个世纪以来所积累的建造经验”
吉迪恩将之与德加的一幅舞者的蜡笔画相比较。第206页

5 | 威廉・勒巴隆・詹尼，展会大楼，芝加哥（1891年）
上图为建成状态，下图为建造中的情况
吉迪恩对这个结构写道：“其结构框架成了设计的决定性要素。”第309页

6 | 居斯塔夫·埃菲尔和尼古拉·奥古斯特·布瓦洛，巴黎乐蓬马歇百货公司的玻璃屋顶（1876年）
“这个玻璃构筑从街道上是看不到的。当整个19世纪都认为自己是不被观察的时候，这个设计是尤为大胆的。”第175页

7 | 城市扩张规划，阿姆斯特丹北部（1934年）
“一个基于科学调查和协调之后的扩张规划。”第592页。钢笔墨线绘制

8 | 纽约市内车行道的交叉路口（1936/1937年）
"解决干路交通交叉问题最精致的方法之一。"第621页

德意志民主共和国部长委员会
Grundsätze des Städtebaus

BERLIN, 1950

Council of Ministers of the GDR: The Principles of Town Planning

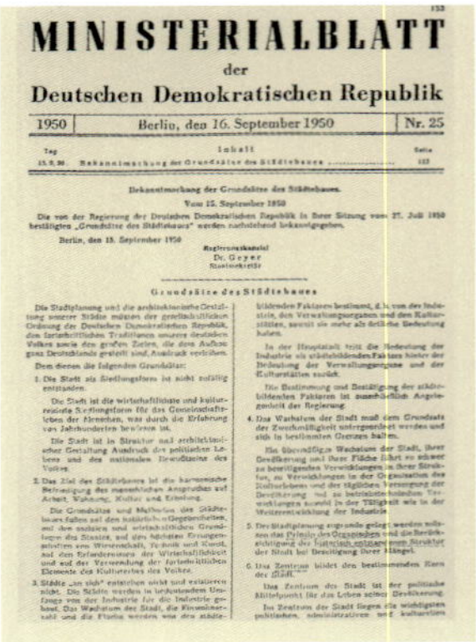

MINISTERIALBLATT
der
Deutschen Demokratischen Republik

1950 | Berlin, den 16. September 1950 | Nr. 25

Grundsätze des Städtebaus

出版于1950年的《城市设计原则》（*Grundsätze des Städtebaus*），不仅为20世纪50年代前半期德意志民主共和国的城市规划政策提供了法律基础，同时也是一场关于本国建筑应采取何种形式的紧张激烈的论战后的成果。论战中，一方赞成继续延续现代主义，另一方则倡导向传统典范转向。这种建筑具有“民主的内容”与“民族的形式”，虽然今天看来它们都是20世纪50年代充满争议但却最富雄心的建筑。

这些原则1950年7月27日被部长委员会批准之后，于1950年9月16日在德意志民主共和国的官方公报上发布。序言已经包含对建筑之任务的定义——建筑不仅是为了表达共产主义社会的新秩序，而且明确国家在这些问题上的全球性主张。在第六段中，宣言明确强调一个城市中心的必要性，其不仅是在行政和文化意义上，而且是政治上的枢纽。城市的结构将被轴向道路、广场和主要的建筑符号所明确定义；根据第14段，城市的建筑表达应该体现“民主的内容”和“民族的形式”。城市应该采用“体现着过去进步主义传统的人民的经验”。然而，文本中并没有关于“民主的内容”和“民族的形式”，或对“进步主义传统”的具体定义。对历史典范建筑的必要改造与第12章中对绿色都市景观的拒绝，体现出对《雅典宪章》主要方面的否定。相对于国际现代主义中的西方形式主义变体，共产主义城市是一个清晰可辨的替代选择。这16项原则与1950年9月14日颁布的德意志民主共和国《重建法》相得益彰、互为补充。柏林、德累斯顿、莱比锡、马格德堡、开姆尼茨、德绍、罗斯托克、维斯马和诺德豪森等城市被列为优先重建对象，并起到示范作用。同时，德意志民主共和国引进了一部新的《土地法》。实际上，其规定了在某些区域的征用土地行为，从而为全面实现计划奠定了基础。

这16项原则是在1950年著名的“莫斯科之行”之际制定。这是一次具有政治动机的考察巡游，在重建部部长洛萨·波尔兹带领下于4月12日至5月25日展开。除建设部城市规划研究所所长库尔特·李卜克内西外，其他参与者是重建部成员兼柏林建筑局局长瓦尔特·匹斯特

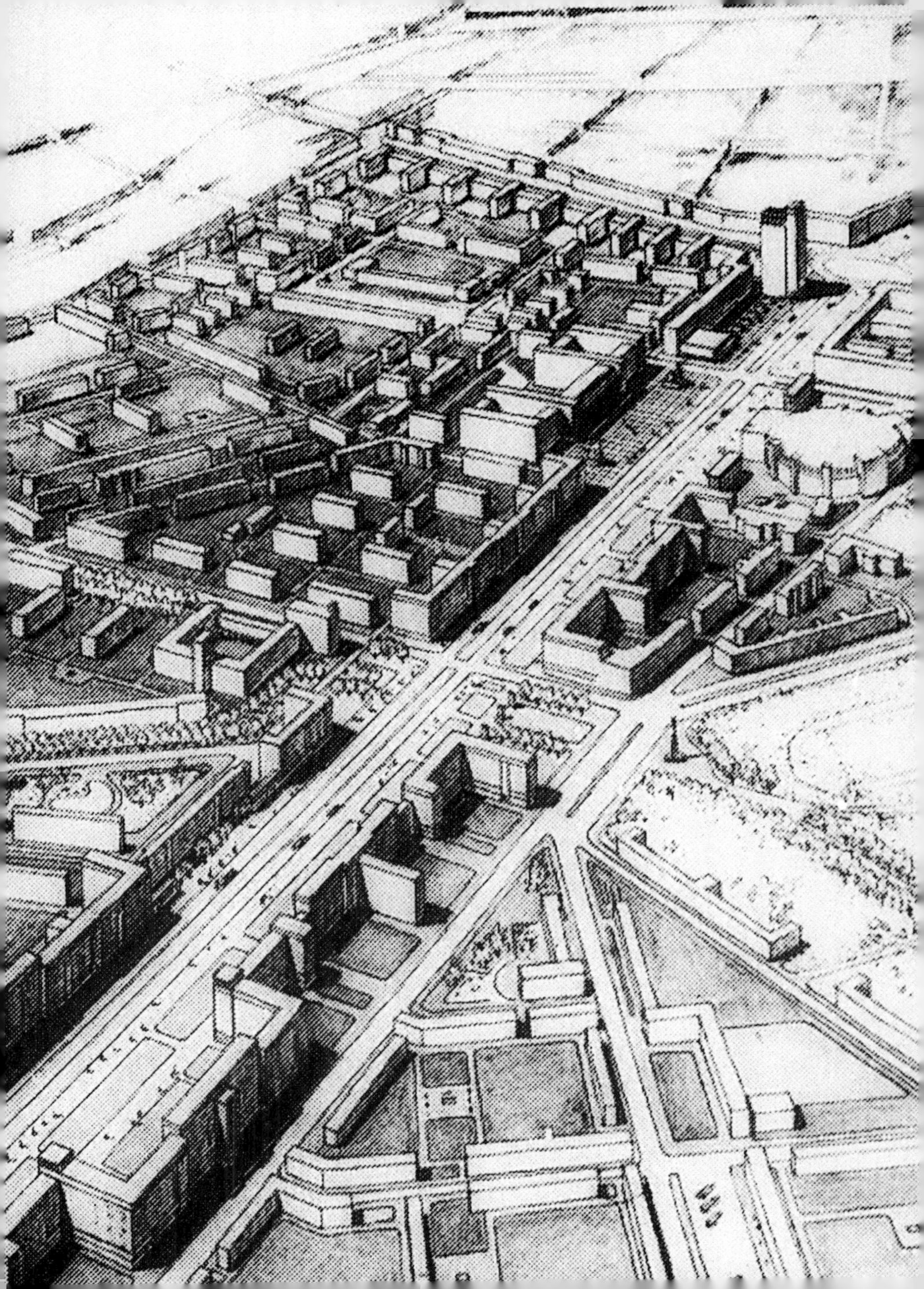

里克、德累斯顿的城市规划办公室主任埃德蒙·科莱因、库尔特·洛伊希特以及工业部代表沃尔德马·阿德勒。在这些原则出台前，一些位高权重的东德政治家们正在进行一场长期的批评，他们将自1946年以来已经进行的首都现代主义重建计划看作在汉斯·沙隆的领导下所谓集体计划的一部分。对“世界主义”的反复指责，显然成为新生的德意志民主共和国一项基本的文化与政治争论议题。长期辩论中的另一话题——西方“形式主义”则被“社会主义现实主义”所压倒。新的城市应该传达出历史上熟悉的、紧凑的、层级鲜明且基于区域的不朽形象，而不是普遍形式上的现代性。显然，德意志民主共和国的这些讨论反映了并进一步开发已经存在于苏联的典范建筑的愿望，这样的辩论其实自20世纪30年代以来一直在苏联进行着。

参考苏联方面的规定，代表们在巡游期间草拟了德意志民主共和国城市规划的基本议程。与此同时，社会主义联合党总书记瓦尔特·乌布利希自己也参与其中。在1950年7月的第三次党代会上，乌布利希提议“基于苏联建筑的现实主义建筑的原则”，以便区别于那些“美国的纸箱子”版建筑。然而，德意志民主共和国重建中的第一批展示性建筑——斯大林大道，在1951年仍然体现着许多现代主义的特征。甚至是后来成为斯大林大道的首席规划师赫尔曼·亨塞尔曼都将自己与现代主义传统区分开来。然而，1951年（？），为位于柏林韦伯维斯的高层公寓楼设计时，亨塞尔曼完成了自身范式的转变，这一转变有着深远的影响，因为他实现了申克尔的古典主义元素与现代个人主义摩天大楼的结合。一座建筑的典范现已落成，它具有扎根于区域并体现着历史的辉煌和高度的纪念性，同时拥有着高档件和设备，库尔特·李卜克内西称赞该项目是“民族建筑的进步”之体现。由此，亨塞尔曼成了大道建设中最重要的规划师之一。除了在广场入口处的主要高楼处，大道上排列着纤细且功能齐全的建筑，新古典主义元素的装饰被添加其上，另外还能看到对一些历史建筑的借鉴，例如那对被安放在法兰克福城门上的来自御林广场的圆顶改良版，从而体现被要求的区域性展示。

这样，对新工程的大型计划最终却只有部分得以完成，原因之一便是1954年后城市规划与建筑的范式发生了又一次巨大的变化。1953年斯大林去世后，赫鲁晓夫又对苏联建筑的性质进行了本质上的改变，这主要是出于经济考虑的结果。在短暂的停滞过后，这项政策也扩展至其他大多数社会主义国家。在1954年莫斯科召开的联盟建筑会议上，赫鲁晓夫尖锐地批评当时的建筑操作，指出它们在装饰上的开支从经济的角度看是不合理的。所以，当前的重点是现代建筑业以及新式建筑的类型发展。建筑的标准化不可避免地导致功能主义的建筑倾向，虽然这种风格在几年前还被明确谴责为形式主义。在德意志民主共和国，这一新的范式由莫斯科传播过来，在20世纪50年代末，切断了与“民族传统中的建筑”的联系。正在进行中的项目，例如斯大林大道第二阶段的建设被放弃或公开修正。当大道的名字改为卡尔·马克思时，对斯大林主义政策的排斥与越来越多的对其在建筑上表现的拒绝结合在一起。直到涉及纯粹的理性和经济方面城市规划问题时——单一功能社区的单一设计——东西方所受到的审查才呈现相似性，因此，在20世纪50年代，东德建筑开始被重新评估。先前对斯大林主义建筑“婚礼蛋糕式风格”的批判，被后现代主义所推翻，这一辩护涉及其语义质量、功能组合、适当中心的存在以及工艺的质量。今天，这类遗产不仅仅被认为是一种必不可少的融合建筑与政治的历史实例，同时也折射着20世纪建筑的传统与创新之争。

《城市设计原则》出版时并没有插图。以下所选择的图片用于使德意志民主共和国的城市规划显得生动形象。

保罗·西格尔　著　　支玉晨　译

1 | 纪录片
1951年12月，瓦尔特·乌布利希与莫斯科首席设计师亚历山大·瓦拉索夫，以及埃德蒙·科莱恩（左二）和库尔特·李卜克内西（右）在柏林韦伯维斯高层公寓的模型面前

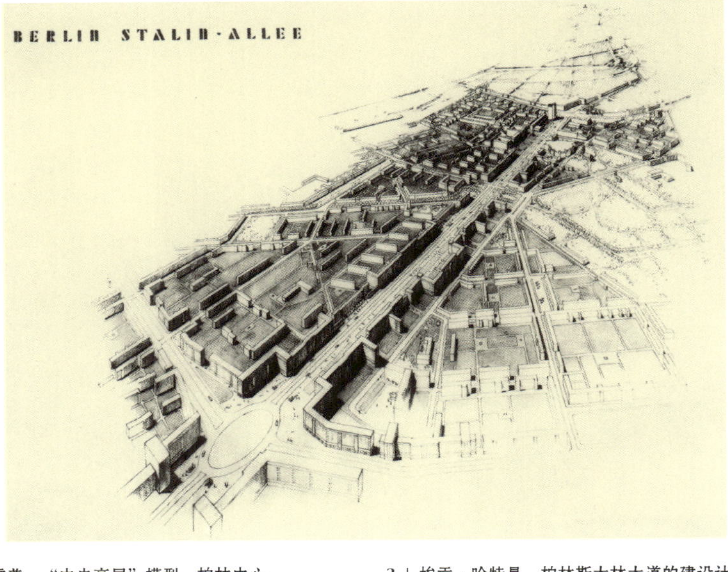

2 | 汉斯霍普，“中央高层”模型，柏林中心（1951年）
模型

3 | 埃贡·哈特曼，柏林斯大林大道的建设计划（1951年）
手绘

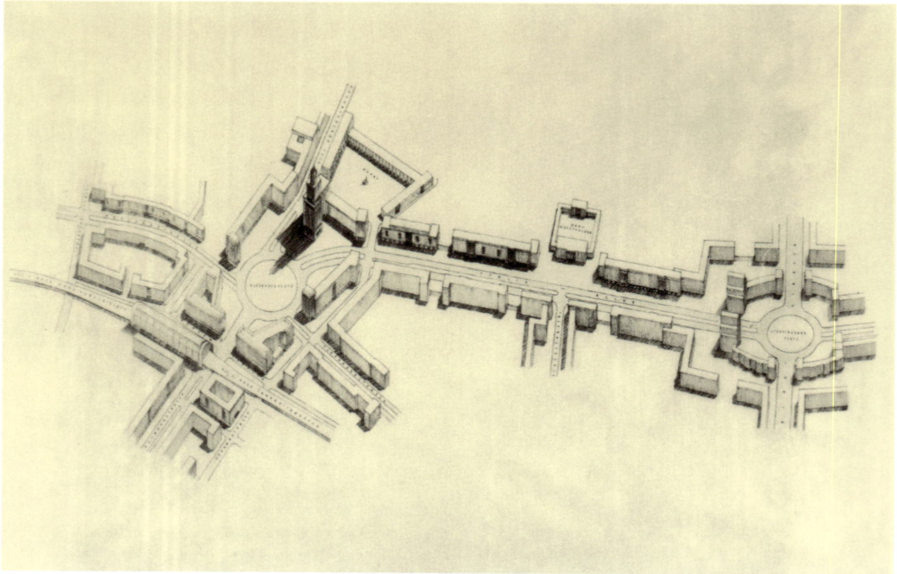

4 | 赫尔曼 · 亨泽尔曼，位于柏林施特劳斯贝格广场和亚历山大广场之间的斯大林大道第二阶段建设的规划（1953年）
手绘

5 | 赫尔曼·亨塞尔曼，亚历山大广场的建设计划（1953年）
手绘

建筑电讯学派（1960年成立）
Archigram
LONDON, SINCE 1961

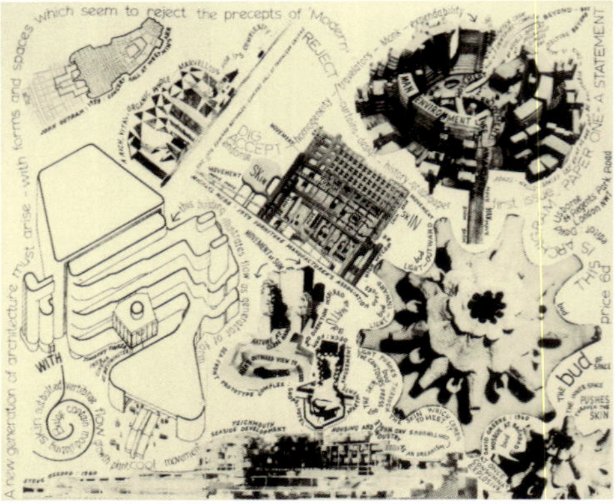

20世纪60年代，高科技与波普文化是国际建筑理论争论中的主要影响因素。带着引起轰动的宣言、壮丽的乌托邦城市工程以及对晚期资本主义社会或颠覆性或反讽的评论，许多建筑师成了舞台的焦点。流动性、世界主义与对发展出更多更好技术所抱有的近乎无穷的乐观主义，无不象征着这个痴迷披头士《黄色潜水艇》和太空旅行的时代的精神。英国的建筑电讯学派（Archigram）创作的天马行空的建筑漫画既呈现了严肃呆板的城市模型，也展现了妙趣横生、无忧无虑的乌托邦式城市模型。这是为全球化的高技术文明所构想的。卡纳维拉尔角的美学中加入了发生的事件和日常的波普文化。

建筑电讯学派成立于1960年，协会成员皆为具有高度实验性的英国青年建筑师。1974年前，成员之间常组成独立艺术团体定期合作。沃伦·乔克、彼得·库克、丹尼斯·克朗普顿、大卫·格瑞尼、罗恩·赫伦和迈克尔·韦伯创作并将“建筑电讯”作为学派名称，意在暗示建筑事物中的极简信息。他们最重要的传播媒介是一本同名地下杂志《建筑电讯》（*Archigram*）。该杂志创刊于1961年，不定期出刊。它包含了来自该学派个人成员，以及他们的建筑师好友的最重要的主题和工程。一开始，杂志只在内部的小圈子里流传，但它很快名声大噪。1963年，该学派在伦敦当代艺术学院举行了第一次联合展览“生活城市”，使它获得了广泛的国际认可。随着建筑评论家和理论家班汉姆·雷纳的多篇文章，建筑电讯学派走到了舞台中央，成了新城市哲学的主角，该哲学旨在融合当代波普艺术与科幻美学。他们创作了许多乌托邦式作品：罗恩·赫伦设计的游牧式“步行城市”（1964年）；彼得·库克、沃伦·乔克和丹尼斯·克朗普顿设计的可在任意时间重新安装的“插接城市”（1964—1966年）；大卫·格瑞尼所做的“充气房间”（1968年）。这些作品是20世纪60年代建筑编年史中不可或缺的一部分。他们的工程在继续发展后现代风潮的同时，把日常生活和波普文化也吸纳进来。拼贴画、连环画、散文诗和宣言般的来稿混在一起，澄清其中涉及的乌托邦。例如，在第四期《建筑电讯》中，沃伦·乔克挖苦了科幻连环漫画这一体裁。他把重大

Only those imbued with respect and enthusiasm for todays wish-dreams can adequately interpret them into built environment.Recurrent theme in SPACE COMIC universe is mobile computer "BRAIN"and flexing tentacles

的宣言融合到寻常的画面中，引导读者发现作者的基本立场：只有对今天的憧憬充满尊敬与热情的人才能充分地将它们落实到建筑环境中。太空漫画宇宙中反复出现的主题是移动计算机大脑和屈伸灵活的触手。他们向往的自由漂浮、灵活可调且能在极短时间内收放的空间结构建基于多种高科技。他们还把20世纪20年代巴克敏斯特·富勒的“戴马克西恩”生活机器、20世纪60年代弗莱·奥托昂贵的轻质屋顶同詹姆斯·邦德系列中的影像世界、当代《花儿力量》的封面与多媒体表演杂糅在一起。建筑电讯胶囊是他们为数不多的得以实现的工程之一，它是为1970年的大阪世博会设计。世博会展览期间，它始终挂在中央主题馆丹下健三设计的屋顶下。恰是这项工程让人感受到了建筑电讯学派和日本代谢派所用的方法之间的亲密联系。此外，这项工程和法国的尤纳·弗莱德曼、奥地利的汉斯·霍莱因的当代工程也有相似之处。他们的刊物具有明显的颠覆性，一方面把流行“通俗”体裁和建筑理论混合起来，另一方面为当代读者确立了标准，其影响甚至延伸至20世纪90年代中期雷姆·库哈斯和他的大都会建筑事务所的文学类交叉刊物。

保罗·西格尔 著　　周瑞 译

第769页插图

1 | 沃伦·乔克，“空间探测器”漫画

出自《建筑电讯》第四期，1964年

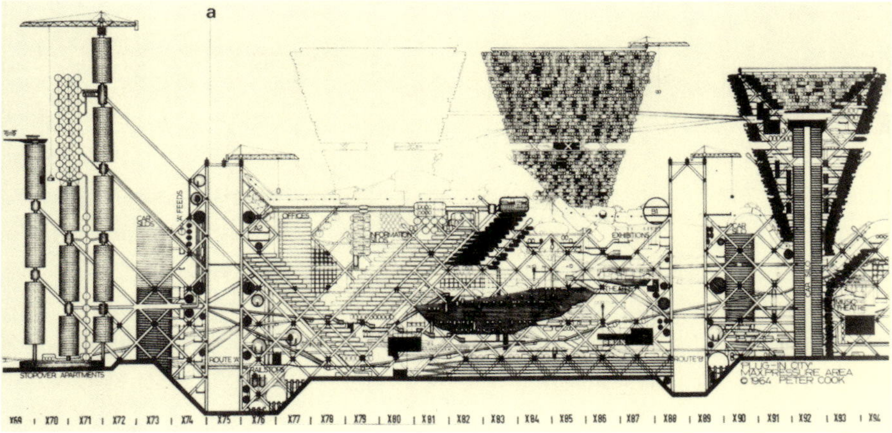

2 | 罗恩·赫伦，步行城市
城市来到了纽约
出自《建筑电讯》第四期，1964年

3 | 彼得·库克，插接城市
出自《建筑电讯》第四期，1964年

黑川纪章（1934—2007年）
Metabolism in Architecture
LONDON, 1977

新陈代谢的建筑哲学理念可以追溯到1960年，一群日本建筑师在东京世界设计大会期间用宣言式文字和轰动的作品吸引了人们的注意。新陈代谢运动最初的领导者是丹下健三（Kenzo Tange）、黑川纪章（Kisho Kurokawa）、菊竹清训（Kiyonori Kikutake）和建筑批评家川添登（Noboru Kawazoe）。他们的建筑风格开启后现代，使新野性主义技术化，将建筑的概念类比为生物学概念。他们的乌托邦式城市规划项目解释了主要大型结构与可定期更换的个体组成部件之间类似DNA双螺旋结构的相互关系。很多新陈代谢主义工程都使用舱体作为可变动的最小微观结构。菊竹清训的海上城市（1960年），黑川纪章的螺旋体结构（1961年）和丹下健三的东京湾计划（1960年）都采用了这种可扩大、可替换的单元结构，就像是科幻外太空建筑和生物机体两种结构的合成体。黑川纪章的中银舱体大厦于1970年至1972年间在东京建成，是少数实现建造的新陈代谢主义工程之一。其他新陈代谢主义工程包括1970年大阪世博会上展出的设计结构，比如丹下健三在主题馆内的大型结构设计和黑川纪章设计的塔卡拉美容馆。

伴随着这些工程设计的出现，许多相关著作也开始发表，比如黑川纪章关于新陈代谢建筑哲学的著述。当时正值1960年东京世界设计大会，黑川纪章、菊竹清训、槙文彦、大高正人和栗津洁共同发表了一份名为《新陈代谢1960——新城市主义提案》的手稿。在手稿中，他们表达了新陈代谢主义成员的基本观点：“我们视人类社会为一个动态过程……我们相信，新陈代谢主义不仅仅是指接受人类社会作为一个自然的历史的过程，通过提案，我们希望鼓励这个社会新陈代谢式发展。”

在1977年出版的《建筑代谢论》（*Metabolism in Architecture*）中，黑川纪章在总结过去理论的基础上阐述了日本建筑理论和世界建筑理论。假设全球技术文明不断进步，重点就是建立一个体系，在这个体系之下人类对技术有绝对的控制。如果新技术融入一个类似自然的再生代谢系统，不仅文明问题和城市环境问题将得到合乎逻辑的解决方案，也会产生自动

化技术控室模式和文化加速转型模式。这种全球适用的设计方式也用于典型的日本文化传统领域，日本文化传统认为建筑不是一成不变的作品，而是可在建筑原型基础上更新变化。黑川纪章提到日本传统神社的建筑数据，这些数据构成建筑的基本原型，并世代相传。这些数据的独创性和可靠性都来源于建筑的物质存在。在承袭的基本城市结构飞速瓦解的背景下，建筑结构系统的灵活性和适应性似乎是实现基于文化哲学之传统的正确途径。为此，黑川纪章在《建筑代谢论》中论证了全新规划策略的必要性："现代城市中发展和转变速度更快。从从业革命到20世纪中期，城市边界拓展，规模扩大；如今城市将要经历一次截然不同的转变。不管城市扩展是否受限，人口、货物和信息的流动性正在急剧增加。"

日本新陈代谢派发展了严谨连贯的建筑理论，在世界上其他许多建筑理论一样具有重要价值。除了在理论和流行之间转换的建筑电讯派的观点，法国建筑师尤纳·弗莱德曼的乌托邦式大型建筑、以色列建筑师摩西·萨夫迪的成名之作蒙特利尔人居工程，以及奥地利建筑师汉斯·霍莱因的工程设计也可以作为参考。从逻辑上说，大阪世博会主题馆的设计也对1970年世界博览会做了贡献。但是在博览会期间，许多新陈代谢派的重要人物偏离了他们自己的建筑运动趋势。高科技下的新陈代谢主义结构渐渐地不再是主要的新规划技术原型。它们更多地作为高科技社会的流行，无须证明它们真正的功能性，其精妙的建筑形象已自有其生命力。尽管存在对这种20世纪70年代早期的后现代建筑形式的批判，它仍然有特殊的吸引力。这不仅仅是"摇摆的60年代"精神的复兴，新陈代谢派的许多观点和分析在今天看来也非常领先。高科技是智能化建筑的相关概念，从伦佐·皮亚诺与理查德·罗杰斯的大型建筑巴黎蓬皮杜中心，到雷姆·库哈斯的欧洲总体规划设计，尤其是"高"与"低"的建筑综合架构，理论和流行之盛行，都是新陈代谢主义具有长久重要性的原因。

保罗·西格尔 著　　朱怡雯 译

第773页插图
1 | 丹下健三，东京湾计划（1960年）
本书中不包括附加图示

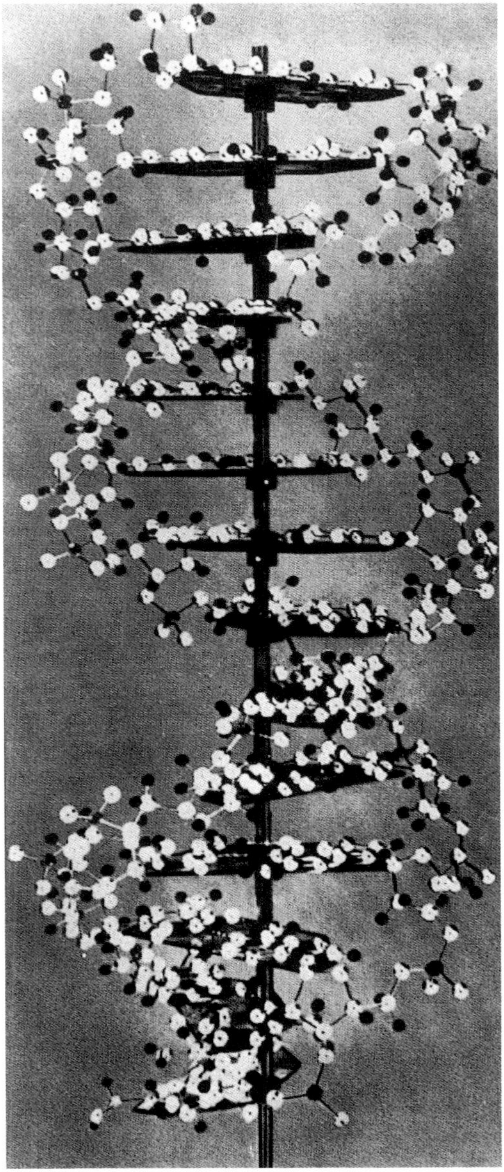

2 | DNA分子双链结构
本书中不包括附加图示

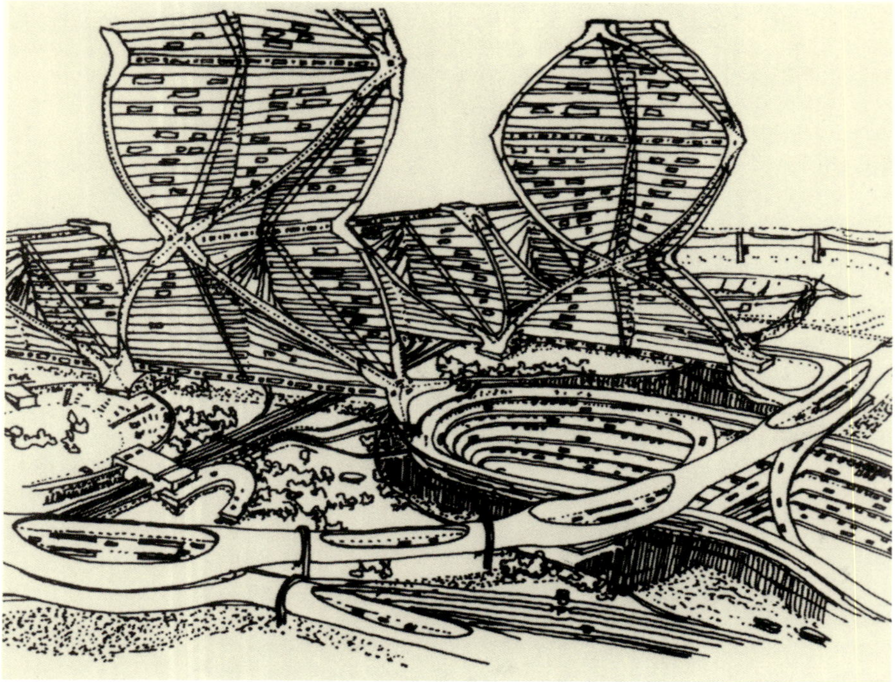

3 | 螺旋结构（1961年）
第56页

4 | 菊竹清训，海上之城（1960年）
第42页。模型

5 | 矶崎新，空中城市（1960—1963年）
模型。本书中不包括附加图示

阿尔多·罗西（1931—1997年）
L'Architettura della Città

PADUA, 1966

The Architecture of the City, Cambridge, Mass., 1984

阿尔多·罗西（Aldo Rossi），生于1931年，他的教育背景主要或者说至少被记载在米兰。20世纪60年代中期，他撰写了关键性的建筑学专著《城市建筑学》（*L'Architettura della Città*），而在他看来，当时的建筑正处于一个“灾难性的状态”。他认为需要从历史的经验中去糟取精，提炼出可供学术使用的理论。他还将自己与那些缺乏追求、无益于做出理论建树、只是出于朴素的功能主义的建筑学保持距离。也因此，他的研究和著作涉及的范围，超乎规划和建造本身。

罗西的第一个大型建筑在当时就引起了轰动，这个建筑同时也隐含着对功能主义的信条的挑战。戛拉勒特斯二号住宅（1969—1973年），是一座带有门廊的建筑，位于米兰的郊区，建筑呈长条形，如同极简主义的“踩着高跷的横条”。整座建筑严厉而朴素，富有感染力，并且关注典型性。这种对特定形态的探寻、极为简单的形式、向纪念性倾斜的取向以及对历史的回应，都成了罗西随后几年内的作品的特质，例如学校、墓园、购物中心或是为威尼斯双年展设计的漂浮剧院（1979年？）。在20年代80年代，罗西成了国际上最为成功的意大利建筑师。他在巴黎、柏林（为国际建筑展设计房屋）、佛罗里达的奥兰多（为华特迪士尼设计的办公综合体）以及日本均有项目。罗西的建筑变得愈发多彩生动，也在其历史语境中更为具象。因而，有的时候，这会让人将他误解为后现代主义建筑师中的重要代表。然而，罗西仍然坚信他自己所创立的理性主义信念，而他的作品也远非玩弄历史引据的讽刺游戏。一直到他最后的作品，他都在追寻自己唯一的目标，那就是找到最为终极的空间基本原型，通过对历史基地的研究，以问题为导向的任务，最终将诸多不同的方面综合成一个建筑形式。阿尔多·罗西于1997年逝世。

罗西的教育背景极为丰富，他也非常频繁地出版了许多作品。他最重要的著作《城市建筑学》的第一版，于1966年在帕多瓦出版。同年，罗伯特·文图里出版了《建筑的复杂性

㈱平助筆復古堂
HEISUKE FUDE FUKKODO

和矛盾性》一书。这两本书是20年代60年代最为重要也最具有影响力的建筑学专著。他们所涉及的方向、动机和对象都有相似之处。我们只想顺带一提，文图里的论著相对更为灵巧易读，并且包含了更多有说服力的图文阐释。但他们二人借由返回到历史维度的角度来加以论证，从而希望消除在20世纪60年代所盛行的功能主义中那些粗野和商业化的形式（这一点并不能完全等同于现代主义）。

在罗西的书中，正如他在自己的序言中所说，他是将城市作为建筑加以分析；然而，他也认识到城市并不只是许多建筑的集合，而是一个长时间的、没有结尾的生长和消亡过程的结果。这个看似简单的前提假设，实际上却激进地打破了20世纪的城市规划理论里的诸多概念：例如勒·柯布西耶和路德维格·西贝尔赛默（1885—1967年）都假设理想的城市可以被规划出来。

罗西的论著可以用两种方式来解读，但都能指向相同的结果。一方面，他十分合理同时也毋庸置疑地攻击了当时盛行的一种信念，那就是认为只要一个规划明确下来，适当的建筑和城市形态就会自发形成。罗西称之为对朴素的功能主义的批评（包括了有机乌托邦主义者），他们将形式与形成这些形式所需要经历的复杂过程相剥离，却没有办法填补随之出现的鸿沟。这一假说，也一直是罗西严密的学术论述中的核心部分。第二种解读《城市建筑学》的方式，是看其如何以简洁而超然的态度，对一些二次文献进行评判性讨论。在研究过程中，罗西回顾了建筑领域相关的各个方面，建筑的历史、发展、设计以及城市或市镇的社会与建筑层面。在他的研究中，多种方法论和学科互相交叉，包括莫里斯·哈布瓦赫的集体记忆理论、卡米里奥·西特关于城镇规划的理论、让·特里卡特关于社会结构的研究、汉斯·伯努利对土地私有制的批评、皮尔·拉维丹对巴黎城市历史的论述、弗里茨·舒马赫从实践的角度对城镇规划的分析以及诸多不胜枚举的理论。罗西的学术成就在于，他将不同的“城市对象”共同纳入考量的范围，无论是像雅典和罗马这样的古典城市，还是之后中世纪的维也纳，乃至公寓街区形式组织的柏林，以及他自己所在的城市米兰，他对这些城市都进行了批判性分析。如今，这样的理论似乎是不言自明的，但在当时罗西绝对是跨学科城市研究的先驱者。

从罗西分析的文献来看，也不难想见他自己的建筑思想是怎样的。他认为如今已经存在的城市结构是一种参差多态的自然状态，既不能简单地用几个原因分析出来，也无法轻易地解决其问题。正因为城市是如此一个复杂的系统，因此也需要复杂的解答与干预。罗西使用了“永恒性”这个概念，主要是对纪念性建筑和街道而言，用以描述随着时间的变迁其功能具有不断变化的可能性，帕多瓦的理性宫（Palazzo della Ragione）就是最好的例子。这座建筑在13世纪至14世纪综合了多种功能，无论是作为市镇大厅还是作为法庭使用，还曾用作交易市场。罗西希望以此证明，同一个建筑外壳可以被用作不同的功能，而反之则不成立。作为一个“纪念物”性质的建筑，它的外部装饰并没有背离它的功能。这种类型的“纪念物”对于城市来说不可或缺，是每一个城市自然演化所必然产生的。它们自然而然地存在着，从而在确立了自身认同的同时，也塑造了城市的样貌，但这个过程并不是——或者说并不主要是——来源于功能的需求，而是源于其形式语言。也正是在这个意义层面上，罗西号召传统纪念物建筑的回归，他用一张1945年科隆主教堂伫立于被炸毁的城市中的照片来强调这一点。不同于罗伯特·文图里的是，罗西关注的是欧洲传统城市的认同感。而文图里作为一名美国人，用不带偏见的眼光，审视那些日常的符号和形式语言，他所号召的是另一种“纪念物”，典型的例子是拉斯维加斯大道。

罗西认为功能主义从建筑中偷走了很多东西——意蕴深远的形式、强有力的表达、作为一种艺术的宣言以及创造幻象的能力，因此他希望将这些归还建筑。然而，城市则远远不只是许多个体建筑和构筑物的总和。用罗西的话来说就是，一个城市的历史，也是其中建筑的历史，但反之则不然。

罗西的学术分析和规划工作中，最为核心的方法就是寻找建筑的“类型”，是一种最为简化的基础性形式。在这个方面，他还特别与功能主义所持的观点划清界限。功能主义希望基于功能来发展出一种“类型”。而罗西所言的“类型”，则是从城市发展轨迹和世代传承的传统中吸取而来，这种类型的形式经由长时间的发展，因此是“耐用的”并具有“适应性”。这种“类型”能够不言自明，正是这一点让罗西尤为感兴趣，就好像说为什么人能够自然而然地知道要用勺子喝汤一样。不用于当时许多后现代主义者，阿尔多罗西并不热衷于，但也并不从根本上反对现代主义建筑。他所反对的是形式追随功能的理想信条，反对将建筑形式泛道德化的取向，以及他不认同那些认为城市最终如同天堂一般的理想形态。他认为城市始终是动态的，因为无论在私人还是公共领域内，总是有个体利益和集体利益的冲突。

“斯普利特城是在戴克里先宫的基础上发展而成，因此它必须寻找到可以恒定不变的形式，以适应新的用途并产生新的意义，而正因其在这方面的特性以及它与城市的关系，它也具有了重要的象征意味。其外部形式的集中，很大程度上是由于它具有适应多种功能的能力。”罗西的这段话，是这本书1973年第一版德语版的尾声。他所提及的对历史城市的发现，对历史的恒久性价值和发展可能性的理解，也立即引发了城市规划与遗产保护领域的争议。而他也用自己严密的、规范的和具有说服力的叙事框架，做出了自己的判断。

相比其他建筑师的论著，阿尔多·罗西更多地使用了自己的项目和建筑来作为书中的插图与评论。正因如此，我们在这里选用的插图，也主要是他的作品。

吉尔伯特·卢普伐　著　　张梦怡　译

第779页插图

1 | 福冈皇宫酒店

福冈皇宫酒店（1987—1998年）结合了东西方的要素，并且试图将城市发展的混乱感融入一个纪念物之中

2 | 门廊式居住街区，戛拉勒特斯二号住宅（1969—1973年），米兰
这是罗西的第一个大型项目。虽然其形式受到经典现代主义的影响，但罗西走得更远

3 | 摩德纳圣卡塔尔多公墓扩建项目（1971—1984年）
罗西试图将公墓纪念性的形式带入到城市的工业化纪念物中（在背景中）
绘画

4 | 葬礼教堂
朱萨诺家具制造商家族莫尔特尼的葬礼教堂内部（1988年）。木质的背景墙采用帕拉迪奥形制，与其周围主要采用传统工业建造的外壳建筑相对比

5 | 博洛尼中学，帕维亚省
阿尔多·罗西与贾尼·布拉费瑞于1979年至1982年建造了这所学校。它是一座自我封闭的集合体，意图设计成一座小城市

6 | 柏林居住街区，腓特烈施塔特北部
这个街区建于1981年至1988年，是为了当时在柏林举行的世界建筑展。将建筑街角改成具有强纪念性柱子的手法，首次在这里出现

7 | 柏林历史博物馆模型
1988年，罗西赢得了德国历史博物馆的竞标。然而因为出乎意料的德国历史变迁，使得这个项目流产
模型

8 | 乔治奥·格拉西，基耶帝学生宿舍设计图（1979年）
由于其严肃而又极简的设计，很容易认出这个设计是以海因里希·特森诺为模仿对象
绘画

9 | 基耶帝大学城设计图（1979）
罗西希望在其中找到一种建筑的基本模型，他将大学城设计成多个小型单体建筑的组合，以及一个公共中心
绘画

罗伯特·文图里（生于1925年）

Complexity and Contradiction in Architecture

NEW YORK, 1966

罗伯特·文图里　丹尼斯·斯考特·布朗 斯蒂文·依兹诺

Learning from Las Vegas

CAMBRIDGE, 1972

罗伯特·文图里（Robert Venturi）的研究著作《建筑的复杂性与矛盾性》（*Complexity and Contradiction in Architecture*）在1966年由现代艺术博物馆在纽约出版。本书介绍了一项具有划时代意义的变革，20世纪后30多年里，没有哪本专著比这本书给建筑发展带来的影响更大。他的第二本著作《向拉斯维加斯学习》（*Learning from Las Vegas*）是与丹尼斯·斯考特·布朗与史蒂文·依兹诺合著完成，该书由麻省理工学院出版，与第一本书同样重要。

罗伯特·文图里于1925年出生在费城，在美国东海岸理性的氛围中开启了其职业生涯。1958年，文图里在费城从事自由职业。1964年，文图里与约翰·劳奇成立了合伙企业，1967年又与丹尼斯·斯考特·布朗（生于1931年）创建了合伙公司，同年与其步入婚姻的殿堂。文图里在宾夕法尼亚大学、耶鲁大学以及其他机构授课。

文图里毕生作品种类繁多，有别墅、博物馆和超市之类的开发项目，也有海滨别墅和研究机构。宾州的行会大楼（1960—1963年）在其事业之初建造，这是一座养老院，文图里常用这幢建筑来阐释其对建筑中丑陋、平庸和象征性的观点。与此同时，文图里为其母在栗子山建造了一间小屋，这间小屋展现了他对多样性和矛盾性的理解，与功能主义传统分道扬镳。他在设计中大胆地运用了与功能主义相悖的设计，如楼梯引向一堵墙。文图里在设计时也借鉴波普文化，如为连锁超市BEST & BASCO设计的店铺，店铺建造于20世纪70年代中期，只是一些“有装饰的小屋”。自20世纪80年代起，文图里设计的建筑物的主要风格是戏谑地运用古典主义建筑的元素。我们赞同罗伯特·斯特恩把文图里的风格称为“讽刺古典主

PHILADELPHIA
THE NATION'S BIRTHPLACE

义”。位于伦敦的英国国家美术馆的扩建部分（1985—1991年）就是感染力与趣味兼具的建筑物典范，建筑巧妙地运用了巴洛克建筑的风格和技法。

在《建筑的复杂性与矛盾性》的引言部分，文图里承认他想写一部建筑批评，同时为自己的作品辩护。写书的根据不是客观性，而是艺术家的特权。文图里审视了建筑中令他感兴趣的一些方面，也就是复杂性和矛盾性。与路德维希·米斯·凡德罗赫的经典名言“少即是多”相反，文图里提出“多并不少”。这种过量的符号主义和装饰的直白信息，在经典现代主义设计师如密斯·凡德罗或阿道夫·路斯的作品中绝对无处可寻。文图里认为，现代主义设计师忽视了许多因素，同时与社会需求背道而驰，以达到自身的纯粹并培养隐逸风格。而对文图里来说，这种展示性的“少”，即摒弃现代主义建筑的模糊性，实在是无趣。

在建筑史的探寻中（并不期望达到严格的学术水准），文图里发现了许多或模糊，或矛盾，或对照之处——尤其是在风格主义建筑物，还有巴洛克风格和洛可可风格的建筑物上。文图里喜欢的现代建筑师只有勒·柯布西耶和阿尔瓦·阿尔托。即使在勒·柯布西耶的作品中，文图里也发现了矛盾性的根源，例如萨伏伊别墅外部简单但内部复杂。文图里称勒·柯布西耶是打破陈规的大师，细微之处不易察觉，却十分有效。

文图里反复谈到文学和艺术，在文学和艺术中多样性和矛盾性是不可或缺的部分。其引用波普艺术作例。波普艺术运用悖论改变情景和维度，期望能穷尽知觉的所有潜能。诚然文图里喜欢波普艺术，但若称其为波普艺术建筑师，则目光短浅，难言恰当。像波普艺术家一样，从罗伯特·劳申伯格（生于1925年）到安迪·沃霍尔（1928—1987年），文图里也尝试穿越低俗艺术和高雅艺术的界限，把熟悉的事物从它们常见的参考系中抽离出来，并赋予它们新的意义。

文图里的许多作品与阿尔多·罗西（1931—1997年）非常相似，如强调历史古城的复杂性和摒弃功能主义教条。与这位意大利同事不同的是，文图里对类型学问题根本不感兴趣。他将注意力集中在叙述和符号的范畴，这些范畴自20世纪20年代以来在现代主义建筑中遭受白眼。

作为一名理论家和建筑师，文图里关注的核心问题是重新发现建筑是符号的载体。他不仅在历史中找到模型，更在自身周边环境——北美一些名不见经传的建筑上找到。波普艺术使他从日常生活的平淡中找到活力、多样性和色彩的源泉，为其指明了方向。文图里带有典型的美国实用主义精神和乐观主义精神，他称波普艺术仅是单纯的存在也证明了普通和平凡事物的合理性，也是在这一语境下他创作了“主街都不差”这句话。但是，作为一名当之无愧的知识分子，文图里并没有止步于此，而为艺术挪用和转化制定了策略。

文图里的第二本书《向拉斯维加斯学习》是与丹尼斯·斯考特·布朗和斯蒂文·依兹诺合作写成。这本书是在1968年受到耶鲁大学赞助的一次研讨会的启发，旨在分析“主街”，即审视赌城拉斯维加斯的主街，也就是俗称的“拉斯维加斯大道”。文章的主题没有过多关注单个建筑形式，更多关注的是建筑作为一种交流方式。文章的第一部分讨论了研讨会的结果。通过图片、地图和图像，文图里展示了拉斯维加斯独特建筑物的迷人之处：停车场、广告、街灯和赌场入口是如何设计的。许多参照和关系展现出来——例如凯撒宫赌场的戏服表现的历史参照。研究的一项成果表明，主宰空间的不是建筑物，而是符号，以及其雕塑形体、剪影和灯光效果。虽然作者不否认拉斯维加斯主街嘈杂丑陋，但这为作者设计一座动感十足、拥有多面且充满矛盾的城市提供了思路，这种城市存在于对现代理想的嘲讽之中。

《向拉斯维加斯学习》的第二部分也是辞藻更为华丽的部分，其中心最重要的两张图片是一只鸭子和一个有装饰的小屋。鸭子的照片是文图里摘自皮特·布莱克一本重要的畅销书《上帝自己的垃圾场：美国景观人为策划的退化》（1964年）。图片是一座在乡村道路旁专做禽类的餐厅：餐厅的外形是一只巨大的鸭子。这幢建筑本身是一座雕塑；象征意义的形式已经取代了建筑。文图里把这幢鸭子建筑和一幢有装饰的小屋作对比，小屋只不过是一只有功能的盒子。小屋的装饰物和标志——在屋顶的广告，或在地上的广告，或是简单地在墙前修一堵假墙——表明小屋的功能完全独立于建筑物。根本上文图里接受鸭子建筑和小屋，他指出两者在建筑史上都有其合理之处。但他毫不尊敬地称亚眠大教堂只是一座巨大的广告，身后的一座小屋，因为其象征意义的形式，大教堂也只是一座“鸭子”建筑。

然而文图里说“鸭子”建筑在现代建筑中扮演重要角色。这一假说旨在激怒，经不住审视。但是文图里继续阐述他的想法：他对比了早期作品行会大楼和一座公寓楼克劳福德庄园，后者也建在费城，出自著名建筑师保罗·鲁道夫之手。明确地说，行会大楼是一座功能导向的房子，带有一些装饰和符号（楼顶十分讽刺地装饰着一根金色电视天线）。而克劳福德庄园则是一幢“鸭子”建筑，虽不完全像之前提到的快餐厅，但仍然是“鸭子”建筑，因为其表达力羸弱，希望设计达到英勇和艺术的效果，却用了为形式而形式的方式。

自20世纪60年代起，后现代主义十分流行，因为其通过讽刺、戏谑以及与历史和日常文化纯洁而乐观的关系，展现了多样性与矛盾性。如若没有罗伯特·文图里的理论和概述，这将难以想象。

吉尔伯特·卢普伐　著　　周瑞　译

1 | 罗伯特・文图里设计的住宅区，行会大楼，费城（1960—1963年）
该住宅楼已成为后现代建筑的典范，《向拉斯维加斯学习》细致分析了其风格手法和形式
德文版，1978年。第185页

2 | 范娜・文图里在栗子山上的房子（1962—1964年）
文图里为其母亲建造了该栋房子。房子前面与传统房屋相似，但不乏矛盾之处
德文版，1979年。第188页

3 | 费城本杰明·富兰克林林纪念馆（1972—1976年）
文图里把展厅设计在纪念馆地下，并在展厅上用钢架标出富兰克林故居的位置
本书中不包括附加图示

4 | 特拉华州北部的乡间住宅（1978—1983年）
住宅由三合板建成的前面似百叶窗形，这使区域设计和古典展示之间形成一种讽刺而纠缠的关系
本书中不包括附加图示

5 | 广告研究
本书核心部分研究主导赌城公共区域的广告
《向拉斯维加斯学习》，德文版，1979年。第76—77页

6 | 城市边缘地带规划研究

丹尼斯·斯考特·布朗和文图里于1973年研究了通往费城路上吸引人眼球的广告。他们运用了商业广告的方法论和审美观

德文版，1979年。蒙太奇照片

7 | 折衷主义的建筑外形设计
在简单的研究被用作符号清单的历史建筑之后，文图里于1977年绘制了这些折衷主义建筑外形设计，赞扬一些风格出自《风格的园游会》，1977年。绘画

94

95

96

97

98

99

100

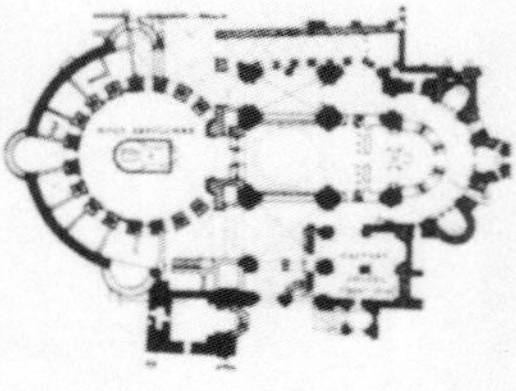

101

102

8 | 对比研究

本页出自《建筑的复杂性和矛盾性》，通过诸如托马斯·杰弗逊设计的弗吉尼亚大学（左下）等例，展示了重复和层叠如何达到刺激效果

出自《建筑的复杂性与矛盾性》，英文版，第18章。插图94—102

9 | “我是纪念堂”
《向拉斯维加斯学习》中文图里提出的纪念堂设计方案：没有象征性形式，只有一个盒子状建筑，并带有表明功能的标志
德文版，1979年，第184页。手绘

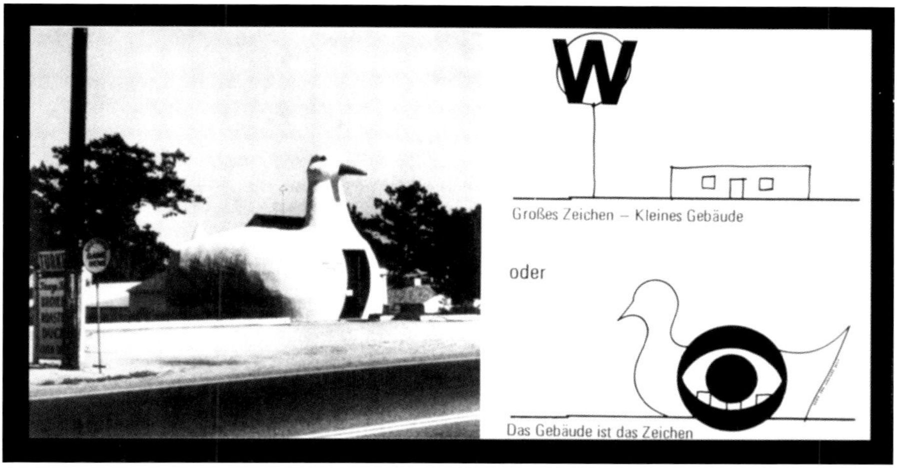

10 | “长岛小鸭”
“长岛小鸭”是一个鸭形快餐厅，文图里阐述了建筑正在被自身的象征性形式主导的论点，这幢鸭形建筑正是他阐述的主题，他将象征性形式和“有装饰的小棚”作对比。
1979年，第29页

查尔斯·詹克斯（生于1939年）

The Language of Post-Modern Architecture

NEW YORK, 1977

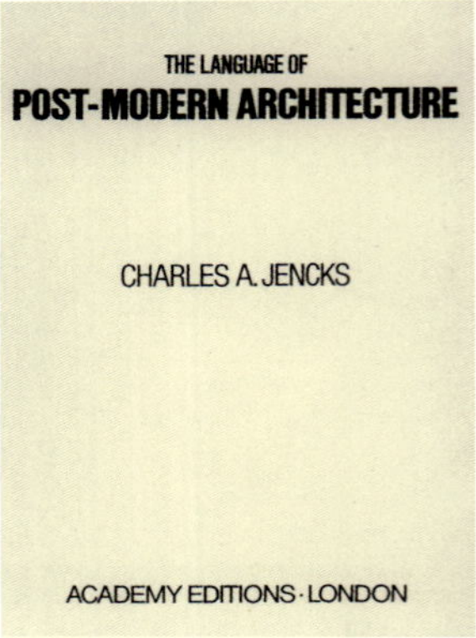

《后现代建筑语言》（*The Language of Post-Modern Architecture*）一书是1945年以来最成功的建筑理论作品之一。截止1991年，此书已再版五次，被翻译成十种语言。查尔斯·詹克斯（Charles Jencks）于1939年出生在美国马里兰州巴尔的摩市，早年学习英国文学，后进入哈佛大学学习建筑，1970年在伦敦大学获建筑史博士学位。詹克斯是一名从业建筑师和园林设计师。《现代主义建筑运动》（*Movements in Architecture*）于1972年面世，书中詹克斯采用一种短文形式的文学体裁，这种体裁带有对波普艺术挑衅的口吻和一种悠闲怀旧的风格，文章的论述和结论虽敏锐犀利，却前后矛盾。

“后现代”一词最早出现在1975年，詹克斯是第一个把“后现代”从文学领域引入到建筑中的学者。《后现代建筑语言》的描述和经验反思分析不是系统的梳理，而是带有辛辣的讽刺意味，更别说提出宣言。与此同时，从专业的建筑史角度来看，这本书有许多地方值得商榷，缺乏专业性，还有许多地方与事实不符。但作为后现代建筑的理论奠基作品，这本书算得上一本成功之作。

书中第一部分名为“现代建筑之死”，开篇即为“我们可以开心地确定现代建筑的死期……现代建筑在1972年终于彻底地死去了”——也就是山崎实在1952年至1955年建造的数座大楼被拆毁（山崎实后担任纽约世界贸易中心大楼设计师）。这些大楼有些是密苏里州圣路易斯的普鲁伊特·伊戈现代综合住宅区的部分，因为无法控制的社会问题，这些大楼被拆毁。然而，詹克斯认为大楼被拆毁的原因在于建筑与居民所处的社会底层的建筑准则之间存在矛盾。

在詹克斯看来，这些只是纯粹的美学问题。他研究符号学表达“准则”，20世纪70年代“准则”受到法国结构主义热捧。“准则”被用来批判现代建筑的“单一”和“精英简化主义”，同时“扩充建筑在不同方向的词汇——囊括常见使用的本土（本地）行话、传统行话

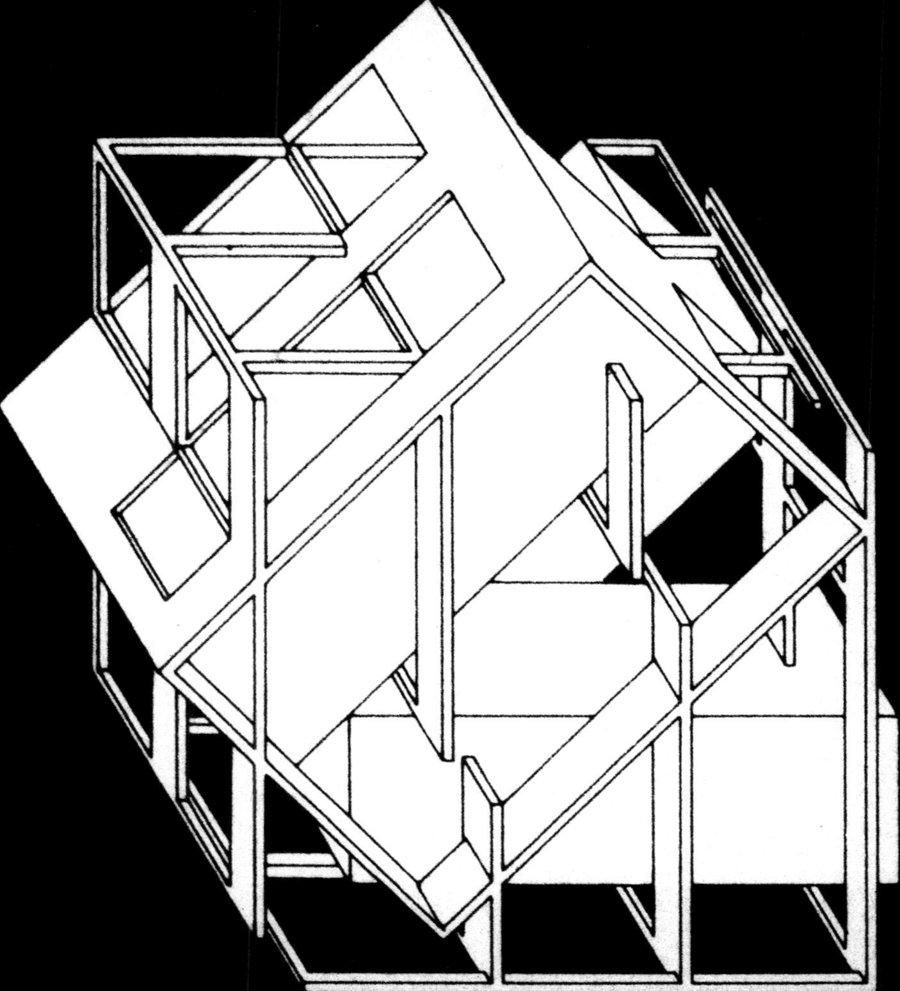

和商业行话。”在后现代建筑身上，詹克斯看到了一种“激进的折衷主义”，不同的建筑语言表达着讽刺的评论，从中詹克斯看到一套“双重标准，既受精英青睐，也为大众喜爱”。他用案例推动论文写作，这些案例大多来自英格兰或美国，他还声称“现在的建筑粗鄙、野蛮和臃肿”。詹克斯还批评密斯·凡德罗的建筑“形式单一”，建筑的“统一法则”表现了对“地点和功能不加区别的漠视”，建筑的一切都可替换，这也受到詹克斯的批判。他还痛斥20世纪60年代建筑的机器美学（第十小组，艾莉森·史密森和彼得·史密森夫妇）以及信仰由机器和技术决定的时代思潮。

詹克斯称大公司的审美决定了现代建筑的发展。由于建筑技术的进步，工厂和工程楼的审美也转换到住房的建造中。

书中第二部分，詹克斯研究了“建筑交流类型”。他称“过去曾有规则管理着建筑法则……现在则一片混乱，充满分歧”。詹克斯尝试把建筑看成语义系统加以分析。首先，把隐喻看成建筑形式。人总是把建筑看作一个可以和生活经历以及环境相联系的隐喻。现代主义的建筑隐喻是硬纸板盒和方格稿纸。隐喻观察总是多样性。詹克斯研究晚期现代主义的发展，晚期现代主义把多样性作为一种设计方法。他提到罗伯特·文图里对符号性建筑（“鸭形建筑”）和包裹在照片里的建筑（“有装饰的小屋”）的区别；他称前者为标志性符号，后者为象征性符号。后者表达着东西：建筑物激起的隐喻越多，戏剧效果则越大；若这些隐喻越多地含而不发，则越多的语义不被理解。詹克斯用悉尼歌剧院（1957—1974年）和萨里宁设计的环球航空公司航站楼（1962年）为例重点阐述。他认为对“显性的隐喻”运动最成功的案例是勒·柯布西耶的朗香教堂（1955年）。

其次，建筑语言的形式由词语组成，包括已有的主题和元素，例如柱子和斜尖屋顶。现代建筑对进步深信不疑，故已把词语这种传统常见的形式丢弃。居住在勒·柯布西耶在佩萨克的房子的居民重建该住宅，詹克斯援引此例为基础，批判现代运动。美国商业住宅的居民可以选择自己房屋外形的风格，这是一种合理的方式，满足了对身份认同的需要；在佩萨克这件事中，整个现代性只是表达精英阶层的姿态。现代建筑单纯沉醉于建筑语言的句法，即把设计建筑的规则和手段当作一个整体。

詹克斯论及语义学指的是艺术理论中的风格。风格不会永远奏效。这也是为何现代建筑声称创造了20世纪风格，最后却变成了无趣的消费产品。詹克斯称建筑师应该再次运用一套直白的语义规则系统，并进一步提出了风格混合。书中第三部分，詹克斯研究了“后现代建筑”。他发现潮流向后现代建筑偏转出现在20世纪50年代：保罗·波多盖希在意大利，还有他所称的“半历史学家”（山崎实和埃罗·沙里宁）在美国演绎巴洛克风格。詹克斯认为菲利普·约翰逊是最有天赋和才智的建筑师，并把约翰逊和日本的丹下健三、菊竹清训和黑川纪章共同纳入“半后现代”行列。他从远处批判性地评判罗伯特·文图里和查尔斯·摩尔的早期作品。他把德国和意大利法西斯主义的国家建筑、斯大林式建筑、重建的华沙以及历史主义者创造的度假建筑如格里莫港口（1965—1969年），当作新复兴主义的参照点。他把模仿庞贝的盖蒂博物馆（1970—1975年）称为“后现代主义建筑的无意之作”，该馆位于加利福尼亚州马里布。

在詹克斯看来，后现代建筑的重要发展是“振兴实际的建筑”，他可以从许多方面发现这一点，如装饰形式、建筑材料和建筑维度减少，以及英国的拉尔夫·厄斯金、荷兰的肖·鲍夏和西班牙的马尔托雷尔设计的复兴主义风格的住宅。对这些人的“伪传统主义”，詹克斯的态度是：“他们在真实性上不足，用积极活泼加以弥补”——又一句典型的詹克斯妙语。

通过运用“特性+城市=语境”公式，厄斯金在英格兰纽卡斯尔设计的“拜克墙”（1974年）和“美丽多元”，吕西安·克罗在比利时修建的嘈杂似即兴之作的建筑（1969—1974年），这些建筑都让詹克斯大为兴奋。城市的衰败也该由现代主义负责。后现代主义再一次按照卡米洛·西特的封闭城市空间方案规划城市。詹克斯提及科林·罗（“拼贴画城市”）和“语境主义者”从独立单元建造城市和高大建筑的准则，独立单元全部出现在一个语境中，但不在一个全序的语境中（奥斯瓦尔德·马蒂亚斯·翁格尔斯）。詹克斯称赞后现代主义建筑回归到显性而非隐性的隐喻系统。书的最后一章谈论“后现代空间”，细致地分析彼得·艾森曼的数学结构和查尔斯·摩尔设计的克雷斯基大学所表现的“讽刺地摘下公共区域的面具”。

书的总结部分，詹克斯指出作为对“一个准则不同的选择文化的自然发展而来的反应”，后现代主义建筑有转向“神秘、模糊”和“激进的折衷主义”的趋势。他发现两种准则之间的对立：“一种广受欢迎、传统且演化缓慢，像正在使用的语言，充斥陈词滥调，扎根于家庭生活；另一种则十分现代，充盈着新意象、科技、艺术和时尚，且日新月异”。后现代主义建筑把这两者结合为一种“双重准则”。在詹克斯看来，展现“双重准则”最有效同时最有创造性的案例是查尔斯·摩尔设计的位于新奥尔良的意大利广场（1976年）。

约尔根·保罗　著　　周瑞　译

1 | 山崎实，普鲁伊特·伊戈居住区，圣路易斯（1952—1955年）
普鲁伊特·伊戈居住区于1972年7月15日被炸毁。詹克斯将这一天视为现代建筑终结的象征性日期
第9页

2 | 悉尼歌剧院，约恩·乌松设计
带有矛盾象征意义的隐喻建筑典范
第43页

3 | 悉尼歌剧院漫画
伊丽莎白女王二世正式为悉尼歌剧院剪彩后，澳大利亚建筑学生绘制了这幅漫画
第43页。绘画

4 | 罗伯特·文图里，“鸭子”

罗伯特·文图里，“鸭子”和“有装饰的小屋”是两种可能的想象建筑：建筑形式自身使符号或者符号通过建筑传递第45页。绘画

5 | 勒·柯布西耶朗香朝圣教堂的隐喻
希勒尔·肖肯在伦敦建筑联盟的建筑符号学研讨会上的手绘图
第57页。绘画

6 | 吉米·斯图尔特的住宅，贝弗利山庄（约1940年）
典型电影明星住宅的叙述折衷主义及其语义信息的讽刺解读
第65页。绘画和照片

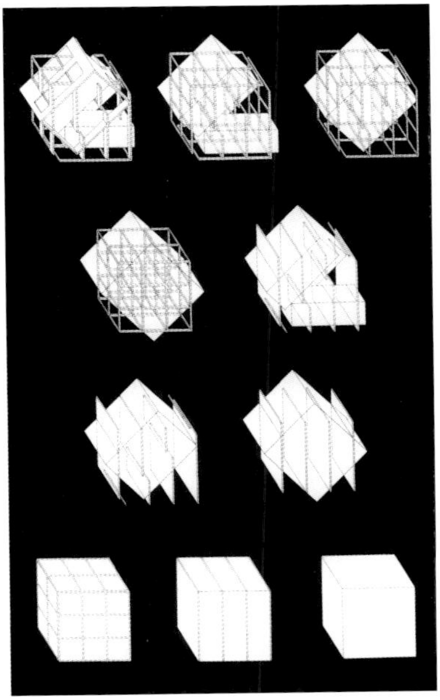

7 | 彼得·艾森曼为罗伯特·米勒设计的三号住宅
两个相互垂直的网格以45° 重叠形成的结构
第73页。绘画

8 | 拉斐尔·厄斯金，住宅结构，位于英格兰纽卡斯尔的“拜克墙”（1974年）
使用不同建材减少结构光量的案例
第91页。照片

雷姆·库哈斯（生于1944年）

Delirious New York: A Retroactive Manifesto for Manhattan

NEW YORK, 1978

S, M, L, XL

ROTTERDAM, 1995

雷姆·库哈斯（Rem Koolhaas）的大都会建筑事务所（OMA）如其名所传达的信息，忙于寻找全球范围内可试用的策略和解决方案，重新定义当代大都会发展的形式和功能。库哈斯的大都会结构发展模式基于一种新的晚期现代主义功能分析方法，这种方法分析大众消费和沟通迅猛的当代社会。1975年，库哈斯与妻子玛德琳·维斯恩德普还有佐伊·曾格荷里斯和伊利亚·曾格荷里斯夫妇成立了大都会建筑事务所。他是当代建筑界最有魅力同时也是最具争议性的人物之一，不仅因建筑设计为人所知，也通过各种各样的出版物获得关注。库哈斯在1978年出版作品《癫狂的纽约：给曼哈顿补写的宣言》（*Delirious New York: A Retroactive Manifesto for Manhattan*），之后的文选《小，中，大，特大》（*S, M, L, XL*）收录其在1995年发表的所有文章，这两本书使他跻身畅销书作者行列，也使他成为当代建筑领域最具影响力的理论家，其现代风格新颖且带有批判性。

库哈斯于1944年出生在鹿特丹，1968年至1972年从事记者工作，之后毕业于伦敦建筑联盟学院。1972年，库哈斯和未来的大都会建筑事务所合伙人开展了“大出走：或成为建筑的自愿囚徒”项目。带着其讽刺、引用、虚构和功能主义下的现代城市观，该项目既迷人又极具争议，它预示了库哈斯未来的主题。作品虽是后现代的反思风格，却明显把自身与之前的后现代主义追忆区别开。大都会建筑事务所在伦敦和纽约进行理论多年之后，终于在1984年搬迁到了鹿特丹。20世纪80年代中期之后，事务所不断通过惊艳的建筑项目使自己脱颖而出，诸如海牙的荷兰舞蹈剧场（1981—1987年）和鹿特丹艺术展览馆（1987—1992年）。位于里尔的“欧洲里尔”工程中独立建筑的总规划和建造是带有新颖激进的现代风格最惊艳的案例。

库哈斯的第一本书《癫狂的纽约：给曼哈顿补写的宣言》也正如其书名所说，是为一种特殊的城市文化写就的“前后宣言”，库哈斯把这种文化与曼哈顿联系在一起。他称不同的生活方式、意识形态和功能在一个狭小的区域叠加是“文化拥堵”，这种叠加决定了城市

环境的特性。这一思想成为他反思的主题。借助历史图像、卡通动画和他自己项目的展示，库哈斯用五章图文并茂地讲述了纽约市的历史，其中一些文字早先创作时是独立文章，例如《被俘虏的地球之城》。他引用对康尼岛游乐园的观察和对纽约摩天大楼建筑风格的总体反思，着重分析洛克菲勒中心，并审视了纽约的“欧洲观”。书中最后一章，把历史观察引向了大都会建筑事务所的概念项目，这些项目把研究发现转移到模型研究中。在库哈斯看来，中立的网格式规划造成了高密度，这种规划很大程度上塑造了曼哈顿的特点，也是永恒灵活的城市性的前提。网格式规划的中立性一方面解释了根本上从历史承诺中的脱离，另一方面这种中立性也为分界和个性创造了条件。与城市中无数的岛屿一样，曼哈顿的摩天大楼是充满可能性的群岛，永远都在变化。以库哈斯的观点来看，修筑建筑的适应性基于多种条件：建筑丰碑式自我指称、外部设计与内部设计相互独立以及同一大结构竖直方向不同功能重叠。在库哈斯看来，社区的“自我丰碑”最好的展现方式是摩天大楼高大的体积，因为大楼的外部设计强调了楼体的雕塑品质。通过库哈斯称的“脑前叶切开术”把外部设计和转化的内部功能分开，社区所需的灵活性毫不受损。竖直方向功能分化的可能性做了进一步贡献，库哈斯把这种分化称为“分裂”。库哈斯用这种方式，使自己远离现代主义者在形式与功能的关系方面持有的教条。与此同时，他还提出了一套理论，与所有功能形式主义断绝关系。因此，他相信自己可以创造出一套与现代文明的速度、灵活性及适应性相匹配的规划准则。曼哈顿的网格式规划和自主高大的纪念碑集合预示着这种密度和适应性的概念，这个概念是库哈斯“补写的宣言”的基础。每个社区自身都有潜力成为独立且非常灵活的世界；大都会成为“被俘虏的地球之城，城中充满了人为的构想，理论、阐释、精神建构和提议产生速度越来越快，世界深受其害。意识形态的天际线将持续快速变化：一幅伦理喜悦、道德发烧和智性自慰的壮观景象”。库哈斯讲故事的策略有趣地结合了历史观察与理论反思，还有天马行空但有时讽刺的故事。本书为了强调宣言式特征和雄心勃勃的文学姿态，文章语气在客观评论和表达抒情之间转换，一些段落甚至与颂歌相似。

与《癫狂的纽约》不同，1995年面世的《小，中，大，特大》不是连续的文章，而是独立文章的合集，全书分四章，标题分别为“S”（小）、“M”（中）、“L”（大）以及“XL”（特大）。书的作者库哈斯和布鲁斯·莫依此编排书，题目即指明研究对象的体积。最后一章“特大”探讨了库拉斯的主要主题，也就是超大结构形式规划。这本书华丽精致，设计非常奢侈，令人瞠目。书中使用了重叠相片和文字图片拼贴画，1997年本书获得美国建筑协会图书奖。书的设计十分复杂，同样复杂的是各种各样文字杂糅在一起的方式。这些文字中有些是抽象理论的段落，一系列格言一样的文字，特别制作的连环画，还有虚构和主观相关的文章。《少即是多》这篇文章出其不意讲述了密斯·凡德罗设计的巴塞罗纳展览馆（1929年）的故事。展览馆拆毁之后，故事继续像小说一样发展，结局称这一现代主义的开山之作由大都会建筑事务所在1986年的米兰三年展上重建，而事实上，1986年展览馆在其巴塞罗那的原址重建。其他文章谈及事务所无数的计划和建筑方案，例如“点市与南市”一章从根本上分析了荷兰空间规划的发展。其他主题还包括巴黎的法国国家图书馆和卡尔斯鲁厄艺术与媒体中心。其中一篇核心文章探“类型城市”：从名字可知，即一座没有任何个人特色的城市。在这篇文章中，库哈斯总结了他在全球化和全球城市化时代对城市性的观察。文章提出一个核心问题，在诸多因素影响之下，如晚期资本主义世界范围内土地使用相似的现象、全球参与的建筑公司身份、全球旅游业还有历史身份的丢失，我们该选择什么形式的城市性和城市身份。库哈斯的批评犀利，言辞激烈，解决策略他有意没有写出，在历史城市结构方面，他反对教条式断言，他称这些结构太束缚，最终不再是历史的。相比之下，没有特点的城市源于从身份的历史模式中解放；这种城市没有限制，同时可被获得且开放。城市外围不受历史含义影响，因其与城市杂乱无序拓展的地区结构一致，成为全球城市显著的标志。

在一篇言辞斟酌的论文中，库哈斯提到了现代文明的基础建设结合点，即诸如超大飞机场、国际快速列车站等超大工程，这些工程展现了全球化社会的身份，现今依然由规划者和建筑师设计。文章看似挑衅——作者欢迎不同意见——但同样明晰的是作者不是发表反城市性宣言，而是冷静分析当前城市发展。在看似激烈和讽刺的言辞之后是当代城市性的潜力和限度的大难题。

保罗·西格尔　著　　周瑞　译

第815页插图

1 | 大都市建筑事务所，纽约时代广场斯芬克斯大酒店项目
第298页

2 | 大都市建筑事务所，被俘虏的地球之城（1972年）
第295页

3 | 大都市建筑事务所，“新福利岛”项目研究
轴向投影和图片说明
第302页

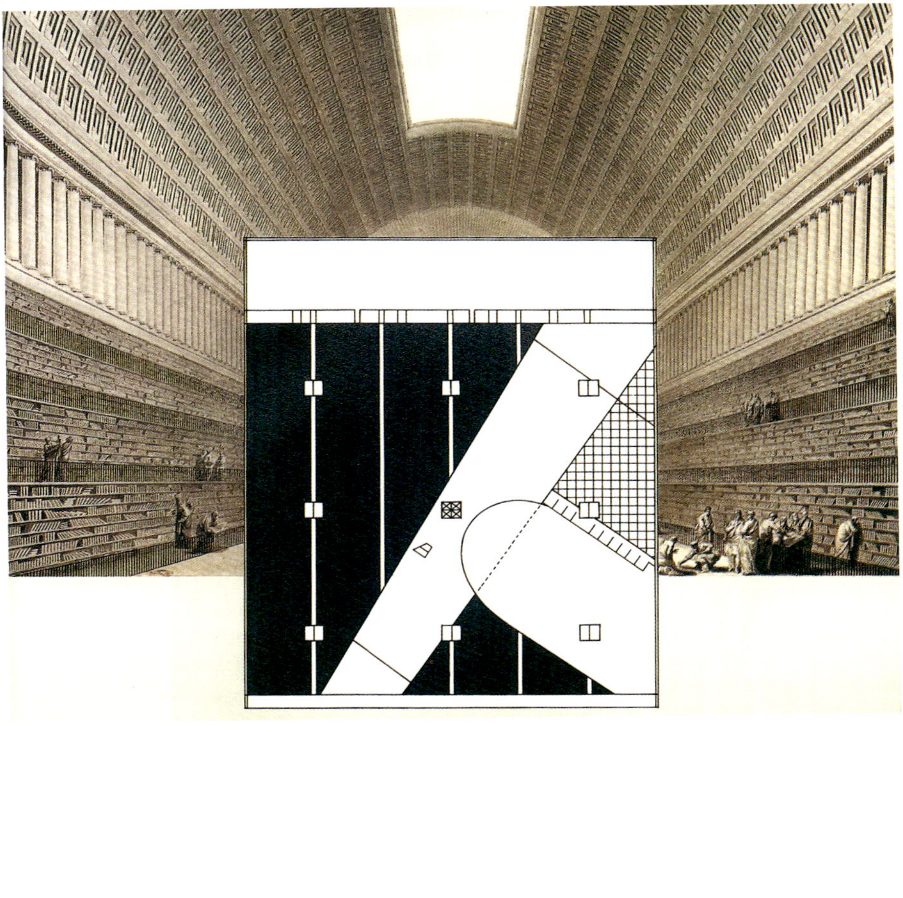

4 | 大都市建筑事务所，雷姆•库哈斯，法国国家图书馆设计，巴黎，草图，第四层
第623页

5 | 《类型城市 I 》插图
第1266—1267页

LAMI

附录

生平

Leon Battista Alberti

BIERMANN, VERONICA, *Ornamentum. Studien zum Traktat De re aedificatoria des Leon Battista Alberti,* Hildesheim, Zurich, New York 1997

RYKWERT, JOSEPH, "Theory as Rhetoric. Leon Battista Alberti in Theory and Practice", in: *Paper Palaces. The Rise of the Renaissance Architectural Treatise*, ed. by Vaughan Hart and Peter Hicks, New Haven, London 1998

TAVERNOR, ROBERT, *On Alberti and the Art of Building*, New Haven, London 1998

Jacques Androuet du Cerceau

GEYMÜLLER, HEINRICH VON, *Les Du Cerceau. Leur vie et leur œuvre*, Paris, London 1887

THOMSON, DAVID, *Jacques et Baptiste Androuet du Cerceau. Recherches sur l'architecture française 1545–1590*, Paris 1982

Archigram

FRIEDMAN, YONA, *L'Architecture mobile*, Brussels 1968

COOK, PETER ET AL. (ED.), *Archigram*, London, New York 1972

Augustin Charles D'Aviler

KÖHLER, BETTINA, *"Architektur ist die Kunst, gut zu bauen". Charles Augustin D'Avilers "Cours d'architecture qui comprend les Ordres de Vignole"*, Berlin 1997

Daniele Barbaro

I dieci libri dell'archiettura di M. Vitruvio, tradotti e commentati da Daniele Barbaro, 1567. With an introduction by Manfredo Tafuri, Milan 1987

CAYE, PIERRE, *Le savoir de Palladio. Architecture, métaphysique et politique dans la Venise du Cinquecento*, Paris 1995

Giuseppe Galli Bibiena

RICCI, CORRADO, *I Bibiena*, Milan 1915

LENZI, DEANNA AND BENTINI, JADRANKA (ED.), *I Bibiena: una famiglia europea*, Venice 2000

François Blondel

HERNANDEZ, ANTONIO, *Grundzüge einer Ideengeschichte der französischen Architekturtheorie von 1560–1800*, Basle 1972

Jacques-François Blondel

PICON, ANTOINE, *Architectes et ingénieurs au siècle des lumières*, Marseilles 1988

Hans Blum

MAY, ERNST VON, *Hans Blum von Lohr am Main: Ein Bautheoretiker der deutschen Renaissance*, Strasburg 1910 (Studies on German history of art 114)

SCHILDT–SPECKER, BARBARA, "Hans Blum", in: *Deutsche Architekturtheorie zwischen Gotik und Renaissance*, ed. by Hubertus Günther, Darmstadt 1988, pp. 140–145

Christian Carl Josias Bunsen

WEGNER, EWALD, *Forschung zu Leben und Werk des Architekten Johann Gottfried Gutensohn*, Frankfurt/Main, Berne, New York 1984

GELDBACH, ERICH (ED.), *Der perfekte Diplomat. Zum Wirken C. C. J. v. Bunsen*, Leiden 1980

Colen Campbell

STUTCHBURY, HOWARD E., *The Architecture of Colen Campbell*, Manchester 1967

HARRIS, JOHN, *Catalogue of the Drawings Collection of the R. I. B. A.: Colen Campbell*, Farnborough 1973

Juan Caramuel de Lobkowitz

GUIDONI MARINO, ANGELA, "Il Colonnato di Piazza S. Pietro: dall'architettura obliqua di Caramuel al 'classicismo Berniniano'", in: *Palladio*, N. S. XXIII, 1973, pp. 81–120

BONET CORREA, ANTONIO (ED.), *Juan Caramuel de Lobkowitz. Arquitectura Civil recta y obliqua*, Madrid 1984

Cesare Cesariano

TAFURI, MANFREDO, "Cesare Cesariano e gli studi vitruviani del Quattrocento", in: *Scritti rinascimentali di architettura*, ed. by A. Bruschi et al., Milan 1978, pp. 387ff.

RIEGEL, NICOLE, *Santa Maria presso San Celso in Mailand*, Worms 1998

William Chambers

HARRIS, JOHN, *Sir William Chambers. Knight of the Polar Star*, London 1970

Paulus Decker

SCHNEIDER, ERNST, *Paul Decker der Ältere. Beiträge zu seinem Werk*, Düren 1937

KUTSCHER, BARBARA, *Paul Deckers "Fürstlicher Baumeister" (1711/1716). Untersuchungen zu Bedingungen und Quellen eines Stichwerks. Mit einem Werkverzeichnis*, Frankfurt/Main 1995

Philibert de l'Orme

BLUNT, ANTHONY, *Philibert de l'Orme*, London 1958

PÉROUSE DE MONTCLOS, JEAN-MARIE, *Philibert de l'Orme. Architecte du Roi*, Paris 2000

Domenico De' Rossi

CIOFETTA, SIMONA, "Lo Studio d'architettura civile edito da Domenico De'Rossi (1702, 1711, 1721)", in: *In Urbe Architectus*, Rome 1991, pp. 214–228

CONSAGRA, FRANCESCA, "De Rossi and Falda: A successful Collaboration in the Print Industry of seventeenth-century Rome", in: *Craft of Art: Originality and Industry in the Italian Renaissance and Baroque Workshop*, ed. by Carolyn Wood and William Eiland, London 1995, pp. 187–203

Wendel Dietterlin

OHNESORG, CARL, *Wendel Dietterlin, Maler von Straßburg*, Leipzig 1893 (Articles on history of art N. F. 21)

VIETEN–KREUELS, SUSANNE, "Wendel Dietterlin", in: *Deutsche Architekturtheorie zwischen Gotik und Renaissance*, ed. by Hubertus Günther, Darmstadt 1988

Albrecht Dürer

WAETZOLDT, WILHELM, *Dürers Befestigungslehre*, Berlin 1916

KOCH, CHRISTA, "Albrecht Dürer, Unterricht zur Befestigung", in: *Deutsche Architekturtheorie zwischen Gotik und Renaissance*, ed. by Hubertus Günther, Darmstadt 1988, pp. 180–193

FARA, GIOVANNI MARIA, *Albrecht Dürer, teorico dell'architettura. Una storia italiana.* Florence 1999

Jean-Nicolas-Louis Durand

HERNANDEZ, ANTONIO, "Jean-Nicolas-Louis Durand und die Anfänge der rationalistischen Architekturtheorie", in: *Architekturtheorie. Internationaler Kongress an der TH Berlin*, Berlin 1967

SZAMBIEN, WERNER, *Jean-Nicolas-Louis Durand. 1760–1834. De l'imitation à la norme*, Paris 1984

Antonio Averlino, called Filarete

TIGLER, PETER, *Die Architekturtheorie des Filarete*, Berlin 1963

GIORDANO, LUISA, "On Filarete's Libro architettonico", in: *Paper Palaces. The Rise of the Renaissance Architectural Treatise*, ed. by Vaughan Hart and Peter Hicks, New Haven, London 1998

BONFINI, ANTONIO, *La latinizzazione del trattato di architettura di Filerete (1488–1489)*, Pisa 2000

Johann Bernhard Fischer von Erlach

AURENHAMMER, HANS, *Johann Bernhard Fischer von Erlach*, Exhibition cat., Munich, Stuttgart, Zurich 1957/58, pp. 205–235

LORENZ, HELLMUT, *Johann Bernhard Fischer von Erlach*, Zurich, Munich, London 1992

Roland Fréart de Chambray

FICHET, FRANÇOIS, *La théorie architecturale à l'âge classique*, Brussels 1979, pp. 101 ff.

THUILLIER, JACQUES, "Charles Errard, peintre", in: *Revue de l'Art*, XL–XLI, 1978, pp. 151–172

Joseph Furttenbach the Elder

BERTHOLD, MARGOT, *Joseph Furttenbach (1591–1667). Architektur-Theoretiker und Stadtbaumeister in Ulm*, Munich 1952

KARG, DETLEF, *Nachwort zum Reprint der Architectura recreationis (1640)*, Berlin 1988

Tony Garnier

JULLIAN, RENÉ, *Tony Garnier. Constructeur et utopiste*, Paris 1989

PAWLOWSKI, C. KRZYSZTOF, *Tony Garnier. Pionnier de l'urbanisme du XXème siècle*, Montpellier 1993

James Gibbs

KAUFMANN, EMIL, *Architecture in the Age of Reason*, Cambridge 1968

FRIEDMAN, TERRY, *James Gibbs as a Church Designer*, Derby 1984

Sigfried Giedion

GEORGIADIS, SOKRATIS, *Sigfried Giedion. Eine intellektuelle Biographie*, Zurich 1989

Fra Giovanni Giocondo da Verona

CIAPPONI, LUCIA A., "Fra Giocondo da Verona and his edition of Vitruvius", in: *Journal of the Warburg and Courtauld Institutes*, 97, 1984, pp. 72 ff.

FONTANA, VINCENZO, *Fra Giovanni Giocondo architetto, 1433–c. 1515*, Vicenza 1988

Walter Gropius

GIEDION, SIGFRIED, *Walter Gropius. Work and Teamwork*, London 1954

NERDINGER, WINFRIED (ED.), *Walter Gropius*, Berlin 1996

Grundsätze des Städtebaus

DURTH, WERNER, DÜWEL, JÖRN AND GUTSCHOW, NIELS, *Architektur und Städtebau der DDR*, Frankfurt/Main 1998

INSTITUT FÜR REGIONALENTWICKLUNG UND STRUKTURPLANUNG (ED.), *Warum zum Beispiel die Stalinallee? Beiträge zu einer Transformationsgeschichte des modernen Planens und Bauens*, Erkner near Berlin 1999

Guarino Guarini

MÜLLER, W., "The Authenticity of Guarini's Stereotomy in his Architettura Civile", in: *Journal of the Society of Architectural Historians*, 27, 1968, pp. 202–208

ROBINSON, E. C., "Optics and Mathematics in the Domed Churches of Guarino Guarini", in: *Journal of the Society of Architectural Historians*, 50, 1991, pp. 384–401

Carl Alexander Heideloff

BOECK, URS, "Karl Alexander Heideloff", in: *Mitteilungen des Vereins für Geschichte der Stadt Nürnberg*, 48, 1958, pp. 314–390

Henry-Russell Hitchcock and Philip Johnson

RILEY, TERENCE, *The International Style, Exhibition 15 and the Museum of Modern Art*, New York 1992

Ebenezer Howard

JULIUS POSENER, *Ebenezer Howard, Gartenstädte von morgen. Das Buch und seine Geschichte.* Berlin, Frankfurt/Main, Vienna 1968

BEEVERS, ROBERT, *The Garden City Utopia. A Critical Biography of Ebenezer Howard*, London 1988

Heinrich Hübsch

WASKÖNIG, DAGMAR, "Konstruktionen eines zeitgemäßen Stils zu Beginn der Industrialisierung in Deutschland. Historisches Denken in H. Hübschs Theorie des Rundbogenstils", in: *"Geschichte allein ist zeitgemäß", Historismus in Deutschland*, ed. by Michael Brix and Monika Steinhauser, Giessen 1978, pp. 93–106

Heinrich Hübsch 1795–1863. Der große badische Baumeister der Romantik, Exhibition cat., Karlsruhe 1983

Hypnerotomachia Poliphili

STEWERING, ROSWITHA, "Architectural Representations in the Hypnerotomachia Poliphili (Aldus Manutius 1499)", in: *Journal of the Society of Architectural Historians*, 59, 2000, pp. 6–26

Charles Jencks

KLOTZ, HEINRICH, *Moderne und Post-Moderne. Architektur der Gegenwart 1960–1980*, Wiesbaden 1984

Leo von Klenze

SCZESNY, MARTINA, *Leo von Klenzes "Anweisung zur Architektur des christlichen Cultus"*, Hamburg 1974

NERDINGER, WINFRIED (ED.), *Leo von Klenze, Architekt zwischen Kunst und Hof. 1784–1864*, Exhibition cat., Munich 2000

Rem Koolhaas

LUCAN, JACQUES, *OMA. Rem Koolhaas*, Zurich 1991

PUGLISI, LUIGI PRESTINENZA, *Rem Koolhaas. Trasparenze metropolitane*, Turin 1997

SINNING, HEIKE, *More is more. OMA/Rem Koolhaas*, Tübingen, Berlin 2000

Kisho Kurokawa

KUROKAWA, KISHO, *From Metabolism to Symbiosis*, London 1992

Le Corbusier

MOOS, STANISLAUS VON, *Le Corbusier. Elemente einer Synthese*, Frauenfeld, Stuttgart 1968

CURTIS, WILLIAM, *Le Corbusier. Ideen und Formen*, Stuttgart 1987

Claude-Nicolas Ledoux

GALLET, MICHEL, *Claude-Nicolas Ledoux 1736–1806*, Paris 1980

VIDLER, ANTHONY, *Claude-Nicolas Ledoux. Architecture and Social Reform at the End of the Ancien Régime*, Cambridge (Mass.) 1990

Pierre Le Muet

MIGNOT, CLAUDE, *Nachwort zur Neuausgabe der Maniere de bastir*, Aix-en-Provence 1981

MIGNOT, CLAUDE, *De Val-de-Grâce, l'ermitage d'une reine*, Paris 1994

Abraham Leuthner von Grundt

WENZEL, CAROLA, *„… von wegen den Kupfer zu sparen". Der böhmische Baumeister Abraham Leuthner und die Traktatliteratur im 17. Jahrhundert*, Marburg/Lahn 1998, pp. 63–67

FRANZ, HEINRICH GERHARD, *Barocke Architektur in Böhmen. Einführung zu Grundtliche Darstellung. Der fünff Seüllen wie solche von dem Weitberühmbten Vitruvio Scamozzio und andern Vornehmben Baumeistren zuesamben getragen un in gewiße Außtheillung verfasset worden von Abraham Leüthner*, Graz 1998

Adolf Loos

GRAVAGNUOLO, BENEDETTO, *Adolf Loos. Theory and works*, Milan 1982

LUSTENBERGER, KURT, *Adolf Loos*, Zurich 1994

Jean Martin

MARCEL, PIERRE, *Jean Martin*, Paris 1927

COLOMBIER, PIERRE DU, "Jean Goujon et le Vitruve de 1547", in: *Gazette des Beaux Arts*, 73, V, 1931, pp. 155–178

Francesco Milizia

BRÜES, EVA, "Die Schriften des Francesco Milizia", in: *Jahrbuch für Ästhetik und allgemeine Kunstwissenschaft*, VI, 1961, pp. 69–113

POZZILLO, ITALO, *Francesco Milizia: teorico e storico dell'architettura*, Naples 1971

Robert Morris

RUHL, CARSTEN, *Palladio bears away the Palm. Zur Ästhetisierung palladianischer Architektur in England*, Hildesheim 2003

Andrea Palladio

FORSSMAN, ERIK, *Palladios Lehrgebäude*, Stockholm 1965

HOLBERTON, PAUL, *Palladio's Villas. Life in the Renaissance Countryside*, London 1990

TAVERNOR, ROBERT, *Palladio and Palldianism*, London 1991

BOUCHER, BRUCE, *Andrea Palladio. Der Architekt in seiner Zeit*, Munich 1994

Claude Perrault

HERNANDEZ, ANTONIO, *Grundzüge einer Ideengeschichte der französischen Architekturtheorie von 1560–1800*, Basle 1972

RYKWERT, JOSEPH, *The First Moderns. The Architects of the Eighteenth Century*, Cambridge (Mass.), London 1980

Marie-Joseph Peyre

Piranèse et les Français 1740–1790, Rome 1976

BRAHAM, ALLAN, *The architecture of the French enlightenment*, London 1980

Giovanni Battista Piranesi

WITTKOWER, RUDOLF, "Piranesi's Architectural Creed", in: Rudolf Wittkower, *Studies in the Italian Baroque,* London 1975, pp. 235–246

MESSINA, MARIA GRAZIA, "Teoria dell'architettura in Giovanbattista Piranesi", in: *Controspazio*, 3, 1970, No. 6–7, pp. 6–13

Andrea Pozzo

BATTISTI, A. (ED.), *Andrea Pozzo*, Milan 1996

DE FEO, V. AND MARTINELLI, V., *Andrea Pozzo*, Milan 1996

DE FEO, V., "La Perspectiva Pictorum et Architettorum di Andrea Pozzo", in: *Il disegno di architettura*, 4, 1990, pp. 26–31

Augustus Welby Pugin

STANTON, PHOEBE B., *A. W. N. Pugin*, London 1971

PEVSNER, NIKOLAUS, *Some Architectural Writers of the Nineteenth Century*, Oxford 1972

Walther Rivius or Ryff

RÖTTINGER, HEINRICH, *Die Holzschnitte zur Architektur und zum Vitruvius Teutsch des Walther Rivius*, Strasburg 1914 (Studies on German history of art 167)

BENZING, JOSEF, *Walther H. Ryff und sein literarisches Werk*, Hamburg 1959

Jean-Baptiste Rondelet

EGBERT, DONALD DREW, *The Beaux-Arts Tradition in French Architecture. Illustrated by the Grand Prix de Rome*, Princeton 1980

MARTHUSEK-BAUDOUIN, MARIE-NOËLLE, "Biographie de Jean Rondelet", in: *Soufflot et son temps, 1780–1980*, ed. by Michel Gallet, Paris 1980, pp. 155–157

Aldo Rossi

BRAGHIERI, GIANNI, *Aldo Rossi*, Bologna 1981

BERLINISCHE GALERIE (ED.), *Aldo Rossi Architekt*, Berlin 1993

John Ruskin

KEMP, WOLFGANG, *John Ruskin: 1819–1900. Leben und Werk*, Frankfurt/Main 1987

BROOKS, MICHAEL W., *John Ruskin and Victorian Architecture*, London 1990

Vincenzo Scamozzi

OECHSLIN, WERNER, "Premesse a una nuova lettura dell'Idea della Architettura Universale di Scamozzi", in: *L'Idea della architettura universale di Vincenzo Scamozzi Architetto veneto*, Verona 1997, pp. XI–XXXVII

FRANZ, RAINALD, *Vincenzo Scamozzi (1548–1616). Nachfolger und Vollender Palladios*, Petersberg 1999

Karl Friedrich Schinkel

PESCHKEN, GOERD, *Das Architektonische Lehrbuch*, Munich, Berlin 1979

HAUS, ANDREAS, *Karl Friedrich Schinkel als Künstler. Annäherung und Kommentar*, Munich, Berlin 2001

Paul Schmitthenner

VOIGT, WOLFGANG, "Vom Ur-Haus zum Typ. Paul Schmitthenners 'deutsches Wohnhaus' und seine Vorbilder" in: *Moderne Architektur in Deutschland 1900–1950. Reform und Tradition*, ed. by Vittorio Magnago Lampugnani and Romana Schneider, Stuttgart 1992

Gottfried Semper

STOCKMEYER, ERNST, *Gottfried Sempers Kunsttheorie*, Zurich, Leipzig 1939

STAATLICHE KUNSTSAMMLUNGEN DRESDEN (ED.), *Gottfried Semper. Zum 100. Geburtstag*, Dresden 1979

Sebastiano Serlio

THOENES, CHRISTOF (ED.), *Sebastiano Serlio.* Sesto Seminario Internazionale di Storia dell'Architettura, Vicenza 31 August–4 September 1987, Milan 1989

FROMMEL, SABINE, *Sebastiano Serlio architetto*, Milan 1998

John Shute

GIROUARD, M., *Robert Smythson and the Architecture of the Elizabethan Era*, London 1966

SUMMERSON, JOHN, *Architecture in Britain, 1530 to 1830*, Edinburgh 1983

Daniel Speckle

GÜNTHER, HUBERTUS, "Die Kriegskunst in der Renaissance", in: *Deutsche Architekturtheorie zwischen Gotik und Renaissance*, ed. by Hubertus Günther, Darmstadt 1988

FISCHER, ALBERT, *Daniel Specklin aus Straßburg, 1536–1589. Ingenieur und Kartograph*, Sigmaringen 1996

Bruno Taut

WHYTE, JAIN BOYD, *Bruno Taut. Baumeister einer neuen Welt. Architektur und Aktivismus 1914–1920*, Stuttgart 1981

PRANGE, REGINE, *Das Kristalline als Kunstsymbol. Bruno Taut und Paul Klee*, Hildesheim 1991

Georg Gottlob Ungewitter

REICHENSPERGER, AUGUST, *G. G. Ungewitter und sein Wirken als Baumeister*, Leipzig 1866

DAVID-SIROCKO, KAREN, *Georg Gottlob Ungewitter und die malerische Neugotik in Hessen, Hamburg, Hannover und Leipzig*, Petersberg 1997

Robert Venturi

MOOS, STANISLAUS VON, *Venturi, Rauch & Scott Brown*, Munich 1987

Iacomo Barozzi da Vignola

THOENES, CHRISTOF (ED.), *Iacomo Barozzi da Vignola, Regola delli cinque ordini d'architettura*, Bologna 1974

THOENES, CHRISTOF, "La regola delli cinque ordini del Vignola", in: *Römisches Jahrbuch*, 20, 1983, pp. 345–376

Villard de Honnecourt

HAHNLOSER, HANS R., *Villard de Honnecourt*, Graz 1972

ERLANDE-BRANDENBURG, ALAIN ET AL., *Carnet de Villard de Honnecourt*, Paris 1986

BARNES, CARL F. AND SHELBY, LON R., "The Codicology of the portfolio of Villard de Honnecourt", in: *Scriptorium*, 42, 1988, pp. 20–48

Eugène Emmanuel Viollet-le-Duc

MIDDELTON, ROBIN, "Viollet-le-Duc's Academic Ventures and the Entretiens sur l'Architecture", in: *Gottfried Semper und die Mitte des 19. Jahrhunderts*, Basle, Stuttgart 1976, pp. 239–254

LENIAUD, JEAN-MICHEL, *Viollet-le-Duc ou les délires du système*, Paris 1994

Isaac Ware

WOLSDORFF, CHRISTIAN, "Englische Publikationen des 18. Jahrhunderts zu 'Architecture' und 'Building'", in: *Kunst und Kunsttheorie des XVIII. Jahrhunderts in England*, ed. by Gerhard Charles Rump, Hildesheim 1979, pp. 24–118

SUMMERSON, JOHN, *Architecture in Britain, 1530 to 1830*, Edinburgh 1983

Friedrich Weinbrenner

LANKHEIT, KLAUS, "Friedrich Weinbrenner. Beiträge zu seinem Werk", in: *Fridericiana*, 19, 1976, pp. 5–50

INSTITUT FÜR BAUGESCHICHTE AN DER UNIVERSITÄT KARLSRUHE (ED.), *Friedrich Weinbrenner 1766–1826*, Karlsruhe 1977

Henry Wotton

DOBAI, JOHANNES, *Die Kunstliteratur des Klassizismus und der Romantik in England*, Berne 1974

Frank Lloyd Wright

KIEF-NIEDERWÖHRMEIER, HEIDI, *Frank Lloyd Wright und Europa: Architekturelemente, Naturverhältnis, Publikationen, Einflüsse*, Stuttgart 1978, rev. ed. Stuttgart 1983

ALOFSIN, ANTHONY, *Frank Lloyd Wright: The Lost Years, 1910–1922*, Chicago, London 1993

BROOKSS, H. ALLEN, "Frank Lloyd Wright and the Wasmuth Drawings", in: *The Art Bulletin*, 48, 1966, pp. 193–201

索引

H

I

J

K

L

致谢/图片版权

The publisher wishes to thank the Director of the Kunstbibliothek Berlin, Bernd Evers, for the realisation of this project, and the staff of the library for their active support.

［德］英戈·沃尔特　编
［德］瑞纳·梅茨格　著
赵宏伟　姚珊珊　译

全面描述画界奇才的一生，完整收录并赏析凡·高的871幅画作。

［德］英戈·沃尔特　编著
王绍祥　梁丽娥　黄珊　译

难得一见的印象派艺术史，全面介绍印象派各个阶段的伟大艺术家及其画作。

［德］丹尼尔·文登森　著
杨璇 鲁妍 何丹萍　译

印象派画作权威研究者的解读之作，记录莫奈生平及其画作特点，深度解读印象派。

图书馆系列
TASCHEN

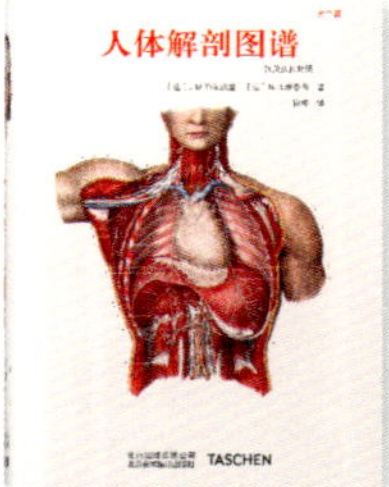

［法］J.M.布尔热里
［法］N.H. 雅各布　著
徐坤　译

著名画家依据真人比例手绘的近800幅彩色图谱，为读者带来生动而震撼的视觉体验。

［德］伯恩德·艾弗森 等　著
唐韵 等　译

记录了从文艺复兴时期至今最重要的建筑论，并生动剖析每种理论的源头及其发展背景。

[德] 贝尔德·格洛维　著
姚珊珊　译

[德] 哈乔·杜汐汀　著
李璠 刘希言　译

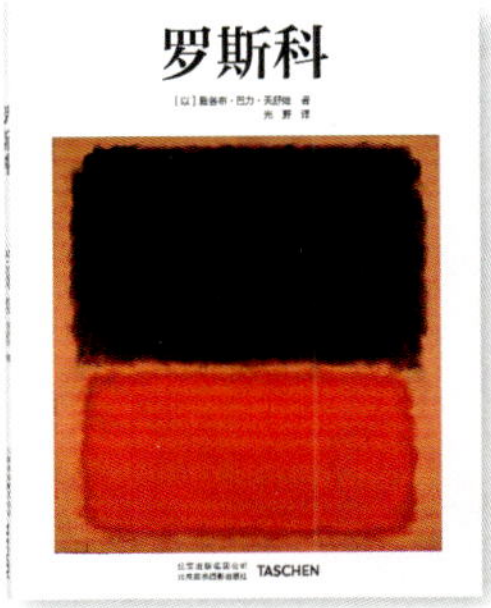

[以] 雅各布·巴力·天舒维　著
光野　译

基础艺术2.0系列
TASCHEN

[德] 迈克尔·波科默尔　著
单慧　译

[日] 佐藤智子　著
王语微　译

[英] 多丽丝·克里什托夫　著
赵东蕾　译

There are more titles in English language available.

Project management:
Petra Lamers-Schütze, Cologne
Editorial coordination:
Thierry Nebois, Cologne
Design: Birgit Eichwede and Claudia Frey, Cologne
Production: Tina Ciborowius, Cologne

图书在版编目（CIP）数据

建筑理论 ：从文艺复兴至今 /（德）伯恩德·艾弗森著 ；唐韵等译. — 北京 ：北京美术摄影出版社，2018.6
书名原文：Architecture Theory
ISBN 978-7-5592-0010-5

Ⅰ. ①建… Ⅱ. ①伯… ②唐… Ⅲ. ①建筑理论—研究 Ⅳ. ①TU-0

中国版本图书馆 CIP 数据核字（2017）第 086824 号

北京市版权局著作权合同登记号：01-2017-1545

责任编辑：王丽婧

助理编辑：李　鑫

责任印制：彭军芳

建筑理论
从文艺复兴至今
JIANZHU LILUN

[德] 伯恩德·艾弗森　著
唐韵 等　译

出　版　北京出版集团公司
　　　　北京美术摄影出版社
地　址　北京北三环中路6号
邮　编　100120
网　址　www.bph.com.cn
总发行　北京出版集团公司
发　行　京版北美（北京）文化艺术传媒有限公司
经　销　新华书店
印　刷　广东省博罗园洲勤达印务有限公司
版印次　2018年6月第1版第1次印刷
开　本　635毫米×819毫米　1/32
印　张　26.5
字　数　891千字
书　号　ISBN 978-7-5592-0010-5
定　价　198.00元

如有印装质量问题，由本社负责调换
质量监督电话　010-58572393

建筑理论